高等学校教学用书

炼 焦 学

（第 3 版）

姚昭章　郑明东　　主编

北　京

冶 金 工 业 出 版 社

2021

内 容 提 要

本书为高等学校教学用书,内容分为11章:焦炭室式烧焦过程与配煤原理,烧焦煤料的预处理,烧焦炉及其设备,烧焦生产操作,焦炉内煤气燃烧,焦炉气体力学原理,焦炉传热和结焦时间计算,焦炉的加热管理与热工评定,煤的低温干馏,成型燃料技术。

本书可供职业技术院校教学之用,或供有关专业的工程技术人员参考。

图书在版编目(CIP)数据

炼焦学/姚昭章,郑明东主编.—3版.—北京:冶金工业
出版社,2005.9(2021.1)

高等学校教学用书

ISBN 978-7-5024-3753-4

Ⅰ.①炼…　Ⅱ.①姚…　②郑…　Ⅲ.炼焦—高等学校—
教材　Ⅳ.①TQ522.1

中国版本图书馆CIP数据核字(2005)第046459号

出 版 人　苏长永
地　　　址　北京市东城区嵩祝院北巷39号　邮编　100009　电话　(010)64027926
网　　　址　www.cnmip.com.cn　电子信箱　yjcbs@cnmip.com.cn
责任编辑　高　娜　美术编辑　李　新　版式设计　张　青
责任校对　符燕蓉　责任印制　李玉山
ISBN 978-7-5024-3753-4

冶金工业出版社出版发行;各地新华书店经销;三河市双峰印刷装订有限公司印刷
1983年5月第1版,1995年5月第2版,2005年9月第3版,2021年1月第16次印刷
787mm×1092mm　1/16;24印张;636千字;371页
39.00元

冶金工业出版社　投稿电话　(010)64027932　投稿信箱　tougao@cnmip.com.cn
冶金工业出版社营销中心　电话　(010)64044283　传真　(010)64027893
冶金工业出版社天猫旗舰店　yjgycbs.tmall.com
(本书如有印装质量问题,本社营销中心负责退换)

第3版 前 言

《炼焦学》自1983年第1版和1995年第2版以来,已先后发行2万余册,不仅广泛用作各高校焦化及煤综合利用有关专业的教学用书,还被焦化、燃气、钢铁等行业的相关专业科技人员视作重要的技术参考书。

考虑到第2版至今已逾10年,而10年来,在焦炭质量标准、评价和预测、配煤和煤预处理技术、焦炉加热和生产过程的最优化控制和煤结焦过程的新理论、新工艺等方面均有不少的进展,因此有必要对内容进行修订,以适应技术进步的需要。

为组织好本书的修订工作,2004年4月在安徽工业大学召开了修订提纲研讨会,参加会议的除原书编者外,还有宝钢、武钢、马钢等焦化厂的主任工程师(均为教授级高级工程师)和有关高校的教授。与会者对编者提出的修改提纲逐章进行了认真的讨论,归纳出第3版修订的原则如下:

1. 由于第2版已充分考虑了炼焦技术理论、知识、工艺和设备的内在联系,故体系是科学合理的,不宜做明显的体系变动;

2. 适当补充近10年来炼焦技术发展的内容,特别是国内外的成熟经验和科技成果;

3. 考虑到高等学校相关专业课程改革的情况和企业的生产实际,适当精简理论较深的部分,由定量推导改为定性描述,重视企业科技人员掌握新技术、新工艺、新知识,以解决各类技术难题的需求;

4. 更新各类技术规范和质量标准。

在上述原则基础上,在安徽工业大学和鞍山科技大学有关院系的大力支持下,我们经过近一年时间的努力,终于完成了本书的修订工作。

本书由安徽工业大学姚昭章和郑明东主编,第一章由安徽工业大学崔平修改,第二章和第九章一、三、四节由郑明东修改,第三章的一、二节和第五章由鞍山科技大学赵雪飞修改,其余各章、节由姚昭章修改。

编 者
2005年3月

第2版 前 言

《炼焦学》第一版自1983年出版至今已有十多年。十多年来炼焦技术在理论、工艺及设备方面均有了较大发展，特别是在焦炭质量的评价，焦炭品种的开发，扩大配煤技术，焦炭质量预测，焦炉炭化室传热模拟，焦炉加热计算机控制等方面更有显著进展。第二版在对第一版删繁减旧的基础上加强和补充了上述新内容。此外，考虑到第一版第四篇"炼焦新工艺"中的"扩大炼焦配煤的预处理技术"，已大部分在工业上实施，并成为"炼焦煤料预处理"的组成部分，该篇中"型焦"一章的工艺和设备，不少起源于煤的低温干馏，为此对第四篇的篇名和章、节做了调整。第二版对第一版中比较成熟和传统的内容，基本上保留不变。

《炼焦学》第二版分焦炭与炼焦用煤准备、炼焦生产、焦炉热工以及非炼焦煤的干馏工艺等四篇共十一章，前二篇中"章"的安排与原版相同，"节"作了适当调整和补充；第三篇将第一版中第六章"焦炉内煤气燃烧与热工评定"分为两章，即第六章焦炉内煤气燃烧和第九章焦炉热工评定。第四篇改为"煤的低温干馏"和"成型燃料技术"，第一版第四篇的"扩大炼焦配煤的预处理技术"一章并入第二版的第二章。

本书仍由华东冶金学院姚昭章主（修）编，第二章的一、二、三节，第四章的二、三、四、六节和第五章的一、二、三、四节由鞍山钢铁学院刘述祺修改，其余各章、节由姚昭章修改。修改初稿由武汉钢铁学院、华东冶金学院、鞍山钢铁学院、唐山工程技术学院、马鞍山钢铁公司和鞍山焦化耐火材料设计研究院的同志参加了会审和讨论。在此基础上编者对初稿作了进一步修改。最后全书由主编作最终修改、整理。

编 者

1994 年 4 月

第1版前言

《炼焦学》包括高炉焦和炼焦煤、炼焦生产、焦炉热工以及炼焦新工艺四个部分。本书深入阐述了配煤、结焦等工艺原理和煤气燃烧、焦炉气体力学、焦炉传热等热工原理,以及广泛用于炼焦新工艺的竖炉原理和固体流化原理。在工艺原理的论述中介绍了煤岩学配煤、液晶(中间相)成焦机理、焦炭显微结构和高温反应性能等炼焦技术的新成就。本书还比较详细地讲述了焦炉构造及其发展方向,并扼要叙述了煤场机械、配煤粉碎工艺、焦炉煤气设备、护炉设备等方面的基本知识,及有关焦炉机械化和焦炉污染控制的一般知识。根据国内今后炼焦技术发展的需要,对国内外已经得到实际运用或具有发展前途的炼焦新工艺本书亦介绍了其效果、机理和基本工艺。此外,还介绍了一些煤场、配煤和焦炉热工统计管理方面的知识。

本书为冶金高等院校焦化专业用书,也可供其他煤综合利用专业、城市煤气专业和钢铁冶金专业作为教学参考用书。

本书由马鞍山钢铁学院姚昭章同志任主编,第一、二、四章,第九章的第四节,第十一章的第三节由鞍山钢铁学院张家埭同志编写,其余各章节由姚昭章同志编写。本书初稿经华东化工学院杨笈康、鞍山焦耐院王振远、鞍山热能研究所韩文葆等同志为组长的,有武汉钢铁学院、鞍山钢铁学院、马鞍山钢铁学院、河北矿冶学院等院校的有关同志参加的审稿小组进行审查和讨论,并经有关院校试用。根据审稿会的意见和试用中发现的问题,由编者对初稿作了修改,最后由主编对全书作了最终修改、整理和统编。编写过程中得到鞍山焦耐院、鞍山热能所和煤科院北京煤化所等单位一些同志的支持和协助,在此表示感谢。马鞍山钢铁学院焦化教研室的一些同志参加了本书的整理。

编 者
1982 年 8 月

目　　录

第一篇　焦炭与炼焦用煤准备

第二篇　炼焦生产

第三篇　焦炉热工

第四篇　非炼焦煤的干馏工艺

第一篇　焦炭与炼焦用煤准备

焦炭广泛用于高炉炼铁、冲天炉熔铁、铁合金冶炼和有色金属冶炼等生产,作为还原剂、能源和供碳剂,也用于电石生产、气化和合成化学等领域作为原料。对于不同用途的焦炭,均有其特定的要求。由于许多国家焦炭产量的 90% 以上用于高炉炼铁,且对焦炭质量有严格要求,故本篇以高炉用焦为主,结合各种用途的焦炭,全面介绍焦炭的各种性质;在此基础上,研究焦炭质量与炼焦用煤性质间的内在联系以及炼焦用煤的预处理工艺,以求创造条件,使用不同煤料炼出不同质量要求的用途各异的焦炭。

第一章　焦　炭

由烟煤、沥青或其他液体碳氢化合物为原料,在隔绝空气条件下干馏得到的固体产物都可称为焦炭,且随干馏温度的高低又有高温(950~1050℃)焦炭和低温(500~700℃)焦炭之别,后者也称半焦。本章所讨论的焦炭是指以烟煤为主要原料,在室式焦炉中加热至 950~1050℃ 形成的高温焦炭。根据原料煤的性质、干馏的条件等不同,可形成不同规格和质量的高温焦炭,其中用于高炉炼铁的称高炉焦,用于冲天炉熔铁的称铸造焦,用于铁合金生产的称铁合金用焦,还有非铁金属冶炼用焦(以上统称冶金焦),以及气化用焦、电石用焦等。因此对焦炭既要了解其共性,更要掌握不同用途焦炭的特性。焦炭的种类见表 1-1。

表 1-1　焦炭的种类

大　类	小　类		
冶金焦	高炉焦	铸造焦	铁合金焦
化工焦	气化焦	电石焦	高硫焦
铝阳焦			
电极焦			
高强度低灰低硫焦			
炭素焦	石油焦	沥青焦	针状焦

第一节　焦炭的一般性质

一、焦炭的宏观结构及其研究方法

焦炭是一种质地坚硬、多孔,呈银灰色并有不同粗细裂纹的碳质固体块状材料,其真相对密度为 1.8~1.95,堆积密度为 400~520kg/m³。用肉眼观察在炭化室内已经成熟的焦饼,可以看到明显的纵横裂纹。由焦炉内推出的焦炭,经熄焦、转运,沿粗大的纵、横裂纹碎成仍含有某些纵、横裂纹的块焦。块焦内含有微裂纹。将焦块沿微裂纹分开,即得焦炭多孔体,也称焦体。焦体由气孔和气孔壁构成,气孔壁又称焦质,其主要成分是碳和矿物质。

焦炭的性质取决于上述结构的各个部分(也称不同层次),且彼此间有一定联系,因此对焦炭性质的全面评价,必须建立在对焦炭结构不同层次的研究基础上,并以此作为指导焦炭生产过程的依据。

对不同层次焦炭的性质,目前采用的主要评定和研究方法为:

(1)块焦和焦块 用转鼓或落下方法评定块焦的机械强度,用粒度组成、堆积密度和透气性等研究块焦和焦块的粒度性质,用反应性研究物理化学性质,此外还有各种热性质的研究。

(2)焦炭多孔体 可通过抗拉强度、显微强度、显微硬度、杨氏模量等材料力学性质研究其材料强度。

(3)裂纹 可用单位面积上纵、横裂纹投影的总长度或单位面积上裂纹的面积表示的裂纹率评定裂纹的多少。

(4)气孔 可用气孔率、气孔平均直径、孔径分布、气孔比表面积等表征气孔结构的多种参数来描述焦炭气孔特征。

(5)气孔壁 可用光学组织、反射率、石墨化度等光学性质以及在测量气孔结构参数时得到的气孔壁厚度等评价焦炭气孔壁的性质。

以上所述在本章以下各节将分别介绍。

二、焦炭的化学组成

1. 工业分析

按固定碳、挥发分、灰分和水分测定焦炭化学组成的方法称焦炭的工业分析。

(1)水分 焦炭的水分是焦炭试样在一定温度下干燥后的失重占干燥前焦样的百分率,分全水分(M_t)和分析试样(即空气干燥基)水分(M_{ad})两种。生产上要求稳定控制焦炭的全水分,以免引起高炉、化铁炉等的炉况波动。焦炭全水分因熄焦方式而异,并与焦炭块度、焦粉含量、采样地点、取样方法等因素有关,湿熄焦时,焦炭全水分约4%~6%;干熄焦时,焦炭在贮运过程中也会吸附空气中水,使焦炭水分达0.5%~1%。焦炭用于各种用途时,水分过大会引起热耗增大,用于电石生产时,水分过大还会引起生石灰消化,用于铸造时,焦炭水分也不宜过低,以防冲天炉顶部着火。小粒级焦炭有较大的比表面,故粒级愈小的焦炭,水分愈大,我国规定大于40mm粒级的高炉焦全水分为3%~5%,大于25mm粒级的高炉焦全水分为3%~7%。

(2)灰分 焦炭的灰分是焦炭分析试样在850±10℃下灰化至恒重,其残留物占焦样的质量百分率,用A_{ad}表示。灰分是焦炭中的有害杂质,主要成分是高熔点的SiO_2和Al_2O_3,焦炭灰分在高炉冶炼中要用CaO等熔剂使之生成低熔点化合物,并以熔渣形式排出。灰分高,就要适当提高高炉炉渣碱度,不利于高炉生产。此外,焦炭在高炉中被加热到高于炼焦温度时,由于焦质和灰分热膨胀性不同,会在灰分颗粒周围产生裂纹,使焦炭力口速碎裂或粉化。灰分中的碱金属还会加速焦炭同CO_2的反应,也使焦炭的破坏加剧。一般,焦炭灰分每增1%,高炉焦比约提高2%,石灰石用量约增加2.5%,高炉产量约下降2.2%。焦炭用于铸造生产时,其灰分每减少1%,铁水温度约提高10℃,还能提高铁水含碳量。焦炭用于固定床煤气发生炉时,其灰分提高将降低发生炉生产能力,焦炭的灰熔点较低时,还会影响发生炉正常排渣。

(3)挥发分和固定碳 挥发分是焦炭分析试样在900±10℃下隔绝空气快速加热后的失重占原焦样的百分率,并减去该试样的水分得到的数值。挥发分是焦炭成熟度的标志,它与原料煤的煤化度和炼焦最终温度有关，一般成熟焦炭的空气干燥基挥发分为 V_{ad} 为 1%～2%。固定碳是煤干馏后残留的固态可燃性物质，由计算得：

$$C_{ad} = 100 - M_{ad} - A_{ed} - V_{ad} \qquad (1-1)$$

上述分析基（空气干燥基）可通过下列计算换算成干基（X_d）或可燃基（X_{daf}）

$$X_d = \frac{x_{ad}}{100 - M_{ad}}, \% \qquad (1-2)$$

$$X_{daf} = \frac{x_{ad}}{100 - M_{ad} - A_{ad}}, \% \qquad (1-3)$$

2. 元素分析

按 C、H、O、N、S、P 等元素组成确定焦炭化学组成的方法，称为焦炭的元素分析。

（1）碳和氢　将焦炭试样在氧气流中燃烧，生成的水和 CO_2 分别用吸收剂吸收，由吸收剂的增量确定焦样中的碳和氢含量。碳是构成焦炭气孔壁的主要成分，氢则包含在焦炭的挥发分中。由不同煤化度的煤制取的焦炭，其含碳量基本相同，但碳结构和石墨化度则有差异，它们同 CO_2 反应的能力也不同。氢含量随炼焦温度的变化比挥发分随炼焦温度的变化明显，且测量误差也小，因此根据焦炭的氢含量可以更可靠地判断焦炭的成熟程度。

（2）氮　焦样在有混合催化剂（$K_2SO_4 + CuSO_2$）存在的条件下，能和沸腾浓硫酸反应使其中的氮转化为 NH_4HSO_4，再用过量 NaOH 反应使 NH_3 分出，经硼酸溶液吸收，最后用硫酸标准溶液滴定，以确定焦样中的含氮量。焦炭中的氮是焦炭燃烧时生成 NO_2 的来源。

（3）硫　焦炭中的硫有无机硫化物硫、硫酸盐硫和有机硫三种形态，这些硫的总和称全硫，工业上通常用重量法测定全硫（S_t）。硫是焦炭中的有害杂质，高炉焦的硫约占整个高炉炉料中硫的 80%～90%，炉料中的硫仅 5%～20% 随高炉煤气逸出，其余的硫靠炉渣排出。这就要增加熔剂，使炉渣的碱度和渣量提高。一般焦炭含硫每增加 1%，高炉焦比约增加 1.2%～2.0%，石灰石用量约增加 2%，生铁产量约减少 2.0%～2.5%。焦炭用于铸造时，焦炭中的硫在冲天炉内燃烧生成 SO_2，随炉气上升同金属炉料作用生成 FeS 而进入熔化铁水中，直接影响铸件质量。焦炭用于气化时，使煤气含硫提高，增加煤气脱硫负荷。

（4）氧　焦炭中的氧含量很少，一般通过减差法计算得到，即

$$O = 100 - C - H - N - S_t - M - A, \% \qquad (1-4)$$

对于可燃基：

$$O_{daf} = 100 - C_{daf} - H_{daf} - N_{daf} - S_{t,daf}, \% \qquad (1-5)$$

（5）磷　焦炭中的磷主要以无机盐类形式存在于矿物质中，因此可将焦样灰化后，从灰分中浸出磷酸盐，再用适当的方法测定磷酸盐溶液中的磷酸根含量，即可得出焦样含磷。通常焦炭含磷较低，约 0.02%，一般元素分析不测定磷含量。高炉炼铁时，焦炭中的磷几乎全部转入生铁，转炉炼钢不易除磷，故生铁含磷应低于 0.01%～0.015%，同时采取转炉炉外脱磷技术，降低钢中含磷。高炉焦一般对含磷不作特定要求。

（6）钾、钠　焦炭中的钾、钠含量在 0.05%～0.3% 之间，它与焦炭灰分中的其他金属氧化物，如 CaO、MsO、Fe_2O_3，一起对焦炭的 CO_2 反应性及反应后强度产生不利影响。对焦炭钾、钠含量的研究，主要基于高炉冶炼的需要，高炉入炉焦炭中的钾、钠来源于原料煤，主要以无机盐的形式存在于矿物质中；高炉风口焦炭中的钾、钠主要来源于高炉内的碱循环。钾、钠含量的测定主要是用原子吸收分光光度法，按照灰分测定方法，将分析焦样灰化后研磨过 160 目筛孔，然后置于灰皿内，于 815±10℃ 灼烧至恒重，经氢氟酸、高氯酸分解，在盐酸介质中，使用空气-乙炔火焰进行原子吸收测定。结果以 K_2O、Na_2O 的形式表示，并转换为以焦炭为基准。随着高炉焦炭热性质研究的深入，焦炭中钾、钠含量的分析显得尤为重要。

第二节　高炉焦

高炉焦是指供高炉炼铁用的冶金焦。高炉焦的质量要求取决于焦炭在高炉中的行为。

一、高炉冶炼过程与焦炭作用

1. 高炉内总体状况与焦炭作用

高炉系中空竖炉,自上而下分炉喉、炉身、炉腰、炉腹和炉缸五段(图1-1a)。铁矿石、焦炭和熔剂等块状炉料从炉顶依次、分批装入炉内,高温空气(或富氧空气)由位于炉缸上部的风口鼓入,使焦炭在风口区燃烧放热。

高炉冶炼所需热量由焦炭、风口喷吹的燃料和热风提供,其中焦炭燃烧提供的热量占75%~80%,因此焦炭是高炉冶炼的主要供热源。焦炭在风口区燃烧生成的高温煤气在上升过程中将热能传给炉料,使炉料升温。焦炭燃烧并与 CO_2 反应生成的 CO 将铁矿石中的铁氧化物还原。因此自下而上煤气温度逐渐降低(图1-1b),煤气中 CO 含量从风口开始,先由于煤气中 CO_2 与焦炭反应生成 CO 以及铁氧化物被高温焦炭直接还原生成 CO 而逐渐增加,到炉腹以上部位则由于 CO 与铁氧化物间接还原生成 CO_2 而逐渐降低(图1-1c)。炉料在下降过程中,经预热、脱水、间接还原、直接还原而转化成金属铁,并不断升温和被焦炭渗碳而形成液态铁水。铁矿石中的脉石(主要成分为 SiO_2、Al_2O_3 等高熔点酸性化合物)则同熔剂作用形成低熔点化合物——炉渣。铁水和炉渣在向下流动过程中相互作用,进行脱硫等反应,到炉缸下部,因互不溶性和密度差异而分离,分别从渣口和铁口定期放出炉外。

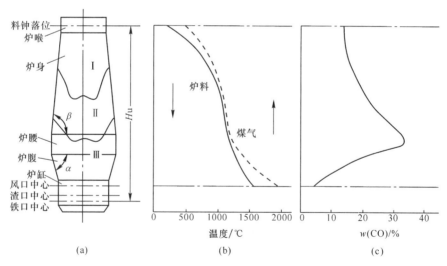

图1-1　高炉炉型及各部位温度与煤气中 CO 沿炉高的变化

(a)炉型;(b)高炉内温度沿炉高的变化;(c)煤气中的 CO 沿炉高的变化

Ⅰ—800℃以下区域;Ⅱ—800~1000℃区域;Ⅲ—1000℃以上区域;H_u—有效高度;α—炉腹角;β—炉身角

焦炭堆密度小,在高炉中其体积占高炉总体积的35%~50%,在风口区以上地区,始终处于固体状态,而在高炉料柱中部铁矿石软化、熔融,在料柱下部金属铁和炉渣已形成液态铁水和熔渣,故焦炭对上部炉料起支承作用,并成为煤气上升和铁水、熔渣下降所必不可少的高温疏松骨架。

焦炭在风口区内不断烧掉,使高炉下部形成自由空间,上部炉料稳定下降,从而形成连续的高炉冶炼过程。

综上所述,高炉的基本功能是将铁矿石加热、还原、造渣、脱硫、熔化、渗碳得到合格的铁水。焦炭在高炉中则起着供热、还原剂、骨架和供碳四个作用。近年来,为降低焦炭消耗,增加高炉产量,改善生铁质量,采用了在风口喷吹煤粉、重油、富氧鼓风等强化技术;焦炭作为热源、还原剂和供碳的作用,可在一定程度上被部分取代,但作为高炉料柱的疏松骨架不能被取代,而且随高炉大型化和强化冶炼,该作用更显重要。

衡量高炉操作水平的主要技术经济指标有:

$$高炉有效容积利用系数\ V = \frac{高炉产铁量\quad P[t/d]}{高炉有效容积\quad V_u[m^3]},\ t(Fe)/(m^3 \cdot d) \qquad (1-6)$$

$$焦比\ C = \frac{高炉每昼夜耗焦量\quad G_c[t/d]}{P[t(Fe)/d]},\ t(coke)/t(Fe) \qquad (1-7)$$

$$冶炼强度\ I = \frac{G_c}{V_u},\ t(coke)/(m^3 \cdot d) \qquad (1-8)$$

将式(1-7)和式(1-8)合并得: $\qquad\qquad P = V_u \cdot \dfrac{I}{C} \qquad\qquad\qquad (1-9)$

式(1-9)表明,扩大高炉生产能力的途径是增大炉容 V_u、降低焦比 C 和提高冶炼强度 I。当炉容增大 2 倍时,风口个数增加 2 倍,所以在增大炉容的同时,提高冶炼强度的可能性不大,因此更有赖于降低焦比,这要求提供优质的高炉焦,以便在焦比较低的条件下起到更好的疏松骨架作用。

2. 高炉冶炼过程和料柱结构

(1)高炉料柱结构　高炉内自上而下的温度总趋势是逐渐升高。20 世纪 60 年代以来各国通过对高炉进行解剖表明,高炉内的等温线并非沿横截面呈水平状,因高炉炉型、原料品位和操作参数等因素,等温线可呈"W"形或倒"V"形(图 1-2)等不同类型。料柱上部低于 1100℃ 的区域,炉料保持入炉前的固体块状,该区域称块状带,料柱中部温度 1100~1350℃ 的部位,矿石从外表到内部逐渐软化融着,故该区域称软融带。高炉内中心气流与边缘气流速度以及温度的差异,使软融带呈倒"V"形或"W"形。料柱中下部温度高于 1350℃,此处仅焦炭仍呈固块状,熔化的铁水和炉渣沿焦炭层缝隙向下流动并滴落,高温煤气则沿粘附有铁水和炉渣的焦炭缝隙向上流动,该区域称滴落带。在滴落带下方的中心部位,有一个缓慢移动的呆滞焦炭层(也称死料柱)。这主要是当焦炭移动时由软融带上层滑落下来,未经受剧烈碳溶反应的焦炭组成。进入滴落带以下风口前的焦炭在高速热气流的吹动下剧烈回旋并猛烈燃烧形成回旋的风口区。风口区的周边是焦块、焦屑、铁水和熔渣,并随风口区内焦炭烧掉,边界层的焦炭被热风卷入回旋风口区,同时外围焦炭补入风口区边界层形成动平衡。风口区内焦炭完全燃烧生成的 CO_2,在流经边界层时与灼热焦炭反应,几乎全部转化为 CO,提供铁氧化物还原所需的还原剂。

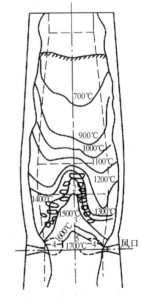

图 1-2　高炉内不同温度
区域示意图

1—块状带;2—软融带;3—滴落带
4—风口区;5—呆滞焦炭层

（2）铁氧化物的还原　　可分间接还原和直接还原两种类型。在 200℃ 以下，铁矿石中的各种 铁氧化物与还原性气体（主要为 CO）发生如下还原反应：

$$3Fe_2O_3+CO \longrightarrow 2Fe_3O_4+CO_2+37.09MJ \qquad (1-10)$$

$$FeO_4+CO \longrightarrow 3FeO+CO_2-20.87MJ \qquad (1-11)$$

$$FeO+CO \longrightarrow Fe+CO_2+13.59MJ \qquad (1-12)$$

因为其还原剂为 CO，故称间接还原，总热效应为正值。反应生成的 CO_2 还可能与焦炭发生 如下反应：

$$CO_2+C \longrightarrow 2CO-165.6MJ \qquad (1-13)$$

该反应的吉布斯自由能 $\Delta G = 170.61-0.174T$，MJ/kmol，因此当温度高 800℃ 时，$\Delta G<0$，在等温等压条件下，反应式（1-13）将自发进行，此反应大量吸热且消耗碳，并使焦炭气孔壁削弱，故称此反应为碳素溶解损失反应，简称碳溶反应。

在温度高于 1100℃ 的软融带，碳溶反应的平衡常数和反应速度均很高，因此当铁氧化物被 CO 还原，并同时生成 CO_2 时，该 CO_2 会立即与焦炭发生碳溶反应，因此，铁氧化物反应按以下方式进行。

$$FeO+CO \longrightarrow Fe+CO_2+13.59MJ$$
$$\underline{CO_2+C \longrightarrow 2CO \qquad\qquad -165.6MJ}$$
$$FeO+C \longrightarrow Fe+CO-152.01MJ \qquad (1-14)$$

虽然反应历程仍属两步气固相反应，但从热力学观点，恰如铁氧化物被固态碳直接还原。因此在 1100℃ 以上铁氧化物的还原反应称直接还原，反应大量吸热。直接还原的铁量占铁氧化物还原的总铁量之比称直接还原度 r_d，一般高炉的 $r_d = 0.35\sim0.50$，由于直接还原反应大量吸热，不利于高炉内的热能利用；又因碳溶反应使焦炭气孔壁削弱，故高炉内应尽可能发展间接还原。间接还原主要在高炉的块状带内通过还原性气体在铁矿石表面进行。块状带的中下部温度已达 800~1000℃，因此化学反应速度已相当快。整个反应速度取决于气体中的 CO 向矿石表面的扩散速度，即属于扩散速度控制。降低扩散阻力或提高扩散推动力，有利于发展块状带内的还原反应。为此高炉操作可采取以下发展间接还原反应的措施。

1）采用富氧鼓风和喷吹还原性气体提高煤气中 CO 的浓度。

2）适当减小矿石粒度，以增加高炉铁矿石的比表面，一般中小高炉矿石粒度为 8~10mm，大高炉为 10~25mm，粒度过小会导致炉料透气性变差。

3）提高矿石的气孔率，尽量采用球团矿或烧结矿。

4）为改善料柱透气性，入炉料应事先筛除粉尘，并提高入炉料的粒度均匀性，故焦炭料层的粒度不宜过大，一般高炉焦炭的粒度为 25~70mm，大高炉以 40~60mm 为佳，中型高炉以 25~40mm 为佳。

5）通过合适的装料制度和配置合理的风口直径，改善风口回旋区深度及其边界的均匀性。

6）在矿石料层中混装 10~20mm 的小焦粒，提高炉内 CO 浓度，还可改善软融带的透气性。

7）使用反应性适度，强度好，含碱量低的焦炭。

二、焦炭在高炉内的行为

1. 焦炭在高炉内的降解过程

国内外通过对高炉风口焦和入炉焦性质的大量对比试验，特别是通过高炉解剖试验已经查明，焦炭在高炉的块状带内虽受静压挤压，相互碰撞和磨损等作用，但由于散料层所受静压远低于焦炭的抗压强度，撞击和磨损力也较小，故块状带内焦炭强度的降低，块度的减小以及料柱透气性的变化均不明显。进入软融带后,焦炭受到高温热力,尤其是碳溶反应的作用,使焦炭气孔壁变薄,气孔率增大,强度降低,并在下降过程中受挤压、摩擦作用,使焦炭块度减小和粉化,料柱透气性变差。碳溶反应还受钾、钠等碱金属的催化作用而加速。焦炭在滴落带内,碳溶反应不太剧烈,但因铁水和熔渣的冲刷,以及温度1700℃左右的高温炉气冲击,焦炭中部分灰分蒸发,使焦炭气孔率进一步增大,强度继续降低。进入风口回旋区边界层的焦炭,在强烈高速气流的冲击和剪切作用下很快磨损,进入回旋区后剧烈燃烧,使焦炭粒度急剧减小,强度急剧降低。焦炭在高炉内的上述降解过程可由图1-3表述。图1-4表明高炉中焦炭沿高向的机械强度、块度、气孔率、反应性和钾、钠元素等的变化情况。由图1-4可见焦炭的各项性质在高炉上部块状带变化不大,

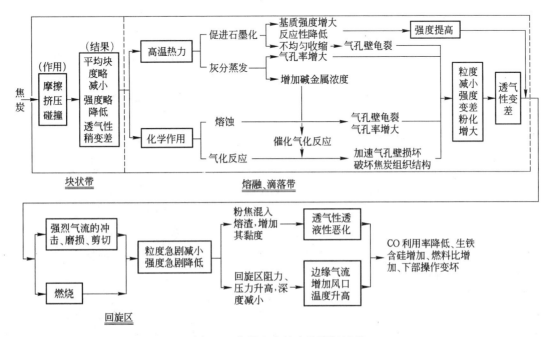

图1-3　焦炭在高炉内的降解过程

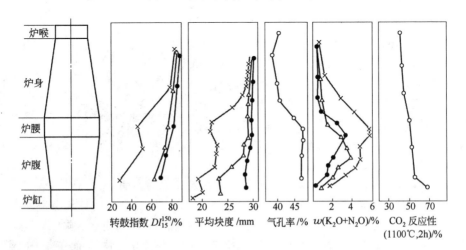

图1-4　高炉中焦炭性质的变化

●—高炉中心试样;△—炉墙与炉中心之间试样;×—近炉墙试样;○—平均试样

自高炉中部超过1000℃的区域才开始急剧变化。此外,高炉边缘处焦炭的降解甚于高炉中心部位,这与高炉内气流沿横断面方向的分布有关。

2. 高炉冶炼新技术对焦炭降解的影响

随着高炉富氧喷煤新技术的发展,对焦炭需求量逐渐减少,但对焦炭质量的要求却愈来愈严格。向风口喷煤粉和富氧空气,煤粉在风口区燃烧,大部分或全部代替燃烧焦炭向高炉供热的功能,同时提供固态碳和气体还原剂,使焦比降低。但焦炭作为骨架,保护高炉内透气性和透液性的作用不仅无法由煤粉所取代,反而得到加强。随着焦比的降低,焦炭在高炉骨架区滞留时间延长,荷重增加。焦炭遭受氧化反应、熔渣侵蚀与铁水侵蚀的时间越长,其溶蚀量就越大,强度降低也越多,焦炭粉化加重,细颗粒焦炭增加,骨架区焦炭的工作条件恶化。

3. 高炉内的碱循环及碱对焦炭反应性的影响

碱金属、碱土金属、铁、锰、镍等氧化物对碳溶反应能起正催化作用,其中钾、钠的催化作用最为显著。焦炭本身的钾、钠等碱金属含量很低,一般小于0.5%,对焦炭还不足以产生有害影响,但在高炉内,矿石和焦炭带入的碱金属盐类会分解成氧化物,并进一步被碳还原和气化成钾、钠蒸气。这些气态的钾、钠随煤气上升,大部分在高炉上部由于温度降低和CO_2分压升高又生成碳酸盐析出。这些碱金属碳酸盐,一部分粘附在炉壁上侵蚀耐火材料,大部分被焦炭表面吸附或黏附在矿石表面上,又随炉料下降,至温度高于碳酸钾、钠分解温度的区域,又发生分解、还原和气化,如此形成钾、钠等碱金属在高炉内的循环和富集(图1-5)。由图例表明循环碱量可达入炉焦炭和矿石碱量的6倍,而高炉内焦炭的钾、钠含量可高达3%以上,这就足以对焦炭的碳溶反应起催化作用,炉料带入的碱量越大,焦炭因加速碳溶反应而被削弱的程度越深。这是因为钾、钠及其氧化物能渗入焦炭的碳结构,形成石墨钾、石墨钠(如KC_8、NaC_8)等层间化合物,使碳原子间的键松弛而距离增大,使碳结构变形、开裂,从而降低焦炭机械强度,加速碳溶反应。研究表明,焦炭中的钾、钠每增加0.3% ~ 0.5%,焦炭与CO_2的反应速度可提高10% ~ 15%,钾、钠含量高时还使焦炭与CO_2的反应开始温度提前。这些将导致焦炭在高炉的中下部,其强度和块度加速恶化,并形成过多的粉化,不利高炉顺行。为此,除了控制炉料带入碱量外,高炉操作应提高炉渣带出碱量,降低高炉上部温度,增强间接还原,减轻焦炭在中、下部的碳溶反应。同时要提供反应性和灰、硫含量较低的焦炭,以提高焦炭的抗碱能力。

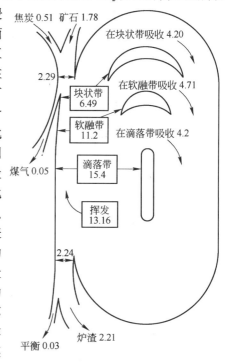

图1-5　高炉内碱金属循环示例图

4. 造渣脱硫过程及焦炭灰分和硫分对高炉内焦炭降解的影响

铁矿石中的脉石和焦炭灰分,其主要成分为SiO_2和Al_2O_3。它们的熔点分别为1713℃和2050℃,还原温度分别为1800℃和2400℃以上,因此要脱除脉石和灰分,必须加入CaO、MgO等碱性氧化物或相应的碳酸盐,使之和SiO_2、Al_2O_3反应生成低熔点化合物,从而在高炉内形成流动性较好的熔渣,借密度不同和互不溶性而与铁水分离。

CaO和MgO(或其相应的碳酸盐)称熔剂,每冶炼1t生铁所生成的炉渣量称渣比。炉渣内

CaO 量与 SiO_2 量之比 CaO/SiO_2 称碱度,比值 $(CaO + MgO)/SiO_2$ 称总碱度。

(1)造渣过程及焦炭灰分对炉渣碱度的影响 造渣的全过程是和铁矿石的还原并形成铁水同步进行的,在块状带内,首先产生造渣过程的如下固相反应:

$$CaO + SiO_2 \xrightarrow{1100 \sim 1200℃} CaO \cdot SiO_2$$
$$2FeO + SiO_2 \longrightarrow 2FeO \cdot SiO_2$$

固相反应产物在软融带内与矿石同时软化,软化的造渣成分在下降到一定温度区域时,也熔化生成液态炉渣称为初渣,因此对造渣过程而言,软融带也可称为成渣带。进入滴落带,初渣熔化而滴落,一边下降一边同铁水发生硫转移等过程而不断变化其成分和性质,直到经过风口区时与焦炭灰分作用使成分和性质又一次变化,因此风口区以上的炉渣称中间渣,落入炉缸后称终渣。

由于焦炭是在回旋区燃烧时才将灰分转入炉渣,所以中间渣的碱度比终渣高。焦炭灰分越高,为将此灰分造渣,中间渣的碱度也要越高。

(2)脱硫过程及焦炭硫分对炉渣碱度的影响 高炉炉料中 60% ~80% 的硫来自焦炭。焦炭中的硫一部分以硫化物和硫酸盐形态存在于灰分中,大部分呈硫碳复合物形态与焦质紧密结合。铁矿石和熔剂中的硫以黄铁矿(FeS_2)和硫酸盐形态存在,在高炉冶炼过程中发生如下反应:

$$FeS_2 \longrightarrow FeS + S \uparrow$$
$$FeS_2 + 6Fe_2O_3 \longrightarrow 4Fe_3O_4 + FeS + SO_2 \uparrow$$
$$CaSO_4 + SiO_2 \longrightarrow CaSiO_3 + SO_3 \uparrow$$
$$CaSO_4 + 2C \longrightarrow CaS + 2CO_2 \uparrow$$
$$CaS + 3CaSO_4 \longrightarrow 4CaO + 4SO_2$$

焦炭中的硫,一部分(主要是有机硫)在下降过程中挥发,大部分在到达风口时被氧化生成 SO_2,继而在高温下与固态碳和氢反应生成 S、CO_2 和 H_2S 气态硫和硫化物。

以上反应或挥发生成的气态硫及其硫化物在上升煤气流中大部分被上部炉料中的 CaO、FeO 和金属铁吸收,并随炉料下降,只有一小部分(约 5% ~20%)随煤气排出高炉。因此始终有一部分硫在高炉内循环。高炉内脱硫主要靠炉渣将硫带出,脱硫过程是通过铁水和熔渣之间硫的以下转移反应来实现:

$$[FeS] + (CaO) \Longleftrightarrow (CaS) + [FeO]$$
$$[FeO] + C \Longleftrightarrow Fe + CO$$

式中,[ ]表示铁水中;( )表示渣中。

提高硫在熔渣和铁水中的分配系数,$L_s = \dfrac{w(S)}{w[S]}$,有利于硫从铁水中转移到熔渣中的转移过程。研究表明,硫的分配系数与温度和碱度有关(图 1-6),因此当焦炭或矿石含硫较高时,必须提高炉缸温度和炉渣碱度。

(3)炉渣碱度对焦炭降解的影响 碱金属氧化物与炉渣接触时会发生如下反应

$$K_2O + SiO_2 \rightarrow K_2SiO_3$$

反应结果可使碱金属转入炉渣,并随炉渣排出炉外。当炉渣碱度大时,即 CaO 相对过剩,炉渣中 SiO_2 处于较完全的束缚状态,发生上述反应的几率降低,这将增加高炉内碱金属的循环量,从而

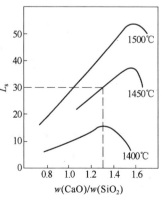

图 1-6 硫的分配系数与
温度、炉渣碱度的关系

加剧碳溶反应和焦炭的降解。因此降低焦炭的灰分、硫分,以免炉渣碱度过高可减轻碳溶反应。

此外,炉渣碱度过高使炉渣的熔化温度升高,炉渣黏度增大,一方面降低料柱透气性,另一方面一旦炉温波动可能导致炉渣局部凝结,破坏高炉顺行甚至发生悬料。

5. 其他矿物质对焦炭反应性的影响

碱金属对焦炭溶损反应的催化作用自20世纪60年代起就受到重视,并进行了大量的深入研究。近十多年来,除碱金属以外的其他矿物质对焦炭反应性的影响也引起炼焦和炼铁工作者的关注。高炉内焦炭中的矿物质主要来自原料煤中的矿物和吸附高炉内的矿物质。矿物质的种类繁多,但对焦炭反应性有影响的矿物质主要有 Ca、Mg、Ba、Fe、Si、Al、Na、K、Ti、V、B 等。矿物质对焦炭反应性的影响,一是因为矿物质的存在改变了焦炭的光学显微组织,使得焦炭的光学各向异性指数(OTI)随矿物质含量的增加而减小;二是矿物质的存在对焦炭反应性具有催化作用,其中 B_2O_3 和 TiO_2 具有负催化作用,可以抑制焦炭的碳素溶损反应,而其他元素氧化物具有正催化作用,加速焦炭的碳素溶损反应。

三、高炉焦的质量要求

各国对高炉焦的质量均提出了一定的要求,且已形成相应的标准,表1-2列出了一些国家(或企业)的高炉焦质量标准(或达到水平)。

综上所述,高炉焦要求灰低、硫低、强度高、块度适当且均匀,致密、气孔均匀、反应性适度、反应后强度高。为此,要从配煤煤种和配比的选择,煤料预处理工艺和炼焦工艺等方面采取相应措施生产合乎要求的高炉焦。

表1-2　一些国家的高炉焦质量标准(或达到的水平)

指　标		国　　别							
		中　国	前苏联	日　本	波　兰	英　国	美　国	德　国	法　国
水分 $M_t/\%$		4.0~6.0	<5	3~4	<6	<3		<5	
挥发分 $V_{ad}/\%$		<1.9	1.4~1.8				0.7~1.1		
灰分 $A_{ad}/\%$		I ≤12.0 II ≤13.5 III ≤15.0	10~12	10~12	11.5~12.5	<8	6.6~10.8	9.8~10.2	6.7~10.1
硫分 $S_{t,md}/\%$		I ≤0.6 II ≤0.8 III ≤1.0	1.79~2.00	<0.6		<0.6	0.54~1.11	0.9~1.2	0.7~1.1
块度/mm		>25,>40	40~80 25~80	15~75	>40	20~63	>20 20~51	40~80	40~80 40~60
转鼓强度指数/%	M_{40} (M_{25})	I >92.0 II 88~92 III 83~88	I 73~80 II 68~75 III 62~70	75~80	I 63~69 II 52~63 III 45~52	>75		>84	>90
	M_{10}	I ≤7.0 II ≤8.5 III ≤10.5	I 8~9 II 9~10 III 10~14		I 8~9 II <12 III <13	<7		<6	<8
	I_{10}								<20
	稳定度						51~62		
	硬度						62~73		
	DI_{15}^{30}			>92					

指 标	国 别							
	中 国	前苏联	日 本	波 兰	英 国	美 国	德 国	法 国
反应性/%	22~28 (宝钢)		26~30 (新日铁)		26.7 (Redcar)			27.7 (Solmer)
反应后强度/%	>65		50~60		60.7			58.5

注:1. 中国、前苏联、波兰、英国等数据系国家标准或标准协会规定的标准,其他各国的数据为大型高炉实际达到的水平;
　　2. 中国国家新标准中转鼓强度为 M_{25} 和 M_{10}。

第三节　非高炉用焦

一、铸造焦及其在冲天炉内的过程

铸造焦是根据冲天炉熔铁对焦炭的要求,生产的铸造专用焦炭。

1.冲天炉熔炼过程

铸造焦是冲天炉熔铁的主要燃料,用于熔化炉料,并使铁水过热,还起支撑料柱保证良好透气性和供碳等作用。冲天炉内炉料分布、炉气组成和温度的变化如图1-7所示,焦炭在冲天炉内分底焦和层焦,底焦在风口区与鼓入的空气剧烈燃烧,因此在风口以上的氧化带内,炉气中 O_2 含量迅速降低,CO_2 含量很快升高并达到最大值,炉气温度也相应升至最高值,熔化铁水的温度在氧化带的底部达到最高值。在氧化带上端开始的还原带内,由于过量 CO_2 的存在,与焦炭发生碳熔反应而产生 CO,随炉气上升 CO 含量逐渐增加;由于反应强烈吸热,故炉气温度在还原带内随炉气上升则急剧降低。还原带以上焦炭与金属料层层相间,装入冲天炉的炉料被炉气干燥、预热,在该区间炉气中含氧量很低(或为零),CO_2 和 CO 含量基本保持不变,在装料口炉气中一般 $CO_2 = 10\% \sim 15\%$,$CO = 8\% \sim 16\%$,温度为 $500 \sim 600℃$。

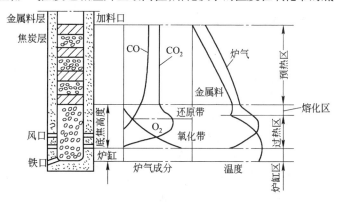

图1-7　冲天炉内炉料分布、炉气组成和温度变化

冲天炉的氧化带和还原带内除焦炭燃烧和 CO_2 被还原成 CO 外,还发生一系列复杂的反应。在氧化带内炉气中的 CO 及鼓风空气中带入的水气会按以下反应使铁水部分氧化:

$$Fe + CO_2 \longrightarrow FeO + CO$$
$$Fe + H_2O \longrightarrow FeO + H_2$$

铁水中的部分硅和锰在氧化带内能被炉气中的氧烧损,形成 SiO_2 和 MnO,铁水中的碳也能与氧反应而降低。因此在炉缸以上的氧化带,铁水中的 C、Si、Mn、Fe 均有所损失,但铁水失碳时铁水表面形成的一层脱碳膜可以制约 Si、Mn、Fe 的氧化,且温度愈高,Fe、Si、Mn 的氧化烧损愈少,这就要求有较高的铁水温度。

铁水流过焦炭层还会发生吸收碳的所谓渗碳作用,由于渗碳是吸热反应,温度愈高愈有利于渗碳。铁的初始含碳量愈低,渗碳愈多,增加焦比也使渗碳增加,渗碳有利于炉料中废钢的熔化。

炉气中的水气与铁水或焦炭反应产生的 H_2 易溶解在铁水中,当铁水凝固时,H_2 的溶解度突然降低,H_2 将从铁水中逸出,使铸件表皮下形成内壁光滑的球形小气孔,增加铸件的缺陷。因此应降低鼓风空气中的湿度,这还有利于提高炉温。

在渗碳的同时也发生渗硫作用,硫主要来自金属炉料和焦炭,废铁料的含硫可高达 0.1% ~ 0.16%,焦炭带入铸铁的硫约占焦炭总硫量的 30% ~ 60%,渗硫随温度的增高而增加,铁水中的硫通过造渣可以部分除去,但只有在碱性炉渣时才能起脱硫作用。

冲天炉中也加入一定数量的熔剂,以降低炉渣黏度并利于排渣,黏性炉渣附着在焦炭上会妨碍其燃烧及铁水渗碳,并容易造成悬料事故,故一般冲天炉中炉渣量仅为铁水量的 5% ~ 6%。这表明冲天炉内通过炉渣脱硫是有限的。炉渣中除发生类同高炉炉渣与铁水间硫的转移而进行铁水脱硫反应外,炉渣的存在还有利于铁水中氧化物的还原。炉缸中温度约 1500℃,这时铁水中的 FeO、MnO、SiO,能被浸渍在铁水和炉渣中的焦炭还原,从而减轻硅、锰的烧损,这种还原反应随炉渣厚度增高而增强。

2. 铸造焦的质量要求

根据冲天炉的熔炼过程,要求铸造焦有较大且均匀的块度、强度、发热量、含碳量应高,反应性、灰分、挥发分、硫分要低。

(1)块度　块度大且均匀的铸造焦不仅可以保证冲天炉内料柱良好的透气性,还有利增大送风深度。特别对炉内料柱和气体的分布有重大影响。由于焦炭的燃烧是在焦块表面附近进行。小块焦的比表面大,燃烧进行得快,氧气在短时间内耗尽,因此紧接风口上缘的氧化带不高,且高温,同时促进了还原反应,使还原带增高,温度迅速下降,从而导致熔化区下移,铁水温度难以提高。此外,由于还原反应大量吸热并消耗焦炭,焦炭的燃烧效率 η_r 降低。

$$\eta_r = \frac{w(CO_2)}{w(CO_2) + w(CO)} \times 100\% \tag{1-15}$$

式中　$w(CO_2)$、$w(CO)$——炉气中 CO_2 和 CO 的组成,%。

炉气中 CO 含量提高,还使炉气的热损失增加,因此铸造焦的块度应大于60mm。采用大块铸造焦能使焦炭燃烧效率和铁水温度提高,也有利于铁水脱硫和渗碳,并减少硅、锰烧损。但块度过大,炉气温度提高导致的显热损失增加,抵消了炉气中 CO 含量降低引起的潜热降低,因此并不改善冲天炉的热效率。此外块度过大,使燃烧区不集中,也会降低炉气温度。铸造焦的合适块度因冲天炉直径而异,处理能力大于10t/h的大型冲天炉。铸造焦的块度应为冲天炉内径的 $\frac{1}{10} \sim \frac{1}{12}$,中小型冲天炉则为 $\frac{1}{6} \sim \frac{1}{9}$。

(2)强度　焦炭强度是铸造焦的重要指标,强度高可以减少在冲天炉内的破碎,从而降低焦耗,提高铁水温度和冲天炉的热效率,还可以提高铁水的增碳率。铸造焦除了在入炉前运输过程中受到破碎损耗外,主要在冲天炉内承受金属炉料的冲击破坏,因此要求有足够高的转鼓强度(主要是抗碎指标)或落下强度,以保证炉内焦炭的块度和均匀性。

(3)灰分　在冲天炉熔炼中由铸造焦燃烧提供炉料熔化和铁水过热的热量。焦炭灰分高,固定碳含量低,发热量下降,冲天炉操作时焦比就会增加,同时为了熔化灰分还要增加石灰石的用量。焦炭灰分低,发热量就高,同时可减少焦炭燃烧表面隔离层的厚度,提高了风口区的受风能力,有利于强化焦炭的燃烧过程,从而改善底焦燃烧状况,使炉内最高温度值上升,高温区下移,由此扩大了高温区,因此,铸造焦的灰分应尽可能低。此外,因为灰分不仅降低了焦炭的固定碳和发热值,不利于铁水温度的提高,同时还增加了造渣量和热损失;而且焦炭中的灰分在炉缸内高温下会形成熔渣粘附在焦炭表面,阻碍铁水的渗铁。一般铸造焦灰分每增加1%,在单排风操作中铁水温度下降7℃，双排风操作温度下降5℃。焦炭灰分每减少1%，焦炭消耗约降低4%，铁水温度约提高10℃。

（4）挥发分　铸造焦的挥发分含量应低。因为挥发分含量高的焦炭，固定碳含量低。熔化金属的焦比高，一般焦炭强度也低。

（5）硫分　冲天炉熔炼过程中，硫分浓度对铸铁质量的影响十分重要。焦炭中的硫分有30%～40%转移到铁水中，当废钢用量增多时，铁水的渗硫更多，铁水中硫是铸件里包渣缺陷的根源，为此，要求焦炭中硫含量越低越好。为减少铁水中的硫，应尽量减少焦炭中的硫和降低焦炭耗量。而且，通常用于铸造化铁的冲天炉采用酸性炉衬，炉渣碱度必须不大于1（酸性炉渣）。故炉渣不能脱硫。因此铸造焦要求比高炉焦更低的硫含量。

（6）气孔率与反应性　气孔率的大小影响冲天炉温度的高低。北京焦化厂为了考察气孔率对出铁水温度的影响，专门选择了焦炭强度、块度、灰分等各项指标均相同或相近的、气孔率相差4%～5%的一批焦炭，在江苏扬州柴油机厂、苏州铸件厂3～5t冲天炉上进行了工业性熔炼试验，结果表明：高气孔率比低气孔率焦炭铁水温度低5℃。铸造焦要求气孔率小、反应性低，这可以制约冲天炉内的氧化、还原反应，使底焦高度不会较快降低，减少CO的生成，提高焦炭的燃烧效率、炉气温度和铁水温度，并有利于降低焦比。

一些国家的铸造焦质量标准如表1-3。

表1-3　一些国家的铸造焦质量标准

指　标		国　　别						
		中　国	俄罗斯	日　本	英　国	美　国	德　国	法　国
块度/mm		>80 80～60 >60	>80，>60 80～60，>40 60～40	100～75 75～50 50～35	76～150 60～90	76～230	>100 >80 80～120	>100 90～152
灰分 A_{ad}/%		特级≤8.00 Ⅰ 8.01～10.0 Ⅱ 10.01～12.0	9.5～12.5	6～14	<7.0	<7.0	7.5～8.5	9～10
硫分 S_{ad}/%		特级<0.60 Ⅰ<0.80 Ⅱ<0.80	0.45～1.4	<0.8	<0.6	<0.6	0.8～0.95	<0.7
挥发分 V_{daf}/%		<1.5	<1.2	<2.0	<1.0	<1.0		<1.0
转鼓强度指数/%	M_{40}	特级≥85.0 Ⅰ≥81.0 Ⅱ≥77.0	73～80		>80			
	M_{80}						60～75	60～70
落下强度/%		特级≥92.0 Ⅰ≥88.0 Ⅱ≥84.0		70.1～90.1	>90	>95		
显气孔率/%		特级≤40.0 Ⅰ、Ⅱ≤45.0	42	25～40	45～50	45～50		45～52
碎焦率/% （<40mm）		<4.0						
视密度/g·cm^{-3}		·			0.95～1.4	0.85～1.1		0.9～1.1

二、铁合金焦及其在矿热炉内的过程

铁合金焦是用于矿热炉冶炼铁合金的专用焦炭,作为冶炼过程的一种碳质还原剂。

1. **矿热炉冶炼过程**

铁合金的种类很多,有硅铁、锰铁、铬铁等,用作炼钢时的脱氧剂,其中以硅铁合金用量最多,且对焦炭质量要求最高,因此以下仅对矿热炉中冶炼硅铁合金的过程进行简述。

矿热炉冶炼过程是通过电极提供的电热作能量,用 C 作还原剂,把硅石(SiO_2)还原并与铁料一起熔炼生成硅铁合金(FeSi)的过程。矿热炉中料层的分布如图 1-8。炉料中的 SiO_2,在高温下首先被碳还原成 SiO,而后再被还原成硅。

$$SiO + C \longrightarrow SiO + CO\uparrow \tag{1}$$

$$SiO + C \longrightarrow Si + CO\uparrow \tag{2}$$

被还原出来的硅,部分又和 SiO_2 反应生成 SiO

$$SiO_2 + SiC \longrightarrow 2SiO \tag{3}$$

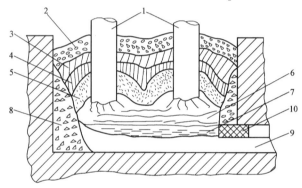

图 1-8　矿热炉中料层分布及生产过程示意图
1—电极;2—新炉料(硅石、焦炭、铁屑);3—预热层;
4—烧结层;5—熔融还原区(坩埚区);6—炉渣;
7—液态铁合金;8—死料区;9—炉底;10—出铁口

在约 1700℃ 以上的高温下,式(3)形成的 SiO 大部分挥发掺入焦炭气孔与 C 按式(2)还原成 Si 其中大部分硅与铁生成硅铁合金,少部分硅在高温区又按式(3)生成 SiO,继续与碳进行反应。部分 SiO 气体在上升过程中与过量碳接触时会生成碳化硅(SiC),在较低温度下 SiC 与铁接触也会形成硅铁。

$$SiO + 2C \longrightarrow SiC + CO\uparrow \tag{4}$$

$$SiC + Fe \longrightarrow FeSi + C \tag{5}$$

在高于 2000℃ 的高温下,SiC 可被 SiO_2 作用,还原出硅,并再与铁化合生成硅铁合金。

$$2SiC + SiO_2 \longrightarrow 3Si + 2CO\uparrow \tag{6}$$

还有一部分 SiO 气体未来得及与碳充分接触发生反应而从料面逸出。上述说明,硅铁的熔炼是在相当复杂的反应下进行的。矿热炉冶炼过程中,在每根电极下均有一个熔化还原区,通常叫"坩埚区",区内由电极弧光产生的温度很高,距电极愈远,温度愈低,硅铁合金的形成主要在坩埚区内进行,坩埚区愈大,炉内温度愈高,硅铁产率愈高,这时电极埋得就深,相应热损失就小。此外改善料面的透气性,有利于 CO 的逸出,使上述反应能顺利进行。

2. **铁合金焦的质量要求**

为了提高铁合金产率,降低电耗,碳质还原剂要求:1)含固定碳高,灰分和挥发分低;2)电阻率和气孔率大,反应性高;3)化学活性高;4)在高温下有一定的机械强度。固定碳含量高则还原剂配入量少,带入的灰分和杂质也少。灰分在冶炼过程中均以炉渣形式排出,因此灰分高则耗电多;灰分中的 Al_2O_3、Fe_2O_3、CaO、MgO 等有一部分会被还原而进入合金,降低了铁合金的品位;焦炭的灰分主要为 Al_2O_3 和 SiO_2,Al_2O_3 难于还原,大部分形成高黏度熔渣,不易从炉内排出,炉内积渣过多将影响正常冶炼过程;此外,灰分高时,炉料上部的烧结层黏度高,降低炉料透气性,也影响上述冶炼反应的正常进行。因此铁合金焦的灰分(A_{ad})应低于 13% ~ 15% ,灰分中的 Al_2O_3 含量要求低于 32% 。

气孔率大、反应性高的焦炭,可使 SiO_2 的还原反应在矿热炉上部较低的温度下开始进行,使反应比较充分,有利于提高铁合金产率。因此,铁合金焦宜用高挥发的气煤炼制。

还原剂的电阻率高时,冶炼可在较高的电压下进行,减少分电流的损失。此外,由于提高了整个炉料的电阻率,产生的电热大,炉料获得较多的热量,允许提高电极插入炉料的深度,从而可扩大坩埚区。使高温区下移,减少已被还原 SiO_2 的挥发,增加上层覆盖的生料,改善热的利用率,使电耗降低。故要求铁合金焦的常温粉末电阻率大于 $2000\Omega \cdot mm^2/m$。

矿热炉用铁合金焦的强度要求不高,但强度过低,会增大炉料内的粉焦量,影响料面透气性,恶化炉况。故铁合金焦要求 $M_{40} \geqslant 56\%$,$M_{10} \leqslant 12\% \sim 14\%$。

除采用以高挥发气煤为主要配料在室式焦炉中炼制铁合金焦外,也可采用块状长焰煤在直立炉炼得的长焰煤块焦作为铁合金焦。但对原料煤的灰分和灰分中 Al_2O_3 含量均应满足铁合金焦相应指标的要求。炼铁合金焦采用的炭化终温以 $850 \sim 900℃$ 为宜,提高炭化终温可使焦炭强度增高,但焦炭电阻率则迅速降低。

中国冶金标准(YB/T034—92)规定铁合金焦:粒度为 $2 \sim 8mm$,$8 \sim 20mm$,$8 \sim 25mm$。其他技术指标见表1-4。

表1-4 铁合金焦的技术指标

指 标	级别	优级	一级	二级
灰分 $A_{ad}/\%$	不大于	10	13	16
氧化铝含量/%	不大于	2	3	5
磷含量/%	不大于	0.025	0.035	0.045
电阻率 $\rho/10^{-6}(\Omega \cdot m)$	不大于	2200	2000	1100
挥发分 $V_{daf}/\%$	不大于	4	4	4
硫分 $S_{ad}/\%$	不大于	0.8	0.9	1.3
水分含量/%	不大于	8	8	8

三、气化焦和电石用焦

1. 气化焦

气化焦是用于生产发生炉煤气或水煤气的焦炭。焦炭的气化是一个热化学过程,以氧、空气、水蒸气作气化剂,当其通过焦炭的高温层时,转变为以 H_2 和 CO 为主要可燃成分的煤气。气化过程的主要反应有:

$$C + O_2 \longrightarrow CO_2 + 408.2MJ$$
$$CO_2 + C \longrightarrow 2CO - 165.6MJ$$
$$C + H_2O \longrightarrow CO + H_2 - 118.6MJ$$
$$C + 2H_2O \longrightarrow CO_2 + 2H_2 - 75.1MJ$$

为提高气化效率,气化焦应有较高的反应能力。一般焦炭的气化是在固定床气化炉中进行,因此气化焦应有一定强度($M_{40} = 60\% \sim 70\%$),块度应均匀($>13mm$,$<80mm$),以改善炉料透气性。固定床气化炉中气化后的残渣以固态排出,因此焦炭灰分宜小于,其灰熔点要高,以防灰分在炉内形成熔渣结块,使鼓风不匀,降低气化效率,并增加由炉渣带出的碳量。气化焦含硫不宜太高,对挥发分的要求不太严格($<3.0\%$)。气化用焦,主要技术要求为:固定碳 $>80\%$,灰分 $<15\%$,灰熔点 $>1250℃$;挥发分 $<3.0\%$,粒度分为 $15 \sim 35mm$ 和 $>35mm$ 两级。气化焦一般由高挥发分的气煤或以气煤为主的配合煤生产,这类焦炭气化反应性好,制气效果理想。

2. 电石用焦

电石用焦是生产的电石碳素原料,每生产 1t 电石约需焦炭 0.5t。电石生产过程是在电炉内将生石灰熔融,并使其与碳素原料发生下列反应:

$$CaO + 3C \xrightarrow{\quad 1800 \sim 2200℃ \quad} CaC_2 + CO$$

电石焦作为碳素原料,应有固定碳含量高、灰分低、挥发分低、反应性高、电阻率大等特点;为避免生石灰消化,电石焦水分应尽可能降低。电石生产用生石灰的粒度一般为 3~40mm,由于生石灰的热导率约为焦炭的 2 倍,因此电石用焦的粒度以 3~20mm 为宜。焦炭和生石灰中灰分在电炉内会变成黏性熔渣,引起出料困难;灰分中的氧化物部分会被焦炭还原,进入电石中,降低电石纯度,且多耗电能和焦炭。焦炭中的硫和磷在电炉中与生石灰作用会生成硫化钙和磷化钙混入电石中,当用电石生产乙炔时,这些杂质会转化为硫化氢和磷化氢。当遇空气磷化氢会自燃,有引起爆炸的可能;在乙炔燃烧时,硫化氢会转化为 SO_2 腐蚀金属设备并且污染环境,电石用焦的化学成分和粒度一般应符合如下要求:固定碳 >84%,灰分 <14%,挥发分 <2.0%,硫分 <1.5%,磷 <0.04%,水分 <1.0%。

第四节　焦炭的机械力学性质

焦炭的机械力学性质是指焦炭在机械力作用下发生变形、碎裂和磨损的特性。

一、焦炭破碎机理

如前所述,焦炭是结构不均一,含裂纹和局部缺陷的块状多孔体,焦炭在机械力作用下的破坏过程取决于:1)裂纹和局部缺陷的大小;2)多孔碳质脆性材料的抗断裂能力;3)焦炭气孔壁的抗粉碎或抗磨损能力。评定焦炭机械力学性质的各种方法,主要建立在焦炭受力后的应力应变关系及表面能变化的基础上。

1. 格列菲斯(Griffith)理论

英国人格列菲斯在 20 世纪 20 年代以岩石为对象研究脆性材料断裂基础上提出的一种脆性材料破碎规律,被称作格列菲斯破碎机理。以后有不少人把这个理论应用于研究焦炭的破碎过程,得到了基本一致的结果。

该理论认为,脆性材料断裂的内因是材料中存在着缺陷,当外力作用于材料时,缺陷附近由于应力集中而产生裂纹。随外力增加,裂纹延伸直至材料断裂。焦炭在外力作用下的变形和断裂过程,基本上符合这一理论。脆性材料的断裂过程可用格列菲斯轨迹图(图 1-9)来描述,即脆性材料的断裂是按图中曲线 AVB 表示的轨迹进行。曲线上的每一点表示在临界拉应力 σ 下材料中开始有裂纹延伸时的应力—应变 ε 值。V 点为曲线 AVB 与垂直切线的交点,由原点 O 到曲线上每一点连线的正切,表示材料在曲线上相应点时的杨氏模量 E。AV 线段描述无裂纹脆性材料的 $\sigma—\varepsilon$ 关系,该线段表现为应变随应力增加而缓慢增大,即要有较大的应力才能使裂纹延伸,因此材料具有较高的杨氏模量。VB 线段则描述有裂纹和有缺陷脆性材料的 $\sigma—\varepsilon$ 关系,该线段表现为随裂纹的扩展,材料在不大的应力下就能导致较大的应变,材料的弹性模量也较小。图中 OP_2 和 OP_3 线段的正切表示有裂纹材料的杨氏模量,称有效杨氏模量。图中 C 表示焦炭中的裂纹长度,$C_3 > C_2 > C_1$,若使裂纹长度为 C_3 的焦炭断裂所需的转鼓数为 100r,则这种焦炭的有效杨氏模量为夹角 α_3 的正切值,随裂纹长度缩短,使焦炭断裂所需的转鼓数增加,其有效杨氏模量 $\tan\alpha$ 也增大。

焦炭材料的应力-应变关系还有弹塑性特征,即材料内部在应力作用下会产生微裂隙,当应力不大时,负荷停止作用,微裂隙会重新闭合。只有当应力超过一定值时,微裂纹增大而形成龟裂,进而使材料破坏,因此焦炭气孔壁材料的杨氏模量比焦块的有效杨氏模量要高得多。格列菲斯轨迹图还表明,随裂纹扩展,图中 OP 线段的正切角逐渐减小,即材料的杨氏模量逐渐降低,因此脆性材料的破坏是其杨氏模量不断降低的过程,用杨氏模量可作为评定焦炭不同层次强度的统一标志。

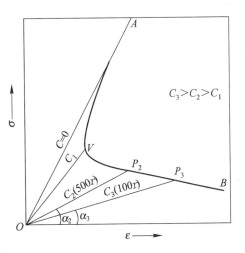

图 1-9　焦炭应力-应变关系的
格列菲斯轨迹图

2. 表面能增加理论

脆性材料破碎时增加的表面正比于所吸收的能量,也即使材料破坏所作的功消耗于材料表面能的增加,并克服材料的弹性使材料塑性变形。基于这个观点,材料破碎时消耗的功可由下式表示:

$$A = \sigma_A \Delta S_T + q, \mathrm{kJ} \tag{1-16}$$

式中　σ_A——表面能,$\mathrm{kJ/m^2}$;

　　　ΔS_T——材料破碎时增加的表面,$\mathrm{m^2}$;

　　　q——弹、塑性变形功,kJ。

在弹、塑性变形时,材料内部产生微裂隙而增加的表面若为 S_μ,当负荷去掉时该表面将消失,变形功则转变为热而损失,因此 q 也可以称为材料破坏时的无效能耗,可表示为:

$$q = \sigma_A \cdot S_\mu \tag{1-17}$$

代入式(1-16)得

$$A = \sigma_A(\Delta S_T + S_\mu) \tag{1-18}$$

由此出发,可用新产生单位表面所耗功来评定焦炭强度,即:

$$U = \frac{\mathrm{d}A}{\mathrm{d}S}, \mathrm{kJ/m^2} \tag{1-19}$$

所耗功 $\mathrm{d}A$ 可用转鼓的转数表示,也可以一定量焦炭落下的位能,或一定重量的重锤下落到焦炭上的位能功等表示。材料承受冲击力时,由于作用时间很短,故 S_μ 较小;而在相同数量的研磨力作用下,材料产生的 S_μ 则较大,因此当形成相同的新表面时,用冲击力使材料破碎消耗的能量小于用研磨力使材料磨碎消耗的能量。也即产生相同的表面 ΔS_T,当所用力的方式不同时,S_μ 不同,消耗的功亦不同。因此用增加单位表面所耗功来评定焦炭强度时,必须在相同作用力方式条件下进行试验和比较。

二、块焦机械强度

1. 焦炭落下强度

它是用一定块度以上、数量一定的焦炭,在固定高度处下落一定次数后,测定大于某粒级焦炭占试验前焦样量的百分率来表示块焦的机械强度。这是一种最古老和最简单的测定方法,各国测定焦炭落下强度的试验方法标准差别不大(见表1-5)。由于焦炭的块度和粒度组成对落下强度指标影响很大,因此中国和美国标准均规定了两种焦炭块度试样的指标。落下强度仅检验焦炭经受冲击作用的抗破碎能力,由于铸造焦在冲天炉内主要经受铁块的冲击力,故落下强度特别适用于评定铸造焦的强度。

表 1-5　一些国家的焦炭落下强度试验方法标准

项　目	国　别				
	中　国	美　国	英　国	日　本	ISO
试样箱/mm	710×455×380	710×455×380	710×460×380	710×455×380	710×460×380
落下台/mm	1220×965×12	1220×965×13	1220×970×13	1220×965×12	1220×970×13
落下高度/mm	1830	1830	1830	2000	1830
落下次数	4	4	4	4	4
焦样块度/mm	>80 或 >60　25～60	A 法 >50　B 法 >76	>51	>60	>50
取样量/kg	100　40	68～75　136	110	100	110
试验用量/kg	25　10	23～25　41～45	25	25	25
指　标	$SI_4^{50}(>80)$ $SI_4^{50}(>60)$　$SI_4^{50}(25\sim60)$	76、50、38 和 25mm 筛上累计百分率　102、76 和 50mm 筛上累计百分率	51、38、25 和 13mm 筛上百分率和平均块度	$SI_{50}^4(120)$ $SI_{50}^4(60\sim80)$ $SI_{25}^4(25\sim60)$	80、50、40、25 和 13mm 筛上累计百分率和平均块度

注:1.焦样水分小于 5%;

　　2.美国标准中 A 法适用于筛去小于 50mm 焦炭后,大于 100mm 不足 50% 的焦样,B 法适用于筛去小于 50mm 焦炭后,大于 100mm 超过 50% 的焦样。

2. 焦炭转鼓强度

(1)试验方法　以定量焦炭在一定规格和试验条件的转鼓内,旋转一定转数,鼓内焦炭之间及焦炭与鼓壁之间相互撞击、摩擦,造成焦炭开裂和磨损,用转后某一粒级的焦炭量占入鼓焦炭的百分率评定焦炭强度。这是目前各国测定焦炭机械强度最为广泛使用的方法,但各国采用的转鼓和试验方法有较大差异(见表 1-6),指标所反映的焦炭机械强度内涵也有所不同,为对比分析,有必要先讨论焦炭在转鼓内的受力情况。

(2)焦炭在转鼓内的运动特征　焦炭在转鼓内要靠提料板才能提升,故各种转鼓均设有不同规格的提料板。焦炭在具有提料板的转鼓内随鼓转动时的运动情况可由图 1-10(a)表示,装入转鼓的焦炭在转鼓内旋转时,一部分被提料板提起,达到一定高度时被抛出下落(图中位置 A),使焦炭受到冲击力的破碎作用,一部分超出提料板的焦炭在提料板从最低位置刚开始提升时,就滑落到鼓底(位置 B),这部分焦炭仅能在转鼓底部滚动和滑动(位置 C),故破碎作用不大,当靠到下一块提料板时再部分被提起。此外转鼓旋转时,焦炭层内焦炭间彼此相对位移及焦炭与鼓

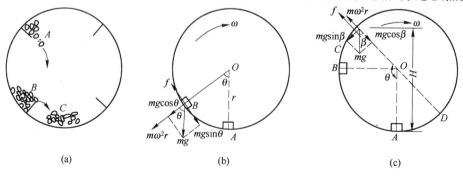

图 1-10　焦炭在转鼓内的运动情况和受力分析

(a)焦炭在转鼓内的运动情况;(b)不在提料板上的焦炭受力分析;(c)提料板上的焦炭受力分析

壁间的摩擦,则是焦炭磨损的主要原因,鼓内焦炭的填充量愈多,这种磨损作用就愈明显。

表1-6 一些国家的焦炭转鼓试验方法标准

项 目	中 国	日 本 (JIS)	日 本 (ASTM)	美 国 ASTM 标准法	美 国 ASTM 改进法	德 国
转鼓	米库姆	JIS	ASTM	ASTM		米库姆
直径/mm	1000	1500	914	914		1000
长度/mm	1000	1500	457	457		1000
鼓壁厚/mm	8	9	6	6		5
提料板						
尺寸/mm	100×50×10	1500×250×9	50×50×6	50×50×6		100×50×10
数目	4	6	2	2		4
转鼓转速/r·min⁻¹	25	15	24	24		25
总转数/r	100	30 或 150	1400	1400		100
焦样						>60, >40
试样块度/mm	>60(圆孔)	>50(方孔)	50~75(方孔)	50~76(方孔)	38~50(方孔)	>20(圆孔)
质量/kg	50	10	10	10	50~64(方孔)	50
水分/%		<3	<3		两种块度各5	<5
指标/%	M_{40} M_{10}	$DI_{50}^{30}, DI_{50}^{150}$ $DI_{25}^{30}, DI_{25}^{150}$ $DI_{15}^{30}, DI_{15}^{150}$	TI_{25} TI_6	稳定因子(>25.4mm) 硬度因子(>6.4mm)		R_{40}, R_{30}, R_{16} R_{10}, R_{10}, R_{10}

项 目	英 国 米库姆法	英 国 半米库姆法	前苏联 米库姆法	前苏联	ISO 米库姆法	ISO 依尔希德法
转鼓	米库姆法	半米库姆法	米库姆法		米库姆法	依尔希德法
直径/mm	1000	1000	1000		1000	1000
长度/mm	1000	500	1000		1000	1000
鼓壁厚/mm	5	5	8		5	5
提料板						
尺寸/mm	100×50×10		100×50×10		100×50×10	100×50×10
数目	4		4		4	4
转鼓转速/r·min⁻¹	25		25		25	25
总转数/r	100		100		100	100
焦样						
试样块度/mm	>60(圆孔)		>25(方孔)	>40(圆孔)	>20	>20
质量/kg	50	25	50	50	50	50
水分/%	<5				<3	<3
指标/%	M_{40} M_{10}		M_{25} M_{10}	M_{40}(不适用于高炉焦) M_{10}	M_{40}, M_{10} (或用半米库姆法)	I_{20} I_{10}

　　焦炭在转鼓内的受力情况可通过单块焦炭作近似分析,不在提料板上并处于鼓底的焦炭受力情况如图1-10(b)所示,焦炭作用在鼓壁上的正压力由离心力 $m\omega^2 r$ 和重力的径向分力 $mg\cos\theta$

两部分组成,即:

$$N = m\omega^2 r + mg\cos\theta$$

式中　m——焦块质量;

　　　ω——转鼓旋转的角速度;

　　　r——转鼓半径。

若焦炭与鼓壁间的摩擦系数为 μ,则使焦块沿转鼓转动而提升的摩擦力 f 为:

$$f = \mu(m\omega^2 r + mg\cos\theta)$$

焦炭沿鼓壁旋转时的下滑力为重力的切向分力 $mg\sin\theta$,当 $f > mg\sin\theta$ 时,焦炭可沿鼓壁被提升,$f < mg\sin\theta$ 时,焦炭将滑落,故焦炭滑落的条件是:

$$mg\sin\theta = \mu(m\omega^2 r + mg\cos\theta)$$

或

$$\sin\theta - \mu\cos\theta = \frac{\mu\omega^2 r}{g}$$

由此可得

$$\sin(\theta - \alpha) = \frac{\mu\omega^2 r}{g\sqrt{1+\mu^2}} \tag{1-20}$$

式中

$$\cos\alpha = \frac{1}{\sqrt{1+\mu^2}}, \sin\alpha = \frac{\mu}{\sqrt{1+\mu^2}}$$

若 $\mu = 0.1$,转鼓转速为 25r/min,$r = 0.5$m,则 $\omega = \frac{25}{60} \times 2\pi = 2.618$rad/s,$\alpha = 5.71°$,代入式 1-20 得

$$\sin(\theta - \alpha) = \frac{0.1 \times 2.618^2 \times 0.5}{9.8\sqrt{1+0.1^2}} = 0.0348$$

所以

$$\theta - \alpha = 1.994°, \theta = 1.994° + 5.71° = 7.7°$$

计算说明位于鼓底的焦炭最大提升 7.7° 即下滑,故超出提料板宽度的焦炭,基本上没有被提升,只能在鼓底来回滑动,提高转鼓的转速,可以适当加大提升高度。

处于提料板上的焦炭受力情况如图 1-10(c)所示,焦炭在转鼓内转动时被提料板支承,因此不会沿壁面滑动,而随提料板提升,当提料板上的焦炭从 A 经 B 提至 C 处时(提料板超过 90°),焦块就可能沿提料板滑落。这时焦块沿提料板的下滑力 F 为重力的径向分力 $mg\cos\beta$ 和离心力 $m\omega^2 r$ 之差,即:

$$F = mg\cos\beta - m\omega^2 r$$

作用在提料板上的正压力为重力的切向分力 $mg\sin\beta$,当提料板与焦块间的摩擦系数为 μ 时,阻止焦块沿提料板下滑的摩擦力 $f = \mu mg\sin\beta$。则焦炭沿提料板下滑的临界条件为:

$$\mu mg\sin\beta = mg\cos\beta - m\omega^2 r$$

由此可得

$$\cos(\beta + \alpha) = \frac{\omega^2 r}{g\sqrt{1+\mu^2}} \tag{1-21}$$

式中,α 意义同前,在上述计算的相同条件下可得:

$$\cos(\beta + \alpha) = \frac{\omega^2 r}{g\sqrt{1+\mu^2}} = \frac{2.618^2 \times 0.5}{9.8\sqrt{1+0.1^2}} = 0.348$$

故 $\beta + \alpha = 69.63°$,$\beta = 69.63° - 5.71° = 63.92°$,即 $\theta = 180° - 63.92° = 116.08°$

计算表明,当 $\mu = 0.1$ 时,米库姆转鼓内焦炭提升的最大角度为 116.08°,焦炭的提升高度 $H = 0.5 + 0.5\cos\beta = 0.5 + 0.5\cos63.92° = 0.72$(m)。以上分析虽是对单块焦炭而言,与多块焦炭的情况有一定差异,但可据此比较不同转鼓的下落特性(表 1-7)。

焦炭在转鼓内所受的磨损作用取决于转鼓转数和转鼓内焦炭的充填率,即装入转鼓的焦炭

体积占鼓容 的百分率。若块焦的堆积密度为 $500kg/m^3$，则米库姆转鼓的焦炭充填率为 $\dfrac{50/500}{\pi \times 0.5^2 \times 1} = 12.7\%$。几种转鼓的焦炭充填率见表1-7。

表1-7　几种转鼓的下落特性和充填率

转鼓	最大提升角/(°)	提升高度 H/m	转鼓容积/m^3	焦炭试样量/kg	焦炭容积/m^3	充填率/%
ASTM	112.75	0.634	0.3	10	0.02	6.67
米库姆法	116.08	0.720	0.785	50	0.1	12.7
JIS	106.54	0.964	2.65	10	0.02	0.75

注:焦炭堆积密度按$500kg/m^3$计。

分析表1-7的特征数据可见:JIS 转鼓的鼓径和鼓容大,提升高度高,但装焦量少,充填率不足 1%,且鼓内设有 6 块宽度为 250mm 的提料板,装入转鼓的焦炭很少有滑落在鼓底来回滑动的情况,且转数较少,故焦样主要受冲击力作用,其指标主要反应焦炭的抗碎强度。而 ASTM 转鼓的鼓径较小,焦炭提升高度亦低,充填率虽低于米库姆转鼓,但较 JIS 转鼓大得多,且仅有 2 块提料板,转数多,故焦炭受磨损作用比较突出。米库姆转鼓的特征介于以上两者之间,能同时反映焦炭的抗碎和耐磨性能,但转鼓的转数对此有一定影响,曾考核不同块度的焦炭在米库姆转鼓不同转数条件下,焦块稳定性 C_d 的变化特征(图 1-11),由图中曲线可知,在前 100～200r,随转数增加,C_d 迅速下降,且块度愈大,下降愈快,这表明焦块主要沿裂纹和结构缺陷破碎。200r 以后,C_d 的下降渐趋平坦,这说明焦炭的破碎显著减少,磨损逐渐变成主要破坏焦炭的因素。

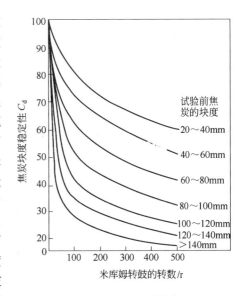

图 1-11　不同块度,不同转数下的焦炭块度稳定性 C_d

$$\left(C_d = \frac{试验后焦炭平均块度}{试验前焦炭平均块度} \times 100, \% \right)$$

（3）转鼓强度的指标　各国转鼓试验的指标如表 1-6 所示,一些研究工作者曾对各种转鼓指标间的相互关系进行过试验,得到表 1-8 所示的一些关系,但应指出,这些回归式所表述的相互关系仅限于一定的适应范围。

表1-8　焦炭转鼓强度试验指标的相关性

序　号	回归方程式	标准偏差	相关系数
1	$M_{40} = 25.89 + 0.884 T_{25.4}$	2.74	0.898
2	$M_{40} = 30.9 + 0.825 T_{25.4}$		0.954
3	$M_{20} = 75.68 + 0.264 T_{25.4}$	0.72	0.920
4	$M_{10} = 27.23 - 0.290 T_{6.4}$	0.75	0.683
5	$M_{10} = 33.7 - 0.376 T_{6.4}$		0.853
6	$M_{40} = 60.12 + 0.285 I_{20}$		0.707

序　号	回归方程式	标准偏差	相关系数
7	$M_{10} = 10.06 + 0.819 I_{10}$		0.447
8	$DI_{15}^{30} = 17.14 (M_{40})^{0.39}$		
9	$DI_{15}^{30} = 103 - 1.54 M_{10}$		

注:M—米库姆转鼓 >40,>20 和 <10mm 指标;

I—IRSID 转鼓 >20,<10mm 指标;

$T_{25.4}$—ASTM 转鼓稳定因子 >25.4mm 指标;

$T_{6.4}$—ASTM 转鼓硬度因子 >6.4mm 指标;

DI_{15}^{30}—JIS 转鼓 30 转后,>15mm 指标。

有人曾考察增加转数对米库姆转鼓指标的影响,表明随转数增加,M_{10} 的区分能力先是增大,超过 1000r 后又降低。高炉实践认为焦炭 M_{10} 指标比 M_{40} 对高炉操作的影响更重要,同时考虑到不过多增长转鼓试验的时间,故 ISO 标准规定采用 500r 的试验标准。此外,20 世纪 50 年代大型高炉主要采用大于 60mm 甚至大于 80mm 的大块焦,70 年代以来,中小焦块用于高炉的比例愈来愈大。研究中还发现,焦炭入鼓块度对转鼓指标的结果影响很大,大块焦主要沿裂纹破碎,不能全面反映焦炭的强度,故 ISO 标准将入鼓焦炭块度改为大于 20mm,并用 M_{20} 代替 M_{40} 考核抗碎强度。前苏联 1972 年的标准也规定用大于 25mm 焦炭入鼓,并用 M_{25} 考核高炉焦的抗碎强度。我国的研究工作也证明用 M_{25} 或 M_{20} 考核焦炭强度,其准确性和灵敏度更高,现行的高炉用焦炭新质量标准也将采用 M_{25} 作强度指标。

由于转鼓试验仅用转鼓后某一粒级量占入鼓量的百分率作为指标来考核强度,不能反映焦炭粒度分布的全面情况,故各国对焦炭的转鼓试验指标做过大量研究,提出了多种指标的表示方法。有的提出用转鼓试验后焦炭的粒度分布曲线或相应的粒度分布函数方程来评定焦炭转鼓强度;有的提出用转鼓试验前后,由焦炭的筛分组成计算的焦炭比表面的变化量来评定焦炭转鼓强度。

三、焦炭筛分组成

用一套具有标准规格和规定孔径的筛子将焦炭筛分,然后分别称量各级筛上焦炭和最小筛孔的筛下焦炭质量,算出各级焦炭的质量百分率或各筛级以上焦炭质量累积百分率,即焦炭的筛分组成,用来表述焦炭的粒度分布状况。筛分试验用的筛孔有方孔筛和圆孔筛两种,我国冶金焦(高炉焦)国标规定大于 40mm 焦炭的筛分组成用 4 层方孔筛测定(80、60、40 和 25mm),小于 25mm 的焦炭百分含量作为冶金焦的焦末含量,焦末含量高,对高炉生产不利。各国均有相应的筛分试验标准,国际标准允许使用圆孔或方孔筛进行试验。方孔筛以边长 L 表示孔的大小,圆孔筛以直径 D 表示孔的大小,相同尺寸的两种筛,其实际大小不同,试验得出两者的关系为 $D/L = 1.135 \pm 0.04$,即如圆孔筛直径为 40mm 时,对应的方孔筛 $L = 40/1.135 = 35.2$mm。

通过焦炭筛分组成可以计算焦炭平均块度,块度均匀性,还可估算焦炭比表面、堆积密度,并由此得到评定焦炭透气性和强度的基础数据。

1. 焦炭平均块度

焦炭平均块度有多种计算方法。

(1)算术平均块度

$$d_s = \Sigma a_i d_i \tag{1-22}$$

式中　a_i——各粒级的质量分率,% ;

d_i——各粒级的平均块度,由粒级上、下限的平均值计算。

(2)调和平均块度　是以实际焦块比表面与相当球体比表面相同的原则,确定的平均块度,该值反比于焦炭比表面值,常用于焦炭层透气性或阻力的计算。

$$d_t = \left(\Sigma \frac{a_i}{d_i} \right)^{-1} \tag{1-23}$$

(3)ISO 标准计算平均块度的方法

$$d_a = \frac{B(a-c) + C(b-d) + \cdots + I(h-j) + Ji}{200} \tag{1-24}$$

式中, $a,b,c,d,\cdots,h,i,j$——筛子的孔径(由大至小),其中 $j=0mm$;

$A,B,C,D,\cdots,H,I,J$——相应粒级的累计百分数,% ,其中 $A=0$, $J=100\%$ 。

2. 焦炭块度均匀性

高炉焦的块度均匀性一般按下式计算。

$$k = \frac{a_{40\sim80}}{a_{>80} + a_{25\sim40}} \times 100\% \tag{1-25}$$

式中 $a_{25\sim40}$, $a_{40\sim80}$, $a_{>80}$ 分别表示焦炭中 25～40mm,40～80mm 和 >80mm 各粒级的百分含量。 k 值愈大,块度愈均匀,愈有利于高炉的透气性。对于中、小高炉可按 $k = \frac{a_{25\sim40}}{a_{>40} + a_{10\sim25}} \times 100\%$ 计算。

3. 焦炭比表面

设焦块为球体,则某一粒级焦炭的质量 a'_i 可由下式计算。

$$a'_i = \frac{n}{6}\pi d_i^3 \rho_k = \frac{S'_i}{6} d_i \rho_k, kg \tag{1-26}$$

式中　　　n——焦块数;

$\quad\quad d_i$——焦块平均直径,m;

$S'_i = n\pi d_i^2$——某粒级焦炭表面积,m^2 ;

$\quad\quad \rho_k$——焦块视密度,kg/m^3 。

由式(1-26)可得 $S'_i = 6a'_i/d_i\rho_k$,m^2 ;由此可由筛分组成计算整个粒级焦炭的表面积为:

$$S' = \Sigma S'_i = \left(\frac{6}{\rho_k} \right)\Sigma\left(\frac{a'_i}{d_i} \right), m^2 \tag{1-27}$$

若焦炭视密度 $\rho_k = 0.001kg/cm^3$,焦炭各粒级产率用 $a_i\%$ 表示,焦炭平均直径单位用 cm 时,式(1-27)为:

$$S = \left(\frac{6}{0.001} \right)\Sigma\left(\frac{a_i}{100d_i} \right) = 60\Sigma\left(\frac{a_i}{d_i} \right), cm^2/kg \tag{1-28}$$

式中, d_i 按筛级上、下限的平均值计算,当 $d_i = 90mm$ 时,式中 $\frac{60}{d_i} = \frac{60}{9} = 6.7$; $d_i = 70mm$ 时, $\frac{60}{d_i} = \frac{60}{7}$ =8.6;依此不同粒级的换算系数 $\left(\frac{60}{d_i} \right)$ 如表1-9所示。

若筛分组成由 80、60、40、25 和 10mm 筛孔测得,则

$$S = 6.7a_{>80} + 8.6a_{60\sim80} + 12.0a_{40\sim60} + 18.5a_{25\sim40} + 34.3a_{10\sim25} + 120a_{0\sim10}, cm^2/kg$$

若焦炭强度用新产生单位表面所耗功表示如式(1-19),则米库姆转鼓 100r 后的块焦强度可按转鼓前后焦炭的比表面来表达,即:

$$U = \frac{100}{S_{100} - S_0}, \mathrm{kg \cdot r/cm^2} \qquad (1\text{-}29)$$

式中　100——米库姆转鼓试验的转数,反映对焦炭做功的大小;

S_{100},S_0——100 转前后根据筛分组成由式(1-28)计算的比表面积,$\mathrm{cm^2/kg}$。

表 1-9　由筛分粒级计算焦炭表面积的换算系数

粒级/mm	>80	60~80	40~60	25~40	10~25	0~10	M_{40}	M_{25}
平均直径/cm	9	7	5	3.25	1.75	0.5	6.0	5.3
换算系数$\left(\dfrac{60}{d_i}\right)$	6.7	8.6	12.0	18.5	34.3	120	10	11.6

如要考核焦炭在转鼓内经 100 转至 200 转间强度的变化,则可表示为:

$$U_{200\sim100} = \frac{200 - 100}{S_{200} - S_{100}}, \mathrm{kg \cdot r/cm^2}$$

4. 块焦的空隙体积

块状焦炭堆积体内的空隙体积可根据焦炭的堆密度和视密度按下式计算。

$$V = V_{堆} - V_{视} = \frac{1}{\rho_{堆}} - \frac{1}{\rho_{视}}, \mathrm{m^3/kg} \qquad (1\text{-}30)$$

式中　$V_{堆}$,$V_{视}$——单位质量焦炭的堆积体积和视体积,$\mathrm{m^3/kg}$;

$\rho_{堆}$,$\rho_{视}$——焦炭的堆密度和视密度,$\mathrm{kg/m^3}$。

焦炭的堆密度可用称量装满一定容积(为减少误差,国际标准规定为两个 $0.2\mathrm{m^3}$)容器的焦炭量来测定。焦炭视密度的测定一般用定量的干燥块焦试样,装在铁丝筐内称量后,浸入水中摇动除去气泡,测出浸在水中的筐和焦炭质量,再提出筐子使筐和焦炭表面水流掉(淋水)后称量。然后按下式计算:

$$\rho_{视} = \frac{M_1 - m_1}{[(M_2 - m_2) - (M_3 - m_3)] \times 0.001}, \mathrm{kg/m^3} \qquad (1\text{-}31)$$

式中　m_1、m_2、m_3——铁丝筐的干燥质量、淋水后质量和在水中质量,kg;

M_1、M_2、M_3——铁丝筐和焦炭的干燥质量、淋水后质量和在水中质量,kg;

0.001——水的比体积,$\mathrm{m^3/kg}$。

国外研究工作者曾提出按焦炭筛分组成数据近似计算块焦堆积体内空隙体积的方法,并进而估算焦炭的透气性,这给焦炭的筛分组成提供了更多的实用意义。

根据块状物料空隙连续堆积原理,即当不同粒级的物料混合时,最大块状物间的自由空间,被连续地由较小的块状物充填。基于这个原理,块状物料堆积体的空隙体积 V 可用下式表示:

$$V = \Sigma[V_{L(i)} - V_{M(i-1)}], \mathrm{cm^3} \qquad (1\text{-}32)$$

式中　$V_{L(i)}$——较大焦块间的空隙体积;

$V_{M(i-1)}$——下一粒级较小焦块的体积;

i——粒级序号,从最小粒级开始计。

V_L 与焦块大小有关,曾测量不同粒级焦炭的堆密度和视密度,并按式(1-30)计算出相应的 V_L,然后绘制 V_L 与焦炭平均直径 $d(\mathrm{cm})$ 的关系曲线,该曲线可用如下抛物线方程描述:

$$V'_{L(i)} = 8d_i^2 + 900, \mathrm{cm^3/kg} \qquad (1\text{-}33)$$

式中　$V'_{L(i)}$——某粒级焦炭间的比自由空间体积,$\mathrm{cm^3/kg}$;

d_i——某粒级焦炭的平均直径,cm。

则

$$V_{L(i)} = V'_{L(i)} \cdot a'_i = (8d_i^2 + 900)a'_i,\ cm^3 \qquad (1\text{-}34)$$

式中　a'_i——某粒级焦炭的数量,kg。

在各种形状的块料中,球形物料堆积体的堆积密度最小,自由空间的体积分率最大为0.476,即球形物料在堆积体中占有的体积分率最小为0.524。在一定质量的堆积体中,球体与焦炭相比具有如下关系:

$$\frac{球体自由空间的分率(=0.476)}{焦炭堆积体自由空间的分率} = \frac{焦炭堆积体中焦炭体积分率}{球体堆积体中球体体积分率(=0.524)}$$

则　焦炭堆积体中焦炭体积分率×自由空间分率 = 0.476×0.524 = 0.25

或　焦炭堆积体中焦炭比体积 $V'_{M(i-1)} = \dfrac{0.25}{焦炭堆积体中比自由空间体积\ V'_{L(i)}}$

$$= \frac{0.25}{8d_i^2 + 900},\ cm^3/kg \qquad (1\text{-}35)$$

则

$$V_{M(i-1)} = V'_{M(i-1)} \times a'_{i-1} = \frac{0.25a'_{i-1}}{8d_i^2 + 900},\ cm^3 \qquad (1\text{-}36)$$

式中　a'_{i-1}——下一粒级焦炭的数量,kg。

将式(1-34)和式(1-36)代入式(1-32)得

$$V = \Sigma\left[(8d_i^2 + 900)a'_i - \frac{0.25a'_{i-1}}{8d_i^2 + 900}\right],\ cm^3 \qquad (1\text{-}37)$$

如粒级质量用质量百分率表示,式(1-37)可写成

$$V = \Sigma\left[(0.08d_i^2 + 9)a_i - \frac{25a_{i-1}}{0.08d_i^2 + 9}\right],\ cm^3/kg \qquad (1\text{-}38)$$

式中　a_i, a_{i-1}——某粒级及其下一粒级的焦炭产率,%。

式(1-38)是根据筛分组成数据计算焦块间空隙比体积的基本公式,若焦炭用10、25、40、60和80mm筛孔分级,则代入相应粒级的平均直径,式(1-38)可整理得:

$$V = 15.5a_{>80} + 11.3a_{60\sim80} + 9.1a_{40\sim60} + 7.6a_{25\sim40} + 6.7a_{10\sim25} + 6.3a_{<10},\ cm^3/kg \qquad (1\text{-}39)$$

四、焦炭的材料力学性质

为评定焦体和焦质的强度,通常采用材料力学的测定方法。焦体是不含宏观裂纹但带微裂纹和气孔的多孔体,它的强度一般用抗压强度、抗拉强度、结构强度和弹性模量等来评定。焦质是不含微裂纹和宏观气孔(直径>10~20nm)、过渡气孔(直径2~10nm),但仍含有微气孔(直径<2nm)的焦炭气孔壁,它的强度可用显微强度和显微硬度评定。

1. 抗拉强度

焦炭多孔体的抗压强度(12~30MPa)比抗拉强度(4~10MPa)大得多,因此焦炭多孔体的破坏和断裂主要取决于拉应力。如将焦炭制成方截面长条状试样,直接用拉力试验机测定拉应力,这在试样制作上十分困难,因此焦炭的抗拉强度一般用径向压缩法间接测定,即将焦炭制成直径10~20mm、高6~10mm的圆柱形试样,在材料试验机上进行径向压缩,然后按下式计算抗拉强度。

$$\sigma = \frac{2W}{\pi Dl},\ kN/cm^2,\ 或\ \sigma = \frac{20W}{\pi Dl},\ MPa \qquad (1\text{-}40)$$

式中　　W——试样断裂时加载的力,kN;

　　　　D、l——焦样的直径和高度,cm。

由于不同焦块的结构,外形很不均一,因此应从炭化室不同部位及沿焦块不同方向上切取片状焦样,再用涂有金刚砂的空心钻头钻取圆柱形试样,经清洗、干燥后试验,最后由统计处理获得相应结果。

焦炭多孔体的抗拉强度与材料的基质强度 σ_0、气孔率 P 和视密度 $\rho_{视}$ 等有关,一般呈如下指数关系:

$$\sigma = \sigma_0 \exp(-C \cdot P) \tag{1-41}$$

或
$$\sigma = \sigma_0 \exp(-C' \cdot \rho_{视}^{-1}) \tag{1-42}$$

当用焦炭的显微强度 MS 表示基质强度时,可以得到如下线性关系:

$$\sigma_0 = A + B \cdot MS \tag{1-43}$$

式中　　A、B、C、C'——回归常数。

华东冶金学院曾对一些焦样进行的试验得到如下关系:

$$\sigma = (28MS^{0.3} - 215.8)\exp(-2.163\rho_{视}^{-1}), MPa$$
$$(n = 108, r = 0.914)$$

式中　　$MS^{0.3}$——以大于0.3mm标志的显微强度(详见显微强度)。

日本住友金属曾得到如下关系:

$$\sigma = (11.4MS^{0.2} - 114)\exp(-4.2P), kg/cm^2$$
$$(n = 220, r = 0.72)$$

国内外的试验表明,抗拉强度与焦炭转鼓强度之间一般呈如下指数关系:

$$M_x = 100\exp(-K\sigma^{-m}), \% \tag{1-44}$$

式中　　M_x——转鼓强度指标;

　　　　K, m——回归常数。

若能建立式(1-44)的关系,就可按焦炭的抗拉强度估算转鼓强度,这对于难以取得大批量焦炭试样时的焦炭试验研究,可通过较少焦样做出的抗拉强度(或显微强度、气孔率、视密度)间接确定转鼓强度。

2. 杨氏模量

当焦炭作为一种弹性体,在焦炭试样单向拉伸或压缩时,试样单位截面上受到的正应力 σ 与相应产生的应变 ε 的比值,即杨氏模量 $E = \sigma/\varepsilon$。它标志材料对受力下产生变形的抵抗能力,其测量方法和原理均由金属材料力学移植而来,按测量时试样所处状态分静态测量和动态测量两大类,以下仅以三点静态法和悬丝共振法(动态法)为例简要介绍。

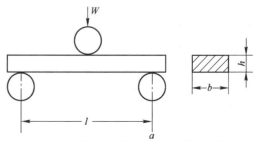

图1-12　三点静态法测量焦炭杨氏模量示意图

（1）三点静态法 将焦炭制成宽 8～15mm，厚 3～6mm，长 35～70mm 的矩形长条试样，置于小型万能试验机的两个支点上，在试样中部以一定速度加载（图 1-12），测定加载力 W 和挠度 δ 后，按下式计算杨氏弹性模量。

$$E = \frac{1}{4} \cdot \frac{W}{\delta} \cdot \frac{l^3}{bh^3}, N/mm^2 \tag{1-45}$$

式中 l——两支点间的距离，mm；

b、h——试样的宽和厚，mm。

用静态法测量焦炭杨氏模量时，在与负载接触处焦样易破碎，影响测量精度，故准确测量常采用动态法。

（2）悬丝共振法 它是通过共振原理测定焦炭试样的固有频率 f，再按下式计算杨氏模量。

$$E = 1.009 \times 10^{-7} \left(\frac{l}{h}\right)^3 \cdot \frac{m}{b} \times f^2, MPa \tag{1-46}$$

式中 l、h、b——试样的长、厚和宽，cm；

m——试样质量，g；

f——试样固有频率，Hz。

测量装置如图 1-13 所示，利用换能器 2 将信号发生器 1 产生的音频电信号转换为对应频率的机械振动，并通过悬丝激发焦炭试样。调节信号发生器的输出频率，当与焦炭试样的固有频率相同时，焦样即发生共振，这种共振通过另一根悬丝与换能器 4 再转变成电信号，并经放大器 5 放大，在指示仪表上可观察到接收信号的极大值，用频率计 7 精确测定此时的频率，即试样的固有频率（共振频率）。

试样的尺寸、均匀性和悬吊位置对测量精度有明显影响，一般焦炭试样的 $l \times b \times h = (5.5 \sim 7.0) \times (0.8 \sim 1.5) \times (0.3 \sim 0.6)$，cm，加工精度为 1%，试样应不含内裂纹。工业焦炭的杨氏模量一般为 1～10MPa，因煤料、炼焦条件而异；随焦炭气孔率增大而降低。动态法测量值一般比静态法测量值大一些。

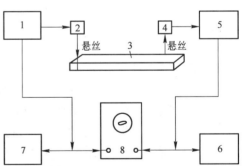

图 1-13 悬丝共振法测量装置原理图
1—信号发生器；2,4—换能器；3—焦样；5—放大器；
6—交流毫伏计；7—频率计；8—示波器

如前所述，利用杨氏模量可以作为评定焦炭不同层次强度的统一标志，因此研究焦炭的杨氏模量被研究工作者所重视，但由于制取合格焦样难度较大，以及仪器精度、操作水平等方面的原因，限制了这种指标在工业上的应用。

3.显微强度与结构强度

以粉碎到一定粒度的焦样置于一定尺寸的钢管中，管内置有一定数量的钢球，然后使钢管沿管长中心为轴进行旋转，转一定转数后，测量焦样大于或小于某一粒级的焦粒占焦样的百分率，用以评定焦样的强度。因焦样的粒度、数量及试验参数的不同（表 1-10），所测得强度分别定义为显微强度和结构强度。显微强度最早由英国伯莱顿（H. E. Blayden）等于 1937 年提出，以后被欧洲国家和日本广泛采用,由于试样粒度较小,被作为测定焦炭气孔壁(焦质)强度的一种方法。结构强度测量方法与显微强度类同,但试样粒度较大,是测量焦炭多孔体强度的一种方法,前苏联已定为国家标准。

表 1-10 焦炭显微强度和结构强度试验方法

名称	管长/mm	管内径/mm	试样量	粒度/mm	钢球	转速/r·min^{-1}	转数/r	指标	平均绝对误差/%
显微强度	305	26	约2g	0.6~1.18	8mm×12	25	400~1500	$R_1 = \dfrac{>0.6mm}{试样量}$, $R_2 = \dfrac{0.2\sim0.6mm}{试样量}$ $R_3 = \dfrac{<0.2mm}{试样量}$, $MS^{0.2} = R_1 + R_2$ $MS^{0.3} = \dfrac{>0.3mm}{试样量}$	≤1
结构强度	310±0.5	25±1	50cm^3	3~6	15.08±0.1 mm×5	25	1000	$\dfrac{>1mm}{试样量}$	

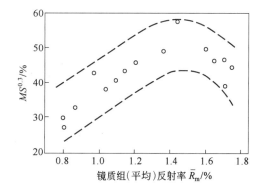

图 1-14 CO_2 反应率为 30% 条件下,
煤的镜质组(平均)反射率与焦炭
显微强度(400r)的关系

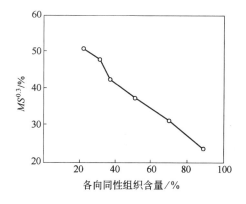

图 1-15 CO_2 反应率为 30% 条件下,
焦炭中各向同性组织含量与焦炭
显微强度(400r)的关系

焦炭的显微强度与原料煤性质、焦炭光学组织及炼焦条件等因素有关。图 1-14 为不同煤化度煤制成的焦炭经过相同 CO_2 反应率后,显微强度($MS^{0.3}$)的趋势变化。由图表明,中等煤化度结焦性好的煤制成的焦炭具有较高的显微强度。图 1-15 为焦炭光学组织与显微强度关系,由图表明,焦炭显微强度随焦炭光学组织中各向同性组织含量提高而降低;同一煤种制成的焦炭,随炼焦温度提高,显微强度增大。

显微强度的测量仪器和方法比较简单,当建立了预测焦炭转鼓强度的上述式(1-41)~式(1-43)的回归方程后,可以通过测量反映焦炭气孔壁强度的显微强度和反映焦炭多孔体特性的气孔率或视密度,就可以预测焦炭的转鼓强度。

焦炭气孔壁强度也可用显微硬度表示,它是在焦炭的磨光表面上选定测点,用金刚石锥体在其上施加一定压力,在显微镜下观察并确定焦炭表面留下的刻痕大小来衡量。由于取样代表性

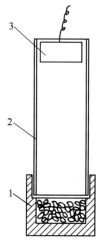

图 1-16 落锤试验装置示意图
1—焦样承受器;2—导管;3—落锤

不足和焦炭组织结构的不均一性,影响显微硬度测量的精度,故限制了这种方法的使用。

4.落锤法测定焦炭多孔体强度和气孔壁强度

基于式(1-19),焦炭强度可用新产生单位表面所耗功来表示,前苏联瑟斯科夫(К. И. Сысков)提出用落锤法测量焦炭多孔体强度和气孔壁强度。落锤试验装置的基本结构示意如图1-16所示,试验方法见表1-11。试验中焦样的比表面由筛分组成按式(1-28)计算。

表1-11　落锤法测定焦炭材料力学强度的方法

名　称	锤重/kg	锤高 H/mm	管径 ϕ/mm	试样量/g	粒度/mm	落锤次数	破坏功/J	落锤后焦炭筛级/mm	指标/J·m^{-2}	试验损失焦样量/g
多孔体强度	1.25	800	73	25	6~13	3	30	0~1,1~3 3~6,6~13	$P_M = \dfrac{30 \times 10^4}{(S_3 - S_0)W}$	<0.25
气孔壁强度	0.25	250	26	0.6~1	0.125~0.25	8	5	<0.07 0.07~0.125 0.125~0.25	$P = \dfrac{5 \times 10^4}{(S_8 - S_0)W}$	<0.02

注:W—焦样量,kg;

　　S_0、S_3、S_8—落锤前,落锤3次后,落锤8次后焦样的比表面,cm^2/kg;

　　10^4—由 cm^2 换算为 m^2 的系数。

第五节　焦炭的热性质

焦炭的热性质是指它经过二次加热的物理性质、化学性质和机械力学性质,分别称热物理性质、热化学性质和热强度。

一、焦炭受热过程的变化

1.组成

焦炭使用过程中,当温度超过炼焦终温时,由于残留挥发分的进一步脱除和无机组分的高温分解,使灰分和杂原子(S,N,P)减少,图1-17为其实例。焦炭中的硫有硫化铁硫、有机硫和元素硫三种形态,其中硫化铁硫最易脱除,当焦炭加热到1300℃时,约可脱除50%;有机硫较难脱除,加热到1600℃仅约脱除20%;元素硫含量不足0.1%,加热到1600℃可脱除50%。焦炭中含氮0.4%~1.5%,高温下在脱硫同时发生脱氮反应,加热到1700℃约可脱氮75%。焦炭二次加热时,由于脱挥发分、脱硫、脱氮和脱灰,使重量减少,高于1300℃时,每升高100℃,重量减轻1%~2%。

2.结构

焦炭属于乱层结构,高温下由于分子的热运动,使结构逐步定向,向石墨结构方向转移,即石墨化。根据石墨化的难易,焦炭可分为易石墨化和难石墨化两类,它因生产焦炭的原料煤性质而异,中挥发强黏结煤生产的焦炭比低挥发弱黏结煤生产的焦炭易石墨化,高挥发弱黏结煤生产的焦炭基本上不能石墨化。焦炭的石墨化一般是在1400℃以上逐步发生,直至2300~3000℃才

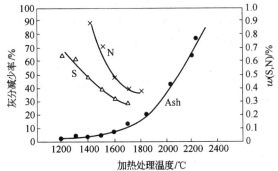

图1-17　焦炭二次加热时脱灰脱硫、氮的实例

能完成石墨转化的全过程。焦炭的石墨化度可由 X 衍射图谱得到的晶格尺寸确定(见焦炭的结构性质),易石墨化碳,经高温处理,晶格尺寸明显增大,而难石墨化碳,即使温度升至 1500℃ 以上,晶格尺寸也无明显变化。

3. 膨胀与收缩

焦炭二次加热时,在 20 ~ 1000℃ 范围内随温度升高而膨胀,加热温度超过炼焦终温时,由于挥发分析出、无机组分分解,重量减轻而呈现出某些收缩。焦炭的热膨胀性质可用热膨胀系数 α 表示:

$$\alpha = \frac{\Delta l}{l_0(t - t_0)}, ℃^{-1}$$

式中　Δl——焦炭从原始温度 t_0 升温至 t(℃)的伸长量,m;

　　　l_0——焦炭在 t_0(℃)时的原始长度,m。

曾测量由不同煤化度煤制得焦炭的热膨胀系数(表 1-12),数据表明焦炭热膨胀系数随加热温度提高而增大,到 800 ~ 900℃ 时达最大,继续升温热膨胀系数则降低。此外,焦炭热膨胀系数还因原料煤的煤化度和所取焦样在炭化室内的取向而异。当测量焦样取与炭化室内热流方向平行时,随原料煤的煤化度提高,热膨胀系数增加;取与炭化室内流方向垂直的焦样时则相反。

焦炭从 1000℃ 继续加热到 1400℃ 的平均收缩率,随原料煤的煤化度降低而增大,为 0.6% ~ 1.5% 。

表 1-12　焦炭热膨胀系数(实例)　　　　　　　　　　　　℃$^{-1}$

加热温度范围/℃	与炭化室内热流方向垂直			与炭化室内热流方向平行		
	气煤焦	肥煤焦	焦煤焦	气煤焦	肥煤焦	焦煤焦
100 ~ 200	4.6×10^{-6}	5.0×10^{-6}	4.1×10^{-6}	3.1×10^{-6}	4.8×10^{-6}	4.8×10^{-6}
500 ~ 600	7.1×10^{-6}	6.9×10^{-6}	6.1×10^{-6}	5.2×10^{-6}	6.7×10^{-6}	6.7×10^{-6}
700 ~ 800	8.0×10^{-6}	7.6×10^{-6}	6.8×10^{-6}	5.9×10^{-6}	6.9×10^{-6}	7.7×10^{-6}
800 ~ 900	8.6×10^{-6}	7.7×10^{-6}	6.9×10^{-6}	6.1×10^{-6}	7.2×10^{-6}	8.1×10^{-6}
900 ~ 1000	6.6×10^{-6}	6.1×10^{-6}	7.0×10^{-6}	4.7×10^{-6}	5.6×10^{-6}	7.7×10^{-6}
100 ~ 1000 平均值	6.7×10^{-6}	6.5×10^{-6}	5.9×10^{-6}	4.8×10^{-6}	6.0×10^{-6}	6.6×10^{-6}

4. 强度

焦炭二次加热时,对强度产生正负两方面的影响,当焦炭加热温度高于 1000℃ 时,随结构的进一步致密,显微强度有所提高,但同时由于焦炭内部膨胀和收缩不匀产生的热应力会导致裂纹的扩展,使焦炭转鼓强度随温度升高而降低。焦炭的抗拉强度在 1300℃ 前由于正效应为主导,故随温度升高而增大,1300℃ 后则因负效应为主导而抗拉强度降低。

二、焦炭热应力与热强度

1. 热应力

焦炭二次加热时,焦块表面与中心间因温度梯度引起的膨胀收缩差异而在焦炭内部产生的应力为热应力 σ_T,可用下式估算:

$$\sigma_T = \alpha E(t_s - t)/(1 - \nu), MPa \tag{1-47}$$

式中　α——焦炭的热膨胀系数,℃$^{-1}$;

　　　E——焦炭的杨氏模量,MPa(焦炭受力时产生的应变量 $\varepsilon = \dfrac{\Delta l}{l}$,用绝对值表示);

　　　ν——焦炭材料的泊松比;

t_s, t——焦块的表面温度和平均温度,℃。

若焦块表面与中心温度之差为 $\Delta t℃$;并取 $t = t_s - \dfrac{2}{5}\Delta t$,$\nu = 0.1$,式(1-47)可写成 $\sigma_{T} = 0.444\alpha E\Delta t$,MPa。由式可知,焦炭受热时的热应力随 Δt 增加而增大,增大焦块时 Δt 也随之加大。在高炉内,从炉顶至风口区的 Δt 一般可达 $100 \sim 300℃$,据此估算,焦块在高炉内的热应力可达 $0.3 \sim 2.9$MPa。热应力导致焦炭气孔壁产生大量微裂纹,长度达几个微米,这是使焦炭在高温下强度降低的主要原因。

2. 热强度

热强度是指焦炭在高温下测量的强度或经高温处理后在室温下测得的强度。工业上常用的是高温转鼓强度,按热源分有电热和煤气加热两类,并可为内热式或外热式。各国有代表性的高温转鼓及有关参数如表 1-13 所示。自 20 世纪 70 年代以来,倾向于采用以碳化硅为鼓材,用电加热温度可达 1500℃左右的内热式转鼓。热转鼓试验可以反映出焦炭的热破坏,与常温转鼓试验相比,更接近高炉内情况。但一般冷态强度好的焦炭,其热转鼓强度也好。当热转鼓试验中同时通入鼓内 CO_2 时,则可同时测得热强度和 CO_2 反应后强度,因此以 CO_2 为气氛的内热式高温转鼓成为热转鼓形式的发展趋势。

表 1-13 一些国家的热转鼓及有关参数

国别	文献发表时间	转鼓尺寸/mm 内径	转鼓尺寸/mm 鼓长	转鼓材质	转速/r·min⁻¹	回转时间/min	转数/r	入鼓焦样/kg	焦样粒度/mm	加热方式	气氛	最高温度/℃	指标/%	备注
前苏联	1961	70	100	耐热钢	100	30	3000	0.0015	15~20	电,外热	N_2	1000	<3 mm	装入钢球 $14 \times \phi14$ mm
日本	1968	200	250	耐热钢	40→20	60→15	2700	0.1	5~9.5	电,外热	N_2	1000	>10.5 目	装入钢球 $20 \times \phi14$ mm
英国	1968	230	460	SiC + Si_3N_4	25	4	100	2.5	40~60	煤气,外热	N_2	1500	>10,20,30 mm	提料板 4 块
日本	1976	600	710	SiC + Si_3N_4	20	50	1000	5	50~75	电,内热	N_2	1500	>25 mm	提料板 (30×355) 4 块
中国	1979	260	240	耐热钢	12.2	82	1000	1	30~40	电,外热	N_2	1200	>20,<5 mm	提料板 (宽25 mm) 2 块
日本	1979	130	700	SiC	20	30	600	0.2	20±1	电,内热	N_2,CO_2	1500	>10 mm	采用 I 型转鼓
中国	1981	340	300	SiC	20	15	300	1.5	20~40	电,内热	N_2	1500	<10 mm (H_{10}^{300})	提料板 4 块

三、焦炭的高温反应性

1. 机理

焦炭与氧化性气体在高温下反应的性质称作焦炭的高温反应性,简称焦炭反应性,主要指以下三种反应。

$$C + O_2 \longrightarrow CO_2 \tag{1}$$

$$C + H_2O \longrightarrow H_2 + CO \tag{2}$$

$$C + CO_2 \longrightarrow 2CO \tag{3}$$

由反应(1)表达的焦炭反应性也称焦炭燃烧性,高炉内主要发生在风口区 1600℃以上的部位。反应(2)也称水煤气反应。反应(3)是高炉内 900~1300℃的软融带和滴落带内发生的碳素溶损反应,由于它对焦炭在冶炼过程中具有重要意义,通常反应性是用一定浓度的 CO_2 气体在一定温度下与焦炭发生的反应速度或经过一定反应时间后反应掉的 C 来评定。

焦炭是一种碳质多孔体,它与 CO_2 间的反应属气固相非均相反应,它是通过到达气孔表面上的 CO_2 和焦炭表面上碳的活化点不断反应而完成反应过程的。因此其反应速度不仅取决于化学反应速度,还受反应气体的扩散速度影响。上述反应(3)通过大量研究,包括超薄的碳在不同温度下活化点浓度试验、利用同位素 C^{14} 对反应中碳的反应研究和动力学的理论计算等,证明该反应是由下列两个步骤完成的:第一步 CO_2 分子与焦炭表面上活化中心的碳原子 C_f 反应,生成 CO,同时受活化碳原子上电子密度影响,同时生成 C(O),C(O)是化学吸附的碳氧结合,经过第二步解析,化学吸附的 C(O)生成反应物 CO。根据阿累尼乌斯化学反应速度定律,反应速度常数 $k = k_0 e^{-E/RT}$(k_0 为频率因子,E 为反应活化能),在较低温度下(一般指低于 1100℃时)化学反应速度较慢,焦炭气孔内表面产生的 CO 分子不多,CO_2 分子比较容易通过气孔扩散到内表面上与 C 发生反应,因此整个反应速度由化学反应速度控制。随反应温度升高(1100~1300℃),化学反应速度加快,每一个进入气孔的 CO_2 与 C 生成两个 CO,使气孔受堵阻碍 CO_2 的扩散,因此整个反应速度主要由气孔扩散速度控制。温度进一步升高(>1300℃),化学反应速度急剧增加,CO_2 分子一接触到焦炭,来不及向内孔扩散就在表面迅速反应形成 CO 气膜,反应速度受气膜扩散速度控制。当试验用焦炭的粒度加大时,气孔的影响增强,则气孔扩散速度控制区将增大,相应减小气膜扩散速度控制区。

总体而言,焦块与 CO_2 的反应速度与焦炭的化学性质及气孔比表面有关,只有采用粒径为几十到几百微米的细粒焦炭进行反应试验时,才能排除气体扩散的影响,获得焦炭与 CO_2 的化学动力学性质。通常为从工艺角度评价焦炭的反应性,均采用块状或粒状焦炭,要使所得结果有可比性,焦炭反应性的测定应规定焦样粒度、反应温度(或升温制度)、CO_2 浓度(或反应气组成)、反应气流量、压力等实验条件。

2. 测量方法

(1)块焦反应性　块状焦炭在一定尺寸的反应器中,在模拟生产的条件下进行的反应性试验属块焦反应性试验,如图 1-18 所示。根据研究目的不同,在试样粒度大小,试样数量、反应温度、反应气组成和指标表示方式等方面各有不同。一些国家(或企业)曾采用过的块焦反应性试验方法特征见表 1-14,其中使用最广泛的是起源于日本新日铁的 1100℃块焦反应性试验,我国做适当修改后已列为国家标准。

表 1-14 中 g_0 为焦炭试样量;g_1 为反应后焦炭量;g_2 为转鼓后大于 10mm 的焦炭量,CO、CO_2 为反应过程中反应气的 CO、CO_2 浓度(%)。采用一定升温制度下的反应性试验方法,可以得到焦炭的开始反

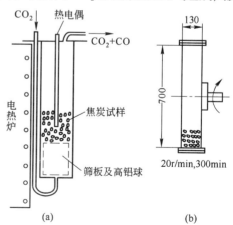

图 1-18　块焦反应性和反应后
强度试验装置示意图
(a)反应器;(b)Ⅰ型转鼓

应温度,各反应温度下的焦炭反应后失重,最大反应失重速率温度等重要参数。利用不同的反应气组成(如 CO_2、CO、N_2、H_2 的混合气)进行反应性试验,可以研究反应气浓度和组成对焦炭反应性的影响。为了预测高炉内碱循环量对焦炭反应性的影响,还可以进行焦炭加碱反应性试验或在反应气中含有碱蒸气的条件下进行反应性试验。在大型反应器中进行试验,可以用相当于入炉块度的焦炭,试验用常温转鼓测定反应后强度以利于与常温转鼓强度作对照。

表1-14 一些国家(或企业)用过的块焦反应性试验方法

国 家 (或企业)	新日铁 (小型)	中 国 (GB4000)	新日铁 (大型)	法国钢铁 研究院	美国伯利恒 钢铁公司	英国煤炭 研究中心	德国矿山 研究所
试样粒度/mm	20 ± 1	$21 \sim 25$	$25 \sim 75$	$20 \sim 30$	$51 \sim 76$	$20 \sim 100$	块焦
试样量	200g	200g	12kg	400g		25kg	70kg
反应装置/ mm × mm	$\phi75 \times H110$ (竖型)	$\phi80 \times H500$ (竖型)	$\phi300 \times H500$ (竖型)		圆桶状	卧状	$910 \times 380 \times 680$(箱式)
反应气体组成	CO_2	CO_2	CO_2	CO_2,CO N_2,H_2	CO_2	CO_2	CO_2,N_2
反应气流量	5L/min	5L/min	$7.5m^3/h$				
温度控制	$800℃ \xrightarrow{\frac{1h}{N_2}}$ $1100℃ \xrightarrow{N_2}$常温	$400℃ \xrightarrow{N_2}$ $1100℃ \xrightarrow{N_2}$ $100℃$以下	常温$\xrightarrow[密封]{3h}$ $1100℃ \xrightarrow{密封}$常温	$200℃/h$			
反应温度 和时间	$1100℃$ 2h	$1100℃$ 2h	$1000℃$ 2h	$650℃ \rightarrow$ $1200℃$	$1000℃$ 2h	$1000℃,1100℃$ $1200℃,1300℃$	$1050 \pm 10℃$
反应后强度 测定装置	$\phi130 \times H700$ 转鼓, $20r/min \times 30min$	$\phi130 \times H700$ 转鼓, $20r/min \times 30min$ (Ⅰ型转鼓)	JIS 转鼓 150r	罗加转鼓	ASTM 转鼓	IRSID 转鼓	米库姆转鼓
指 标	反应性 $CRI = g_0 - g_1/g_0$ $\times 100\%$ 反应后强度 $CSR = g_2/g_1$ $\times 100\%$	反应性 $CRI = g_0 - g_1/g_0$ $\times 100\%$ 反应后强度 $CSR = g_2/g_1$ $\times 100\%$	$CRI = \dfrac{CO}{CO_2 + CO}$ $\times 100\%$ CSR 用 DI_{15}^{150}	CSR 用 $<3\,mm\%$			

(2)粒焦反应性 块焦反应性所用焦样量较多,装置尺寸较大,反应时间较长。为便于实验研究,各国广泛采用粒度小于6mm 的粒焦,在耐热合金或刚玉反应管中进行反应性试验。我国1977 年曾规定了煤和粒焦的 CO_2 化学反应性测定的国家标准(GB220),该法的试验方法见表1-15。为有利于所得结果与块焦反应性的国家标准对照,并简化试验方法,该标准制定单位(煤炭科学研究院北京煤化所)曾对试验条件做了相应的改变(表1-16)。反应后焦炭用 $\phi200$ 标准振动筛振 5min,用反应后失重占试样百分率作反应性指标,用振筛后大于3mm 焦炭占试样的百分率作反应后强度指标,所得结果与块焦反应性的国标有良好相关性。粒焦反应性已有国际标准,

其测定方法和一些国家(或企业)曾用过的方法或标准见表1-15。

表 1-15　一些国家(或企业)测定粒焦反应性的方法

国家(或企业)	国际标准 ISO/TC27 GT8175F	中 国 GB220—77	俄罗斯 10089—89	美 国 (伯利恒钢铁公司)	法 国 (格连-巴乔克法)	日 本 JIS-K2151—62
焦样量/g	7～10	反应管内装样高 100mm,约48cm³	7～10	50	0.8	8～11
焦样粒度/mm	1～3	3～6	1～3	0.4～1	0.5～1	0.83～1.98
反应温度/℃	1000	850,900,950, 1000,1050,1100	1000	996	1000	950
反应时间/min	15,30,60	升温速度 20～25℃/min	15	120		
CO₂ 流量/L·min⁻¹	0.12	0.5	0.12～0.16		0.3	50mL/min
反应性表示方法	用反应前后气体浓度计算反应速度常数	CO₂ 转化为 CO 的转化率	同国际标准	失重率	失重速率	反应后 CO 的流量

注:1. 反应速度常数计算公式: $k = \dfrac{\mu t}{g t_1} R, R = 2\ln\dfrac{r}{1-r}, r = \dfrac{w(CO)}{w(CO) + w(2CO_2)}$

式中　μ——反应气流量,cm³/s;

　　　t——试验温度,K;

　　　g——试样量,g;

　　　t_1——室温,K;

　　　$w(CO)$、$w(CO_2)$——后气体中 CO 和 CO₂ 的含量,%。

2. 转化率 α 计算公式: $\alpha = \dfrac{100(a - V)}{a(100 + V)} \times 100\%$

式中　a——钢瓶中 CO₂ 的纯度,%;

　　　V——反应后气体中 CO₂ 含量,%。

表 1-16　北京煤化所修改的粒焦反应性试验条件

试验条件	试样量/g	试样粒度/mm	反应温度/℃	CO₂ 流量/L·min⁻¹	反应时间/h
块焦反应性(GB4000)	200	21±1	1100	5	2
粒焦反应性	15	4～6	1100	0.7	1

(3)高温连续热失重法　高温连续热失重法是建立在热重法基础上,用来测量物质质量与温度关系的一种技术。目前用于研究焦炭热失重的仪器主要是热天平,其称量范围很小(mg)。如果用热天平研究焦炭反应性,则焦炭必须粉碎到很小粒度且用量很少。由于冶金焦块度大多是在 25～60mm 范围内,包括各种缺陷和孔隙,若要破碎,则焦炭本身的结构破坏严重,所测得的数据代表性差,不能反映焦炭的真实情况。焦炭高温连续热失重测定仪是在焦炭块焦反应性测定方法的国家标准基础上,借助于热天平的连续计量特性,并结合高炉冶炼过程中的温度分布特点建立起来的,可以在高温状态下同时测得焦炭的起始反应温度、剧烈反应温度、升温反应性以及在每一温度点下的反应速率。由于试样量大,样品块度大,测试结果更能反映焦炭在高炉内的

性状。

3. 影响反应性的因素

（1）原料煤性质 焦炭反应性随原料煤煤化度而变化的总趋势如图1-19。低煤化度煤炼制的焦炭反应性较高，由 $V_{daf} = 25\% \sim 30\%$、$\overline{R}_{max} = 1.2 \sim 1.4$ 的煤制得的焦炭反应性最低。相同煤化度的煤，当流动度和膨胀度高时制得的焦炭，一般反应性也较低，不同煤化度的煤所制得的焦炭，其光学显微组织不同，研究表明，各种光学组织的反应性排列次序为：各向同性组织及惰性组织 > 细粒镶嵌组织 > 粗粒镶嵌组织 > 流动型组织 > 广域（片状）型组织。原料煤中添加石油延迟焦可使炼焦后期裂解碳增加，因而堵塞部分微气孔，有利于降低焦炭反应性。

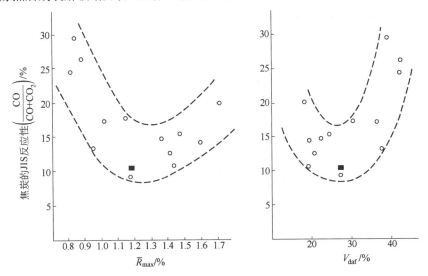

图 1-19 原料煤的煤化度与所得焦炭反应性的关系
○—实验室单种煤焦炭 ■—生产焦炭

（2）矿物质的影响 矿物质对焦炭反应性的影响主要表现在矿物催化方面，焦炭中的矿物质主要来自原料煤和焦炭表面对高炉内矿物质的吸附。影响焦炭反应性的矿物质可以分为三大类，即碱金属、碱土金属和过渡金属，碱金属钾、钠对焦炭反应性的影响最大，一般焦炭中含 $0.1\% \sim 0.3\%$ 的 Na_2O 和 K_2O，这对反应性影响不明显。但在高碱负荷的高炉中，因碱循环，使钾、钠含量可达3%以上，这会明显加剧焦炭的碳溶反应。

碱土金属对焦炭溶损反应也有催化作用，催化活性顺序为 $Be \approx Mg < Ba \approx Sr < Ca$。当反应温度在1000K左右时 Ca 的催化活性可大于 K。研究认为，起催化作用的 Ca 必须以原子态分布于焦炭表面，除此之外还必须满足（1）钙盐在焦炭表面均匀分布，（2）Ca^{2+} 与焦炭表面的有机官能团结合，以形成高的活性位。Fe、Ti、Ni 等过渡元素对焦炭溶损反应也具有一定的催化作用。高炉中由于铁的大量存在且在高温熔融条件下，铁的液滴与焦炭接触而渗入碳结构中，在高炉炉腹中焦炭与铁液以喷淋方式接触，而在炉缸中焦炭却无限期地浸在熔融铁中。多数研究者认为铁在元素状态下才具有催化作用，也有人研究指出：铁氧化物在 CO_2/CO 气氛中也具有催化作用。从高价铁氧化物转化为低价铁氧化物，可增加铁催化剂的反应活性。

根据高炉内可能存在的稀土金属，有人研究发现：包括 V 在内的所有稀土金属对焦炭溶损反应均有催化活性，其中 $Ce(NO_3)_2$ 的催化活性最高，元素催化活性顺序为 $Ce > Nd > Sm \approx La > Eu > Gd$，但随着气化反应的进行稀土金属的催化活性降低。若在稀土金属中加入 Na 或 Ca，由于可能存在的协同催化作用,可使其催化活性不致迅速降低。研究还表明,硼、钼、硫、磷等元素对焦炭的溶损反应则有副催化,硼和钼在焦炭表面形成硼酸根和钼酸根,它们在没有水汽的情况下能与晶格周边的碳原子结合,并堵塞通往活化区域的通道,因而产生了负催化作用;硫能与过渡元素(如 Fe)形成稳定的 Fe-S 表面化合物使焦炭溶损反应受到抑制,H_3PO_4 也是焦炭溶损反应的抑制剂。

(3)炼焦工艺　提高炼焦终温,结焦终了时采取焖炉等措施,可以使焦炭结构致密,减少气孔表面,从而降低焦炭反应性。采用干熄焦时,由于避免了湿熄焦过程中水气对焦炭气孔表面的活化反应,也有助于降低焦炭反应性。

(4)反应速率参数　用纯 CO_2 对当量直径为 D_P 的单元焦体进行的一系列反应性试验,得到影响反应速率的如下关系:

$$v_{CO_2} = v_C = 4\pi D_P^2 \sqrt{k' \cdot D'} \cdot p_{CO_2}, \text{mol/s} \tag{1-48}$$

式中　v_{CO_2}, v_C——以单位时间消耗的 CO_2 或 C 量表示的反应速率;

$\quad\quad D_P$——焦炭的当量直径,cm;

$\quad\quad p_{CO_2}$——CO_2 分压,0.1MPa(atm);

$\quad\quad k' = \alpha k; k = k_0 e^{-E/RT}$;

$\quad\quad D' = \beta D; D = D_0 T^n$;

$\quad\quad \alpha$——单位容积焦炭的气孔表面,m^2/cm^3;

$\quad\quad k$——反应速度常数;

$\quad\quad k_0$——频率因子;

$\quad\quad E$——固相反应的活化能,kJ/mol;

$\quad\quad D$——扩散速度常数;

$\quad\quad \beta$——焦炭气孔率,%;

$\quad\quad D_0$——扩散系数;

$\quad\quad n$——常数,1.5~2.0。

式(1-48)表明,焦炭的反应性随焦体的气孔率和气孔表面增加而增大,提高反应温度 T,使反应速度常数与扩散速度常数均增大。一些试验得出,在高炉内气体条件下,焦炭的活化能 E 约为 310~335kJ/mol,即温度每增加 30℃,化学反应速度约增加 1 倍。在一定温度下,焦炭与 CO_2 的化学反应速度和反应气浓度的关系有很多人做过研究,得到过不少关系式,通常在以 CO_2 和 CO 混合气作为反应气时,可用下式表示:

$$R = \frac{dx/dt}{1-x} = \frac{k_C \cdot p_{CO_2}}{1 + k_{C_1} p_{CO} + k_{C_2} p_{CO_2}} \tag{1-49}$$

式中　x——碳的转化率,mol/mol(最初碳);

$\quad\quad t$——时间;

k_C, k_{C_1}, k_{C_2}——取决于温度和焦炭性质的速度常数;

p_{CO}, p_{CO_2}——CO 和 CO_2 的分压。

式(1-49)表明,焦炭反应性随反应气中 CO 分压的增加而降低,美国气化技术研究所在 0.2~3.5MPa 和 850~1000℃条件下研究得到上述反应速度常数与温度的关系式为:

$$k_C = 356 \times 10^{-2} \exp\frac{-28430}{RT}, \text{min}^{-1}, \text{Pa}^{-1} \tag{1-50}$$

$$k_{C_1} = 0.15 \times 10^{-5} \exp\frac{6400}{RT}, \text{Pa}^{-1} \tag{1-51}$$

$$k_{C_2} = 1.04 \times 10^{-6} \exp\frac{36500}{RT}, \text{Pa}^{-1} \tag{1-52}$$

式(1-51)说明,CO 对焦炭反应性的抑制作用随温度升高而降低。

第六节　焦炭的显微结构

焦炭的显微结构是指焦炭多孔体的气孔结构与焦质的光学显微组织和微晶组织。

一、气孔结构

焦炭多孔体由气孔、气孔壁及微裂纹组成,可用不同大小的气孔分布、气孔壁厚度、气孔比表面等参数来描述气孔结构,焦炭的气孔结构直接影响焦炭的强度、反应性等宏观性质。

1. 气孔的划分

焦炭的气孔由煤熔融部分在结焦过程中因气体析出受阻或形成半焦后继续热解所生成的气孔及微裂隙,不熔融颗粒间的孔隙以及结焦过程中未发生明显变化的丝质体内孔隙等构成。块焦中大部分(90%以上)气孔与外表面相通,称开气孔,其余为闭气孔。焦炭的气孔除可由肉眼直接看到的大气孔($>100\mu m$)外,大部分为 $20 \sim 100\mu m$ 的中气孔和小于 $20\mu m$ 的小气孔。小气孔占焦炭全部气孔的孔容比例虽不大,但其表面积约占全部气孔表面积的90%,对焦炭的性质影响很大,为研究这种小气孔的分布,一般可将其进一步划分为 $0.01 \sim 20\mu m$($10 \sim 20000nm$)的宏观气孔和小于 $10nm$ 的微气孔。因研究目的的不同,也有人把小气孔划分为宏观气孔、过渡气孔和微气孔三级,划分的尺寸也不完全相同。

气孔的大小和分布取决于原料煤性质、装炉煤的堆积密度、加热速度和炭化终温等一系列因素。例如由中等煤化度煤炼得的焦炭,其气孔率和气孔比表面均较小;由低煤化度的弱黏结煤炼得的焦炭,其气孔率和气孔比表面较大,且宏观气孔较多。增加装炉煤的堆密度可降低焦炭气孔率,并使气孔分布均匀化,但微气孔增多。提高炼焦终温可使焦炭结构致密化,降低气孔率等。

2. 气孔结构的测定

(1)气孔率　是指气孔体积占焦炭总体积的百分率,由于气孔有开气孔和闭气孔之分,故气孔率也分显气孔率和总气孔率,前者指开气孔体积占总体积的百分率,后者是开气孔和闭气孔体积之和占总体积的百分率。焦炭的总气孔率可由焦炭的真(相对)密度 ρ 和视(相对)密度 ρ_A,按下式计算:

$$焦炭总气孔率 = \frac{\rho - \rho_A}{\rho} \times 100\% \tag{1-53}$$

焦炭的真(相对)密度是排除孔隙后的焦炭质量与同体积水的质量之比值,一般为1.8~1.9,可用粉碎至 <0.2mm 的干燥焦样用密度瓶测量,按下式计算:

$$\rho = \frac{m_1}{m_1 + m_2 - m_3} \tag{1-54}$$

式中　m_1——放入密度瓶中的干燥焦样量,g;

　　　m_2——充满水的密度瓶质量,g;

　　　m_3——置有焦样的密度瓶充满水后的质量,g。

焦炭的视(相对)密度是一定量的块焦试样(含气孔)与同体积水的质量之比值,一般为0.88~1.08,可根据阿基米德原理测定,我国国标采用铁丝网编成笼放置干燥焦块样后,浸入水中称重,再提出笼子淋去水后称重,按下式计算焦炭的视(相对)密度。

$$\rho_A = \frac{M_1 - m_1}{(M_2 - m_2) - (M_3 - m_3)} \tag{1-55}$$

式中　m_1——干燥的空笼子质量,g;

　　　M_1——烘干焦样与干燥笼子的总质量,g;

　　　m_2——淋水后的笼子放在盛水盘中与盛水盘一起称得质量,g;

　　　M_2——装有焦样的笼子淋水后置于盛水盘中一起称得质量,g;

　　　m_3——空笼子在水中的质量,g;

　　　M_3——焦样与笼子浸入水中称取的质量,g。

　　焦炭的显气孔率可采用抽气法或水煮沸法测定,前者是在真空条件下将块焦试样孔隙中的空气抽出后,靠大气压将水注入焦样孔隙,后者是将焦样置于水中,通过煮沸水将焦样孔隙中空气逐出并被水充满。通过称量充满水的块焦在空气中和在水中的质量,按下式计算:

$$显气孔率 = \frac{m_2 - m_1}{m_2 - m_3} \times 100\% \tag{1-56}$$

式中　m_1——干燥焦样质量,g;

　　　m_2——被水饱和后的焦样在空气中的质量,g;

　　　m_3——被水饱和后的焦样在水中的质量,g。

　　(2)压汞法测定焦炭孔径分布　压汞法是利用外加压力将置于汞中的焦炭,因克服了汞与焦炭气孔壁面上的表面张力,使汞进入焦炭气孔中。随外压增加,汞可进入更小的焦炭气孔中,根据外加压力可计算汞进入相应焦炭气孔孔径的大小。

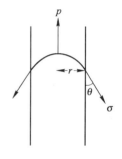

图 1-20　压汞法测定
焦炭孔径的原理示意图

　　设焦炭的气孔为半径 r 的圆柱体(图 1-20),汞与焦炭的接触角为 θ,汞的表面张力为 σ,则汞与焦炭气孔接触的圆周张力为 $2\pi r\sigma$,其垂直于圆周平面的分力(因表面张力为阻止汞进入气孔的力)为 $-2\pi r\sigma\cos\theta$,若外加压力为 p,则使汞进入气孔的力为 $\pi r^2 p$,达到平衡时

$$\pi r^2 p = -2\pi r\sigma\cos\theta$$

所以

$$r = -\frac{2\sigma\cos\theta}{p} \tag{1-57}$$

　　式中得到的 r 为在外加压力 p 下汞能进入焦炭气孔的最小孔径。对于汞 $\sigma = 0.48 \text{N/m}$,$\theta = 140°$,p 用 MPa 为单位时,式(1-57)可写成:

$$r = \frac{730}{p}, \text{nm} \tag{1-58}$$

　　设半径在 r 到 $r + dr$ 范围内的气孔体积为 dV,则孔径分布函数可表示为 $f(r) = \frac{dV}{dr}$,对式(1-58)微分得:

$$dr = -730\frac{dp}{p^2}$$

　　则孔径分布函数为

$$\frac{dV}{dr} = -\frac{p^2}{730}\frac{dV}{dp} \tag{1-59}$$

　　由压汞试验可得到一组不同外加压力 p 下压入气孔的不同汞体积 V 的数据,由此可获得 p 和 $\frac{\Delta V}{\Delta p}$ 的一组数据,用式(1-58)和式(1-59)可计算出与 p、$\frac{\Delta V}{\Delta p}$ 对应的 r 和 $\frac{\Delta V}{\Delta r}$ 数据,用 $\frac{\Delta V}{\Delta r}$ 对 r 作图,

并绘制光滑曲线即孔径分布曲线,进而计算平均孔径,用压汞法可以测量 20~0.25mm 的焦炭气孔。

（3）N_2 吸附法测定焦炭气孔比表面积　以焦炭作为吸附剂,以 N_2 作为吸附质,在 N_2 的液化温度（-196℃）下进行等温吸附,然后按 BET 吸附方程计算 N_2 的被吸附量,并据 N_2 分子横截面积计算焦炭比表面积。BET 吸附方程是 Brunauer-Emmett-Teller 在兰缪尔单分子层等温吸附理论基础上发展而得的多层吸附理论,可用下式表达:

$$\frac{p}{V(p_0-p)} = \frac{1}{V_m C} + \frac{C-1}{V_m C} \frac{p}{p_0};\qquad(1\text{-}60)$$

式中　p——平衡压力,Pa;

　　　V——平衡压力条件下焦炭表面吸附的 N_2 量,mL;

　　　P_0——吸附温度下吸附质（N_2）的饱和蒸气压,Pa;

　　　V_m——焦炭表面上按单分子层吸附的 N_2 量（换算为标准状态）,mL;

　　　C——常数。

由实验测得一组 p 和 V 的数据后,以 $\frac{p}{V(p_0-p)}$ 为纵坐标,$\frac{p}{p_0}$ 为横坐标作图,所得直线的截距为 $a = \frac{1}{V_m C}$,斜率 $b = \frac{C-1}{V_m C}$,由此 $V_m = \frac{1}{a+b}$。再按下式计算出焦炭气孔的表面积 A:

$$A = \frac{V_m N_a a_m}{22400 \cdot W},\text{m}^2/\text{g}\qquad(1\text{-}61)$$

式中　N_a——阿伏伽德罗常数 $6.023 \times 10^{23}\text{mol}^{-1}$;

　　　a_m——吸附质分子的横截面积（N_2 分子为 0.162nm^2）,m^2;

　　　W——焦炭试样量,g;

　　22400——标准状态下单位摩尔气体的体积,mL/mol。

BET 方程适用范围为 $\frac{p}{p_0} = 0.05 \sim 0.35$,压力太高将因毛细管凝结而引起较大误差,$N_2$ 吸附法可用于测量微气孔的比表面。N_2 吸附法通常用热导池气相色谱进行,这时以 He 或 H_2 作载气,按一定比例将 N_2 在指定的相对压力下通过焦炭试样,当把样品管放入液氮保温杯（约 -195℃）时,样品即对混合气中的 N_2 发生物理吸附,载气则不被吸附,这时记录纸上出现一个吸附峰,由于该峰拖尾较严重,故通常将液氮保温瓶移走后,焦样中的吸附 N_2 又脱附出来,在记录纸上可得到与吸附峰方向相反的脱附峰。利用定量纯 N_2 测定的标准峰,可按标准峰与脱附峰的面积比,用下式计算吸附的 N_2 量。

$$V = \frac{f}{f_s} \cdot V_s \cdot \frac{273}{T} \cdot \frac{p_A}{760},\text{mL}\qquad(1\text{-}62)$$

式中　f、f_s——试样脱附峰与标准峰面积;

　　　V_s——标定用的纯 N_2 量,mL;

　　　T——操作温度,K;

　　　P_A——大气压,mmHg。

（4）光学显微镜法　将焦炭试样（10~15mm）用树脂固定制成光片后,放在偏光显微镜下用测微尺沿直线分别测定气孔及气孔壁的截距（图 1-21）,每测完一条线,样品按一定间距上下或左右移动,扫描整个光片试样后,按一定的孔径和孔壁厚范围进行统计,并以孔径（或孔壁厚）为横坐标,以相应孔径（或孔壁厚）范围的气孔所占百分率为纵坐标,绘成直方图并进而绘制孔径

（或气壁厚）分布曲线。同时可按加权平均求出平均气孔直径及平均孔壁厚,并按下式计算焦炭试样的气孔率。

$$气孔率 = \frac{平均气孔直径}{平均气孔直径 + 平均气孔壁厚} \times 100\%$$

　　（5）图像分析仪法　图像分析是基于气孔与气孔壁之间灰度的反差来测定气孔结构。图像分析方法可以多参数综合描述焦炭的气孔结构,用于焦炭气孔结构参数测定的图像分析是20世纪60年代初期出现的一种自动煤岩分析系统,这种系统是用图像分析仪代替显微光度计。图像分析仪（图1-22）是在偏光显微镜上装设一套自动聚焦和自动扫描的摄像机构,焦炭光片放入一台低倍反射光的显微镜载物台后,所得图像通过摄像扫描把视域内每个扫描光点传送给检测单元,由检测单元把不同光性的图

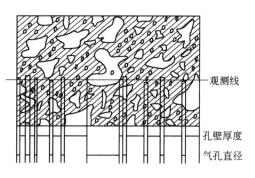

图 1-21　用光学显微镜测量
焦炭气孔尺寸示意图

像点转变为相应的电信号,用以评价光的灰度,由此可得到一个精确的代表显微图像的黑白图,并可显示在电视屏幕上。与此同时,所得到的电信号经过计算机系统进行整理、分类、运算得出相应的气孔结构参数,整个图像分析仪的操作可通过磁盘控制。一般图像分析仪可按需要得到气孔率、平均气孔直径、平均气孔面积、平均孔壁厚,视域内平均气孔数、气孔直径（或面积）分布曲线以及表征气孔形状的最大、最小气孔平均直径和气孔周边长度等结构参数。用图像分析仪测量焦炭气孔结构时,由于扫描点达数十万个,故精度高,且自动、快速,因此被用作研究焦炭气孔结构的重要手段。

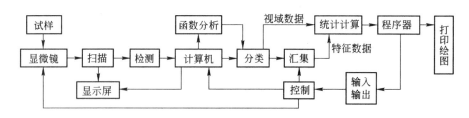

图 1-22　图像分析仪工作原理框图

　3. 气孔结构与焦炭强度的关系

　　英国伯特里克（J. W. Patrick）曾详细地研究了焦炭平均抗拉强度与气孔率、气孔壁厚,总气孔周长以及气孔数间的关系,得到如下关系：

$$\sigma \times N = 1412\frac{\delta}{D} - 651,\mathrm{MN/m^2} \tag{1-63}$$

或

$$\sigma \times N = 10^5\frac{\delta}{D^2} - 23,\mathrm{MN/m^2} \tag{1-64}$$

式中 σ——焦炭的平均抗拉强度,MN/m^2;

N——气孔数/视域;

δ、D——气孔壁及气孔平均尺寸,μm。

式(1-63)和式(1-64)表示焦炭的抗拉强度与复合的气孔结构参数(N,σ,D)能组成良好的线性关系。但这两个公式的主要缺点是没有反映出气孔形状对抗拉强度的影响。

科布尔(R. L. Coble)根据 Grifrith 断裂理论认为焦炭临界断裂的来源主要是最大气孔,因此,焦炭的抗拉强度与最大气孔直径有关,据此导出以下关系式:

$$\sigma = 450(F_{max})^{-0.5}\exp\left[-2\left(\frac{F_{max}}{F_{min}}\right)^{0.5}P\right],MN/m^2 \tag{1-65}$$

式中 P——气孔率;

F_{max}、F_{min}——气孔的最大和最小几何投影直径,μm。

式(1-65)表明为提高焦炭强度必须降低大气孔的最大孔径、气孔率,还要求气孔形状接近于球形,式(1-65)计算的焦炭抗拉强度与实测值很吻合。

二、焦炭光学组织

焦炭的气孔壁在反光偏光显微镜下,可以观察到它是由不同的结构形态和等色区尺寸所组成,不同煤炼成的焦炭在反光偏光显微镜下呈现为不同的光学特征,焦炭气孔壁的这种光学特征按其结构形态和等色区尺寸可分成不同的组分,称为光学显微组分,简称光学组织。

1. 定量方法与分类

将有代表性的焦炭试样粉碎至小于 1.0 或 1.5mm,筛除在显微镜下不易辨别出光学组织的细粒级(<0.071mm),取 0.071 ~ 1.0(或 1.5)mm 的粒级焦炭,经干燥后与冷固性黏结剂混合制成直径约 20mm、厚约 5mm 的型块,然后将一个平面用不同粒级的金刚砂粗磨、细磨,最后用 Al_2O_3 或抛光油膏抛光,制成粉焦光片。将光片置于反光偏光显微镜下,在油浸或干物镜下,一般以 400 ~ 600 倍的放大倍数观察,可以看到焦炭气孔壁的光学组织,为观测得更清晰,应在显微镜的试孔板中插入补色板(常用石膏检板或云母检板)。若在反光偏光显微镜上增设光电倍增管等光电转换元件,还可测得各种光学组织的反射率。

焦炭内碳的形态介于无定形碳与石墨碳之间,无定形碳的碳网平面呈随机定向无规则排列,在不同入射光方向上表现为相同的光学性质,镜下观察到表面平坦、气孔边缘圆滑,转动载物台时无明暗交替的消光现象,用石膏检板条件下各个方向均呈蓝灰色或深粉红色(见照片1-1),这种光学组织称各向同性组织。

石墨碳则呈层状结构,为各向异性,碳结构排列得愈有规则,则各向异性程度愈高,这类碳在镜下表现为形态不同和等色区大小不等,转动载物台时,出现干涉光呈交替变化的消光现象,这类光学组织称为各向异性组织。利用显微镜上的目镜尺可以测出等色区的尺寸,据形态和等色区尺寸的不同可分为镶嵌状(粒状)、纤维状和片状组织三类。镶嵌状组织为具有不同结构定位的粒状物镶嵌在一起,粒状物有清晰的边缘,旋转载物台时,由于入射光与粒状物表面成不同角度,可见到粒状物颜色呈交替变化的消色现象。据粒状物等色区尺寸可分为细粒、中粒和粗粒镶嵌状组织(见照片1-1、1-2、1-3)。纤维状组织的等色区呈粒度拉长的形状,有的呈平行线状配列,比粒状镶嵌组织具有更强的消光现象(见照片1-4)。片状组织的条带较宽且界面清晰,各向异性很强,色彩鲜艳(见照片1-5)。

煤中惰性组分在结焦过程中基本没有变化而保留在焦炭中,根据形状的不同主要有丝质状组织和破片状组织两类,前者仍保持煤中丝质组特征,但突起不明显,大多呈光学各向同性(见照片1-6),破片状组织无一定形态,轮廓清晰,呈光学各向同性(见照片1-7)。

照片1-1　各向同性和细粒镶嵌组织

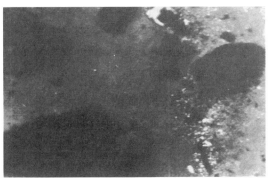

照片1-2　中粒镶嵌组织

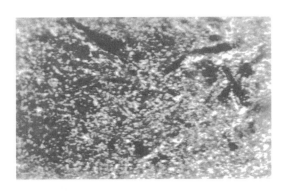

照片1-3　粗粒镶嵌组织

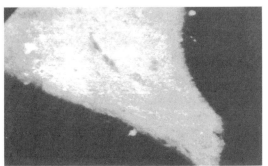

照片1- 4　成列镶嵌组织

照片1-5　片状组织

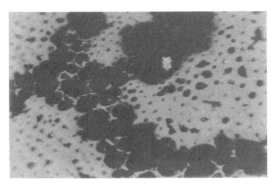

照片1- 6　丝质状组织

照片 1-7　破片状组织

上述分类方法还因研究目的和所用显微镜倍数不同而有所差异,国内外尚无统一分类标准。表 1-17 列出某些学者对焦炭光学组织的划分方案。

表 1-17　焦炭光学组织的某些划分方案

光学组织	英国 Paatrick	日本杉村秀彦	英国 Marsh	鞍山热能研究院
各向同性（I）	√	√	√	√
极细粒镶嵌（VM_f）			$<0.5\mu m$	
细粒镶嵌（M_f）	$<0.3\mu m$	√	$0.5\sim1.5\mu m$	$<1\mu m$
中粒镶嵌（M_m）	$0.3\sim0.7\mu m$		$1.5\sim5\mu m$	
粗粒镶嵌（M_c）	$0.7\sim1.3\mu m$	√		$1\sim10\mu m$
粗粒流动型（CF）			长$<60\mu m$,宽$>10\mu m$	
流动状（F）	√			
纤维状（F）		√		
流动广域型（FD）			长$<60\mu m$,宽$>10\mu m$	
片状（I_f）		√		√
广域型（D）			$>60\times60\mu m^2$	
基础各向异性（B）	√		√	
破片状（FR）	√	√		√
丝质状（FS）	√	√		√
矿物组（M）	√	√		

焦炭光学组织的各向异性程度可用光学组织指数（OTI）标志:

$$OTI = \Sigma f_i(OTI)_i \tag{1-66}$$

式中　f_i——各光学组织的含量,% ;

　　　$(OTI)_i$——对各光学组织的赋值（光学各向异性结构单元愈大,赋值愈高）。

2. 焦炭光学组织的形成

由《煤化学》已知,煤中镜煤大分子是由芳香稠环碳平面网组成的乱层状结构单元,芳香稠环的环数及分子量随煤化度提高而增多,煤热解时首先在结构单元之间的氧桥等处断开,一般烟煤加热到350℃左右开始热解和缩合反应,低分子热解产物呈气态逸出,留下的自由基进一步缩聚并形成塑性状态,到达400℃左右缩聚的芳香稠环平均分子量可增加到1500左右,环数约十几个到二十个,随温度升高,塑性体的流动性增加,稠环大分子间依靠物理吸附作用.使分子按一定规则和取向排列,成为棒状或层状,有平面方向性的大分子化合物,称为向列型液晶化合物,这些分子层片在范德华力和热扩散作用下平行叠砌,形成球形的可塑性物质,即小球体。形成前的胚核称初生球,这种初生球存在于各向同性,且黏度较低的塑性体系中,通过不断吸收周围流动的母相而长大成中间相小球体。同时在热扩散作用下不断产生新的新生球,使流动母相中小球体的浓度增加。随小球体的成长、接触、融并成较大的复合球体。这种过程直至各向同性的母相因被小球体吸收而黏度迅速增大后,由于系统中逸出气体的压力和剪切力的作用,使复合球变形,最后系统固化,形成具有各种类型光学各向异性结构的焦炭。

小球体的产生、成长、接触、融并和变形过程,即中间相的发展过程,作为一个化学和物理过程,必须具备以下条件。

（1）化学缩聚活性　煤热解时产生的自由基（稠环分子）应有一定的分子量,它们间应能缩聚成分子量较大的物质。没有这种缩聚活性,不可能产生中间相,但缩聚活性太大,会在短时间内无规则地迅速提高分子量,使稠环芳香层片之间发生交联,使系统黏度很快提高,阻碍小球体的成长、融并和中间相的发展。因此,只有当系统的化学缩聚活性适中时,才能产生和发展中间相。

（2）流动性　塑性体系的流动性,能使热解产物和分子顺利地进行热扩散,以至于为小球体的生成和长大提供条件.但系统流动性太大,使焦炭的各向异性发展过快,导致焦炭机械强度和抗热破坏能力降低,并容易产生裂纹。故冶金焦要求塑性系统的流动性适中,但生产针状焦则要求较高的系统流动性。

（3）塑性温度范围　中间相的发展有一个过程,要求塑性体系在一定时间内保持适当的流动性。提高升温速度使塑性温度范围增大,使中间相的发展有足够时间,故有利于中间相的发展。

上述基本因素取决于煤化度、化学组成、热解连度、维温时间和备煤工艺条件。

3.影响焦炭光学组织的因素

（1）煤化度　如图1-23所示,黏结性较弱的高挥发低煤化度煤多形成各向同性的焦炭,随煤

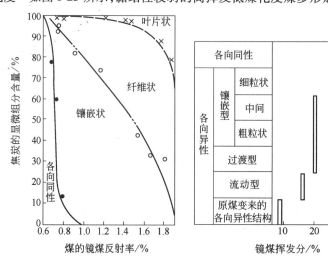

图1-23　焦炭光学组织与煤的煤化度关系

化度提高,所得焦炭中的各向同性组织逐渐减少,各向异性组织的含量和尺寸逐渐增大。

(2)煤岩组成 焦炭中光学各向异性组织来源于镜质组和稳定组,因为它们均能产生热软化熔融的塑性状态,有利于中间相的形成和发展。煤中的惰性组分则不发生热软化熔融,故最终产生或保持各向同性的丝质体或破片体。

(3)煤中杂原子 煤中的 O、N、S 等杂原子,在热解过程中容易使平面芳香稠环产生结合牢固的交联键,提高塑性体系的黏度,限制中间相的形成和发展。煤经过氧化可使焦炭各向异性的结构单元变小,甚至完全消失,各向异性变成各向同性。

(4)备煤与炼焦条件 预热煤炼焦由于提高了加热速度,增大塑性体系的温度范围和流动性,有利于分子间作用和有序过程的进行,提高焦炭的各向异性程度。配型煤炼焦由于改善煤的黏结性及其中黏结剂的改质作用,使焦炭的各向异性程度明显提高(见表 1-18)。

表 1-18 同一煤料在不同备煤炼焦条件下所得焦炭的光学组织

光学组织含量/%	各向同性	细粒镶嵌	粗粒镶嵌	纤维状	叶片状	粗粒+纤维+叶片
常规炼焦	2.9	18.5	23.7	22.3	1.4	47.4
预热煤炼焦	1.3	14.0	19.0	28.3	1.4	48.7
配型煤炼焦	3.2	15.5	28.5	19.9	3.9	52.3

(5)添加物 添加惰性物质,如焦屑、炭黑等,使塑性体系的基质中形成大量成球核心,阻碍小球体成长,能使焦炭各向异性结构单元变小,甚至变成各向同性结构。添加活性物质,如沥青等,则由于其溶剂和供氢等作用,可使焦炭光学各向异性程度提高。

4. 焦炭光学组织的性能

(1)反应性 取一种含有各种光学组织的焦炭,通过测量焦炭与 CO_2 反应前后各光学组织含量的变化,并按以下公式计算,可以得到各种光学组织的反应率 R_i 或反应后残存率 M_i:

$$R_i = \frac{G_0 X_{0i} - G X_i}{G_0 X_{0i}} \times 100\% \tag{1-67}$$

$$M_i = \frac{G X_i}{G_0 X_{0i}} \times 100\% \tag{1-68}$$

式中 G_0,G——反应前后的焦样量,g;

  X_{0i},X_i——反应前后某光学组织的含量,%。

各光学组织的反应率(或反应后残存率)与焦炭的反应率(或反应后残存率)间的关系如图 1-24。由图可见,各光学组织反应率大小的排列顺序是:各向同性和惰性组分 > 细粒镶嵌 > 粗粒镶嵌 > 流动型。即各向异性程度愈高。反应率愈低。

(2)显微强度 在各种光学组织中,镶嵌型有一定的连续性,又具有相互压入,使分子层彼此锁合的交界面,因此裂纹走向弯曲、交叉,使裂纹扩展受阻,故具有较大的显微强度。当与 CO_2 反应时,仅在镶嵌颗粒表面上形成一些疵点,对显微强度影响较小。而光学等色区尺寸较大的流动型或片状结构,裂纹容易扩展,当与 CO_2 反应时,容易在结构表面上形成深沟或空洞,使显微强度明显下降。

(3)反射率 用测量粉煤光片反射率相同的方法,也可测量焦炭抛光面的反射率。焦炭的平均最大反射率($\overline{R}_{max}$)数值比煤的高得多,且不同煤化度的煤制得焦炭的 $\overline{R}_{max}$ 差别较小,焦炭各种光学组织的 $\overline{R}_{max}$ 也差别不大。为用焦炭反射率来鉴别光学组织,可采用双反射率 BR 指标。$\overline{BR} = \overline{R}_{max} - \overline{R}_{min}$,即焦炭的最大平均反射率与最小平均反射率之差,这是将焦炭光片在油浸物镜下旋

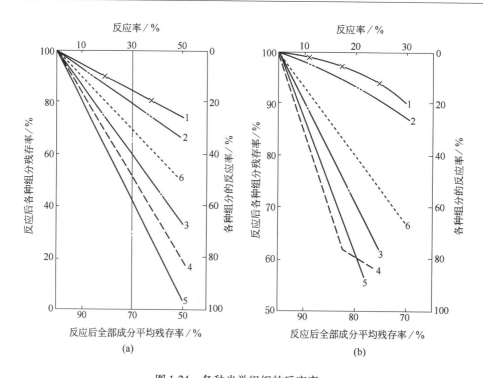

图 1-24　各种光学组织的反应率

（a）试验炉焦炭；（b）工业焦炭

1—流动型；2—粗粒镶嵌型；3—细粒镶嵌型；4—惰性组分；5—各向同性组织；6—焦炭

转载物台时,对每一测点同时测量 $\overline{R}_{\max}$ 和 $\overline{R}_{\min}$,再按全部测点所得数据统计平均后计算。焦炭的双反射率随光学组织各向异性程度的提高而增大,且与原料煤的煤化度有关。

三、焦炭微晶组织

利用 X 射线衍射所产生散射波的振幅,通过测微光度计可得到不同入射角 θ 下射线强度的图谱。利用所得图谱可以精确地推导出大小为 $0.1 \sim 10.0$ nm 单位晶胞(微晶组织)中原子的位置。焦炭是属于结构上类石墨的物体,晶体形状可通过晶面指数来表达,标志石墨微晶组织的主要结构参数有(002)晶面的面网平均间距 d_{002},(002)晶面的层片堆积高度 L_{c} 和(100)晶面的面网直径 L_{a},以及衍射图谱中(002)晶面衍射峰半高宽 β。

这些参数可根据衍射图谱用以下公式计算。

$$d_{002} = \frac{\lambda}{2\sin\theta_{(002)}} \tag{1-69}$$

$$L_{\mathrm{c}} = \frac{k_2\lambda}{\beta_{(002)}\cos\theta_{(002)}} \tag{1-70}$$

$$L_{\mathrm{a}} = \frac{k_1\lambda}{\beta_{(110)}\cos\theta_{(110)}} \tag{1-71}$$

$$\beta = \frac{衍射峰面积\ S}{峰高\ h} \tag{1-72}$$

式中　λ——入射 X 射线的波长,nm;

　　　k——形状因子,与晶体形状及晶面指数有关的常数,通常为 $k_1 = 1.84$,$k_2 = 0.94$。

由于焦炭在高温处理时,随加热温度增高,微晶生长,畸变及缺陷消除,焦炭结构向有序化发展,即石墨化程度提高,由 X 射线衍射得到的上述参数也相应改变,总趋势为 L_c、L_a 增大,d_{002} 减小,β 降低,因此可以根据这些参数判断焦炭的石墨化度。焦炭的石墨化度与原料煤的性质和炭化温度有关,但当温度超过 1300℃时,不同焦炭的石墨化度差异缩小。为了给石墨化度以定量的概念,可用以下公式表示:

$$g = \frac{0.3440 - d_{002}}{0.3440 - 0.3354} \tag{1-73}$$

式中　0.3354——石墨的 d_{002},nm。

焦炭的 d_{002} 大于石墨,一般在 0.3440 ~ 0.3354nm 范围内,因此某一焦炭的石墨化度 g 可根据所测得的 d_{002} 值用上式计算,g 值在 0 ~ 1 范围内,随石墨化度提高,g 值增大。

利用焦炭石墨化度随温度升高而增大的性质,在高炉解剖时,可以通过测量高炉中各部位焦炭的石墨化度或 L_a,L_c 等数值来判断高炉中各部位的温度。

第二章　室式炼焦过程与配煤原理

煤结焦过程的一般规律如《煤化学》所述,本章以室式炼焦工艺为对象,阐述炭化室内结焦过程的特点,进而讨论配合煤质量指标、配煤原理与焦炭质量预测。

第一节　炭化室内结焦过程特点

炭化室内结焦过程的基本特点有二:一是单向供热,成层结焦;二是结焦过程中的传热性能随炉料状态和温度而变化。据此,炭化室内各部位焦炭质量与特征有所差异。

一、炭化室内热流与炉料状态

1. 成层结焦过程

炭化室内煤料热分解、形成塑性体、转化为半焦和焦炭所需的热量,由两侧炉墙提供。由于煤和塑性体的导热性很差,使从炉墙到炭化室的各个平行面之间温度差较大。因此,在同一时间,离炭化室墙面不同距离的各层炉料因温度不同而处于结焦过程的不同阶段(图2-1右图),焦炭总是在靠近炉墙处首先形成,而后逐渐向炭化室中心推移,这就是"成层结焦"。当炭化室中心面上最终成焦并达到相应温度时,炭化室结焦才终了,因此结焦终了时炭化室中心温度可作为整个炭化室焦炭成熟的标志,该温度称炼焦最终温度,按装炉煤性质和对焦炭质量要求的不同,高温炼焦的终温为950～1050℃。

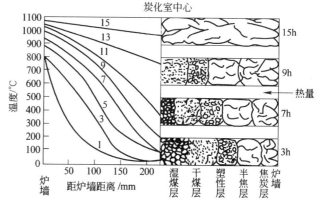

图2-1　不同结焦时刻炭化室内各层炉料的状态和温度(等时线)

2. 炭化室炉料的温度分布

在同一结焦时刻内处于不同结焦阶段的各层炉料,由于热物理性质(比热容、热导率、相变热等)和化学变化(包括反应热)的不同,传热量和吸热量也不同,因此炭化室内的温度场是不均匀的。图2-1左图给出的等时线标志着同一结焦时刻从炉墙到炭化室中心的温度分布;图2-1的等时线也可改绘制成以离炭化室墙的距离 x 和结焦时刻 τ 为坐标的等温(t)线(图2-2)或以 $t-\tau$ 为坐标的等距线。在图2-2中,两条等温线的温度差为 Δt ,两条等温线间的水平距离为时间差 $\Delta\tau$,垂直距离为距离差 Δx 。 $\Delta t/\Delta\tau$ 表示升温速度, $\Delta t/\Delta x$ 表示温度梯

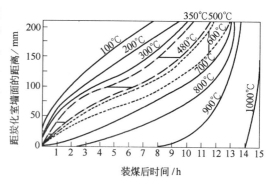

图2-2　炭化室内炉料等温线

度。

综合图 2-1 和图 2-2 可以说明如下几点：

（1）任一温度区间，各层的升温速度和温度梯度均不相同。在塑性温度区间（350～480℃），不但各层升温速度不同，且多数层的升温速度很慢；其中靠近炭化室墙面处的升温速度最快，约 5℃/min 以上；接近炭化室中心处最慢，约 2℃/min 以下。在半焦收缩阶段出现第一收缩峰的温度区间（500～600℃），各层温度梯度有明显差别。

（2）炭化室中心面煤料温度在结焦前半周期不超过 100～120℃。这是因为水的汽化潜热大而煤的热导率小，而且湿煤层在结焦过程中始终处于两侧塑性层之间，水气不易透过而使大部水气走向内层温度较低的湿煤层，并在其中冷凝，使内层湿煤水分增加，故升温速率较小。装炉煤水分愈多，结焦时间愈长，炼焦耗热量愈大。

（3）炭化室墙面处结焦速度极快，不到 1h 的结焦时间就超过 500℃，形成半焦后的升温速度也很快，因此既有利于改善煤的黏结性，又使半焦收缩裂纹增多加宽。炭化室中心面处，结焦的前期升温速度较慢，当两侧塑性层汇合后，外层已形成热导率大的半焦和焦炭，且需热不多，故热量迅速传向炭化室中心，使 500℃ 后的升温速度加快，也增加了中心面处焦炭的裂纹。

（4）由于成层结焦，两侧大致平行于炭化室墙面的塑性层逐渐向中心移动，同时炭化室顶部和底面因温度较高，也会受热形成塑性层。由于四面塑性层形成的膜袋的不易透气性，阻碍了其内部煤热解气态产物的析出，使膜袋膨胀，并通过半焦层和焦炭层将膨胀压力传递给炭化室墙。当塑性层在炭化室中心汇合时，该膨胀压力达到最大值，通常所说的膨胀压力就是指该最大值。适当的膨胀压力有利于煤的黏结，但要防止过大有害于炉墙的结构完整。相邻两个炭化室处于不同的结焦阶段，故产生的膨胀压力不一致，使相邻炭化室之间的燃烧室墙受到因膨胀压力差产生的侧负荷 Δp，为保证炉墙结构不致破坏，焦炉设计时，要求 Δp 小于导致炉墙结构破裂的侧负荷允许值——极限负荷。

二、炭化室各部位的焦饼特征与质量差异

对于一定的炼焦煤料，处于炭化室不同部位的焦炭，用肉眼观察就能按它的特征加以区分，它们的性质也有明显差异。如上所述，这是由于不同部位的焦炭，其升温速度及温度梯度的不同，提高升温速度可以改善焦质的强度（M_{10}），但不利于块度的增大；而温度梯度及收缩系数则主要影响焦炭的裂纹形成及块度大小。

1. 炭化室内焦炭裂纹的形成

根本的原因在于半焦的热分解和热缩聚产生的不均匀收缩，引起的内应力超过焦炭多孔体强度时，导致裂纹形成。在炭化室内由于成层结焦，相邻层间存在着温度梯度，且各层升温速度也不同，使半焦收缩阶段各层收缩速度不同，收缩速度相对较小的层将阻碍邻层收缩速度较大层的收缩，则在层间将产生剪应力，层内将产生拉应力。剪应力会导致产生平行于炭化室墙（垂直于热流方向）的横裂纹，拉应力会导致产生垂直于炭化室墙面（平行于热流方向）的纵裂纹。在炭化室中心部位，当两侧塑性层汇合时，膜袋内热解气体引起的膨胀所产生的侧压力会将焦饼沿中心面推向两侧，从而形成焦饼中心裂缝。由于纵、横裂纹和中心裂纹的产生，使炭化室内的焦饼分隔成大小不同的焦块。

焦块大小取决于裂纹率的多少，而裂纹率的数量和大小又主要取决于半焦收缩阶段的半焦收缩系数和相邻层的温度梯度。图 2-3 为几种单独煤炼焦时的半焦收缩特性曲线，在 500℃ 前后产生的第一收缩峰取决于煤的挥发分，煤的挥发分高则收缩系数大，当温度梯度一定时，焦炭裂纹率高，裂纹间距小，则焦炭块度小。第二收缩峰发生在 750℃ 左右，它与煤的挥发分关系不大，但随加热速度提高而加大,因此加热速度高时,收缩加剧,使裂纹率增高。

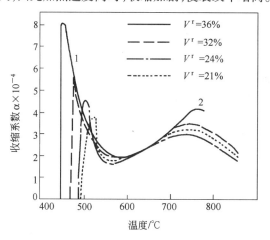

图2-3　几种煤的半焦收缩曲线
1—第一收缩峰;2—第二收缩峰

2. 炭化室各部位的焦炭特征

　　靠近炭化室墙面的焦炭(焦头),由于加热速度快,故熔融良好,结构致密,但温度梯度较大,因此裂纹多而深,焦面扭曲如菜花,常称"焦花",焦炭块度较小。炭化室中心部位处的焦炭(焦尾),结焦前期加热速度慢,而结焦后期加热速度快,故焦炭黏结、熔融均较差,裂纹也较多。距炭化室墙面较远的内层焦炭(焦身),加热速度和温度梯度均相对较小,故焦炭结构的致密程度差于焦头而优于焦尾,但裂纹少而浅,焦炭块度较大。沿炭化室宽向焦炭质量的变化趋势如图2-4。

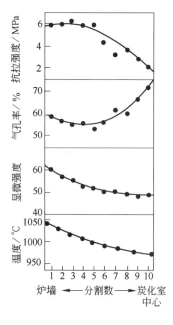

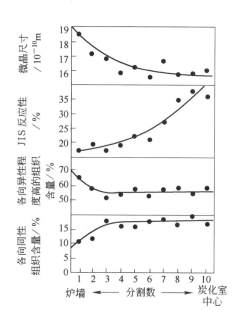

图2-4　沿炭化室宽向不同部位焦炭质量

1986年加拿大在阿尔格玛(Algoma)炭化室高5m的焦炉上将用金属网做成的笼子在装煤时

从装煤孔放在炭化室的不同部位装满煤后进行炼焦。测定炭化室不同部位焦炭的性质,数据如表2-1所示。数据表明,沿炉高向由上至下,焦炭块度降低,视密度增大,转鼓强度提高,反应性降低,反应后强度提高。沿炭化室长向焦炭质量的差别较小,中部焦炭质量比机侧、焦侧焦炭稍好。日本新日铁公司采用配有喷洒水管的专用焦饼取样器,沿炭化室长向(约1/3处)和高向(分1~6段)分别采取焦样分析,数据同样说明上部焦炭的强度 DI_{15}^{150} 和反应后强度 CSR 比下部焦炭差。沿炭化室长向则是装煤孔下方焦炭质量较高。

3. 不同煤化度煤的焦炭特征

气煤或以气煤为主的配合煤,塑性温度区间较窄,黏结性较差,在成层结焦条件下形成的半焦层较薄;但半焦收缩量大,第一收缩峰的收缩系数高,半焦固化时气态产物析出速度大,故半焦强度低、气孔率高,抗拒层内拉应力的能力低,产生较多的纵裂纹。焦炭多呈细条型,焦块内裂纹也多,黏结熔融差,易碎成小块焦。肥煤等强黏结性煤,塑性温度间隔宽,半焦层厚且结构致密,半焦收缩时,层内拉应力的破坏居次要作用,主要是层间剪应力使相邻层裂开,焦炭黏结熔融性好,横裂纹较多。焦煤焦炭的黏结熔融性好,纵横裂纹均较少,块度也较大。瘦煤焦炭的黏结熔融性差,但由于第一收缩峰的收缩系数小,总收缩量少,裂纹率低,故焦炭块度较大但强度不高。配合煤中增加中、高煤化度的煤,可以减小收缩,增大块度。

表2-1 炭化室不同部位焦炭的性质

长度方向	焦侧装煤孔			中部装煤孔			机侧装煤孔			焦台
距炭化室顶/m	0.8	3.3	5.0	0.8	3.3	5.0	0.8	3.3	5.0	
>50mm 焦炭/%	68.6	74.1	58.5	73.7	63.1	64.3	74.9	69.9	58.8	68.2
视密度/g·cm^{-3}	0.758	0.788	0.928	0.798	0.880	0.947	0.772	0.832	0.945	0.888
ASTM 稳定度/%	44.9	47.1	54.8				47.9	48.6	52.5	58.5
ASTM 硬度/%	55.0	58.8	71.1				59.5	68.0	71.4	69.8
反应性/%	35.7	33.3	24.0	34.6	32.3	28.3	37.1	31.8	26.9	23.7
反应后强度/%	36.6	45.6	62.5	43.1	48.9	59.5	39.7	48.7	64.3	64
挥发分/%	4.1	1.3	0.8	0.7	0.7	0.8	1.8	0.9	0.7	0.9

三、炭化室内气体析出与流动特征

1. 炼焦终温与化学产品

高温炼焦的化学产品产率、组成与低温干馏有明显差别(见第十章表10-1),这是因为高温炼焦的化学产品不是煤热分解直接生成的一次热解产物,而是一次热解产物在析出途径中受高温作用后的二次热解产物。高温炼焦时,从干煤层、塑性层和半焦层内产生的气态产物称一次热解产物,在流经焦炭层、焦饼与炭化室墙间隙及炭化室顶部空间时,受高温作用发生二次热解反应,生成二次热解产物。二次热解反应非常复杂,主要有一次热解产物中的烃类进一步裂解成为更小分子的气体,如 CH_4、H_2、CO_2、C_2H_4 等;饱和烃或环烷烃脱氢、缩合成为芳香族化合物以及含氧、含氮、含硫化合物的脱氧、脱氮和脱硫等反应。整个炭化周期内化学产品的析出一般有两个峰值,标志着热分解由两个连续的阶段组成。第一析出峰在350~550℃范围内,放出大量含碳、氢、氧的挥发产物,主要是煤焦油和轻油组分。700℃左右出现第二析出峰,二次热解反应剧烈,产品主要是甲烷和氢气。高温炼焦化学产品的产率主要决定于装炉煤的挥发分产率,其组成主要决定于粗煤气在析出途径上所经受的温度、停留时间及装炉煤水分。

2. 气体析出途径

煤结焦过程的气态产物大部分在塑性温度区间,特别是固化温度以上产生。炭化室内干煤

层热解生成的气态产物和塑性层内产生的气态产物中的少部
分从塑性层内侧和顶部流经炭化室顶部空间排出,这部分气态
产物称"里行气"(图2-5),约占气态产物的10%～25%。塑性
层内产生的气态产物中的大部分和半焦层内的气态产物,则穿
过高温焦炭层缝隙,沿焦饼与炭化室墙之间的缝隙向上流经炭
化室顶部空间而排出,这部分气态产物称"外行气",约占气态
产物的75%～90%。里行气和外行气由于析出途径、二次热解
反应温度和反应时间不同,以及两者的一次热解产物也因热解
温度而异,故两者的组成差别很大(表2-2),出炉煤气是该两者
的混合物。由于外行气占75%～90%,且析出途径中经受二次
热解反应温度高、时间长,因此外行气的热解深度对炼焦化学

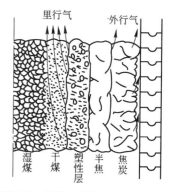

图2-5　化学产品析出途径示意图

产品的组成起主要作用。凡同外行气析出途径有关的温度(火道温度、炉顶空间温度)和停留时
间(炉顶空间高度,炭化室高度,单、双集气管等)均影响炼焦化学产品的组成。一般炉顶空间温
度宜控制在750～800℃,过高将降低甲苯、酚等贵重的炼焦化学产品产率,且会提高焦油中游离
碳、萘、蒽和沥青的产率。炼焦化学产品的产量和组成还随结焦时间而变。

表2-2　里行气和外行气的组成比较

项目	煤气组成/%									烃及衍生物组成/%						
	H_2	CH_4	C_2H_6	C_2H_4	C_3H_8	C_3H_6	CO	CO_2	N_2	初馏分	苯	甲苯	二甲苯	酸性化合物	碱性化合物	其他
里行气	20	53	10	2	3	3	2	5	2	40	4	7	10	9	5	25
外行气	60	27	1	2.5	0.2	0.3	5	2	2	3.5	73	17	4.5	—	—	2

四、炭化室内结焦终了判断

当炭化室内装炉煤全部转变为焦炭时,便形成一个焦饼。当焦饼中心温度达到950～1050℃
时,焦饼就成熟了。生产上常用肉眼观察上升管处粗煤气的颜色和透明情况判断焦饼是否成熟。
当炭化室煤料的热分解过程全部结束时,粗煤气的颜色发蓝,而且透明。日本将这种现象称之为
"火落"。从装炉煤装入炭化室至出现火落这一时间间隔,称为火落时间。当火落现象出现后,
再经过一段闷炉时间,焦饼最终成熟。火落现象的出现标志着粗煤气中氢含量达到最高值。因
此,可以用气体自动分析仪测定粗煤气中氢含量的变化,以确定焦饼的成熟程度。焦炭是否成熟
还可以通过测定焦炭的挥发分或焦炭的氢含量来进行判断。通常高炉焦的挥发分应低于
1.2%。

第二节　影响炭化室结焦过程的因素

焦炭质量主要取决于装炉煤性质,也与备煤及炼焦条件有密切关系。在装炉煤性质确定的
条件下,对室式炼焦,备煤与炼焦条件是影响结焦过程的主要因素。

一、装炉煤堆密度

增大堆密度可以改善焦炭质量,特别对弱黏结煤尤为明显。在室式炼焦条件下,增大堆密度
的方法,如捣固、配型煤、煤干燥等均已在工业生产中应用(见第三章)。装炉煤的粒度组成对堆

密度影响很大,配合煤细度高则堆密度减小,且装炉烟尘多,有关装炉煤的粒度分布原则将在第三章中进一步阐述。

二、装炉煤水分

装炉煤水分对结焦过程有较大影响,水分增高将使结焦时间延长,通常水分每增加1%,结焦时间约延长20min,不仅影响产量,也影响炼焦速度。国内多数厂的装炉煤水分大致为10%～11%。装炉煤水分还影响堆密度(图2-6),由图可见,煤料水分低于6%～7%时,随水分降低,堆密度增高。水分大于7%,堆密度也增高,这是由于水分的润滑作用,促进煤粒相对位移所致,但水分增高同时使结焦时间延长和炼焦耗热量增高,故装炉煤水分不宜过高。

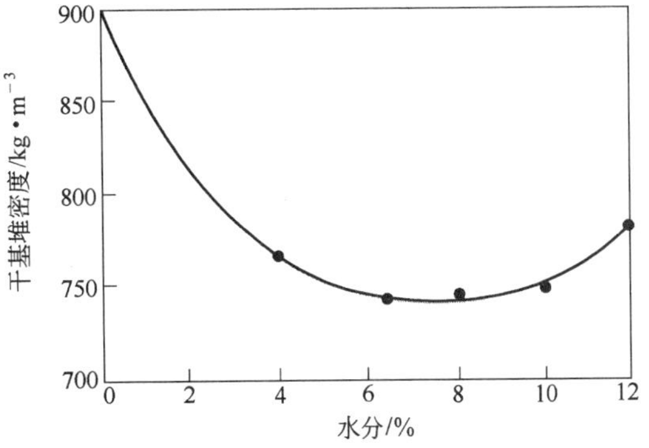

图2-6　煤料堆密度与水分关系

三、炼焦速度

通常是指炭化室平均宽度与结焦时间的比值,例如炭化室平均宽度为450、407、350mm时,结焦时间为17、15、12h,则炼焦速度分别为26.5、27.1和29.2mm/h。炼焦速度反映炭化室内煤料结焦过程的平均升温速度,根据煤的成焦机理,提高升温速度可使塑性温度间隔变宽,流动性改善,有利于改善焦炭质量。但是在室式炼焦条件下,炼焦速度和升温速度的提高幅度有限,所以其效果仅使焦炭的气孔结构略有改善,而对焦炭显微组分的影响则不明显。提高炼焦速度使焦炭裂纹率增大,降低焦炭块度。因此,炼焦速度的选择应多方权衡,例如:1)若原料煤黏结性较差,而用户对焦炭粒度下限要求不严时,宜采用窄炭化室,以使炼焦速度较大。2)若原料煤黏结性较强,膨胀压力较高,宜采用较低的炼焦速度,即采用较宽炭化室。3)高炉焦要求耐磨强度和反应后强度高,平均粒度约50mm,粒度范围为25～75mm,所以结焦速度可以提高一些,当采用较宽炭化室时,可通过采用热导率较大的致密硅砖,并减薄炉墙等措施,提高炼焦速度。这样,不仅可改善焦炭质量,还可提高生产能力。

四、炼焦终温

提高炼焦最终温度,使结焦后期的热分解与热缩聚程度提高。有利于降低焦炭挥发分和含氢量,使气孔壁材质致密性提高,从而提高焦炭显微强度、耐磨强度和反应后强度。但在气孔壁致密化的同时,微裂纹将扩展,因此抗碎强度则有所降低(表2-3)。

表2-3　炼焦终温对焦炭质量影响的实例

炼焦终温/℃	强度/%			筛分组成/%					平均粒度/mm		反应性能/%	
	M_{40}	M_{10}	DI_{15}^{150}	25～40	40～60	60～80	80～110	25～80	25～80	25～110	CRI	CSR
944	72.9	10.9	79.5	6.1	34.9	25.5	30.3	66.5	56.0	68.1	40.6	37.3
1075	70.4	9.3	80.3	7.3	38.4	34.0	16.9	79.7	57.0	63.5	33.4	499.9

五、焖炉时间

焦饼成熟后适当延长焖炉时间,同样有利于提高结焦过程的热聚合程度,促进焦炭石墨化程度的提高,也有助于改善焦炭的微观性质(图2-7,图2-8)。近年来,随着干熄焦技术的应用,日本提出先中温干馏(700～800℃),中温半焦在干熄焦预存室再加热,使焦炭进一步成熟,以达到改质的效果。

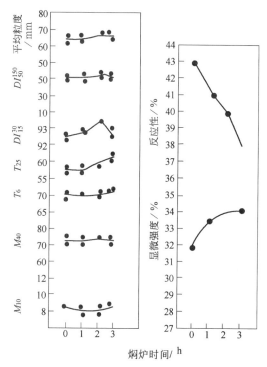

图 2-7　焖炉时间对焦炭质量的影响
（火道温度 1200℃）

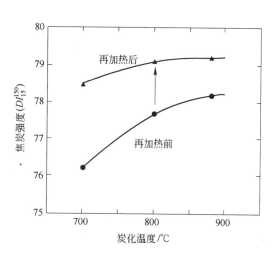

图 2-8　在 N₂ 气氛和 1000℃下加热 1h
的焦炭改质效果

第三节　配合煤的质量

一、配煤的目的与意义

室式炼焦的装炉煤，通常是多种煤按适宜比例配成的配合煤。由于高炉焦和铸造焦等要求灰分低、含硫少、强度大、各向异性程度高，在室式炼焦条件下，单种煤炼焦很难满足上述要求，各国煤炭资源也无法满足单种煤炼焦的需求，我国煤炭资源虽然十分丰富，但煤种、储量和资源分布不均，因此必须采用配煤炼焦。

所谓配煤就是将两种以上的单种煤料，按适当比例均匀配合，以求制得各种用途所要求的焦炭质量。采用配煤炼焦，既可保证焦炭质量符合要求，又可合理利用煤炭资源，同时增加炼焦化学产品产量。配煤方案是焦化厂规划的重要组成部分，是焦化厂设计的基础，在确定配煤方案时，应遵循下列原则：

1）配合煤性质与本厂煤预处理工艺及炼焦条件相适应，焦炭质量按品种要求达到规定指标。

2）符合本地区煤炭资源条件，有利扩大炼焦煤源。

3）有利增加炼焦化学产品；防止炭化室中煤料结焦过程产生的侧膨胀压力超过炉墙极限负荷，避免推焦困难。

4）缩短煤源平均运距，便于调配车皮，避免煤车对流，在特殊情况下有调节余地。

5）来煤数量稳定，质量均匀。

6）在上述前提下，尽量降低生产成本，以期提高经济实效。

二、配合煤质量指标

配合煤质量指标大体上可以分为两类，即化学性质，如灰分、硫分、矿物质组成；工艺性质，如煤化度、黏结性、细度、膨胀压力等。

（1）水分　水分对结焦过程影响已如上述，配合煤水分应力求稳定，以利焦炉加热制度稳定。因此来煤应避免直接进配煤槽，应在煤场堆放一定时期，通过沥水稳定水分，贮煤场应有雨季排水的条件，还可通过干燥，稳定装炉煤的水分。

（2）细度　指配合煤中小于 3mm 粒级占全部配合煤的质量百分率。一般条件下，室式炼焦的配合煤细度因装炉煤的工艺特征而定，常规炼焦（顶装煤）时为 72% ~ 80%，配型煤炼焦时约 85%，捣固炼焦时为 90% 以上。在此前提下，尽量减少小于 0.5mm 的细粉含量，以减轻装炉时的烟尘逸散。配合煤细度对炼焦的影响在第三章中将进一步讨论。

（3）灰分　配合煤灰分可按各单种煤灰分用加和计算，也可直接测定。在炼焦过程中，煤的灰分全部转入焦炭，配合煤的灰分控制值可根据焦炭灰分要求按下式计算：

$$A_{煤} = K \cdot A_{焦}, \% \tag{2-1}$$

式中　　$A_{煤}$、$A_{焦}$——煤、焦炭的灰分，%；

　　　　K——全焦率，%。

计算出的配合煤灰分值系控制的上限，降低配合煤灰分有利焦炭灰分降低，可使高炉、化铁炉等降低焦耗，提高产量；但降低灰分使选煤厂的洗精煤产率降低，提高洗精煤成本，因此应从资源利用，经济效益等方面综合权衡。我国的煤炭资源中多数中等煤化度的焦煤和肥煤属高灰难洗煤；而低煤化度的高挥发弱黏结气煤，则储量较多，且低灰易洗。因此焦、肥洗精煤的灰分较高，而气煤洗精煤的灰分较低，采用配型煤炼焦、捣固炼焦、配沥青黏结剂炼焦等技术，可多用高挥发弱黏结低煤灰，是降低配合煤灰分的一条有效途径。

（4）硫分　配合煤硫分也可按单种煤硫分用加和计算，也可直接测定。在炼焦过程中，煤中的部分硫如硫酸盐和硫化铁转化为 FeS、CaS、Fe_nS_{n+1} 而残留在焦炭中（$S_{残}$），另一部分硫如有机硫则转化为气态硫化物，在流经高温焦炭层缝隙时，部分与焦炭反应生成复杂的硫碳复合物（$S_{复}$）而转入焦炭，其余部分则随煤气排出（$S_{气}$），随出炉煤气带出的硫量因煤中硫的存在形态及炼焦温度而异。

煤中硫分转入焦炭的百分率 $\Delta S = \dfrac{S_{残} + S_{复}}{S_{煤}} = \dfrac{S_{煤} - S_{气}}{S_{煤}} \times 100\%$，则配合煤的硫分控制值可按焦炭硫分要求用下式计算：

$$S_{煤} = \frac{K}{\Delta S} \cdot S_{焦}, \% \tag{2-2}$$

式中　　$S_{煤}$、$S_{焦}$——煤、焦炭的硫分，%。

一般 $\Delta S = 60\% ~ 70\%$，当 $K = 74\% ~ 76\%$ 时，$S_{焦}/S_{煤} = 80\% ~ 93\%$，即室式炼焦条件下，焦炭中硫分为煤中硫分的 80% ~ 93%，提高炼焦终温可使 ΔS 降低，故焦炭硫分将有所降低。

当煤源波动致使 ΔS 值波动时，若用户对焦炭硫分上限要求较严，可按简单的统计计算，考虑波动范围，确定配合煤的硫分上限。例如，某厂按生产数据用数理统计得 ΔS 的均值 $\bar{\Delta S} = 0.66$，标准偏差 $\sigma = 0.02$，$K = 0.75$，若要求焦炭硫分 < 0.6%，则要求 99% 以上的焦炭硫分合格的配合煤硫分上限值 $S_{煤, max}$ 为：

$$S_{煤, max} = \frac{K}{\bar{\Delta S} + 3\sigma} \cdot S_{焦} = \frac{0.75 \times 0.6}{0.66 + 3 \times 0.02} = 0.625, \%$$

我国煤炭资源中,因成煤条件不同,煤的硫分差异很大,东北与华北地区属陆相沉积,故煤中含硫较低;中南与西南地区属海陆相交替沉积,则煤中含硫较高。在确定配煤比时,必须同时兼顾对焦炭灰分、硫和强度的要求,降低配合煤硫分的根本途径是降低洗精煤硫分,或配用低硫洗精煤。目前降硫技术主要还是物理洗选法,开发中的萃取法、微生物、氢化法和微波处理等脱硫技术均未形成经济实用的工业方法。

(5)煤化度　目前常用的煤化度指标有可燃基挥发分,也称无湿无灰基挥发分(V_{daf})和镜质组平均最大反射率$\overline{R}_{max}$。前者测定方法简单,后者可较确切地反映煤的煤化度本质,后者因测量设备、要求技术水平等原因,仅在研究、教学和大型企业得到应用。据大量测定,我国煤源在很大煤化度区域内二者有很好的线性关系,如鞍山热能研究院对国内 148 种煤所作的测定值,经回归分析,得出如下线性回归方程。

$$\overline{R}_{max} = 2.35 - 0.041\,V_{daf}\quad(相关系数\ r = -0.947)$$

配合煤的挥发分可按各单种煤的挥发分用加和计算,但配合煤在热解过程中,各单种煤的热解产物之间存在着相互作用,因此按加和计算的配合煤挥发分值与直接测定的配合煤挥发分值间会有某些差异。采用各单种煤的$\overline{R}_{max}$按加和计算出的配合煤$\overline{R}_{max}$,由于配合后不涉及热解过程的影响,因此与直接测定的配合煤$\overline{R}_{max}$值之间不会产生明显的差异。采用煤岩自动分析装置测定镜质组反射率时,可以得到镜质组最大反射率R_{max}的分布曲线(图2-9),其$\overline{R}_{max}$可由R_{max}分布曲线积分得到。

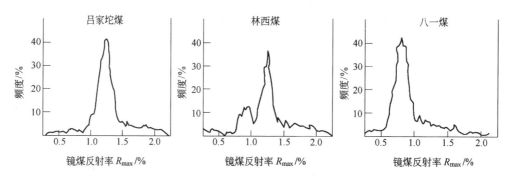

图 2-9　镜质组最大反射率分布图曲线

煤料的煤化度影响焦炭的气孔率、比表面积、光学显微结构、强度和块度等。据大量生产试验数据表明,当煤的含碳量 $C_{daf} = 88\% \sim 90\%$(相当于 $V_{daf} = 25\% \sim 28\%$,$\overline{R}_{max} = 1.1\% \sim 1.4\%$)时,焦炭的气孔率和比表面积最小;当 $V_{daf} = 18\% \sim 30\%$,$\overline{R}_{max} = 1.1\% \sim 1.6\%$时,焦炭的各向异性程度较高;当 $\overline{R}_{max} = 1.15\% \sim 1.30\%$时,焦炭的耐磨强度和反应后强度处于最优范围。综合各方面因素,一般认为大型高炉用焦炭的配合煤煤化度指标,宜控制在 $V_{daf} = 26\% \sim 28\%$ 或 $\overline{R}_{max} = 1.2\% \sim 1.3\%$。实际确定该指标时,还应视具体情况,结合黏结性指标一并考虑。

(6)黏结性　配合煤的黏结性指标是影响焦炭强度的重要因素,据塑性煤的成焦机理,配合煤中各单种煤的塑性温度区间应彼此衔接和依次重叠,在此基础上,室式炼焦配合煤的各黏结性指标的适宜范围大致为:以最大流动度 MF 为黏结性指标时,为 70(或 100)$\sim 10^3$DDPM;以奥亚总膨胀度 b_t 为指标时,$b_t \geqslant 50\%$;以胶质层最大厚度 y 为指标时,$y = 17 \sim 22$mm;以黏结指数 G 为指标时,$G = 58 \sim 72$。配合煤的黏结性指标一般不能用单种煤的黏结性指标按加和性计算。

(7)膨胀压力　单种煤的膨胀压力由多种因素决定,配合煤中各单种煤之间又存在相互作用,因此配合煤的膨胀压力不能以各单种煤的膨胀压力加和计算,配合煤的膨胀压力与黏结性指标之间不存在规律性的相互关系。添加惰性物时膨胀压力有所降低或基本不变,添加黏结剂或强黏结煤时膨胀压力不能预计,只能用实验测定配合煤的膨胀压力值。在配煤方案确定时,可供参考的仅有两点,一是在常规炼焦配煤范围内,煤料的煤化度加深则膨胀压力增大;二是对同一煤料,增大堆密度,膨胀压力也增加。对配合煤膨胀压力的要求是:炭化室炉墙两侧的煤料膨胀压力差必须小于炉墙的极限负荷。带有活动墙的试验焦炉可以测出结焦过程的最大膨胀压力。

除上述配合煤质量指标以外,配合煤的镜质组最大反射率分布曲线和矿物质的组成也引起生产企业的重视。前者对控制混煤比例和弱黏煤利用情况,后者对控制焦炭热性质有影响。

第四节 配煤原理

配煤原理是建立在煤的成焦机理基础上的,迄今为止煤的成焦机理可大致归纳为三类。第一类是以烟煤的大分子结构及其热解过程中由于胶质状塑性体的形成,使固体煤粒黏结的塑性成焦机理。据此,不同烟煤由于胶质体的性质和数量的不同,导致黏结的强弱,并随气体析出数量和速度的差异,得到不同质量的焦炭。第二类是基于煤岩相组成的差异,决定煤粒有活性与非活性之分,由于煤粒之间的黏结是在其接触表面上进行的,则以活性组分为主的煤粒,相互间的黏结呈流动结合型,固化后不再存在粒子的原形;而以非活性组分为主的煤粒间的黏结则呈接触结合型,固化后保留粒子的轮廓,从而决定最后形成的焦炭质量,此所谓表面结合成焦机理。第三类是以20世纪60年代以来发展起来的中间相成焦机理,该机理认为烟煤在热解过程中产生的各向同性胶质体中,随热解进行会形成由大的片状分子排列而成的聚合液晶,它是一种新的各向异性流动相态,称为中间相,成焦过程就是这种中间相在各向同性胶质体基体中的长大、融并和固化的过程,不同烟煤表现为不同的中间相发展深度,使最后形成不同质量和不同光学组织的焦炭。对应上述三种煤的成焦机理,派生出相应的三种配煤原理,即胶质层重叠原理,互换性原理和共炭化原理。

一、胶质层重叠原理

配煤炼焦时除了按加和方法根据单种煤的灰分、硫分控制配合煤的灰分、硫分以外,要求配合煤中各单种煤的胶质体的软化区间和温度间隔能较好地搭接,这样可使配合煤煤料在炼焦过程中能在较大的温度范围内处于塑性状态,从而改善黏结过程,并保证焦炭的结构均匀。不同牌号炼焦煤的塑性温度区间如图2-10所示。各煤种的塑性温度区间不同,其中肥煤的开始软化温度最低,塑性温度区间最宽;瘦煤固化温度最高,塑性温度区间最窄。气、1/3焦、肥、焦、瘦煤适当配合可扩大配合煤的塑性温度范围。这种以多种煤互相搭配,胶质层彼此重叠的配煤原理,曾长期主导前苏联和我国的配煤技术。

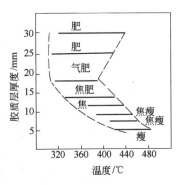

图2-10 不同煤化度炼焦煤
的塑性温度区间

周师庸教授曾以焦炭界面结合的情况对配煤的适应性进一步作了判断,认为各种煤的胶质体间实际上均有一定的重叠,但结合情况差异很大,以两种煤炼成的焦炭界面结合指数来判断结合的好坏。该指数可在偏反光显微镜下用块焦光片观察后按下式计算。

$$焦炭界面结合指数 = \frac{界面结合长度}{界面总长度(不包括气孔所占长度)} \times 100\% \qquad (2-3)$$

对不同 $\overline{R}_{max}$ 的一些煤,两两结合所测得的界面结合指数如表2-4。表中数据说明有五种结合类型。

1)低挥发弱黏结煤与高挥发弱黏结煤配合炼焦时,界面结合指数仅0~2%,属完全不结合类型,各自呈单独炭化。

2)中挥发强黏结煤相互配合炼焦时,界面全部结合。

3)高挥发弱黏结煤与中挥发强黏结煤配合炼焦时,界面大部分结合。

4)低挥发弱黏结煤与中挥发强黏结煤配合炼焦时,界面部分结合。

5)低挥发弱黏结煤之间或高挥发弱黏结煤之间配合炼焦时,界面结合很差。

表2-4　不同煤化度煤炼焦时的界面结合指数

结合类型	低挥发($\overline{R}_{max}$=1.4%~1.7%)和高挥发($\overline{R}_{max}$=0.62%~0.75%)			中挥发($\overline{R}_{max}$=0.9%~1.1%)间	高挥发($\overline{R}_{max}$=0.62%~0.75%)与中挥发强黏结煤($\overline{R}_{max}$=0.9%~1.1%)						低挥发弱黏结煤与中挥发强黏结煤			低挥发弱黏结煤间或高挥发弱黏结煤间		
煤种 $\overline{R}_{max}$	后石台 1.401	邯郸 1.701	青龙山 1.409	井峰 1.7	峰峰 1.117	陶庄 0.901	大同 0.753	官桥 0.777	姚桥 0.695	姚桥 0.695	兖州 0.618	邯郸 1.701	后石台 1.401	井峰 1.7	后石台 1.401	兖州 0.618	兖州 0.618
煤种 $\overline{R}_{max}$	兖州 0.618	大同 0.753	兖州 0.618	大同 0.753	唐山 1.007	枣庄 1.105	峰峰 1.117	陶庄 0.901	陶庄 0.901	枣庄 1.105	枣庄 1.105	唐山 1.007	枣庄 1.105	唐山 1.007	青龙山 1.441	姚桥 0.695	官桥 0.777
界面结合指数/%	0	0	2	0	100	100	85	100	98	97	96	36	55	63	13	2	6

综上所述,在配煤炼焦时,中等挥发强黏结煤起重要作用,它可以与各类煤在结焦过程中良好结合,按胶质层重叠原理,中等挥发强黏结煤的胶质层温度间隔宽,可以搭接各类煤的胶质体,从而保证焦炭结构的均匀。因此配煤炼焦时,要以肥煤为基础煤。

二、互换性配煤原理

根据煤岩学原理,煤的有机质可分为活性组分和非活性组分(惰性组分)两大类。日本城博提出用黏结组分和纤维质组分来指导配煤,按照他的观点,评价炼焦配煤的指标,一是黏结组分(相当于活性组分)的数量,这标志煤黏结能力的大小;另一是纤维质组分(相当于非活性组分)的强度,它决定焦质的强度。煤的吡啶抽出物为黏结组分,残留部分为纤维质组分,将纤维质组分与一定量的沥青混合成型后干馏,所得固块的最高耐压强度表示纤维质组分强度。要制得强度好的焦炭,配合煤的黏结组分和纤维质组分应有适宜的比例,而且纤维质组分应有足够的强度。当配合煤达不到相应要求时,可以用添加黏结剂或瘦化剂的办法加以调整。据此城博提出了图2-11所示的互换性配煤原理图,由图可形象地看出:

1)获得高强度焦炭的配合煤要求是:提高纤维质组分的强度(用线条的密度表示),并保持合适的黏结组分(用黑色的区域表示)和纤维质组分比例范围。

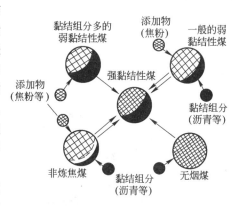

图2-11　互换性配煤原理图

2)黏结组分多的弱黏结煤,由于纤维质组分的强度低,要得到强度高的焦炭,需要添加瘦化组分或焦粉之类的补强材料。

3)一般的弱黏结煤,不仅黏结组分少,且纤维质组分的强度低,需同时增加黏结组分(或添加黏结剂)和瘦化组分(或焦粉之类的补强材料),才能得到强度好的焦炭。

4)高挥发的非黏结煤,由于黏结组分更少,纤维质组分强度更低,应在添加黏结剂和补强材料的同时,对煤料加压成型,才能得到强度好的焦炭。

5)无烟煤或焦粉只有强度较高的纤维质组分,需在添加足够黏结性的前提下才能得到高强度的焦炭。

三、共炭化原理

1.共炭化过程

不同煤料配合炼焦后如能得到结合较好的焦炭,这样的炼焦称不同煤料的共炭化。随着焦炭光学结构的研究,把共炭化的概念用于煤与沥青类有机物的炭化过程,以考核沥青类有机物与煤配合后炼焦对改善焦炭质量的效果,或称对煤的改质效果。

共炭化产物与单独炭化相比,焦炭的光学性质有很大差异,合适的配合煤料(包括添加物的存在)在炭化时,由于塑性系统具有足够的流动性,使中间相有适宜的生长条件,或在各种煤料之间的界面上,或使整体煤料炭化后形成新的连续的光学各向异性焦炭组织,它不同于各单种煤单独炭化时的焦炭光学组织。对不同性质的煤与各种沥青类物质进行的共炭化研究表明,沥青不仅作为黏结剂有助于煤的黏结性,而且可使煤的炭化性能发生变化,发展了炭化物的光学各向异性程度,这种作用称为改质作用,这类沥青黏结剂又被称为改质剂。因此,共炭化原理的主要内容是描述共炭化过程的改质机理。

煤的可改质性按照煤化度的不同划分为四类:(1)高煤化度、不熔融煤(如无烟煤、贫煤、焦粉)。煤与黏结剂各自炭化,形成明显的两相,这时黏结剂只起黏结作用,并不引起煤的改质。(2)中等煤化度、熔融性好的煤与黏结剂共炭化时,可以形成均一的液相,所得焦炭出现新的、均匀的光学组织。煤与黏结剂单独炭化分别呈现的光学组织已不存在。(3)低煤化度但能熔融的煤(如气煤、1/3焦煤)与活性添加剂共炭化时,能形成均一液相而得到新的光学组织。(4)低煤化度、不能熔融的煤(如长焰煤、不黏)一般不易被改质。

当黏结剂在共炭化体系中的浓度固定时,其改质能力与它的种类有关。根据各种黏结剂的改质能力可将它们分为弱活性、活性和高活性三类。弱活性黏结剂只能使中等煤化度、熔融性好的煤改质,对低煤化度煤无明显改质作用;活性黏结剂对低煤化度煤、熔融煤也有较强的改质作用;高活性黏结剂除不能改质无烟煤、焦粉外,对其他煤都有程度不同的改质作用。黏结剂经过轻度的加氢或 $AlCl_3$ 反应后,可明显提高改质能力,而经烷基化处理后,它的改质能力却被削弱。

在一般情况下,高、中挥发的弱黏和黏结煤的被改质适应性优于低挥发的黏结煤。以同一种沥青考核不同煤化度煤改质前后所得焦炭光学组织指数的变化值 ΔOTI ,可以评定煤的被改质活性。图 2-12 表明,沥青对煤的改质作用随煤化度提高先是略有增强,当煤的 $\overline{R}_{max}=1.1\%$ 左右后(超过肥煤),煤化度进一步提高,改质作用明显下降。

图中 $\Delta OTI = \Sigma \delta_i (OTI)_i$,$(OTI)_i$ 为不同

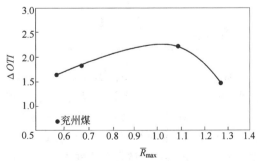

图 2-12　沥青改质作用与煤化度的关系

光学组织的光学组织指数,δ_i为煤单独炭化与加沥青共炭化比较所得焦炭不同光学组织数量的变化值。通常低挥发煤加沥青改质后其光学组织的各向异性程度降低,高、中挥发煤加沥青改质后焦炭的光学各向异性程度升高。沥青对无烟煤及煤中惰性成分基本无改质活性。

2. 共炭化过程的传氢

共炭化过程传氢对煤的改质有重要影响,沥青在共炭化时起着氢的传递介质作用,为描述氢的转移情况,可定量地用沥青与煤的供氢能力及受氢能力来描述。

煤或沥青的供氢能力(D_a)可将煤或沥青与蒽混合后,置于密闭玻璃管内,在一定的升温制度(如按5℃/min加热至400℃后恒温5min)下反应后,溶解在$CDCl_3$溶液中,并加入定量的芘作内标,以四甲基硅烷(TMS)为参比,测定H–NMR谱图。煤或沥青与蒽反应可按以下模式描述:

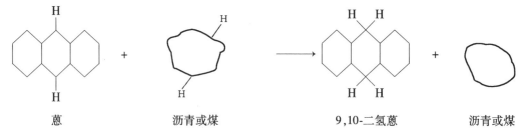

蒽　　　　　　　　沥青或煤　　　　　　　　9,10-二氢蒽　　　　　　　　沥青或煤

反应后由于煤或沥青供氢使部分蒽转化为9,10-二氢蒽,通过谱图求出9,10-二氢蒽的特征峰(3.85ppm)强度,并与内标芘的特征峰(3.3ppm)强度比较,可以标志煤或沥青的供氢能力。

为确定煤或沥青的受氢能力(A_a),则可将煤或沥青与9,10-二氢蒽反应,其反应模式即以上模式的逆反应,用相同方法测定H–NMR谱图,由谱图求出蒽的特征峰(8.3ppm)强度,并与内标比较,则可以标志煤或沥青的受氢能力。供氢能力D_a和受氢能力A_a分别可按以下公式计算:

$$D_a = \frac{4 \times 10}{2} \frac{W}{M} \cdot \frac{I_{3.85}}{I_{3.3}}, \mathrm{mgH_2/g}$$

$$A_a = 4 \times 10 \frac{W}{M} \cdot \frac{I_{8.3}}{I_{3.3}}, \mathrm{mgH_2/g} \qquad (2\text{-}4)$$

式中　W——加入芘的质量,g;

　　　M——芘分子量(154.21)。

曾测定某些沥青和煤的D_a和A_a(表2-5)。

表2-5　某些沥青和煤的供氢能力和受氢能力

煤或沥青	石油渣油蒸气裂解沥青 AHA	煤液化产品 ASC	中温沥青 ZP	硬质沥青 YP	兖州煤（QM）	老万煤（QM）
$D_a/\mathrm{mgH_2 \cdot g^{-1}}$	0.13	0.16	0.23	0.29	0.05	0.06
$A_a/\mathrm{mgH_2 \cdot g^{-1}}$	—	—	—	—	0.69	1.25

数据表明沥青的供氢能力远高于煤,为煤的3～5倍,气煤的受氢能力远高于其供氢能力,而沥青的受氢能力可忽略不计。因此煤与沥青共炭化时,沥青对煤有传氢作用,两者的受氢能力差别愈大,沥青对煤的改质活性愈强;此外煤的受氢能力愈大,共炭化时沥青对煤的改质活性也愈强。曾对不同煤化度煤测定D_a和A_a,表明供氢能力随煤化度增至中等挥发黏结煤,逐渐增大;而受氢能力则逐渐减小,故低煤化度煤的受氢能力强而供氢能力弱,高煤化度煤则相反。

通过D_a和A_a的测定,还可用以下公式定量地描述煤与沥青共炭化系统的氢传递量。

$$\frac{D}{A} = \frac{m_1}{m_2} \cdot \frac{(D_a)_{沥青} - (A_a)_{沥青}}{(A_a)_{煤} - (D_a)_{煤}}$$

式中　　m_1、m_2——分别为沥青和煤的配合量。

按 $m_1 / m_2 = 3/7$ 计算出表 2-5 中几种沥青对两种气煤的传氢量(D/A),如表 2-6 所示。

煤与沥青共炭化体系中产生的传递氢可以发生以下反应:

1)对煤热解时生成的游离基团加氢。

2)与含氧官能团反应产生化合水。

3)与含杂原子的多环芳烃反应使多环芳烃脱掉杂原子。

表 2-6　几种沥青对两种气煤的传氢量实例

煤或沥青	AHA	ASC	ZP	YP
兖州煤	0.0468	0.0576	0.0828	0.1044
老万煤	0.087	0.1071	0.1539	0.1941

第五节　焦炭质量预测

利用煤和配合煤的各种实验室测定的性质指标预测焦炭质量,可以用次数较少的配煤试验,确定经济和合理的配煤比。随着煤质指标检测的自动化,以及计算机技术的应用,使焦炭质量预测技术直接用于配煤作业的日常管理,因此焦炭质量预测技术得到世界各国普遍重视。

焦炭质量预测从广义上讲,包括焦炭的灰分、硫分等化学性质指标,冷态强度指标以及热态性质指标。

一、焦炭灰分、硫分预测

如前所述,焦炭的灰分、硫分与配合煤的灰分、硫分有直接的关系,在生产状况稳定的条件下,两者存在较好的线性关系。因此,不同的企业依据炼焦生产历史数据,建立了焦炭灰分、硫分预测模型。并以此控制配合煤的灰分、硫分,以及调整单种煤使用的比例和为选择煤源提供参考。预测模型中考虑焦炭的成焦率 k、配合煤干基挥发分 V_d、焦炭的干基挥发分 V_d 等。

表 2-7　焦炭灰分(A_d)和硫分($S_{t,d}$)预测模型

采用单位	灰分预测模型	硫分预测模型
山西焦化	$A_{煤} = kA_{焦}$,$K = (100 - V_{d,煤})/(100 - V_{d,焦}) + (1.0 \sim 1.5)$	$S_{煤} = k * S_{焦}/(0.7 \sim 0.8)$
上海宝钢	$A_{焦} = a + b * A_{煤}/(100 - V_{d,煤}) + c * V_{d,煤}$	$S_{焦} = a' + b' * S_{煤}/(100 - V_{d,煤}) - c' * V_{d,煤}$
内蒙包钢	$A_{焦} = 0.821A_{煤} + 4.678$	$S_{焦} = 0.211 + 0.645S_{煤}$
韶钢集团	$A_{焦} = -1.85 + 0.1092A_{daf,煤} \pm 0.203$	$S_{焦} = 0.03 + 0.8735S_{煤} \pm 0.042$
法　国	$A_{煤} = kA_{焦}$	$S_{焦} = 0.084 + 0.759S_{煤}$
波　兰	$A_{煤} = kA_{焦}$	$S_{焦} = 0.20 + 0.63S_{煤}$

二、焦炭冷态强度预测

焦炭冷态强度(指 M_{40}、M_{10},下同)预测所采用的指标一般为煤化度指标和黏结性指标。煤岩研究表明,煤的工艺特性取决于煤岩成分(在泥炭化阶段定型),还原程度(形成于泥炭化阶段到成岩阶段,取决于复水条件)和变质程度(取决于变质阶段的作用)三个因素,因此焦炭质量预测采用的指标应能综合反映这三个因素。国内外曾采用过的一些配煤指标和焦炭强度的预测方法大致情况如表2-8所示。预测方法的总趋势是从宏观参数向包括煤岩指标在内的微观参数发展,从仅以煤质参数预测向包括工艺参数在内的预测指标发展。预测方法基本可以分为三类:第一类以煤的工艺指标为参数,如 V_{daf} 与 $C.I.$、MF、G、y 的组合;第二类是以煤岩指标为参数;第三类在考虑配合煤指标的同时,也考虑炼焦煤准备和炼焦工艺条件。以下择有代表性的予以介绍。

表2-8　国内外焦炭质量预测方法概况

年代	国　别	作　者	选用指标	预测方式	适用范围	参考文献
1937	前苏联	САПОЖНИ КОВ	V_{daf}, X, Y	$X = 17 \sim 23\text{mm}$ $Y = 17 \sim 22\text{mm}$	煤种齐全,按气、肥、焦、瘦配煤	КОКСИХИМИЯ, 1963,No. 9
1950	日　本	井田四郎	V_{daf}, CI	图形表达	主要为日本煤	燃料协会志, 1962,No. 41
1959	日　本	西尾淳	V_{daf}, MF	$V_{daf} = 32\% \sim 37\%$ $MF = 1500 \sim 1700$	日本和进口美国优质炼焦煤	石炭利用技术会议, 1959
1961	美　国	Schapiro	SI, CBI	图表计算	美国优质炼焦煤	炼焦化学,1979, No. 2
1964	澳大利亚	Brown	C - 煤岩指数	图　表	澳大利亚煤	Fuel,1964,No. 1
1965	前西德	Simonis	G_b 因子	回归方程	优质炼焦煤	Ironmaking Proc, 1979,371
1966	美　国	Thompson	$\overline{R}_{max}$, IC	图　表	伯利恒钢铁公司	Blast Furnace & Steel Plant,1961
1970	日　本	宫津隆	$\overline{R}_{max}$, MF	$\overline{R}_{max} = 1.2 \sim 1.3$ $MF = 70 \sim 1000$	日本钢管进口煤	炼焦化学,1980, No. 4
1971	日　本	小岛鸿次郎	修正后 SI, CBI	图表计算	新日铁多种进口煤	燃料协会志,1971, V. 50
1976	中　国	陈　鹏	V_{daf}, G	$V_{daf} = 28\% \sim 32\%$ $G = 60 \sim 72$	高挥发煤占多的中国煤	炼焦化学, 1979,No. 3
1984	比利时	Rene munnix	TIC VCI LGF	回归方程	北欧煤种	Ironmaking Proc, 1984,19
1985	中　国	周师庸	修正后 $\overline{R}_{max}$ I	回归方程	新疆钢铁公司	燃料与化工,1985, No. 5
1997	中　国	陈　鹏	$\overline{R}_{max}$, G	线性回归	北京焦化厂	洁净煤技术,1997, No. 3
1999	中　国	戴才胜	$\sum I$, $\overline{R}_{max}$, R_r	$\sum I = 25\% \sim 35\%$ $\overline{R}_{max} = 1.15\% \sim 1.25\%$	北京焦化厂	煤田地质与勘探, 1999,No. 4

续表 2-8

年代	国别	作者	选用指标	预测方式	适用范围	参考文献
2002	中国	王进兴	V_{daf}, G, XD, A_d	线性回归	山西焦化	山西科技,2002,No.6
2002	中国	冯安祖	多参数	非线性回归	宝钢股份	燃料化学学报,2002,No.8

1. 挥发分——黏结性参数预测法

(1) V_{daf}-C.I. 法

该法的黏结性参数采用黏结力指数 C.I. (Caking Index)，是以 1g 空气干燥粉煤样与 9g 无水焦粉混合后，在 950±20℃下炭化 7min 后，以炭化产物中大于 297μm 的筛上物占原料 (10g) 的百分率作为 C.I. 值。以 V_{daf} 和 C.I. 两个参数作图 (图 2-13)，适宜的炼焦配煤区为 V_{daf} = 27% ~ 31%，C.I. = 87% ~ 91%。这种方法对于预测配入大量弱黏结性煤的配合煤所得焦炭的质量比较灵敏，图 2-14 为以 V_{daf}-C.I. 预测的焦炭强度 DI_{15}^{150} 曲线。

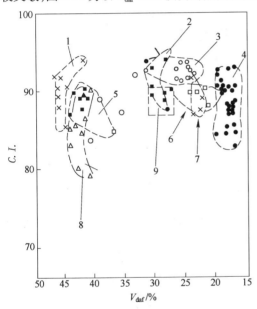

图 2-13　日本炼焦用煤的 V_{daf}-C.I. 图

1—日本高流动性煤；2—澳大利亚强黏煤；
3—美国中挥发黏结煤；4—美国低挥发黏结煤；
5—澳大利亚弱黏煤；6—加拿大煤；7—苏联煤；
8—日本低流动性煤；9—最佳配煤区

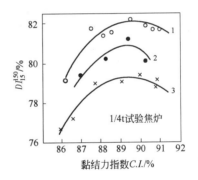

图 2-14　V_{daf}-DI_{15}^{150} 等强度曲线图

1—V_{daf} = 31% ~ 31.9%；2—V_{daf} = 32% ~ 32.9%；
3—V_{daf} = 33.0% ~ 33.9%

(2) V_{daf}-MF 法

该法以基氏最大流动度 MF 作为黏结性指标，在 V_{daf}-MF 配煤图 (图 2-15) 中将烟煤分为九类，位于对角线两侧区域内的煤相互配合后，若两个指标落入图中斜线区域，则可炼出强度高的焦炭。该最佳配煤区为 V_{daf} = 32% ~ 37%；MF = 1500 ~ 7000DDPM。利用 V_{daf}-MF 进行试验得到图 2-16 所示的等强度曲线图。日本佐田等曾在炭化室高 5.5m，宽 450mm 的焦炉上进行一系列试验后得出，当 lgMF < 4.0 时，DI_{15}^{150} 主要取决于流动度；当 lgMF > 4.0，DI_{15}^{150} 主要取决于挥发分。并得到如下回归方程：

$$\lg MF < 4.0, DI_{15}^{150} = 3.65 \lg MF + 67.8$$
$$(r = 0.87)$$
$$\lg MF > 4.0, DI_{15}^{150} = -0.8 V_{\text{daf}} + 107.4$$
$$(r = 0.739) \quad (2\text{-}5)$$

（3）V_{daf}-G 法

北京煤化研究所在进行中国烟煤分类方案研究的基础上,提出用黏结指数 G 作为黏结性指标,并得出了 V_{daf}-G 配煤图(图 2-17),图中标出了最佳配煤区的 $V_{\text{daf}} = 28\% \sim 32\%$, $G = 58 \sim 72$。以 V_{daf}-G 预测焦炭强度(M_{40} 和 M_{10})的等强度曲线如图 2-18 所示。由图表明,当 $V_{\text{daf}} < 30\%$ 时, M_{40} 随 G 值增高而增大。当 $G < 60$ 时, M_{10} 随 G 值增加而降低。鞍钢通过对多年生产数据的统计分析得出了用 V_{daf} 和 G 值预测焦炭强度的回归方程:

$$M_{40} = 126.147 - 2.104 V_{\text{daf}} + 0.144 G$$
$$(r = 0.925)$$
$$M_{10} = 12.794 + 0.452 V_{\text{daf}} - 0.0243 G$$
$$(r = 0.886) \quad (2\text{-}6)$$

包头钢铁公司根据 1997 年的生产数据,也建立了同样的焦炭质量预测模型,并在 95% 的信度下显著相关:

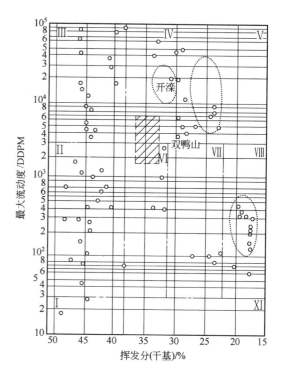

图 2-15　V_{daf}-MF 配煤图

$$M_{40} = 98.197 - 0.654 V_{\text{daf}} - 0.0418 G$$
$$M_{10} = 5.324 + 0.10 V_{\text{daf}} - 0.00146 G \quad (2\text{-}7)$$

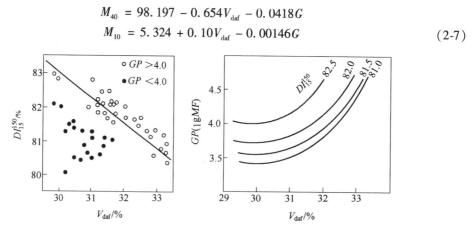

图 2-16　V_{daf}-$\lg MF$-DI_{15}^{150} 配煤图

在预测配合煤的焦炭强度时,配合煤的挥发分可以近似用单种煤的挥发分以加和性确定。但配合煤的实测 G 值和由单种煤 G 值按加和性计算所得的配合煤 G 值有一定偏差,鞍钢的试验表明,煤的黏结性差别不太大时, G 值有加和性,黏结性差别较大时,如肥煤和贫、瘦煤之间, G 值的加和性存在偏差。韶钢根据历史生产数据,提出校正黏结指数:

$$G_{\text{校}} = 23.4 + 0.7457 G_{\text{加和}}$$

并给出预测公式：

$$M_{40} = 78.40 - 0.0866V_{daf} + 0.0629G_{校} \pm 0.827$$

$$M_{10} = 10.17 + 0.0562V_{daf} - 0.0476G_{校} \pm 0.39$$

$$(2-8)$$

2. G_b 因子-煤岩参数预测法

Simonis 于 1965 年根据鲁尔(Ruhr)膨胀度测定值推导的 G_b 因子,通过回归方程预测焦炭强度, 1969 年又进一步将 G_b 因子与煤岩组分相结合,发展了 G_b 因子预测技术。

G_b 因子是以鲁尔膨胀度曲线为基础计算的(图 2-19):

$$G_b = \frac{T_1 + T_3}{2} \cdot \frac{a + b}{aT_3 + bT_1} \qquad (2-9)$$

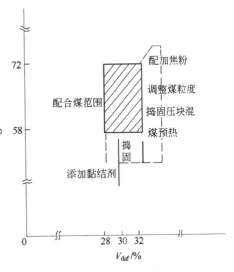

图 2-17　V_{daf}-G 配煤图

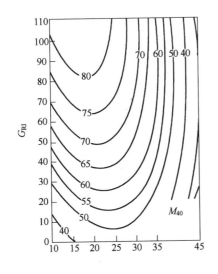
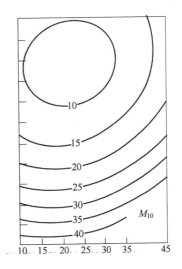

图 2-18　V_{daf}-G 等强度曲线图

由式(2-9)可看出,G_b 因子是反映煤在热解过程中的软化、固化温度和膨胀度、收缩度在内的一个综合标志黏结能力的参数,根据膨胀度曲线的类型,可以有:$G_b > 1$($b > a$ 时);$G_b = 1$($b = a$ 时);$0 < G_b < 1$($b < a$ 时)以及曲线仅收缩时 $G_b = 0$ 四种情况。对大量不同 G_b 因子的煤进行的炼焦试验结果表明。焦炭质量最佳的煤或配合煤,其 G_b 因子通常为 $1.05 \sim 1.10$,高于此值的煤,黏结能力过多,也即活性组分过多;低于此值则黏结能力不足,即惰性组分过多。

在最佳 G_b 因子条件下,焦炭强度随挥发分变化的关系如图 2-20 所示,曲线表明,在最佳 G_b 因子值和 $V_{daf} = 24\% \sim 26\%$ 时,可获得强度最好的焦炭。

在大量实验室和工业试验的基础上,Simonis 提出了用 V_{daf}、G_b 并考虑煤的粒度组成和炼焦条件的预测方程。

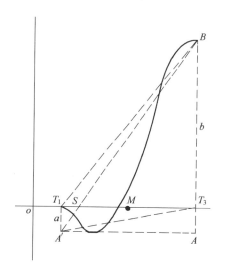

图 2-19　G_b 因子示意图

a—收缩度;b—膨胀度;T_1—软化温度;T_3—固化温度

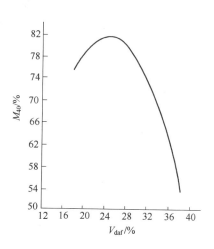

图 2-20　最佳 G_b 因子条件下煤的
挥发分与焦炭强度的关系

（1）煤的最佳粒度组成和偏离度 M_s　装炉煤的细度或粒度组成影响堆密度,并进而影响焦炭质量。装炉煤的挥发分愈高,堆密度对焦炭质量的影响也愈大。装炉煤最佳粒度分布时,达到最紧密的堆积,因而堆密度最大,煤的最佳粒度分布服从于罗申-勒姆拉分布（见第三章）,不同的平均粒度有其相应的最佳粒度分布值,一般装炉煤的平均粒度为 1mm,用罗申-勒姆拉粒度分布图得出平均粒度为 1mm 的最佳粒度分布如表 2-9,此时的偏离度 $M_s = 0$,它与实际装炉煤的粒度比较,可计算出影响焦炭质量的偏离度 M_s（见表 2-9 实例）,作为预测焦炭强度的粒度因素。

表 2-9　装炉煤粒度分布偏离度的计算实例

粒度组成/mm	平均粒度 1mm 的最佳粒度分布	实际粒度分布	偏离度 M_s
>3.15	—	9.4	+9.4
3.15~2.00	16.1	8.8	−7.3
2.00~1.00	24.9	17.4	−7.5
1.00~0.50	24.9	20.0	−4.9
<0.5	34.1	44.4	−10.3
总　计	100	100	±19.7

（2）炼焦条件　在预测方程中用 K 表示炼焦条件的参数。

$$K = \rho \bar{v} \cdot \frac{B}{2}, \text{g/(cm·h)} \tag{2-10}$$

式中　ρ——装炉煤堆密度,t/m³（或 g/cm³）;

　　　$\bar{v}$——平均结焦速度,$\bar{v} = \dfrac{B}{2\tau}$,cm/h;

　　　τ——结焦时间,h;

　　　B——炭化室平均宽度,cm。

Simoris 由试验得出,随 K 值增加,焦炭的 M_{40} 有一个最大值,一般焦化厂的 $K = 18 \sim 24$g/（cm

·h),该值处于曲线的下降段。

（3）预测方程与校正系数　预测焦炭 M_{40} 和 M_{10} 的方程为：

$$M_{40} = a'k + b + M_s\alpha \tag{2-11}$$

$$M_{10} = M_0 + M_1K + M_2K \cdot M_s + M_3K \cdot M_s^2 \tag{2-12}$$

式中　　　 a' ——取决于 V_{daf} 和 G_b 因子的 K 值系数（图2-21）；

　　　　　 b ——取决于 V_{daf} 的系数，相当于 $K = 0$ 时的 M_{40}（图2-22）；

　　　　　 α ——取决于 V_{daf} 和 G_b 因子的粒度校正系数（图2-23）；

M_0、M_1、M_2、M_3 ——回归系数。

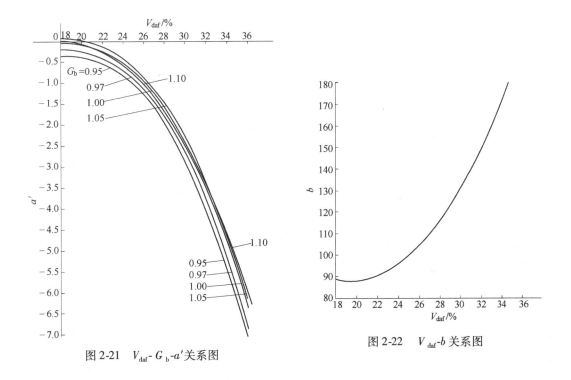

图2-21　V_{daf}-G_b-a' 关系图　　　　　　　　图2-22　V_{daf}-b 关系图

（4）以煤岩分析为基础的 Simonis 预测方法　1969 年 Simonis 等提出了用煤的镜质组平均最大反射率和煤岩分析为基础，仍以上述方程预测焦炭强度的方法。

煤的可燃基挥发分 V_{daf} 与镜质组平均最大反射率 $\overline{R}_{max}$ 存在良好的关系（图2-24），可由测得的 $\overline{R}_{max}$ 用图查得 V_{daf}。煤的 G_b 因子则以镜质组最大反射率 $\overline{R}_{max}$ 分布图，由下式计算：

$$G_b = \sum_{i=7}^{20} V_iC_i - \Delta G \tag{2-13}$$

式中　　　 V_i ——镜质组最大反射率在 0.7% ~2.0% 范围内各镜质组含量，%；

　　　　　 C_i ——不同镜质组型的结焦能力（图2-25）；

　　　　　 ΔG ——稳定组 E 和惰性组 I 对 G_b 因子的修正值，可按下式计算：

$$\Delta G = 0.40601 \times 10^{-1} + 0.13436M + 0.12360M^2 + 0.29229 \times 10^{-1}M^3 \tag{2-14}$$

式中　　　 $M = \dfrac{E^2 + V^2}{4\sqrt{I}}$；

　　　　　 E、V、I ——分别为煤岩显微组分分析得出的稳定组、镜质组和惰性组含量。

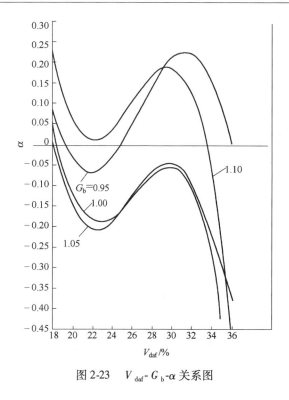

图 2-23　V_{daf}-G_b-α 关系图

图 2-24　$\overline{R}_{max}$ 与 V_{daf} 关系图

3. 煤岩指标预测法

煤岩指标预测简称 *CBI-SI* 预测法,首先由前苏联阿莫索夫(И. И. AMMOCOB)在 1957 年提出,后经美国夏皮洛(N. Schapiro)在 1961 年作了改进,日本的小岛鸿次郎于 20 世纪 60 年代后期进一步发展,并于 1974 年在新日铁得到应用。

(1)阿莫索夫法

前苏联可燃矿产研究所的阿莫索夫,1957 年对库兹巴斯煤提出以显微组分定量分析为基础的煤岩学预测焦炭强度的方法。其原理是按结焦性把煤岩成分分为可熔组分(ΣIK)和瘦化组分(ΣOK)两大类。

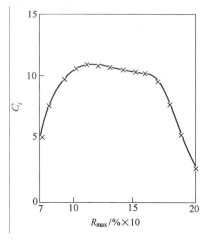

图 2-25　R_{max} 与 G_i 关系图

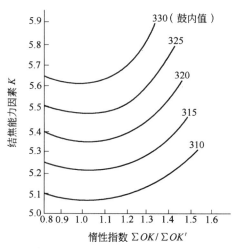

图 2-26　阿莫索夫法预测焦炭质量的等强度图

$$\Sigma IK = 镜质组 + 稳定组 + \frac{1}{3}半镜质组$$

$$\Sigma OK = 丝质组 + \frac{2}{3}半镜质组$$

　　然后根据一系列煤的基础试验,导出了预测焦炭强度的两个煤岩参数:瘦化指数($\Sigma OK/\Sigma OK'$)和结焦性系数 K。瘦化指数是指焦或配合煤中的实际瘦化组分(ΣOK)与该煤中可熔组分和瘦化组分之间达到最佳比(a)时所需的瘦化组分($\Sigma OK'$)的数量比。结焦性系数 K 是指煤中可熔组分的结焦性能。不同变质程度的煤,a 值不同;当 ΣOK 值不同时,K 也变化。a,K 值均由基础试验得到的曲线图查取。ΣOK 和 ΣIK 由煤岩定量分析得到,还以大量工业试验为依据,绘制了 $K\text{-}\Sigma OK/\Sigma OK'$ 等强度曲线(图2-26),由图可直接预测焦炭强度,当时前苏联以松格林转鼓测定焦炭强度,一般鼓内值 > 310kg 时可符合优质冶金焦(指高炉焦)的要求。阿莫索夫拟定的方法奠定了 $CBI\text{-}SI$ 预测法的基础,开创了煤岩学应用于焦炭强度的预测。

　　(2)夏皮洛法

　　美国钢铁公司夏皮洛在阿莫索夫方法基础上进一步发展和完善了这种煤岩配煤法,提出了 $CBI\text{-}SI$ 预测焦炭强度的方法。他也把煤的显微组分分为两大类,即活性组分和惰性组分。

$$活性组分 = 镜质组 + 稳定组 + \frac{1}{3}半镜质组$$

$$惰性组分 = 丝质组 + \frac{2}{3}半镜质组 + 矿物组$$

　　他的主要发展是把活性组分(主要是镜质组)按 0.1% 为间隔,把 $\overline{R}_{max} = 0.3\% \sim 2.1\%$ 的煤分成 18 个组型,以此标志煤的变质程度,在结焦过程中每一组型的活性组分均有其最佳的惰性组分配比(图2-27)。配合煤中实际的惰性组分含量与按活性组分及图 2-27 所示最佳比得到的最佳惰性组分含量之比是标志配合煤中实际惰性组分含量是否合适的一个指标,称组成平衡指数($Componext\ Balance\ Index—CBI$),按下式计算:

$$CBI = \frac{100 - \Sigma x_i}{\dfrac{x_3}{b_3} + \dfrac{x_4}{b_4} + \cdots + \dfrac{x_{21}}{b_{21}}} \qquad (2\text{-}15)$$

式中　　x_i——煤中各相应 $\overline{R}_{max}$ 的活性组分含量,%(x_3 指反射率为 0.3% 的活性组分含量等);

　　　　b_i——反射率 i 的活性组分与惰性组分最佳比(由图 2-27 查取)。

　　当 $CBI = 1$ 时,配合煤中惰性组分含量最合适,$CBI > 1$ 则惰性组分含量太高,$CBI < 1$ 则惰性组分含量太低。

　　各种活性组分的质量用强度指数($Strength\ Index—SI$)表示,可按下式计算:

$$SI = \frac{a_3 x_3 + a_4 x_4 + \cdots + a_{21} x_{21}}{\Sigma x_i} \qquad (2\text{-}16)$$

式中　　a_i——反射率 i 的活性组分,在煤中所含实际惰性组分含量时的强度指数(由图 2-28 查取)。

　　夏皮洛以 CBI 和 SI 为纵坐标作出了一组预测

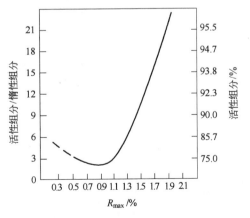

图 2-27　反射率不同的活性组分与惰性组分的最佳比

焦炭强度(稳定度因素 T_{25})的等强度曲线(图 2-29),实测和预测强度的相关系数为 0.93,因此可较好地指导配煤。

(3)小岛鸿次郎的改进

日本新日铁小岛鸿次郎和日本钢管宫津隆利用 CBI-SI 预测法,对日本使用的炼焦煤作了试验,他们将不同镜质组型的 a_i 和 b_i 制成表 2-10 的关系。并据试验作出了预测焦炭强度的 CBI-SI-DI_{15}^{30} 曲线(图 2-30),图中斜线部分为最佳配煤区。这种方法可以小量煤样获得准确度较高的预测值,DI_{15}^{30} 的准确度可达 ±0.5%。

CBI-SI 预测法是比较科学且可靠的方法,但要获得合乎使用煤种的基础数据,并制得相应的曲线,工作量大,且比较繁琐。

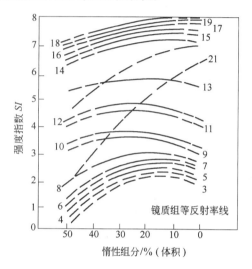

图 2-28　每一镜质组型在不同惰性组
分含量时的强度指数

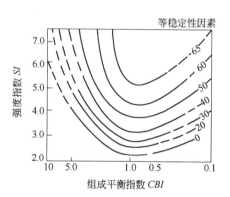

图 2-29　用 CBI-SI 预测焦炭
稳定度因素图

表 2-10　各种镜质组型的强度指数 a_i 和最佳惰性比值 b_i

镜质组型			3	4	5	6	7	8	9	10	11	12	13	14	15	16	17	18	19	20	21
$\overline{R}_{max}$/%			0.30 ~ 0.39	0.40 ~ 0.49	0.50 ~ 0.59	0.60 ~ 0.69	0.70 ~ 0.79	0.80 ~ 0.89	0.90 ~ 0.99	1.00 ~ 1.09	1.10 ~ 1.19	1.20 ~ 1.29	1.30 ~ 1.39	1.40 ~ 1.49	1.50 ~ 1.59	1.60 ~ 1.69	1.70 ~ 1.79	1.80 ~ 1.89	1.90 ~ 1.99	2.00 ~ 2.09	2.10 ~ 2.19
a_i	惰性组	10	2.15	2.35	2.40	2.50	2.65	2.75	3.25	3.50	4.30	4.50	5.75	7.05	7.25	7.40	7.55	7.70	7.85	6.70	5.70
		20	2.20	2.35	2.50	2.65	2.80	2.90	3.50	3.75	4.50	4.75	5.95	7.00	7.15	7.30	7.45	7.60	7.75	6.35	5.00
		30	1.70	1.95	2.10	2.30	2.40	2.85	3.65	3.85	4.45	4.70	5.80	6.85	7.00	7.10	7.30	7.45	7.60	5.58	4.05
b_i			4.4	4.0	3.7	3.3	3.0	2.8	2.5	2.5	2.9	3.5	4.5	6.0	8.0	10.9	13.6	16.0	18.2	20.7	23.0

4.煤岩参数和黏结性参数预测法

(1)镜质组反射率-奥亚膨胀度预测法

荷兰的Krevelex于1958年提出了以镜质组反射率 $\overline{R}_{max}$ 和用惰性组分含量计算的奥亚总膨胀度 $T.D.$ 预测焦炭稳定度因素的方法(图 2-31)。

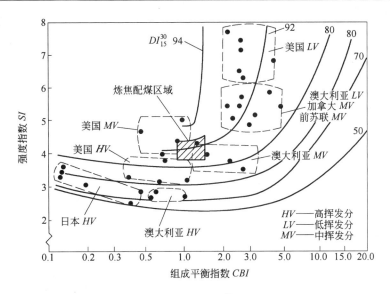

图 2-30　CBI-SI-DI_{15}^{30} 关系图

总膨胀度按下式计算：

$$T.D. = T.D_0VI_f \tag{2-17}$$

式中　$T.D_0$——无惰性组分时的总膨胀度；

　　　V——镜质组含量,%；

　　　I_f——惰性因素,它标志惰性组分对膨胀度的影响,可由图 2-32 查得。

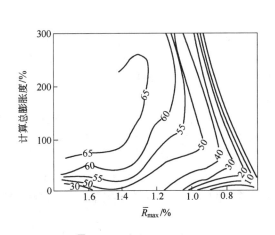

图 2-31　$\overline{R}_{max}$-$T.D.$ 预测焦炭稳定度因素图

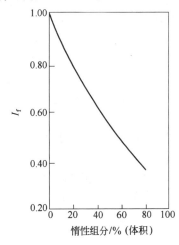

图 2-32　惰性组分含量与 I_f 关系图

(2)镜质组反射率—惰性组分含量预测法

1966年美国伯利恒钢铁公司的Thompson提出以镜质组反射率$\overline{R}_{max}$和惰性组分含量IC作为预测焦炭强度的指标。考虑到高反射率、低黏结性的镜质组含有大量半惰性～惰性的组分,Thompson 称之为假镜质组,由此引出了有效惰性组的概念。

有效惰性组分 = 惰性组分 + 假镜质组 × 其中所含惰性组分

惰性组分 = 惰性组分 + $\dfrac{2}{3}$半镜质组 + 0.6(灰分 + 硫分)

分别以 $\overline{R}_{\max} = 0.8\% \sim 1.3\%$ 和 $\overline{R}_{\max} = 1.4\% \sim 1.8\%$ 绘制 $\overline{R}_{\max}$——有效惰性组的预测焦炭稳定度因素图(图2-33,图2-34)。由图 $\overline{R}_{\max} = 0.8\% \sim 1.3\%$ 时,焦炭强度随 $\overline{R}_{\max}$ 提高而增大,$\overline{R}_{\max} > 1.4\%$ 时,焦炭强度随 $\overline{R}_{\max}$ 提高而降低。

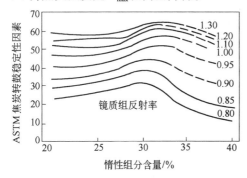　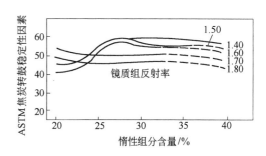

图2-33　$\overline{R}_{\max}(0.8\% \sim 1.3\%)$ 与有效惰性组　　　图2-34　$\overline{R}_{\max}(1.4\% \sim 1.8\%)$ 与有效惰性组

含量预测焦炭强度图　　　　　　　　　　　含量预测焦炭强度图

(3)镜质组反射率-黏结指数预测法　陈鹏等根据北京焦化厂原料煤性质,把性质相近的煤划分成若干组,并进行单种煤和配煤炼焦试验。利用计算机筛选拟合得到同类型的焦炭质量预测模型,以剩余标准差最小为优,得到实用的预测方程:

$$\left.\begin{aligned} M_{40} &= 44.37 + 24.24\overline{R}_{\max} + 0.093G \\ M_{10} &= 24.48 - 9.97\overline{R}_{\max} - 0.093G \end{aligned}\right\} \tag{2-18}$$

该方法在给定的配煤范围内,应用单种煤的指标进行加权计算。往往煤种变化较大时,黏结指数没有一定的加和性,使用时应当注意。

(4)镜质组反射率-最大流动度预测法　日本钢管宫津隆等在研究 CBI 过程中发现 CBI 与煤的最大流动度 MF 密切相关,但用 CBI、反射率预测焦炭强度时所得到的规律性不如用 MF 和反射率预测焦炭强度。这可能是由于各国煤的惰性组评价方法有差异,因此宫津隆提出以煤的 $\overline{R}_{\max}$ 和 MF 综合反映煤的结焦性质,MF 包含了惰性组分的质和量因素,通过试验得出了 $\overline{R}_{\max}$-MF 预测图(图2-35),图中斜线部分为最佳配煤区,其 $MF = 200 \sim 1000DDPM$,$\overline{R}_{\max} = 1.2\% \sim 1.3\%$,图中将煤分成4类,处于 Ⅰ,Ⅳ 象限的煤其煤化度较高,第 Ⅰ,Ⅱ 象限的煤有较高流动度,第 Ⅲ 象限的煤其煤化度和流动度都较低,这种煤在配合煤中仅起碳源作用,为将这类煤用于炼焦,必需配入与其所处位置相对称的象限中的煤以增加配合煤的煤化度和流动度。

加拿大的Leeder,以加拿大煤研究了各国采用的预测方法,得出当以半丝质组的50%作为活性组分时,以 $\overline{R}_{\max}$-MF 法预测焦炭强度得到良好效果,并在 $\overline{R}_{\max}$-MF 图上绘制了等稳定度线(图2-36)。

(5)镜质组反射率-惰性组分-容惰能力预测法　中国周师庸教授于20世纪80年代初在对新疆钢铁公司的配煤预测焦炭强度的研究中,为全面反映煤的特性,采用镜质组反射率作为煤化度指标,以惰性组分含量作为煤岩组成指标,还通过试验选择罗加指数或容惰能力作为煤的还原程度指标。周师庸定义的容惰能力是通过在煤中加入不同数量的惰性物质后(如无烟煤),考察奥亚总膨胀度的变化来获得。具体的指标如图2-37。图中 $\overline{OA}$ 为不加惰性物质的煤或配合煤奥亚总膨胀度($a + b$),随惰性物配加量($a + b$)值逐渐降低,并呈直线关系,当惰性物加到一定比例时,黏结煤的膨胀度曲线达到仅收缩,则该惰性物配比为该黏结煤的最大容惰量,即图中 $\overline{OB}$ 可用以下三种指标标志煤的容惰能力,即(1)容惰积 $I_{\text{A}} = \dfrac{1}{2}\overline{OA} \cdot \overline{OB}$;(2)容惰率 $= \dfrac{\overline{OA}}{\overline{OB}}$,表示每加入

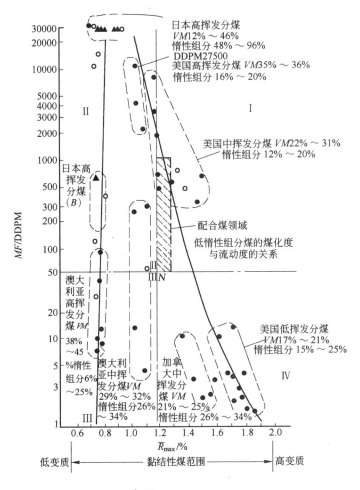

图 2-35　$\overline{R}_{max}$-MF 预测最佳配煤图

1%惰性物导致总膨胀度的下降值;(3)最大容惰值,即$\overline{OB}$。在对新疆钢铁公司配煤的研究中发现,当镜质组平均最大反射率$\overline{R}_{max}=0.6\%$时,煤加热时不软化熔融,故以$\overline{R}_{max}=0.6\%$作为划分镜质组属于惰性组分还是活性组分的界限,据此对煤的镜质组反射率和惰性组分含量加以校正,得到校正后的值,分别为$\overline{R}'_{max}$和I'。经试验推荐的预测方程如下:

以$\overline{R}'_{max}$、I'和罗加指数LR为自变量时:

$$M_{40} = 37.92 + 8.98 \times 10^{-4}LR + 31.98\overline{R}'_{max} - 0.03I',$$
$$r = 0.873$$

$$M_{10} = 43.70 - 0.91LR - 15.48\overline{R}'_{max} - 0.003I',$$
$$r = 0.929 \tag{2-19}$$

以$\overline{R}'_{max}$、I'和容惰积I_A为自变量时:

$$M_{40} = 33.96 + 7.83 \times 10^{-3}I_A + 35.31\overline{R}'_{max} - 0.002I',$$
$$r = 0.851$$

$$M_{10} = 21.07 - 1.55 \times 10^{-3}I_A - 5.7\overline{R}'_{max} - 0.01I',$$
$$r = 0.889 \tag{2-20}$$

以上几种采用煤岩参数的预测方法表明,各国或不同地区在划分活性组分和惰性组分时均根据实际试验结果,加以修正和确定。

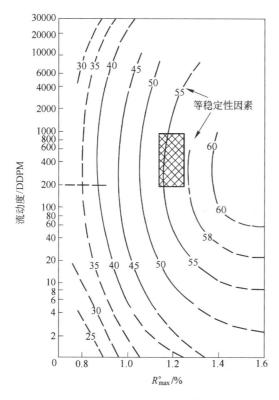

图 2-36　加拿大预测焦炭强度的 $\overline{R}_{\max}$-MF 图

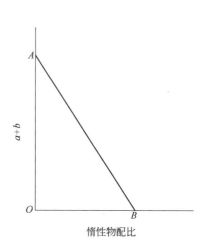

图 2-37　容惰能力示意图

5. 煤料性质和操作参数综合预测法

前述 Simoris 的预测方程是同时考虑操作参数的一个例子。由于操作工艺因素的多变,仅以煤料性质预测焦炭强度的方法,常因操作条件与提出预测方程或图表时的工艺条件不同,而影响预测技术的实际应用。因此焦炭质量预测方法发展的一个趋势是同时包括煤料性质和操作参数两方面的指标。

(1) V_{daf}-MF-D 预测法　日本美浦义明在用 V_{daf}-MF 预测焦炭强度基础上加入了配合煤细度 $D(<3\mathrm{mm},\%)$ 水分 $W^{\mathrm{P}}(\%)$,火道温度 $t(℃)$、焖炉时间 $\tau_0(\mathrm{h})$ 等因素,提出以下预测方程:

$$\lg MF < 4 \text{ 时}\quad DI_{50}^{150} = 2.940\lg MF - 0.045V_{\mathrm{daf}} - 0.001D - 0.053W^{\mathrm{P}}$$
$$- 0.001(t - 1000) + 0.316\tau_0 + 71.985$$

$$\lg MF > 4 \text{ 时}\quad DI_{50}^{150} = 0.847\lg MF - 0.424V_{\mathrm{daf}} - 0.03D - 0.001W^{\mathrm{P}} \quad (2\text{-}21)$$
$$- 0.011(t - 1000) + 0.215\tau_0 + 82.85$$

日本川崎钢铁公司水岛厂则通过理论分析结合实验数据提出了包括煤的反射率、活性组分含量、基氏最大流动度等煤质指标和火道温度、装炉煤细度、炭化室尺寸等操作条件的预测焦炭 DI_{15}^{50} 的方程。该方程允许根据煤的结焦性质变化确定不同操作条件下的最佳配煤比。

(2) V_{daf}-G-D 预测法　山西煤焦集团采用多元回归分析的办法,找出了配合煤干燥无灰基挥发分 V_{daf}、黏结指数 G、配合煤细度 D 和配煤灰分 A_{d} 与焦炭强度的关系:

$$M_{40} = 63.1945 + 1.2409V_{daf} - 0.1602G + 0.004642D - 0.412A_d$$

$$M_{10} = 27.4468 - 0.4887V_{daf} - 0.04545G - 0.01525D + 0.05172A_d \qquad (2-22)$$

F 检验结果表明,上述模型在 0.05 的置信水平上显著。

三、热态性质预测法

随着高炉大型化和喷吹技术的发展,对高炉焦炭的要求不仅仅限于灰分、硫分和冷态强度的要求,更重要的要求有良好的热态性质。焦炭的热态性质通常采用焦炭的反应性指数(CRI)和反应后强度(CSR)来表示。焦炭热性质同冷态性质一样,受到煤料和生产条件的影响,由于他还受到热力和化学反应的作用,所以比冷态指标的预测更加复杂。影响焦炭热性质的因素一般考虑:煤化度指标、黏结性指标、惰性物含量和灰分中矿物质组成等。因而,多数预测焦炭热性质模型也就考虑这些参数。

1. 焦炭冷态指标预测法

这类方法主要基于焦炭冷态性质指标,如焦炭强度(M_{40}、M_{10})、气孔率与气孔分布、光学组织等,有代表性成果:

日本川崎、神户、新日铁和钢管四公司认为焦炭的热强度变化更主要来自气孔率的增加、微裂纹的发展、原始微强度的大小、焦炭的碳晶格结构以及焦炭灰成分等。他们导出微强度指数($MSI_{28\sim65}$)和气孔率 P 与焦炭热强度(SH_{10}^{500})的关系:

$$SH_{10}^{500} = 1.02\exp\left[(4.14MSI_{28\sim65})^{0.0206}\exp(-3.11\times10^5 P) \right] \qquad (2-23)$$

美钢联格兰奈特城厂以煤质、焦炭性质和生产条件对 CSR 值进行多元回归,其结果:

$$CSR = 434.3 - 34.7S - 69.6B - 1.155HV + 3.224LV -$$
$$480.5R_0 + 0.6574HF + 0.6533CT + 90.74AD \qquad (2-24)$$

式中　S——焦炭中的全硫含量,%;

HV、LV——分别为高挥发分、低挥发分煤的配入量,%;

R_0——煤料的平均反射率;

B——焦炭碱度值,$B = \dfrac{Fe_2O_3 + K_2O + Na_2O + CaO + MgO}{SiO_2 + Al_2O_3}$;

HF——焦炭的 ASTM 硬度指数;

CT——结焦时间,h;

AD——焦炭的视密度,g/cm^3。

这一回归方程有 4 个变量直接与焦炭的性质有关,而且最明显的是与焦炭的耐磨性有关,可见焦炭气孔壁有一定的厚度和强度是承受 CO_2 侵蚀的重要条件。式中与煤有关的三个变量,除 R_0 外还有高或低挥发分煤用量,可以看出 HV 煤回归系数为负值,而 LV 煤回归系数为正值,说明改善焦炭热性质受到高挥发分煤的用量限制。从生产条件影响因素分析,增加焦炭的成熟度,提高装炉煤堆积密度,有助于提高焦炭的视密度,有利于改善热性质,结焦时间的回归系数为正,表明较长的结焦时间相当于具有较高的炭化终温。

2. 由配合煤指标预测

该方法依据配合煤反射率、黏结性、惰性物含量以及配合煤其他性质,如灰分、挥发分、灰组成等进行预测。多数预测模型仅限于生产实践数据或实验数据的统计分析,适用范围也就局限于各自炼焦煤种。

用反射率 R_0、胶质体流动度、灰分碱度指数(MBI)三个指标预测 CSR 比较实用,容易得到较高的复相关系数。日本神户预测模型:

$$CSR = 70.9R_0 + 7.8\lg MF - 89MBI - 32 \tag{2-25}$$

式中　　$MBI = \dfrac{Fe_2O_3 + K_2O + Na_2O + CaO}{SiO_2 + Al_2O_3}$。

使用低流动度煤料较多时,这一计算的预测值比实际值偏低,但是模型指标选择比较合理。

加拿大碳化协会用类似的指标预测CSR,但有两点变动,使用奥亚膨胀度全膨胀$(a+b)$和对灰分碱度指数进行校正$MBI_校$。

对加拿大西部33种煤及配合煤实测值的回归方程:

$$CSR = 56.9 + 0.0826(a+b) - 6.86(MBI_校)^2 + 11.47R_0 \tag{2-26}$$

式中　　$MBI_校 = 100A_d\dfrac{Fe_2O_3 + K_2O + Na_2O + CaO + MgO}{(100 - V_{d,m})(SiO_2 + Al_2O_3)}$。

另外考虑美国阿巴齐亚矿区22种煤,其回归方程如下,这两个回归式的复相关系数均达到0.94以上。

$$CSR = 52.7 + 0.0822(a+b) - 6.73(MBI_校)^2 + 14.6R_0 \tag{2-27}$$

美国人认为配合煤的胶质体塑性和反射率有较好的相关关系,因此不必同时采用两个指标,它用吉氏流动度的温度间隔ΔT作为预测指标,并引用催化指数CI,预测方程:

$$CSR = 28.91 + 0.63\Delta T - CI \tag{2-28}$$

式中　　$CI = 9.64A_d\dfrac{Fe_2O_3 + K_2O + Na_2O + CaO + MgO}{SiO_2 + Al_2O_3} + 14.04S_{t,d}$;

　　　　$\Delta T = T_3 - T_1$,固化温度与开始软化温度之差,℃;

　　　　A_d,$S_{t,d}$——分别配合煤干基灰分和全硫含量,%。

此式用三种单种煤和41种配合煤的焦炭实测值与预测值统计的相关系数为0.9。

上海宝钢胡德生提出用炼焦煤的五参数预测法,即配合煤的干基挥发分(V_d)、黏结指数(G)、流动度对数值($\lg MF$)、镜质组黏结指数(VCI)和惰性物总量(TI)。镜质组黏结指数(VCI)采用煤岩镜质组反射率分布进行计算,它能够反映混煤和单种煤的区别。镜质组黏结指数(VCI)与镜质组最大平均反射率的关系曲线如图2-38。

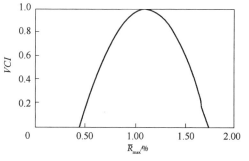

图2-38　镜质组黏结指数VCI基本曲线

考虑到镜质组黏结指数、黏结指数、基氏流动度均反映煤的工艺性质,给出综合黏结指数(CCI)定义:

$$CCI = f(VCI, G, \lg MF)$$

惰性物总量由下式计算:

$$TI = I + (1.08A_d + 0.55S_{t,d})/[(2.07 - (0.0108A_d + 0.0055S_{t,d}))]$$

式中　　I——煤的有机惰性物含量,%;

　　　　A_d,$S_{t,d}$——分别为煤的灰分、全硫含量,%。

以煤质参数CCI、V_d、TI为自变量,分别以DI_{15}^{150}、CRI、CSR为因变量,对所获得的357组实验数据进行三元三次逐步回归分析,建立DI_{15}^{150}、CRI、CSR预测方程式。图2-39、图2-40分别为DI_{15}^{150}的等强度曲线,填充区是宝钢生产控制范围。

图2-41、图2-42分别为CRI的等值曲线,填充区是宝钢生产控制范围。

图2-43、图2-44分别为CSR的等值曲线,填充区是宝钢生产控制范围。

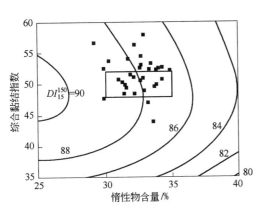

图 2-39 DI_{15}^{150} 与 CCI、TI 的关系

（DI_{15}^{150} 等值线图，$V_d = 27.5\%$）

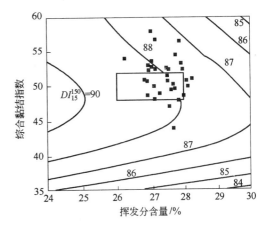

图 2-40 DI_{15}^{150} 与 CCI、V_d 的关系

（$TI = 32.5\%$）

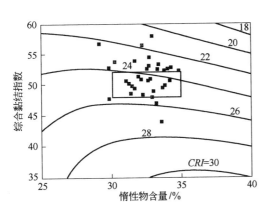

图 2-41 CRI 与 CCI、TI 的关系

（CRI 等值线图，$V_d = 27.5\%$）

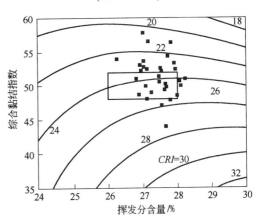

图 2-42 CRI 与 CCI、V_d 的关系

（CRI 等值线图，$TI = 32.5\%$）

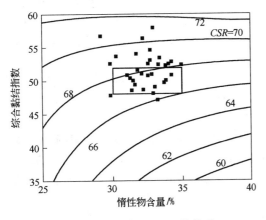

图 2-43 CSR 与 CCI、TI 的关系

（CSR 等值线图，$V_d = 27.5\%$）

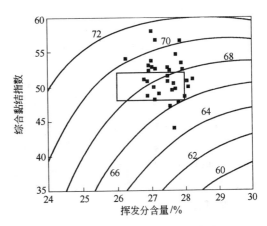

图 2-44 CSR 与 CCI、V_d 的关系

（CSR 等值线图，$TI = 32.5\%$）

3. 单种煤性质预测法

基于中等变质程度煤有较低的反应性,M. Uribe导出镜质组最大反射率与焦炭反应后强度(CSR)之间的关系:

$$CSR = -90.33 + 225.83\bar{R}_{max} - 81.7\bar{R}_{max}^2 （相关系数0.58）\tag{2-31}$$

日本新日铁也注意到炼焦煤的惰性物含量对焦炭热性质有较大影响,认为不同反射率的煤只有最适当的惰性物含量,焦炭的热强度 CSR 才有可能达到较高的值(图2-45),此关系适用于新日铁中等黏结性煤。

冯安祖等从单种煤性质入手研究了不同单种煤的煤化度指标(挥发分、镜质组最大反射率)、黏结性指标、灰组成与其焦炭热性质的 关系。认为煤的挥发分与焦炭的反应性和反应后强度有非常密切的关系。挥发分位于22% ~ 26% 以及 R_{max} 为1.1 ~ 1.2 左右,单种焦的热性质最佳。单种煤的黏结指数(G)、胶质层厚度(y)、全膨胀($a+b$)、基氏流动度($\lg MF$)与焦炭热反应性

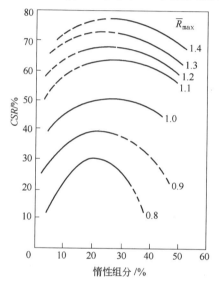

图2-45   用 R_0 及惰性组分含量估计 CSR

和反应后强度之间存在基本一致的规律性,其规律性的显著性有所差异,他们对焦炭热性质的影响均是非线性的,有时表现出最大值倾向。煤中矿物质对焦炭的热反应性和反应后强度有特殊的作用,有的金属氧化物起到正催化作用,有的则起负催化作用。并按其对碳溶反应催化作用的强弱赋予系数,定义催化指数:

$$MCI = A_{d,m}\frac{Fe_2O_3 + 1.9K_2O + 2.2Na_2O + 1.6CaO + 0.93MgO}{(100 - V_{d,m})(1Si_2O + 0.41Al_2O_3 + 2.5TiO_2)}$$

煤矿物质催化指数 MCI 与焦炭的反应性和反应后强度之间也存在很好的相关关系。

在研究单种煤的指标与配合煤指标间的关系时发现,单种煤的黏结指数(G)、胶质层厚度(y)、全膨胀($a+b$)与配合煤的上述指标几乎没有加和性,而基氏流动度($\lg MF$)在一定的范围内存在加和性。配合煤的灰分 A_d 、挥发分 V_d 、催化指数 MCI 、反射率 R 以及惰性物含量 TI 存在非常好的加和性。

$$A_d = \sum n_i A_{d,i}$$
$$V_d = \sum n_i V_{d,i}$$
$$\lg MF = \sum n_i \lg MF_i$$

$$MCI = \sum n_i MCI_i$$
$$R = \sum n_i R_i$$
$$TI = \sum n_i TI_i$$

式中　n_i——第 i 个单种煤相应的配煤比例，%。

采用改进的 GMDH（Group Method Data Handle）算法，给出配合煤焦炭质量的预测模型：

$$DI_{15}^{150} = a_0 - \zeta(A_d, TI, G) + \eta(V_d, \lg MF)$$
$$(DI_{15}^{150} = 80\% \sim 85.5\%)　\qquad\qquad (2\text{-}32)$$

$$CSR = b_0 + b_1 * MCI + \phi(V_d, \lg MF) + b_2 * TI$$
$$(CSR = 50\% \sim 60\%)　\qquad\qquad (2\text{-}33)$$

$$CRI = c_0 + c_1 * MCI + \psi(R, \lg MF) + c_2 * TI$$
$$(CRI = 25\% \sim 40\%)　\qquad\qquad (2\text{-}34)$$

式中　$a_0, b_0, b_1, b_2, c_0, c_1, c_2$——分别为回归系数；

　　　　ζ, η, ϕ, ψ——分别为函数关系表达形式。

四、过程模拟预测法

随着市场经济的持续发展和煤炭价格的放开，焦化企业炼焦用煤品种不断增加，且煤种变化快，煤质波动大。因此，最优化配煤与焦炭质量过程模拟技术得到发展，一方面焦炭的灰分、硫分、抗碎强度 M_{40} 和耐磨强度 M_{10} 以及焦炭的热性质等指标与配合煤或者单种煤质量指标存在函数关系，通过生产数据或实验数据，利用计算机进行模拟，建立焦炭质量预测模型；另一方面，在一定的精度范围内，利用预测模型的反模型求解单种煤配合比例以及可能引起的焦炭质量波动范围，并保证配煤成本最低。

1. 过程模拟数学模型的建立

假设某企业所用单种煤为气煤、1/3 焦煤、肥煤、焦煤和瘦煤五种，五种煤的有关煤质参数依据焦炭质量预测模型的要求选定，例如，A_d、$S_{t,d}$、V_{daf}、G、$a + b$、$\lg MF$、R_{max}^0、MBI、I 等。

焦炭质量的预测模型如前所述，为讨论问题方便简化成一般的函数形式。为此可以建立由单种煤到配合煤指标，再由配合煤到焦炭质量指标间的关系。并假设焦炭质量指标灰分 A_d、硫分 $S_{t,d}$、抗碎强度 M_{40}、耐磨强度 M_{10}、反应性 CRI、反应后强度 CSR 最低要求分别为：

$$[A_d]、[S_{t,d}]、[M_{40}]、[M_{10}]、[CRI]、[CSR]$$

则：

$$A_d = f_1(x_i, A_d) < [A_d]$$
$$S_d = f_2(x_i, S_{t,d}) < [S_{t,d}]$$
$$M_{40} = f_3(x_i, V_{daf}, R_{max}^0, \lg MF \cdots) > [M_{40}]$$
$$M_{10} = f_4(x_i, V_{daf}, R_{max}^0, \lg MF \cdots) < [M_{10}]$$
$$CRI = f_5(x_i, V_{daf}, R_{max}^0, \lg MF, MBI \cdots) < [CRI]$$
$$CSR = f_6(x_i, V_{daf}, R_{max}^0, \lg MF, MBI \cdots) > [CSR]$$

上述模型的约束条件为：

配比加和约束　　　　　$\sum(x_i) = 100 \quad (i = 1, 2, 3, \cdots, n)$

煤场库存或者性质约束　　　某单个煤的最小用量 $x_j > M$；

某单个煤的最大用量 $x_j < N$

目标函数根据要求可能有三种：1）追求价格最低，$Z_{min} = \sum(x_i C_i)$；　2）追求弱黏结性煤用量最大，$Z_{max} = x_p$；　3）追求优质炼焦煤用量最小，$Z_{min} = x_q$。

以配煤成本最低为例,数学模型基本表达式:

求解 $x = \{x_1, x_2, x_3, \cdots, x_i, \cdots, x_n\}$, n——单种煤个数;使得 $Z_{\min} = \sum\limits_{i=1}^{n} X_i C_i$;

满足: $\sum\limits_{i=1}^{n} A_{i,j} X_j \leqslant (\geqslant) b_j$ $(j = 1, 2, 3, \cdots, m)$;

$x_i \geqslant 0$ $(i = 1, 2, 3, \cdots, n)$。

2. 过程模拟数学模型的求解

上述方程属于典型的单目标线性规划问题,单纯性方法是求解线性规划方程的有效途径。首先进行预处理,把最小目标函数转化为最大目标函数;把所有约束条件转化为等式约束方程;修改目标函数,配上用于转化约束条件的各种变量,或者焦炭质量预测模型,利用计算机处理系统,得到模拟的运算结果。

计算机运算框图如图 2-46 所示。

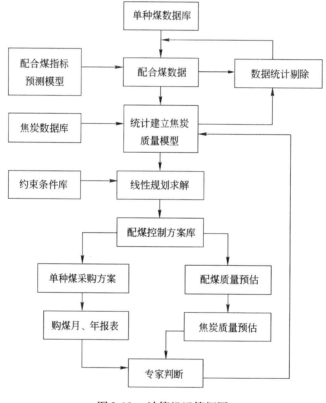

图 2-46　计算机运算框图

该系统对于炼焦系统的科学决策具有重要的作用,对完善炼焦煤基地建设、炼焦煤数据库系统、焦炭质量数据库系统以及宏观管理也具有极大的推动,因此,被誉为新的炼焦专家管理与决策系统。但是,该系统涉及大量的基础信息,以及炼焦专家的经验,国内仍需进行艰苦的努力。

第三章 炼焦煤料的预处理

焦炭质量取决于炼焦煤的质量、预处理工艺和炼焦过程等三个方面,当炼焦用的配合煤既定的情况下,炼焦煤料的预处理对改善焦炭质量具有重要意义。

第一节 煤料预处理过程的基本工艺

炼焦煤入炉前的预处理包括来煤接受、储存、倒运、粉碎、配合和混匀等工作。若来煤是灰分较高的原煤,还应包括选煤、脱水工序。为了扩大弱黏结性煤的用量,可采取干燥、预热、捣固、配型煤、配添加剂等预处理工序。北方地区的工厂,还应设有解冻和冻块破碎等工序。

炼焦煤的预处理基本流程如下:

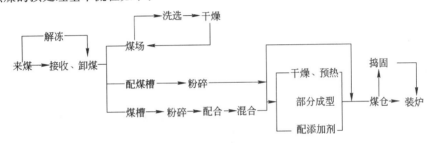

上述加工处理过程统称为备煤工艺,一座年产60万t焦炭的焦化厂,单是炼焦用煤每昼夜达2500t左右,如此大量的煤,加工处理时,不仅涉及的设备和构筑物多,占地面积大,要求的机械化、自动化程度高,而且对焦炭质量影响很大。此外,我国煤炭储量中非黏结煤达60%以上,黏结煤中气煤又占55%左右,因此采取各种预处理技术,节约优质炼焦煤,确保高炉用焦质量,在焦化生产中具有重要意义。

一、原料煤的接受与储存

原料煤的接受与储存通常在储煤场进行。焦化厂设置储煤场的目的:一是要保证焦炉的连续生产;二是要稳定装炉煤质量,因为各种牌号的煤由于矿井和矿层的不同,可以表现为不同的结焦性能,此外各矿煤的可选性不同,故洗精煤的灰分和硫分也有差异,同一洗煤厂来的洗精煤,也因不同时期入洗煤的矿井和矿层不同,使同一牌号洗精煤的质量波动。有的煤矿由于设备和操作上的原因,采用混采方式,混采比的波动也使洗精煤的质量波动。此外,多数洗煤厂有浮选后的煤泥,它与洗精煤的灰分、水分也有明显差异。上述原因常使来煤质量有很大波动,因此来煤应通过储煤场进行混匀作业,使经过储煤场的煤质量稳定,还能起脱水作用。

储煤场是备煤车间的第一道工序,但有的大型钢铁企业,设有统一的原料场,原料煤的接受与储存由原料场进行管理。

储煤场由卸煤机械、倒运机械、转运皮带和受煤斗槽(或受煤坑)以及储煤场地等组成。在一些南方的小型焦化厂还设置室内储煤库,以免储存的煤遭到风吹雨淋。

1. 卸煤

焦化厂常用的卸煤机械有翻车机(图3-1),螺旋卸车机(图3-2),链斗卸车机(图3-3)和装卸桥及抓斗起重机(图3-4、图3-5)等。几种常用卸车设备的技术性能见表3-1。

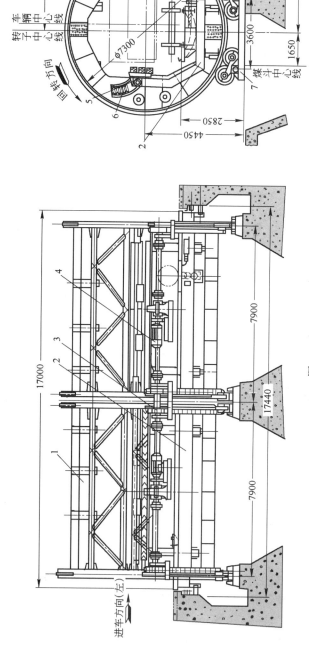

图 3-1　KFJ-2A型三支座转子式翻车机

1—转子；2—平台及压车装置；3—转子齿条；4—传动装置；5—平台滑动轴；6—平台移动导槽；7—托辊装置

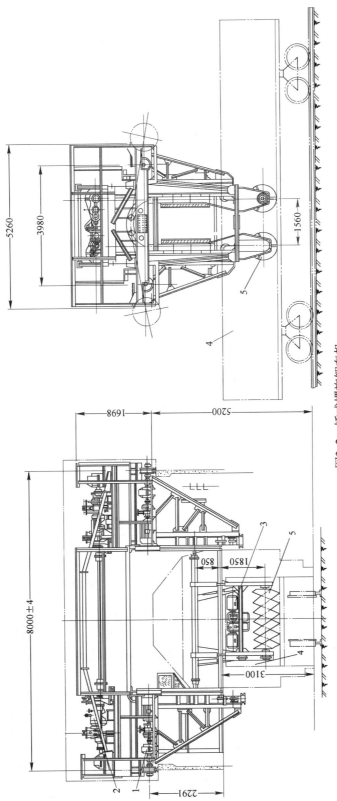

图3-2　桥式螺旋卸车机

1—走行机构；2—螺旋侧提传动装置；3—螺旋传动机构；4—车皮；5—螺旋

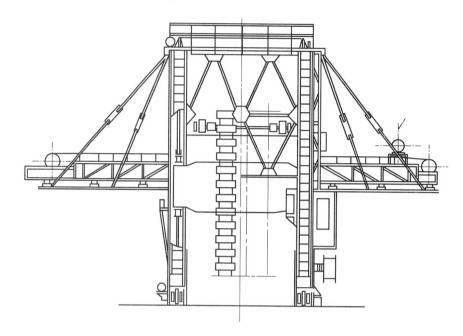

图 3-3　链斗卸车机

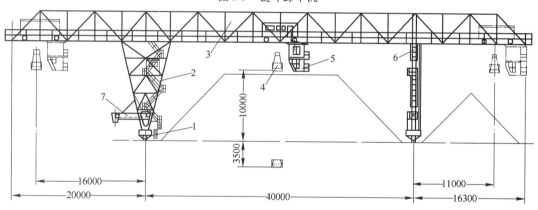

图 3-4　装卸桥

1—走行机构;2—刚性支腿;3—吊车桥架;4—抓斗;5—操作室;6—挠性支腿;7—给料胶带机

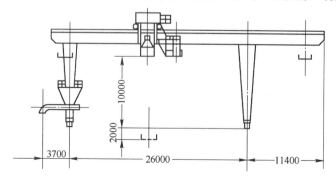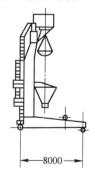

图 3-5　门式抓斗起重机

表 3-1　焦化厂常用的几种卸车设备技术性能

设备名称	平均瞬时能力/t·h⁻¹	总功率/kW	重量/t	车内剩煤/kg	操作人员数/人·台⁻¹	卸车时间/min	辅助作业内容	容积/m³	抓斗一次作业循环时间/s
KFJ-2A 型翻车机	（综合能力）540~670	90	128	~100	7~8	4~6	摘钩,清扫车底	—	—
$L_k=8m$ 桥式螺旋卸车机	300~400	~40	~17	~200	5~6	6~8	清扫车底,开关车门	—	—
$L_k=5m$ 链斗卸车机	250~300	50~60	30~40	~200	6	9~11	清扫车底,开关车门	—	—
$L_k=40m, Q=5t$ 装卸桥	160~180	89	147	~500	6~7	—	清扫车底,开关车门	3	55
$L_k=26m, Q=5t$ 抓斗门式起重机	110~125	60.6~64.7	65.1~82.6	~500	6~7	—	清扫车底,开关车门	3	79
$L_k=31.5m, Q=5t$ 抓斗桥式起重机	85~95	55.1~67.1	20.7~43	~500	6~7	—	清扫车底,开关车门	2.5	87

表 3-1 中瞬时卸车能力是设备的净卸车能力(不包括辅助作业),综合出力则包括对位、摘钩、清扫车底等辅助作业所需时间计算的设备卸车能力。翻车机、螺旋和链斗卸车机的卸车能力按下式计算:

$$Q = \frac{60}{\tau} \cdot G \text{,t/h} \tag{3-1}$$

式中　Q——卸煤能力(翻车机为综合出力,其他为瞬时卸车能力);

　　　τ——卸一车所需时间(翻车机按包括辅助作业在内的平均循环时间计算,其他按净卸车时间计算),min;

　　　G——车皮平均载重,t,一般按 45t 计。

抓斗类起重机可兼卸车和倒运之用,其生产能力按下式计算:

$$Q_z = \frac{3600V \cdot \gamma \cdot \varphi}{\tau} \text{,t/h} \tag{3-2}$$

式中　Q_z——抓斗类起重机的生产能力,t/h;

　　　V——抓斗容积,m³;

　　　γ——煤的堆积密度,t/m³,抓斗中按 $\gamma=1$ 计;

　　　φ——抓斗中煤的充满系数,卸车或从煤槽中取煤时 $\varphi=0.7~0.8$,从煤堆取煤时 $\varphi=0.8~0.9$;

　　　τ——抓斗每一次作业的循环时间,s。

翻车机具有效率高、生产能力大、运行可靠、操作人员少和劳动强度低等特点,适合于大型焦化厂使用,但对车帮撞击较大,容易损坏车皮。螺旋卸煤机构造简单,制造和检修容易、重量轻,对车皮适应性强,基本无损坏,为中、小焦化厂的主要卸煤设备,但地下工程量大、劳动条件较差,配备人员较多。链斗卸煤机结构简单,制造和检修容易,便于自制,工业建筑工程量小,广泛用于中小型焦化厂,也可用于大型焦化厂布置在装卸桥或门型起重机的刚性支腿侧,把煤卸到煤场的临时煤堆上,再由抓斗类起重机倒运至主煤堆存放。链斗卸煤机卸大块多的煤时,易将大块煤挤到车皮两端和卸落到铁轨中间,增加人工清扫量;对潮湿的煤,易粘在斗内难以卸下;而卸较干的煤时,在抛落过程中易被风吹损。

抓斗类起重机以大车和小车配合运行,用抓斗完成物料卸、取、堆综合作业,运行灵活可靠,雨季时能从煤堆中抓取干煤,堆取作业时可以平铺直取实现煤质的均匀化,能及时处理发热和自燃的煤,因此为焦化厂常用煤场机械,但由于间歇作业,生产能力较低,设备重量大,配合作业的构筑物多,不易实行自动化,用于卸车时尚须人工清扫车底。

靠江、海的焦化厂,可由水运煤料,故设有卸船机(图3-6),卸船机分单悬臂式和双悬臂式两种,双悬臂式卸船机设在伸向海域的半岛式港口码头上,可对两侧停靠的海轮进行卸船。

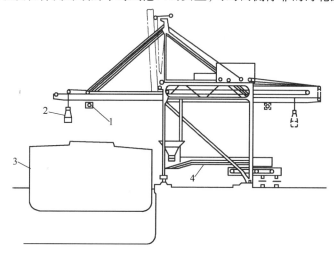

图 3-6　卸船机示意图
1—操作室;2—抓斗;3—船;4—胶带机

2. 倒运

为了将卸至煤场的各种煤进行堆放、混匀和取用,煤场配有一定数量的倒运机械。现代大型储煤场的倒运机械分抓斗类和堆取类两种。抓斗类起重机已如上述,作倒运时与堆取类倒运机械相比,在设备重量、动力配备及基础工程量大体相似的情况下,生产能力小得多,且不便于自动化,故焦化厂多数采用堆取类。堆取类起重机有多种类型,国内焦化厂目前主要采用的是直线轨道式斗轮堆取料机,主要有 DQ-2020、DQ-3025、DQ-5030 和 KL-4 四种型号,它们的主要性能如表3-2。主要工作机构包括斗轮及其驱动装置、斗轮臂架及其上的悬臂胶带机、回转机构、变幅装置和尾车等(参阅图3-7)。

斗轮通过本身回转从煤堆取煤,分无格式(或开式)及有格式(或闭式)两种。无格式斗轮构造简单,重量轻,但刚度稍差,由于侧挡板和倒料槽的附加摩擦,驱动功率较大;卸料区间大,可以采取较高转速以提高卸料能力;卸料方便,便于卸黏性较大的煤;斗轮对臂架可倾斜布置以利斗轮卸煤、取煤,并改善臂架受力条件。有格式斗轮刚度较大,切削力较大,可用于挖取冻煤。

斗轮臂架长度决定煤堆的高度和宽度,轨道式堆取料机臂架长度一般不小于20m。回转机构决定斗轮臂架的回转角度,关系到设备的灵活性和能力。变幅机构决定斗轮臂架的俯仰角度,

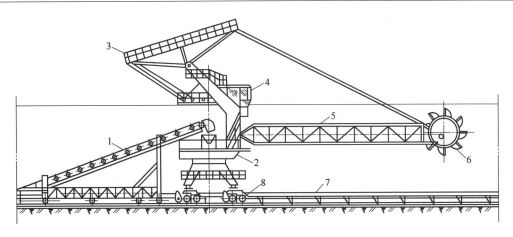

图 3-7　DQ-3025 型斗轮堆取料机
1—进料胶带机;2—回转机构;3—配重;4—操作室;5—悬臂胶带机;
6—斗轮(无格);7—出料胶带机;8—走行机构

DQ-3025 用钢绳传动,并传递平衡重,配重分死配重、活配重两部分,故结构轻巧,变幅范围较大。DQ-5030 变幅用液压缸调节,仅有死配重,变幅范围较小,但整体摆动的抗震性强。尾车用于连接皮带和堆取料机,DQ-3025 的尾车是活动升降式,堆料时尾车抬高,取料时尾车与前车摘钩,后退以后降下,使进料皮带插入门座下不起作用,由斗轮挖取的煤经悬臂皮带送至出料皮带,故进料与出料皮带可单向运转,用于通过式煤场;当煤场地面胶带机逆向运转时,也可用于往返式煤场。通过式与往返式储煤场的工艺流程如图 3-8 所示。DQ-5030 堆取料机的尾车是交叉固定式,只用于往返式煤场,进料时地面胶带机正向运转,取料时逆向运转。固定式尾车长度比升降式短,有利于提高煤场面积利用率,但因交叉位置,回转角度受限,影响斗轮运行的灵活性和出力。KL-4 型的尾车也是固定式,但只适用于通过式煤场。

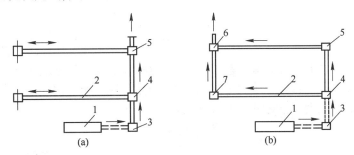

图 3-8　堆取料机储煤场流程图
(a)往返式;(b)通过式
1—卸车机械;2—煤场地面主胶带机;3~7—转运站

为用于更大型煤场的堆取料操作,哈尔滨重型机器厂曾试制了跨度为 50m,堆取料能力均为 1500t/h 的门式滚轮堆取料机,该机综合了装卸桥、斗轮机和滚轮机的特点,具有整机结构轻、运行平稳、工作连续性强、效率高、没有回转机构、传动简单等优点。

堆取料机不能同时堆料和取料,设备利用率低,因此大型煤场,当设置多台堆取料机作业时,为提高设备效率和利用率,可采用堆取料分开的堆料机和取料机。堆料机由走行、回转、俯仰和悬臂胶带机等组成,设在沿轨道走行的门型机架上,可以旋转和俯仰的悬臂胶带机一面走行一面堆料。取料机由走行、回转、俯仰和带斗轮的悬臂胶带机及平衡装置等组成。

表 3-2 斗轮式堆取料机技术性能

技术性能		型	号		
		DQ-2020	DQ-3025	DQ-5030	KL-4
生产能力 /t·h⁻¹	堆煤	450	600	1000	1200
	取煤	200	300	500	800
斗轮臂架长度/m		20	25	30	30
堆取高度/m					
轨面以上		8	10	12	12
轨面以下		2	2	1.8	2
臂架回转角度/(°)		±110	堆±110,取±165	±90	±110
回转速度/r·min⁻¹			0.046~0.154	0.0343~0.147	0~0.18
斗轮型式		开式	开式	闭式	闭式
斗轮直径/mm			3750	5000	5600
斗轮转速/r·min⁻¹			6~10	4~8	0~8
走行速度/m·min⁻¹			30/5	30/5	30/7.5
变幅范围/(°)		±16	±16	±13	+15,-16°30′
变幅速度/m·min⁻¹			3.74~6	上升3.39,下降4.93	4.05~5.0
胶带机宽度/mm		800	1000	1200	1200
速度/m·s⁻¹		2.5	2.5	2.5	2.5
型式		可逆	可逆	可逆	可逆
电动机总功率/kW			147	235.7	302.2
设备总重/t			147	259.18	~350
制造厂		长沙矿山通用机械厂	哈尔滨重型机器厂	哈尔滨重型机器厂	大连工矿车轮厂

倒运机械的生产能力一般按焦炉昼夜用煤量的 30% 由来煤直接进配煤槽,70% 通过储煤场倒运进行计算,即倒运机械的能力应能在所规定的设备昼夜有效操作时间内完成全部倒运任务。

倒运机械的昼夜最大操作时间 T_c 可按下式计算:

$$T_c = \frac{K_a Q_r - 0.3 Q_r}{Q_d} + \frac{0.7 Q_r}{Q_g}, h \qquad (3-3)$$

式中　K_a——来煤不均衡系数。根据焦化厂统计数字,120 万 t 以上规模焦化厂取 1.2~1.3,120 万 t 以下焦化厂取 1.5;

Q_r——焦化厂日用煤量,t/d;

0.3、0.7——日用煤量的 30% 直接进配煤槽,70% 由煤场取用;

Q_d——设备的堆煤能力,t/h(当卸煤设备的能力小于堆煤能力而受卸煤装置的缓冲容量又不大时,应以卸煤设备的能力 Q_1 代之);

Q_g——设备的取煤能力,t/h。

由上述计算的 T_c 一般不应超过 16h。

3. 储煤场

(1)储煤场的容量及储存时间　储煤场容量主要依据焦炉生产能力和储存天数来确定,即

储煤场操作容量 = 日用湿煤量 × 储存天数。焦化厂日用湿煤量 $Q_湿$ 按下式计算：

$$Q_湿 = \frac{nkG\eta \times 24}{\tau}, \text{t/d} \tag{3-4}$$

式中　n——焦炉座数；

　　　k——每座焦炉的炭化室数；

　　　G——炭化室装湿煤量，t；

　　　η——焦炉紧张操作系数，一般取 1.05 ~ 1.10；

　　　τ——周转时间，h。

储煤天数应根据煤源基地的远近、来煤均衡状况等确定，一般取 15 ~ 20 天，小型焦化厂则高些，靠海运的煤场，由于运煤船的大型化，储煤天数可增至 40 ~ 60 天。实际生产中，由于煤堆塌落、清理场地等原因，煤场不能完全有效利用，故煤场的操作容量仅为煤场总容量的 60% ~ 70%，即煤场操作系数为 0.6 ~ 0.7。

煤场的宽度由工厂地形和倒运机械的作业范围确定。煤场的长度则由堆煤宽度确定的每米长度堆煤量计算确定。煤堆一般均按平截长方锥体形状堆积，则每米长的堆煤量可由下式计算：

$$q = \left(\frac{a + a_1}{2}\right)h \cdot \rho, \text{t/m} \tag{3-5}$$

式中　a——煤堆的底宽，m；

　　　a_1——煤堆的顶宽，m；

　　　h——煤堆的高度，m；

　　　ρ——煤堆的堆积密度，一般取 0.8t/m³。

煤堆高度因倒运机械而定，一般为 9 ~ 15m，设计上通常取 10m。由于煤堆的堆角一般为 45°，故 $a_1 = a - 2h$。煤堆的有效长度为：

$$L_1 = \frac{Q}{q}, \text{m} \tag{3-6}$$

式中　Q——煤场的总容量，t。

则煤场的总长度为：

$$L = L_1 + (m - 1) \times (h + 2) + 10, \text{m} \tag{3-7}$$

式中　m——煤堆数目，$m - 1$ 为煤堆间空隙数；

　　　h——当每一煤堆呈 45° 堆煤时，在煤堆长向有两个边长等于煤堆高度 h 的等边三角形不堆煤，故合在一起，每两个煤堆之间有相当于煤堆高度 h 的长度不堆煤，m；

　　　2——两个煤堆间的空隙通道距离，m；

　　　10——提供煤场机械检修预留的长度，m。

为防止杂物混入煤中，煤场的地平应适当处理，以保证场地平整，并有足够的地耐力；地平标高应高于周围地表，地平表面从中部向两侧需考虑 1/100 ~ 1/150 的排水坡度，并设有排水沟和回收煤泥的沉淀池。为防止煤尘飞扬，每隔一定距离应设有喷水装置或喷洒煤堆覆盖剂。

煤的存放时间不能过长，因为煤在空气接触下会吸附氧气形成煤氧络合物，使温度升高，进而分解产生 CO_2、CO 和 H_2O 等，引起煤质变差。低煤化度的煤，由于气孔率高，吸附氧多，更易被氧化。

煤的矿物质含硫化铁，它与空气中的氧和水会发生下列反应：

$$2FeS_2 + 7O_2 + 2H_2O \longrightarrow 2FeSO_4 + 2H_2SO_4（放热）$$

该反应使煤块碎裂，增加表面积并放热，从而加速氧化。煤氧化后结焦性变坏，挥发分和碳、氢含量降低,氧和灰分增加,对炼焦不利,故氧化变质煤不能再用于炼焦。存放时间过长,由于氧化放热不能及时散发,煤会自发燃烧。根据鞍钢和武钢的生产实践,各种煤允许的储存时间如表3-3所示。炎热和雨季尽可能不进行堆煤作业。

表3-3　各种煤的允许储存时间

煤　　种	堆煤季节	堆煤类型	储存期限/d
长烟煤	夏　季	未压实	25～30
	夏　季	压　实	35
	冬　季	露　天	25
气　煤	夏　季	露　天	50
	冬　季	露　天	60
肥　煤	夏　季	露　天	60
	冬　季	露　天	80
焦　煤	夏　季	露　天	60
	冬　季	压　实	90
瘦　煤	夏　季	露　天	90
	冬　季	露　天	150

(2)储煤场的质量管理　煤场的主要任务在于均衡地提供质量稳定的炼焦用煤,因此煤场管理包括来煤调配、质量检验、合理堆放和取用、环境保护等四个方面。

1)来煤调配。当矿井发煤不均衡或运输部门未能及时把煤运到工厂时,虽然可以用储煤场的存煤补足未按计划运到的煤,但为了争取来煤都能够在煤场进行均匀化作业,必须根据煤场容量、各类煤的配用量、煤场上各类煤的堆放和取用制度,向煤矿和运输部门提出各类煤的供煤计划,并及时组织调运。既要避免因煤场用空造成来煤直接进槽(配煤槽)而使煤质波动的状况,又要防止因煤场堆满,当继续来煤时,使煤场管理造成混乱。建立各类煤的日进场和送出量指标图表,及时掌握库存情况,以利于组织调配工作。

2)质量检验。来煤必须计量,并采样、分析煤料的水分、灰分、硫分和结焦性,以便掌握煤种和煤质,并考虑该煤的堆取和配用。铁路运输的来煤在车皮内取样,也有在翻车机皮带上取样,海运的来煤则在卸船机后、运往煤场的皮带机上取样。采样方法按国家标准GB475—77进行。为加速车皮和货轮周转,国内多数厂采取边分析边进场的办法,但进场的煤料必须单独堆放,不得与经过混均和正在取用的煤种混合。为保证焦炭质量,并实行检测方法上的快速、高效、节省人力和高准确度,日本正在开发从采样、缩分、制样到检验,由中央控制室集中控制的全自动化作业流程。

3)合理堆放和取用。为实现均匀化和煤脱水以稳定配煤质量,来煤最好全部进场。各种牌号的煤由于矿山的地质条件、采煤工艺、洗选工艺等发生波动,经常使来煤质量有很大波动,为此,一般焦化厂来煤均按矿分堆,只是当结焦性、灰分和硫均相近的条件下,才允许按牌号分堆,同时必须加强煤场的均匀化作业。抓斗类起重机作倒运设备时采用"平铺直取",堆取料机煤场可采取"行走定点堆料"和"水平回转取料"的办法进行均匀化作业。

为衡量均匀化程度,可采用标准偏差 D 作为评价指标。

$$D = \sqrt{\frac{\sum (x_i - \bar{x})^2}{n - 1}}$$ (3-8)

式中　x_i——测定均匀化程度期间各次煤样的分析值（结焦性、灰分、硫分或水分）；

　　　$\bar{x}$——全部试样分析值的算术平均值，$\bar{x} = \frac{1}{n}\sum x_i$。

均匀化前的标准偏差 D_1 按封堆前各次来煤的分析数据计算，均匀化后的标准偏差 D_2 按均匀化后煤堆取用期间每班（或天）分析数据计算，表示均匀化效果的均匀系数 k：

$$k = \frac{D_1}{D_2}$$

实践表明，经煤场均匀化后，各项指标的标准偏差均有所下降，表3-4是梅山焦化厂的一组生产数据，其中以灰分的均匀化效果最为明显。通过来煤进场堆放，还可以起脱水作用，上述煤料经煤场10d左右的封堆储存，平均水分降低2.33%，煤料水分的降低和稳定，不仅可以减少焦炉热耗、改善焦炉操作，而且降低粉碎机电耗（或提高粉碎机能力），有利于配煤槽均匀出料。

表3-4　均匀化效果

指　标	$\bar{x}_1$	$\bar{x}_2$	D_1	D_2	K
水分/%	11.99	9.66	1.06	0.94	1.128
挥发分/%	16.35	16.55	0.79	0.562	1.406
灰分/%	12.27	12.08	0.715	0.331	2.16
硫分/%	0.47	0.486	0.016	0.015	1.067

4）环境保护。主要是防止煤尘飞扬和污水处理。为防止煤堆表面煤尘被风吹散、污染环境，现代煤场周围每隔一定距离应设水轮喷嘴，定期向煤堆喷水。日本一些焦化厂的煤堆表面喷洒一种有机药剂（醋酸乙烯），洒药后使煤堆表面形成薄膜，抑制煤尘飞扬。洒药次数和使用药剂量，根据煤种及煤尘飞扬程度而定。水岛制铁厂的洒药量大约相当于2kg/m²，药剂浓度为1%，约为煤量的七万分之一。国内也已经成功地研制并使用了煤堆覆盖剂。

煤场污水由于水质浑浊会污染水质，故现代煤场应将散水和下雨淋水等集中到浓缩池浓缩，使水中固体悬浮物含量达到排放标准，才允许排放。

4. 类型

贮煤场或煤库及配用的卸煤、倒运机械的类型大致可归纳如表3-5。表中第一种类型可以同时进行往煤场卸煤、堆煤和从煤场取煤，但系统复杂，胶带机多，占地面积大，土建工程量大，基建投资高，下通廊操作条件差，故逐渐被第2、3种类型取代。第4、5种类型由于"受贮合一"，装卸桥可装可卸可堆，采用抓斗平铺直取作业，混匀效果好，且处理发热和自燃的煤方便，但下通廊条件差，有堵煤、潮湿等现象，适用于中型焦化厂。第6、7种类型由于露天受煤坑，雨季煤潮湿易堵煤，故一般采用第6种类型。第8、9种类型适用于南方多雨地区，但室内煤库容量有限，故一般均同时配有露天备用煤场，这种系统贮配合一，设备少，操作简单，但煤库土建量大，对来煤不均衡和煤种较多时适应性较差，主要用于小型焦化厂。贮煤场类型的发展，大型煤场趋向于全地上布置，采取少搞土建、设备专业化、提高机械化作业程度。中、小型焦化厂为降低投资和操作成本，提高劳动生产率，趋向于"受贮和一"的布置形式。

表 3-5　贮煤场类型

贮煤类型	卸　煤　方　式	倒　运　方　式
露天煤场	1. 翻车机——转运斗槽	大跨度装卸桥配上、下通廊
	2. 翻车机——转运斗槽	斗轮堆取料机配露天胶带机
	3. 螺旋卸煤机——受煤坑	斗轮式堆取料机配露天胶带机
	4. 链斗卸煤机	装卸桥(或门式抓斗起重机)配下通廊(或露天胶带机)
	5. 装卸桥(或门式抓斗起重机)	装卸桥(或门式抓斗起重机)配下通廊(或露天胶带机)
	6. 桥式抓斗起重机	桥式抓斗起重机配堆煤机,地上受煤槽,胶带机
室内煤库	7. 桥式抓斗起重机	桥式抓斗起重机配堆煤机,受煤坑,下通廊
	8. 链斗卸煤机,受煤漏斗	单斗铲运车
	9. 螺旋卸车机,半地下煤槽	

5. 煤的解冻

(1)解冻的重要意义　我国幅员辽阔,气象条件差异很大,钢铁联合企业和焦化厂几乎遍及全国。许多地处北方的焦化厂,每到冬季,由于气候寒冷,含水精煤在运输途中冻结,并随煤中含水量的增加及运输途中时间的延长而趋严重。物料在车厢内的冻结给卸车造成很大困难,影响运输和生产。多年来许多工厂都创造了一些防冻措施,如在洗煤中加柴油,装车前在车帮和车底涂石蜡等,使煤车冻结情况有所减轻,但仍不能完全解决问题,严重时仍无法卸车。因此,解冻的重要性在于:来煤及时快卸,保证原料供应不间断,从而保证生产的连续和稳定。缩短卸车时间,防止车辆积压,加快车辆周转,提高运输效率,从而更好地为生产服务。减轻体力劳动强度,提高生产效率,降低生产成本并改善工人操作条件。

(2)解冻库的形式　为保证顺利卸车,近年来不少单位都建设了解冻库,将冻车解冻以后再卸车。目前已建立的解冻库大致分为三种形式:

1)煤气红外线解冻库。红外线解冻库是采用煤气红外线辐射器作热源,以辐射热进行解冻。由于辐射传热快、热效率高,因此,红外线解冻库具有解冻效率高,操作费用低等优点。同时,由于辐射传热可以控制局部温度或在车辆怕热的部位关闭辐射器,避免辐射热的直接照射,因此,对车辆损坏较小。

2)热风式解冻库。热风式解冻库是将煤气燃烧生成废气经与部分冷空气和循环废气混合后,用鼓风机送入密闭的解冻库内,加热冻车而使之解冻。这种形式的解冻库靠强制对流方式进行传热,因此解冻效果较差,而且解冻车辆的怕热部位,如软管、制动缸、三通阀和集尘器等也都同时被加热,所以对车辆有损坏。热风式解冻库大都是我国早期建设的解冻库,正在逐步改造。

3)蒸汽暖管式解冻库。蒸汽式解冻库是在库内两侧安装多排暖气管,通入过热蒸汽,以自然对流传热的方式进行解冻,因而传热速度慢,解冻效率差。在没有蒸汽可利用时,还需专设蒸汽锅炉。因此,基本建设投资大,劳动定员多,操作也比较麻烦,仅对于热电厂等有废蒸汽可利用的条件下才有意义。

(3)煤气红外线辐射器　目前使用的金属网面的煤气红外线辐射器(如图 3-9),基本上由三部分组成,即煤气的引射和混合装置 1、2、3、4,造成无焰燃烧并辐射红外线的金属网 10 和辐射的外壳 5。

辐射器的喷嘴用胶管和煤气支管接通,煤气以 60m/s 高速从喷嘴 1 射出,在喷嘴前部造成负压而把空气吸入,空气与煤气在混合管里进行充分混合,然后由引射器的扩散管 4 端部出来。充满壳体的混合气体由金属网小孔向外扩散,当用火在网外点燃时,网面很快达到稳定正常的无焰燃烧,内网和外网温度达到 800℃ 以上,辐射器由两层金属网向外辐射热量。因无焰燃烧可达完全燃烧,废气中 CO 的含量小于 0.01%,而且燃烧空气过剩系数最小,接近于 1(1.0~1.05),因而燃烧后废气量少,热效率高。

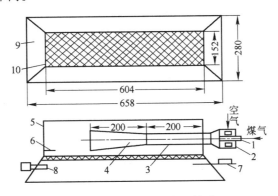

图 3-9 金属网红外线辐射器
1—喷嘴;2—空气口;3—引射管;4—扩散管;5—壳体;6—挡板;7—水银接点
温度计;8—电点火;9—反射器;10—金属网

红外线是一种电磁波,具有光波性质,又能传播热量。其热量的传递是靠辐射方式进行的。它是直线传播,有方向性,可以遮挡。红外线不同于其他波长的电磁波,它向外辐射的能量全部是热能,物体得到的射线转为热量,使物体温度升高。因此,红外线属于热射线。

物体通过红外线辐射的能量大小与物体绝对温度的四次方成正比。因此,对解冻有意义的是 750℃ 以上的辐射。经计算表明:金属网红外线辐射器,当外网温度由 1030K 降到 600K 时,辐射的总能量减少 34%,辐射效率降低 21%。

煤气红外线辐射器又可以根据燃烧网面的材质不同分为金属网面辐射器和陶瓷板辐射器。两者相比前者有如下优点:

1)金属网面是一块整体,网面没有接缝,不易产生回火;网面无焰燃烧稳定性好,给集中大量使用辐射器提供有利条件。

2)网面燃烧温度分布均匀,而且比陶瓷板高。

3)金属网机械强度高,不易损坏,经久耐用,维修量小。

4)金属网辐射器装配方便,拆卸容易。

目前我国采用的金属网是铁铬铝(Fe70、Cr25、Al5)合金丝编成的。内网丝径 $\phi 0.231mm$,44 目/in,外网丝径 $\phi 0.8mm$,10 目/in。

(4)煤气红外线解冻库 煤气红外线解冻库为一长方形建筑,库内有一条贯通的铁路,两侧通长方向设有隔热墙,侧部辐射器布置在两侧的隔热墙上,一般四个辐射器为一组,有一根支管给煤气,每组都可在操作走廊调节和关闭煤气。

库内轨道中间设有两排底部辐射器,每个辐射器都可在操作走廊局部关闭。两侧和底部辐射器均采用电点火。

解冻库两侧外墙和隔热墙之间为操作走廊,可供操作人员检查和处理事故。在外墙上每隔一定距离设一玻璃窗,窗上装有一个可调百叶窗,既能采光又能调节进入走廊的空气量。库顶设有通风帽以排除废气。通风帽内设有翻板,用以调节外排废气量,控制库内温度。

煤气红外线解冻库与其他型式解冻库相比,解冻时间短,化冻厚度大,生产操作费用少,对车辆损坏比热风式解冻库小,但维修工作量大,要求煤气干净。

二、装炉煤的配合与粉碎

1. 配煤工艺与设备

有两种配煤系统。一是用配煤槽,靠其下部的定量给料设备进行配煤,这种系统精确度高,但设备多,投资高。另一种是国外焦化厂采用配煤场代替配煤槽进行的配煤(见图3-10),各种煤由储煤场一端的中间槽按规定量依次用皮带机送至粉碎机,粉碎后的煤通过皮带送至露天煤场,按配煤比用堆煤机薄层铺堆,因煤堆截面积大,故可大容量处理。配好后的煤堆中任一剖面的配煤成分均相同,然后用斗轮取料机回取配合煤,经地面主胶带机送至混合机混匀后,送往煤塔。配煤作业在配煤场一侧堆煤,另一侧取煤,以配煤场全长周期交替进行。采用配煤场配煤,工艺简单,配比不受限制,可以有效地利用多种小批量煤种,但在回取配合煤时,由于煤堆的形状和取料机动作性能,配煤精度不如配煤槽。以下仅介绍配煤槽工艺的有关内容。

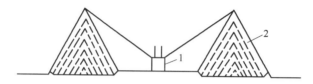

图3-10　露天配煤场示意图
1—堆煤机;2—配煤堆

(1)配煤槽个数与容量　配煤槽个数一般应比采用的煤种多2~3个,主要考虑煤种更换、设备维护,配比大或煤质波动大的煤需要两个槽同时配煤,以提高配煤准确度。生产能力较大的焦化厂,配煤槽数量最好为煤种数的一倍,以利操作。配煤槽容量应结合操作班次、煤场形式及由煤场到配煤槽的运送系统等条件考虑,要避免频繁交换进槽煤种,以及防止在配煤槽上同时进行加料和下料作业,导致煤质波动。一般按焦炉一昼夜用煤量考虑,不同规模焦化厂的配煤槽配置可参见表3-6。

表3-6　配煤槽的数目和容量

规模/10^4t·a^{-1}焦炭	配煤槽直径/m	每个槽的容量/t	槽的个数	适用煤种数
10~20	6	200	4~6	3~4
40~60	7	350	6~7	<5
90	8	500	7~8	5~6
120	8	500	10~12	5~6
180	8	500	12~14	6~7
180	10	800	10~12	5~6

配煤槽由卸煤装置、槽体和锥体等部分组成。按槽体断面形状有圆形和方形两种,方形配煤槽易发生挂料,故已很少采用。配煤槽顶部一般采用移动胶带机卸料,当来煤胶带机由端部引入配煤槽顶部时可采用卸料小车卸料,规模较小的焦化厂可采用"犁式"卸料器卸料。配煤槽的锥体部分采用圆锥体或曲线形,为便于放料,锥体斜角应不小于60°,壁面应光滑或衬有瓷砖、铸石板等以减少摩擦。采用双曲线形斗嘴,由于随煤料下降,其单位高度上斗嘴的平均截面收缩率小于一般的圆锥形斗嘴,故在斗嘴处因截面收缩,使煤料变形引起的摩擦阻力可以减小,有利于下降,故目前多数锥体采用双曲线形。

1)圆形配煤槽的容积计算(参看图3-11):

$$V = V_1 + V_2 + V_3, \text{m}^3$$

$$(3\text{-}9)$$

$$V_1 = \frac{H_1}{3}(A_1 + A_2 + \sqrt{A_1 A_2})\ ,\text{m}^3 \tag{3-10}$$

$$V_2 = \pi R^2 H_2\ ,\text{m}^3 \tag{3-11}$$

$$V_3 = \frac{\pi H_3}{3}(R^2 + Rr + r^2)\ ,\text{m}^3 \tag{3-12}$$

式中　V——配煤槽装煤的总容量,m^3;

　　　R——配煤槽半径,m;

　　　r——配煤槽放料口半径,m;

　　　H——配煤槽总高度,m;

　A_1、A_2——锥体上、下底面积,m^2。

若锥体部分为等截面收缩的双曲线斗嘴,则

$$V_3 = \frac{\pi H_3}{2\ln\dfrac{R}{r}}(R^2 - r^2)$$

2)双曲线斗嘴计算。生产实践表明,采用圆锥斗嘴时,由于随着煤料的下降斗嘴的截面收缩率增加,使得煤料下降的阻力增加,容易发生堵煤现象。若将圆锥斗嘴改为双曲线斗嘴,则煤流下降情况可以得到改善,这是因为二者的截面收缩率不同。现分析如下。

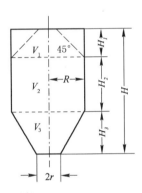

图 3-11　圆形配煤槽示意图

由图 3-12 左侧图的圆锥斗嘴中任取一点(如 a_1 点),每下降一个高度($h_1 - h_2$)到 a_2 点,水平截面积都要减小 $\Delta A(A_1 - A_2)$,都必然引起煤料颗粒的相互挤压和重排,ΔA 的大小直接影响到内摩擦阻力的大小。

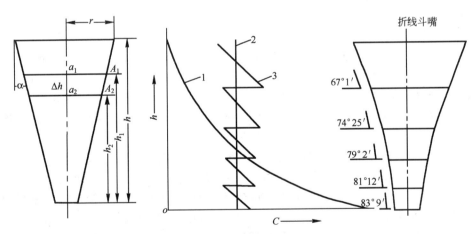

图 3-12　圆锥斗嘴、双曲线斗嘴、折线斗嘴的 C 值与 h 的关系

1—圆锥斗嘴;2—双曲线斗嘴;3—折线斗嘴

用 C 表示单位高度的平均截面收缩率,该值的大小由下式求得:

$$C = \frac{A_1 - A_2}{A_1(h_1 - h_2)} \tag{3-13}$$

式中　　　C——平均截面收缩率;

　　　　A_1、A_2——a_1 和 a_2 点的水平截面积;

　　　　$h_1 - h_2$——下降的高度。

写成微分形式

$$C = \frac{\mathrm{d}A}{A\mathrm{d}h} = \frac{2\pi r\mathrm{d}\gamma}{\pi r^2 \mathrm{d}h} = \frac{2}{r}\frac{\mathrm{d}r}{\mathrm{d}h} \tag{3-14}$$

而对于圆锥斗嘴

$$\frac{\mathrm{d}r}{\mathrm{d}h} = \tan\alpha$$

代入式(3-14)得:

$$C = \frac{2}{r}\tan\alpha$$

即

$$Cr = 2\tan\alpha \tag{3-15}$$

式(3-15)说明,在圆锥斗嘴全高上半径与截面收缩率成反比。将该式作成图 3-12 的曲线 1 可明显看出,随高度下降截面收缩率 C 值急剧增大,并在斗嘴出口半径最小处,C 值为最大。这正说明斗嘴下部堵料的原因。

由此可见,如改变斗嘴形状,使 α 角随着半径变化而变化,以保持 C 值自上而下始终不变,亦即使煤料下滑时,其内摩擦阻力的增加,自上而下是稳定的,而不是骤增的,则能改善下煤状况。

按此设想,式(3-14)可改写为:

$$\frac{2}{r}\frac{\mathrm{d}r}{\mathrm{d}h} = C = 常数$$

$$2\frac{\mathrm{d}r}{r} = C\mathrm{d}h$$

积分得:

$$2\ln r = Ch + K$$

或写成

$$r = e^{\frac{Ch}{2} + \frac{K}{2}} \tag{3-16}$$

式中　r——储槽斗嘴的半径,m;

　　　h——储槽斗嘴的高度,m;

　C、K——依据不同容积时斗嘴上、下口尺寸和全高的原始条件求得。

式(3-16)即是双曲线斗嘴(或煤斗)半径沿高度变化的方程式。

在求得 C、K 后,就可以得到 r 与 h 的函数关系,即可作出一条描述该函数关系的连续曲线,该曲线即是双曲线斗嘴的理论形状。生产上为制作方便,按每取一个高度求出该处相应的半径而绘成折线,制成折线斗嘴(见图 3-12 右侧)。这时 C 与 h 的关系如图 3-12 中的折线 3。

由于这种煤斗不易堵,下煤顺利,极少出现棚料现象。目前,我国大多数焦化厂配煤槽及煤塔的斗嘴都采用折线斗嘴,在生产上收到了良好效果。

(2)定量给料设备　配煤槽所用定量给料设备主要有配煤盘和电磁振动给料机两种形式。

1)配煤盘。配煤盘(图 3-13)由圆盘、调节筒、刮煤板及减速传动装置等组成,升降调节套筒及改变刮煤板插入深度,可以调节配煤量。配煤盘调节简单、运行可靠、维护方便,对黏结煤料适应性强,但设备笨重、传动部件多、耗电量大,刮煤板易挂杂物,影响配煤准确度,需经常清理。

配煤盘的生产能力:

$$Q = 60Vn\gamma\varphi,\text{t/h}$$

式中　V——圆盘每转一圈卸出的物料体积,m^3/r;

　　　n——转速,r/min;

　　　γ——物料堆密度,t/m^3;

　　　φ——松动系数。

进行配煤操作时,γ 及由于离心力而造成的松动系数 φ,都可视为常数。因而,影响生产能

力的主要因素是 V 和 n。

V 与圆盘直径、调节套筒直径及提起高度有关。对于既定设备,圆盘直径和调节套筒直径都是定值,所以生产上主要通过改变调节套筒提起高度来改变卸煤量。当小量调节时,则用变动刮板角度来完成。

设有自动配煤装置的配煤盘,通常以改变圆盘转速 n 来调节其生产能力,但是不能大于某极限值。当圆盘转速高,圆盘上的物料离心力大于盘面的摩擦力时,煤料将被甩出,从而破坏给料机的正常工作。尤其当配比较小时(5% ~10%),圆盘转速更应小些(5 ~6r/min),这样可增加圆盘每转一圈所刮下煤的体积,使配比精确度提高。

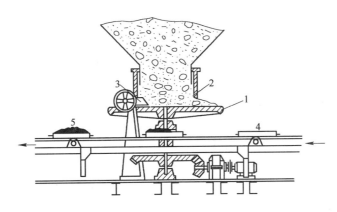

图 3-13 配煤盘示意图
1—圆盘;2—调节套筒;3—刮煤板;4、5—铁盘

2)电磁振动给料机。电磁振动给料机(图 3-14)由给料槽体 2、激振器 3 和减振器 1 等组成,核心部件是激振器,由连接叉 12、衔铁 9、板弹簧组 4、铁心 8、激振器壳体 3 等组成。连接叉和槽体固定在一起,通过它将激振力传递给槽体,使槽体产生振动。板弹簧组是储能机构,连接前质量(由槽体、连接叉、衔铁及占槽体容量的 10% ~20% 的物料等共同组成)和后质量(由激振器壳体、铁心构成),形成双质体振动系统。通过铁心上固有线圈的电流是经过单相半波整流的,因此在正半周内有电流通过线圈,使衔铁和铁

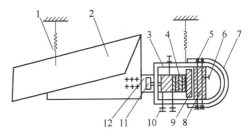

图 3-14 电磁振动给料机结构示意图
1—减振器及吊杆;2—给料槽体;3—激振器壳体;4—板弹簧组;5—铁心的压紧螺栓;6—铁心的调节螺栓;7—密封罩;8—铁心;9—衔铁;10—检修螺栓;11—顶紧螺栓;12—连接叉

心间产生脉冲电磁力而互相吸引。这时前质量向后移动,后质量向前移动,同时板弹簧组发生变形而储存一定势能。在负半周内,线圈中无电流通过,电磁力消失,靠板弹簧组储存势能,使衔铁和铁心反向离开,槽体向前回至原来位置。如此反复,给料机以每分钟约 3000 次频率作往复振动,在振动力作用下,使物料连续向一定方向移动,从而完成定量给料。

电振正常工作时,大幅度给料量的调节靠斗嘴下部溜槽与给料槽体间的闸板开度,小幅度调节靠改变线圈电流大小来调节振幅。通常振幅控制在 1.5 ~1.7mm,以防铁心和衔铁互相碰撞为限。

电振结构简单、维修方便、布置紧凑、投资少、耗电量小,调节也较方便,但安装、调整要求严格,调整不好,运行中会产生很大噪声,而且不能达到预期效果。

电磁振动给料机的配煤能力可按下式计算:

$$Q = 3600BHw\gamma \text{ ,t/h} \tag{3-17}$$

式中　B——槽体宽度,m;

　　　H——槽体卸料端煤层厚度,m;

　　　w——煤在槽体卸料端的移动速度,m/s;

　　　γ——煤的堆密度,t/m³,按 0.8 计。

根据生产实践,$H = 80 \sim 120$mm。当槽体安装倾角在 17° 左右,振幅为 $1.5 \sim 1.6$mm,水分约10% 时,w 可按 0.2m/s 考虑。由于煤在槽体内的料层厚度不宜过厚,故焦化厂配煤用的电磁振动给料机槽体宽度一般比作为给料设备的槽体宽一些。

（3）PLC 自动配煤装置　PLC 自动配煤工艺如图 3-15 所示。在生产过程中,称量皮带运动时,由给煤圆盘旋转装置使配煤槽中的煤落到皮带上。输送皮带由控制电机驱动,速度传感器SF 给出频率和皮带速度成正比的电信号。输送皮带的下方装有核子秤 WZ,它输出与皮带上煤的重量成正比的电压信号。皮带配煤核子秤控制器接收 SF 的速度信号和 WZ 的重量信号,计算皮带上物料的瞬时流量和累计流量,并显示结果,同时与设定的流量值进行比较,通过控制器

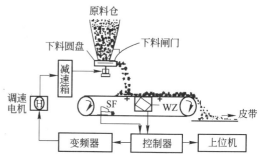

图 3-15　PLC 配煤系统工艺流程图

调节,输出电流控制信号,经功率放大,控制电机的转速,使配煤量稳定在设定值。各个配煤槽中的煤按一定的比例混合后送往下一道工序,配煤结束。

（4）PLC 自动配煤系统　系统采用 PLC 可编程序控制器、核子秤配料系统。配煤系统由物

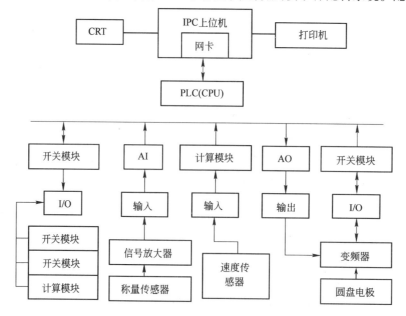

图 3-16　PLC 控制系统框图

料计量、微机操作、PLC 控制、变频调速 4 部分组成。控制系统方框图如图 3-16 所示。

系统主要功能为:1)上位机的功能。完成各种配煤操作界面、数据显示及打印管理,用户可在上位机上进行各种数据的修改操作,运行数据的图形显示及打印各种报表,并通过网卡与控制部分的配料模块和开关量控制模块相联,能下载计量、控制、系统参数、核子秤命令、精度测试命令等,同时能上传各模块的当前状态和参数。2)PLC 系统的主要功能。接收上位机所发出的配料参数,将采集的 I/O 状态传递给上位机;根据联锁条件启动/停止圆盘给料机,通过模拟量模块对核子秤的瞬时流量和瞬时速度进行读取、处理等;计算煤料负荷量和煤料累计量;通过变频调速的控制方式调节圆盘给料装置,给定值均可由 PLC 的 D/A 模块输出控制;与下游设备联锁,向配料皮带发出配煤准备好信号,联锁配料皮带的启动/停止,取配料皮带转速信号和煤量信号,联锁配煤工作的启动;通过开关量输入模块,能实现系统总流量、配比的选择,各种皮带启停信号的输入和配料模块启停信号的输出,控制信号及大屏显示接口,联锁及配料控制和上位机的通信,并留有备用选择器;配料控制模块能实现信号采集、计算,并与给定流量比较将误差量按照控制算法进行计算,转换成 4～20mA 模拟量信号,发送给变频调速器,调节电机转速,从而改变当前下料量,确保控制精度。

2. 粉碎设备与操作

煤料的细度和粒度分布对焦炭质量及焦炉操作有很大影响(见第二节),为此装炉煤必须粉碎。常用的煤粉碎机有反击式、锤式和笼型等几种形式。

(1) 反击式粉碎机　反击式粉碎机(图 3-17)主要由转子、锤头(板锤)、前反击板、后反击板和外壳组成。煤进入粉碎机后,首先靠转子外缘上锤头的打击使煤粉碎;高速回转的锤头又把颗粒大的煤沿切线方向抛向反击板,煤撞在反击板后,有的被粉碎,有的被弹回再次受锤头打击,如此反复撞击,使煤粉碎到一定程度。煤的粉碎细度主要取决于转子的线速度和锤头与反击板之间的间隙。煤的水分高时,由于煤黏附在反击板上,粉碎机的生产能力和粉碎细度明显下降,严重时会发生堵塞现象。

反击式粉碎机的生产能力除了受几何尺寸的影响外,还受转子的转速、反击板与锤头之间的间隙等因素影响。计算反击式粉碎机生产能力时,可用以下参考公式:

$$Q = 60Kc(n + a)dLh\gamma_0 , t/h \tag{3-18}$$

式中　　K——粉碎量校正系数,煤取 0.2;

　　　　c——转子上打击板(锤头)排数;

　　　　h——打击板高度,m;

　　　　a——打击板与反击板间隙,m;

　　　　d——排料粒度,m;

　　　　L——转子长度(打击板宽度),m;

　　　　n——转子转速,r/min;

　　　　γ_0——物料的堆积密度,t/m³。

(2) 锤式粉碎机　锤式粉碎机(图 3-18)主要由转子、锤头、算条、算条调节装置及其外壳组成。在转子的外缘上,等距离的排列若干排轴,其上等距离交错安装适当数量、质量几乎相等的锤头(活动连接)。转子高速旋转时,锤头沿半径方向向外伸开,从而产生很大的粉碎功能。算条安装在转子的下半部,可以升降,以调整与锤头间的距离。煤由进料口垂直进入机内锤击区后,受高速回转锤头的打击,顺转子转动方向进入转子与算条间隙处,经冲击、研磨和剪切作用被粉碎,并由算条缝和排料小窗排出。煤的粉碎细度靠算条和锤头的间隙来控制,粉碎机的闸门用来放出混入煤料中的杂铁,当粉碎粒度要求不高时,可以开启该闸门,减轻粉碎机负荷,提高生产能力。煤的水分对生产能力和粉碎细度均有影响,当粉碎细度一定时,水分增高,就应加大算条和锤头之间的距离,以防堵塞。

　　锤式粉碎机的生产能力与所处理物料的物理性质、所须破碎粒度的大小、转子转速、锤头的重量及个数以及加料的均匀程度有关。考虑到上述各因素的影响,完善的理论计算式尚未导出,下述近似公式尚属实用。

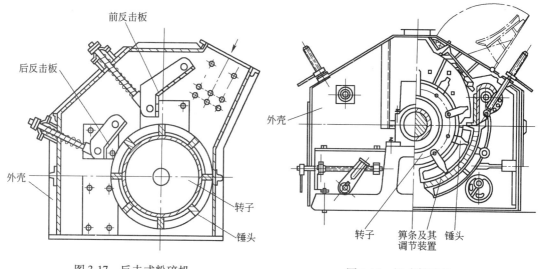

前反击板

后反击板

外壳

转子

锤头

图 3-17　反击式粉碎机

外壳

转子　　算条及其　锤头
　　　　调节装置

图 3-18　锤式粉碎机

$$Q = \frac{KLD^2 n^2}{3600(i-1)} \text{ ,t/h} \tag{3-19}$$

式中　　K —— 表明煤的结构特性及硬度的系数,可取 $4.0 \sim 6.2$;

　　　　L —— 转子工作长度,m;

　　　　D —— 转子直径,m;

　　　　n —— 转子转速,r/min;

　　　　i —— 破碎比($6 \sim 15$)。

　　由上述可见,转子直径及转速对生产能力影响很大,当其他条件不变时,生产能力和直径及转速的平方成正比。破碎比增大时,生产能力降低,这是因为粉碎消耗的能量较多。

　　(3)笼型粉碎机　笼型粉碎机(图3-19)由两个外缘带钢棒的笼轮组成,笼轮由电动机带动逆向旋转。煤料从中部进料口加到笼轮内,被离心力甩到高速旋转的钢棒上,在半径方向的惯性离心力和切线方向钢棒冲击力的反复作用下,被粉碎到要求的细度。煤的粉碎细度因钢棒转动速度及钢棒的数目而异,笼轮转速加大可提高粉碎细度和生产能力。

　　三种粉碎机的性能比较见表3-7,笼型粉碎机的粉碎细度高,粒度均匀,粉碎后煤中小于0.5mm粒级含量低,对水分大的煤适应性强,但生产能力低、电耗量大、设备重、检修工作量大,只有当要求粉碎细度大以及较难粉碎的煤进行单独粉碎时选用。一般采用反击式粉碎机和锤式粉碎机,相比前者,在煤料水分和细度相同条件下,小于0.5mm粒级含量低,堆密度大。此外,反击式粉碎机结构简单、重量轻、维修方便、电耗低,但锤头转速大,故锤头磨损快、灰尘大、操作环境差,必须采用机械除尘装置。锤式粉碎机生产能力大、效率高,细度容易调节,但粉碎煤中小于0.5mm粒级含量高。为发挥反击式和锤式的优点,发展了一种新型的带反击板的锤式粉碎机,其特点是用弧形带凹凸的反击板代替原锤式粉碎机的算条;转子采用小圆盘、长锤杆,锤头结构和排列方式均有利于电机启动;转子速度通过调速型液力耦合器来调节,外壳开闭和反击板间隙均靠液压调节。这种粉碎机的粉碎带长,粉碎后煤的粒度均匀,小于0.5mm的煤粒含量低,对煤种和细度要求的适应性强。

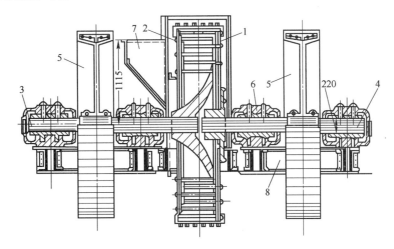

图 3-19　笼型粉碎机

1—外笼;2—内笼;3—内笼的轴;4—外笼的轴;5—传动皮带轮;
6—轴承;7—受料溜槽;8—支座

表 3-7　粉碎机的性能比较

项　目	最大入料粒度/mm	<3mm 细度/%	粉碎煤中<0.5mm/%	水分适应范围	每吨煤电耗/KW.h·t^{-1}	设备重量	维修情况	操作人员	投资
反击式	≤150	75~85	51.3	较大	0.8~1.4	轻	简单	少	少
锤式	≤80	75~85	54	<12%	1.8~2.6	较重	简单	少	较多
笼型	≤80	85~90	49.9	较大	2.6~3.1	重	复杂	较多	多

第二节　配煤质量与控制

一、炼焦用煤的粒度控制

煤的黏结性不仅取决于煤化度和岩相组成,也因煤粒子的大小以及整体煤料的粒度分布而异,因此必须调节各煤种的粒度和粒度分布,使之处于最佳状态。

1. 粒度控制原理

(1)粉碎性　煤的粉碎性能可用可磨性指标来表示。常用的哈德格罗夫(哈氏)可磨性指数(*Hardgrove Index—HGI*)是将煤样在规定条件下,于哈氏磨煤机中在一定荷重下研磨一定时间后,测定通过一定筛级的粉煤量,最后按以下公式计算:

$$HGI = 13 + 6.93D_{74} \tag{3-20}$$

式中　D_{74}——所用50g煤样中减去磨碎后留在200目筛子(孔边长为0.0737mm)上的煤样量。

曾得到 *HGI* 与挥发分的关系如图3-20所示,中等挥发分的强黏结煤(如焦煤、肥煤)可磨性指数较高,即易被粉碎。而高挥发分和低挥发分的弱黏结或不黏结煤的可磨性指数则依次减小。煤的岩相组成中则以镜煤粒子易碎,而暗煤粒子难碎。

（2）按加热特性区分煤粒子　前面已指出,按煤岩配煤原理,煤的岩相组成可分为活性组分和惰性组分,对于经过粉碎的煤粒,若主要由活性组分组成的称活性粒子,主要由惰性组分组成的称惰性粒子或非活性粒子。日本曾对几种黏结性较好的煤,在不同粒度下进行干馏并测定其膨胀率（图 3-21）,由图表明粒度减小,其膨胀度趋于减小。国内曾对几种典型的气、肥、焦、瘦煤,对粗、中、细粒度分别测定其胶质层最大厚度 Y 值（表 3-8）。数据表明,对黏结性较好的肥煤和焦煤,粗粒度的 Y 值大于中、细粒度,黏结性较差的气煤和瘦煤则相反。

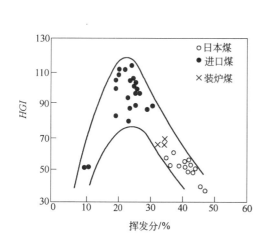

图 3-20　煤的挥发分和哈氏可磨性指数的关系

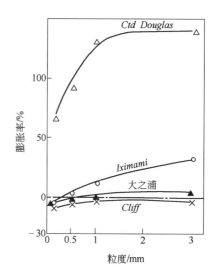

图 3-21　黏结煤的粒度与膨胀率的关系

表 3-8　不同煤化度煤粒度与胶质层的关系

煤种	胶质层厚度/mm		
	粗　粒	中　粒	细　粒
气煤	11	12～13	11
肥煤	27	26～27	25～27
焦煤	16～17	14.5～15.5	14～14.5
瘦煤	0	0	5

为了分析煤的岩相成分在各筛分粒级中的分布及各粒级煤的结焦性能,曾对某种煤进行了筛分组成、各筛分粒级的岩相组成及焦炭机械强度的测定（表 3-9）。由表数据可以看出:

1）粗粒部分的活性组分（镜煤）较少,惰性组分（暗煤、丝炭）较多。

2）由惰性组分较多的粗粒部分得到的焦炭强度较差,将其粉碎至小于 6mm,焦炭强度明显提高,但仍小于细粒级煤的焦炭强度。当过细粉碎至小于 0.3mm,其焦炭强度又明显下降。

3）由活性组分较多的细粒部分得到的焦炭强度较高,进一步过细粉碎至小于 0.3mm,其焦炭强度略有提高。

以上说明惰性组分较多时,粉碎有利于黏结,但过细粉碎由于惰性组分比表面积增大,活性组分被过度吸附,使胶质体减薄,反而不利于黏结。活性组分多的细粒部分,过细粉碎虽会降低黏结性,但由于同时降低了收缩阶段的内应力,减少了龟裂,故对焦炭强度仍有提高。

表 3-9 某种煤各粒级的岩相组成和焦炭强度

粒度/mm	挥发分/%	煤岩相组成/%					焦炭强度 DI_{15}^{30}		
		镜煤	中间体	暗煤	丝炭	炭质页岩	原粒级	碎至<6mm	碎至<0.3mm
原煤	21.9	26.8	44.4	13.1	13.2	2.5	—	93.8	—
<20	19.8	9.5	46.9	17.6	24.4	1.6	78.8	92.4	84.2
20~10	20.0	9.1	55.6	13.5	20.1	1.7	74.2	94.1	86.8
10~6	20.8	13.8	55.8	12.7	15.5	2.2	79.6	93.5	88.7
6~3	20.5	17.4	55.1	13.7	11.5	2.4	84.6	93.9	91.6
3~1.5	20.8	20.5	51.2	6.0	20.0	2.3	92.3	—	93.8
1.5~0.6	21.9	38.1	23.5	12.8	23.8	1.8	94.3	—	95.9
0.6~0.3	22.6	50.9	32.5	6.2	8.4	2.0	94.3	—	95.0
<0.3	22.9	51.6	35.6	4.9	6.0	1.9	94.6	—	—

曾对气煤配比达60%的配合煤,测定了各筛分粒级的黏结性(表3-10)。数据表明粗粒级(>5mm)和细粒级(<0.5mm)煤的罗加指数和黏结指数均较低,可以认为,配合煤炼焦过程中黏结性煤应充分发挥其活性粒子的黏结作用,弱黏结煤作为非活性粒子应承担松弛收缩作用,因此过细粉碎不仅降低黏结煤的活性粒子作用,而且增加非活性粒子的比表面,两者均使煤料的黏结性降低,故必须控制煤料粒度的下限。粗粒部分多数为非活性组分,成为焦炭裂纹中心,不利于焦炭质量,故必须同时控制煤料粒度的上限。

表 3-10 某配合煤粒级性质

粒级/mm	筛分组成/%	工业分析/%			罗加指数/%	黏结指数/%
		A_d	M_t	V_{daf}		
>5	12.0	9.11	1.43	34.04	63	56.5
5~3	14.5	8.77	1.23	33.89	66	60
3~2	12.6	8.84	1.98	33.26	68	62
2~1	8.4	—	—	—	70	65
1~0.5	14.6	8.82	1.41	31.92	71	66
<0.5	38.1	12.04	2.13	33.06	66	59

(3)装炉煤粒度分布原则 装炉煤的粉碎粒度分布最优化是选择适当粉碎工艺的基础,结合以上对煤粉碎性和筛分粒级性质的分析,为实现粒度分布最优化应遵循以下原则:

1)装炉煤的细粒化和均匀化。即从整体而言,装炉煤的大部分粒度应小于3mm,以保证各组分间混合均匀,使不同组分的煤粒子在炼焦过程中相互作用,相互充填间隙,相互结合,以确保得到结构均匀的焦炭。

2)装炉煤的粉碎。装炉煤中黏结性好的煤和活性组分粗粉碎,以防黏结性降低;黏结性差的煤和惰性组分细粉碎,以减少裂纹中心。装炉煤过细粉碎,不仅增加颗粒比表面,使热解生成的液相产物不足以润湿颗粒表面;而且较小的颗粒热解时,颗粒内部产生的气相产物容易分解析出,使气相中的游离氢没有充分时间与热解生成的大分子自由基作用,减少了中等分子液相产物的生成率。

3）控制装炉煤粒度的上、下限。一般粒度下限为0.5mm，粒度上限因装炉煤堆密度而异。图3-22给出了不同堆密度的煤料有不同的最佳粒度上限。由图表明，对任意堆密度的煤，均有一个焦炭强度最高的最佳粒度上限，该上限随堆密度提高而降低。在一般散装煤的堆密度（0.75t/m^3）条件下，若仅控制细度（<3mm的含量）为85%，所得焦炭强度（DI_{15}^{150}）比控制粒度上限为5mm时要低2.5%。对于堆密度为0.9t/m^3的捣固煤料其最佳粒度上限应为3mm。

4）装炉煤粒度分布的堆密度最大原则。装炉煤中各粒级的含量分布应保证大、中、小煤粒间能相互填满空隙，以实现堆密度最大。散状物料自然堆积体内空隙率与散料粒度分布关系的一般规律如图3-23所示，图中每条曲线是在一定的最大平均粒度（D_P）$_{max}$与最小平均粒度（D_P）$_{min}$比的条件下画出，在任意粒度比下均有一个大颗粒含量的适当值时可获得最小空隙率，即较大的堆密度。随该粒度比增大，即粒度分布加宽，堆密度增大。提高装炉煤堆密度，可改善煤料黏结性。

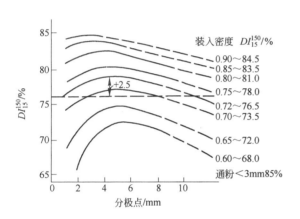

图3-22　配合煤的粒度上限与堆密度、
焦炭强度的关系

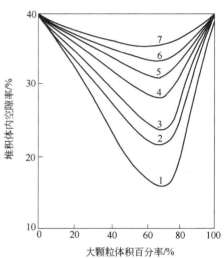

图3-23　散料堆积体内空隙率与
散料粒度分布关系
（D_P）$_{max}$/（D_P）$_{min}$:1—100;2—20;3—10;
4—5;5—3.3;6—2.5;7—2

2. 粒度分布的表示

煤料的粒度分布常用筛分组成来表示，在试验研究中为了更全面地反映煤的粒度分布特征，还采用指标形式和曲线形式。

（1）频率分布　根据散状物料的筛分组成，以粒级为横坐标，以各粒级的质量百分数为纵坐标，绘制的直方图，或进而以直方横截距中心点连线形成的频率分布图，是一种最直观的粒度分布曲线。

（2）累计分布　以筛下物的累计质量百分数作纵坐标，以粒级作横坐标，所绘出的粒度分布曲线为累计分布曲线，不同的粉碎方式可以得到不同的累计分布曲线，图3-24是五种典型分布曲线。这五种分布曲线，即使在相同的粒度上、下限情况下，其粒度分布特征也有很大差异，曲线1表明细粒级占的量较多，平均粒径较小；曲线5则相反；曲线3表明粒度呈线性分布；曲线2、4的平均粒径虽然相同，但前者粗、细粒级较多，后者则中间粒级较多。为了表达粒度特征可用以

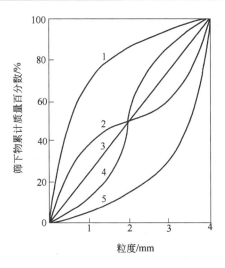

图 3-24　累计分布曲线
1—通常粒度分布型;2—反 S 型;3—直线型;
4—S 型;5—粗粒型

下粒度指标 g 表示:

$$g = d \frac{c/e}{b/f} \cdot \frac{a}{h}$$

(3-21)

式中　a,b,c,d,e,f,h ——分别表示筛下物的累计质量百分率为 0、5%、25%、50%、75%、95% 和 100% 时的筛孔尺寸,mm。

　　因此 d 反映散状物料的算术平均值,h 为粒度上限,c/e 和 b/f 分别表示筛下物占 25% ~ 75% 和 5% ~95% 的粒度范围。利用累计粒度分布曲线和粒度指标 g 可以全面反映煤料的粒度分布特征,在煤的选择粉碎工艺中广泛应用。

　　(3)粒度分布函数　为表示各粒级的分布特征还可用粒度分布函数 $f(D)$ 表示:

$$f(D) = \frac{dF}{dD}$$

(3-22)

式中,dF 为粒径从 D 变化到 $D + dD$ 的煤料筛下累计百分率的变化量,当粒度成正态分布时,粒度分布函数为:

$$F(D) = \frac{1}{\sigma \sqrt{2\pi}} \exp\left[- \frac{(D - \bar{D})^2}{2\sigma^2} \right]$$

(3-23)

式中　σ ——标准偏差;

　　　$\bar{D}$ ——粒度平均直径;

　　　D ——某粒级的粒径。

　　炼焦煤的粒径分布通常呈对数正态分布函数,即

$$f(D_e) = \frac{dF_e}{d\ln D} = \frac{1}{\ln\sigma_g \sqrt{2\pi}} \exp\left[- \frac{(\ln D - \ln D_g)^2}{2\ln^2\sigma_g} \right]$$

(3-24)

或　　　　　$$F_e = \frac{1}{\ln\sigma_g \sqrt{2\pi}} \int_0^D \exp\left[- \frac{(\ln D - \ln D_g)^2}{2\ln^2\sigma_g} \right] d\ln D$$

(3-24a)

式中　F_e ——粒径从 0 到 D 的筛下煤料对数累计百分率;

　　　σ_g ——几何标准差;

D_g——几何平均粒径，$\lg D_g = \dfrac{\sum\limits_0^n \ln D_i}{n}$；

n——粒级数。

式(3-24a)表明，对服从对数分布的颗粒，对数累计百分率与对数粒径呈线性，图3-25是分别采用直立管预热器与气流破碎式预热器对湿煤进行预热后各类煤的粒度对数正态分布关系。

(4)罗申-拉姆勒(Rosin-Rammler)分布　当煤中细颗粒含量很高且粒径很小时，对数正态分布一般不成直线，此时可采用罗申-拉姆勒分布。该分布规律可用下式表示：

$$F(D_p) = 100\exp\left[-\frac{D_p}{D_e}\right]^k \tag{3-25}$$

式中　$F(D_p)$——粒径为 D_p 的煤料的筛上累计百分率；

　　　　D_e——与粒级范围有关的粒径特征常数；

　　　　k——与粒径物性有关的常数。

煤中细颗粒含量很高且粒径很小时，$k \leqslant 1$，为了弄清 D_e 的物理意义，设 $k = 1$，且 $D_p = D_e$，则式(3-25)可写成

$$F(D_p) = F(D_e) = 100\exp(-1) = 36.8\%$$

故 D_e 即筛上煤的累计百分率为36.8%时的粒径。为把式(3-25)写成线性关系，将式(3-25)两边取对数得：

$$\lg F(D_p) = \lg 100 + \left(-\frac{D_p}{D_e}\right)^k \lg e$$

或　　　　　　　　　　　$$\lg \frac{100}{F(D_p)} = \left(\frac{D_p}{D_e}\right)^k \lg e$$

上式再取对数得　　　　　$$\lg\lg \frac{100}{F(D_p)} = k\lg D_p - k\lg D_e + \lg\lg e$$

令 $C = \lg\lg e - k\lg D_e$ 得

$$\lg\lg \frac{100}{F(D_p)} = k\lg D_p + C \tag{3-25a}$$

式(3-25a)表明，在纵坐标为双对数，横坐标为对数坐标上作图，筛上煤料的累计质量百分率 $F(D_p)/\%$ 与煤的粒径呈线性关系。如图3-26所示，图中斜率为 k，截距为 C，计量由下至上时，

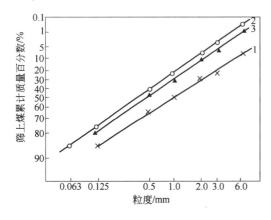

图3-25　对数正态分布关系
1—湿煤；2—直立管预热煤；3—气流破碎预热煤

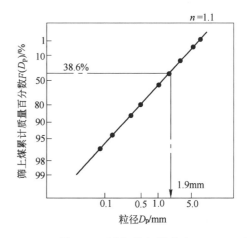

图3-26　罗申-拉姆勒分布

纵坐标为 $\lg\lg\dfrac{100}{F(D_p)} = -\lg\lg F(D_p)/\%$；计量改为由上至下，故纵坐标为 $\lg\lg F(D_p)/\%$。

3. 粉碎工艺

炼焦煤的粉碎工艺必须适应炼焦煤的粉碎特性，使粒度达到或接近最佳粒度分布，由于煤的最佳粒度分布因煤种、岩相组成而异，因此不同煤和配合煤应采用不同的粉碎工艺。

（1）先配后粉工艺　先配后粉工艺流程（图3-27）是将组成炼焦用煤的各单种煤，先按规定比例配合后再粉碎的工艺，简称"混破"工艺。

图 3-27　先配后粉工艺流程图

这种工艺流程简单、布置紧凑、设备少、投资省、操作方便，但不能按各种煤的不同特性控制不同的粉碎粒度，仅适用于煤料黏结性较好、煤质较均匀的情况，当煤质差异大、岩相不均匀时不易采用。这种工艺，确定适宜的粉碎细度（<3mm 的含量%）可在一定范围内改善粒度分布，提高焦炭质量。适宜的细度由试验确定，我国焦化厂配合煤装炉时细度一般为73%～82%，捣固焦炉的装炉煤细度一般应大于90%。

（2）先粉后配工艺　先粉后配工艺流程（图3-28）是将不同煤种按性质分别粉碎到不同细度，再进行配合和混合工艺。

图 3-28　先粉后配工艺流程图

这种流程可以按煤种特性分别控制合适的细度，有助于提高焦炭的质量或多配弱黏结性煤。但工艺复杂，需多台粉碎机，配煤后还需设混合装置，故投资大，操作复杂。

（3）部分硬质煤预粉碎工艺　炼焦用煤只有1～2种硬度较大的煤时，可先将这种硬质煤预粉碎，然后再按比例与其他煤配合、粉碎（图3-29）。我国配合煤中当气煤配量较多时，由于气煤较肥煤、焦煤要求更高的细度，故常将这种流程用作气煤预粉碎，称气煤预粉碎工艺。部分煤预粉碎机的布置有两种型式，一种布置在配煤槽前，另一种布置在配煤槽后。前一种布置的预粉碎

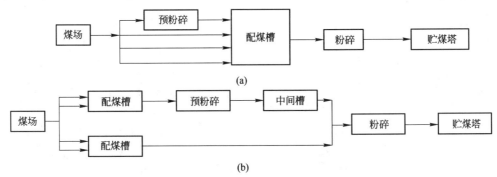

图 3-29　部分硬质煤预粉碎工艺流程

机能力要与配煤前输煤系统能力相适应,因此预粉碎机庞大,设备投资较多;后一种布置的预粉碎机能力可适当减小,从而设备轻、投资省。

(4)分组粉碎工艺　分组粉碎工艺流程(图3-30)是将组成配合煤的各单种煤,按不同性质和要求,分成几组进行配合,再分组分别粉碎到不同细度,最后混合均匀的工艺。

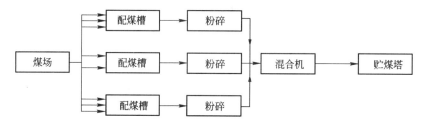

图3-30　分组粉碎工艺流程图

这种流程可按炼焦煤的不用性质分别进行合理粉碎,较先粉后配流程,简化了工艺,减少了粉碎设备;但与先配后粉流程和部分煤预粉碎流程相比,配煤槽和粉碎机多,工艺复杂,投资大。一般适合于生产规模较大,煤种数多而且煤质有明显差别的焦化厂。

(5)选择粉碎工艺　根据炼焦煤料中煤种和岩相组成在硬度上的差异,按不同粉碎粒度要求,将粉碎和筛分结合,达到煤料均匀,既消除大颗粒又防止过细粉碎,并使惰性组分达到要求细度。按此原则组织的流程称选择粉碎流程。

根据煤质不同选择粉碎有多种流程,对于结焦性能较好,但岩相组成不均一的煤料,可采用先筛出粗粒的单路循环粉碎流程(图3-31),煤料在倒运和装卸过程中,易粉碎的黏结组分和软丝炭大多粒度较小,为避免过细粉碎,先过筛将他们筛出后,留在筛上粒度较大不易粉碎的惰性组分和煤块,由筛上进入粉碎机粉碎,然后与原料煤在混合转筒中混合,再筛出细粒级,筛上物再循环粉碎。如此可将各种煤和岩相组分粉碎至大致相同的粒度,并避免不必要的过细粉碎,从而改善结焦过程。当煤料中有结焦性差异较大的煤种时,上述单路循环按一个粒级筛分控制粒度组成不能满足按不同结焦性控制粒度的要求,因此就应采用多路循环选择粉碎流程。图3-32是一种两路平行选择粉碎流程,适用于两类结焦性差别较大的煤,可按结焦性能、硬度及粒度要求,分别控制筛分粒级,以达到合理的粒度组成。如果在结焦性好的煤中含有大量暗煤,则可将筛上物送入结焦性较差的煤粉碎机中实行细粒级粉碎、筛分循环。以上选择粉碎有两个特点,一是控制一定的筛分粒级,另一是难粉碎的煤种或煤岩相组成处于闭路循环,因此选择性粉碎也称分级粉碎或闭路粉碎。

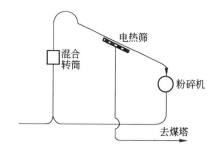

图3-31　单路循环选择粉碎流程

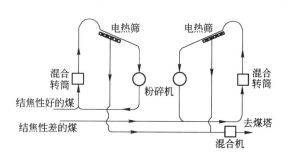

图3-32　两路平行选择粉碎流程

选择粉碎于 20 世纪 50 年代最先在法国洛林地区采用,采用电热筛筛分细粒级的湿煤,称索瓦克(sovaco)法,由于电热筛生产能力和筛分效率低、动力消耗多、投资大,因此 60 年代后期逐渐淘汰。70 年代初,前苏联在下塔吉尔钢铁公司采用风力分离器进行选择粉碎(图 3-33)。由煤场来的单种煤,经预粉碎至 <3mm 占 60% ~65% 后,送入配煤槽,配合后的煤送入带气流分布板(孔眼 3~4mm)的分离器,靠风力将配合煤按粒度和密度分级,细粒级和密度较小的煤由分布板筛孔下排出,极细粒级煤被气流带出经旋风分离器分出,粗粒级和密度较大的煤由分布板上进入粉碎机后,与细粒级和极细粒级煤一起经混合后,送贮煤塔。风力分离器处理能力大、效率高、布置紧凑、投资省,因此风力分离法有较大的竞争力。70 年代中期,日本用立式圆筒筛代替电热筛进行选择粉碎,这种筛分机是一种直立式偏心离心筛,煤料进入筛分机时在扩散板作用下被分散,并以一定速度飞向偏心旋转的立式圆筒筛面上,在筛面上受离心、偏心振动作用进行有效筛分。为防止湿煤堵塞筛孔,筛分机内筛网外装有可上下移动的压缩空气喷嘴,对筛孔进行吹扫。筛分效率因煤料的水分和粒度而异,可达 65% ~90% 。它与电热筛相比,具有生产能力大、投资省、效率高的优点。

选择粉碎在各国的应用实践表明,对于岩相不均一的煤料,可以明显改善焦炭质量,扩大岩相不均一的气煤在配合煤中比例;由于避免了过细粉碎,控制了合理的粒度组成,使装炉煤的堆密度得到提高。

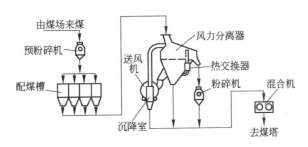

图 3-33　风力分离法选择粉碎流程

二、配合煤的质量控制

1. 配煤比的日常检测

(1)人工跑盘　为衡量配煤比是否达到规定要求,常采用人工跑盘的方法,即可用长 0.5m,宽相当于胶带机宽的铁盘,在配合皮带上定期测量配煤时各种煤下落到铁盘上的煤量,以多次的平均值与规定该煤种的给定值比较,误差不超过 ±150g,作为配煤比准确度的标准。各种煤在铁盘中的给定值由规定的配煤比、配合皮带的运输能力、带速和煤料水分等算出。例如某配合皮带的运输能力为 400t/h,带速为 1.62m/s,若配合煤水分为 10% ,则该皮带输送干煤量为 $400 \times 1000(1 - 10\%)/3600 = 100(kg/s)$ 则每 0.5m 胶带的运输煤量为 $100 \times 0.5/1.62 = 30.85kg$ 干煤。再根据规定配煤比计算各煤种的配入量。如某种煤的配比为 25% 、水分为 7% ,则铁盘中的湿煤量应为 $30.85 \times 0.25/(1 - 7\%) = 8.29kg$ 。此即该种煤按规定配比 25% 应落在 0.5m 长铁盘上的给定值。

这种方法只有在贮煤槽通过配煤定量给料量基本稳定的情况下才能正确评定配煤的准确度,实际操作中由于风动振煤、清除杂物等,下料量会发生波动,因此跑盘时的测量值不一定为整个配煤作业期间的实际下料量,给配煤比的控制带来偏差。

为考核配煤作业的准确度,通常在配煤前后对单种煤和配合煤连续取样,测量单种煤和配合煤的挥发分、灰分,与配煤前单种煤的挥发分和灰分按配煤比计算得到的配合煤相应值比较,一般规定配煤的挥发分偏差不超过 $\pm 0.7\%$,灰分偏差不超过 $\pm 0.3\%$。

(2)自动配煤时的操作控制　采用核子秤自动配煤后,配煤量是按给定值为中心,不断地调整和反复补偿,由调节系统的正常运转和精度来确保。为了检查调节系统操作时实际配煤比的准确性,可以采用定时连续跑盘的方法,即规定每跑一盘(包括称重)的时间间隔(如20s),在5min 或10min 时间内连续跑盘,用连续跑盘称得煤量的平均值作为实际瞬时配煤量(q),与规定该煤种配煤量比较,其误差应在 $\pm 150\text{g}$ 以内。所以要这样做,是因为仅在某一瞬间人工跑盘所取出的数值,有可能属于仪表调节处在正偏差峰值或负偏差峰值时的煤量,并不代表实际的配煤量。

利用上述平均瞬时配煤量可按下式计算配煤量。

$$G = \frac{120\, qtw}{1000},\text{t} \tag{3-26}$$

式中　　G——累计配煤量,t;

$\quad\quad q$——由定时连续跑盘求得的平均瞬时配煤量,kg/0.5m 盘;

$\quad\quad t$——连续跑盘时间,min;

$\quad\quad w$——配煤胶带线速度,m/s。

此配煤量与核子秤仪表在跑盘时间内显示的累计值比较,其误差应在 $\pm 2\%$ 以内。

核子秤调节系统的精度,即核子秤计量显示数据是否正确,应定期标定和校核。这时可利用数据频率计测得10s 挡仪表积算器输出的脉冲数,并将此脉冲数折算成累计公斤数,并与10s 内对应胶带上煤量截取量相比较,其相对误差应小于 2%。这种方法称为快速标定法,在标定前还必须对仪表进行动态调零位和调满值。

2. 配合煤质量管理

用统计思想和方法组织质量管理是近代管理的基础,配煤质量的统计管理包括配煤比准确度和配煤质量的统计分析,并找出造成偏差的原因,以提高配煤质量。

(1)用不合格率考核配煤比的准确性　若以配煤前后挥发分相差不超过 $\pm 0.7\%$,灰分相差不超过 $\pm 0.3\%$ 作为考核标准。某厂10天内抽样20次得到有关的灰分和挥发分数据如表3-11所示。

表3-11　灰分和挥发分抽样数据

配煤计算值/%	灰分	9.21 9.22	8.99 8.95	8.97 9.31	9.25 9.51	9.07 9.46	9.03 9.41	9.33 9.34	9.01 9.39	9.24 9.43	9.11	9.19
	挥发分	29.37 29.54	29.88 30.04	30.03 29.23	30.18 29.69	29.83 29.75	29.81 29.70	29.17 28.50	29.72 28.70	29.44 28.39	30.25	29.47
配煤实测值/%	灰分	9.16 8.98	8.98 8.84	9.11 9.10	8.93 9.68	8.84 9.40	8.58 9.10	9.05 9.06	9.16 9.36	9.14 9.30	9.07	8.95
	挥发分	29.57 30.16	30.17 32.99	30.47 30.21	30.90 30.36	30.19 29.99	30.66 30.79	29.39 29.17	30.02 29.57	29.65 29.06	30.46	29.51

相应的差值为:

$|x|$ = |配煤计算灰分 - 配煤实测灰分|:0.05,0.01,0.14,0.32,0.23,0.45,0.28,0.15,0.1,0.04,0.24,0.24,0.11,0.21,0.17,0.06,0.31,0.28,0.03,0.13;

$|y|$ = |配煤计算挥发分 - 配煤实测挥发分|:0.2,0.29,0.44,0.72,0.36,0.85,0.22,0.3,

0.39,0.21,0.04,0.62,2.95,0.98,0.67,0.24,1.09,0.67,0.87,0.67

灰分相差超过|0.3|的试样数为3，$P_x = \dfrac{3}{20} = 0.15$

挥发分相差超过|0.7|的试样数为6，故试样不合格率为 $P_y = \dfrac{6}{20} = 0.30$

根据二项式定律，不合格率 P 的标准偏差为 $\sqrt{P(1-P)/n}$ ，灰分和挥发分的总体不合格率 P_x,P_y 分别为：

$$P_x = 0.15 \pm 2\sqrt{0.15(1-0.15)/20} = 0.15 \pm 0.16$$

$$P_y = 0.30 \pm 2\sqrt{0.30(1-0.30)/20} = 0.30 \pm 0.2$$

总体最大不合格率为 $P_x = 0.31$，$P_y = 0.50$。

则该阶段的配煤准确系数为 $1-(0.31+0.50) = 0.19$，因此配煤准确性不高。

（2）配煤指标差值的检定　以上是按规定的考核标准，通过不合格次数来评定配煤的准确性，但没有从数值上反映出配煤指标差值的统计范围，为了确定差值的可能范围，可以利用标准偏差与 t 分布来确定，现以灰分为例进行计算。

$$\Sigma x_i = 2.63,\ \Sigma x_i^2 = 0.889,\ \bar{x} = \frac{\Sigma x_i}{n} = 0.1315$$

则差值的标准偏差 $\sigma = \sqrt{\dfrac{\Sigma(x_i - \bar{x})^2}{n-1}} = \sqrt{\dfrac{\Sigma x_i^2 - \dfrac{1}{n}(\Sigma x_i)^2}{n-1}}$

$$= \sqrt{\frac{0.889 - 2.63^2/20}{20-1}} = 0.169$$

另据 t 分布表查得 $t(19,\alpha = 0.05) = 2.093$，则置信度为95%时，总体平均的置信区间为：

$$\bar{x} \pm t\frac{\sigma}{\sqrt{n}} = 0.1315 \pm 2.093 \times \frac{0.169}{\sqrt{20}} = 0.1315 \pm 0.079$$

即置信度为95%的总体平均值的置信区间为 $0.0525 < \mu < 0.2105$，说明有95%的可能，计算的配煤灰分与实测的配煤灰分之间差在 $0.0525 \sim 0.2105$ 之间，即就总体而言，虽然按不合格率计算的配煤准确性较差，但配煤操作中计算与实测灰分之平均差值小于规定（0.3%）。

第三节　装炉煤的干燥、调湿与预热

一、干燥煤炼焦

将装炉煤入炉前预先使水分降到6%以下，然后装炉炼焦。有稳定焦炉操作、提高焦炭产量、改善焦炭质量和降低炼焦耗热量等效果。

1. 效果

第二章中已经阐明，装炉煤水分降到6%以下时，由于减少了煤粒表面水膜的表面张力，煤粒间的空隙容易相互填满，故使装炉煤堆密度增大；装炉煤水分降低，还使炭化室中心的煤料，停留在100℃左右的时间缩短，从而可以缩短结焦时间、提高加热速度。增大装炉煤堆密度和提高加热速度均可使焦炉生产能力提高并改善焦炭质量。

日本福山钢铁厂，使用360t/h的沸腾干燥器干燥煤料，将装炉煤水分由8%降至4.5%，炭化室装煤量增加7%，结焦时间缩短2%～3%，合计生产能力约提高9.2%，焦炭强度 DI_{15}^{30} 增加0.54%。法国阿贡当日焦化厂，把装炉煤水分干燥至1%～2%，焦炉可增产20%，在保持相同焦炭质量条件下,将弱黏结性煤配量提高到70%。

我国首钢曾进行干燥煤炼焦的实践,当配合煤水分降至3%时,保持焦炭强度不变,可多配25%的大同弱黏煤;若比生产配煤多配5%~15%的弱黏煤,采用干燥煤炼焦,焦炭强度还有所改善(表3-12)。

表3-12　干燥煤炼焦对焦炭强度影响的实例

煤　样	装炉煤水分/%	配煤比/%					焦炭强度/%	
		大同弱黏煤		峰三肥煤	井径焦煤	王庄肥气煤	M_{40}	M_{10}
		马武山	忻州窑					
生产煤	11	25	—	25	30	20	71.0	11.2
试验煤	3	20	10	23	32	15	72.0	9.8
试验煤	3	20	20	23	27	10	72.8	9.0
试验煤	3	20	30	25	25		71.6	11.0
试验煤	3	20	40	20	20	—	67.8	11.2

由于煤在炉外干燥消耗的热量比在焦炉炭化室内蒸出水分消耗的热量少,故干燥煤炼焦的综合热耗降低。据日本数据,每1%水分在干燥装置内脱除的耗热量为42kJ/kg,焦炉内的耗热量为63kJ/kg。因此每降低1%水分可节约的热耗约为20kJ/kg。此外装炉煤干燥可稳定入炉水分,便于炉温管理,使焦炉操作稳定,还因减轻炉墙温度波动而有利于炉体保护。

2. 工艺

煤的干燥工艺一般由煤干燥器、除尘装置和输送装置等组成。煤的干燥工序可以设在配合和粉碎工序之前,即对单种煤进行干燥后再配合、粉碎。由于干燥煤配合、粉碎时有大量粉尘逸出,故一般均设在配合和粉碎工序之后,即对配合煤进行干燥。

常用的煤干燥器有转筒干燥器、直立管气流式干燥器和流化床干燥器。转筒干燥器(图3-34)是一个侧斜安装的水平长圆筒,靠传动机构的齿轮啮合固定在筒上的齿圈低速旋转,整个圆筒箍有两个滚筒,并支撑在滚托上转动。湿煤从进料箱加入转筒一端,随转筒旋转被转筒内设置的扬料板不断扬起而散落,被与物料并流或逆流的热废气加热并蒸出水分,干燥后的煤料从转筒的低端卸出。转筒干燥器调节简便,水分波动小,操作可靠,动力消耗少,但生产能力低,容积蒸发强度一般仅35~40kg/(m³·h),设备笨重,占地面积大。

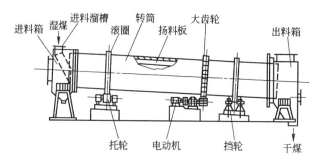

图3-34　转筒干燥器

直立管气流式干燥器(图3-35)和流化床干燥器(图3-36)均属流态化设备。在直立管内,热气流速度大于煤颗粒的扬出速度,热气流夹带湿煤粒上升的同时将湿煤迅速干燥,干燥后煤粒随气流一起离开直立管经旋风分离器分出,故气流速度大,设备尺寸小,但直立管壁磨损重。在流化床内,热气流经分布板上升,气流速度大于煤粒流化极限速度而小于扬出速度,湿煤粒在分布板上呈沸腾状态并被热气流不断蒸出水分,干燥煤大部分在沸腾层表面出口溢出,少部分细颗粒被热气流带出流化床经旋风分离器分出。与直立管相比,设备尺寸大,结构复杂,但操作容易调整,适用于要求生产能力较大的煤干燥器。这两种干燥器与转筒干燥器相比,容积蒸发强度高可达 $700 \sim 900 kg/(m^3 \cdot h)$,生产能力大,干燥效率高。

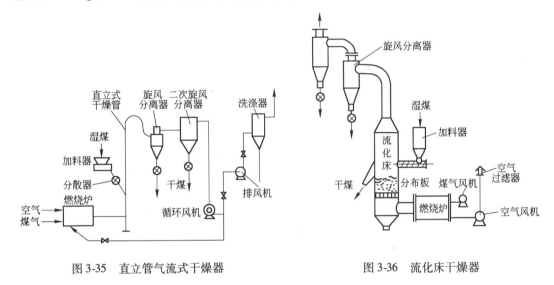

图 3-35　直立管气流式干燥器　　　　图 3-36　流化床干燥器

二、装炉煤的调湿

调湿是一种通过加热来降低并稳定、控制装炉煤水分的技术,它与煤干燥的区别在于:一是不追求最大限度的去除装炉煤水分,而只是把水分调整、稳定在相对低的水平(一般为 5% ~ 6%),使之既有利于降低热耗,稳定焦炉操作,保护炉体,又不致因水分过低引起焦炉和回收系统操作困难,二是充分利用上升管粗煤气、焦炉烟道气或热红焦等的余热作为热源,称为煤调湿技术(CMC),图 3-37 是日本新日铁开发的用上升管粗煤气和烟道废气干燥煤的基本工艺流程,采用以联苯为主成分的高热稳定性有机物作传热介质,这种有机热载体通过间接式换热器,从粗煤气和烟道废气回收热量,并在回转式干燥器中通过间接加热,将煤干燥。

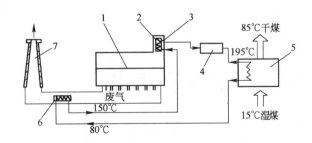

图 3-37　回收粗煤气和烟道废气余热的煤调湿工艺
1—焦炉;2—上升管;3—热交换器;4—泵站;5—煤干燥器;6—换热器;7—烟囱

根据所采用热源和干燥设备的不同,日本所采用的煤调湿技术有表 3-13 所列几种类型。

表 3-13　煤调湿工艺类型

序号	热　源	干燥设备	换热方式	厂　名
1	烟道气、热煤气显热	转筒干燥器	联苯热载体与湿煤间接换热	新日铁大分
2	干熄焦回收蒸汽	蒸汽管干燥机	(1)蒸汽管间接换热 (2)预热空气直接换热	川崎千叶 日本钢管福山
3	烟道气显热,另设热风发生炉备用	多层立式圆盘干燥机	烟道气与煤直接换热	中山制钢船町
4	干熄焦回收蒸汽与工艺蒸汽	转筒干燥器	管内湿煤和管外蒸汽间接换热	日本化学君津
5	蒸汽、预热空气	蒸汽管干燥机	(1)管内蒸汽与管外湿煤直接换热 (2)预热空气与湿煤间接换热	住友金属鹿岛

各种煤调湿技术均取得了提高焦炉生产能力,降低炼焦耗热量,提高焦炭质量,减少环境污染等效果,但由于装炉煤水分降低,也会带来装炉时冒烟冒火,炭化室及上升管结石墨现象加剧,焦油渣量增多,煤气冷却净化系统易堵等问题,因此必须采取放慢装煤速度,加强清除石墨操作,设置焦油氨水超级分离,强化焦油渣清除,以及加强初冷器清扫等相应措施。

CMC 工艺在日本的应用率目前已达到 70% 以上,所用的各类干燥设备较国内没有内部换热结构的转筒干燥器处理能力大,热功效率高,值得国内借鉴,但整个工艺也存在设备较复杂,工程投资较大的缺点。因此前述直立管气流式干燥器和流化床干燥器,仍可供建 CMC 装置选择设备时参考。

鞍山焦耐院在总结国内外关于煤调湿和风力分离法选择粉碎等技术基础上,研究开发了煤风选调湿(SC-MC)技术,即采用流化床,利用焦炉烟道气或煤气燃烧烟气,将煤的风选粉碎技术与调湿技术集成一体。并已在本钢焦化厂和鞍钢化工总厂进行了半工业试验研究,其工艺流程图见图 3-38。原料煤(≤3mm 占 55%~65%)经加料器送入风选器,焦炉煤气经煤气风机送入燃烧炉的煤气烧嘴燃烧,所生产的热烟气经气体分配室,气流分布板均匀进入流化床风选器,煤料在热气流作用下,形成流化态,并按粒度和密度不同分成粗、细两种粒度,细粒煤经溢流进入细煤仓用于炼焦,粗粒煤由刮煤机刮出进粗煤仓,经粉碎机粉碎后,与原料煤混合再次进入风选机风选分级,调整风温和风量使煤料水分控制至目标值。试验结果表明,该工艺能起到煤料选择粉碎和调湿的双重效果。

三、预热煤炼焦

装炉煤在装炉前用气体热载体或固体热载体快速加热到热分解开始前温度(150~250℃),然后再装炉炼焦称预热煤炼焦。可以增加气煤用量,提高焦炉生产能力,改善焦炭质量,降低热耗,是扩大炼焦煤源的重要方法,但装炉技术要求高、难度大投资多。

1. 机理

(1)改善煤料黏结性　经预热后的煤装入炭化室,由于减少了对炉墙的吸热,可在降低热耗同时,提高加热速度,从而可使煤料的最大流动度(见图 3-39)和膨胀度(见图 3-40)提高,使塑性温度区间加宽,胶质体平均温度提高。与此同时由于提高加热速度使煤的热解速度增大的同时,凝聚速度则缓解,因此使塑性胶质体中的不挥发液体产率增加,不仅改善了胶质体流动性,还能抑制游离键之间的结合,有利于中间相的发展。

（2）改善炭化室结焦过程　预热煤装炉,由于煤粒流动性的改善可提高装炉煤堆密度(见图3-41),并减小炭化室高向装炉煤堆密度的差异(可由湿煤装炉的20%降至2%左右)。但预热温度不宜过高,否则由于装炉过程大量粗煤气析出及部分煤粒变黏,堆密度反而降低。

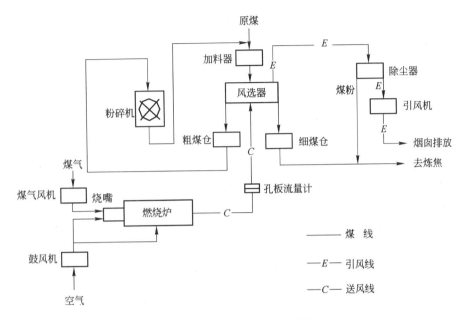

图3-38　风选调湿工艺流程图

预热煤装炉还使炭化室宽向炉料的温度梯度减小,有利于降低半焦－焦炭层内相邻层间的收缩应力,从而减小裂纹。

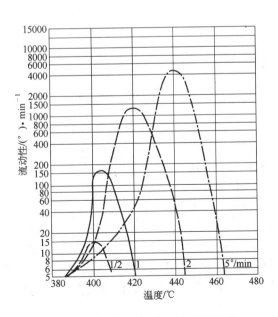

图3-39　加热速度对煤流动度的影响

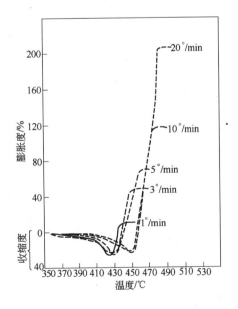

图3-40　加热速度对煤膨胀度的影响

2. 效果

（1）改善焦炭质量　由实例表明（表3-14），预热煤炼焦所得焦炭与同一煤料的湿煤炼焦相比，其密度大，气孔小，常温强度与热态性能改善，平均粒径为40～80mm 粒级的百分率增加。此外，由于煤中部分不稳定有机硫在预热时发生热分解，使焦炭含硫降低。

（2）增加气煤用量　鞍钢用煤在200kg 焦炉上预热煤炼焦（预热温度180℃）的试验结果（表3-15）表明，预热煤炼焦可增加气煤用量，且气煤配量越多，预热煤炼焦对提高焦炭质量的效果越明显。

（3）提高焦炉生产能力　预热煤炼焦由于缩短结焦时间，如图 3-42 所示，在相同燃烧室温度下，湿煤炼焦的结焦时间为18.5h，预热到250℃的煤结焦时间可缩至 12.5h，预热至200℃可缩至15h，即焦炉生产能力

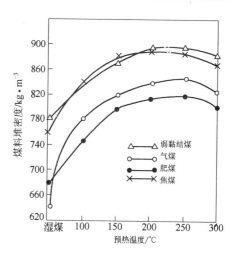

图 3-41　预热煤温度与堆密度的关系

可提高20%～30%，若考虑预热煤装炉使堆密度提高10%～12%，则焦炉生产能力一般可提高35%～40%。

表 3-14　预热煤炼焦改善焦炭质量的实例

单　位	工　艺	焦炭强度/%			焦炭粒度		真（相对）密度	气孔率/%	反应性/%	反应后强度/%	$S_焦/S_煤$/%
		M_{40}	M_{10}	DI_{15}^{150}	平均/mm	40～80 mm/%					
宝钢配煤（200kg 焦炉）	湿　煤	71.3	12.8	75.2		55.3			44.7	44.0	
	预热煤（200℃）	72.8	8.0	82.2		66.3			38.6	56.1	
前苏联	湿　煤	71.9	11.8		44.5		1.68	51.4			81.6
	预热煤（200℃）	78.8	8.2		50.4		1.79	37.3			68.6

表 3-15　鞍钢用煤的预热煤炼焦试验

方案	工艺	配煤比/%					配合煤质量						焦炭强度/%			块焦反应性/%	
		老万气煤	小恒山气煤	林西焦煤	新建1/3焦煤	彩屯贫煤	A_d/%	V_{daf}/%	$S_{t.d}$/%	y/mm	G	b	M_{40}	M_{10}	DI_{15}^{150}	CRI	CSR
1	湿煤	20	25	20	25	10	10.63	30.88	0.57	12.5	61	-19	67.5	10.0	76.8	37.8	37.9
2	预热煤												61.5	6.8	82.8	38.4	40.5
3	湿煤	20	35	10	25	10	10.77	30.69	0.47	12.0	53	-26	67.7	12.0	74.8		
4	预热煤												66.0	8.5	79.9		
5	湿煤	20	45	—	25	10	10.30	32.03	0.45	10.5	48	仅收缩	64.3	14.8	69.7	44.3	25.7
6	预热煤												59.0	10.1	77.2	44.4	34.0

（4）降低热耗　由于煤在炉外预热，所用的干燥和预热设备的热效率高于焦炉，并由炼焦热平衡（图3-43）表明，由于结焦时间缩短，使预热煤炼焦单位焦炭产量的焦炉表面和废气的热损失小，焦炭和粗煤气带走的显热也减少。因此预热煤炼焦的耗热量比湿煤炼焦耗热量低约10%。

（5）其他　预热煤炼焦时不含水分，故含酚废水量大为减少，还因不需平煤可消除平煤时带出的烟尘，故可改善环境。预热煤炼焦时，炉墙温度的剧变小，故可延长炉体寿命；此外焦炭成熟

均匀,小于 10mm 焦粉含量减少,提高了块焦率。综上所述,据日本估计可使焦炭成本降低 3% ~ 4%。

3. 工艺

煤的预热一般均采用流态化装置进行,工艺比较成熟。但预热煤贮运过程必须密封和充惰性气体以防煤粒氧化、甚至发生爆炸的可能。预热煤装炉时会产生大量烟尘,煤气瞬时发生量可达湿煤装炉时的 1 倍以上,煤气中夹带的煤尘量约为湿煤装炉的 4 ~ 9

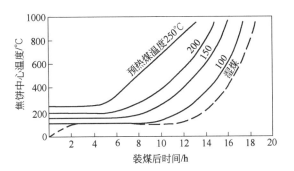

图 3-42 预热温度与结焦时间的关系

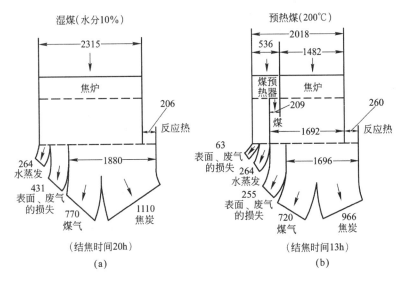

图 3-43 预热煤炼焦和湿煤炼焦的热平衡图(kJ/kg)

(a)湿煤炼焦;(b)预热煤炼焦

倍,因此必须解决专门的装炉技术。此外,装炉时随粗煤气带入集气管的大量灰尘,使集气管焦油,氨水中的焦油渣含量大为增加,据统计可达装炉煤的 0.6% ~ 1.5%,一方面容易引起集气管堵塞,同时增加焦油随焦油渣的损失。因此焦炉应设置单独的装炉用集气管,煤气净化车间应配备高效的除焦油渣并回收其中焦油的设施。

为解决热煤装炉,目前工业上有三种方法:一种是由英国奥托 – 西姆卡夫(Otto-Simon Carves)公司提出的装煤车装炉,第二种是由美国阿赖德化工公司开发的管道装炉法,第三种是由德国煤矿联营公司(Bergbau-forshung)和迪弟尔公司(Dider)开发的埋刮板装炉法。这三种预热煤装炉法与英国炭化研究协会(BCRA)和英国钢铁公司(BSC)设计的罗森(Rosin)双直立管气流式干燥、预热器(50 ~ 80t/h)以及法国煤炭研究中心(Cerchar)和法国钢铁研究协会(IRSID)合作设计的气流粉碎式煤预热器相组合形成三种预热煤炼焦工艺(表3-16)。

西姆卡和普列卡邦工艺均采用双直立管气流式预热器,即湿煤先后经干燥管、预热管用燃烧炉来的热气体逆向经预热管、干燥管进行流化、干燥和预热。考泰克工艺则采用一段气流粉碎式预热器,该预热器由下而上分气流式干燥段、粉碎机和流化床预热段三部分组成,湿煤由干燥段上部进入,燃烧炉来的热气体由该段下部送入,在干燥段呈稀相流化,使湿煤干燥并被带入上段流化床,大于3mm的煤粒在此悬浮,并被两段间的粉碎机粉碎至小于3mm,小于3 mm的煤粒则经流化床预热段被热气体流化预热并带出预热器。

表3-16　预热煤炼焦工艺类型

工 艺 名 称	预 热 器	装 煤 方 法	已 建 成 国 家
西姆卡(Simcar)	双直立管气流式	装煤车	英国、南非、津巴布韦
普列卡邦(Precarbon)	双直立管气流式	埋刮板,裤裆叉小车	美国、日本
考泰克(Coaltak)	一段气流粉碎式	气动管道	美国、英国、法国

　　上述三种工艺中,考泰克工艺是流态化装炉,故装炉煤堆密度小(但仍比装湿煤大),夹带煤尘量较多,但密闭性好,因此消除了装炉时烟尘污染大气的现象。预热系统呈正压操作,不会漏入空气,可避免预热煤氧化、燃烧、爆炸等事故。但由于采用一段预热,放入大气的废气温度高,热损失大,产生的细粒煤尘也较多。此外,该系统仅适用于装热煤。

　　西姆卡工艺用带密封连接,强制给料抽尘系统、自动称量和取盖等装置的密封装煤车装煤;普列卡邦工艺用埋刮板输送机和叉式装煤小车等组成的装煤系统装煤。后两种工艺均为重力装煤,故装炉煤堆密度较大,装炉时粗煤气夹带煤尘量少,但装煤孔口和装煤车煤斗或装料小车间的密封不如管道装炉,故在防止烟尘污染方面稍差。预热器为二段式,热效率较高,但除预热段加煤口到燃烧炉为正压外,其余部位均为负压操作,因此要求设备严格密封,否则漏入空气,易引起预热煤氧化和热煤粉爆炸等恶性事故。可以用于装热煤,也可装湿煤,故操作灵活性大。

　　4. 展望

　　预热煤炼焦工艺具有显著的社会和经济效益,但技术要求高难度大,今后的发展有如下趋势:

　　1)改进预热煤装炉方法,提高可靠性,防止烟尘外逸,并减少装炉过程粗煤气带出炭化室的煤粉;

　　2)改善炭化室结构和材质,以适应预热煤炼焦时产生的较大膨胀压力和较高结焦速度;

　　3)实施煤预热与干熄焦的结合,以利用干熄焦获得的废热用作煤预热的热源,以进一步节约能源和提高效益。

第四节　配添加物炼焦

　　为改善煤的结焦性,在装炉煤中配入适量的黏结剂、抗裂剂和反应性抑制剂等非煤添加物再炼焦,称为配添加物炼焦,是炼焦煤准备的一种有针对性的特殊技术措施。

一、配改质黏结剂炼焦

　　当配合煤中由于缺少强黏结煤而流动度不足时,可添加适当的黏结剂或人造黏结煤补充低流动度配合煤的黏结性,从而提高焦炭质量。为区别于冷压型煤的黏结剂类型,此种黏结剂称煤改质黏结剂。

　　1. 改质黏结剂的类型和要求

　　改质黏结剂基本上属于沥青类,按使用原料的不同可分为石油系、煤系和煤石油混合系三大类,日本已经开发的黏结剂类型和性质见表3-17和表3-18。

　　上述各改质黏结剂作为强黏结煤的代用品用于配煤炼焦,均得到了一定的效果。

表 3-17　日本改质黏结剂的开发状况

类系	原始材料	处理方法概要	工艺名称	黏结剂代号
石油系	石油渣油	丙烷萃取	丙烷脱沥青法	PDA
	石油渣油	分馏、蒸汽减压热裂解	尤里卡-住友法	ASP(及 KRP)
	石油渣油	真空裂解	日本矿业法和日本钢管法	AC
煤系	焦油沥青	热处理	大阪煤气公司 Cherry-T 法	CT
	非黏结煤	溶剂萃取、加氢裂解	SRC 法	SRC
煤-石油混合系	煤-石油渣油	溶剂萃取分解处理	九州工业研究所法	SP
	煤-石油渣油	溶剂萃取分解处理	大阪煤气公司 Cherry-P 法	CP

表 3-18　各种改质黏结剂的性质(示例)

黏结剂代号	软化点/℃	挥发分/%	元素分析/%					罗加指数	溶剂抽提①/%			
			C	H	N	S	O		HI	BI	PI	QI
PDA	70	84.5	83.78	9.56	0.28	5.87	0.51	53.6				
ASP	177	41.7	86.2	5.6	1.0	5.7	1.5		77.9	50.7	18.0	
KRP	180	31.7	91.17	4.17	0.08	0.16	0.42	85.8	98.2	45.6	26.7	16.4
AC	170~240	26~42	87~90	5~6	1.2~1.4	4~6	0.1~0.3	70~84	70~90	45~80	30~70	27~56
CT		54.9	93.13	4.19	1.10	0.59	0.99	77		55.5		3.2
SRC	210~360	30~52	88~92	4.7~5.5	1.1~2.00	0.2~1.1	2.1~4.0	83~85			0~7	
SP		40~45						80~90		60~75		10~44

①HI,BI,PI,QI—分别表示正庚烷、苯、吡啶、喹啉不溶物。

由沥青类黏结剂与煤的共炭化研究表明,为使煤有较好的改质性能,对改质黏结剂应有如下功能。

(1)溶剂功能　黏结剂应对煤有溶剂化作用,以促进可熔物的生成和提高煤的流动度,以利于分子重排,改善中间相的形成。溶剂功能与黏结剂的分子结构有关,具有足够芳香度的黏结剂,可提高溶剂功能。

(2)黏结功能　黏结剂应有足够的热稳定性。使煤和黏结剂共炭化时,在塑性阶段形成大量稳定的液相,从而改善颗粒间的接触,提高黏结性。黏结剂的黏结功能与黏结剂的分子量,C/H 原子比和 BS 含量有关,一般情况下黏结剂的黏结性随 C/H 原子比增加而升高,但超过一定 C/H 原子比之后,黏结性不再提高(图 3-44);添加黏结剂后煤的流动度随黏结剂中所含苯溶物(BS)含量增加而增大;共炭化后焦炭的强度开始随 BS 含量增加而增大,但黏结剂的 BS 含量达某一数值后,由于黏结剂再炭化过程中的残留率(炭化率)减少,焦炭强度又会下降,如图3-45所示,黏结剂 SRC 的 BS 含量对黏结性、结焦性的影响,说明黏结剂应有一定的炭化残留率。

(3)供氢性能　具有供氢能力的黏结剂可以去掉煤热解过程中活泼的含氧官能团,使热解产生的游离基被氢饱和,防止由于碳网间发生交联而降低系统的流动性,从而可以促进中间相的发展。适当数量的环烷结构,在热解过程中可以产生游离氢,提高黏结剂的供氢性能。黏结剂的供氢性能是使添加黏结剂后的煤所得到的焦炭各向异性组织含量提高,即实现煤改质的重要条件。为发展焦炭的各向异性程度还要求黏结剂应含有较少的杂原子(S、N、O 等)和 QI 含量。

2. 影响改质黏结剂性能的主要性质参数

(1)元素分析和 C/H 原子比　由元素分析可得 C、H、O、N、S 等原子的百分含量,并可按下列

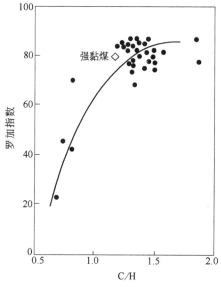

图 3- 44 黏结剂的罗加指数与 C/H 原子比关系

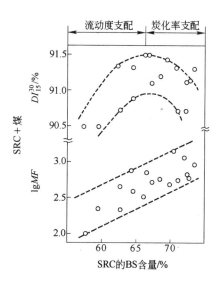

图 3- 45 BS 含量对黏结性的影响

式子计算各元素的原子数：

$$总碳原子数 C = \frac{MW}{12} \times C_\%$$

$$总氢原子数 H = \frac{MW}{1} \times H_\%$$

$$总氧原子数 O = \frac{MW}{16} \times O_\%$$

式中　MW——黏结剂的平均分子量；

$C_\%$，$H_\%$，$O_\%$——分别为元素分析所得相应原子的百分含量。

由以上总碳原子数 C/总氢原子数 H 即 C/H 原子比是衡量黏结剂芳香性的重要指标，随 C/H 比的提高，芳香度增大；C/H 比还和黏结剂的黏结性和其他工艺性质有关。

O、N、S 等元素分布在黏结剂分子结构的杂环和自由基团中，在炭化过程中加速分子侧链的交联，从而起有碍中间相成长的不良作用。

（2）工艺性质　主要是软化点、黏度和密度。

1）软化点一般以环球法测量，按软化点不同可分为软沥青（<70℃），中温沥青（70～80℃）和硬沥青（>85℃），作为强肥煤代用品的改质黏结剂一般属软化点 120℃ 以上的沥青，它可单独粉碎后通过配煤设备配入煤中。沥青的软化点有随固定碳含量增加而提高，并随 BI 含量增加和 C/H 原子比增大而提高的趋势。

2）固定碳：不同于元素分析中的 C 原子数，它是黏结剂炭化后的残留物质与其中灰分之差值。其测量方法不同于煤的固定碳测量，应将黏结剂试样在保持 430℃ 的电炉中加热 30min，除去大部分挥发分，二次称重后，再放到保持 800℃ 的电炉中去掉残余挥发分，获得炭化残留物。

3）黏度：一般用旋转黏度计测量，即依靠电动机将放在试样中的转子，以一定转速旋转时，根据弹簧秤测出的抗黏性转矩，再算出黏度值。也可用已知黏度的溶剂或轻质油将沥青溶解后，测定其黏度，再用外推法求出沥青的黏度。沥青黏度和软化点有关，它是沥青流动性和分子结合力的重要参数。

4）密度：半固体状或固体状的黏结剂的密度，一般用密度并水置换法测定，高密度的沥青一般芳香性强，C/H 比大。

（3）族组成　是将黏结剂通过沉淀分离、色层分离或色谱分析等方法将其分离成化合物类似的几组成分。煤焦油沥青多数采用沉淀分离法中的 Demann 法，即用苯（或甲苯）和石油醚（或汽油）作溶剂，把沥青分成 α、β、γ 三个组分，α 组分（苯不溶物）进一步用喹啉作溶剂分成 $α_1$、$α_2$ 两个组分，其流程如下：

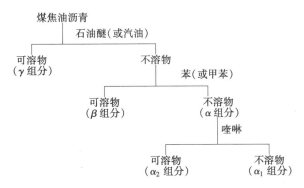

石油类渣油多数采用色层吸附分离法中的 Corbett 法，即用正庚烷作溶剂分离出不溶物后，可溶物用活性氧化铝（或硅胶）吸附柱进行色层分离，然后再用相应的溶剂冲洗吸附柱获得相应的族组成，不溶物的分离同上，其流程如下：

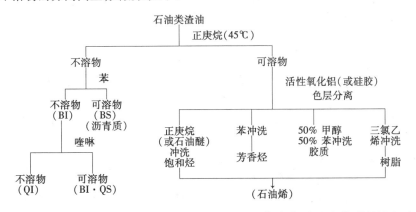

族组成中的 β 组分（或 BS 物）及 $α_2$ 组分（或 BI·QS）在炭化时具有较强的溶解和黏结能力，因此其含量是黏结剂溶剂效能和黏结机能的重要标志。QI 的存在不利于煤结焦过程中间相的发展，一定量的石油烯，当其中含有环烷烃时，有利于黏结剂的供氢性能，因此改质黏结剂要求低QI 和适当数量的石油烯。

山西煤化所曾对几种沥青和重质渣油用 Corbett 法进行族组成分析得到表 3-19 所列数据。数据表明，减压渣油和丙烷脱沥青含饱和烃较高，沥青质含量很少或没有，故作为改质黏结剂性能较差。热裂化渣油和乙烯焦油有相当高的芳香烃，还有相当数量属于多核结构的沥青质，QI少或没有，因此性能较好。煤焦油沥青则具有较高芳香性，但 QI 含量较高，因此溶剂性能较好，但对结焦过程中间相发展不利。据一些研究指出，石油系黏结剂族组成的合适比例是：石油烯40%～50%，沥青质 25%～30%，BI·QS25%～30%，QI 应低。减压渣油经蒸汽减压裂解得到的ASP 或尤里卡沥青，其石油烯 48%±5%，沥青质 26%±5%，BI·QS26%±5%，是一种性能较好的煤用改质黏结剂。

表 3-19　某些沥青类黏结剂的族组成分析/%

试样	饱和烃	芳香烃	胶质	树脂	沥青质	BI·QS	QI
减压渣油	42.7	34.3	22.0	1.0	—	—	—
丙烷脱沥青	33.2	33.3	24.7	0.7	4.1	—	—
热裂化渣油	13.7	48.4	12.1	0.6	13.4	9.6	2.2
中温焦油沥青	0.1	24.5	3.1	0.1	46	19.1	7.1
乙烯焦油	6.3	59.8	4.9	0.3	28.7	—	—

沥青的族组成与黏结性有一定的关系，日本曾以沥青和骨料焦粉混合、成型、烧结后形成的型焦耐压强度评定沥青的黏结性，并得出沥青的族组成与耐压强度关系的三角图（图 3-46），图中三角坐标上的 d 为石油烯含量，C_1 和 C_2 分别为 QI 和 BI·QS 含量，即 $C_1 + C_2$ 为 BI 含量，$C_3 + C_4$ 为 PI·BS 物，即沥青质含量，图中得到的等耐压强度线表明沥青的黏结性因各种沥青的族组成而异。

（4）结构参数　用核磁共振谱法对黏结剂进行结构分析，可得到具有不同核磁共振频率的谱图，由此提供相应的结构参数信息。由于黏结剂结构中氢核的类型对结构有突出的作用，因此为研究沥青类黏结剂的结构，目

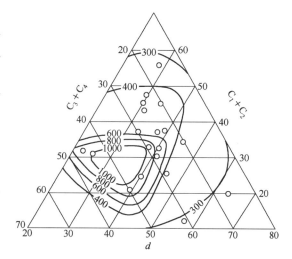

图 3-46　沥青的族组成与耐压强度的关系

前主要采用核磁共振氢谱（H^1-NMR）法。其原理是原子核在一个固定磁场和一个以某种射频变动的磁场作用下，吸收一定波长射频能量后，会产生能阶的跃迁（即核磁共振），因原子核周围电子云的屏蔽作用或其他核的自旋干扰的差异，将产生不同的共磁频率偏移，由此可获得相应的结构参数。

沥青的核磁共振氢谱（H^1-NMR）测定所用的溶剂通常有 CCl_4、四氯乙烯（$Cl_2C = CCl_2$）、重氢三氯甲烷（$CDCl_3$）、CS_2、重氢苯、重氢吡啶等，并以四甲基硅〔$TMS\text{-}Si(CH_3)_4$〕作标准物质和化学位移的基准（化学位移 $\delta = 0$），然后以各种氢核的共振吸收峰与其比较得出各种氢核的相对化学位移。

$$\delta = \frac{\nu_{样品} - \nu_{TMS}}{\nu_{TMS}} \times 10^6, ppm \tag{3-27}$$

式中　$\nu_{样品}$、ν_{TMS}——样品和 TMS 的共振峰频率。

通过核磁共振光谱得到的谱图（图 3-47）提供了二条曲线，一条反映与不同 δ 对应的氢核类型，另一条表示各共振峰积分面积（用高度表示）的曲线，该高度反映各氢核的个数或比例。由谱图中相应化学位移处可得到芳香氢（H_a）、芳香环脂肪侧链 α 位碳上的氢（H_α）、芳香环脂肪侧链 β 位碳上的甲基或亚甲基氢（H_β）以及芳香侧链 γ 位碳以上端部的甲基氢（H_γ）。不同研究工作者规定的各氢谱化学位移范围略有差异，一般规定如下

氢核类型　　　　H_a　　　　H_α　　　　H_β　　　　H_γ

化学位移/ppm　6.35~9.00　2.00~4.00　1.05~2.00　0.05~1.05

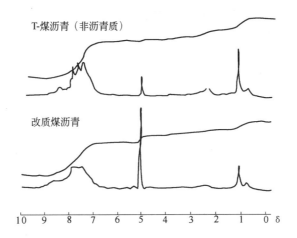

图 3- 47　煤沥青的 $H^1 – NMR$ 图

利用 Brown-Lander 公式可计算黏结剂平均分子的芳碳率。

$$f_a = \frac{C_a}{C} = \frac{C/H - (\frac{H_\alpha}{H}) \cdot \frac{1}{x} - (\frac{H_0}{H}) \cdot \frac{1}{y}}{C/H} \qquad (3-28)$$

式中　　C——总碳原子数，$C = \frac{MW}{12} \times W_{C\%}$，其中 MW 为黏结剂平均分子量，$W_{C\%}$ 为元素分析含 C 量；

　　　　H——氢总原子数，$H = \frac{MW}{1} \times W_{H\%}$，其中 $W_{H\%}$ 为元素分析含 H 量；

　　　　C_a——芳香碳原子数；

　　　　$H_0 = H_\beta + H_\gamma$；

　　　　x——脂肪侧链 α 位碳上氢的平均个数，一般取 2；

　　　　y——脂肪侧链 β 位碳以上氢的平均个数，一般也取 2，当侧链较长时取 2.5 ~ 3.0。

　　在式(3-28)基础上，还可用以下公式计算黏结剂平均分子的总环数 R、芳环数 R_A、环烷数 R_N、取代度 σ、芳碳外围平均碳原子数 C_P 等结构参数：

$$R = \frac{C(2 - H/C - f_a)}{2} + 1 \qquad (3-29)$$

$$R_A = \frac{C_a - C_P}{2} + 1 \qquad (3-30)$$

$$C_a = C \cdot f_a \qquad (3-31)$$

$$C_P = (\frac{H_\alpha}{2H} + \frac{H_a}{H})MW \cdot W_{H\%} \qquad (3-32)$$

$$R_N = R - R_A \qquad (3-33)$$

$$\sigma = \frac{(\frac{H_\alpha}{H}) \cdot \frac{1}{x} + (\frac{O}{H})}{(\frac{H_\alpha}{H}) \cdot \frac{1}{x} + (\frac{O}{H}) + (\frac{H_a}{H})} \approx \frac{(\frac{H_\alpha}{H}) \cdot \frac{1}{x}}{(\frac{H_\alpha}{H}) \cdot \frac{1}{x} + (\frac{H_a}{H})} \qquad (3-34)$$

式中　　O——总氧原子数，$O = \frac{MW}{16} \cdot W_{O\%}$，其中 $W_{O\%}$ 为元素分析含氧量。

表 3-20 给出了若干沥青类黏结剂的结构参数(实例),由表数据可将上述黏结剂分为四类:

1)煤焦油沥青和改质煤沥青具有很高的芳香性、极低的取代度和很小的环烷数,因此其溶剂性能较强。

2)减压渣油具有很低的芳香性,取代度高,取代侧链长(以 C_p 表示),以脂肪烃为主,并有少量环烷烃。通过氧化处理得到的氧化石油沥青,其分子量和软化点虽大为提高,但芳香性并无明显提高,取代度更高,单元分子结构很大。

3)石油渣油的热改质沥青和经过氢化处理的石油沥青 HA-240 属中等芳香性,取代度中等,在分子结构单元中环烷占的比例较高,尤其是 HA-240 沥青,故具有很好的供氢性能。

4)A-240 沥青和乙烯焦油均具有较高芳香性及比煤焦油沥青多的环烷烃,取代度低,侧链短,其性能界于 1)和 3)之间。

通过结构分析可以对黏结剂的溶剂、黏结和供氢性能作出较可靠的判断。

表 3-20　不同石油类和煤焦油类黏结剂的结构参数

黏结剂	软化点/℃	分子量	C/H原子比	元素分析/%			H 分布				结构参数					
				C	H	O	$\frac{H_a}{H}$	$\frac{H_\alpha}{H}$	$\frac{H_\beta}{H}$	$\frac{H_\gamma}{H}$	f_a	R_A	R_N	C_a	C_p	σ
减压渣油	—	814	0.663	84.9	10.7	1.13	0.065	0.117	0.607	0.211	0.302	4.42	1.96	17.57	10.73	0.5
氧化石油沥青	177.0	1994	0.817	84.3	8.6	1.77	0.061	0.211	0.544	0.184	0.410	15.44	11.2	5.74	28.55	0.66
热改质沥青	172.0	528	1.181	85.1	6.0	2.07	0.229	0.308	0.366	0.097	0.667	7.38	2.63	24.96	12.21	0.40
A-240	120	339	1.240	90.8	6.1	—	0.60	0.32	0.06	0.02	0.839	3.91	1.65	21.53	15.72	0.21
HA-240	—	317.2	0.833	86.0	8.6	—	0.15	0.37	0.35	0.13	0.519	2.46	1.52	11.8	8.88	0.57
乙烯焦油	—	204	0.993	91.1	7.6	—	0.429	0.314	0.125	0.132	0.759	2.27	0.55	11.4	8.86	0.27
煤焦油沥青	82	229	1.417	91.8	5.4	—	0.639	0.167	0.158	0.036	0.865	4.19	0.54	15.15	8.77	0.12
改质煤沥青	—	253	1.445	91.9	5.3	—	0.717	0.108	0.125	0.05	0.896	4.51	0.48	17.35	10.34	0.07

3. 制造工艺

(1)石油渣油真空裂解蒸汽热处理　由表 3-20 可知未经处理的石油减压渣油,由于芳香性低,侧链长、对煤的溶剂和供氢性能差,缺乏使芳香族碳氢化合物聚合成牢固结构骨架的能力,因此不经处理,它与煤的配合效果极差。

为将石油渣油改质为适合于煤的黏结剂可以采用丙烷萃取脱油法、鼓风氧化法和真空裂解热处理法等,通过族组成分析和结构分析表明,前两种方法虽然可以提高石油渣油的沥青质含量和软化点,但芳构化作用不明显。后一种方法由于热解和缩聚作用,烷烃侧链明显减少,芳香环数增加,并形成一定数量的环烷烃,从而改善石油类黏结剂的性能。日本吴羽化学公司和住友金属公司开发的 ASP(Special Caking Substance)法和日本矿业公司开发的 ACTIV(Asphalt Cracking Treatment in Vacuum)法属于这类方法。

1)ASP 法(图3-48)。原料(石油渣油)经预热器,在减压分馏装置中得到分解气体、裂解轻质油、燃料油、裂解重质油和沥青。沥青经加热器在交替使用的两个反应器中用 600℃ 以上的水蒸气处理 1~1.5h,进行热分解和热缩聚作用。生成的沥青送入反应器下部的稳定器,用水蒸气调整软化点后,用沥青泵抽出、冷却固化得 ASP。反应器和稳定器的分解气作为减压分馏装置的热源,ASP 产率约为原料的 25%。最初吴羽化学公司研制的反应器,所用喷吹水蒸气温度为

1800~2000℃,由此得到的黏结剂叫 KRP。

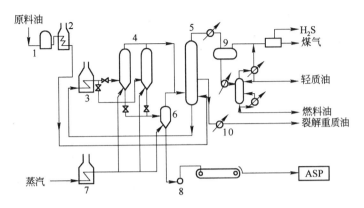

图 3-48　ASP 法工艺流程
1—原料油槽;2—预热器;3—加热器;4—反应器;5—减压分馏塔;6—稳定器;
7—蒸汽加热锅炉;8—沥青泵;9—气液分离器;10—换热器

2) ACTIV 法(图 3-49)。该工艺基本上与延迟焦化类同,由反应器直接得到黏结剂,反应器操作温度 420℃,反应时间 3~5h,压力 0.026MPa。黏结剂质量通过分馏柱塔底重质油的热循环量来调整,AC 沥青产率约为原料的 30%。

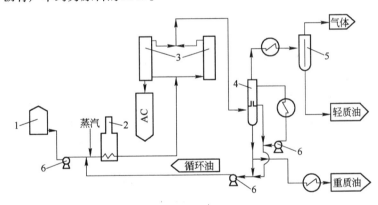

图 3-49　ACTIV 法工艺流程
1—原料油槽;2—加热炉;3—反应器;4—分馏柱;5—气液分离器;6—泵

(2)溶剂精制煤(Solvent Refind Coal)——SRC 法　以高挥发非黏结煤为原料制取黏结剂的 SRC 法,是以美国开发的 SRC 煤液化技术为基础,经日本引进并把研究重点改为制取冶金焦用强黏结煤代用品后发展而成的。SRC 是一种常温下黑色有光泽的固体物质,实际上是高沥青质的物质,化学组成大都为多环芳烃,还具有低灰低硫的特点。该工艺的基本流程如图 3-50 所示,将高挥发弱黏煤或非黏结煤干燥、粉碎至小于 0.15mm,按煤和焦油类溶剂 1: 1.5~3.0 的比例在煤浆槽内制成均匀的煤浆。然后用泵将煤浆连续地打入加热炉、反应器,在加热炉入口同时引入数量为煤 2% 的氢气,煤浆和氢气在反应器内,在 420~450℃、5~8MPa 的条件下,反应 0.5~1 h。反应物进入高压分离器,气相(生成的反应气和未反应的 H₂)由此分出,经气体精制装置分出 H₂,用压缩机加压并和补充的 H₂ 混合后循环使用。液相和未分解的固体残渣,经减压后通过热交换器送入过滤器,滤液送减压蒸馏装置,分出轻质产品和中质产品(作循环溶剂),塔底产品经冷却固化后即 SRC,过滤残渣由系统排出,可用作气化原料。也可以在反应后不过滤,直接蒸馏制得含灰的 SRC,但其配煤效果差些。

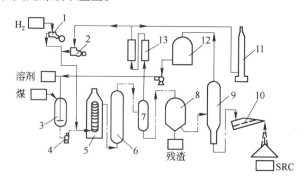

图 3-50　SRC 工艺流程

1—H₂ 压缩机;2—循环气压缩机;3—煤浆槽;4—泵;5—加热炉;6—反应器;

7—高压分离器;8—过滤器;9—减压蒸馏塔;10—固化水槽;

11—放散燃烧装置;12—溶剂槽;13—气体洗涤器

溶剂精制煤低灰低硫,流动性高,膨胀度高,除可代替强黏结煤外,还可作为新能源和炭素材料的原料。

(3)煤用石油渣油萃取分解处理

1)溶剂分解沥青法(SolvelysisPitch)—SP法　由日本九州工业技术研究所开发,用高挥发分的弱黏煤或不黏结煤和石油渣油为原料,根据不同煤种,煤和石油渣油以 1∶0.3~2.0 的比例混合,在常压下于反应器内,以 300~450℃ 热处理约 1h,然后通过热态过滤、沉降或其他适当方法,得到吸附着重质油的煤,即固态的 SP 黏结剂。使用黏结性差的煤作原料时,石油渣油的配量要大些,热处理温度要高些。SP 法的最大优点是制造方便,不需高压加氢,又能将经过简单热处理的石油渣油作为黏结剂原料,经反应,煤部分分解并被石油渣油萃取,改善了石油渣油的结焦性能。SP 黏结剂中含有煤的灰分,且受所用煤黏结性的影响,配合效果一般不如以上其他改质黏结剂。

2)Cherry-P 法　由日本大阪煤气公司、三菱重工业公司等共同开发,该工艺基本流程如图 3-51 所示。石油渣油经预热后和煤在煤浆槽内调制成的煤浆,经加热炉,在 0.1~0.2MPa 和 400~500℃下于反应器内热处理若干小时。反应物经闪蒸罐分出轻质馏分,该馏分经蒸馏得到燃气、粗汽油及轻油等;闪蒸罐内的残留液,经离心过滤将吸附有 18%~20% 石油渣油的裂解重聚合物的残留煤粒分出,滤液经减压蒸馏,以调整黏结剂的软化点,蒸馏塔底产品经冷却固化得 CP 黏结剂。由闪蒸罐出来残留液也可以不进行固液分离,直接减压蒸馏得到含残留煤粒的混合型 CP 黏结剂。CP 产率为原料的 28%~34%。

4. 效果

(1)改善焦炭质量　日本住友金属以挥发分 29.1%,基氏流动度(lgMF)0.36,惰性组分含量 60.7%,镜煤平均反射率为 0.79 的劣质煤料,添加 KRP、ASP、PDA 等黏结剂后,焦炭强度和反应性均得到改善(图 3-52,图 3-53),其中以 ASP 的配合效果为好。由图可见,当 ASP 添加量超过约 20% 时,焦炭的强度 DI_{15}^{30} 开始逐渐降低,可以认为这是由于流动度过大、挥发分过剩,超过了最佳的活性与非活性组分比。ASP 等黏结剂对流动度较大的煤,焦炭强度虽无明显改善,但反应性无一例外地得以降低。

(2)替代强黏结煤或增加非黏结煤用量　日本钢管用反射率 1.28、C/H 原子比 1.36 的 SRC

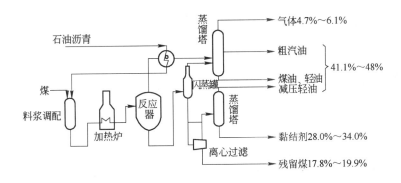

图 3-51　CP 法工艺流程

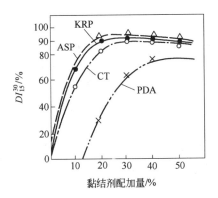

图 3-52　几种黏结剂对焦炭强度的影响

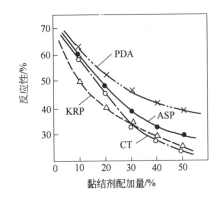

图 3-53　几种黏结剂对焦炭反应性的影响

替代生产配煤中的强黏结煤,得到图 3-54 的结果,由图说明 SRC 可以替代等量的强黏结煤,焦炭强度还有所改善。未分离残渣的溶剂处理煤也有一定的替代效果,但所得焦炭质量不如 SRC。国内不少焦化厂也曾进行配尤里卡沥青(相当于 ASP)的炼焦试验,扬子石化公司生产的尤里卡沥青软化点(环球法)达 200～210℃,挥发分为 48%～50%,黏结指数 96～98,可以作为强黏结煤的代用品,用配煤槽配加。表 3-21 列出编者等为南京钢铁厂进行的配尤里卡沥青的 7kg 焦炉试验数据(部分),数据表明,一份

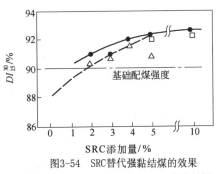

图 3-54　SRC 替代强黏结煤的效果
● —SRC;△ —SRC + 残渣;□ —强黏结煤

尤里卡沥青可以替代二份肥煤和气肥煤,并增加气煤和瘦煤的配量,焦炭强度还有所改善。

　　住友金属曾试验用 ASP 改善配有非黏结煤的配合煤所炼得的焦炭强度如图 3-55 所示,图中表明,当非黏结煤/ASP 为 2 时,配合煤中非黏结煤 + ASP 的替代率可达 10%～15%,而仍维持在基准配煤的焦炭强度。

　　以上数例说明配黏结剂炼焦,可以改善焦炭强度和热性质,可以替代强黏结煤或增加非黏结煤用量。由于改质黏结剂在炼焦过程中生成沉积碳较多,故配量受限,否则容易堵塞焦炉上升管。

表 3-21　配尤里卡沥青的 7kg 焦炉试验　　　　　　　　　　　%

序号	配煤比						配煤工业分析		焦炭筛分组成			焦炭强度		焦炭工业分析	
	夹河(气煤)	陶庄(肥煤)	贾旺(气肥煤)	南桐(焦煤)	青龙山(瘦煤)	尤里卡沥青	A_{ad}	$S_{t,ad}$	>60 mm	>40 mm	<10 mm	M_{25}	M_{10}	A_{ad}	$S_{t,ad}$
1	50	24	0	8	18	0	10.02	0.72	62.7	91.0	3.7	85.50	12.05	14.43	0.48
2	54	16	0	8	18	4	9.76	0.73	75.2	91.6	2.5	88.60	9.65	14.37	0.56
3	54	8	0	8	22	8	9.75	0.73	74.5	92.8	2.5	87.14	11.14	13.84	0.55
4	45	20	10	0	25	0	9.81	0.83	60.1	88.8	3.0	83.3	13.4	14.24	0.53
5	45	10	7	0	30	8	9.34	0.80	73.2	93.1	3.2	85.27	13.17	13.15	0.49
6	40	20	0	0	32	8	9.33	0.69	65.6	91.1	2.8	85.4	12.53	13.39	0.43

二、配瘦化剂(抗裂剂)炼焦

1. 作用机理

在煤结焦过程的收缩阶段,随温度升高,挥发分析出,固态半焦发生收缩,在 500℃ 和 750℃ 左右存在两个收缩系数 α 较大的收缩峰,分别称第一收缩峰和第二收缩峰,收缩系数随温度而变化的曲线称半焦收缩曲线(图 3-56),α 值随煤的挥发分增加而增大,并随升温速度而改变。由于收缩产生的收缩应力大于焦炭材料的强度时,将在焦炭中产生裂纹;收缩系数愈大,收缩愈变化剧烈,产生的裂纹就愈多而宽。配加瘦化剂可以减小收缩系数,并使收缩系数随温度的变化 $d\alpha/dt$ 也减缓。此外,在炭化室内结焦过程中,相邻半焦层间存在着收缩差,并引起层间应力,当其超过半焦层强度时,会在半焦层内产生裂纹。因此配瘦化剂还能减少层间的收缩差,降低层间应力。

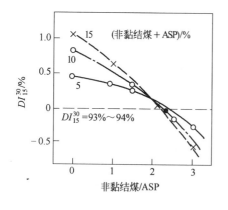

图 3-55　ASP 对使用非黏结煤的配煤的影响

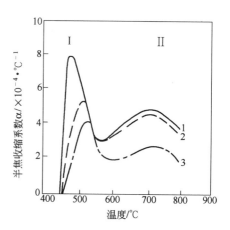

图 3-56　配瘦化剂后半焦收缩曲线的变化
Ⅰ—第一收缩峰;Ⅱ—第二收缩峰;
1—未配瘦化剂;2—配半焦粉;3—配焦粉

瘦化剂在煤结焦过程中减缓收缩的原因有以下方面:

1)对于高流动度的煤,瘦化剂可以吸附一定数量煤热解生成的液相产物,使胶质体的流动度和膨胀度降低,气体产物容易析出,使气孔率降低;而且由于胶质体黏度增加,使气孔壁增厚。但胶质体的流动度和膨胀度只能降低至一定限度,否则将使黏结性降低,降低焦炭的耐磨性。

2)对于高挥发分的煤,瘦化剂可以降低配合煤的挥发分,减小收缩系数。但是瘦化剂的挥发分过低,本身的收缩系数很小,会增大瘦化剂和煤料之间的收缩差异,引起瘦化剂与煤接触表面上的裂纹。

3)由于半焦粉、焦粉、铁屑等瘦化剂具有较好的导热性,因此可以降低炭化室内相邻层间的温度梯度,从而减少相邻层的收缩应力。

2. 瘦化剂的类型和选择

(1)类型 常用的瘦化剂有无烟煤粉、半焦粉和焦粉等含碳惰性物,其中焦粉的挥发分很低(1%～3%),基本上属惰性颗粒;半焦粉和无烟煤粉的挥发分较高(约10%),它可以降低第一收缩峰,对第二收缩峰影响不大。为了同时改善焦炭的光学组织,还可以用有一定挥发分的石油延迟焦粉作瘦化剂。过去,国内外还曾以高炉灰、转炉烟尘、金属废渣和铁矿粉等含铁物料作瘦化剂,和高流动度高挥发分的煤配合炼焦后生成铁焦,用于化铁炉和高炉。由于炼焦过程中部分氧化铁还原为金属铁,因此用含铁物料作瘦化剂不仅可以减少焦炭裂纹,增大块度和抗碎强度,还能降低冶炼过程的能耗。但在常规焦炉中生产铁焦,炭化室炉墙砖中的 SiO_2 会与含铁物料生成 $2FeO \cdot SiO_2$,对炉墙引起损害;还有延长结焦时间,湿法熄焦后铁焦碎裂和生锈等弊端。

(2)选择

1)当装炉煤的挥发分和流动度均很高,加瘦化剂的目的主要是降低配合煤挥发分,减弱气体析出量,以降低焦炭气孔率,增大块度和抗碎强度时,可选用焦粉。

2)当装炉煤的流动度中等偏高,而且还希望焦炭有较好的耐磨性,可选用无烟煤粉或半焦粉。

3)若要求降低焦炭气孔率,提高块度和抗碎强度的同时,还希望降低焦炭的灰分、反应性,可选用延迟焦粉。

当然几种瘦化剂可以混合配用,并且配加适量黏结剂以调整装炉煤的黏结性。不论哪种瘦化剂均应单独细粉碎,(<0.5～1mm),并与煤料充分混匀,以防在瘦化剂颗粒上形成裂纹中心。

3. 工艺

由于瘦化剂的硬度和煤的硬度差别较大,且瘦化剂的粒度对配瘦化剂的炼焦效果有很大影响,因此必须单独粉碎后再配加。该工艺分干燥、磨碎和配加三个工序,一般干燥可采用流化床干燥器,磨碎采用球磨机,干燥目的是保证磨碎操作的稳定性,湿度较大的瘦化剂直接磨碎时,生产能力一般仅为设计能力的30%。焦粉等高硬度的瘦化剂,为确保其抗裂效果,粒度应控制在0.5mm以下。磨碎后的瘦化剂应单独设置配料槽和配料盘,在配煤粉碎机前的胶带输送机上配入煤中,如此配入可由湿煤将干燥的瘦化剂表面湿润,减少扬尘,且可和配合煤一起再一次粉碎。

4. 效果

对黏结性较强而挥发分偏高的,配加适量的细焦粉,可在维持焦炭耐磨强度 M_{10} 的前提下,提高抗碎强度 M_{40} 和大于40mm 的块焦率,已得到工业应用,并取得良好效果,表3-22 和图3-57 为

表3-22 配加瘦化剂改善焦炭质量的实例之一

序号	配煤比/%						配合煤质量						焦炭质量/%			
	南屯(气煤)	唐村(气煤)	陶庄(肥煤)	山家林(肥煤)	埠村(瘦煤)	焦粉	V_{daf}/%	y/mm	b/%	罗加指数	自由膨胀序数	细度/%	M_{40}	M_{10}	>25mm焦率	全焦率
1	60		10	30			36.97	17.0	-14.5	70	6	77.39	60.2	11.6	86.1	67.7
2	50	10	10	20	10		36.09	15.0	-16	67	$5\frac{1}{2}$	77.48	61.5	11.1	86.6	68.34
3	50	10	15	20		5	35.84	14.0	-15	68	$5\frac{1}{2}$	79.89	69.7	10.5	87.2	68.46

其实例。铸造焦生产中,配瘦化剂的效果十分明显,国内在 20 世纪 80 年代以来,用肥煤和焦煤作基础煤(50% ~55%),配加延迟焦粉(30% ~35%),焦粉(约 5%)和煤焦油沥青(约 5%)制成了特级大块铸造焦。

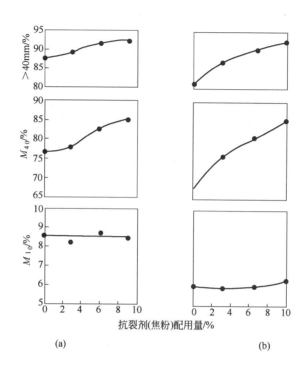

图 3-57　配瘦化剂改善焦炭质量实例之二
(a)散装煤炼焦;(b)捣固炼焦

第五节　装炉煤的密实工艺

一、捣固炼焦

将配合煤在入炉前用捣固机捣实成体积略小于炭化室的煤饼后,推入炭化室内炼焦称为捣固炼焦,煤饼捣实后堆密度可由原来散装煤的 0.7t/m³ 提高到 0.95 ~1.15t/m³ 通过这种方式可扩大气煤用量,并保持焦炭强度符合满意的要求。

1. 提高装炉煤堆密度对结焦过程的影响

增大煤料堆密度,也即减少煤粒间的空隙,可以减少结焦过程中为填充空隙所需的胶质体液相产物的数量,即可用较少的胶质体液相产物把分散的煤粒(变形粒子)结合在一起。同时,结焦过程所产生的气相产物由于煤粒间空隙减少而不易析出,增大了胶质体的膨胀压力,使变形煤粒受压挤紧,进一步加强了煤粒间的结合;还有利于热解产生的游离基与不饱和化合物相互缩合,产生分子量适当、化学稳定的不挥发液相产物。这些都有利于改善煤料的黏结性。但另一方面,在成层结焦条件下,提高煤料堆密度使相邻层间结合牢固,减少了收缩应力的松弛作用,使相邻层间的剪切应力增大,容易使焦炭产生横裂纹。

因此,提高装炉煤堆密度有利于改善黏结性而不利于收缩的松弛,当黏结性差的煤采用捣固技术时可改善焦炭质量,而强黏结煤采用捣固炼焦反而不利于焦炭质量。

2. 影响堆密度的因素

影响散装煤堆密度的因素已在第二章中阐明,这里仅说明水分和细度对捣固煤堆密度的影响。德国萨尔矿业公司曾在一定捣固功(525 J/kg)条件下进行了有关试验,得到表 3-23 所示的结果。数据表明,在相同细度下,适当提高配煤水分可提高堆密度,但水分过高会使煤饼强度明显降低。在相同水分下,提高装炉煤细度,使堆密度和抗压强度均降低,但抗剪强度提高,由于煤饼的稳定性主要取决于抗剪强度,故捣固煤料应有较高的细度。降低细度时,为达到煤饼的稳定需消耗较高的捣固功。一般捣固煤水分应控制在 10% ~ 11%,细度应在 90% 左右。

表 3-23　水分、细度对捣固煤料堆密度的影响

细　度 (<3.15mm)/%	水分/%	堆密度/$t \cdot m^{-3}$		强度/$N \cdot cm^{-2}$	
		湿　煤	干　基	抗　压	抗　剪
81.2	8.1	1.120	1.029	15.0	1.25
	10.1	1.144	1.130	14.2	1.12
	12.5	1.185	1.037	13.0	0.88
90.0	8.0	1.078	0.992	12.4	1.27
	9.9	1.100	0.991	11.8	1.35
	12.9	1.166	1.016	12.0	1.18
95.4	8.1	1.068	0.981	14.4	1.33
	10.0	1.100	0.990	13.4	1.35
	11.9	1.123	0.989	11.0	1.25

3. 效果

(1)含高挥发分气煤较多,黏结性偏差的配煤,随堆密度提高,M_{40} 增大,M_{10} 下降。图 3-58 为 V_{daf} = 32.2%,气煤配比达 76% 的配合煤捣固炼焦的结果。

(2)当配合煤黏结性足够时,捣固炼焦虽使 M_{10} 下降,但 M_{40} 亦降低(表 3-24)。

(3)瘦化组分对捣固炼焦的影响　捣固炼焦时,为提高捣固焦的 M_{40},配煤中必须优选一定数量和品种的瘦化组分。表 3-25 数据表明,在一定条件下增加瘦化组分,M_{10} 不变而 M_{40} 增加。在相同条件下,往往用焦粉作瘦化剂优于瘦煤,但焦粉作瘦化剂时,必须控制焦粉的配入比(一般不超过 5%)和粒度(<1mm),并混合均匀,否则将导致微裂纹增加,并变坏热性质。

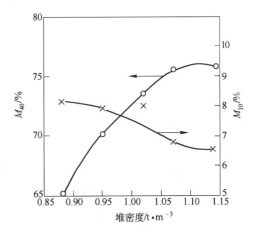

图 3-58　堆密度对捣固焦质量的影响
配煤比:淮南气煤 76%;张大庄焦煤 20%;
焦粉 4%

(4)焦炭气孔壁材料的光学性质主要取决于原料煤性质,因此捣固炼焦对焦炭的光学组织影响不大,但捣固炼焦会导致焦炭气孔结构的变化,因此会影响到焦炭的反应性和反应后强度。以武钢常规配煤(气肥煤 10%,1/3 焦煤 40%,焦煤 35%,瘦煤 15%)所进行的不同捣固堆密度的炼焦试验(表3-26)表明,随堆密度提高,焦炭的显气孔率逐渐下降,反应性先降低后增加,反应

表3-24　包钢200kg试验焦炉捣固炼焦结果

方案	装炉方式	配煤比/%					配煤质量		焦炭强度/%	
		气煤	肥气煤	瘦煤	长焰煤	肥煤	V_{daf}/%	y/mm	M_{40}	M_{10}
1	散装	40	—	—	30	30	37.4	18	68.2	11.8
2	捣固	40	—	—	30	30	37.4	18	64.2	11.0
3	捣固	40	—	—	30	30	37.4	18	65.0	10.2
4	散装	—	40	40	—	20	33.2	14	68.2	13.8
5	捣固	—	40	40	—	20	33.2	14	66.4	10.0

表3-25　瘦化组分对捣固焦质量的影响

方案	配煤比/%				配煤质量					焦炭强度/%	
	淮南气煤	张大庄瘦煤	青龙山瘦煤	焦粉	V_{daf}/%	y/mm	堆密度/t·m^{-3}	细度/%	水分/%	M_{40}	M_{10}
1	75	10	15	—	31.76	16.5	1.14	96.0	10.9	75.30	6.26
2	75	15	10	—	31.78	16	1.13	95.6	11.1	70.26	6.82
3	75	20	5	—	32.26	16	1.13	93.4	10.8	62.30	6.10
4	75	19	—	6	31.85	16.5	1.14	95.0	10.7	74.40	6.58

后强度呈大幅度增加后趋于平缓。反应性之变化不仅受显气孔率影响,更受气孔结构的影响,当堆密度由0.72增至0.9时,气孔的平均孔径和比表面逐渐减少,故反应性降低;当堆密度进一步增大时,结焦过程中气体扩散速度明显减弱,形成大量小气孔,使焦炭的气孔比表面反而增大,从而导致反应性又有回升。但随堆密度增加,气孔趋于排列均匀,结构致密,气孔壁增厚,故焦炭反应后强度趋于不断提高。

表3-26　堆密度对焦炭气孔率、反应性的影响实例

堆密度/t·m^{-3}	显气孔率	反应性	反应后强度
0.72	47.5	31.2	53.5
0.80	47.1	29.6	59.4
0.88	46.3	28.7	59.5
0.96	45.0	29.4	60.4
10.4	44.0	30.1	62.0
1.12	39.6	32.7	59.0

(5)在保证相同焦炭质量前提下,捣固炼焦可多用高挥发分煤10%～20%。散装煤炼焦时,一般当配合煤挥发分大于29%时,焦炭强度将明显下降;捣固炼焦时,焦炭强度虽随挥发分增高而变差,但只要挥发分小于34%时,焦炭强度仍可满足要求(图3-59)。

4. 捣固生产工艺

(1)捣固煤料的制备　如前所述,为使煤料捣固成型,煤料水分应保持在10%～11%范围内,水分偏低时,需在制备过程中适当喷水。煤料细度应在90%左右,为提高煤料细度,需在煤料配合过程进行两次粉碎。对挥发分较高的捣固煤料,需配入一定量的瘦化剂。上述过程的典型捣固煤料制备流程如图3-60所示。

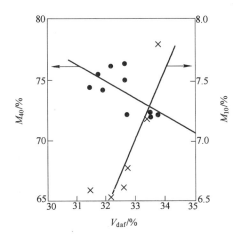

图 3-59　装炉煤挥发分与捣固焦质量的关系

$$M_{40} = 121.076 - 1.44V_{daf}, n = 10, r = -0.66$$

$$M_{10} = -12.21 + 0.582V_{daf}, n = 10, r = 0.645$$

（据北京煤研院试验数据）

（2）煤料的捣固　是在焦炉机侧的装煤推焦机上进行的,现行国内的捣固装煤推焦机上设有捣固煤箱、送煤装置和推煤装置,捣固机单独设在贮煤塔下,煤料捣固时,装煤推焦机需开至贮煤塔下边装煤边捣固,捣固结束后,装煤推焦机再开至焦炉机侧,往炭化室进行送煤和下一炉的推焦。这种结构虽车体较轻,但每一炉操作循环的作业时间长达 24~26min,且当送煤过程中,万一发生煤饼坍塌时,装煤推焦车将无法进行其他作业。因此国内已开发了捣固和推焦分体设置的方案。一种方案是捣固机仍设在贮煤塔下方,而将装煤推焦机上的捣固煤槽与送煤、推煤装置分设为煤槽车和推焦装煤车;煤槽车通过挂钩配置左右两台捣固煤箱,这两台煤箱,可由设于煤塔下方机侧轨道上的转盘,呈 180°正反两个方向更换左右位置。这样可使带空煤箱的煤槽车在煤塔下接煤捣固并与带实煤箱的推焦装煤车在焦炉侧进行推焦、送煤作业同时进行,完成一次循环作业后,推焦装煤车带着空煤箱返回煤塔下方的转盘处,将空煤箱挂在煤料车上,转盘旋转 180°,空煤箱与实煤箱交换位置,推焦装煤车挂上实煤箱,煤槽车带上空煤箱,分别进行下一个循环作业。另一种方案是捣固机仍设在贮煤塔下方,其分体方案是设一台装煤车专管接煤、捣固和往炭化室送煤,另一台为通常的推焦车,负责炉门开闭、推焦和炉门清扫工作。

采用上述分体平行作业的方式,操作一炉的循环作业时间,在沿用原有的 2 锤或 3 锤捣固机条件下,可缩短 12~16min。

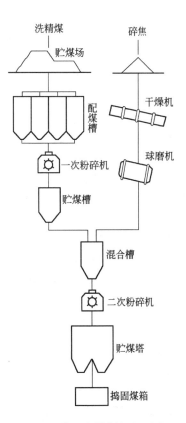

图 3-60　捣固焦煤制备流程图

5. 捣固炼焦技术的主要发展趋势

(1) 提高捣固效率　过去的捣固机采用皮带传动捣固锤杆,因此限制了捣固锤的重量和捣固锤的自由下落,减少了捣固锤下落的冲击力,且一套捣固机上仅装 2～3 个捣固锤。这种捣固机一方面由于捣固锤个数少,捣固时需沿煤饼全长来回移动,使捣固一孔的时间长达 15～20min,作业效率仅为顶装焦炉的 50%;另一方面捣固锤下落的冲击力较小,为保证煤饼的稳定性,煤饼的高宽比限制在 7.5～9.0,故炭化室高度不宜超过 4m,限制了捣固炼焦在大容积焦炉上使用。

为解决上述矛盾,德国萨尔公司开发的新一代捣固机采用多锤快速技术,捣固锤增加到 16～32 个,锤重由 400kg/个增加到 600～650kg/个,捣固锤行程缩短为 400mm,捣固频率达 70 次/min;这样就能在 16m 长的煤饼上,不移动捣固锤,配合微机自动控制给煤和落锤,实行薄层快捣,在 3～4min 内完成煤饼的捣实。资料表明,采用这种捣固机可在保证煤饼堆密度达 $1.0～1.05t/m^3$ 的条件下,明显提高煤饼的抗压强度和抗剪强度,从而可将炭化室高 6m 的焦炉用于捣固炼焦。

国内鞍山焦耐院为提高捣固效率,研制开发了凸轮摩擦传动双锤捣固机(JN-TM2 捣固机),该机依靠捣固锤杆两侧的凸轮与锤杆间的摩擦力,直接提升捣固锤杆,并可自由下落捣实煤饼,从而有利于实现多锤连续捣固,发挥捣固锤自由落下时的冲击力,提高了捣固功,使煤饼的堆密度和稳定性提高。

(2) 缩短捣固、装煤和推焦作业时间　以上煤料的捣固工艺介绍了国内为此目的采取的捣固与送煤、推焦分体方案。萨尔公司为解决捣固和装煤、推焦作业不能重叠作业的缺点,实施了捣固、推焦一体化的大车,在该大车上同时设置了简易贮煤斗和捣固机,煤料由架空皮带通过可移动皮带直接送到捣固、推焦大车的简易煤斗中,从而可同时进行煤的捣固和推焦作业,缩短了单炉操作的循环作业时间,使之达到散装煤的作业水平。但整个车体机构复杂、庞大、车重,故国内仍倾向于采用捣固和推焦、装煤分体设置的方案。

(3) 改善环境污染　捣固煤饼装炉时,炉门是敞开的,故粗煤气大量外逸,严重污染环境。近年来国内外已成功的在炉顶采用装炉煤气净化车解决装煤时粗煤气的外逸问题。该车通过活动套筒与炭化室原装煤孔连接,粗煤气经燃烧器内燃烧后,靠设于水洗冷却和净化装置后的风机抽吸,造成炭化室负压而抑制粗煤气的发散。

(4) 预热煤捣固炼焦　由于煤预热也可以扩大气煤用量,加黏结剂有利于结焦过程中间相的成长,改善焦炭的光学组织,德国在传统捣固炼焦法基础上,发展了预热捣固炼焦技术。1976年萨尔公司首次在 300kg 试验焦炉上进行了试验,煤料在添加一种石油系黏结剂并混匀保持170℃的条件下捣固炼焦,取得了良好的效果。以后进行了工业试验,使用气流载运式预热器将煤预热到 170℃,热煤在双轴混料机内与 150℃的液态黏结剂混合后捣固炼焦,堆密度比湿煤捣固提高 7%～8%,生产能力提高 35%,焦炭质量进一步改善(表 3-27)。预热煤捣固炼焦所得焦炭在结构性质、反应性等方面也优于湿煤捣固炼焦。

表 3-27　湿煤捣固与热捣固比较

捣固方法	配煤比/%							配煤质量			焦炭强度/%	
	633*	634*	621*	321*	石油焦	焦粉	黏结剂	挥发分/%	自膨序数	膨胀度/%	M_{40}	M_{10}
湿　煤	—	—	16.0	21.3	5.3	—	27.4	1.5	0	71.4	20.4	
预热煤	54.0	—	—	15.0	20.0	5.0	6.0	31.3	2.0	0	77.1	8.2
湿　煤	—	13.8	47.9	31.9	—	6.4	—	28.6	3.0	0	74.4	17.6

续表 3-27

捣固方法	配煤比/%							配煤质量			焦炭强度/%	
	633*	634*	621*	321*	石油焦	焦 粉	黏结剂	挥发分/%	自膨序数	膨胀度/%	M_{40}	M_{10}
预热煤	—	13.0	45.0	30.0	—	4.0	6.0	30.9	3.0	-22	82.1	6.7

注:表中带有 * 的数字为国际硬煤分类号。

二、配型煤炼焦

在散装煤料中配入一部分冷压型煤后混装炼焦称配型煤炼焦。该法始于 20 世纪 50 年代,当时联邦德国采用在煤塔下部将装炉煤无黏结剂冷压成型后,直接放入装煤车装炉炼焦,由于型煤强度低,装入炉内已大量破碎,效果不大。至 60 年代初,日本采用加黏结剂冷压成型的型煤进行配型煤炼焦,取得了提高焦炭质量,扩大弱黏煤用量的明显效果。自 1971 年在新日铁八幡钢铁厂建成第一套配型煤装置以来,该技术在日本得到广泛采用,至 70 年代末,日本采用配型煤炼焦工艺所产焦炭已占总量的 40%。70 年代中、后期,我国的宝钢和韩国、前苏联的企业也均引进该项技术,并在装备、工艺和黏结剂的选择等方面得到了发展。

1. 机理

配型煤炼焦改善焦炭质量的原因有多个方面。

(1) 提高了装炉煤的堆密度　一般粉煤堆密度为 0.7 ~ 0.75t/m³,型煤堆密度为 1.1 ~ 1.2t/m³,配 30% 型煤后装炉煤堆密度可达 0.8t/m³ 以上,显然堆密度的提高可以改善煤的黏结性。但配 30% 型煤炼焦所得焦炭强度比堆密度相同的压实粉煤炼焦所得焦炭强度更高(图 3-61),这表明提高装炉煤堆密度不是配型煤炼焦改善焦炭质量的唯一原因。

(2) 增大了装炉煤的塑性温度区间　配有型煤的装炉煤中,型煤致密,其导热性比粉煤好,故升温快,较早达到开始软化温度,且处于软化熔融的时间长,从而有助于与型煤中的未软化颗粒以及周围粉煤的相互作用,当型煤中的熔融成分流到粉煤间隙中时,可增强粉煤粒间的表面结合,并延长粉煤的塑性温度区间。

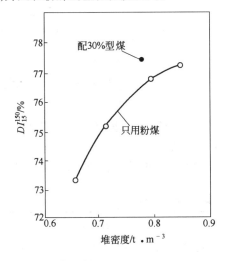

图 3-61　配型煤炼焦焦炭与不同堆密度
压实粉煤炼焦焦炭的比较

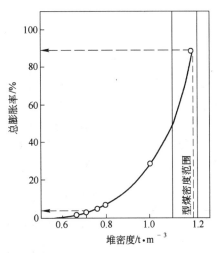

图 3-62　体积膨胀与堆密度的关系

（3）增强了装炉煤内的膨胀压力　型煤和粉煤加热软化时，型煤内部的气体压力比粉煤大得多，故型煤的体积膨胀率也较粉煤高得多，如图 3-62 所示，堆密度 1.18t/m³ 的型煤总膨胀率达 88%，而堆密度为 0.7t/m³ 的粉煤总膨胀率仅 2%，因此型煤的膨胀将压缩周围粉煤，促进其挤压，增强了装炉煤内部的膨胀压力，并使型煤和粉煤互溶，生成结构统一的块焦。

（4）黏结剂的改质作用　型煤中配有一定量的黏结剂，它不仅增加了煤粒表面的熔融成分，而且有助于改善焦炭的光学组织。

2. 效果

（1）改善焦炭质量　表 3-28 为国内配型煤炼焦半工业试验的几个实例，数据表明，在同样配煤比条件下配型煤炼焦可使 M_{40} 增加 0.5%～1%，M_{10} 降低 2%～4%，DI_{15}^{150} 提高 2%～5%，反应性降低 5%～8%，反应后强度提高 5%～12%，平均块度略有下降，但块度均匀系数提高。宝钢和南京二钢的配煤比中气煤和肥气煤配量较高，焦炭的 M_{10}、DI_{15}^{150} 改善幅度比鞍钢和本钢增加瘦煤配比的方案低。

表 3-28　配型煤炼焦半工业试验的几例（配 30% 型煤）

| 工厂 | 配煤比/% | | | | | 工艺类别 | 焦炭强度/% | | | | 焦炭热反应/% | | 焦炭粒度 | |
	气煤	肥气煤	肥煤	焦煤	瘦煤		M_{40}	M_{10}	DI_{15}^{30}	DI_{15}^{150}	CO₂反应性	反应后强度	平均块度/mm	块度均匀系数
宝钢	10	45	15	15	15	常规	71.7	12.8	—	75.7	44.7	44.0	—	—
	10	45	15	15	15	配型煤	72.3	10.7	—	79.7	36.3	50.0	—	—
南京二钢	65	25	—	—	10	常规	63.9	13.8	91.4	75.9	—	—	—	—
	65	25	—	—	10	配型煤	64.1	11.8	91.1	76.1	—	—	—	—
鞍钢	25	17	25	20	13	常规	69.3	13.1	92.7	77.9	36.4	41.2	62.6	2.06
	15	15	20	20	30	常规	67.7	14.4	91.0	73.9	37.4	28.3	62.0	1.70
	15	15	20	20	30	配型煤	66.0	10.7	93.1	79.3	32.4	46.9	61.1	2.26
本钢	23	10	30	25	12	常规	72.9	11.7	—	78.3	—	—	65.48	1.50
	10	15	25	20	30	常规	64.0	14.7	—	73.3	41.0	35.9	58.27	2.12
	10	15	25	20	30	配型煤	66.2	10.7	—	80.5	33.4	47.6	57.84	2.89

根据宝钢配型煤炼焦的实际生产得出，在焦炭强度 DI_{15}^{150} 为 85% 的条件下，配 15% 型煤与常规炼焦相比，DI_{15}^{150} 可提高 0.7%，配 20% 型煤，DI_{15}^{150} 可再提高 1% 左右。

（2）扩大气煤或瘦煤用量　表 3-29 数据中，方案 1 较常规炼焦少用 30% 焦、肥煤而代之以 10% 瘦煤和 20% 肥气、气煤，方案 2 较常规炼焦少用 20% 焦、肥煤而代之以 10% 瘦煤和 10% 肥气、气煤，但焦炭强度基本保持同一水平。一般在焦炭质量相同条件下，配 30% 型煤可增加弱黏

表 3-29　宝钢配型煤炼焦试验数据（配 30% 型煤）

| 工艺 | 配煤比/% | | | 焦炭强度/% | | |
	焦、肥煤	肥气、气煤	瘦煤	DI_{15}^{30}	DI_{15}^{150}	DI_{15}^{150}（换算为工业炉）
常规炼焦	50	45	5	92.4	80.5	83.1
配型煤炼焦（方案1）	20	65	15	91.8	80.4	83.0
配型煤炼焦（方案2）	30	55	15	91.8	79.7	82.4

结的气煤或瘦煤配量10%～20%。宝钢实际生产得出,配20%型煤炼焦可少用7%～9%强黏结煤,配15%型煤炼焦可少用5%～7%强黏结煤。

3.影响配型煤炼焦效果的因素

(1)配煤质量　日本以各种配煤组成在型煤配比均为20%的条件下,试验配型煤效果,曾得到图3-63所示结果。由图表明,当焦炭强度随配煤质量改善而提高时,型煤的配合效果逐渐降低,图中当DI_{15}^{150}超过94%时,配型煤炼焦对焦炭质量的改善即消失。

(2)配煤黏结性　鞍山热能研究院曾在200kg焦炉上做过不同挥发分的单种煤配型炼焦效果的试验(表3-30)。数据表明,黏结性好的煤配型炼焦效果较差,罗加指数愈低的煤配型煤效果愈好;肥煤当挥发分超过28%时,配型煤炼焦呈负效果。总体而言,挥发分愈低、黏结性愈差的煤,配型煤炼焦效果愈好。

该院还曾对三种不同罗加指数的配合煤在200kg焦炉上进行配型煤(30%)的炼焦试验(表3-31)。

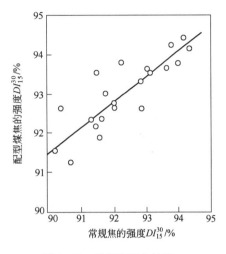

图3-63　型煤的配合效果

表3-30　单种煤配型煤(30%)炼焦试验

煤　种	气煤	气煤	气煤	气煤	气煤	气煤
$V_{daf}/\%$	37.9	37.92	37.11	35.58	32.72	32.13
LR	49.0	69.5	57.4	71.5	50.0	78.1
常规炼焦DI_{15}^{30}	66.2	76.2	71.9	74.2	72.9	79.5
配型煤炼焦DI_{15}^{30}	70.1	75.4	73.3	73.5	74.7	80.6
ΔDI_{15}^{30}	3.9	0.8	1.4	-0.7	1.8	1.1
煤　种	肥煤	肥煤	肥煤	焦煤	焦煤	焦煤	瘦煤
$V_{daf}/\%$	33.33	30.2	25.66	23.89	22.68	21.5	19.16
LR	80.9	84.6	83.2	69.5	63.2	76.9	16.4
常规炼焦DI_{15}^{30}	76.8	79.7	79.8	80.1	81.1	80.4	12.4
配型煤炼焦DI_{15}^{30}	71.3	77.7	82.1	82.4	83.0	82.4	66.2
ΔDI_{15}^{30}	-5.5	-2.0	2.3	2.3	1.9	2.0	53.8

表3-31　不同罗加(LR)指数配合煤的配型煤(30%)炼焦试验

序号	配　煤　比/%				配煤质量		工　艺
	气	肥	焦	瘦	$V_{daf}/\%$	LR	
1	30	40	25	5	29.72	68.0	常规/配型煤
2	40	35	15	10	30.41	62.9	常规/配型煤
3	45	20	20	15	29.99	55.7	常规/配型煤

续表3-31

序号	焦 炭 质 量/%									
	M_{40}	ΔM_{40}	M_{10}	ΔM_{10}	DI_{15}^{150}	ΔDI	CRI	ΔCRI	CSR	ΔCSR
1	72.9		10.7		80.4		32.2		54.1	
	70.1	-2.8	9.6	-1.1	81.5	+1.1	35.5	+3.3	53.5	-0.6
2	68.5		13.2		78.5		40.7		45.7	
	70.2	+1.7	10.7	-2.5	80.5	+2.0	36.8	-3.9	50.0	+4.3
3	66.8		15.6		75.6		40.8		44.3	
	69.1	+2.5	11.3	-4.3	79.5	+3.9	38.3	-2.5	51.6	+7.3

试验数据表明,随配合煤黏结性的改善,M_{40}、DI_{15}^{150}、CSR 的增效值降低,甚至转为负值;M_{10}、CRI 的降低值减小,甚至转为正值。

日本住友金属以不同膨胀率(标志黏结性)和反射率(标志煤化度)的配合煤在型煤配比 20% 条件下进行配型煤炼焦,得到如图3-64 所示的结果,也表明高煤化度和低黏结性煤的配型煤效果较好。

以上,黏结性较强的配合煤,采用配型煤炼焦时产生负效果的原因,是由于黏结性过强,半焦收缩应力较大,使焦炭龟裂增多,反而降低焦炭强度。

(3)型煤配比　日本住友金属以生产配煤所做试验表明(图3-65),随型煤配比增加,焦炭强度提高,配比每增加 10%,DI_{15}^{150} 升高 0.4% ~0.5%,至配比超过 40% 时,焦炭强度又趋降低。其规律与型煤配比和堆密度的关系吻合(图3-66),因此可以认为,当型煤配比达到 40%,型煤之间的空隙已被粉煤充分填满,进一步提高型煤配比,粉煤不足以填满型煤间空隙,装炉煤堆密度反而降低。实际生产中,考虑到型煤配比增加时,型煤的设备投资和生产成本的提高,将不足以抵消优质炼焦煤节省的经济效益,以及型煤配比超过 40% 时会引起对炉墙膨胀压力的急剧提高。故一般型煤配比以不超过 30% 为宜,当煤质较好时,可将型煤配比率降至 15% ~20%。

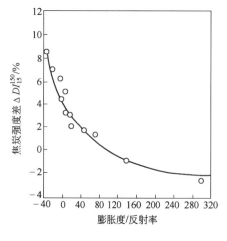

图3-64　煤料性质与型煤配合效果的关系

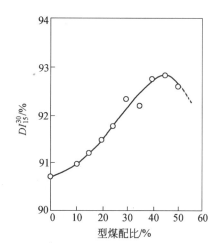

图3-65　型煤配比与焦炭强度的关系

(4)黏结剂用量　制造型煤用黏结剂的配入量直接影响型煤强度、成品率从而影响焦炭的强度。宝钢曾以不同软沥青(黏结剂)配比生产的型煤进行配型煤炼焦试验,得到图3-67 所示结果。试验表明,增加软沥青配量,可提高型煤质量并改善焦炭质量,但软沥青配量从 4.5% 增加到 5.5% 和从 5.5% 增加到 6.5% 时,型煤质量的提高幅度和焦炭质量改善的幅度有所差异,综合而言,软沥青的配量宜在 5.5% ~ 6.5% 之间优选。由于型煤生产过程中,水、电、汽和黏结剂等的消耗以黏结剂费用最多,故黏结剂的合理配量还应考虑型煤的生产成本。不同类型的黏结剂,其适宜配量应由试验确定。

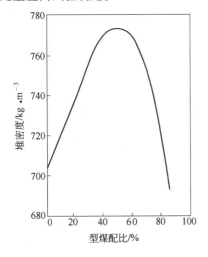

图 3-66 型煤配比与堆密度关系

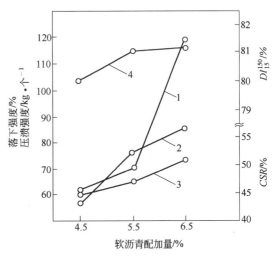

图 3-67 黏结剂配入量对配型煤炼焦的影响
1—型煤压溃强度;2—型煤落下强度;3—焦炭
反应后强度;4—焦炭转数强度

4. 配型煤工艺

配型煤炼焦有两种工艺,第一种工艺其基本流程如图 3-68 所示。由图可见,已经配合和粉碎的配合煤,有 30% 进入成型煤工序的原料槽,经添加黏结剂、混捏(搅拌)、成型、冷却制成型煤,并经型煤贮槽送至煤塔;另有 70% 的配合煤则直接送至煤塔。型煤和粉煤分别存在煤塔的

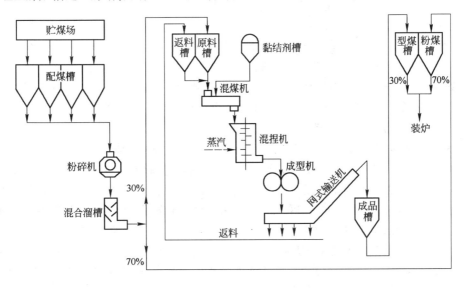

图 3-68 配型煤炼焦(第一种工艺)生产流程图

不同格内,装炉时用各自的带式给料机按规定比例送入装煤车煤斗再装入炉内,以达到粉煤和型煤混匀并防止偏析的目的。这种工艺的特点是粉煤和型煤采用同样的配煤比,由于为日本新日铁公司开发,故又称新日铁工艺。

第二种工艺的流程与第一种不同之处是型煤的煤料组成不同于装炉粉煤而单独配制,即送往成型煤工序的部分配合煤,进一步配加非黏结煤后,再添加黏结剂、混捏、成型、冷却制成型煤,最后与装炉粉煤按适宜比例混合后入炉炼焦(图3-69)。这种工艺可以增加非黏结煤的配量,并获得较好的配合效果,在总配煤量中非黏结煤可配到20%以上,强黏结煤用量仅约10%,因此节省优质炼焦煤、扩大弱黏或非黏结煤配量的效果优于第一种工艺,但工艺流程复杂。该工艺由日本住友金属公司开发,故又称住友工艺。

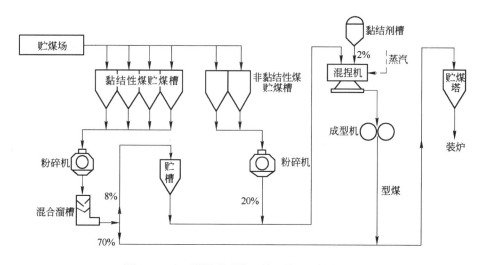

图3-69　配型煤炼焦(第二种工艺)生产流程图

以上配型煤炼焦工艺,焦炉单孔炭化室装煤量随型煤配比增加而成比例增加,但同时结焦时间也相应延长,因此,在相同火道温度下,配型煤炼焦与常规炼焦的焦炉生产能力基本相同。

除上述两种基本工艺外,尚有几种开发中的工艺流程。一是德国的RBS工艺,它是将煤用直立管干燥、分级粉碎与配型煤结合的工艺,该工艺装炉煤的堆密度可达$0.8 \sim 0.82t/m^3$,结焦时间缩短为$13 \sim 16h$,比湿煤成型生产能力提高35%。另一种是美国的CBC工艺,它是将全部煤料不加黏结剂压型后,再将型煤破碎到一定程度,以提高装炉煤堆密度,该工艺曾在美国钢铁公司的加里钢铁厂进行工业试验,可取得与煤预热炼焦相当的效果,但投资低10%。

5. 发展配型煤技术的关键问题

(1)解决廉价、来源广、效果好的黏结剂　软沥青作为配型煤技术的基本黏结剂,具有价格高,在炼焦过程中50%转为焦炭材料,有周转损失多的缺点;且软沥青可广泛用于生产沥青焦或针状焦,是一种贵重的沥青资源。因此寻找价廉、来源广、效果好的黏结剂替代软沥青,是配型煤炼焦发展的一个关键。日本住友金属和吴羽化学公司联合开发的ASP黏结剂,是将石油减压渣油经蒸汽减压裂解处理得到的石油改质黏结剂,也称尤里卡沥青,其软化点在140℃以上,可以固体状粉碎后与非黏结煤、配合煤一起在喷入定量焦油条件下混合、混捏后成型,日本住友工艺即采用此黏结剂。由于ASP软化点高、生产ASP装置的能耗大,故成本高,其推广有一定限度。前苏联在发展配型煤炼焦方面,除个别厂采用软沥青作黏结剂外,主要采用石油类渣油和焦化厂的焦油类废渣。经试验认为石油类渣油以经过热处理的热裂化渣油最佳,焦化厂废渣中以酸焦油和焦油渣各半配成的黏结剂效果最好。马格尼托哥尔斯克钢铁公司曾以焦化厂的焦油类废渣以 2% ~ 6% 的比例与粉煤制成型煤,然后进行配型煤炼焦的半工业试验,得到表 3-32 所示的结果。数据表明,以焦化厂焦油类废渣作黏结剂进行配型煤炼焦,所得焦炭的 M_{25} 增加 0.6% ~ 1.3%,M_{10} 降低 0.4% ~ 1.1%,焦炭中 60 ~ 40mm 级的数量增加,还取得提高焦油产量和质量的效果。编者曾以宝钢生产配煤研究了用焦油渣部分取代软沥青作型煤黏结剂的配型煤炼焦试验,其结果见表 3-33。数据表明以焦油渣或焦油渣和活性污泥各半混合部分取代软沥青,不降低配型煤炼焦效果。

表 3-32　前苏联用焦化厂废渣作型煤黏结剂的配型煤炼焦试验

工　艺	焦炭筛分组成/%				焦炭强度/%		焦油产率/%	焦油质量		
	>80 mm	80 ~ 60 mm	60 ~ 40 mm	40 ~ 25 mm	M_{25}	M_{10}		密度 /g·cm⁻³	甲苯不溶物/%	喹啉不溶物/%
常规炼焦	7.0	37.4	41.7	9.2	83	11.1	4.02	1.206	11.84	7.49
配 20% 型煤炼焦	6.4	21.6	51.3	18.9	83.6	10.7	4.7	1.193	10.95	6.58
配 40% 型煤炼焦	2.1	35.0	46.2	12.0	84.3	10.0	5.3	1.185	10.23	5.94

表 3-33　宝钢配型煤炼焦用黏结剂的取代效果试验(200kg 焦炉)

工　艺	配用黏结剂(配量)	焦炭筛分组成/%						平均块度 /mm	焦炭强度 DI_{15}^{150}/%
		>80 mm	80 ~ 60 mm	60 ~ 40 mm	40 ~ 20 mm	20 ~ 10 mm	< 10 mm		
常规炼焦	配合煤 G = 79	20.56	24.66	41.46	7.4	1.52	4.40	59.17	81.1
配 20% 型煤	软沥青(6.5%)	20.1	30.9	37.0	6.4	1.7	3.9	60.59	83
配 20% 型煤	软沥青(4.9%)焦油渣(1.6%)	19.83	27.91	33.86	9.7	4.1	4.6	58.11	82.4
配 20% 型煤	软沥青(4.8%)焦油渣,活性污泥(各 0.85%)	18.52	31.88	36.25	7.45	1.8	4.1	59.8	82.7

(2)煤粒与黏结剂充分混捏　这是保证最有效的利用黏结剂和提高成型煤强度的重要环节,混捏机是实现充分混捏的关键设备,用之有效的立式混捏机(图 3-70)是一个带过热蒸汽喷入孔眼的圆筒,中心立轴是一个空心轴,其内可以通入过热蒸汽、并经轴上桨叶上的蒸汽喷口喷到混捏料中,由于蒸汽喷口设在桨叶的不同方向上,因此经桨叶和圆筒壁喷入的蒸汽既能保持混捏料必要的温度和水分,又能起搅拌作用,中心主轴以 10 ~ 15r/min 的转速带动桨叶搅拌混捏料,物料在混捏机内的停留时间约 5 ~ 6min,内外蒸汽比一般为 3:1。

(3)操作可靠的压球机　一般均使用对辊式压球机,这种成型机生产能力大,结构紧凑,压制的型球均匀,但受压时间短,成型压力为 20 ~ 50MPa,这对有黏结剂的冷压型煤是足够的。为在较短受压时间内压实煤料,设有均匀布料和给料调节的装置。为保证压出完整的型球,两个压辊还应设有相应的轴向和径向间隙的调节机构。对辊压球机的球碗形状和光滑度是影响能否顺利脱模的重要因

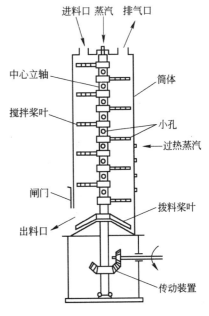

图 3-70　立式混捏机结构示意图

素,一般采用厚度不大的枕型球碗。对辊的辊皮磨损较快,因此辊皮表面应采用耐磨性好的材料制作,如锰钢、镍铬合金钢或含铬铸铁等。

(4)型球的冷却、输送和防破碎　这是保证型球整球率的又一重要环节,由于成型是在80～100℃进行,此时黏结剂均布在煤粒表面上,但仍属液膜状,故型煤强度不大。采用带空气通风冷却的网式运输机,可以在输送型煤的同时,冷却型煤提高强度,但要缩短运输距离,减少转运和进仓时的落差,并采取相应的防破碎装置。也有的将型煤卸至粉煤运输带上,与粉煤一起转运,减少撞击,提高整球率。

第二篇 炼焦生产

本篇以常规焦炉的炉体、设备和生产操作为主要内容,在阐述几种主要焦炉的炉型结构、设备构造和主要操作要求的基础上,讨论焦炉构造和焦炉设备的发展趋势,介绍炼焦生产过程中环境污染的控制和焦炉管理的现代化。

第四章 炼焦炉及其设备

第一节 炼焦炉

一、炼焦炉的发展

炼焦炉的发展大体可分为成堆干馏、倒焰炉、废热式焦炉、蓄热式焦炉和巨型反应器五个阶段。

我国很早就采用简易方法制造焦炭,据《古今图书集成》等史料记载,早在明代(1368～1644年)或更早就用煤炼制焦炭并用于炼铁等方面。在欧洲,1619年Dudley发现用适当的煤炼成的焦炭可以代替木炭,改善高炉操作。但直到1735年焦炭炼铁才获得成功,所以1735年被认为是炼焦工业开始发展的一年。最早的炼焦方法是将煤成堆干馏,后来发展成为砖砌的窑,此类方法的特点是成焦和加热合在一起,靠干馏煤气和一部分煤的燃烧将煤直接加热而干馏成焦炭,所以焦炭产率低、灰分高、成熟度不均。

为了克服上述缺点,19世纪中叶出现将成焦的炭化室和加热的燃烧室用墙隔开的窑炉,隔墙上部设通道,炭化室内煤的干馏气经此直接流入燃烧室,同来自炉顶通风道的空气会合,自上而下地边流动边燃烧,故称倒焰炉。干馏所需热从燃烧室经炉墙传给炭化室内煤料。

随着化学工业的发展,要求从干馏产生的粗煤气中回收化学产品。为此将炭化室和燃烧室完全隔开,炭化室内生成的粗煤气先用抽气机吸出,经回收设备分离出化学产品后,净煤气再压送到燃烧室内燃烧。1881年德国建成了第一座副产焦炉。由于煤干馏过程中产生的煤气组成是随时间变化的,所以炼焦炉必须由一定数量的炭化室构成,各炭化室按一定顺序依此装煤、出焦,才能使全炉的煤气组成接近不变,以实现连续稳定生产,这就出现了炼焦炉组。燃烧产生的高温废气直接从烟囱排入大气,故称作废热式焦炉。这种焦炉所产煤气几乎全部用于自身加热。

燃烧产生的1200℃左右高温废气所带走的热量相当可观。为了减少能耗、降低成本,并腾出部分焦炉煤气供冶金、化工等其他部门作燃料或原料,又发展成具有废热回收装置的换热式或蓄热式焦炉。换热式焦炉靠耐火砖砌成的相邻通道及隔墙,将废气热量传给空气,它不需换向装置,但易漏气,回收废热效率差,故近代焦炉均采用蓄热式。蓄热式焦炉所产煤气,用于自身加热时只需煤气产量的一半左右。它还可用贫煤气加热,将焦炉煤气几乎全部作为产品提供给其他部门使用,这不仅可以降低成本,还使资源利用更加合理。

自1884年建成第一座蓄热式焦炉以来,焦炉在总体上没有太大变化,但在筑炉材料、炉体构造、有效容积、装备技术等方面都有显著进展。随耐火材料工业的发展,自 20 世纪 20 年代起,焦炉用耐火砖由黏土砖改为硅砖,使结焦时间从 24~28h 缩短到 14~16h,一代炉龄从 10 年延长到 20~25 年。由于高炉炼铁技术的进展,要求焦炭强度高、块度匀;由于有机化学工业的需要,希望提高萘和烃基苯的产率。这就促进了对炉体构造的研究,使之既实现均匀加热以改善焦炭质量,又能保持适宜炉顶空间温度以控制二次热解而提高萘等的产率。

20 世纪 60 年代以来,高炉向大型化、高效化发展,焦炉发展的主要标志是大容积(由 50 年代的 30m³ 级发展至 80 年代的 70m³ 级)、致密硅砖、减薄炭化室炉墙和提高火道温度。

80 年代以来,以德国为主的欧洲焦化界认为对传统的多室式焦炉而言,要进一步提高劳动生产率和减轻环境污染,就应尽量减少出炉次数,增加每孔炭化室的容量和采用预热煤炼焦。但常规的多室蓄热式焦炉在炭化室尺寸的长、宽、高的进一步增大,均受到平煤杆长度限制,以及长向温度差加大,结焦时间过度增长,炉顶厚度增大,削弱炉墙强度等一系列因素的限制;而在常规焦炉中采用预热煤炼焦,又受到由于产生较大的膨胀压力,使炭化室墙变形而降低焦炉使用寿命的限制。因此常规多室式焦炉的技术水平已基本达到了顶峰。为解决焦炉进一步的发展,欧洲焦化界提出了单炉室式巨型反应器的设计思想以及煤预热与干熄焦直接联合的方案。90 年代,由德国等 8 个国家的 13 家公司组成的"欧洲炼焦技术中心"在德国的普罗斯佩尔(Prosper)焦化厂进行了巨型炼焦反应器(JCR-Jumbo Coking Reactor),也叫单室炼焦系统(SCS-Single Chamber System)的示范性试验。这种焦炉在每个炭化室两边各有独立的一个燃烧室、隔热层和抵抗墙,每个炭化室自成体系,彼此互不相干,试验装置高 10m,宽 850mm,长 10m(半炭化室长),装炉煤用干熄焦系统蒸汽发生器中回收部分热量后的惰性热气体进行干燥、预热后,装入巨型反应器中炼焦。试验进行了三年多时间,共试验 650 炉,生产近 3 万 t 焦炭,取得了焦炭反应后强度明显增加,焦炉配用更多高膨胀性、低挥发煤和弱黏或不黏高挥发煤,节能 8%,污染物散发量减少一半,生产成本下降 10% 等效果。实现了焦炉超大型化,高效化和扩大炼焦煤源等方面的突破,被认为是新世纪取代传统焦炉的一种新炉型。但这种技术的商业化还受到诸如推焦和出焦机械的大型化,干熄焦和煤预热联合生产装置能力的大幅度提高等因素制约,尚有一定的发展过程。

20 世纪 80 年代以来以美国和澳大利亚为代表,对现行带回收的炼焦生产工艺,存在投资大、环境污染等问题,为解决焦炭的需要而改建老焦炉时,提出了带废热发电的无回收炼焦工艺,作为一种短期能满足需要,长期又能适应发展要求,弹性大、投资省的捷径。在澳大利亚建了年产焦 24 万 t 的三组 135 孔采用无回收炼焦工艺的焦炉;在美国阳光煤业公司建成年产焦 55 万 t 和最近建设并计划年生产能力 133 万 t 的采用无回收炼焦工艺的焦炉。

上述无回收焦炉是一种长 12~14m,宽 2.4~3.7m,高 3.0~4.6m 带炉底火道的长窑,装煤厚度 610~1220mm,因此煤层上方有较大空间,煤料结焦所需热量由粗煤气在该空间部分燃烧和表面层煤料燃烧以及未充分燃烧的粗煤气在炉底火道进一步被注入的空气燃烧所供给。燃烧生产的热烟气经废热锅炉产生蒸汽并用于发电,废热锅炉后的热废气经净化后放散。

这种无回收焦炉在美国、澳大利亚被认为是一种投资省,环保条件好,废热得到利用,可取代常规焦炉的新一代焦炉,因而受到部分炼焦界的关注。但欧洲、日本和我国的焦化界认为这种无回收炼焦工艺仍存在焦炉烟尘和环保治理问题,热效率低、煤耗高、成焦率低、焦炭灰分增加、生产能力小、占地面积大等一系列缺点,因而其应用范围有限。

综上所述,当前焦炉的主要结构型式,仍以多室的蓄热室焦炉为主,并将扩大容积,采用致密硅砖,减薄炭化室墙和提高火道温度等方面作为主要的技术发展方向。

二、蓄热式焦炉的基本构成

蓄热式焦炉由炭化室、燃烧室、蓄热室、斜道区和炉顶区所组成,蓄热室以下为基础和烟道(图 4-1)。

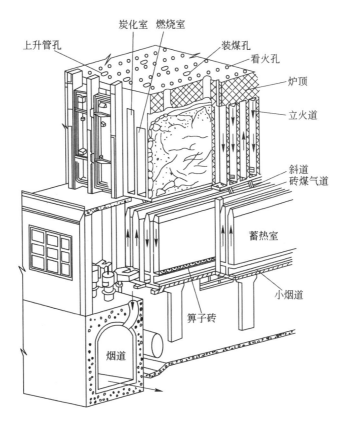

图 4-1　焦炉炉体结构图

1. 炭化室与燃烧室

炭化室是煤隔绝空气干馏的地方,燃烧室是煤气燃烧的地方,两者依次相间(图 4-2),其间的隔墙要严格防止干馏煤气漏泄,还要尽快传递干馏所需热能。焦炉生产时,燃烧室墙面平均温度约 1300℃,炭化室平均温度约 1100℃,局部区域还要高些。在此温度下,墙体承受炉顶机械和上部砌体的重力,墙面要经受干馏煤气和灰渣的侵蚀,以及炉料的膨胀压力和推焦侧压力。因此要求墙体透气性低、导热性好、荷重软化温度高、高温抗蚀性强、整体结构强度高。为此,现代焦炉的炉墙都用带舌槽的异型硅砖砌筑,燃烧室内各火道间的隔墙还起着提高结构强度的作用。

顶装煤的常规焦炉,为顺利推焦,炭化室的水平截面呈梯形,焦侧宽度大于机侧,两侧宽度之差称锥度。燃烧室的机焦侧宽度恰好相反,

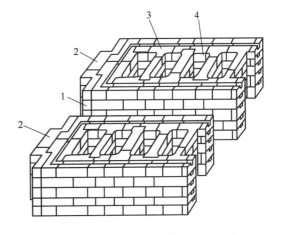

图 4-2　燃烧室与炭化室
1—炭化室;2—炉头;3—隔墙;4—立火道

故机焦两侧炭化室中心距是相同的。捣固焦炉由于装入炉的捣固煤饼机焦侧宽度相同,故锥度为零或很小。焦炉炭化室的主要尺寸见表4-1。

表4-1　焦炉炭化室主要尺寸(mm)

项　目	墙　厚	长　度	高　度	平均宽度	锥　度[①]	中心距
尺寸范围	90~120	12000~18000	4000~7000	400~460	40~76 (0~20)	1100~1500
我国大型焦炉的尺寸范围	90~105	14000~16000	3800~6000	407~450	50~70 (0~20)	1100~1350

①括号内数字为捣固焦炉尺寸。

燃烧室用隔墙分成许多立火道,以便控制燃烧室长向的温度从机侧到焦侧逐渐升高。立火道个数随炭化室长度增加而增多,火道中心距大体相同,一般为460~480mm。火道宽度则因炭化室中心距增大而加宽,这有利于火道内的废气辐射传热。立火道的底部有两个斜道出口和一个砖煤气道出口,分别通煤气蓄热室、空气蓄热室和焦炉煤气管砖。用贫煤气加热时由斜道出口引出的贫煤气和空气在火道内燃烧,用焦炉煤气加热时,两个斜道均走空气,焦炉煤气由砖煤气道出口引入与空气燃烧。

燃烧室顶盖高度低于炭化室顶,两者之差称加热水平高度,它是炉体结构中的一个重要尺寸。该尺寸太小,炭化室顶部空间温度过高,不利于提高焦化产品的质量和产率,还会增加炉顶积炭;反之,会降低上部焦饼温度,影响焦饼上下均匀成熟。加热水平高度 H(mm)可按下列经验式确定:

$$H = h + \Delta h + (200 \sim 300) \tag{4-1}$$

式中　 h ——煤线距炭化室顶的距离(炭化室顶部空间高度),mm;

　　　 Δh ——装炉煤炼焦时产生的垂直收缩量(一般为有效高度的5%~7%),mm;

200~300——考虑燃烧室的辐射传热允许降低的燃烧室高度,mm。

炭化室长度减去机焦侧炉门砖深入的距离称有效长度;炭化室高度减去炭化室顶部空间高度,即装煤线高度,称有效高度。炭化室有效长度、有效高度和平均宽度三者之乘积即炭化室有效容积。增大炭化室的长、宽、高可以增加有效容积,提高每孔炭化室的焦炭生产能力,但这三者的增大均有一定的制约因素(见第六节)。炭化室中心距是影响焦炉砌体强度的重要参数,增加炭化室高度必须同时增大炭化室中心距。

2. 斜道区

位于蓄热室与燃烧室之间,是连接该两者的通道。不同类型焦炉的斜道区结构有很大差异,我国 JN 型焦炉的斜道区结构如图 4-3 所示。斜道区内布置着数量众多的通道(斜道、砖煤气道等),它们距离很接近,而且走压力不同的各种气体,容易漏气,因此结构必须保证严密。此外,焦炉两端因有抵抗墙定位,不能整体膨胀,为了吸收炉组长向砖的热膨胀,在斜道区内各砖层均预留膨胀缝,缝的方向平行于抵抗墙,上下砖层的膨胀缝间设

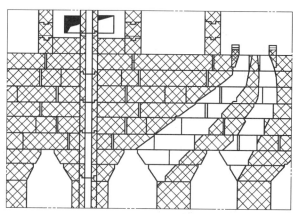

图4-3　JN 型焦炉斜道区结构

置滑动层(不打灰浆的油毡纸),以利于砌体受热时,膨胀缝两侧的砖层向膨胀缝膨胀。

斜道的倾斜角应大于30°,以免积灰造成堵塞。斜道的断面收缩角一般应大于7°,以减小阻力。同一火道内的两条斜道出口中心线的夹角尽量减小,以利于拉长火焰。斜道出口收缩和突然扩大产生的阻力应约占整个斜道阻力的75%。这样,当改变调节砖厚度而改变出口断面时,能有效地调节贫煤气和空气量。

3. 蓄热室

蓄热室位于焦炉炉体下部,其上经斜道同燃烧室相连,其下经废气盘分别同分烟道、贫煤气管和大气相通。蓄热室用来回收焦炉燃烧废气的热量并预热贫煤气和空气,现代焦炉蓄热室均为横蓄热室(其中心线与燃烧室中心线平行),以便于单独调节。蓄热室自下而上分小烟道、箅子砖、格子砖和顶部空间(图4-4),相同气流蓄热室之间的隔墙称为单墙,异向气流蓄热室隔墙称主墙,分隔同一蓄热室机焦侧的墙为中心隔墙,机焦侧两侧砌有封墙。小烟道和废气盘相连,向蓄热室交替地导入冷煤气、空气或排出热废气,出于交替变换的冷、热气流温差较大,为承受温度的急变,并防止气体对墙面的腐蚀,小烟道内砌有黏土衬砖。小烟道黏土衬砖上砌有箅子砖(图4-5),合理的箅子砖孔型和尺寸排列,可以使蓄热室内气流沿长向均匀分布。箅子砖上架设格子砖,下降气流时,用来吸收热废气的热量,上升气流时,将蓄热量传给贫煤气或空气,采用薄壁异型格子砖(图4-6)可以增大传热面积,安装时上下各层格子砖孔应对准,以降低蓄热室阻力。格子砖温度变化大,故采用黏土砖。

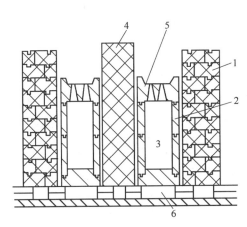

图 4-4　焦炉蓄热室结构

1—主墙;2—小烟道黏土衬砖;3—小烟道;
4—单墙;5—箅子砖;6—隔热砖

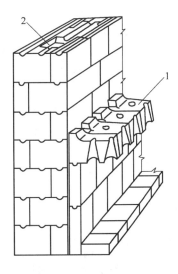

图 4-5　箅子砖和砖煤气道

1—扩散型箅子砖;2—直立砖煤气道

蓄热室主墙的结构必须严密,以防上升煤气漏入下降蓄热室,不但损失煤气,还会产生"下火"现象,严重时可烧熔格子砖,使废气盘变形。焦炉煤气由下部供入的焦炉,蓄热室主墙内还有直立砖煤气道(图4-3和图4-5),更应防止焦炉煤气漏入两侧蓄热室中,因此主墙多用带沟舌的异型砖砌筑,砖煤气道均用管砖砌筑。

蓄热室封墙起密封和隔热作用,封墙不严,外界空气漏入下降蓄热室会使废气温度降低,减小烟囱吸力;空气漏入上升空气蓄热室会使空气过剩系数增大,并使炉头温度降低;空气漏入上升煤气蓄热室会使煤气在蓄热室上部燃烧,既降低进入炉头火道的煤气量使炉头温度降低,还会将格子砖局部烧熔。为提高隔热效果,封墙内外应为黏土砖,中间层为隔热砖,表面刷白或覆以银白色保温罩。

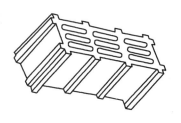

图 4-6　九孔薄壁格子砖

4. 炉顶区

炉顶区是指炭化室盖顶砖以上的部位(图4-7),设有装煤孔、上升管孔、看火孔、烘炉孔及拉条沟。炭化室盖顶砖一般用硅砖砌筑,以保证整个炭化室膨胀一致,为减少炉顶散热,炭化室盖顶砖以上采用黏土砖、红砖和隔热砖砌筑。炉顶表面一般铺砌缸砖,以提高炉顶面的耐磨性。炉顶区高度关系到炉体结构强度和炉顶操作环境,现代焦炉炉顶区高度一般为 1000 ~ 1700mm,我国大型焦炉为 1000 ~ 1250mm。炉顶区的实体部位也需设置平行于抵抗墙的膨胀缝。

5. 烟道与基础

蓄热室下部设有分烟道,来自各下降蓄热室的废气流经各废气盘,分别汇集到机侧或焦侧分烟道,进而在炉组端部的总烟道汇合后导向烟囱根部,借烟囱抽力排入大气。

烟道用钢筋混凝土浇灌制成,内砌黏土衬砖。分烟道与总烟道衔接部之前设有吸力自动调节翻板,总烟道与烟囱根部衔接部之前设有闸板,用以分别调节吸力。

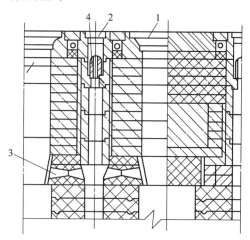

图 4-7　焦炉炉顶区结构

1—装煤孔;2—看火孔;3—烘炉孔;4—挡火砖

焦炉基础包括基础结构与抵抗墙构架两部分。

基础结构根据加热煤气引入方式,有下喷式(图4-8)和侧喷式(图4-9)两种。下喷式焦炉基础是一个地下室,由底板、顶板和构架柱组成。侧喷式焦炉基础是无地下室的整片基础。上面两种形式的分烟道均设在基础结构的两侧。ΠΒΡ 型和斯蒂尔式等焦炉的基础属于分烟道在内的结构形式(图 4-10)。

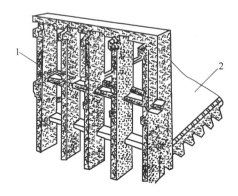

图 4-8　下喷式焦炉基础结构

1—抵抗墙构架;2— 基础

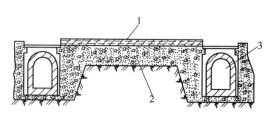

图 4-9　侧喷式焦炉基础结构

1—隔热层;2—基础;3—烟道

无论哪种形式,均支承着整个炉体、设备、炉料和车辆的荷载,烘炉和正常生产过程中炉体受温度作用产生膨胀,在炉底滑动面上发生位移而产生水平摩擦力,因此结构受力比较复杂。基础结构本身由于小烟道内热气流传递来的热量,也要升温,烟道在内的基础结构还受烟道内热气流的作用。基础升温将使钢筋及混凝土的强度和弹性模量均有明显的削弱作用,因此在工艺和土建中均要采取措施降低基础温度。

焦炉及其基础的重量全部加在其下面的地基上,焦炉的地基必须满足地耐力的要求,当天然地基不能满足时,必须采用人工地基。大型焦炉均用钢筋混凝土柱打桩,即采用桩基提高耐压力。为了保证地基土壤的天然结构不被破坏,要求地下水位应在基槽以下,并在施工中做好排水防雨。

焦炉与两侧分烟道、推焦车轨道、贮煤塔等相邻构筑物的基础,承重不同。为了防止产生不均匀沉降而拉裂基础,一定要留沉降缝。并且应在施工和投产后的头几年中注意测量焦炉基础的绝对沉降量和焦炉与各相邻构筑物间的沉降差,当超出容许值时,要采取补救措施。

抵抗墙对炉体的纵向膨胀起一定的约束作用,用以克服膨胀缝各层砖间滑动面的摩擦阻力,使膨胀缝发挥作用。由此炉体对抵抗墙侧产生水平推力,其大小决定于炉体的部位、构造、温度和材质,

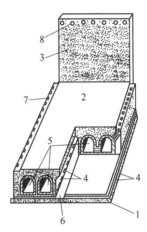

图 4-10　烟道在内的侧喷式焦炉基础
1—下部基础平台;2—上部基础平台;
3—抵抗墙;4—通风小道;5—炉底分烟道;
6—空气道;7—废气盘连接道;8—纵拉条孔

其中以斜道区的水平推力最大,JN43 型焦炉设计中取 15t/m。炉顶区由于重量轻,温度低,水平推力较小。燃烧室与蓄热室均非实体部位,故不产生水平推力。由于这种推力,从烘炉开始到投产为止,抵抗墙柱呈现向外倾斜的弯曲变形,因此炉顶设置纵拉条,来限制炉体纵向膨胀变形,约束抵抗墙柱顶的位移。并且在抵抗墙的结构形式上,在炉顶区和斜道区设有水平梁,增大抵抗墙的抗弯曲能力。

三、焦炉结构类型

现代焦炉可按装煤方式、加热煤气和空气供入方式、燃烧室火道形式、实现高向加热均匀的方式以及气流调节方式等的不同,进行分类。每一种焦炉形式均由以上分类的合理组合构成。

1. 装煤方式

按装煤方式焦炉有顶装(散装)焦炉和侧装(捣固)焦炉之分,两种焦炉的总体结构没有原则上的差别,但捣固焦炉为适应捣固煤饼侧装的要求,有以下特征:

(1)由于捣固煤饼沿炭化室长向没有锥度,故炭化室锥度较小(0~20mm)。

(2)为保证煤饼的稳定性,煤饼的高宽比有一定限制,因此炭化室高度一般不超过 4m,但采用提高煤饼稳定性的专门技术,国外也有炭化室高为 6m 的捣固焦炉。

(3)捣固煤饼靠托煤板送入炭化室,它对炭化室底层炉墙的磨损比较严重,因此炭化室以上第一层炉墙砖应特别加厚。

(4)炉顶不设装煤孔,只需设 1~2 个供消烟车抽吸装炉时粗煤气或烧除沉积碳用的孔。

2. 加热煤气和空气供入方式

焦炉加热煤气和空气供入方式有侧入式和下喷式两类。侧入式焦炉加热焦炉的富煤气由焦

炉机、焦侧位于斜道区的水平砖煤气道引入炉内,空气和贫煤气从废气盘和小烟道由焦炉侧面进入炉内。下喷式焦炉加热用的煤气(或空气)由焦炉下部垂直地进入炉内。也有的焦炉采用焦炉煤气下喷式,贫煤气和空气侧入式。

3. 燃烧室火道形式

焦炉燃烧室火道形式有水平火道和直立火道两大类。水平火道式焦炉已很少采用。直立火道按上升气流和下降气流的组合方式,可分为两分式、四分式、过顶式和双联式(图4-11)。

4. 高向加热均匀方式

焦炉高向加热均匀方式主要有高低灯头、不同炉墙厚度、分段加热和废气循环等四种方式(图 4-12)。高低灯头采用相邻火道不同高度的煤气灯头(烧嘴),以改变

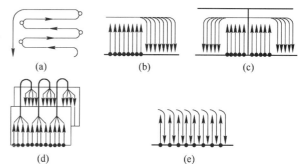

图 4-11　焦炉燃烧室火道形式
(a)水平式;(b)两分式;(c)四分式;(d)过顶式;(e)双联式

火道内燃烧点的高度,从而使高向加热均匀,此法仅限于富煤气加热,且由于高灯头高出火道底面一段距离送出煤气,自斜道来的空气易将高灯头下部砖缝中的沉积炭烧掉,造成串漏。采用不同厚度的炉墙,即靠加厚炭化室下部炉墙的厚度,向上逐渐减薄炉墙的办法,影响上下的传热量

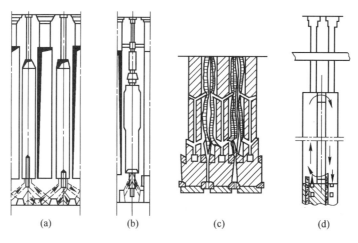

图 4-12　实现高向加热均匀的方式
(a)高低灯头;(b)不同炉墙厚度;(c)分段加热;(d)废气循环

以实现高向加热均匀。分段加热是将贫煤气和空气沿立火道隔墙中的孔道,在不同高度处进入火道,使燃烧分段,这种措施可使火焰拉得较长,并通过孔道出口的断面调整高向加热,但火道的结构比较复杂。废气循环是将下降火道的部分燃烧废气,通过立火道隔墙下部的循环孔,抽回上升立火道,形成炉内循环,以稀释煤气和降低氧的浓度,从而减缓燃烧速度,拉长火焰,这种方式结构简单,且有按加热煤气的进入量自动调节循环废气量的功能(见第七章)。废气循环因燃烧室火道形式不同可有多种实行方式(图4-13),其中蛇形循环可以调整燃烧室长向的气流量;双侧式常在炉头四个火道中采用,为防止炉头第一个火道因炉温较低,热浮力小而易产生的短路现象,一般在炉头一对火道间不设废气循环孔。双侧式结构可以保证炉头第二火道上升时,由第三

火道的下降气流提供循环废气。隔墙孔道式可在过顶式或二分式焦炉上实现废气循环,下喷式可在过顶式焦炉上通过直立砖煤气道和下喷管实现废气循环。

现代大容量焦炉常同时采用几种实现高向加热均匀的方法。

5. 气流调节方式

焦炉加热气流的调节方式有上部调节式和下部调节式两类。上部调节式焦炉采用从炉顶更换立火道底部烧嘴调节富煤气量,更换或拨动斜道口调节砖(牛舌砖)调节贫煤气量和空气量。下部调节式焦炉从焦炉底部更换煤气支管上的喷嘴或控制小烟道顶部算子砖孔开度来调节煤气量或空气量,下部调节方便,且操作环境好。

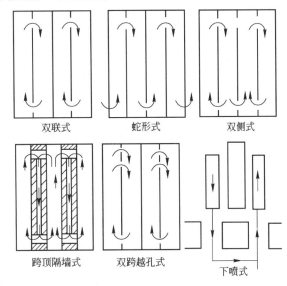

图 4-13　各种废气循环方式

四、主要炉型

1. 二分式焦炉

(1)中国的小焦炉　炭化室容积在 $6m^3$ 以下的焦炉,在国内属小焦炉,这种焦炉结构简单、砖型少、造价低且易于建设,均采用二分火道、侧入式和上部调节式。有代表性的焦炉是 66 型和 70 型,它们的基本尺寸如表 4-2 所示。

66 型焦炉是鞍山焦耐设计研究院在 1966 年为年产 10 万 t 冶金焦的焦化厂所设计的炉型。经多年实践,对原设计的 66 型焦炉几经修改,已发展为单用焦炉供气加热的侧入式 66-3 型焦炉(炉体结构可实现复热式),二分、下喷复热式 66-4 型焦炉和二分、侧入复热式 66-5 型焦炉。66-3 型焦炉的结构如图 4-14 所示,燃烧室和斜道区用硅砖砌筑,蓄热室用黏土砖砌筑,除炉组两端各有一个窄蓄热室外,每个炭化室下面有一个宽蓄热室,其顶部左右两排斜道分别与炭化室两侧的燃烧室相连。蓄热室靠中心隔墙分成机、焦两侧,并与上方燃烧室的机焦侧火道相连,焦炉煤气由一侧焦炉煤气主管经各燃烧室下方斜道区内的水平砖煤气道和各分支砖煤气立管进入该侧各立火道,空气由焦炉进煤气侧的废气盘,经该侧蓄热室、斜道进入各立火道,与煤气混合燃烧,产生的废气经立火道上部的水平烟道汇合,从另一侧立火道下降,再经该侧斜道、蓄热室、废气盘、分烟道、总烟道和烟囱排出,两侧定时换向。

表 4-2　二分式小焦炉基本尺寸

| 炉型 | 炭化室有效容积/m³ | 炭化室尺寸/mm | | | | | | | 燃烧室 | | 装煤量(干)/t | 结焦时间/h |
		全长	有效长	全高	有效高	平均宽	锥度	中心距	加热水平/mm	火道个数		
66	5.25	7170	6470	2520	2320	350	20	878	524	14	3.0	12
70	3.34	5850	5170	2380	2180	296	20	876	440	15 (机8焦7)	2.5	12

66 型焦炉由于是二分式结构,同侧气流方向相同,故异向气流接触面(仅蓄热室中心隔墙处)小,减小了窜漏机会。但水平集合烟道的气流阻力较大,各火道的压力差别也较大,故气流在蓄热室和各立火道的分布不易均匀控制。此外,由于机、焦侧各 7 个火道,焦侧炭化室较宽,供给的煤气和空气较多,则下降到机侧的废气量也较多,再加上焦炉尺寸小,气流途径短,有部分煤气

和空气在机侧燃烧,从而会提高机侧温度,容易出现机、焦侧温度反差的现象。

　　70型焦炉是鞍山焦耐设计研究院在1970年为年产4万t冶金焦的焦化厂所设计的小焦炉。原为黏土砖焦炉,经多年实践,并据地方工业提供硅砖的可能,后建的70型焦炉,炭化室部位已改用硅砖,以延长焦炉寿命,提高生产能力。70型焦炉也为二分火道、焦炉煤气侧入、单热式。为降低投资,小烟道与分烟道以烟道连接管相连,并设挡板调节;分烟道也即总空气道,在其端部设总换向砣盘实现机、焦侧总换向。为防止机侧、焦侧可能出现的倒温差,燃烧室的15个火道按机侧8个、焦侧7个划分。气流途径与66型焦炉基本相同。

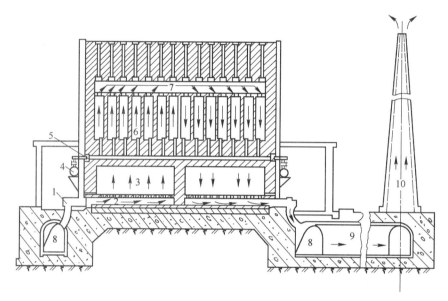

图4-14　66-3型焦炉结构示意图
1—废气盘;2—小烟道;3—蓄热室;4—焦炉煤气主管;5—水平砖煤气道;
6—立火道;7—水平烟道;8—分烟道;9—总烟道;10—烟囱

　　(2)卡尔—斯蒂尔式焦炉(图4-15)　由德国卡尔—斯蒂尔公司设计,为二分火道、分段加热,蓄热室沿长向分格、侧入式焦炉。空气和贫煤气(用富煤气加热时仅空气)经废气盘进入分格蓄热室预热后,通过火道隔墙中的孔道,在火道的不同高度处喷出,混合后实现多段燃烧。用富煤气加热时,富煤气经过有锥度的水平砖煤气道,由各火道底的喷嘴喷出,在火道不同高度处与空气混合,分段燃烧。典型的炭化室高6m的卡尔—斯蒂尔式焦炉,燃烧室分32个火道,机侧17个,焦侧15个,高向分6段加热,小烟道断面自外向里逐渐减小,立火道顶部的水平集合烟道内,每一火道处设滑动砖,以调节横墙温度。该焦炉异向气流的隔墙面积小,高向加热均匀,且由于采取了相应措施,一定程度上克服了二分式焦炉的缺点,但火道结构复杂,系统的气流阻力大。已经设计和投产了7.55m高的焦炉,其有效容积为52.5m³。

　　2. 过顶式焦炉

　　(1)考伯斯—贝克式焦炉(图4-16)　由美国考伯斯公司的领导人贝克(Becker)设计,为过顶火道、焦炉煤气下喷式焦炉。每个燃烧室下设两个蓄热室,用贫煤气加热时,一个预热贫煤气,另一个预热空气。预热后的空气和煤气经斜道进入其上方燃烧室的所有火道,混合燃烧后经过顶烟道进入炭化室另一侧的所有火道,然后再下降至蓄热室。每4个立火道(燃烧室端部为2个火道)汇合成一个过顶烟道。用富煤气加热时,煤气由两个同向蓄热室间的隔墙中的垂直砖煤气道进入燃烧室各立火道,该两个蓄热室均进空气。为扩大蓄热室传热面积,并简化炉型,将相邻两个煤气蓄热室合并,建成一个宽煤气蓄热室。如此该宽煤气蓄热室与两侧的各一个窄空气蓄热室为一组,属同向气流,相邻两组蓄热室则与此组气流相异。焦炉蓄热室的如此布置,可使异向气流蓄热室间的隔墙面减小,同时垂直砖煤气道均位于同向气流的蓄热室隔墙中,故可减少贫煤气和富煤气的漏失量。过顶烟道使炉顶层结构复杂,且使炉顶温度提高,炭化室顶部易产生沉积碳,且不利于化学产品的生成。但斜道结构简单,并可在过顶烟道调节气流量,比较方便。在美国加里已建成炭化室高 6.1m 的这种焦炉,为解决高向加热均匀性问题,火道隔墙中增设了斜道出口,在小烟道下部有外部废气循环通道,连接相邻燃烧室的砖煤气道。

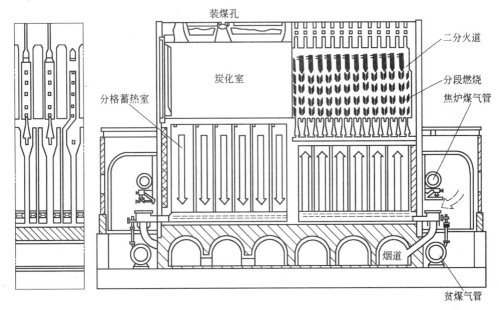

图 4-15　卡尔—斯蒂尔式焦炉结构示意图

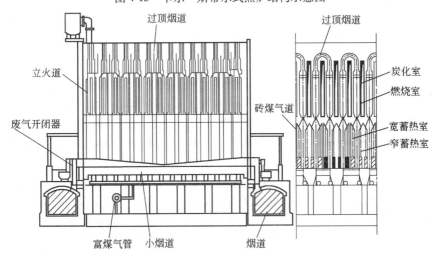

图 4-16　考伯斯—贝克式焦炉结构示意图

(2)ПK 式焦炉　为前苏联的标准型焦炉,其结构与考伯斯—贝克式基本相同,不同处在于富煤气系侧入式,ПK-2K 型焦炉的每个燃烧室下方于斜道区内设两个水平砖煤气道,以减小设单根砖煤气道时的尺寸,并通过火道隔墙中的孔道,实现废气循环(见图4-13)。

3. 双联式焦炉

(1)奥托式焦炉(图4-17)　由德国奥托公司设计,原始的结构为双联火道、高低灯头、焦炉煤气下喷、三格蓄热室的复热式焦炉。三格蓄热室是指在每个炭化室下方设一个分成三格的大蓄热室,中间稍宽,为煤气蓄热室,两侧较窄,为空气蓄热室,均属同向气流,煤气蓄热室连接上方炭化室两侧的燃烧室(一侧单数火道,另侧双数火道),空气蓄热室仅连接上方一个燃烧室(单数或双数火道)。贫煤气加热时,煤气不易漏入下降气流蓄热室是其优点,但蓄热室窄,砌筑时边砌墙边放格子砖,隔墙不严,清扫不净,小烟道部位直接用黏土砖砌筑,与上部硅砖因膨胀不一而使连接处易拉裂。现在的奥托式已属改良型,其特征为双联火道、煤气下喷、高低灯头、两格蓄热室。煤气蓄热室长向分格,并与上部成对火道相应。贫煤气加热时,也由地下室下喷管,经小烟

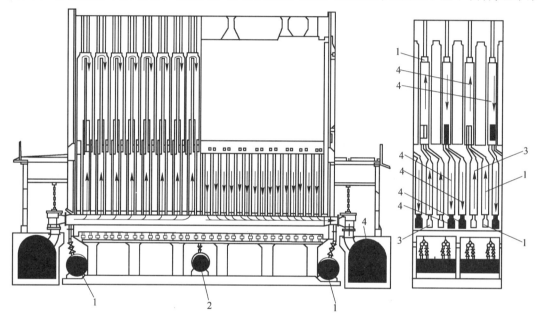

图 4-17　奥托式改良型焦炉结构示意图
1—贫煤气;2—富煤气;3—空气;4—废气

道隔墙间煤气道,分别进入长向分格的每段蓄热室的格子砖下部,空气则由小烟道进入分格蓄热室,然后分两路进入立火道,一部分直接从火道底部进入,另一部分经火道隔墙中的二次空气孔道进入,以提高高向的加热均匀性。贫、富煤气均实现下喷,故调节准确、方便。德国普罗斯帕尔炼焦厂已建成炭化室宽590mm、长16600mm、高7100mm,有效容积达62.3m³的这类改良型的奥托式焦炉。

(2)ПВР型焦炉(图4-18)　由前苏联国立焦化工业设计院设计的标准化炉型,为双联火道、废气循环、焦炉煤气侧入、二格蓄热室的复热式焦炉。每个燃烧室正下方两个蓄热室为同向气流,一为煤气蓄热室,一为空气蓄热室,它们分别用短斜道与正上方的燃烧室相连,用长斜道与正上方燃烧室两侧的燃烧室相连。每个燃烧室在机、焦侧各有两个水平砖煤气道、分别与该燃烧室的单号和双号火道相通。该炉型斜道区比较复杂,层数多、用砖量大、砖型复杂,但加热均匀性较好,我国鞍山、武汉、上海等地曾在1958年前后建有该型焦炉,现大多已大修改建为JN型焦炉。在前苏联已设计并建成炭化室高度为7m的该型大容积焦炉,且采用富煤气下喷,蓄热室分格,贫煤气和空气下调的结构形式。

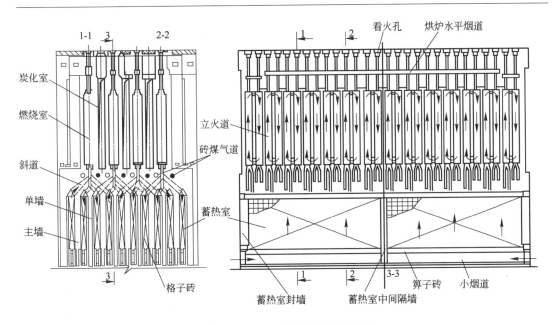

图 4-18 ⅡBP 型焦炉结构示意图

（3）JN 型焦炉 由鞍山焦化耐火材料设计研究院在总结多年炼焦炉生产实践经验基础上，吸取国外炉型优点，自 1958 年开始设计的一系列焦炉。JN 型焦炉为双联火道、废气循环、富煤气下喷的复热式焦炉（图 4-19）。它们的炭化室高分别为 4.3m、5.5m 和 6m，焦炉的主要尺寸见表 4-3。每个炭化室下面设两个宽度相同，气流方向也相同的蓄热室，一为煤气蓄热室，一为空气蓄热室；在燃烧室下方异向气流蓄热室之间的主墙内设垂直砖煤气道，富煤气通过它供入炉内。贫煤气和空气通过炭化室下方的两个蓄热室与其上方炭化室两侧的燃烧室相通，一侧连单数火道，另一侧连双数火道，斜道区的结构见图 4-3。蓄热室内气流方向成对相间，气流途径如图 4-20所示。

表 4-3 JN 型焦炉的主要尺寸

项　目	43 型炭化室平均宽/mm		55 型	60 型
	407	450		
炭化室全长/mm	14080	14080	15980	15980
炭化室有效长/mm	13280	13280	15140	15140
炭化室全高/mm	4300	4300	5500	6000
炭化室有效高/mm	4000	4000	5200	5650
炭化室宽：				
机侧/mm	382	425	415	420
焦侧/mm	432	475	485	480
平均/mm	407	450	450	450
炭化室中心距/mm	1143	1143	1350	1300
立火道中心距/mm	480	480	480	480
加热水平高度/mm	600 ~ 800	600 ~ 800	900	900
炭化室有效容积/m³	21.6	23.9	35.4	38.5
结焦时间/h	15	17	17	17

JN-43 型焦炉为炭化室高 4.3m 的 JN 型焦炉，该炉型几经修改，现已基本定型的为 JN43-80 型焦炉，该焦炉的加热水平高度为 700mm，炭化室墙厚为 95mm，焦炉炉头采用直缝结构，直缝结构外层

用高铝砖砌筑,炭化室盖顶砖用硅砖,盖顶砖以上用黏土砖,炉顶不承重的部位填隔热砖,炉顶表面层用缸砖,炉顶厚度1174mm。蓄热室相同气流之间的单墙用双沟舌"Z"型砖砌筑,小烟道顶部采用圆形扩散孔算子砖,小烟道底部黏土衬砖下的不承重部位用隔热砖砌筑。斜道出口处设有不同厚度的可更换调节砖(牛舌砖),炉头火道的斜道口宽度(120mm)较中部火道的斜道口宽度(80mm)

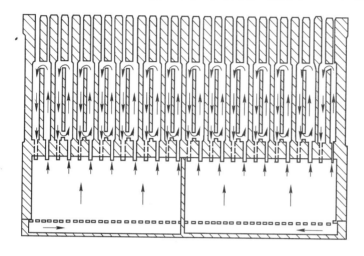
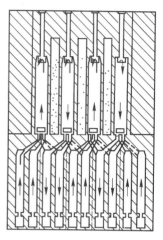

图 4-19　JN 型焦炉结构示意图

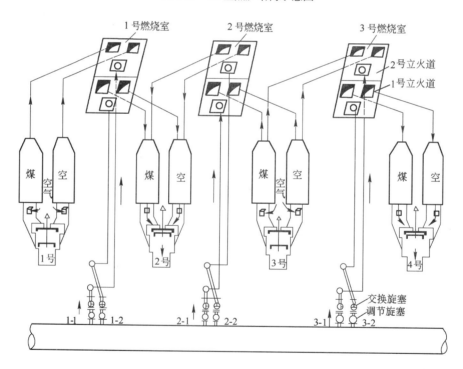

图 4-20　JN 型焦炉气体流动途径示意图

大,以利提高炉头温度。燃烧室由28个立火道组成,每两个火道成一组,成对火道的隔墙上部设跨越孔,底部设废气循环孔。但为防止短路,炉头成对火道间不设废气循环孔。

　　JN-60 型焦炉为炭化室高 6m 的 JN 型大容积焦炉,其基本结构与 JN-43 型焦炉相同。但为改善使用焦炉煤气加热时的高向加热均匀性,采用了高低灯头结构,高灯头出口距炭化室底405mm、低灯头出口距炭化室底 255mm。为提高炉体结构强度,炭化室中心距由 JN-43 型的1143mm 提高到 1300mm,炉顶层厚度由 JN-43 型的 1174mm 提高到 1250mm(焦炉中心线处),蓄热室主墙厚度由 JN-43 型的 270mm 提高到 290mm。为增大蓄热面积,蓄热室的宽度和高度均加大,格子砖层高度由 JN-43 型的 2m 左右提高到 3172mm。燃烧室由 32 个火道组成,为减少炉头火道的热负荷,以提高炉头火道温度,炉头火道的宽度减小至 280mm(中部各火道宽度为330mm)。炉头采用硅砖咬缝结构,但为防止炉头拉裂,炉头砖与保护板的咬合很少。在装煤孔和炉头处的炭化室盖顶砖改用黏土砖砌筑,以防因急冷急热而过早断裂,其余部位炭化室盖顶砖仍用硅砖,以保持炉顶的整体性和严密性。

　　(4)JNX 型焦炉　此为鞍山焦化耐火设计研究院在 JN 型焦炉基础上设计的下部调节气流式焦炉,其结构特点为双联火道、废气循环、焦炉煤气下喷、蓄热室分格、贫煤气和空气下调的复热式焦炉(图 4-21)。其炭化室高度有 4.3m 和 6.0m 两种,分别称 JNX43 和 JNX60 型焦炉。其主要尺寸和基本结构与相应的 JN 型焦炉基本相同,主要不同在于蓄热室长向用横隔墙分成独立的小格,每一格与上部立火道一一对应,数目相同。在每个独立小格底部的算子砖上,设置 4 个固定

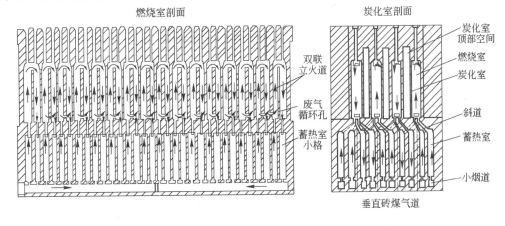

图 4-21　JNX 型焦炉结构示意图

断面的算子孔和一个可调断面的算子孔(图 4-22)。通过焦炉基础顶板上的下调孔,用更换调节砖的办法来调节可调算子孔断面,以控制蓄热室长向的气流分布,以及进入各立火道的贫煤气和空气量,贫煤气和空气仍通过小烟道进入蓄热室。

　　(5)考伯斯式焦炉(图 4-23)　由美国考伯斯公司设计。初期的考伯斯式焦炉属二分式。新型的考伯斯式焦炉采用双联火道结构,但蓄热室仍维持二分式布置以减少异向气流的接触面,为此在蓄热室上部增加了通气道,并机、焦侧分开,由交叉道和焦、机侧的蓄热室相连。为满足炭化室高度增加后高向加热均匀的需要,也采用了废气循环。为使气体沿蓄热室长向均匀分布,两侧蓄热室内还有隔墙,小烟道分上下两层,上

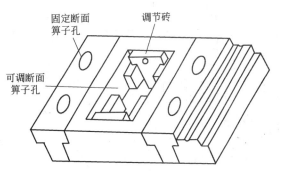

图 4-22　JNX 型焦炉算子砖

层连外段蓄热室,下层连内段蓄热室,下层小烟道断面的高度也内外不同。焦炉煤气为侧入式。该炉型燃烧室为双联带废气循环,高向加热较均匀。蓄热室二分,异向气流接触面小,不易漏气,蓄热室长向气流分布比较均匀。但斜道区结构复杂。

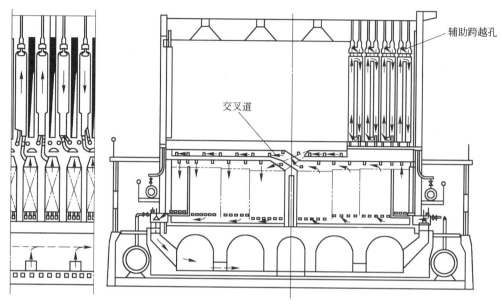

图 4-23　考伯斯式焦炉结构示意图

在德国已建成投产了炭化室高 7.58m,平均宽 550mm,有效容积约 70m³ 的该种大容积焦炉。焦炉煤气采用下喷式,立火道跨越孔增设调节砖,以改善高向加热均匀。

（6）新日铁 M 式焦炉（图 4-24）　由日本八幡制铁所开发、设计,初期的新日铁 M 式焦炉采

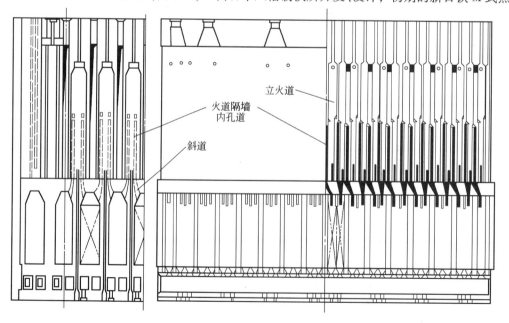

图 4-24　新日铁 M 式焦炉结构示意图

用双联火道、蓄热室长向分格和焦炉煤气侧入的结构。之后新日本制铁公司(新日铁)设计、投产了炭化室高度为5.5m,6m和6.5m不同规格的新日铁M式焦炉,其结构特点为双联火道,蓄热室分格,燃烧室三段供热,富煤气、贫煤气和空气全下喷。用于我国宝山钢铁公司的新日铁M式焦炉基本尺寸为:

炭化室全长15700mm,有效长14800mm,炭化室全高6000mm;

炭化室有效高5650mm;平均宽450mm,锥度60°;

炭化室中心距1300mm,立火道中心距500mm,炉顶层厚1225mm;

炭化室有效容积37.6m³。

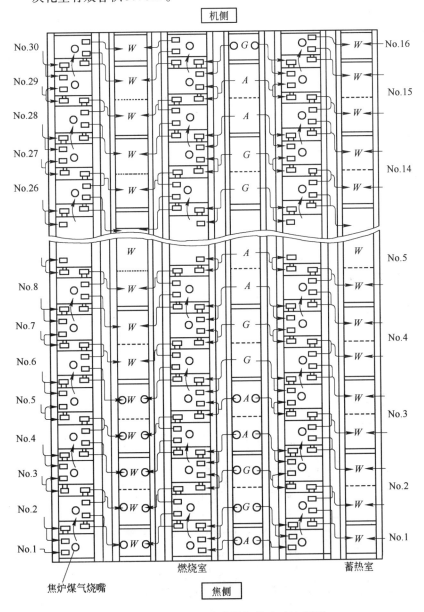

图4-25 新日铁M式焦炉气体流动途径图

G—高炉煤气;A—空气;W—废气

在每个炭化室下设置一个宽蓄热室,蓄热室沿长向分成 16 格,两端各 1 个小格,中间 14 个大格,每格对应两个立火道,贫煤气格与空气格相间配置。每个蓄热室下部平行设两排小烟道,一排与贫煤气格连接。另一排与空气格连接。沿炉组长向蓄热室气流方向相间异向排列。沿燃烧室长向的火道隔墙中有两个孔道,一处上升气流,另一处下降气流,每个火道在距炭化室底 1260(或 1361)mm 及 2896(或 3061)mm 处各有一个开孔,与上升火道或下降火道相通,实行分段加热。

用贫煤气加热时,正常操作下用强制通风,空气与贫煤气分别经穿过小烟道的下喷管进入空气格与煤气格,预热后经斜道进入上升火道,其中部分气体由火道底流出、混合、燃烧,部分煤气和空气分别进入上升火道两侧隔墙中的上升气流孔道,由不同高度处的开孔流出、混合、燃烧,故为三段加热。燃烧后废气经双联火道的下降侧,部分由火道底流入斜道,部分由下降火道两侧隔墙中的下降气流孔道流入斜道,然后进入下降蓄热室的相应格,并经小烟道、废气盘排出。强制通风有故障时,也可改为自然通风。

用焦炉煤气加热时,一般空气均采用自然通风,焦炉煤气经蓄热室主墙中的垂直砖煤气道进入火道底,空气经蓄热室、斜道、火道底及火道隔墙中的孔道分段喷出,实行三段燃烧。

该焦炉的气体流动途径如图 4-25 所示。

该炉型加热均匀、调节准确、方便。但结构复杂,砖型多达 1200 余种,蓄热室长向空气和贫煤气相间排列,但隔墙较薄,容易发生短路,且从外部很难检查到。贫煤气和空气的下喷管穿过小烟道,容易被废气烧损、侵蚀。

4. 巨型炼焦反应器(SCR)

德国普罗斯佩尔(Prosper)焦化厂建成的 JCR 示范装置有蓄热室位于炭化室底部,布置方式与常规蓄热式焦炉相似的 JCR-B 型和蓄热室位于炭化室侧面的 JCR-S 型两种。后者在烘炉至 1000℃时因蓄热室膨胀过大出现大裂缝而停止使用。JCR 的炭化室两侧各有一个燃烧室,为保证加热均匀,立火道设计成三段燃烧。燃烧室的外侧是隔热层,在隔热层外由 H 型钢排列成的抵抗墙,形成侧向钢性支承结构(图 4-26),这种结构可以保证炭化室高度在 9.5m 条件下,其炉墙抵抗炼焦过程膨胀压力的能力达 30kPa 以上(常规焦炉承受膨胀压力的极限值为 11kPa)。

主要尺寸:

炭化室 0.85m×10m×20m,无锥度,炭化室炉墙 60mm;

炭化室有效容积 150m³,100t/孔;产量 100t/d。

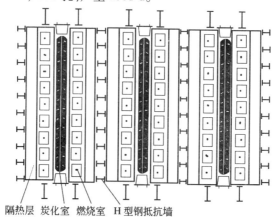

隔热层　炭化室　燃烧室　H 型钢抵抗墙

图 4-26　巨型炼焦反应器

第二节　筑炉材料

炼焦炉是焦化厂的基础设备,它主要由耐火材料砌成,砌筑一座 42 孔的 JN-43 型焦炉需要耐火砖约 6.6kt,其中 2/3 为硅砖。焦炉的一代炉龄要求 25~30 年,在此期间,大部分砌体不易热修,因此砌筑焦炉用耐火材料必须适应焦炉生产的要求,经久可靠。

砌筑焦炉除主要部位用耐火材料外,尚有隔热材料和普通建筑材料。隔热材料用于炉顶、蓄热室封墙、小烟道底部等不承重的部位,以减少炉体的表面热损失。普通建筑材料用于砌筑不与炽热废气和高温焦炭接触的基础、烟道、烟囱和炉顶层上部等部位(<500℃)。

一、砌筑焦炉用耐火材料的基本要求

炉体不同部位,由于承担的任务、温度、所承受的结构负荷以及所遭受的机械损伤和介质侵蚀的条件等各不相同,因此各部位的耐火材料应具有不同的性能。

炭化室(燃烧室)墙在满负荷生产时,立火道的最高温度点可达 1550℃以上,它又是传递干馏所需热能的媒介体,应该具有良好的高温导热性能。它承受上部砌体的结构负荷和炉顶装煤车的重力,应该具有高温荷重不变形的性能。它的炭化室墙面受到灰分、熔渣、水分和酸性气体的侵蚀以及甲烷渗入砖体空隙内发生碳沉积;立火道底受到煤尘、污物的渣化侵蚀,因此应具有高温抗蚀性能。加煤时,炭化室墙面温度从 1100℃ 左右急剧下降到 600~700℃,故必须具备在600℃以上能经受温度剧变的性能。炭化室底面砖,则应有较高的耐磨强度。

燃烧室炉头的内、外侧温差悬殊,装煤时温度波动大,而且直接受到保护板的压力,应具备良好的抗温度急变性能及较高的耐压强度。

格子砖用于蓄热,上层与下层温差达 1000℃ 左右,上升和下降气流时的温差达 300~400℃,因此格子砖材质应体积密度大,抗温度急变性能好。

小烟道在上升气流时低于 100℃,下降气流时高于 300℃;砖煤气道则受到常温煤气和水汽的作用,因此二者都要求在 300℃ 以下有抵抗温度急变的性能。

根据以上讨论,砌筑焦炉用耐火材料应该满足下列基本要求:

1)荷重软化温度高于所在部位的最高温度;

2)在所在部位温度变化范围内,具有抗温度急变性能;

3)能抵抗所在部位可能遇到的各种介质的侵蚀;

4)炭化室墙具有良好的导热性能,格子砖具有良好的蓄热能力。

二、耐火砖的性能与焦炉砖的选择

目前,砌筑焦炉的耐火砖有含 SiO_2 93% 以上的硅砖;有水合硅酸铝($Al_2O_3 \cdot 2SiO_2 \cdot 2H_2O$)质的黏土砖,包括 Al_2O_3 含量不低于 35% 的黏土砖及 Al_2O_3 含量高于 48% 的高铝砖;还有隔热用的多孔轻质黏土砖和硅藻土砖。

1. 耐火度

是耐火材料在高温下抵抗熔融性能的指标,但不是熔融温度。一般物质有一定的熔点,耐火材料却不同,它从部分开始熔融到全部熔化,其间温差几百度,而且熔融现象还受升温速度影响,因此目前均采用比较法测定耐火度。用高岭土、氧化铝和石英按不同配比制成规定尺寸的三角锥状标准试样,称示温熔锥,它们的耐火度是已知的。将待测试样按规定制成三角锥状,和示温熔锥同时置于高温炉内,以一定的速度升温。当待测试样和某一个标准试样同时软化弯倒、锥角与底盘接触时,该标准试样的耐火度即待测试样的耐火度,因此耐火度是熔融现象发展到软化弯倒时的温度。一般规定耐火度在1580℃以上者称耐火材料。

2. 荷重软化温度

荷重软化温度是耐火材料在高温下的荷重变形指标,表示它对高温和荷重同时作用的抵抗能力,在一定程度上表明耐火制品在与其使用情况相仿条件下的结构强度。耐火砖的常温耐压强度很高(见表4-4),但在较高温度下,耐火材料中的低熔化合物开始熔化而产生液相,使其结构强度降低,例如某硅砖常温耐压强度为18.1MPa,900℃时为10MPa,1100℃时为6.9MPa。把耐火材料在一定荷重下产生软化变形时的温度称荷重软化温度,用以评定耐火材料的高温结构强度。通常将耐火制品制成规定尺寸的圆柱体,在0.2MPa的压力下按规定速度升温,测定荷重变形曲线,变形0.6%时的温度称开始变形温度,变形40%时的温度称终了变形温度,通常说的荷重软化温度为开始变形温度。

一些耐火砖的荷重软化温度如表4-4所示。数据表明,硅砖的荷重软化温度较高,与其耐火度仅相差60~70℃,但开始变形后很快破坏,从开始变形到终了变形仅差10~15℃。黏土砖的

表4-4　常用耐火砖的基本性能

性　　　能		硅　砖	黏土砖	高铝砖	镁　砖
主要化学成分及其含量/%		SiO_2　93~97	SiO_2　52~65 Al_2O_3　35~48	SiO_2　10~52 Al_2O_3　48~90	MgO　85~92
耐火度/%		1690~1710	1610~1730	1750~1790	~2000
荷重软化温度/℃		1620~1650	1250~1400	1400~1520	1420~1520
常温耐压强度/MPa		17.5~50	12.5~55	25~60	~40
体积密度/g·cm^{-3}		1.9	2.1~2.2	2.3~2.75	~2.6
显气孔率/%		16~25	18~28	18~23	~20
高温体积稳定性	温度/℃	1450	1350	1550	
	残余变形/%	+0.8	-0.5	-0.5	
热导率/W·(m·℃)$^{-1}$		$1.05+0.93\times10^{-3}t$	$0.7+0.64\times10^{-3}t$	$2.1+1.86\times10^{-3}t$	$4.3+0.48\times10^{-3}t$
线膨胀率(1000℃)/%		1.2~1.4	0.35~0.60	0.5~0.6	1.2~1.3
抗急冷急热性		差	好	中等	差

荷重软化温度较低,与其耐火度相差约350℃,但变形曲线较平坦,随温度升高,变形量缓慢增加,开始变形温度和终了变形温度相差达200~250℃。

3. 高温体积稳定性

高温体积稳定性是耐火制品长期在高温下使用时,体积发生不可逆变化的性能。耐火砖在制造、烧成过程中由于反应不充分以及晶形转化不完全,当其在高温下长期使用时,由于反应的进一步发生和晶形的进一步转化,引起的残余变形量作为评定高温体积稳定性的标志。通常是将体积为V_0的试样,加热到1200~1500℃保温2h,冷却至室温后测定其体积V,由此求出高温体积稳定性。

$$高温体积稳定性 = \frac{V-V_0}{V_0}\times100,\% \tag{4-2}$$

正值表示残余膨胀,负值表示残余收缩,也叫重烧膨胀和重烧收缩。

4. 热膨胀性

热膨胀性是指耐火制品随温度升高发生的热膨胀变形性能。在不同温度范围内,由于制品

中矿物组成和矿相结构的差别,热膨胀变形量也不同。通常用线膨胀率 α 或体膨胀率 β 表示。

$$\alpha_t = \frac{l_t - l_0}{l_0} \times 100, \% \tag{4-3}$$

$$\beta_t = \frac{V_t - V_0}{V_0} \times 100, \% \tag{4-4}$$

式中 l_0 、V_0——室温下试样的原始长度和体积;

        l_t 、V_t——温度升高至 t ℃时试样的长度和体积。

式(4-3)和式(4-4)说明,不同温度下耐火制品有不同的线膨胀率 α_t 和体膨胀率 β_t。若制品在三维方面均匀膨胀,一般 $\beta_t = 3\alpha_t$。几种耐火砖的线膨胀曲线见图 4-27。由图看出,黏土砖则产生残余收缩。

5. 温度急变抵抗性(抗急冷急热性)

它表示耐火材料在温度急剧变化时不开裂、剥落的性质。目前采用的试验方法,是将试样加热到 850℃,然后放入流动的凉水中,如此反复,直到碎裂、剥落部分的重量达到试样初重的 20%,用此急热急冷次数作为热稳定性指标。硅砖仅 1~2 次,普通黏土砖 10~20 次,粗粒黏土砖可达 25~100 次。此法与耐火材料实际使用时的温度变化条件相差甚远,只能大体上作参考。

由图 4-27 可见,硅砖总体的线膨胀率较大,故抗急冷急热性差,但高于 600℃时,线膨胀率接近常数,而黏土砖仍呈线性增加,因此在较高温度下硅砖的抗急冷急热性反优于黏土砖。这也是操作良好的硅砖焦炉比炭化室用黏土砖砌的焦炉炉龄长的基本原因。

6. 密度与孔隙

耐火制品可看成由岩石和空隙构成,空隙又可分为开口空隙(与外界相通)和密闭空隙(与外界不通)。因此,耐火制品的密度与空隙可分别表示如下:

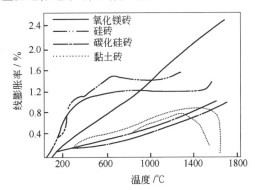

图 4-27 几种耐火砖的线膨胀曲线

$$真密度 = \frac{质量}{岩石部分的容积} \tag{4-5}$$

$$表观密度 = \frac{质量}{(岩石部分 + 密闭空隙)的容积} \tag{4-6}$$

$$体积密度 = \frac{质量}{(岩石部分 + 密闭部分 + 开口空隙)的容积} \tag{4-7}$$

$$真气孔率 = \frac{(开口空隙 + 密闭空隙)的容积}{(岩石部分 + 密闭空隙 + 开口空隙)的容积} \times 100\% \tag{4-8}$$

$$显气孔率 = \frac{开口空隙的容积}{(岩石部分 + 密闭空隙 + 开口空隙)的容积} \times 100\% \tag{4-9}$$

耐火砖的真密度与其内部的矿物组成和矿相结构有关,体积密度除与真密度有关外,还受气孔率的影响,由式(4-8)可得如下关系:

$$真气孔率 = \frac{全气孔体积}{总容积} = 1 - \frac{岩石容积}{总容积} = 1 - \frac{质量/总容积}{质量/岩石容积} = 1 - \frac{体积密度}{真密度}$$

$$体积密度 = (1 - 真气孔率)真密度 \tag{4-10}$$

优质的硅砖要求真密度低(见硅砖特性),而体积密度高,就要求降低真气孔率。所谓的高密度硅砖是指高体积密度,因为这种硅砖的耐压强度和导热性能均优于普通硅砖。

7. 热导率与热扩散率

热导率λ表示制品导热能力的大小;热扩散率a则表示制品在传热过程中温度变化的能力,它影响制品内层温度分布的均匀性。

$$a = \frac{\lambda}{\gamma c_p}, \mathrm{m^2/h} \tag{4-11}$$

式中　　λ——热导率,$\mathrm{kJ/(m \cdot h \cdot ℃)}$ $(\lambda = \frac{1}{3.6} W/(\mathrm{m \cdot ℃}))$;

　　　　γ——密度,$\mathrm{kg/m^3}$;

　　　　c_p——比热容,$\mathrm{kJ/(kg \cdot ℃)}$。

a愈大,制品内部的温度梯度愈小,所产生的内应力也愈小。砌筑炭化室墙的耐火砖,要求热导率高,格子砖则应选择热容大、热扩散率高的材料。耐火材料的热导率随温度而变化(图4-28)。在焦炉火道温度下,硅砖的热导率较大,并随体积密度增加、气孔率降低而显著提高。硅砖和黏土砖相比,热导率高,当炭化室宽度相同时,黏土砖焦炉的结焦时间为24～28h,硅砖焦炉可缩短到14～16h,因此大大提高了单位炉容的生产能力。

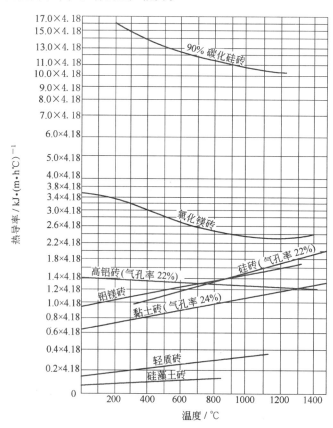

图4-28　一些耐火砖的热导率-温度曲线

8. 抗蚀性

抗蚀性是指耐火制品高温下抵抗灰分、气体等侵蚀的性能。煤焦灰分主要是 SiO_2 和 Al_2O_3 等酸性氧化物,干馏煤气中有 H_2S 等酸性气体,对此,硅砖和黏土砖等酸性耐火材料都有良好的抗蚀性,故适用于焦炉。

基于以上讨论,现代焦炉炭化室部位采用荷重软化温度高、导热性好、抗蚀性强、600℃以上抗急冷急热性能好的硅砖。斜道区和蓄热室墙的温度虽较低些,但要求砌体严密、负重大,故也采用无残余收缩、荷重软化温度高、与炭化室热膨胀性一致的硅砖。燃烧室头部温度变化较大,可降到600℃以下,还要经受护炉铁件所施压力,宜用抗热震性好、耐磨性强的高铝砖。格子砖、箅子砖、小烟道衬砖、砖煤气道第一层砖、炉顶用砖以及炉门衬砖、上升管衬砖等应具有良好的热稳定性,而对荷重软化温度要求不高,故均采用黏土砖。

三、SiO_2 晶型转变与硅砖特性

硅砖内含 SiO_2 93%以上,它是以石英岩(硅石)为原料,粉碎到适宜的粒度组成,然后加入适量的黏结剂(如石灰乳)和矿化剂(如铁粉以促进鳞石英的生成)经混合、成型、干燥并按计划升温而烧成。

SiO_2 有多种晶型,各种晶型的真密度(表4-5)和膨胀性均不同(图4-29)。随温度变化,硅砖内 SiO_2 发生晶型转变,即不同温度下硅砖微体积内含有不同晶型的 SiO_2,并因而有不同的真密度和膨胀性。

表4-5　各种 SiO_2 晶型的真密度

晶　型	α-石英	β-石英	α-方石英	β-方石英	α-鳞石英	β-鳞石英	γ-鳞石英
真密度/$g \cdot cm^{-3}$	2.53	2.65	2.23	2.31	2.23	2.24	2.26

在制造硅砖的原料硅石中,SiO_2 以 β-石英存在,在干燥、烧成过程中,β-石英首先转化为 α-石英,然后再转化为 α-方石英和 α-鳞石英,在温度高于1670℃时 α-鳞石英将转化为非晶型的石英玻璃,在温度高于1710℃时 α-方石英也会转化为石英玻璃。在烧成的硅砖内,由于温度不均及晶型转变的时间和条件的差异,总是三种晶型共存的,甚至还有石英玻璃。烧成的硅砖中的 α-石英、α-鳞石英和 α-方石英在冷却过程中转变为相应的低温型,即 β-石英、γ-鳞石英和 β-方石英。当制成的硅砖用于砌筑焦炉后,再次升温时,这些低温晶型会逐渐转变为高温晶型。以上转变的温度、条件以及相应的膨胀量见图4-30。由图可以归纳出 SiO_2 晶型转变有两大类:一类是各类晶型内高温型(α)和低温型(β,γ)

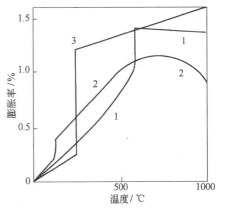

图4-29　不同 SiO_2 晶型的膨胀曲线

1—石英;2—鳞石英;3—方石英

间的转变,这种转变不发生晶格重排,只是晶格的扭曲或伸长,故转变较快而且可逆;另一类是各类晶型间的转变,称为迟钝型转变,它是晶格重排过程,是从结晶边缘开始向中心缓慢进行,需要较长时间,转变路线因温度范围、升温速度与矿化剂存在与否而异。如:

$$\alpha\text{-石英} \xrightarrow[1000 \sim 1450℃,\ >1300℃转变加快]{\text{矿化剂不足}} \alpha\text{-方石英}$$

$$\alpha\text{-石英} \xrightarrow[870℃,\ >1400℃转变加快]{\text{有矿化剂}} \alpha\text{-鳞石英}$$

由于烧成温度、速度及原料、矿化剂等的差异,制成的硅砖由于矿相组成的差异,硅砖真密度就不同(见表4-6)。由于鳞石英具有荷重软化温度高,导热性能好,膨胀率小,真密度小的特点,因此

好的硅砖应使石英转化较完全,即残存石英少,鳞石英含量高(65% ~80%),故真密度低(<2.35)。

图 4-30 还表明,在低温区 SiO_2 的膨胀率变化大,尤其在 117℃、163℃、180 ~270℃和 573℃等晶型转化点变化更为显著,故硅砖的烧成和焦炉的烘烤均需按计划升温,以免碎裂。此外,为在烧成过程中,尽可能促进 SiO_2 向鳞石英转化,在原料中必须加铁粉等矿化剂,烧成过程应控制缓慢的升温速度,烧成最高温度要求达到 1360 ~1400℃,并保温足够长的时间(30 ~32h)。

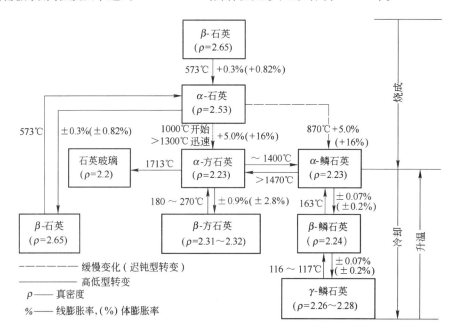

图 4-30　SiO_2 晶型转变

表 4-6　不同真密度硅砖的矿相组成

真　密　度	鳞石英/%	方石英/%	石英/%	石英玻璃/%
2.33	80	13	–	7
2.34	72	17	3	8
2.37	63	17	9	11
2.39	60	15	9	16
2.40	58	12	12	16
2.42	53	12	17	18

四、黏土砖及其他焦炉用耐火砖

1. 黏土砖

黏土砖是含 Al_2O_3 35% ~48%、SiO_2 52% ~65%的铝硅质耐火材料。是以耐火黏土和高岭土为原料配以经过煅烧的耐火黏土(熟料),经粉碎混合成型、干燥后烧成的。配加熟料的作用是减少干燥和烧成过程的收缩,提高体积密度,降低气孔率,提高耐急冷急热性。熟料量按耐火制品的性能要求、原料特性及成型方法等确定,一般为 40% ~70%。配料的颗粒组成应满足提高体积密度的要求,使不同粒径实现最紧密堆积。

高岭土的主要矿物组成为高岭石($Al_2O_3 \cdot 2SiO_2 \cdot 2H_2O$),其余为 K_2O、Na_2O、CaO、MgO、TiO_2

及 Fe_2O_3 等杂质（6% ~7%）。烧成过程是高岭石不断失水、分解,生成莫来石（$3Al_2O_3 \cdot 2SiO_2$）结晶的过程,其主要反应如下:

1）150℃:砖坯水分蒸发;

2）150~600℃:高岭石排出结晶水 $Al_2O_3 \cdot 2SiO_2 \cdot 2H_2O \rightarrow Al_2O_3 \cdot 2SiO_2 + 2H_2O$;

3）600~830℃:无水高岭石分解 $Al_2O_3 \cdot 2SiO_2 \rightarrow \gamma\text{-}Al_2O_3 + 2SiO_2$;

4）830~950℃: $\gamma\text{-}Al_2O_3$ 发生晶型转化为 $\alpha\text{-}Al_2O_3$,并进而形成莫来石 $3\alpha\text{-}Al_2O_3 + 2SiO_2 \rightarrow 3Al_2O_3 \cdot 2SiO_2$;

5）950~1350℃:黏土中的 K_2O、Na_2O、CaO、MgO、Fe_2O_3 等与 $3Al_2O_3$、$2SiO_2$ 形成共晶的低熔硅酸盐,并进而熔化包围在莫来石结晶颗粒周围,促进颗粒的溶解、重结晶和重排过程,最终形成坚硬制品。

黏土砖的烧成温度为1300~1400℃,烧成后的黏土制品含30%~45%的莫来石结晶,周围属于非晶质玻璃相的共晶低熔点硅酸盐。黏土砖至高温的总膨胀率仅为硅砖的1/2~2/3,且加热到1200℃后,由于制品中矿物继续发生重结晶,以及低熔化合物的进一步熔化,使结晶颗粒进一步靠近,故会出现残余收缩。

2. 高铝砖

含 Al_2O_3 高于48%的铝硅质耐火砖叫高铝砖,它是以高铝矾土为原料,并用与黏土砖类同的制造方法制成。它的耐火度及荷重软化开始温度均高于黏土砖,抗渣性能也好。耐急冷急热性虽不如黏土砖但优于硅砖,可用于砌筑燃烧室炉头。

3. 叶蜡石砖

叶蜡石砖是含 SiO_2 77%~78%、Al_2O_3 19%~21%的半硅质耐火制品,以叶蜡石（含 SiO_2 65%~67%、Al_2O_3 23%~26%）为原料制成。中国浙江、福建、内蒙古等地有较丰富的叶蜡石矿,叶蜡石砖的耐急冷急热性和抗渣性均较强,是一种新型耐火材料,已被用于焦炉炉顶面砖和水煤气发生炉作内衬,其用途有待开发。

上述焦炉用耐火砖的理化指标见表4-7。

表 4-7　焦炉用耐火砖的理化指标

指　标	黏土砖	高铝砖	硅　砖	叶蜡石砖
矿物组成:Al_2O_3/%	>35	>48		19~21
SiO_2/%			>93	77~78
耐火度(大于)/℃	1690	1750	1690	1630
荷重软化开始温度(大于)/℃	1300	1420	1620	1450
显气孔率(小于)/%	24	23	22	18
常温耐压强度(大于)/MPa	20	40	22	50
残余收缩率(小于)/%	0.5 (1350℃,2h)	0.7 (1450℃,3h)	—	0.5 (1250℃,2h)
残余膨胀率(小于)/%	—	—	0.8 (1450℃)	
真(相对)密度(小于)			2.37	1.7~1.9

五、焦炉用耐火泥料

1. 筑炉用耐火泥

砌筑焦炉的耐火泥在常温下以水和其他溶剂调和后应具有良好的黏结性和可填塞能力,以利于砌筑;干燥后应有较小收缩性,以防砖缝干固时开裂;在使用温度下能发生烧结,以增加砌体的强度和严密性;还要求有相应的耐火度和荷重软化温度;为了砌筑方便,应有一定的保水能力,使砌筑时有较好的柔和性。

砌筑焦炉用的耐火泥分为硅火泥和黏土火泥,黏土火泥用于砌筑黏土砖部位,硅火泥分高温(>1500℃)、中温(1350~1500℃)和低温(1000~1350℃)三种。中温硅火泥用于砌筑焦炉中斜道区中、上部到燃烧室顶部位,低温硅火泥用于砌筑蓄热室中部到斜道区下部的砌体,蓄热室下部则采用加8%~10%水玻璃的低温硅火泥砌筑,以降低火泥的烧结温度。与金属埋入件相接的砌体部位,火泥中需加精矿粉。砌筑焦炉顶面砖时,应在黏土火泥中加硅酸盐水泥和石英砂。

(1)硅火泥　用硅石、废硅砖和结合黏土配制,加入废硅砖粉的目的是利用它与硅砖热膨胀性相同,可使砖缝贴靠砖面。加入结合黏土可增加火泥的可塑性、降低失水性和透气性。废硅砖的配量为20%~30%,结合黏土配量为15%~20%。颗粒组成对硅火泥的使用性能影响很大。由实践表明,较佳的颗粒组成为0.076~0.5mm占30%~40%,小于0.076mm占65%~70%。粒度太细,吸收水强,大量水分不易排除,容易产生裂纹;粒度太粗,失水快,可塑性差,不利于砌筑。国内湖南醴陵有一种天然风化的胶结高硅土矿,具有天然分散细度,SiO_2含量可达97%以上,以此为主要原料配制的硅火泥,在国内已得到广泛应用。为调整颗粒组成和耐火度,在用天然高硅土配制硅火泥时,一般配加生黏土粉10%~17%(中温硅火泥)或18%~25%(低温硅火泥)。硅火泥的理化性能见表4-8。为了改善硅火泥砌筑性能(可柔动性)和烧结性能(剪切黏结强度),可在火泥中配添加剂。前者主要有糊精、膨润土粉料、羧甲基纤维素等,配加量1%~3%。后者有硼砂($Na_2B_4O_7 \cdot 10H_2O$)、氟硅酸钠、磷酸盐、碳酸钠和亚硫酸纸浆废液等,这些添加剂是碱性,使SiO_2不易沉淀,水解后产生NaOH,出现玻璃液相,既改善泥浆结合力,又促进石英转化为磷石英,配加量0.5%~1%。

(2)黏土火泥　一般用60%~80%的熟黏土粉(或废黏土砖粉)和20%~40%的生黏土粉配制而成。其颗粒组成为≤2.0mm占100%,≤1.0mm不小于97%,≤0.125mm不小于25%。黏土火泥中Al_2O_3含量为35%~48%,SiO_2含量≤60%,耐火度应高于1650℃。

表4-8　硅火泥的理化性能

项　目	原国家标准		日本硅火泥		洛耐厂优质硅火泥		用湖南高硅土配制	
	中温	低温	中温	低温	中温	低温	中温	低温
化学成分　　SiO_2/%	90~93	85~90	≥90	>88	94.3	93.8	92.1	90
Fe_2O_3/%			≤1.5	≤2	1.37	1.56	0.53	0.88
耐火度/℃	1650~1690	1580~1650	≥1670	≥1670	1690~1710	>1690	1670~1690	1650~1670
荷重软化温度/℃			≥1500	≥1500	1580	1560	>1500	>1450
颗粒组成　最大粒径/mm	1mm<3%	1mm<3%	1mm	1mm	—	—	1mm<5%	1mm<5%
0.2~0.5mm/%	}>80%	}>80%			17	17		
0.076~0.2mm/%					21	21		
<0.076mm/%			67	≥50	62	62	60	60
黏结时间/s			60~120	60~120	117	108	60~120	60~120
添加水分/%			~30	~30	30~35	30~35	27~30	27~30
剪切黏结强度/MPa (150℃×12h)			≥0.2	≥0.2	0.38	0.31	≥0.15	≥0.2
可揉动时间/s					18~25	18~25	30~35	30~35

2. 补炉用耐火泥

焦炉在热态对所产生的裂缝、剥蚀或熔洞等炉体损坏进行喷补或抹补时,所用的耐火泥料在喷抹时应能牢固黏附在高温墙面上,并具有一定的塑性;对炉砖无侵蚀性,又要防止使热砖受剧冷而开裂;当泥料干燥烧结时,其收缩率和膨胀率应与炉砖接近,能与砖面牢固挂结;在操作条件下,能抵抗机械磨损、化学侵蚀和冷热应力,并具有相当高的耐火度,不致烧熔,从而使用周期长。常用的热修泥料是以水玻璃为黏结剂的硅质或黏土质火泥,以及以磷酸为黏结剂的黏土火泥。由于磷酸成本较高,也有的部分采用硫酸铝作黏结剂配制成热修泥料。

(1)水玻璃和水玻璃泥料 水玻璃是由研细的石英砂或石英粉与碳酸钠或硫酸钠,按一定比例配合后,经 $1300 \sim 1400 \, ^\circ\!C$ 的熔融化合得到的块状固体硅酸钠。若再经蒸汽溶化,则得液状硅酸钠。基本反应式为:

$$Na_2CO_3 + nSiO_2 \longrightarrow Na_2O \cdot nSiO_2 + CO_2 \uparrow$$

水玻璃分子式($Na_2CO_3 \cdot nSiO_2$)中的 n 叫水玻璃模数,表示 SiO_2 与 Na_2O 的分子比,一般为 $1.5 \sim 3.5$ 。筑炉和修炉用的水玻璃均系水玻璃的水溶液,但通常仍称水玻璃。其胶黏能力与模数、浓度和温度有关,水玻璃在水溶液中,由于硅酸钠分解析出的 SiO_2 与 Na^+ 离子会形成胶团结构,因此具有胶体性质。模数较高的水玻璃溶液所含胶体微粒多,故胶黏能力强。水玻璃溶液的黏性还随浓度(密度)提高而增加。泥料中加入水玻璃后,由于水玻璃与空气中 CO_2 的作用,以及吸水、干燥而析出 SiO_2 凝胶,故能增加常温下泥料的黏结性能,属于气硬性胶黏材料。当这种泥料喷抹在高温墙面上时,随着水分的蒸发,使析离的 SiO_2 凝胶和泥料加速硬化,且泥料中的 Na_2O 与墙面上的 SiO_2 发生反应,可以促进泥料和墙面的黏结。在更高温度(一般为 $800 \, ^\circ\!C$ 以上)下,形成低熔化合物的液相,与墙面逐渐烧结而达到补炉的目的。用水玻璃配制的硅火泥用于硅砖墙面的修补时,由于水玻璃的早期硬化、收缩,使挂料时间较短,且降低硅火泥的耐火度和荷重软化温度,故已被磷酸泥料替代。用水玻璃配制的黏土火泥,用于修补黏土砖墙面时,由于热态水玻璃渗入黏土砖,水玻璃起矿化剂作用,促进了莫来石结晶的形成,在墙面上形成新的晶体,因此具有一定机械强度和较高的耐腐蚀和耐急冷急热性。

(2)磷酸和磷酸泥料 磷酸是 P_2O_5 水化而得到的产物,因与水分子结合的数量不同而有偏磷酸($P_2O_5 + H_2O \longrightarrow 2HPO_3$)、焦磷酸($P_2O_5 + 2H_2O \longrightarrow H_4P_2O_7$)正磷酸($P_2O_5 + 3H_2O \longrightarrow 2H_3PO_4$)之分。工业产品通常是浓度为85%的正磷酸水溶液,正磷酸加热时失去水分子,逐步形成焦磷酸和偏磷酸。

$$H_3PO_4 \xrightarrow{\;213\,^\circ\!C\;} H_4P_2O_7 \xrightarrow{\;300\,^\circ\!C\;} HPO_3$$

正磷酸与各种氧化物的混合物是一种胶凝材料。作为补炉用的磷酸盐胶凝材料主要是 Al_2O_3 、 SiO_2 和磷酸作用而成。焦炉热修用的磷酸盐胶凝材料中以磷酸作结合剂的黏土质泥料和高岭黏土质泥料与硅砖结合最为牢固,因为磷酸与黏土火泥中的 Al_2O_3 生成了胶结性能好的磷酸铝胶凝材料,它属受热下硬化的火硬性胶结剂,其基本反应为:

$$Al_2O_3 + H_3PO_4 \xrightarrow{\;>200\,^\circ\!C\;} Al_2(H_2P_2O_7)_3 \cdot Al(HP_2O_7)(酸式焦磷酸铝)$$

$$\xrightarrow{\;>800\,^\circ\!C\;} Al(PO_3)_3(偏磷酸铝) \xrightarrow[\;\sim1500\,^\circ\!C\;]{\;>1000\,^\circ\!C\;} AlPO_4(磷酸铝)$$

酸式焦磷酸铝是胶凝状态,并和泥料颗粒形成薄膜而黏结,进一步加热、脱水、固化、硬化形成结合性能好、强度高的偏磷酸铝,1000℃开始偏磷酸铝逐步分解生成方石英型的磷酸铝,并逸出 P_2O_5 ,同时开始出现烧结现象,至 $1300 \sim 1500 \, ^\circ\!C$ 偏磷酸铝大量分解,全部转化为耐火度达 $2050 \pm 30 \, ^\circ\!C$ 的方石英型 $AlPO_4$ 。

磷酸与硅砖中的 SiO_2 也能发生如下反应：

$$2H_3PO_4 + SiO_2 \xrightarrow{>260℃} SiO(PO_3)_2（偏磷酸氧化硅）+ 3H_2O$$

生成的 $SiO(PO_3)_2$ 也是一种具有良好胶结能力的胶凝材料，但其结合力低于磷酸铝。

上述反应表明磷酸黏土质泥料喷抹到热态炉墙后，低温下依靠酸式焦磷酸铝与偏磷酸氧化硅的胶凝作用而与硅砖表面胶粘，高温（>1000℃）下由于磷酸铝的形成而与墙面烧结，泥料在高温下最终生成的方石英型 $AlPO_4$ 有与 SiO_2 晶体转变对应的温度关系（见表4-9），因此被修部位在热胀冷缩过程中减少了内应力的产生，从而可以提高挂料时间，保证补炉质量。但磷酸泥料不适用于温度较低的砌体，因不能烧结而容易脱落。也不适用于黏土砖墙面，因与 Al_2O_3 强烈反应而腐蚀墙面。

表 4-9　SiO_2 与 $AlPO_4$ 晶型转变的对应性

SiO_2	$AlPO_4$
熔融 SiO_2	熔融 $AlPO_4$
↑↓1710℃	↑↓1300~1500℃
α-方石英 $\xrightarrow{180~270℃}$ β-方石英	α-方石英型 $\xrightarrow{210℃}$ β-方石英型
↑↓1470℃	↑↓1025℃
α-鳞石英 $\xrightarrow{163℃}$ β-鳞石英 $\xrightarrow{117℃}$ γ-鳞石英	α-鳞石英型 $\xrightarrow{93℃}$ β_1-鳞石英型 $\xrightarrow{130℃}$ β_2-鳞石英型
↑↓870℃	↑↓815℃
α-石英 $\xrightarrow{573℃}$ β-石英	α-石英型 $\xrightarrow{586℃}$ β-石英型

六、其他筑炉材料

1. 隔热材料

为减少高温墙面向外界的散热，高温炉的受热面与外壁间常用隔热材料砌筑。隔热材料可以直接充填，可调制成胶泥涂抹，可制成隔热砖或隔热板，也可制成隔热毡，还可以轻质黏土砖块、蛭石、膨胀珍珠岩等作骨料，加水泥、磷酸盐、水玻璃等胶凝材料制成隔热混凝土。焦炉常用的隔热材料有硅藻土砖、轻质黏土砖、膨胀珍珠岩制品、蛭石制品、硅酸铝纤维。20世纪80年代以来，还开发了堇青石砖、漂珠砖等用于炉门衬砖。这些隔热材料的生产方法大致有三类。

（1）天然矿石经高温熔融后纺丝制成　如以硅酸铝、焦宝石等制成硅酸铝纤维；用玄武岩、辉绿岩等制成岩棉等。

（2）用轻质材料作骨料加胶凝剂后制成　如用轻质高铝砖颗粒作骨料制成的堇青石砖；用粉煤灰中漂洗出来的空心微珠（漂珠）为主要原料加结合黏土或漂珠砖颗粒作骨料加结合黏土和胶凝剂经成型、干燥、烧成的漂珠砖；用泡沫聚苯乙烯珠粒为骨料，配以铝质或高铝质耐火泥料后加胶凝剂成型、干燥、烧成的聚轻砖；用膨胀珍珠岩或膨胀蛭石为骨料加水泥、磷酸盐等胶凝材料制成的膨胀珍珠岩制品或蛭石制品等。

（3）在耐火制品的生产原料中配以化学起泡剂或锯木屑等制成　如以黏土熟料和生黏土为主要原料加锯木、起泡剂、稳定剂后成型、干燥、烧成的轻质或超轻质黏土砖。所用的起泡剂有纯白云石 $MgCa(CO_3)_2$ 配 2%~3%的硫酸发生如下反应：

$$MgCa(CO_3)_2 + 2H_2SO_4 \rightarrow MgSO_4 \cdot CaSO_3 + 2H_2O + 2CO_2 \uparrow$$

由于配制的黏稠泥浆中大量 CO_2 析出而使泥料发泡膨胀,并加半水石膏 $CaSO_4 \cdot 0.5H_2O$ 或快凝水泥等吸湿性水硬性材料作稳定剂,以稳定气泡;也有用水胶、松香和碳酸钾的配合料作起泡剂,以钾明矾溶液 $K_2SO_4 \cdot Al_2O_3(SO_4)_2 \cdot 24H_2O$ 作稳定剂等。

一些隔热材料的主要性能如表 4-10 所示。

表 4-10 一些隔热材料的主要性能

性 能	硅藻土砖	轻质黏土砖	堇青石砖	漂珠砖	聚轻砖	蛭石制品	珍珠岩制品	硅酸铝纤维	岩棉	泡沫石棉	石棉绳
体积密度 /g·cm^{-3}	0.35~0.95	0.4~1.3	1.35	0.8~1.3	0.6~1.0	0.25	0.25~0.4	0.1~0.14	0.08~0.2	0.04~0.05	0.8
允许温度/℃	900	900	1350	1350	1350	1100	900~1100	1000	700	500	300
常温耐压/MPa	0.4~1.2	0.6~4.5	7~15	4.2~18	4.5~8.2		0.6~1.0				
热导率 /W·(m·℃)$^{-1}$ (1000℃)	0.116~0.267	0.093~0.407	0.34	0.2~0.4	0.28~0.40	0.33	0.07~0.13	0.058~0.34	0.03~0.04	0.044~0.058	0.38

2. 普通建筑材料

(1)水泥 常用的有硅酸盐水泥、矿渣硅酸盐水泥和矾土水泥。普通硅酸盐水泥有 225、275、325、425、525、625 等标号;矾土水泥有 300、400、500 等标号。标号愈高,质量愈好,通常是将水泥制成规定尺寸的立方体,养护 28 天(矾土水泥为 3 天)后进行耐压试验,试块破坏时的压力值作为确定标号的依据,如 225 号水泥的抗压强度不得低于 22.5MPa。

矾土水泥不能和硅酸盐水泥、石灰混合使用,否则会析出 $Ca(OH)_2$ 加速矾土水泥凝结,引起强度降低。

(2)普通砖 按耐压强度分为 150、125、100 等标号。优质普通砖的耐压强度应高于 15MPa,吸水率不大于 20%。用在温度低于 700℃且变化不大的部位。

(3)缸砖 用熔点较低的黏土制成,表面上釉,质密耐磨,用作炉顶表面砖和凉焦台面砖。

第三节 护炉设备

一、护炉设备的构成与作用

焦炉砌体在烘炉和生产过程中,由于温度变化引起的炉砖膨胀、收缩,使砌体发生变形,由于摘、挂炉门,推焦时焦饼的挤压,结焦过程煤料的膨胀等引起的机械力等对炉体的作用,均能使砌体遭受破损。为了减少这类破损,砌体外部必须配置护炉设备,利用护炉设备上可调节的弹簧势能,连续不断地向砌体施加数量足够,分布合理的保护性压力,使砌体在外力作用下保持完整和严密,并具有足够的强度。护炉设备分炉组长向(纵向)和燃烧室长向(横向)两部分。纵向有两端抵抗墙,并配有弹簧组的纵拉条,横向有两侧炉柱,上下横拉条、弹簧、保护板和炉门框等。

1. 炉体纵向膨胀及其保护

烘炉过程中砌体的纵向膨胀靠设在斜道区、炉顶区等实体部位的膨胀缝以及两侧炉端墙处的膨胀缝来吸收,砌体作纵向膨胀时,由于各层膨胀缝的滑动面间有很大的摩擦阻力,单靠抵抗墙不能克服该摩擦阻力使砌体内部发生相对位移而使膨胀缝变窄,而且砌体纵向膨胀对抵抗墙产生的推力,会使抵抗墙向外倾斜以致开裂破坏。因此在焦炉炉顶必须配置纵拉条,其两端穿过抵抗墙,并靠两端的弹簧组和螺栓提供纵向保护性压力,当该力超过各层膨胀缝滑动面的摩擦阻力,或砌体的纵向推力时,砌体的纵向膨胀才能被膨胀缝吸收。炭化室愈高,膨胀缝所在区域的上部负载愈大,膨胀缝层数愈多,滑动面越长越粗糙,摩擦阻力和对抵抗墙的水平推力也愈大,则纵拉条的断面应愈大,弹簧组提供的吨位也应愈高。JN 型焦炉在炉顶配置 6 根纵拉条,每根纵拉条在烘炉过程中应保持弹簧组的负荷在 16 ~ 20t。

纵拉条失效是抵抗墙外倾的主要原因,这不仅有损于炉体的严密性,还会使炭化室墙呈扇形向外倾斜,严重时影响推焦。

2. 炉体横向膨胀及其保护

炉体横向不设膨胀缝,烘炉过程中,随炉温升高砌体横向逐渐伸长,投产后的两三年内,由于残存石英继续向鳞石英转化,炉体继续伸长。此外在生产过程中,周期的装煤出焦,导致炉体周期性的膨胀、收缩。为使砌体中每个横向结构单元在膨胀、收缩过程中能沿蓄热室墙底层砖与基础平台间的滑动层作整体移动,并保持砌体的完整、严密,就必须在机、焦两侧设置能够提供横向保护性压力的护炉设备。横向护炉设备的组成、装配如图 4-31 所示。保护性压力通过上、下大弹簧,上、下拉条,护柱,小弹簧,保护板传递给砌体,砌体和炉柱的受力情况如图 4-32 所示。上部大弹簧通过贯穿炉顶的上部横拉条施加在炉柱上部的力为 q_1,下部大弹簧给炉柱下端以力 q_2。这两个力通过炉柱直接给砌体,或再通过小弹簧、保护板给砌体传递保护性压力。其中 q'_1、q'_2、q'_5 和 q'_6 为刚性力,取决于炉柱与砌体或保护板的直接贴靠;q'_3、q'_4、q'_7 和 q'_8 为弹性力,可通过小弹簧的压紧程度调节。通过对某厂炉柱实际标定,并进行相应的受力计算表明,刚性力约为弹性力的 1 ~ 1.4 倍,因此保持炉柱有适当曲度,保证炉柱与保护板上、下端及与小炉头、斜道区的贴靠,以稳定刚性力,对炉体保护十分重要。由图 4-32 还可以看到,保护板必须始终贴靠燃烧室炉肩和蓄热室墙,以保证对砌体的压力传递。受压不足或由于砌体内开裂使保护性压力传送中断,均会导致砌体松散、漏气以至逐渐损坏。

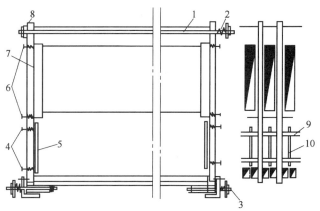

图 4-31　炉柱、横拉条和弹簧装配示意图
1—上部横拉条;2—上部大弹簧;3—下部横拉条;4—下部小弹簧;
5—蓄热室保护板;6—上部小弹簧;7—炉柱;8—木垫;
9—小横梁;10—小炉柱

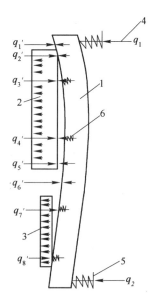

图 4-32　砌体和炉柱沿高向的受力情况
1—炉柱;2—燃烧室保护板;3—蓄热室保护板;
4—上部大弹簧;5—下部大弹簧;6—小弹簧

二、保护板与炉门框

燃烧室保护板有铸铁型和钢板型两大类,前者称大

保护板,后者称小保护板,它们与炉门框的装配关系如图4-33和图4-34所示。大保护板镶扣在燃烧室头部,炉门框是周边带筋的铸铁框,用丁字螺栓固定在两个相邻保护板的边框上。由于相邻两保护板于炭化室中心接头,炉门框压紧在两相邻保护板交接处,故全炉保护板与炉门框的联结是整体结构,压力传递较好,对炉柱保护严密,使其不易受炭化室泄漏煤气的侵蚀。小保护板与炉门框为各炭化室、燃烧室独立配置,炉门框用固定在炉柱上的顶丝压紧在保护板上,安装、更换方便,重量也较轻,但对炭化室的严密性差,炭化室泄漏的煤气容易烧烤炉柱,当炉柱变形时,其上顶丝不能压紧炉门框和保护板,进一步削弱护炉作用。此外小保护板不伸入砌体,炉头容易剥蚀。故小保护板仅在小型焦炉中被采用。

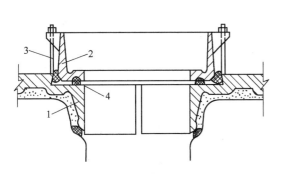

图4-33 大保护板装配图
1—保护板;2—炉门框;3—固定炉门框
螺栓;4—石棉绳

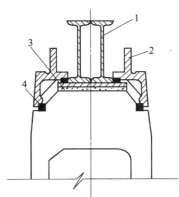

图4-34 小保护板装配图
1—炉柱;2—炉门框;3—保护板;
4—石棉绳

三、炉柱及其曲度

炉柱由两根工字钢(或槽钢)焊接而成,由上、下横拉条将焦、机两侧炉柱拉紧。上部拉条和下部机、焦侧的拉条上装有大弹簧,上部拉条的焦侧受焦饼推出时烧烤,故不设弹簧。炉柱内沿高向设四线小弹簧分别压紧燃烧室保护板和蓄热室保护板。正常生产条件下,上部大弹簧负荷为11～13t,下部大弹簧负荷为7～8t,小弹簧负荷除燃烧室保护板下部的二线小弹簧负荷稍高外,一般均为1.0～1.5t。

当炉柱受力逐渐增大时,将弯曲,且曲度逐渐增大。炉柱曲度的变化受炉柱高向力分布的影响,炉柱曲度变化影响对炉体的保护作用,炉柱曲度过大将使保护板中部不受力,破坏对炉体高向负荷的均匀分布,因此炉柱曲度要经常测量。

生产上炉柱曲度通常用三线法测量(图4-35)。在两端抵抗墙上,相应于炉门上横铁、下横铁和箅子砖的标高处,分别设置上、中、下三个测线架。将两端抵抗墙上同一标高的测线架分别用直径1.0～1.5mm的钢丝连接起来,并用松紧器或重物拉紧,此三条钢丝要调整到同一垂直平面,并与炉柱离开一定距离。分别测量钢丝到炉柱测点的距离a、b、c,则炉柱曲度$B'B''$可按$\triangle A'MB''$与$\triangle A'C''C'$相似的原理导出,按下式计算:

$$y = B'B'' = B'M + MB'' = (a+b) + (c-a)\frac{h}{H}, \text{mm} \tag{4-12}$$

若炉柱在未加压前存在曲度,则炉柱的实际曲度:

实际曲度 $\gamma_{实}$ = 测量曲度 y - 自由状态曲度 y_0

正常情况下,由于砌体上下部位的膨胀量不同,故炉柱曲度因炉体的膨胀而逐年增加,焦炉投产二、三年后,硅砖的残余膨胀基本结束,炉体的年膨胀量应不超过5mm,与此相应,炉柱曲度的年增加量一般在 2mm 以下,当炉柱实际曲度大于 50mm 时,表明已超过弹性极限而失效,需要更换或矫直处理。

　　炉柱在弹性变形范围内,可通过松紧上、下大弹簧进行调整,为对炉体施加保护性压力,炉柱在弹性变形范围内应保持一定曲度,一般在 18 ~ 25mm 范围内为好。为提供炉柱足够的压力,在生产过程中,要注意对弹簧和横拉条的管理和维护。弹簧长期使用会有弹性疲劳现象,火烤时会加速疲劳而失效,失效弹簧要及时更换。上部横拉条埋置在炉顶拉条沟内,应保持自由窜动;焦炉上升管根和装煤孔处温度高,且易窜漏煤气冒烟冒火烧坏拉条,因此需经常对这些部位修补、灌浆;当拉条变细而失效,弹簧负荷因而变小时,要更换拉条,在生产中拉条任一断面的直径不得小于原始的 75% 。

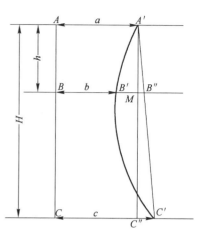

图 4-35　三线法测量炉柱曲度计算图

四、炉门

　　炉门的严密对防止冒烟冒火和炉框、炉柱变形、失效有密切关系。因此,本来不属于护炉设备的炉门实际上是很重要的护炉设备。

　　1. 炉门的总体结构与基本要求

　　现代焦炉采用自封式刀边炉门(图 4-36),其基本要求是结构简单、密封严实、操作轻便、维修方便和清扫容易。为提高密封性能,多从两方面进行改革,一是降低炉门刀边内侧的粗煤气压力,如采用气道式炉门衬;另一是提高刀边的密封性能和可调性,如采用双刀边、弹簧顶丝刀边、敲打刀边等。为操作方便主要在门闩上改进,如弹簧门闩、气包式门闩、自重炉门闩等。为清扫方便可采用气封炉门等。

　　2. 炉门刀边

炉门刀边是使炉门严密的重要部位,通过刀边压紧在炉门框上切断炭化室与外界大气的联系。常用的刀边有顶丝刀边、敲打刀边和弹簧刀边。

　　(1)顶丝刀边　刀边用角钢制成,其刀边的压紧装置是设在炉门外壳上的带螺纹顶丝。这种顶丝在生产过程中易积灰及焦油,或受热变形,因而顶丝常无法转动、压紧刀边、需经常检修、更换、故已有被敲打刀边取代的趋势。

　　(2)敲打刀边(图 4-37)　刀边用扁钢制成,靠螺栓固定,调节时将螺帽放松,敲打固定卡子,使刀边压紧炉门框,然后再拧紧螺帽。为防止刀边在外力作用下后退,有多

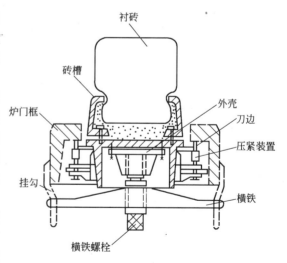

图 4-36　焦炉炉门(刀边式)结构示意图

种结构的卡子,如美国设计成一种带凸轮的卡子,凸轮顶住刀边,当外力作用于刀边时,同刀边接触的凸轮半径将随螺栓转动而增大,从而防止刀边后退。敲打刀边制作简单,更换和调节方便、价格低廉,对轻度变形的炉门框也能适应,为国内外所广用。

（3）弹簧刀边（图4-38）　刀边用角钢和弹簧钢板制成,靠螺栓固定在炉门筋上,刀边靠弹簧顶丝压紧在炉门框上,弹簧顶丝的压力可用压紧螺栓调节。由于靠弹簧钢板和弹簧顶丝的弹力压紧刀边,故能自动调节刀边,管理方便,国外不少焦炉已采用。

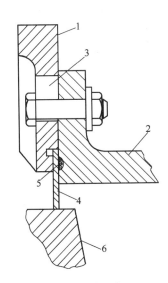

图4-37　敲打刀边

1—固定卡子;2—炉门筋(外壳);3—卡子长孔;
4—刀边;5—石棉绳;6—炉门框

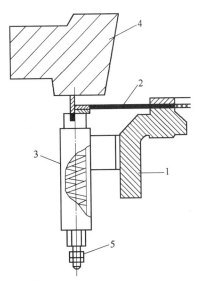

图4-38　弹簧刀边

1—炉门筋(外壳);2—刀边;3—弹簧顶丝;
4—炉门框;5—压紧螺栓

3. 几种主要炉门形式

（1）衬金属板块炉门　通常的衬耐火砖炉门刀边附近气环空间很小,易被煤堵塞,粗煤气在刀边附近冷凝,造成焦油及其热解产物沉积,使炉门与炉门框必须频繁清扫,衬金属板块炉门是对常用的刀边炉门的炉门衬砖及固定装置加以改造后制成（图4-39）。由炉门本体和若干板块组成,板块是内衬炉门砖的金属壳体,整个板块伸进炭化室一定距离,并与炭化室两侧墙面保持一定间隙,从而在板块与炉门间形成垂直通道,热粗煤气可沿该通道从下部流向炭化室顶部空间,因而减少了粗煤气和刀边的接触,使刀边沉积的焦油少而松散,易于清扫。板块与炉门体间填塞隔热材料,以减少炉门表面散热。

（2）气封炉门　为了隔离刀边与粗煤气的接触,可在炉门框上开设可以通入净煤气或废气的气道,净煤气或废气由外部管道引入,经气道从炉门砖槽和炉框密封面间的空隙流出（图4-40）。这样,炉门刀边与炉框密封面间形成一个自下而上流动的气封带,带内静压略高于附近的粗煤气的压力,从而可以阻止含焦油的粗煤气接近刀边,减少清扫刀边的工作量。但气封气体进入炭化室后随粗煤气一道排出,增加了煤气净

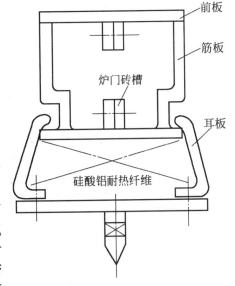

图4-39　衬金属板块炉门

前板
筋板
炉门砖槽
耳板
硅酸铝耐热纤维

化系统的负荷。

（3）空冷式弹簧门闩炉门　为了防止炉门外壳（本体）受热变形，近代炉门多采用空冷式炉门。国内用于炭化室高 6m 焦炉的空冷式弹簧栓炉门（图4-41）由炉门本体、腹板和砖槽三大部件组成。砖槽与腹板用螺栓连接，砖槽与炉门本体用滑块连接，其间有约 40mm 空隙，空气可以通过该空隙自下而上自然对流以冷却炉门本体，从而能明显减小炉门本体的内外温差，防止受热变形。炉门砖槽伸入炉内，温度较高，且受热膨胀，由于砖槽与炉门本体连接的滑块可以自由伸缩，因此砖槽的热胀冷缩不会造成炉门本体的变形。与砖槽连接的腹板仅 1.5mm，内外温差很小，不会发生热弯变形，刀边就焊接在腹板四周，因此炉门刀边能紧扣在炉门框的密封面上，炉门刀边靠弹簧顶丝压紧。炉门闩（上、下横铁）靠弹簧压紧，弹簧置于门闩内侧，摘挂炉门时压缩弹簧使门闩松开，正常生产时弹簧承受一定负荷，故开关炉门方便，时间短，受力稳定。

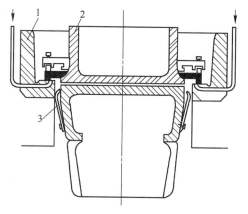

图 4-40　气封炉门
1—炉门框；2—炉门；3—挡煤板

　　炉门的形式因刀边、压紧方式等的不同，可组成很多类型，如敲打刀边配气封炉门，弹簧刀边配弹簧门闩等。

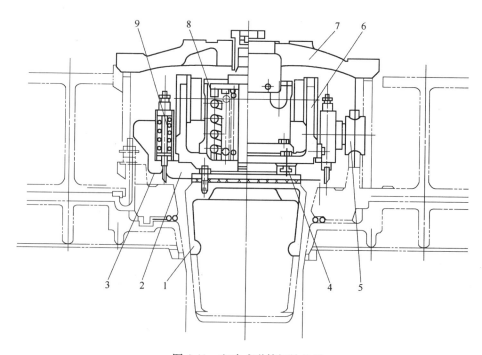

图 4-41　空冷式弹簧门栓炉门
1—砖槽；2—腹板；3—刀边；4—滑块；5—导辊；6—炉门本体；7—门闩；8—门闩弹簧；9—压刀边弹簧

第四节　煤气设备

焦炉煤气设备包括干馏煤气(粗煤气)导出设备和加热煤气供入设备两套系统。

一、干馏煤气导出设备

干馏煤气导出设备包括上升管、集气管、吸气管以及相应的喷洒氨水系统,用以将出炉粗煤气冷却、导出,并保持和控制炭化室在整个结焦过程中为正压,又防止炭化室压力过高而泄漏煤气至环境,甚至冒烟着火。干馏煤气的导出系统见图4-42。温度约700~750℃的粗煤气由上升管引出时,由于散热温度稍有下降,流经桥管时用温度75~80℃的热循环氨水喷洒,由于部分(2.5%~3.0%)氨水迅速蒸发大量吸热,使粗煤气温度急剧降至80~100℃,同时煤气中约60%的焦油蒸气冷凝析出。冷却后的煤气、循环热氨水和冷凝焦油一起进入集气管,并沿集气管向集气管中部的吸煤气管方向流动。煤气在集气管截面的上部流动,经吸气弯管(∏型管)进入吸气管;循环热氨水和焦油在集气管截面的下部流动,经焦油盒(保持一定液封高度,防止粗

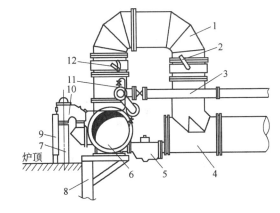

图4-42　粗煤气导出系统

1—吸气弯管;2—自动调节翻板;3—氨水总管;4—吸气管;
5—焦油盒;6—集气管;7—上升管;8—炉柱;9—隔热板;
10—桥管;11—氨水管;12—手动翻板

煤气由此通过)进入吸气管。吸气弯管设有调节翻板用以控制集气管压力,使吸气管下方炭化室底部在推焦前保持5Pa的压力。吸气管内粗煤气、循环氨水和冷凝焦油一起流向煤气净化工序,先经气液分离器,煤气进初步冷却器进一步冷却降温,循环氨水和冷凝焦油进焦油氨水澄清槽,进行焦油渣、焦油和循环氨水的分离,循环氨水经补充蒸发量后由循环氨水泵打回焦炉喷洒,冷却出炉粗煤气。

1. 上升管

上升管(图4-43)由筒体、桥管和翻板座(即水封阀阀体)组成。上升管筒体是铸铁的或用钢板焊制的圆筒,内衬黏土砖;也有的上升管制成外部水套式,内通锅炉软水,以回收粗煤气显热,软水吸收显热后部分汽化,经汽包分离水滴,可产生0.3~0.4MPa的蒸汽。上升管筒体外壁设有隔热罩,以减少上升管热辐射,改善炉顶操作条件。桥管上部设有水封盖,用流动水保持40~50mm的水封高度,以防粗煤气逸出污染大气。桥管转弯处设有氨水喷嘴,用以喷入循环氨水;还设有蒸汽喷嘴和高压氨水喷嘴,用以装煤时靠蒸汽或高压氨水的喷入而产生负压,引导粗煤气进入集气管,以减少从装煤孔外逸烟气。也可以仅设一种高、低压两用的氨水喷嘴,高、低压氨水的进入可通过切换阀切换。上升管与集气管间煤气的接通或切断通过水封翻板进行,翻板座固定在集气管上,上部与桥管以插套连接,以承受烘炉过程中炉体的纵向、横向膨胀。承插部位在烘炉后用石棉绳、精矿粉及耐火泥浆混合料填塞密封,生产中填料要受热开裂,需定期密封;为解决此问题,鞍山焦耐院设计了一种水封承插式装置(图4-44)。水封翻板在炭化室出焦时转成水平位置呈关闭状态,由桥管喷入氨水沿翻板四周溢流而形成水封,在水封承插式翻板座内,氨水先进入其内设置的水封槽形成承插水封,满流后再流入水封翻板。桥管上还设有清扫孔,以检查氨

水喷洒情况,并进行桥管和喷嘴的清透。

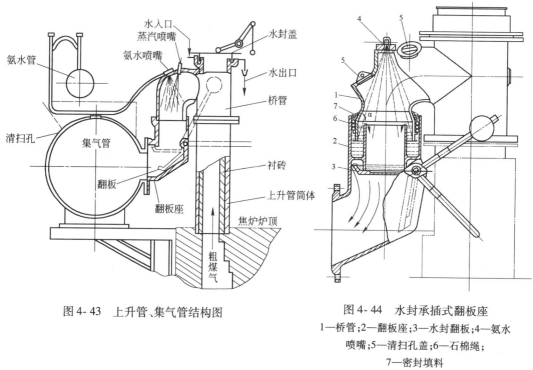

图 4- 43　上升管、集气管结构图　　　　　图 4- 44　水封承插式翻板座

1—桥管;2—翻板座;3—水封翻板;4—氨水
喷嘴;5—清扫孔盖;6—石棉绳;
7—密封填料

2. 集气管

集气管为钢板焊接或铆接成的圆形或槽形管道,为便于焦油和氨水流动,朝氨水流出方向有 6% ～10% 的倾斜度,集气管与吸气管间的吸气弯管上,设自动和手动调节翻板;沿集气管全长设若干清扫孔,可通过此拨动和清扫集气管底沉积的焦油渣。集气管上设有带水封阀的放散管,当因故粗煤气不能导出或导出不畅时,由此放散以减轻炉门冒烟冒火,为防止放散的粗煤气污染大气,有的放散管上设有点火装置,使放散煤气点燃后排入高空。集气管端部设有蒸汽清扫管、工业水管、氨水管和高压氨水清扫管。

集气管有单、双两种形式,单集气管一般布置在机侧,其优点是钢材用量少、投资省,炉顶通风较好,但装煤时炭化室内气流阻力大,容易冒烟冒火。双集气管由于粗煤气从炭化室两侧析出,故可降低集气管两端压力差,有利于全炉炭化室压力均匀,且减轻冒烟冒火。此外由于粗煤气在炭化室顶部空间停留时间短,可以减轻粗煤气裂解,有利于提高化学产品的产率和质量。但是双集气管在结焦末期,集气管内煤气容易倒流入炭化室并经炭化室顶部空间流至另侧集气管,增加粗煤气的裂解,此外双集气管金属耗量较大,基建投资较高,氨水、蒸汽耗量也较多。

二、加热煤气供入设备

1. 加热煤气导入系统

因焦炉结构不同加热煤气导入系统分侧入式和下喷式两大类,单热式焦炉仅配备一套加热煤气管系,复热式焦炉则配备贫煤气和富煤气(通常为焦炉煤气)两套管系。以 JN 型焦炉为例,焦炉煤气下喷、贫煤气侧入(图 4-45、图 4-46),来自回炉焦炉煤气总管的煤气经预热器后进入地下室的焦炉煤气主管,由此经各煤气支管(其上设有调节旋塞、孔板盒和交换旋塞)进入各煤气横管,再经小横管(设有调节煤气量的小孔板或喷嘴)、下喷管进入直立砖煤气道,最后从立火道

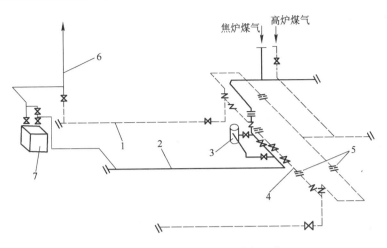

图 4-45　JN 型焦炉的加热煤气系统

1—高炉煤气主管;2—焦炉煤气主管;3—煤气预热器;4—混合用焦炉煤气管;5—流量孔板;6—放散管;7—水封

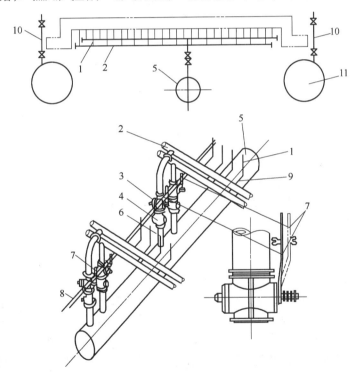

图 4-46　JN 型焦炉入炉煤气管道配置图

1—煤气下喷管;2—煤气横管;3—交换旋塞;4—调节旋塞;5—焦炉煤气主管;6—煤气支管;
7—交换扳把;8—交换拉条;9—小横管;10—高炉煤气支管;11—高炉煤气主管

底部的焦炉煤气烧嘴喷出,与斜道来的空气混合燃烧。设置煤气预热器的目的是,为了防止焦炉煤气中的焦油和萘凝结堵塞管道。煤气支管上的调节旋塞主要起闭启作用,需要时也可改变开度以调节煤气进入一个燃烧室的量。孔板盒内装有孔板,用以控制煤气进量。交换旋塞通过交换扳把、交换拉条由交换机带动,该交换旋塞为三通式,当停止向焦炉送煤气后,旋塞与大气相通,靠加热系统吸力吸入少量空气,烧掉砖煤气道中因焦炉煤气热解生成的沉积碳。生产中常因交换旋塞、砖煤气道等处不严,当立火道不进煤气时,砖煤气道中尚有残留煤气,故当交换后,除碳空气一进入就会与残留煤气混合而爆鸣,这对炉体和旋塞的严密性十分有害。鞍山焦耐设计研究院设计了一种煤气负压交换旋塞(图4-47)以及相应的入炉煤气管道配置(图4-48),较好地解决了焦炉煤气加热换向时的爆鸣现象。这种旋塞的外壳是T型结构,分别与煤气支管和同一

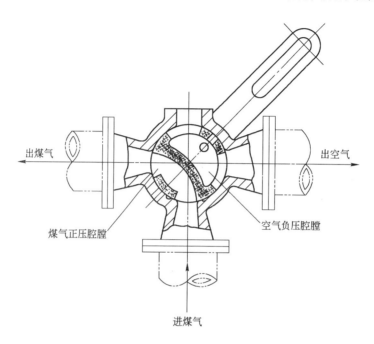

图4-47　焦炉煤气负压交换旋塞

燃烧室的两个横管连接,T型壳体的上面是除碳孔、与大气相通;旋塞的芯子分成两个腔室,一个腔室连接煤气支管和上升气流的横管,故为正压腔室;另一个腔室连接大气和不通煤气的横管,因为该横管与下降气流火道相通,称为负压腔室。芯子与壳体的密封面间设有与负压腔室连通的沟槽,当旋塞密封面不严而泄漏煤气时,沿该沟槽进入负压腔,再进入焦炉下降立火道烧掉,从而防止煤气漏入地下室,改善了环境。当换向旋塞全关时,由除碳孔通过旋塞芯面上的小孔进入少量空气吹赶横管、立管和砖煤气道内的残余煤气,使换向后正常除碳时,进入的空气不再和残余煤气接触而防止了爆鸣。

高炉煤气是侧入式的,来自总管的高炉煤气,经煤气混合器掺入少量焦炉煤气(一般为5%~8%)以提高煤气热值后,流入地下室(无地下室的焦炉则为蓄热室走廊下地沟)的高炉煤气主管,由此经各支管(其上设有调节旋塞,

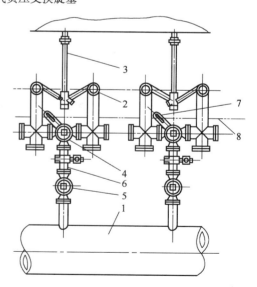

图4-48　焦炉煤气负压交换旋塞管道配置图
1—焦炉煤气主管;2—横管;3—立管;4—交换旋塞;
5—调节旋塞;6—孔板盒;7—交换扳把;
8—交换拉条

孔板盒和交换旋塞)流入废气开闭器,再经小烟道、蓄热室、斜道进入立火道燃烧。为防止高炉煤气经交换旋塞不严处向环境泄漏,也可采用与焦炉煤气负压旋塞(无除碳孔)类似的高炉煤气负压旋塞及其相应的管道配置。焦炉煤气侧入的焦炉,焦炉煤气由总管经预热器后,进入蓄热室走廊里配置的机、焦侧煤气主管,由此经各支管、旋塞进入各水平砖煤气道,最后分布到各立火道。支管上还设有除碳空气口,当停止进焦炉煤气时,靠交换机打开除碳空气口盖,进空气除沉积碳。

高炉煤气下喷式焦炉的高炉煤气管系与下喷式焦炉煤气管系近似,不过高炉煤气是由小支管(穿过小烟道或位于小烟道隔墙内)直接流入分格蓄热室预热后再进立火道。JNX 型(高炉煤气下调式)焦炉的高炉煤气管系同 JN 型焦炉。

焦炉煤气主管压力一般为 700～1500Pa,高炉煤气主管压力则为 500～1000Pa,主管和横管内煤气流速不大于 12m/s,以免增加阻力,但也不宜太低,以免管道过粗,并易使萘等在管道内沉积造成堵塞。加热煤气主管上还设有流量孔板、压力自动调节翻板、测压孔、取样孔、蒸汽清扫管和把冷凝液排入水封槽的冷凝液排出管等,末端还有放散管和防爆孔。依靠这些管件保证正常生产和进行煤气管系的开、停作业。

2. 煤气管系和设备的气密性

高炉煤气含 CO 约 25%,若管系泄漏使空气中 CO 超过 30mg/m^3 时,可引起人体中毒。焦炉煤气的爆炸下限仅 5% 左右,如泄漏使空气中焦炉煤气含量达该下限值以上时,遇火花或高温易发生爆炸,故焦炉的加热煤气管系与设备必须严密,使用前应进行气密性试验。

气密性试验方法是将单个设备或管系总体充气到高于操作压力的某一压力,经过一定时间后考察其压力降低值,高炉煤气系统试压标准为:单体设备试验压力 20kPa,30min 压力降不超过 0.3kPa(若有温度变化应换算为同一温度下压力);总体试验压力 20kPa,30min 压力降不超过余压的 10%。这种试验受试验压力、旋塞扭紧状态及涂油种类等试验条件的影响,因此必须严格掌握试验条件。

三、废气开闭器

废气开闭器是控制焦炉加热用空气量,导入贫煤气和控制排出废气量的装置,结构类型很多,大体上可分为提杆式双砣盘型和杠杆式砣型两大类。

1. 提杆式双砣盘型废气开闭器

提杆式双砣盘型废气开闭器(图 4-49)由筒体、砣盘、两叉部和连接管组成。两叉部分别与空气蓄热室和煤气蓄热室的小烟道连接,上部均设有进空气盖板。筒体内有上、下两个砣盘,下部通过废气连接管经烟道弯管与分烟道连接,当上、下砣盘落下时,筒体上部分成上、下两格,分别与空气叉部和煤气叉部连通。上砣盘的套杆套在下砣盘的芯杆外面,芯杆经小链与交换链条连接,当交换机带动交换链条使芯杆(砣杆)提升时,下砣盘提起并可带动上砣盘一起提升。

用贫煤气加热时,空气叉部上的空气盖板与交换链条连接,煤气叉部上的空气盖板用螺栓压紧。上升气流时,上、下砣盘落下,贫煤气由连接管进入充满筒体的上格,并经煤气叉部进入煤气蓄热室;空气盖板打开,空气充满筒体下格,并经空气叉部进入空气蓄热室。下降气流时,上下砣盘全部提起,同时关闭空气盖板,贫煤气连接管下面设置的交换旋塞靠单独的交换拉条关闭,废气由两叉部经废气连接管排入分烟道,可用废气连接管中的调节翻板调节废气的排出量。

焦炉煤气加热时,两叉部的空气盖板均与交换链连接,上砣盘用卡具支起使其一直处开启状态,仅用下砣盘开闭废气。上升气流时,下砣盘落下,空气盖板提起;下降气流时则相反。

砣杆提起高度和砣盘落下后的严密程度均影响气体流量,故要求全炉砣杆提起高度一致、砣盘严密、无卡砣现象。还应保证与小烟道及烟道弯管的连接处严密。高炉煤气流量主要决定于支管压力和其上的孔板直径,与蓄热室吸力关系不大。空气流量决定于风门开度和蓄热室吸力,废气流量则主要决定于吸力。

2. 杠杆式砣型废气开闭器

与提杆式双砣盘型相比,该结构用煤气砣代替贫煤气交换旋塞;通过杠杆、轴卡和扇形轮等带动煤气砣、废气砣和空气盖板,省去了贫煤气交换拉条。这种废气开闭器有两种类型(图4-50),一种是每个蓄热室配一个废气开闭器,空气蓄热室用的废气开闭器仅有废气砣,而无贫煤气砣及连接管;另一种是双体式,即把两个单叉的杠杆式砣型废气开闭器组合在一起,上部分两个通道,而与烟道弯管连接的筒体合为一体,既保留了单叉式能各自调节的优点,又减少了重量,在国内焦炉已被广泛采用。

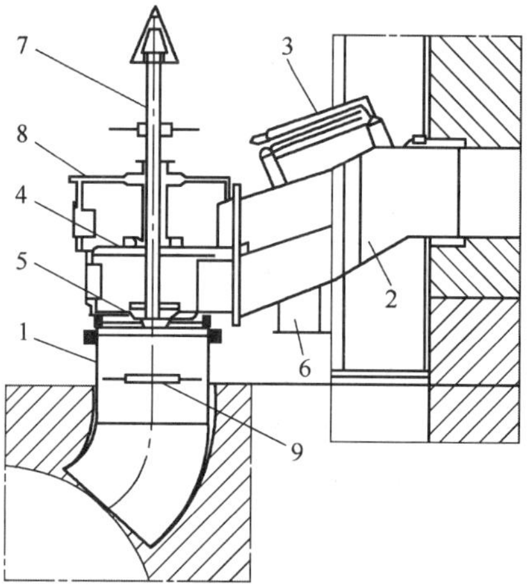

经多年生产经验及标定,两类废气开闭器可作如下比较:

1)操作环境:提杆式较差,因为靠交换旋塞换向,旋塞换向频繁、磨损较严重,煤气易从旋塞不严密处向外泄漏,使地下室空气中 CO 含量偏高,但若采用负压旋塞可得到改善。

2)吸力调节:杠杆式较好,因可分别调节煤气和空气蓄热室吸力。而提杆式系同时调节一组蓄热室,不能分别控制,但若在两叉部处增设插板可得到改善。

3)煤气漏失:杠杆式较差,因采用煤气砣交换,不易严密,当使用时间较长后,贫煤气连接管与煤气砣间的密封面上因积高炉灰,更增加不严密程度。据实测提杆式通过交换旋塞的漏失煤气量约占加热煤气量的 0.3% ~0.5%,杠杆式则可达 3% ~5%。

4)设备重量:提杆式较轻,约 1.0t/(炉·孔),而杠杆式为 1.3t/(炉·孔),且提杆式结构较简单,投资少。

四、交换系统与交换过程

1. 交换系统

交换系统是指由交换机通过传动装置带动的高炉煤气拉条、焦炉煤气拉条和废气拉条系统,因采用的废气开闭器形式和供入煤气的方式而不同,采用杠杆式砣型废气开闭器时仅有焦炉煤气拉条和废气拉条(同时带动煤气砣);采用焦炉煤气侧入的加热系统,为开闭除碳空气盖,常单设一套拉条系统。JN 型焦炉采用提杆式双砣盘型废气开闭器的交换系统如图 4- 51 所示。

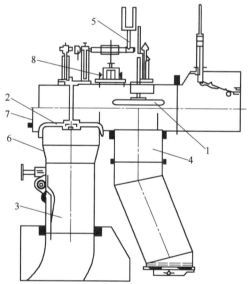

图4- 49　提杆式双砣盘型废气开闭器
1—废气连接管;2—两叉部;3—空气盖板;
4—上砣盘;5—下砣盘;6—贫煤气连接管;
7—砣杆;8—筒体;9—调节翻板

图4-50　杠杆式砣型废气开闭器
1—煤气砣;2—废气砣;3—废气连接管;4—贫煤气连接管;5—传动杠杆;6—筒体;
7—端盖;8—空气盖板

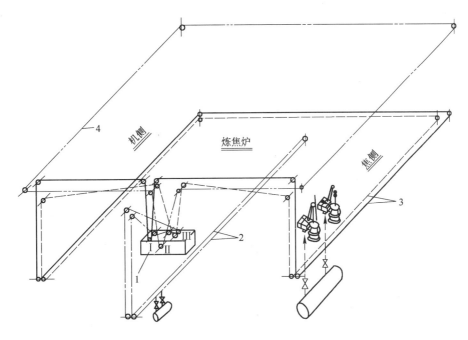

图 4-51　JN 型焦炉提杆式双砣盘废气开闭器的交换系统
1—交换机;2—焦炉煤气拉条;3—高炉煤气拉条;(两根)4—废气拉条;
Ⅰ、Ⅲ—煤气拉条传动轴;Ⅱ—废气拉条传动轴

2. 交换过程

因焦炉构造和煤气设备而异,但都要经历三个基本的交换过程,即先关煤气,后交换空气和废气,最后开煤气。这是由于先关煤气,可使加热系统中残留的煤气被继续进入的空气烧尽,最后开煤气,可使燃烧室内已有足够的空气,煤气进入后即能燃烧,从而可以避免残余煤气引起的爆鸣和进入煤气的损失。

我国机械传动的卧式交换机(JM-1 型)的交换时间、行程及气流方向变化关系如图 4-52 和图 4-53 所示。由图表明,焦炉煤气拉条在一个交换过程中分两次动作,交换机启动后经 7.5s 开始第一次动作,使原上升的煤气及原下降气流的除碳口关闭,然后停止 24.1s,其间进行废气拉条的动作,最后开始焦炉煤气拉条的第二次动作,将转为上升气流的煤气打开和下降气流的除碳口打开,总行程为 460mm。高炉煤气分两根拉条,其中连接上升气流的拉条先动作,行程 715mm,运行15s,把原上升的交换旋塞转动 90°关闭完,然后停止 16.6s,其间进行废气拉条动作,最后连接原下降气流的拉条再动作,运行 15s 将转为上升气流的交换旋塞全开。废气拉条在交换过程的中间 15s 动作,行程 637mm,由下降转为上升时,先关废气后开空气;由上升转为下降时,先关空气后开废气,在废气拉条动作的中间 1/3 行程时,无论原上升还是原下降的废气开闭器,所有空气盖板及废气砣均处半开状态。

3. 交换机

交换机分机械传动和液压传动两类,机械传动交换机又有卧式、立式和桃形三种。卧式和立式均由一个主动轮带动呈 120°配置的三个从动轮再带动各交换拉条,只是传动齿轮的布置一为卧式一为立式,国内焦炉广为采用的 JM-1 型交换机属卧式,早期的奥托式焦炉上曾采用立式。桃形交换机是用桃形凸轮推动一端在其上沿周边运动的连杆带动各交换拉条,在ΠBP 型焦炉上使用。液压交换机由液压站、双向往复油缸和电气控制系统制成,由液压站供给油缸压力油,驱动活塞杆两端连接的拉条进行换向。液压交换机结构简单,制造方便,随着液压技术完善,有逐步取代机械传动交换机的趋势。

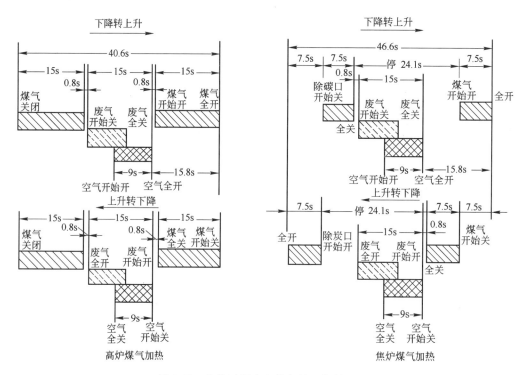

图 4-52　交换过程中各拉条的运行关系图

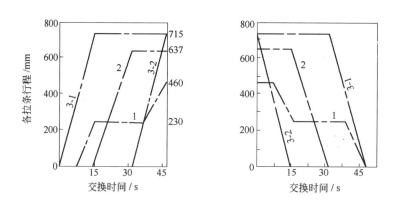

图 4-53　交换时间与行程关系图
1—焦炉煤气拉条;2—废气拉条;3-1、3-2—高炉煤气拉条

(1)JM-1 型卧式交换机　其传动系统如图 4-54 所示,电动机经蜗轮减速机和一系列传动齿轮,最后通过齿轮 14 带动主轴 2(轴 3 上的传动齿轮呈滑套安装,故不带动轴 3 转动),主轴上的大摆线轮 1 分别与在同一垂直面上各呈 120° 配置的圆柱轮 5、6、7 依次啮合,由圆柱轮 5、7 带动的轴 3、4 上各有高炉煤气链轮 9 和焦炉煤气的链卡轮 8,由圆柱轮 6 带动的轴(与轴 2 在同一垂线上,图中与轴 2 重合)上有废气链轮 15。大摆线轮做顺时针或反时针旋转时,依次使各圆柱轮

做间歇运动,从而带动链轮(或链卡轮)牵引各拉条实现加热系统的交换装置定时换向(见图4-51)。交换机停电时可用手柄操作。

JM-1型卧式交换机的主要技术性能如下:

交换过程时间	46.6s
电动机功率	6kW
电动机转速	970r/min
主轴转速	1.12r/min
交换拉力设计值	
焦炉煤气拉条	3.87t
高炉煤气拉条	3.50t
废气拉条	6.72t

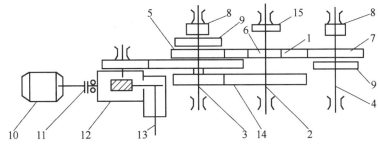

图4-54　JM-1型卧式交换机传动系统示意图

1—大摆线轮;2—主轴及废气传动轴Ⅱ(在同一垂线上);3—轴Ⅲ;4—轴Ⅰ;5、6、7—圆柱轮;8—焦炉煤气链卡轮;9—高炉煤气链轮;10—电动机;11—联轴器;12—减速机;13—手柄;14—传动齿轮;15—废气链轮

交换系统由于拉条挠度及钢绳受力伸长等原因,拉条实际行程均小于交换机的设计行程,两者的差值称行程损失,一般行程的损失量为:焦炉煤气拉条30～40mm,高炉煤气拉条70～90mm,废气拉条20～40mm。

(2)JM-4型液压交换机　JM-4型液压交换机的油路系统如图4-55,每隔一定时间由电器指挥仪按交换程序启、闭电磁阀,电动机通电后带动叶片泵2将工作液体加压到工作压力,冲开单向阀3,通过电液换向阀7,推动油缸8、9、10、11的活塞,并分别带动各拉条,实现交换。电磁液压换向阀由电气控制系统要求的交换程序和时间动作,调节节流阀13用于调节液压缸的活塞速度。两台电动机和油泵,一为操作,另一备用。停电时,可用手摇泵上油,用重物压电液换向阀,实现人工交换。

JM-4型液压交换机的技术性能如下:

废气系统额定拉力	7000kg
焦炉与高炉煤气系统额定拉力	5000kg
废气油缸直径×行程	$\phi 180mm \times 637mm$
高炉煤气油缸直径×行程	$\phi 125mm \times 715mm$
焦炉煤气油缸直径×行程	$\phi 125mm \times 460mm$
交换过程时间	46.6s
液压系统设计工作压力	4.5～5.0MPa
工作液体	30号机油

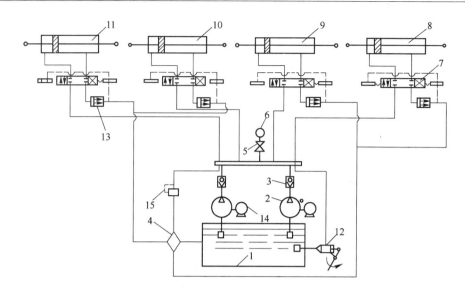

图 4-55 JM-4 型液压交换机油路系统图

1—油箱;2—叶片泵;3—单向阀;4—滤油器;5—压力表阀门;6—压力表;7—电液换向阀;8,9—高炉煤气油缸;
10—废气油缸;11—焦炉煤气油缸;12—手摇泵;13—调节节流阀;14—电动机;15—溢流安全阀

第五节 焦炉的砌筑、烘炉、开工和修理

焦炉结构复杂,耐火材料用量大,建成投产后一代炉龄要求 25~30 年,筑炉、烘炉和开工的工艺复杂、要求严格,实施好坏直接关系到投产后焦炉的使用寿命。

一、焦炉砌筑

1. 筑炉前准备

(1)耐火材料的验收与保管 来厂耐火材料要按质按量核实验收,并按砌筑部位、使用先后、砖种砖号、公差大小及火泥品种分别入库存放在能防雨雪的砖库和灰库内。

(2)预砌 对蓄热室、斜道区及炭化室有代表性的砖层及炉顶区的复杂部位,须在施工前预砌,以检查耐火砖外形尺寸是否符合要求,图纸及耐火砖的制作是否有误;检查耐火泥的砌筑性能,确定泥料配制方案。

(3)砌砖大棚 焦炉砌筑应在大棚内进行,大棚应能防风、防雨和防冻,以保证基准线稳定,避免雨水冲刷灰浆、砌体受潮和标杆变形,防止泥浆冻结。

(4)焦炉基础与抵抗墙抹面 焦炉在基础顶板以上砌筑,烘炉过程中抵抗墙与砌体有相对位移。因此,要求基础顶板和抵抗墙抹面平坦均匀,砌完红砖的基础顶面标高、抵抗墙抹面的平直度和垂直度,公差均在 5mm 范围内。

(5)基准线、基准点和水平标杆、直立标杆的安装 筑炉前先将总图与土建施工时所埋设的永久性标桩和基准点引到焦炉基础和抵抗墙的预埋卡钉上,并由此引出焦炉纵向中心线、炉端炭化室中心线、焦炉横向中心线和焦炉正面线等,以此作为焦炉整体的控制线。为控制炉组长向各墙、洞的位置和各层砖的标高,设置水平标杆和直立标杆,水平标杆在焦炉基础平台和炭化室底标高处沿机、焦两侧设置,其上刻出蓄热室、炭化室、燃烧室中心线及各墙、洞宽度;垂直标杆在机焦两侧每两个燃烧室设一个,其上刻出各主要标高及砖层标记。

有的焦炉在砌筑前先安装炉柱和保护板,可利用此作砌筑标杆,采用这种方法筑炉可同时进行废气开闭器等的安装工程,但大棚内机械化作业程度降低。

2. 炉体砌砖

为确保砌筑质量应注意以下方面。

(1)砖缝　砖缝是砌体中的薄弱环节,砖缝应饱满和坚实,一般控制在 3~6mm,过宽影响砌体强度,过窄灰浆不易饱满,为保证灰浆饱满采用"挤浆法"砌砖,砌后应勾缝压实、抹光。

(2)膨胀缝和滑动缝　焦炉纵向斜道区和炉顶区等实体部位的膨胀靠这些部位设置的膨胀缝吸收,其宽度应与热态时炉体的膨胀量相适应。硅砖焦炉斜道区的膨胀量按2%配置,即每1m砌体(包括灰缝)膨胀缝为20mm,炉顶区的膨胀量黏土砖部位按1%配置,炭化室顶盖顶砖若为硅砖也按2%配置。膨胀缝过小会造成砌体挤压、变形或碎裂,过大则膨胀后留有空隙,易引起串漏。膨胀缝用样板砌筑,以保证膨胀缝平整,砌后取出样板、填塞锯木屑再灌以沥青固定。蓄热室中心隔墙,小烟道衬砖与箅子砖与蓄热室墙间也设窄膨胀缝,可用填塞马粪纸砌筑。

为使膨胀缝两侧砌体在烘炉过程中相对位移,在膨胀缝上下设有滑动缝,通常用沥青油毡纸、牛皮纸或马粪纸干铺在膨胀缝上,铺设长度一边至上层膨胀缝边,另一边越过下层膨胀缝5~10mm。

(3)砌体的平直度、垂直度与标高误差　平直度是指在一定面积的砌体表面上的凹凸程度,可用2m长的木靠尺沿砌体表面任意方向测量。垂直度是指砌体垂直面上偏离垂直线的程度,可用线锤测量。二者密切相关,一般偏差范围应小于5mm,炭化室的平直度和垂直度尤为重要,要求偏差小于3mm,过大会增加推焦阻力,甚至使炉墙过早损坏。砌体的标高误差是指实际砌筑的砖层与该砖层的设计标高之差,相邻墙的标高差异使盖顶砖难以砌平,影响上部砌体的砌筑,标高误差可用水平尺、水平仪测量。

(4)各部位孔道和孔道间尺寸　焦炉砌体各部位孔道断面和相对位置尺寸偏差过大,轻者影响铁件埋设和设备安装,重者影响投产后的正常调温和加热。

焦炉砌体各部位的砌砖均有具体要求,应按设计要求和有关规程施工。

3. 收尾工作

为使所筑焦炉具备烘炉和开工条件,砌砖结束后需对能进行勾缝的部位进行二次勾缝,然后用压缩空气由上至下对砌体进行全面清扫,同时取出各种遗留杂物。蓄热室清扫后,干砌(不抹灰浆)格子砖,所砌格子砖上下层孔应对齐,并与蓄热室墙间留膨胀缝,然后砌筑蓄热室封墙。烘炉前完成烘炉火床、炭化室封墙和烘护小灶的砌筑,采用在炉门下部直接引入煤气烘炉的方法,还应完成炉门衬砖的砌筑。其他还有铁件埋设,上升管衬砖砌筑,放牛舌砖等。

二、焦炉烘炉

砌好的冷态焦炉用燃料加热升温至正常加热或装煤温度的过程叫烘炉。

1. 烘炉用燃料

烘炉用燃料根据可能选用气体燃料(焦炉煤气、高炉煤气、发生炉煤气或天然气)、液体燃料(石油液化气、柴油等)或固体燃料(烟煤、焦炭等)。用气体燃料烘炉,管理方便、调节灵活准确、省人力且便于开工,但应严防煤气中毒和爆炸。不同气体燃料烘炉各有利弊,已有投产焦炉的焦化厂,宜用焦炉煤气,但烘炉初期应防止废气中的水汽在小烟道内冷凝而冲刷砖缝;钢铁企业的焦化厂,若焦炉煤气不足而有高炉煤气时,可采用高炉煤气烘炉,高炉煤气的废气中水汽含量少不会发生上述情况,但高炉煤气热值低,干燥初期火焰不稳定且易熄灭,故在烘炉小灶的导入管上应安装充填有碎黏土砖的烧嘴。用固体燃料烘炉,设备简单,燃料易解决,适用于无气体燃料的新建第一座焦炉,但劳动强度大,炉温不易控制,升至高温较困难,通常炉温达500℃后,要将块煤直接投入炭化室内火床中燃烧供热,要求采用挥发分高、灰分低、灰熔点高的块煤;干燥阶段宜采用焦炭,因燃烧后生成水汽少,火焰较稳,燃烧时间长。为解决固体燃料烘炉升至高温较困难及炉温不易控制等弊病,新建第一座焦炉也可采用液体燃料烘炉,液体燃料经送油管道进入装在各烘炉小灶主管上的喷嘴,用空气雾化后,导入炉灶燃烧供热,液体燃料烘炉设备投资高,燃料费用也高,升温管理虽优于固体燃料,但比气体燃料差。使用不同燃料时,烘炉全过程的总耗量比较见表4-11(以 JN43 型焦炉为例)。

表4-11　不同燃料烘炉的耗热量比较

燃 料 种 类	热 值	每孔炭化室耗量	每孔耗热/$\times 10^6$ kJ	耗 热 量 比
焦炉煤气	16700kJ/m³	27600m³	460.9	1
高炉煤气	3800kJ/m³	145900m³	554.5	1.2
柴 油	35600kJ/kg	13t	462.8	1
烟 煤	29300kJ/kg	32t	937.6	2.03

2. 烘炉气流途径与工艺设施

　　烘炉时应使燃烧废气均匀流过焦炉各部位,使各部位按规定的速度升温。烘炉时热废气的流向(见图4-56)为:烘炉小灶(或炉门)→炭化室→烘炉孔→立火道→斜道→蓄热室→小烟道→烟道→烟囱。烘炉设施主要有:烘炉小灶(设于机、焦侧走台正对炭化室的部位),炭化室封墙及火床(设于炭化室两侧端部),用气体或液体燃料烘炉还需架设临时燃料管道及相应的调节装置。烘炉小灶的结构因所用烘炉燃料不同而有所差异,用气体或液体燃料烘炉时也有不砌烘炉小灶的,烘炉燃料经炉门下部开设的专用孔道,插入支管直接喷入炭化室燃烧供热。火床由炭化室封墙、炭化室底与两侧衬砖组成,为防火床与炭化室砖烧结,火床底层与炭化室底间铺有石英砂,火床与炭化室墙间留有膨胀缝。

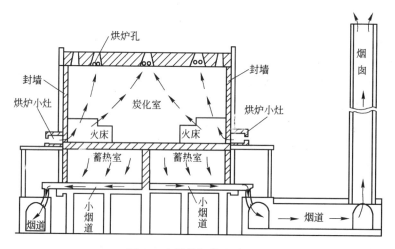

图 4-56　烘炉气体流动途径

3. 烘炉计划

　　烘炉计划是指导烘炉工作和烘炉进程的重要文件,其制定依据是硅砖的热膨胀曲线、各温度区段设定的最大日膨胀率和焦炉上、下部位的温度比。硅砖的热膨胀曲线是从燃烧室、斜道区及蓄热室各区段选择对横向和高向膨胀有代表性的硅砖样(每区段 3～4 个砖号)测定而得。烘炉初期干燥期的确定,取决于砌体中所含水分、砌筑季节、烘炉用燃料品种等因素,一般雨季砌筑的焦炉,干燥期的日升温为 7～10℃,旱季为 8～12℃,用固体燃料烘炉时由于温度难控制,干燥期适当长些。硅砖在 300℃ 前由于一系列晶型的转变,体积变化剧烈,硅砖本身及砌体之间将产生很大应力,易损坏砌体或破坏其严密性,升温愈快,各部位温差愈大,就愈容易产生破坏性应力。为此应根据每天允许的最大膨胀率确定并控制升温速度,据国内实践,最大日膨胀率以 0.03%～0.035% 为宜,选定时需考虑烘炉用燃料、焦炉大小、硅砖和砌筑质量等。用气体燃料烘炉、焦炉尺寸较小时,可选用较高日膨胀率;用固体燃料烘炉、大型焦炉或硅砖质量较差时,应选用较低日膨胀率。此外立火道温度达 500℃ 后,焦炉下部也已超过 300℃,可适当提高日膨胀率。为防止各砖层间热应力过大引起砌体开裂,还应控制炉体上下部位的温差,炉体上部温度用燃烧室温度标记,炉体中、下部用蓄热室顶和箅子砖温度标志。燃烧室温度在 300℃ 前是炭化室砌体激烈膨胀阶段,这时斜道区和蓄热室砌体尚未达到此温度,上部砌体膨胀形成的拉力可能使斜道区和蓄热室砌体产生梯形裂缝。燃烧室温度超过 300℃ 后,炭化室区已越过激烈膨胀阶段,而斜道区和蓄热室砌体正处于激烈膨胀阶段,则下部砌体膨胀产生的拉力可使炭化室砌体产生梯形裂缝。因此必须保持砌体上下部位适当的温度差,通常烘炉初期蓄热室温度应为燃烧室温度的 95%,后期应不低于 85%;箅子砖温度初期应为燃烧室温度的 55% 左右,末期约为 45%,以小烟道温度不超过 320℃ 为控制目标。小烟道在烘炉末期温度不可过高,以防焦炉转为正常加热后,因冷空气进入,降温收缩,使砌体产生裂纹,也可保证焦炉混凝土基础平台不致受热开裂。

烘炉计划的具体制定步骤是:首先根据砖的膨胀曲线、焦炉各部位温度的比例和规定的日膨胀率,计算出每一温度间隔的烘炉天数,然后再根据采用的天数计算出各温度间隔、每日升温数和日膨胀率,最后列出烘炉升温计划表,并据此绘制升温计划曲线和膨胀计划曲线(图 4-57、图 4-58),烘炉时实际的升温曲线及膨胀曲线应尽可能与计划曲线一致。

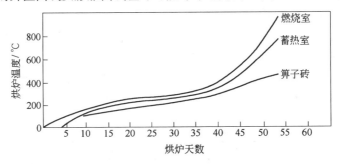

图 4-57 烘炉升温计划曲线

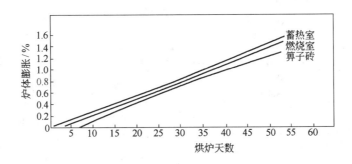

图 4-58 烘炉膨胀计划曲线

4. 烘炉过程

(1)点火　为保证烘炉过程所需的吸力,烟囱应在烘炉小灶点火前5~10d烘烤,当烟囱吸力达到一定值(JN型焦炉为120Pa)时,分烟道小灶开始点火(一般在烘炉小灶点火前2~4d),当分烟道吸力也达一定值(JN型焦炉为70~80Pa)后,烘炉小灶才能点火。为适应低温时的升温要求,开始先点烘炉小灶的半数(机、焦侧,单、双号错开),当燃烧室温度达70~80℃时,其余一半烘炉小灶再点火。两天后,抵抗墙小灶点火。当烟囱吸力足够时,可先后停烟囱和分烟道小灶的火。

(2)热态工程　烘炉温度达600℃后砌体膨胀基本结束,为开工投产做好准备,就必须进行大量热态工程。包括焦炉砌体表面及某些通道的修整、灌浆和勾缝,与炉体连接的金属结构和混凝土结构的连接和密封。如保护板灌浆,炉顶拉条沟密封,炉顶表面整修,炭化室炉门框上部小炉头砌筑,机焦侧操作平台固定,上升管根部、桥管接口处的密封、固定,氨水支管接口连接,废气开闭器叉部与根部的密封固定,蓄热室封墙严密,砖煤气道灌浆等。这些工程完成的时间短,工程量大,质量好坏直接影响焦炉开工及投产后的正常生产。

(3)转正常加热　对具备气体燃料供应的焦炉,当燃烧室温度达750℃时,即可转为正常加热,不具备此条件的,尚需继续由烘炉小灶供热升温至950℃后装煤,待装煤产生的煤气引出并接通鼓风机回炉后,再转为正常加热。

5. 烘炉管理

(1)热工管理　包括对炉体各测量点温度,加热系统压力,燃料消耗量和空气过剩系数的测量和调节。

温度测量项目见表4-12。为控制全炉热气流的均匀分布和稳定,还应监测直行测温火道看火孔的吸力和烟道吸力。

烘炉过程中的升温,全炉纵、横向的温度均匀性和炉高方向的温度分布主要靠燃料量、空气过剩系数和吸力的合理配合来调节。固体燃料烘炉时,用每个烘炉小灶的每次加煤量和加煤次数控制燃料量。液体燃料烘炉时,通过调节烘炉支管的进油量和雾化空气量控制喷油量。气体燃料烘炉时,用烘炉煤气压力及烘炉支管上的节流小孔板控制煤气量。烘炉过程中空气过剩系数的控制十分重要,烘炉初期为防止水汽在小烟道内凝结,应保持较大的空气过剩系数,以增大

表4-12　烘炉期间测温项目表

项　目	地　点	时 间 与 次 数	意　义
标准燃烧室温度(除端部燃烧室各2个外,隔5个燃烧室1个)	每个标准燃烧室的下列火道(1、3、7、11、18、22、26、28号)	每班2次,上班后第1和第4h测,后一次测值为本班完成指标	代表炉体温度
直行温度	全炉测温火道(机、焦侧各1个)	每班1次	检查全炉温度均匀性
横墙温度	中部两个燃烧室的所有火道	温度每升高50℃测一次	检查横向温度均匀性
蓄热室温度	与标准燃烧室同号的机焦侧蓄热室顶部	同标准燃烧室	代表斜道区温度
箅子砖温度	与标准燃烧室同号的机焦侧箅子砖上	同标准燃烧室	代表蓄热室温度
小烟道温度	与标准燃烧室同号的机焦侧小烟道	同标准燃烧室	代表小烟道温度,与蓄热室、箅子砖温度一道检查高向分布

项　　目	地　　点	时　间　与　次　数	意　　义
炭化室温度	每侧选几个标准炭化室	酌情确定	用煤气烘炉时,对煤气量变化敏感
烟道温度	总,分烟道	同标准燃烧室	
抵抗墙温度	四角抵抗墙保温墙炉顶火道	同标准燃烧室	
大气温度	选不受焦炉温度影响的地点	同标准燃烧室	

废气体积,减小炉体上下部位的温差,此外除适当加大烟道吸力外,主要应开大二次风门。干燥期结束后,二次风门逐渐关闭,空气过剩系数逐渐减小,随燃料量增加,炉温逐渐上升,炉体上下温差也逐渐增大。空气过剩系数从立火道顶和箅子砖处取样测定,若两者相差较大,说明炉体表面不严,应查明后及时密封。若燃烧室温度上升而小烟道温度不变或下降,应增大空气过剩系数;若仅燃烧室温度下降应减小空气过剩系数;若燃烧室及小烟道温度均未升至要求温度,则应保持空气过剩系数而增加燃料量。

烘炉过程中烟道吸力大体稳定在一定范围,除烘炉初期,燃料量少,且二次风门大开,故烟道吸力稍大外,干燥期后二次风门逐渐关闭,空气过剩系数逐渐减小,但因燃料量增多,故烟道吸力下降不多。燃烧室温度达150~200℃时,吸力降至最低值,以利看火孔转为正压;此后随燃料量增加,烟道吸力又渐增。烟道吸力也影响炉体上下部位的温度分布,一般增加吸力,有利于下部温度提高,反之则有利于上部温度提高。

大气温度变化和风向对炉温均有影响,尤其在烘炉初期影响更明显,应及时调节供热。炉体的严密性对炉温均匀上升,各部位温度的合理分布及防止炉头温度过低有重要影响,应加强对封墙、小灶及炉体各部位的密封。

(2)膨胀管理　对烘炉质量十分关键,烘炉期间随炉温变化应及时调节护炉铁件,严防出现砌体自由膨胀或受压过大等现象。同时,膨胀管理也是监督升温是否合适的重要手段,若发现膨胀过快,应及时减慢升温速度。膨胀管理项目见表4-13。

表4-13　烘炉期间膨胀管理项目表

项　　目	测　量　位　置	测　量　时　间　及　次　数
炉柱曲度	三线法测量,炉门框下横铁位置处	100~500℃,每天一次,500~700℃每两天一次,700℃以上视情况而定
大弹簧负荷	机上,机下,焦下	100~500℃,每天一次,500~700℃每两天一次,700℃以上视情况而定
小弹簧负荷	各线	100~400℃每25℃一次,400~900℃每50℃一次,900℃以上每100℃一次
炉门框上移情况检查	保护板底部间隙	100~400℃每25℃一次,400~900℃每50℃一次,900℃以上每100℃一次
纵拉条弹簧负荷	两端抵抗墙各纵拉条	100~400℃每25℃一次,400~900℃每50℃一次,900℃以上每100℃一次
炉长膨胀	各标准燃烧室的上横铁、下横铁、箅子砖处	100~400℃每25℃一次,400~900℃每50℃一次,(每隔100℃测一次全炉各燃烧室)
保护板和炉柱间隙	燃烧室和蓄热室部位	100~400℃每25℃一次,400~900℃每50℃一次,(每隔100℃测一次全炉各燃烧室)

项　　目	测　量　位　置	测　量　时　间　及　次　数
抵抗墙垂直度	两端抵抗墙机侧和焦侧	100~400℃每25℃一次,400~900℃每50℃一次
抵抗墙膨胀缝	两端抵抗墙机焦侧 30mm 膨胀缝	100~450℃每25℃一次,450~700℃每50~100℃一次
操作台支柱垂直度,并检查滑动情况	各操作台支柱,并检查联结螺栓及滑动面	每隔100℃一次
炉高膨胀	标准燃烧室的标准火道顶部	100~400℃每100℃一次,400~700℃每150℃一次

　　焦炉的纵向膨胀管理是在烘炉期间通过在炉顶临时设置的松紧器调节纵拉条弹簧负荷,转为正常加热后将松紧器拆除,并扭紧纵拉条螺栓保持纵拉条拉力。焦炉的横向膨胀及炉柱曲度的管理,是通过调节炉柱上、下大弹簧和炉柱上的四线小弹簧来实现,随炉温升高及膨胀量增加,逐渐松放螺帽,烘炉过程中,上下大弹簧的负荷逐步增加,上部大弹簧一般从 5.5~6.5t 增加到11~13t,下部大弹簧从 7~7.5t 增加到 8~9t,烘炉末期(750℃)上下大弹簧负荷比约 1.4,四线小弹簧的负荷基本不变。弹簧负荷的调节还应考虑炉柱曲度的变化,炉柱曲度应随炉体上下部膨胀差的增大而逐渐加强,但烘炉末期的最大曲度应不超过 25mm。炉柱的曲度与炉体各部位的膨胀差对应,当炉柱曲度配合不当,使炉柱与保护板之间隙增大时,应及时减小各线小弹簧负荷,调整大弹簧负荷,使炉柱与保护板贴靠。

　　炉体高向膨胀会带动保护板上移,并使炉门框随之上移,使门框的磨板有可能高于炭化室底。所以应经常检查保护板下缘与砌体凸台间的缝隙,及时调整固定在炉柱上部压住保护板顶部的止动顶丝或压块,控制炉门框上移。

三、焦炉开工

1. 开工条件

1)热态工程已全部结束;

2)焦炉砌体已加热到规定温度(燃烧室温度不低于950℃);

3)有气体燃料的,已转为正常加热,并拆除烘炉用临时设施,燃烧室温度提高到 1100~1150℃;

4)各种机械和操作装置的空负荷或带负荷试运转正常;

5)已备好质量合格,数量不少于 10 天用的装炉煤,开工装炉煤宜挥发分较高,水分低,收缩较大;

6)上升管、集气管循环氨水试喷洒已正常。

2. 开工操作

(1)扒封墙及火床　已提前转为正常加热时,即可将封墙、火床全部扒除,上好炉门。不能提前转为正常加热时,应分批拆除烘炉小灶,扒封墙和火床;先在首批装煤炭化室进行,待首批炭化室装煤后,煤气返回焦炉转为正常加热,再陆续拆除其他炭化室的烘炉小灶、封墙和火床。

(2)装煤前一天氨水正常喷洒和循环,装煤前 1~2h 向集气管通蒸汽驱赶空气,除掉装煤炭化室上升管盲板。

(3)装煤和粗煤气导出　按预定串序首批连续装 6~10 个炭化室的煤,所产粗煤气先不接通集气管而由上升管放散,首批炭化室装完煤后从集气管两端向中心逐个接通上升管,用煤气驱赶集气管中蒸汽及残余空气并逐渐关小集气管蒸汽阀门。当集气管放散管冒出粗煤气后关闭放散管,集气管压力达100Pa后,逐渐打开吸气管上阀门,向吸气管送煤气。在气液分离器放散管处取煤气样做爆发试验合格,且集气管压力已达250Pa时,启动鼓风机使集气管、吸气管与煤气净化系统煤气管网连接。调整鼓风机前吸力,使集气管保持50~100Pa的压力,并关闭集气管蒸汽阀门。随后按串序继续装煤,以尽量增加煤气发生量,提高回炉煤气压力,未提前转为正常加热的可安全、迅速地转为正常加热。

(4)出焦　已提前转为正常加热的焦炉,首批装煤炭化室的结焦时间为24~28h;装煤后转为正常加热的焦炉,首批装煤炭化室的结焦时间约需36h。达结焦时间后应先打开上升管检查着火情况,确定焦炭已成熟后,推装煤后的第一炉焦炭。然后按事先排定的出炉操作时间间隔,逐步推出以下各炉焦炭并装煤。结焦时间的缩短应配合调温阶段逐步进行。

四、焦炉砌体的修理

按修理的工程量、作业条件和需用时间,分小修、中修和大修三类。前二者在热态下进行,后者在冷态下进行,因此可按经常性的维护、热修和冷修分类。为减少焦炉剧冷剧热,减轻修理过程中焦炉砌体和炉砖的损坏,有利于生产,应本着经常性喷抹为主,翻修为辅;热修为主、冷修为辅的原则组织修理工作。

1. 小修

小修常用喷补、抹补、灌浆和火焰焊补等方法进行,无论哪种方法,修补前均需用压缩空气吹扫修补处的积尘和泥灰。焦炉小修是在不停止生产的条件下由车间热修人员按计划进行的周期性维修,其项目包括:1)炉顶区的表面砖密封、翻修,火道清扫,斜道疏通,烧嘴和牛舌砖更换,塞子砖喷抹,上升管根和装煤孔座密封等;2)炉台区的炉头、炉墙和抵抗墙正面砖各类损坏的修理和喷抹,炭化室炉底砖和炉门衬砖的修理和更换等;3)蓄热室区的封墙喷抹,废气开闭器与烟道连接座及小烟道连接处的密封,砖煤气道的窜漏和堵塞处理,格子砖清扫及少量更换等。

2. 中修

当修理面较大,修理区要局部降温、拆除、重砌时的修理属于中修。其主要内容是翻修燃烧室多个火道或个别燃烧室,局部修理蓄热室墙和更换格子砖等。燃烧室的修理分揭顶和不揭顶两大类。不揭顶翻修适用于待修火道盖顶砖以上砌体比较完整的情况,翻修前需先将火道盖顶砖以上砌体用吊具加固,再把下部损坏部位拆除。与揭顶翻修相比,工作量少,翻修部位温度高,有利于原有砌体的保护。揭顶翻修适用于火道盖顶砖上、下部砌体均损坏严重,或需翻修燃烧室和火道数较多的情况,翻修前要加固装煤车轨道,以便砌体拆除后不影响装煤车走行。揭顶翻修时,操作区温度低,工效高,但工作量较大,使用材料较多。蓄热室的修理主要为主、单墙的局部翻修和格子砖的更换,修理和更换作业在上升气流下进行,转为下降气流时,应用金属隔热板堵严蓄热室封墙。无论燃烧室还是蓄热室砌体中修时,均应注意以下事项:

1)修理区应改用焦炉煤气加热,以保证保留区的继续加热。

2)修理炉室两侧设置必要数量的缓冲炉室和半缓冲炉室,使高温区和修理区温度呈梯形下降,并控制修理过程中的升、降温速度。

3)邻修区的保留墙面应采取隔热措施,使其温度维持在700℃以上,以防硅砖晶形转化使炉砖损坏。

4)从降温到修后装煤前,保留砌体应在纵横方向用支撑固定,以减少和防止保留砌体变形或被拉裂。

5）由于旧砌体处于热态，新旧砌体的热膨胀率不同，因此要处理好新旧砖间的接茬和修理砌体长、宽、高方向的膨胀留量，以便砌体修完升温后与旧砌体形成统一的整体；并防止接茬处因新砖热膨胀大而切断旧砖茬口。

6）砌体修完后的升温速度应控制，并因翻修区的大小而异。多火道多炉室修理时，升温速度每昼夜不超过 150～200℃，最初可依靠保留区的热量烘炉，升至 700℃ 后可由立火道通煤气加热。

3. 大修

焦炉砌体严重损坏，加热困难，不能按正常串序推焦，周转时间大幅度延长和生产能力降低 20% 以上时应进行砌体大修。大修分全炉整体冷修、炉室分批分组冷修和全炉停产保温大修。冷炉修理操作条件好，便于组织施工，还可同时对护炉、煤气设备进行系统检查、修理、校正和更换，但工程量大，升降温速度控制不好，膨胀管理不及时，会损坏炉体。焦炉冷修的关键是做好冷炉降温，应注意做好以下事项：

1）冷炉前对护炉铁件全面检查、更换，以确保冷炉过程中对砌体的加压保护。

2）与冷炉砌体连接的操作台、煤气设备等应与砌体切断，以免妨碍砌体收缩。

3）做好延长结焦时间，推空炉室和切断粗煤气导出、废气排出系统的工作。

4）通过密封处理控制降温速度。

第六节　焦炉的大型化和高效

一、焦炉的大型化与炭化室尺寸的选择

焦炉大型化具有基建投资省、劳动生产率高，占地面积少，维修费用低，热工效率高，环境污染有所减轻，焦炭质量有所改善等优点，故已成为焦炉发展的必然趋势。但是，大型化并不意味焦炉结构的各部尺寸可以任意加大，因为这涉及到耐火材料，金属材料，机械加工水平以及单位投资，操作费用，煤炭资源等方面的问题，因此需从工艺实现的可能性和总体经济效益等方面加以权衡。

1. 炉孔数和炉组的确定

（1）焦炉的生产能力　焦炉炉组生产能力是根据焦炭或煤气需要量而定的。为合理利用焦炉机械，提高劳动生产率，一个炉组多为两座或四座焦炉构成，炉组的生产能力可参照表 4-14 数据并按下式计算：

$$G = 365 \times 24\, nNu\, \frac{V \cdot \rho_{\text{干}} \cdot K}{\tau}\ ,t/\text{年} \tag{4-13}$$

式中　G——每个炉组的年生产焦炭能力，t/年；

　　　n——每个炉组的焦炉座数；

　　　N——每座焦炉的炭化室孔数；

　　　u——考虑炭化室检修等原因的减产系数，一般取 0.95；

　　　V——炭化室有效容积，m³/孔；

　　　$\rho_{\text{干}}$——装炉煤堆密度（干基），t/m³；

　　　K——干煤全焦率，%；

　　　τ——周转时间，h。

式（4-13）表明，对于一定的生产能力，炭化室孔数主要取决于所选炭化室的有效容积和相应

的周转时间。

表 4-14 焦炉生产能力计算定额

项　　　　目	数　　值
年工作日/d	365
焦炉周转时间(炉墙厚100mm硅砖)/h	
炭化室平均宽 350mm	12
炭化室平均宽 407mm	15
炭化室平均宽 420mm	16
炭化室平均宽 450mm	17
炭化室平均宽 450mm(捣固焦炉)	20
焦炉机械单孔操作时间(不小于)/min	
推焦车	10 ~ 11
熄焦车	5 ~ 6
推焦车与捣固机(捣固焦炉)	30
每一周转时间内焦炉机械检修时间(大于)	120
装炉煤堆积密度(干基)/t·m⁻³	
炉顶装煤	0.72 ~ 0.75
捣固装煤	0.95
全焦产率(对干煤)/%	73 ~ 76
>25mm 块焦产率(对干焦)/%	93
>40mm 块焦产率(对干焦)/%	86
焦炉煤气产率(对干煤,按 17900kJ/m³)(标态)/m³·t⁻¹	
估算产量	300 ~ 320
估算设备能力	320 ~ 350

（2）每座焦炉的最多炭化室孔数 $N_{\max}$　决定于周转时间和机械的操作时间,可按下式计算:

$$N_{\max} = \frac{(\tau - \tau_{检}) \cdot 60}{n' \cdot t_{操}} \tag{4-14}$$

式中　$\tau_{检}$——检修时间,h;

　　　n'——最紧张焦炉机械所承担操作的焦炉座数;

　　　$t_{操}$——最紧张焦炉机械每操作一炉的时间,min。

例如 JN43 型(407mm)焦炉周转时间为 15h,检修时间为 2h,当两座焦炉合用一台熄焦车时,该车为最紧张机械,其操作时间为 6min,则:

$$N_{\max} = \frac{(15 - 2) \times 60}{2 \times 6} = 65$$

2. 炭化室宽度的选择

（1）结焦时间 τ 与炭化室宽度 b 的关系　可按下式表示:

$$\frac{\tau_1}{\tau_2} = (\frac{b_1}{b_2})^n \tag{4-15}$$

式中,指数 n 随火道温度提高而减小,随炭化室宽度增加而增大,可在 1.3 ~ 1.6 范围内变化,德国曾得结焦时间、炭化室宽度和火道温度的关系如图 4-59。

结合式(4-13)和式(4-15)可得出每孔炭化室的昼夜产焦量 Q 与炭化室宽度的关系如下:

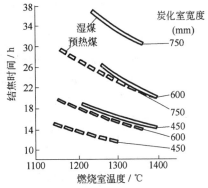

图 4-59　结焦时间与炭化室宽度、
火道温度的关系图

$$\frac{Q_1}{Q_2} = \left(\frac{b_2}{b_1}\right)^{n-1} \qquad (4\text{-}16)$$

式(4-16)表明,每孔炭化室的昼夜产焦量随炭化室宽度减小而提高,因此当生产能力一定时,若炭化室长度和高度相同,则炭化室宽度窄,所须炉孔数少,有利于降低基建费用。但另一方面,炭化室宽度窄,因周转时间缩短使每台机械服务的炉孔数减少(见表4-15),即机械操作效率降低,因而增加操作成本。二者综合效果,炭化室宽度对焦炉的技术经济指标影响不大,因此炭化室宽度的选择,应主要考虑焦炭质量和产率,以及环境污染和炉体使用寿命等。

表 4-15　不同炭化室宽度时的机械操作效率

炭化室平均宽/mm	350	400	450	500
周转时间/h	11.0	14.5	17.5	22
一座焦炉的最多孔数	45	63	78	100
每台机械每昼夜操作孔数	$\frac{45}{11} \times 24 \approx 98$	$\frac{63}{14.5} \times 24 \approx 104$	$\frac{78}{17.5} \times 24 \approx 107$	$\frac{100}{22} \times 24 \approx 109$

(2)膨胀压力与炭化室宽度的关系　炼焦过程中煤料施加于炭化室墙的膨胀压力,起因于胶质体内的煤气压力,其大小因装炉煤性质和堆密度不同而异,也与炭化室宽度有关。炭化室较宽时,结焦速度较慢,胶质体内煤气压力就较小;此外,炭化室较宽时,炭化室顶、底传给煤料的热量增多,使炭化室内上下煤层形成的胶质体很快固化,减少了对炉墙产生侧压力的胶质体。因此同一煤料在较宽炭化室内炼焦时,炉墙实际承受的负荷就小,图4-60为一实测数据。一般炭化室墙允许承受的极限负荷为 7~10kPa,因此当装炉煤膨胀压力偏高时,宜采用宽炭化室焦炉,以延长炉体使用寿命。

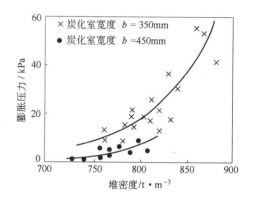

图 4-60　实测膨胀压力与炭化室宽度关系示例

(3)焦炭强度与炭化室宽度的关系　炭化室宽度窄,则炼焦速度快,可在一定程度上改善煤的黏结性,提高焦炭耐磨强度。但其改善程度因煤的性质而异,对弱黏结性的煤,改善程度比较明显,因此当煤料黏结性较差时,宜采用较窄的炭化室。对黏结性较好的煤,则宜采用较宽的炭化室,由于结焦过程中煤料中的温度梯度平稳,有利于减小收缩应力,增加焦炭的抗碎强度。

(4)焦炭平均块度与炭化室宽度的关系　焦炭碎成块起因于裂纹,焦炭的平均块度取决于裂纹间的距离,裂纹的数量与深度则取决于不均匀收缩所产生的内应力。前苏联东方煤化学研究所曾根据焦炭层的内应力取决于焦炭在收缩过程中表面温度与中心温度之差这一原理,导出预测焦炭平均块度的如下公式:

$$d_{\mathrm{m}} = 5\sqrt{\frac{\sigma \cdot a \cdot \tau}{E\varphi T}}, \mathrm{m} \qquad (4\text{-}17)$$

式中　σ——焦炭收缩内应力,MPa;

a——焦炭热扩散率,$\mathrm{m^2/h}$;

E——焦炭弹性模量,MPa

φ——焦炭收缩率,$\mathrm{℃^{-1}}$;

T——焦饼中心最终温度,℃;

τ ——结焦时间,h。

当采用相同装炉煤炼焦时,可得到如下对比关系:

$$\frac{d_{m1}}{d_{m2}} = \sqrt{\frac{\tau_1 \cdot T_2}{\tau_2 \cdot T_1}}$$

将式(4-15)代入上式可得

$$\frac{d_{m1}}{d_{m2}} = \sqrt{(\frac{b_1}{b_2})^n \cdot \frac{T_2}{T_1}} \tag{4-18}$$

式(4-18)表明,相同装炉煤在相同焦饼最终温度下,焦炭平均块度随炭化室宽度增加而加大。

综上所示,当装炉煤黏结性较好时,采用宽炭化室可以提高焦炭抗碎强度,增大焦炭块度;还因增加了炭化室有效容积,则在相同焦炭产量情况下,由于出炉次数减少而有利于减少环境污染;还因降低膨胀压力而有利于延长炉体寿命。故国内外有设计、建造宽炭化室焦炉的趋势。德国鲁尔煤业公司正在建造炭化室平均宽为610mm,炭化室高7.65m、长18m的焦炉组。但对于装炉煤黏结性较差时,仍宜采用较窄炭化室。

3. 炭化室长度的选择

增加炭化室长度可使单孔炭化室的产焦能力提高;但为改善焦炉炭化室长向的加热均匀性,炉体结构复杂而使砌体造价升高;而单位焦炭产量的设备费则因每孔的护炉设备不变、煤气设备增加不多而显著降低。前苏联曾对炭化室高7m、宽410mm的焦炉,作了不同炭化室长度的主要技术经济指标分析(表4-16),表明增大炭化室长度有利于降低基建投资及生产费用。但炭化室长度的增加受长向加热均匀性和推焦杆热态强度的制约。大容积焦炉多数与大高炉配合,大高炉用焦要求焦炭反应后强度高,故装炉煤必须含足够数量的中等煤化度煤,因此收缩性较小。这就要求随炭化室长度增大,提高锥度,从而使长向加热均匀性问题比较突出。局部生焦不仅使焦炭质量和产率降低,还使推焦阻力显著升高。随炭化室增长,推焦杆在推焦过程中的温升将提高,一般结构钢的屈服点随温升而降低,到400℃时约降低1/3,因此推焦杆不能太长。目前,国外大容积焦炉的炭化室长度一般在17～18m。

表4-16　不同炭化室长度的经济指标相对值

项　　　目	炭 化 室 长 度/mm		
	16000	16960	17920
单位产量基建费用	100	98.1	97.4
单位产量生产经营费用	100	99.1	96.6
单位产量换算费用	100	99.0	98.4

4. 炭化室高度的选择

提高炭化室高度是扩大炭化室有效容积,提高焦炉生产能力的重要措施,但炭化室加高必须在炉体结构上采取相应措施。以保证炉墙的极限负荷大于装炉煤的膨胀压力;还应实现高向的加热均匀性。

焦炉燃烧室承受垂直负荷和水平负荷,垂直负荷包括砌体自重和装煤车及炉顶其他负荷;水平负荷主要为煤料的膨胀压力和推焦压力。实践表明,焦炉砌体承受垂直负荷的强度足以适应炭化室提高的要求,而燃烧室两侧炭化室内煤料因处在不同结焦阶段而产生的膨胀压力差,会使燃烧室一侧的砌体内产生拉应力而导致墙面破裂的可能,使炉墙结构破裂的两侧负荷差称为炉墙的极限负荷,随炭化室加高,该负荷差也增加,从而要求提高炉墙的极限负荷。为计算炉墙的极限负荷,可将砌体看成一堆垛起来的刚性板,即假设:1)燃烧室是一种简单结构,不考虑砖缝与砖间的结合力,而认为砖缝与砖间有足够大的摩擦力;2)砖和砖缝的抗压强度能适应砌体垂直负荷的要求;3)煤料膨胀压力均匀地施加到炉墙上。由此得出如下近似计算式(参见图4-61):

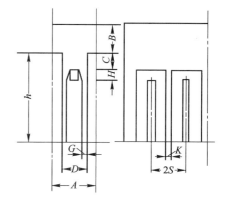

$$P = \frac{20(\sqrt{M_1} + \sqrt{M_2})^2}{Sh^2} \qquad (4\text{-}19)$$

式中　P——炉墙极限负荷,Pa;

　　　h——炭化室高度,m;

　　　S——立火道中心距,m;

图 4-61　炉体极限负荷计算尺寸示意图

　M_1、M_2——炭化室顶部和底部每 $2S$ 长度的抗弯矩,

　　　　　kg·m。

按图4-61,弯矩可按下式计算:

$$M_1 = 2S \cdot A \cdot B \cdot \frac{D}{2} \cdot \rho_1, \quad \text{kg·m} \qquad (4\text{-}20)$$

$$M_2 = [2S \cdot A \cdot B \cdot \rho_1 + 2S \cdot C \cdot D \cdot \rho_2 + 2G(h - C) \cdot 2S \cdot$$

$$\rho_2 + 2(D - 2G) \cdot K(h - H - C)\rho_2] \cdot \frac{D}{2}, \text{kg·m} \qquad (4\text{-}21)$$

式中　A——炭化室中心距,m;

　　　B——炉顶层厚度,m;

　　　D——燃烧室宽度,m;

　　　C——加热水平高度,m;

　　　G——炉墙厚度,m;

　　　K——立火道隔墙厚度,m;

　　　H——跨越孔高度,m;

　　　ρ_1——炉顶体积密度,取 1.4×10^3,kg/m³;

　　　ρ_2——炉墙体积密度,取 1.8×10^3,kg/m³。

根据炼焦煤的膨胀压力,一般要求炉墙的极限负荷大于7kPa,由式(4-19)~式(4-21)可见,增大炭化室高度 h 时,使极限负荷降低,为此必须提高 M_1 和 M_2 以增大 P,其主要措施是增大炭化室中心距 A,炉顶层厚度 B 和炉墙厚度 G。由于增加炉墙厚度不利于传热,一般不采用,故提高炭化室高度时,必须相应地增大炭化室中心距和炉顶层厚度,以保证焦炉具有足够的炉墙极限负荷。

一些焦炉的炭化室中心距如表4-17所示,德国曾提出炭化室高度、炭化室中心距与炉墙极限负荷的关系(图4-62),由表4-17和图4-62表明,炭化室高6m左右的焦炉,炭化室中心距应在1300mm以上。

表 4-17　一些焦炉的炭化室中心距

厂　　名	中国	中国	中国	君　津	名古屋	福　山	海　岸	扇　岛
炉　型	JN-43	JN60	JN55	新日铁	富士	奥托	奥托	斯蒂尔
炭化室高/m	4.3	6.0	5.5	5.5	6.0	6.5	7.5	7.5
炭化室中心距/mm	1143	1300	1350	1300	1375	1300	1400	1550

增加炭化室高度可以提高单孔炭化室的生产能力,对于一定生产能力的焦化厂,可以减少焦炉炭化室孔数,提高机械效率,减少出炉数,提高劳动生产率,故国内外已在设计和建造炭化室高7~8m的焦炉。但是随炭化室增高,必须相应加大炭化室中心距和炉顶层厚度;此外为改善高向加热均匀,焦炉结构必要复杂化;为了防止炉体变形和炉门冒烟,还应设置更坚固的护炉设备及更有效的炉门清扫机械。凡此种种,均使每个炭化室的基建投资和材料消耗增加。因此必须结合技术经济条件和发展需要,以单位产品的各项技术经济指标进行综合平衡,选定炭化室高度的适宜值。据前苏联国立焦化设计院和德国迪弟尔公司所进行综合比较认为,炭化室的最佳高度为

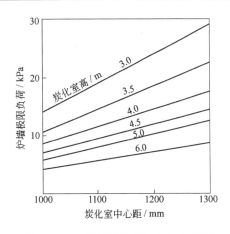

图4-62　炉墙极限负荷与炭化室高度和中心距的关系

7.5m左右,此时焦炉的单位投资费用最低,炭化室过高不仅增加投资,给操作也带来困难。

二、焦炉的高效

焦炉高效是指通过采取可行的技术措施,提高传热强度,缩短结焦时间,使生产能力提高。为提高炭化室的传热强度,主要有提高火道温度,使用高导热性能的炉墙砖和减薄炉墙厚度等方法。

1. 提高火道温度

提高火道温度可以显著缩短结焦时间,例如对于炭化室平均宽为450mm的焦炉,若火道平均温度由1300℃升高到1520℃,结焦时间可从17.5h降至13.0h左右。但是,为此必须采用荷重软化点为1660℃以上的炉墙砖,还必须在热工方面采取相应措施,以求严格控制炉温波动。这对常规耐火材料来说,要满足焦炉操作条件,是十分困难的。因此,目前焦炉的高效主要致力于提高炭化室墙的热导率和减薄炉墙厚度。

2. 研制高导热性能的炉墙砖

研制高导热性的炉墙砖,现行方法大体有两类,一是以硅砖为基础,提高其致密度,即当前各国普遍用于高效焦炉的致密硅砖;另一是选用其他材质。

(1)致密硅砖　又称高密度硅砖,由本章第二节所述已知,所指高密度应为体积密度高,其关键在于制造气孔率低的硅砖。目前硅砖的致密化有两种做法,一是通过调整原料粒度组成,选择适当原料和改善成型方法着力于降低气孔率;另一是加入适当添加剂(如氧化钛)以增加硅砖致密度。各国致密硅砖(与普通硅砖比较)的性能指标如表4-18所示。美国研制出一种含2%氧化铜的致密硅砖,其热导率为普通硅砖的128%,结焦时间可缩短17%;国内也曾进行在硅砖制造过程中添加金属氧化物的试验,加入氧化铜可使热导率提高约20%,加入氧化铁和氧化钛可使热导率提高10%~13%。

表4-18　各国硅砖质量比较

质量指标	英　国		欧美国家		美　国		日　本		中　国	
	普通砖	致密砖	普通砖	致密砖	普通砖	致密砖	普通砖	致密砖	普通砖	致密砖
化学成分/%										
SiO_2	95.2	95.2	93~95	95	94.8	95.3	94.5	94.5	94.8	95.7
Al_2O_3	0.75	0.75	<2.5	<2.5	0.9	0.9	1.1	1.0	—	—
Fe_2O_3	0.8	0.8	—	—	1.2	0.8	1.2	1.2	—	—

质量指标	英　国		欧美国家		美　国		日　本		中　国	
	普通砖	致密砖	普通砖	致密砖	普通砖	致密砖	普通砖	致密砖	普通砖	致密砖
CaO	2.7	2.7	2.0~30	2.0~30	2.5	2.5	2.5	—	—	—
物理性质										
真密度	2.30	2.30	2.33~2.36	2.32	2.31~2.34	2.31~2.34	2.33	2.33	2.35	2.34
体积密度/t·m^{-3}	1.78	1.89	1.75~1.80	1.87	1.6~1.67	1.8~1.85	1.79	1.85	—	—
显气孔率/%	23.2	17.3	22~26	18	26~30	23~27	22	19	21	17
常温耐压强度/×10^{2}kPa	340	519	200~300	>400	140~200	210~360	350	450	408	644
热导率/kJ·(m·h·℃)$^{-1}$					6.23	7.95	6.06	7.65	8.99	9.70
					1000℃	1093℃	1000℃	1000℃	1202℃	1208℃

(2)非硅质高导热耐火砖　鉴于使硅砖致密化来提高热导率是有限的,一些国家曾对非硅质材料进行过一些研究。由半工业试验认为,比较有前途的是刚玉砖和氧化镁砖,刚玉砖的热导率为硅砖的1.7~2.5倍,且对粗煤气的还原性和对熔渣的侵蚀均表现为良好的稳定性;氧化镁砖的焦炉(炭化室平均宽450mm)比硅砖焦炉结焦时间可缩短6~7h,但镁砖试验焦炉的火道温度不能超过1500℃,否则炭化室墙面受煤料中矿物质的化学侵蚀而损坏严重。

3．减薄炭化室墙

(1)减薄炭化室厚度的效果　在采用致密硅砖提高炉墙热导率的同时,减薄炭化室墙厚度,使通过炭化室墙的热流增大,致使结焦速度加快,结焦时间缩短,生产能力提高。德国埃米尔试验炼焦厂曾建三孔墙厚85mm的斯蒂尔式工业试验炉和三孔墙厚70mm的奥托式工业试验炉,试验结果如图4-63。以炭化室墙厚110mm为基准,当火道温度保持不变时,墙厚减到85mm,可使结焦时间缩短3h;减到70mm约可缩短4h。当结焦时间不变,火道温度可分别降低100℃和130℃。由此炉墙厚度减薄10mm,结焦时间约可缩短1h,故焦炉生产

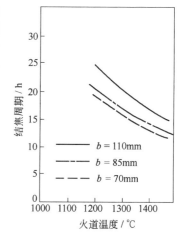

图4-63　不同炭化室厚度的结焦时间与火道温度的关系

能力明显提高。德国在以上试验基础上,在普罗斯佩尔焦化厂建造了一座37孔炉墙厚80mm、炭化室高4m的焦炉,自1976年投产以来,取得了与试验相应的效果,且生产稳定。目前国内新建焦炉的炭化室墙厚度一般在90mm左右。

(2)减薄炭化室厚度对极限负荷的影响　曾对JN-43型焦炉,在其他尺寸不变仅改变炉墙厚度的情况下,计算了炉墙的极限负荷(表4-19),计算表明,当炉墙厚度减至80mm,极限负荷仍大于9.0kPa,因此炉体的强度和结构稳定性是有保证的。

表4-19　不同炭化室墙厚时的炉墙极限负荷计算值

炭化室墙厚/mm	100	90	85	80
407mm 宽的炉墙极限负荷/kPa	10.23	10.12	10.05	10.00
450mm 宽的炉墙极限负荷/kPa	9.48	9.37	9.31	9.25

（3）减薄炭化室墙厚度对装煤后墙面最低温度的影响　安徽工业大学姚昭章曾以炭化室传热数学模型运算了不同炭化室墙厚度条件下,结焦初期炭化室墙面出、入的热流变化和炭化室墙面最低温度。计算表明,结焦初期虽由于燃烧室传给炭化室墙面的热流小于炭化室墙面传给煤料的热流,使炭化室墙面温度降低。但炭化室墙减薄后,上述热流均增大,且前者的增大值大于后者的增大值,致使炭化室墙面在装煤后的最低温度比减薄前增高。如以炭化室宽407mm,火道温度1350℃,装炉煤水分10%为基本条件,运算得到的不同炉墙厚度下的最低温度值如下:

| 炭化室墙厚/mm | 100 | 90 | 80 | 70 |
| 炭化室墙面装煤后最低温度/℃ | 620 | 650 | 730 | 800 |

说明减薄炭化室墙厚度,可以减缓装煤后炉墙的剧冷程度,有利于炉体保护。

第五章　炼焦生产操作

第一节　焦炉装煤和出焦

一、装煤和出焦操作要求

1. 装煤操作要求

（1）顶装煤操作　焦炉装煤包括从煤塔取煤和由装煤车往炉内装煤，其操作要求是：装满、装实、装平和装匀。

装煤不满将影响产量，且使炉顶空间温度升高，加速粗煤气的裂解和沉积炭的形成，易造成推焦困难和堵塞上升管；但装煤也不宜过满，以防堵塞装煤孔，使煤气导出困难而造成大量冒烟冒火；装煤过满还会使上部供热不足而产生生焦。装煤时应将煤料装实，这不但可以增加装煤量，还有利于改善焦炭质量。因此，煤塔和煤车放煤要快，既有利于装实，还可以减少装煤时间并减轻装煤冒烟。放煤后应平好煤，以利于粗煤气顺利导出，为了缩短平煤时间及减少平煤带出煤量，煤车各煤斗取煤量应适当，放煤顺序应合理，平煤杆不过早伸入炉内。各炭化室装煤量应均衡，与规定值偏差不超过 150 kg，以保证焦炭产量和炉温稳定。

（2）捣固装煤操作　捣固工艺已如第三章第五节所述，捣固装煤的操作要求是使煤饼沿高向和长向捣实，捣匀，以保证煤饼推入炭化室过程不致倒塌而影响正常操作。

2. 出焦操作要求

焦炉的出焦和装煤应严格按计划进行，保证各炭化室的焦饼按规定结焦时间均匀成熟，做到安全、定时、准点。并定时进行机械和设备的预防性检修。

为评定推焦操作的均衡性，要求各炭化室的结焦时间与规定值相差不超过 ±5min，并以推焦计划系数 K_1 和推焦执行系数 K_2 分别评定。

$$K_1 = \frac{M - A_1}{M} \tag{5-1}$$

式中　M——班计划推焦炉数；

　　　A_1——计划与规定结焦时间相差大于 ±5min 的炉数。

$$K_2 = \frac{N - A_2}{N} \tag{5-2}$$

式中　N——班实际推焦炉数；

　　　A_2——实际推焦时间超过计划时间 ±5min 的炉数。

$$K_3 = K_1 \times K_2 \tag{5-3}$$

式中，K_3 为总推焦系数，用以评价炼焦车间在遵守结焦时间方面的管理水平。

推焦操作必须在拦焦车和熄焦车确实均已做好接焦准备后方可进行。每次推焦后，应清扫炉门、炉门框、磨板和小炉门上的积炭和焦油渣等脏物，及时清除尾焦。炉门关严，并消除炉门处冒烟冒火。推焦过程中应注意推焦电流的变化，电流大说明焦饼移动阻力大，当电流达到一定值仍推不动焦炭时，应停止推焦，此时即所谓焦饼难推，俗称"二次焦"。出现这种现象必须查明原因，待采取措施后方能继续推焦，否则会造成炉墙变形，损坏炉体。造成焦饼难推的因素很多，常见的有焦饼不熟,收缩不好;焦炭过火碎裂并倒塌;装煤孔堵眼;炉墙变形;炉门框夹焦;炉墙积炭过厚;炉墙喷浆面凸出及推焦杆变形等。应视不同情况采取相应措施,通常是人工扒出机焦两侧部分焦炭,减少推焦阻力后再推焦。若焦饼不熟,则应关上炉门继续加热,待成熟后再推。由于推焦困难,既损坏炉墙,劳动条件又极为恶劣,故应尽力避免出现。

二、推焦串序与推焦计划

1. 推焦串序

焦炉推焦应按一定串序进行,推焦串序是否合理对炉体寿命、热量消耗、操作效率及机械损耗等均有影响。合理的推焦串序应符合以下要求:

1)相邻炭化室的结焦时间最好相差一半。因为结焦前半期,特别是装煤初期煤料大量吸收热量,而结焦后半期需热量较少,当相邻炭化室结焦时间相差一半时,燃烧室两侧的炭化室分别处于结焦前半期和后半期,使燃烧室的供热和温度比较稳定,减轻了因炭化室周期性装煤、出焦所造成的燃烧室温度波动,有利于炉墙保护。此外,当相邻炭化室结焦时间相差一半时,出炉炭化室两侧炭化室内煤料正处膨胀阶段,由两侧炉墙传来的膨胀压力,可平衡推焦时对砌体的推力,从而可防止炉墙因单侧受力而变形损坏的可能性。

2)应充分的发挥焦炉机械的使用效率,减少焦炉机械操作全炉的行程次数。

3)新装煤的炭化室应均匀分布于全炉,以利于集气管长向煤气压力和炉组纵向上温度均匀分布。

4)应适当拉开出炉炭化室与待出炉炭化室的距离,改善工人的操作条件。

推焦串序通常表示为 $m-n$ 串序,m 代表一座焦炉或一组焦炉所有炭化室划分的组数(签号),也即相邻两次推焦间隔的炉孔数;n 代表两趟签号对应炭化室相隔的炉孔数,生产上采用的串序有 9-2 串序、5-2 串序和 2-1 串序。以 9-2 串序为例,即一套机械操作的炉孔分为 9 个签号,即每个签号内相邻推焦炉孔号差数为 9,相邻签号的对应炉孔号相差 2,为了便于确定需要出炉的炭化室号,采用 9-2 串序时,炭化室编号中除去以零为结尾的炉号,以两座 42 孔焦炉用一套机械为例,排列如下:

1 号签: 1,11,21,…,91;

3 号签: 3,13,23,…,93;

5 号签: 5,15,25,…,85;

7 号签: 7,17,27,…,87;

9 号签: 9,19,29,…,89;

2 号签: 2,12,22,…,92;

4 号签: 4,14,24,…,84;

6 号签: 6,16,26,…,86;

8 号签: 8,18,28,…,88;

若推焦车采用五炉距一次对位操作,即推焦杆和平煤杆的配置间隔五个炭化室的尺寸,可在一次对位后同时进行某一炭化室的推焦和上一炭化室的平煤,则焦炉采用 5-2 串序推焦。

2. 炼焦生产中的几个"时间"概念

炼焦生产中的几个"时间"概念是正确编制推焦计划,均衡组织生产的重要参数。

(1)结焦时间 指煤料在炭化室内停留的时间,通常是指从开始平煤(装煤时刻)至开始推焦(推焦时刻)的时间间隔;

(2)炭化室处理时间 指炭化室从开始推焦至开始平煤的时间间隔,一般为 4~5min。若炉墙积炭较厚,需实行烧空炉操作,即推焦后间隔一炉操作再装煤,则炭化室处理时间为14～15min。

(3)单孔操作时间　指焦炉机械完成一孔炭化室全部操作所需的时间,也即相邻两次推焦的时间间隔,采用9-2串序时一般为10～12min,采用5-2串序一次定位操作时间约为8min。

(4)周转时间　指某一炭化室从本次推焦(或装煤)至下一次推焦(或装煤)的时间间隔。在一个周转时间内,除完成整个炉组各炭化室的装煤和出焦操作外,其余时间则用于检修设备,这段时间也称检修时间。对全炉而言,周转时间 = 全炉操作时间 + 检修时间;对某个炭化室而言,周转时间 = 结焦时间 + 炭化室处理时间。任一炭化室的最短结焦时间,不得比周转时间短15min,即使烧空炉时,也不得比周转时间短25min,以保证焦饼成熟。

(5)火落时间　是指炭化室装煤至焦炭成熟的时间间隔,焦炭是否成熟可以通过打开待出炉上专设的观察孔,观察冒出火焰是否成蓝白色来判定。焦炭成熟后再经一段闷炉时间,才能推焦。因此结焦时间 = 火落时间 + 闷炉时间。通过闷炉可提高焦饼均匀成熟程度和焦炭质量。火落时间是日本焦炉操作中的重要控制参数,作为指导炉温调节的信息,国内在宝钢焦炉生产中得到应用。

3. 循环检修计划

根据焦炉周期操作的规律,为定期检修焦炉而制定的计划为循环检修计划。周转时间 τ 确定后,可按下式计算检修时间:

$$\tau_{检} = \tau - \frac{n \cdot m}{60}, h \tag{5-4}$$

式中　　n —— 一套机械操作的炉孔数;

　　　　m —— 单孔操作时间,min。

周转时间即小循环时间,从某日的零时起或其他时刻起,可根据周转时间依次排列全炉操作时间和检修时间,制定出月循环图表,它也具有周期性,即过了若干小循环后又与第一天所排的检修时间重合,这个间隔时间称大循环时间,可由周转时间和24h 的最小公倍数求出。检修时间一般以2～3h 为宜,若检修时间较长,为均衡操作和炉温稳定应分为若干段进行检修。现以2 ×42孔焦炉为例编制循环检修计划,若周转时间为18h,单孔操作时间为10min,则 $\tau_{检} = 18 - \frac{84 \times 10}{60} = 4h$,故在一个小循环时间内将操作和检修分为两段,即每段为9h。第一段内出42 炉,总操作时间为7h,检修时间为2h;第二段也出42 炉,操作时间为7h,检修时间为2h。按18 和24 的最小公倍数,可求出三天为一个大循环,故循环检修计划表如表5-1 所示。

表5-1　循环检修计划表示例($\tau = 18h, 2 \times 42$ 孔)

日　期	检　修　时　间	出炉孔数			
		夜班	白班	中班	合计
1	7:00～9:00,16:00～18:00,	42	42	36	120
2	1:00～3:00,10:00～12:00,19:00～21:00	36	36	36	108
3	4:00～6:00,13:00～15:00,22:00～24:00	36	36	36	108

4. 推焦计划

推焦计划根据循环检修计划及上一周转时间内各炭化室的实际推焦、装煤时刻制定,推焦计划均逐班为下一班编排,表中列出每一出炉号及其计划推焦和计划装煤时刻,所编排的推焦计划,应保证每孔结焦时间与规定结焦时间相差不超过 ±5min,并保证必要的机械操作时间。推焦计划中如有乱签号应尽快调整,调整方法,一是向前提,即每次出炉时将乱签号向前提1～2 炉,这种方法不损失出炉数,但调整较慢;二是向后调,即延长该炉号的结焦时间,使其逐渐调至原来位置,此法调整快,但损失出炉数。

三、装煤设备

1. 装煤车

装煤车是在焦炉炉顶上往炭化室装煤的焦炉机械。装煤车由钢结构架、走行机构、装煤机构、气动系统和司机室组成(如图5-1)。大型焦炉的装煤车功能较多,机械化、自动化水平高,除装煤的基本功能外,还有启闭装煤孔盖和用泥浆密封装煤孔的装置,具有操纵上升管水封盖和桥管水封阀及对炉顶面进行吸尘清扫等功能。20世纪70年代以后,还出现了带有点燃式抽烟洗涤除尘系统和带有烟气处理地面站的新型装煤车,使装煤逸散物控制达到了较高的水平。

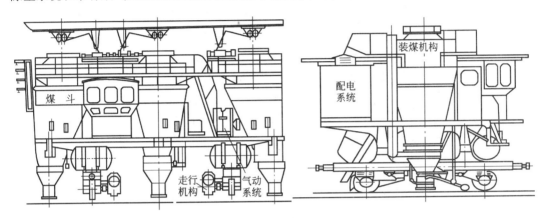

图5-1　装煤车

钢结构架是装煤车的骨架。所有机构和部件均装在钢结构架上。大型装煤车的钢结构架是用钢板和型钢焊接而成的门型刚性构件,小型装煤车采用桁架结构。

走行机构包括传动机构和走行轮组。门型刚性的装煤车走行装置采用双传动系统,它由两组主传动机构组成,由电气控制系统保证它们同步运行。为了减少装煤车沿炉顶轨道走行时对焦炉顶部产生的震动和冲击,走行速度一般不应超过120m/min。

装煤机构是从煤塔接受装炉煤并将其装入炭化室内的装置。装煤机构由煤斗和操作机构组成。煤斗是由钢板焊接制成的内壁光滑的斗槽。为了装煤操作顺利,重力式装煤车煤斗多做成双曲线斗嘴型。装煤车的配置取决于炭化室装煤孔的配置、放煤操作的顺序以及上升管的布置等。煤斗的总容积略大于炭化室的有效容积,可按需进行调整。装煤时,先对准装煤孔,后放下导套,再打开放煤闸板。重力装煤时,煤直接从煤斗泻入炭化室内。为了控制装煤速度,也有采用圆盘或螺旋等机械给料方式将煤斗内的煤装入炭化室内。装煤结束时,必须先关闭煤斗闸板再提起导套。为了控制装煤顺序和时间,各煤斗导套的提落、闸板开启和给料均可单独操作,并与装煤车的走行机构连锁,以保证安全。

气动系统是装煤车上配备的以压缩空气为动力的驱动装置。它由空气压缩机、气包、汽缸、管路和气动元件等组成。操纵人员在司机室通过电磁阀来控制气动机构,按要求来完成升降导套、启闭煤斗闸板等操作。

装煤车的各种功能均由配电系统控制完成,配电盘均布置在配电室内,而控制按钮和显示仪表则布置在司机室内和操纵盘上。配电室和司机室多设在装煤车的钢结构架平台上,以保证操作人员有较宽的视野和较好的工作条件。

2. 捣固装煤推焦车

捣固装煤推焦车主要由钢结构架、走行机构、开门装置、推焦装置、除沉积炭装置、送煤装置和司机室组成,见图5-2所示。钢结构架是捣固推焦车的骨架,各种机构和部件均装设其上。由于捣固机在煤箱内直接捣固煤饼,钢结构和煤箱要承受很大的冲击力和震动。因此,钢结构架应具有很大的刚性。其走行机构、开门装置、推焦装置、除沉积炭装置和司机室,与顶装焦炉用的推焦车相同。

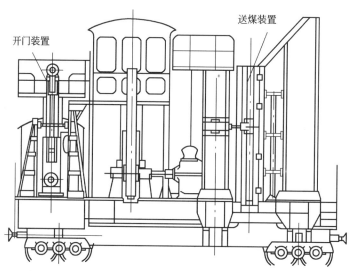

图 5-2　捣固装煤推焦车

捣固装煤推焦车进行装煤操作时,先打开前挡板,传动机构将活动壁外移,送煤装置带动托煤饼的底板平稳地进入炭化室内。装煤后,由后挡板顶住煤饼,将底板退出炭化室,最后撤回后挡板。旧式捣固装煤推焦车在煤塔接受煤料,并由设在煤塔上的捣固机捣固成合格的煤饼,然后才能移动。送煤装置和推焦装置共用一套传动机构。靠离合器分别操作。因此整机的作业率不高。随着捣固炼焦技术的发展,在捣固装煤推焦车上装设储煤斗和捣固机,在煤塔取煤后,一面捣固煤饼,一面进行其他作业。这样整个车体虽然庞大,结构也较复杂,但整个设备的效率却大为提高。20世纪80年代以来,运用薄层连续给料、多锤捣固技术,使煤饼捣固时间大大缩短,装煤—推焦的操作周期达到了顶装焦炉的水平,从而推动了捣固焦炉向大型化的方向发展。

四、装煤、出焦过程机械化

焦炉的装煤和出焦由装煤车、推焦车、拦焦车和熄焦车完成,为提高工作效率,减轻劳动强度,改善操作环境,装煤、出焦的进一步机械化,仍是出炉操作的重要发展方向。

1. 装煤孔盖的自动启闭

自动启闭装煤孔盖的机构主要有机械式和电磁式两种。如上海焦化厂在原有装煤车上曾改造采用夹钳式启闭装置,装煤孔盖依靠固定在平板闸门下面的夹钳汽缸,实现装煤孔盖的抓起和提升,平板闸板下面还固定有导套等机构,装煤孔盖提升后平移平板闸板,使套筒机构对准装煤孔放煤,从而可实现装煤车一次对位。鞍钢化工总厂曾试验,采用电磁铁启闭装煤孔盖的一次定位机构,也采用一套汽缸传动而平移的平板小车,依靠固定在其上的导套和电磁铁,实现启闭装煤孔盖和落提导套机构。宝钢焦化厂的装煤车设置的电磁铁启闭装煤孔盖机构,由内、外台车两个部分组成,外台车沿导轨移动,并带电磁铁升降,内台车借油缸往复运动,使装煤孔盖左右旋转,以松脱炉盖周围的泥料,再由电磁铁吸住炉盖开启。在关闭炉盖时还配有用泥浆自动封闭的装置。

　　2．炉门和炉门框清扫机构

　　国内外多数采用机械作用的刮板和钢丝刷子作为清扫元件,该元件固定在支撑架上,工作时靠压缩弹簧使其具有弹性,以适应实际炉门或炉门框上存在的弯曲段,支撑架的走行和升降可采用液压传动或机械传动,为使清扫机构适应炉门和炉门框的变形和边位,支撑机构应允许做相应摆动。当清扫机构与炉门或炉门框对正时,为操作可靠,设有定位或抱紧装置。

　　3．一次对位式出炉机械

　　为实现操作的自动控制,提高机械效率,焦炉各车辆均向一次对位方向发展,即当车辆对准操作炉室后,不必移动车辆就能完成全部动作,再移至下一炉室。装煤车的一次定位已如上所述,推焦车的一次对位在国内已被设计、使用,是五炉距一次对位式推焦车,推焦杆居中,右侧为摘门机,它沿S形轨道进退,摘门退回时可转90°,用清扫机构清扫炉门。推焦杆左侧为清扫炉门框机构,沿S形轨道进退,进行炉门清扫作业。平煤杆与推焦杆相隔五炉距,可在推焦同时对前一炉进行平煤。操作按5-2串序,操作完一炉后,行驶五炉距进行下一炉作业。拦焦车的一次对位有多种形式,常用的为转盘式结构。

　　4．上升管及小炉门清扫机构

　　上升管的清扫可采用机械清扫和空气燃烧两种方式。机械清扫机构由电动链条绞车带动的刺锤在上升管做上下往复运动,机械清扫上升管内的沉积炭。空气燃烧法是在小炉门清扫机构或推焦杆上设置压缩空气管对上升管根部喷烧以烧除上升管内积炭。小炉门清扫的刮刀机构一般设在导轨上可前后移动的台车上,清扫刮刀架可通过油缸传动作向前移动和上下往复动作,使刮刀对准小炉门内侧及座面。

　　5．头尾焦处理

　　焦炉推焦后,在炉门口处残留摘门时掉落的焦炭称头尾焦。头尾焦处理也有许多种形式。有的把接受头尾焦的容器,用专设的移动臂带动,装在推焦杆头或摘门机下方,摘门前将容器送至炉前,装煤后移动臂退回,靠专门机构使容器倾翻,将其头尾焦倒入存水的储斗中,由此用刮板机送出。有的在炉台上每个炉门前开有落孔,头尾焦由落孔沿滑坡进入炉台下沿炉组长向布置的水槽,槽内头尾焦可被其底部的刮板输送机送至炉端储斗再运走。

　　6．焦台放焦机械化

　　国内目前有刮板机式、小车压下(或提升)式和给料机式多种。刮板机放焦是靠往复运动的刮板将由焦台至托焦板上的焦炭,经托焦板上的开孔刮至胶带机运走。这种方式焦流均匀、稳定,结构简单,制造施工方便,易于维护管理。

　　小车压下或提升式是靠沿焦台操作走台轨道走行的移动小车,通过下压或提升方式带动放焦闸门进行放焦作业。这种方式操作简单,焦台长度不限,焦流大小可调节,但均匀性不如前者,放焦移动小车需要专人操作。

　　叶轮给料机式是在焦台下面建成水平的承焦平台,焦炭被下部开口的挡焦板挡住,借位于胶带机上方沿焦台移动的叶轮给料机将焦炭刮至胶带机运走,给料机可自动走行,并靠改变转速调节焦流大小。

　　7．出焦操作联锁

　　为了保证安全生产,机、焦侧和炉顶之间应设有联锁装置。只有当拦焦车和推焦车对准同一炭化室,拦焦车作好接焦准备并由拦焦车发出指令时,推焦杆才能动作。此外,装煤车和推焦车也应设联锁信号,以便装煤时推焦车配合平煤。为达到上述联锁要求,国内外使用的方法主要有以下几种。

（1）电气联锁　这是在焦炉四大车上都设有相互接通的一条联锁滑线,依靠这种滑线组成的回路,配以按钮、继电器、信号灯、限位开关等,实现装煤车与推焦车之间的装煤平煤联锁,以及推焦车与拦焦车、熄焦车之间的推焦联锁。这种联锁的主要缺点是不能实现对位（对准同一炭化室）联锁,因此一般电气联锁均辅以通话联锁。

（2）通话联锁　分有线与无线两种方式。焦炉四大车是移动设备,难以设置专线通话联系,因此多数焦化厂均依靠电力线载波电话实现通话。利用电力线载波虽较方便,但载波电话机的设计必须考虑把电网中的各种杂音干扰抑制到最小程度,以保证通话清晰。也可在四大车之间设立无线电双向通话设备,一般这种设备多以会议电路方式,这样当出现异常情况时,便于各岗位通过频道互相沟通,各车还可和厂调度室联系。

（3）γ射线联锁　用钴60的γ射线实现推焦车、拦焦车和熄焦车联锁,国外已较普遍使用。这种联锁是利用放在同位素容器中钴60发出的γ射线,来激发装于另一车辆上的探头电路,使该车辆进行所要求的动作。较完善的联锁系统要求在装煤车、推焦车、拦焦车和熄焦车上都设有γ射线的发送设备（装钴60的同位素容器）和接受设备（探头线路）,实现互相间的对位联锁。例如当拦焦车对准某一炉室后,熄焦车驶向该炉室,当熄焦车头所发出的γ射线对准拦焦车上探头线路时,激发线路使继电器受电,信号灯亮,告诉熄焦车司机熄焦车已处于接焦正确位置而停车。当推焦车和拦焦车对准同一炭化室时拦焦车上发送设备所发出的γ射线通过炭化室顶部空间击中推焦车上的接受设备,激发推焦杆电动机的供电线路,推焦车司机才能推焦。当机焦侧炉门关闭后,推焦车发出γ射线击中装煤车的接受设备时,激发信号通知装煤。使用γ射线联锁安全可靠,但有时炭化室装煤过满,炭化室顶部空间被堵,使拦焦车发出的γ射线通不过而不能进行联锁。故还需设置声音通话和电气联锁。

（4）激光联锁　利用激光具有方向性好,且为单束平行光的特点采用激光对位联锁已在国外得到利用。还因激光的高频和短波特性,可同时用以传递和处理信息,进行焦炉操作的有效控制。

第二节　熄　焦

一、湿法熄焦

传统的湿法熄焦装置由熄焦塔、泵房、焦粉沉淀池及焦粉抓斗等组成。熄焦塔为内衬缸砖的钢筋混凝土构筑物。熄焦塔下部为进入熄焦车并有喷水装置的隧道部分,其长度比熄焦车长3~5m,宽度大2~3m。上部为排气筒,其高度应保证熄焦时产生足够的吸力,以免水蒸气从底部外逸,为减少或消除熄焦时随水蒸气排出的大量焦粉,在排气筒内均装有捕尘装置。捕尘装置有多种形式,国内均采用木制折流板,国外也有把排气筒做成渐扩型圆筒且内装折流板;有的采用焦炭过滤层,并定期用水冲洗。熄焦塔的总高度为30~35m,为减少熄焦水气对焦炉操作的影响,熄焦塔中心距端部炭化室中心应不小于40m。

熄焦水由水泵直接送至熄焦塔喷洒水管,熄焦用水量一般约$2m^3/t$（焦）,熄焦时间90~120s。熄焦后的水经沉淀池和清水池将焦粉沉淀后,继续使用,熄焦过程中约20%的水蒸发,可用生化处理后的废水补充。沉淀池中的焦粉,由单轨抓斗抓出,经脱水后外运。

为了控制焦炭水分稳定且不大于6%,熄焦车接焦时行车速度应与焦饼推出速度相应,使红焦均匀铺在熄焦车的整个车厢内。还应定期清扫熄焦设施,保证喷洒装置能迅速而均匀对焦炭喷洒,熄焦后熄焦车应停留 40~60s,将车中多余水沥出。熄焦后的焦炭卸至焦台上并停留 30~40min,使水分蒸发并冷却焦炭,剩余红焦在此补充熄焦。焦台的长度可根据焦炭停留时间,每小时最大出炉数和熄焦车长度,按以下公式确定:

$$L = \frac{KnN(l+1)\tau_{凉}}{\tau - \tau_{检}} + (l+1), \quad m \tag{5-5}$$

式中　K——焦炉紧张操作系数,可取 1.07;

　　　n——焦台所担负的焦炉座数;

　　　N——每座焦炉的炭化室孔数;

　　　l——熄焦车车厢有效长度;

$\tau,\tau_{检},\tau_{凉}$——周转、检修和焦炭在焦台上凉焦时间,h。

　　焦台宽度一般取焦炉炭化室有效高度两倍左右,倾斜角 28°,台面铺缸砖或铸铁板,下面装有放焦机械和胶带机,将焦炭运往筛焦楼。

二、压力熄焦

　　一般湿法熄焦所产生的蒸汽全部排入大气,既损失大量显热,又因其所含的有害气体和夹带的焦粉而污染环境。为此,德国埃斯威勒尔公司开发了一种压力蒸汽熄焦工艺(图 5-3)。

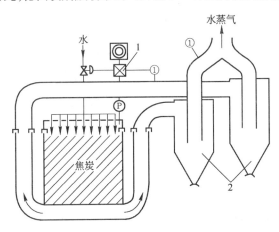

图 5-3　压力蒸汽熄焦工艺示意图
1—自动加水控制器;2—旋风除尘器

　　压力熄焦系统包括密闭出焦系统和压力熄焦系统两部分。推焦时,红焦从炭化室被推出,经导焦槽和烟罩落入焦罐内,烟尘被风机抽走,经洗涤、除尘后排放。焦罐由熄焦车送至熄焦塔下部后,经液压装置使整个焦罐上举,与上部喷水盖形成密封结构。水从喷水盖均匀下喷,产生的水蒸气经红焦层下降达到熄灭红焦的作用,产生的蒸汽从下部算处导出,再经除尘后放散。

　　压力熄焦系统的优点是节省熄焦水,国外熄焦水用量由常规的每吨焦 1t 降至 0.6t。此外,除尘效率可达 88%。焦炭质量也得到改善。但目前尚不能回收红焦的显热,操作时间也较长,为 8~10min。国内曾引进该技术,由于焦罐盖不严等原因,尚待进一步完善。

三、低水分熄焦

　　低水分熄焦工艺是美钢联开发的一种新型的熄焦技术,它可以替代目前在工业上广泛使用的常规喷洒熄焦方式,同传统的湿法熄焦相比,它具有许多优越性。我国邯钢焦化厂和鞍钢化工总厂等均采用了这项技术,收到了良好效果。

1. 低水分熄焦原理

在低水分熄焦系统中,熄焦水在一定压力下以柱状水流喷射到焦炭层内部,使顶层焦炭只吸收了少量的水,大量的水迅速流过各层焦炭至熄焦车倾斜底板。当熄焦水接触到红焦时,就转变为蒸汽,水变为蒸汽时的快速膨胀力使蒸汽向上流动通过焦炭层,由下至上地对车内焦炭进行熄焦。

熄焦系统水流有两种流速,在熄焦开始时,水的流速被减至设计流速的 40%～50%,这样低的速度既冷却了顶层焦炭,又稳定了焦炭表面,防止焦炭在高的设计流速时从熄焦车厢中迸溅出来,低水流所用时间通常为 10～20s,之后,水流增至设计流速,并迅速渗入到焦炭内部。熄焦后,车内多余的水通过车体设置措施快速排出车外。低水分熄焦系统使用柱状水流代替了喷射,改善了焦炭在深度方向的水分分布,达到了短时间内完全熄灭焦炭,依据焦炭粒度、温度和熄焦车的条件,整个熄焦时间约 50～80s。

2. 系统构成

低水分熄焦系统主要由工艺管道、水泵、高位槽、一点定位熄焦车及控制系统组成(图5-4)。

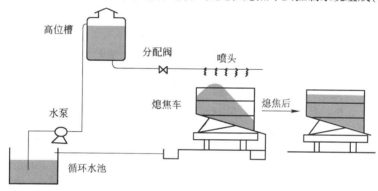

图 5-4　低水分熄焦系统简图

一点定位熄焦车可在不移动熄焦车的情况下接受所有从炭化室推出的焦炭,这种操作的优点是焦炭表面的轮廓及其在熄焦车厢中的分布对每炉焦炭都是一样的,避免了使用常规熄焦车时在车的一端堆积大量焦炭的问题。

熄焦过程中水流量可由特定部位的主管和支管的压力控制器自动控制水压,另外,也可用计时器,并预设控制阀信号,以控制熄焦所需的水量。

3. 操作程序

当熄焦车接满焦炭时,才能移动车辆,以便在每次接焦时,车厢内焦炭厚度相同。当熄焦车开入熄焦塔时,应正确定位在熄焦位置上,误差应在 75mm 以内。

电机车司机按下按钮开始熄焦,利用安装在电机车上的极限开关同时启动熄焦系统计时器,这个动作也可自动完成。当低水流量和设计水流量阶段都完成时,熄焦系统控制阀将关闭,截断从高位槽流出的水。熄焦车厢应在熄焦塔内再停留 30s,以排净车厢内的水。

4. 低水分熄焦的优越性

(1)能适用于原有的熄焦塔。

(2)有利于高炭化室焦炉。现已证实,低水分熄焦可有效处理在 17～20m 长的车厢内多达26t 的焦炭。

（3）低水分熄焦已成功地将一点定位熄焦车内高达2.4m焦炭的水分熄至2%以下。

（4）降低焦炭水分。焦炭水分在很大程度上取决于焦炭粒度分布、水温及水的纯净程度等因素。在正常操作条件下,低水分熄焦与常规湿法熄焦相比,焦炭水分可减少20%~40%,水分可控制在2%~4%,且波动小。

（5）缩短熄焦时间。传统的喷洒熄焦时间需要90~120s,而低水分熄焦时间只需要70~85s。

（6）节约熄焦用水。因熄焦时间缩短,吨焦耗水量也随之减少,可节约30%~40%的水量。

四、干法熄焦

1. 干法熄焦的意义和类型

1000℃的红焦其显热约1.6MJ/kg,该热量约占炼焦耗热量的40%。在干法熄焦中,焦炭的显热借助于惰性气体回收并可用以生产水蒸气,每吨红焦约可产生温度达450℃、压力为4MPa的蒸汽400kg。由惰性气体获得的焦炭显热也可通过换热器用于预热煤、空气、煤气和水等。在回收焦炭显热的同时,可减少大量熄焦水,消除含有焦粉的水汽和有害气体对附近构筑物和设备的腐蚀,从而改善了环境。干法熄焦还避免了湿法熄焦时水对红焦的剧冷作用,故有利于焦炭质量的提高,也可适当提高配合煤中气煤或弱黏煤的配比。基于上述原因,干法熄焦技术已在世界各国焦化厂广为采用。干法熄焦技术早在第一次世界大战后不久,就由瑞士雪尔泽(Sulzer)公司研究、设计出来,其基本过程是将红焦置于竖炉内以逆流通入冷循环气体冷却焦炭。以后曾出现多种形式的干法熄焦装置。如德国曾采用带顶盖的算条式焦台,惰性气体通过斜型算条进入焦炭层冷却焦炭,然后再将热量传给蒸汽锅炉。美国以此为基础曾开发了干、湿法组合式熄焦技术,即将红焦放入带算条的斜熄焦室后,先用水喷洒冷却至500~600℃,再用惰性气体进一步冷

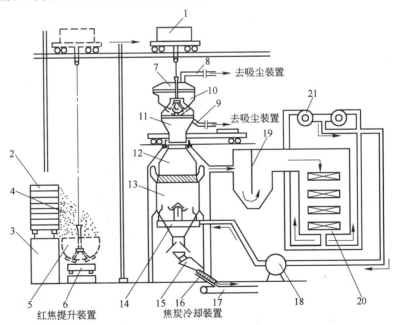

图5-5 地上集中槽式干熄焦流程

1—提升机;2—导焦槽;3—操作台;4—红焦;5,10—焦罐;6—台车;7—盖;8,9—排尘管;
11—装料装置;12—预存室;13—干熄室;14—气体分配帽;15—排焦装置;16—焦台;
17—胶带机;18—循环风机;19—重力沉降槽;20—锅炉;21—旋风除尘器

却到200℃,最后再用水喷洒冷却至20℃,这种熄焦方法可以消除焦炭输送过程的粉尘扩散。法国曾采用罐式干熄焦装置,装有红焦的焦罐被运至干法熄焦站用惰性气体干熄。经过多年的试验研究和工业实践,认为雪尔泽公司提出的方法比较合理,据此20世纪60年代,前苏联设计并建立了单槽能力为52～56t/h焦炭的大型地上集中槽式干熄焦装置(图5-5),以后日本和德国在一些局部方面对前苏联的干法熄焦又作了改进,并扩大了单槽能力。80年代德国卡尔·斯蒂尔公司还开发了水冷壁式的干熄焦装置,即在干熄室的中部还设置了钢制的水冷器和水夹壁,它可以回收30%的焦炭显热,从而可以减少干熄焦室内的循环惰性气体量,以降低风机的电耗,并减少粉尘扩散。在德国萨茨吉特钢铁厂(Salzgitter)还建立了干熄焦与煤预热相结合的半工业装置,在该装置中以高炉煤气作为冷却介质,在干熄室中回收焦炭的显热后,热高炉煤气对气动输送中的煤料进行干燥和预热,高炉煤气经进一步冷却并分出水分后返回管网循环使用。

　　2. 集中槽(竖炉)式干熄焦工艺流程

　　集中槽(竖炉)式干熄焦工艺流程如图5-5,焦炉推出的红焦装入焦罐,由台车载运至熄焦站,由提升机提升并移至竖式干熄槽顶部,经装料装置放入干熄槽上部的预存室,经均热后逐渐放至下部的干熄室,被槽底进入的循环惰性气体冷却至250℃以下,通过排焦装置排出。槽底经气体分配帽进入干熄室的冷循环惰性气体,与焦炭换热后升温至800℃,由干熄室上部的斜道和环形道,经重力沉降槽去除较大粒级的粉尘后,进入废热锅炉,将热量传给锅炉水,并使之蒸发产生4MPa、450℃或1.8MPa、360℃的水蒸气;循环惰性气体温度降至170℃左右,从锅炉下部排出,再经旋风分离器分出细粒粉尘后,由循环风机送回干熄槽循环使用。

　　干熄槽外壳用钢板制成,内部衬有隔热砖和黏土砖。上部预存室的容积一般能容纳1.5h的焦炭处理量,下部干熄室的容量为2～2.4h的焦炭处理量。预存室和干熄室之间为斜道,热惰性气体经过斜道汇集于环形气道后排出,借助每个斜道口的调节装置,使循环气沿干熄室径向均匀分布。排焦装置多采用间歇操作,用交替开闭的阀门控制排焦,并防止槽内惰性气体溢出。在装焦装置和排焦装置上均有吸气管连接集尘装置,以防止粉尘扩散。循环风机可采用调速电机调节流量,以节约电耗。每熄1t焦炭大约需1500m³的惰性气体,蒸汽产量一般为450～510kg/t焦。

　　3. 干熄焦的热量回收与焦炭质量

　　(1)干熄焦的热量回收　对56t/h干熄焦装置所估算的热量平衡(表5-2,表5-3),回收能量的效果如下。

表5-2　焦炉热平衡(MJ/t焦)

入　　方		出　　方	
1. 加热煤气热值	3147.1	1. 红焦显热	1484.5
(12358.4kJ/kg煤)		2. 化学产品热焓	857.2
2. 煤显热	51.0	3. 煤气显热	411.9
3. 空气显热	31.4	4. 热损失	478.0
4. 煤气显热	59.8	5. 其他	57.7
总　计	3289.3	总　计	3289.3

　　熄焦装置消耗的动力为20kW·h/t焦(1kW·h=3596kJ),装置的热效率以40%计,则动力耗热为:

$$\frac{20 \times 3596}{0.4} = 179.8, \text{MJ/t焦}$$

　　故每干熄1t焦炭节约的热能为:

$$1365.7 - 179.8 = 1185.9, MJ/t 焦$$

表 5-3　干熄焦装置热平衡（MJ/t 焦）

入　方		出　方	
1. 红焦显热	1484.5	1. 回收的蒸汽	1365.7
2. 空气显热	0.8	2. 冷却后焦炭显热	208.7
3. 风机升温热	30.9	3. 表面热损失	69.4
4. 粉焦燃烧热	39.7	4. 废气显热	9.9
5. 焦炭挥发分燃烧热	57.7		
6. 焦炭反应热	40.1		
总　计	1653.7	总　计	1653.7

（2）干熄焦炭的质量　干法熄焦与湿法熄焦的焦炭质量相比有明显提高（表5-4）。这是由于焦炭在干熄过程中缓慢冷却，降低了内部热应力，网状裂纹减少，气孔率低，因而机械强度提高，真密度也增大。此外干法熄焦过程不发生水煤气反应，焦炭表面有球状组织覆盖，内部闭气孔多，故耐磨性改善，反应性降低。干法熄焦过程中因料层相对运动增加了焦块间的相互摩擦和碰撞，使大块焦炭中的裂纹提前开裂，起到了焦炭的整粒作用，故块度均匀性提高。焦炭在预存室中保温相当于在焦炉中的焖炉，进一步提高了焦炭成熟度，使其结构致密化，也有利于降低反应性，提高反应后强度。

表 5-4　两种熄焦方法焦炭质量对比

质量指标	米库姆转鼓/%		筛分组成/%					平均块度/mm	反应性（1050℃）/mL·(g·s)$^{-1}$	真密度/g·cm^{-3}	DI_{15}^{150}/%
	M_{40}	M_{10}	>80 mm	80～60 mm	60～40 mm	40～25 mm	<25 mm				
湿法熄焦	73.6	7.6	11.8	36	41.1	8.7	2.4	53.4	0.629	1.897	83
干法熄焦	79.3	7.3	8.5	34.9	44.8	9.5	2.3	52.8	0.541	1.908	85

干法熄焦投资较大，约为焦炉投资的35%～40%，但由于焦炭质量的改善，可降低高炉焦比，提高高炉生产能力；还由于可扩大弱黏煤的用量，回收焦炭显热，有益于环境保护等原因，干法熄焦技术得到了不断的发展。

第三节　筛　焦

一、焦炭的分级与筛焦系统

焦炭的分级是为了适应不同用户对焦炭块度的要求，块度大于60～80mm的焦炭可供铸造使用，40～60mm的焦炭供大型高炉使用，25～40mm的焦炭供高炉和耐火材料厂竖窑使用，10～25mm的焦炭用作烧结机的燃料或供小高炉、发生炉使用，小于10mm的焦炭供烧结矿石使用。

一般大、中型焦化厂均设有焦仓和筛焦楼，国内多数焦化厂大于40mm的焦炭由辊动筛筛出，经皮带送往块焦仓，辊动筛后的焦炭经双层振动筛分成三级，分别进入焦仓。由于辊动筛设备重、结构复杂、筛片磨损快，维修量和金属耗量大，焦炭破损率高（3%）；而振动筛虽然结构简单，但噪声大，筛分效率不高（70%～85%），且潮湿的粉焦易堵筛网。故已逐渐被共振筛所取代，图5-6为国产SZG型共振筛的结构，由铺有筛板的筛箱、激振器、上下橡胶缓冲器及板簧等组成。激振器通过板簧与筛箱连接，其轴是偏心的，轴的两端皮带轮上装有附加的可调配重，整个筛子通过四个螺栓弹簧支撑在基础上。筛子运转时,电动机通过三角皮带带动激振器的轴旋转,偏心轴在皮带轮上附加配重产生的惯性作用下,使激振器在上下缓冲器间往复运动,通过弹簧使筛子在稳定的振幅下进行筛分作业。由于设备的激振频率接近于系统的自振频率而发生共振,故激振力小,仅为一般的振动筛的1/3～1/2。共振筛具有结构简单、振幅大、筛分效率高(90%)、耗电量少等优点,但要求供料连续均匀,投产前的调整工作量较大。筛网有钢板冲孔、圆钢焊接和橡胶筛板等多种形式,基于橡胶筛板具有使用寿命长、不易堵眼、成本低、噪声小等优点,已被广泛采用。

现代大型高炉要求高炉用焦块度均匀,机械强度高,故筛焦过程应加强对大块多裂纹焦炭的破碎作用,实现焦炭整粒,使一些块度大、强度差的焦炭,在筛焦过程中就能沿裂纹破碎,并使块度均匀。通常可采用切焦机实现焦炭整粒,焦炭先经过间距75～80mm的算条筛,筛出大于75～80mm的大块焦输入切焦机破碎,然后与算条筛下的焦炭一起进行筛分分级。

筛分处理后的焦炭,可按需要或由焦仓装罐外运,或用胶带机直接连续送往炼铁厂的焦仓。筛焦楼与贮焦槽的配置一般由分开布置和合并布置两种形式。由四座大型焦炉组成的炼焦车间,设两个焦台,通过筛焦楼的混合胶带机为两条,这时筛焦楼内需安装的筛分设备和胶带机较多,贮焦量也较大,为简化工艺布置,降低厂房高度,筛焦楼与贮焦槽宜分开布置。由两座焦炉组成的炼焦车间,筛焦楼和贮焦槽可合并布置,以减少厂房,节省占地面积,降低基建投资。

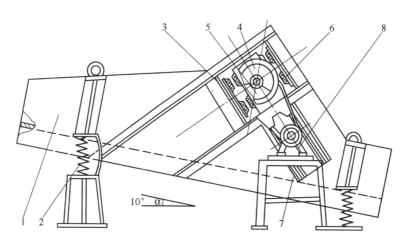

图 5-6　共振筛

1—筛箱;2—支撑弹簧;3—下缓冲器;4—激振器;5—附加配重;

6—上缓冲器;7—板簧;8—电动机

贮焦槽容量按各级焦炭产量,每次进厂装焦车辆和来车周转时间等因素确定。一般块焦槽容量应不小于4h的焦炉生产能力,中、小型焦化厂的块焦槽容量因来车不均,应按焦炉8～12h的生产能力来考虑。小于25mm的碎焦槽和粉焦槽容量一般不小于12h的焦炉生产能力。贮焦槽通常为方形或矩形结构,槽顶装料口至底部排料口的净高一般为10～14m,槽宽6～8m,槽底斜壁衬缸砖或铸石砖,块焦槽底倾角为40°～45°,碎、粉焦槽底倾角为60°,以保证顺利下料。贮焦槽的布料方式视槽顶长度而定,一般小于40m时可用衬铸石的长溜槽布料,大于40m时应用可逆胶带机布料。

独立焦化厂和商品焦较多的焦化厂可设贮焦场。贮焦场要求所卸焦炭尽量不落地,以免焦炭破损,并采用机械化装卸。

二、焦炭整粒技术

1. 焦炭整粒的作用

国内外试验表明,焦炭经整粒后,其转鼓强度有明显提高,这是由于焦炭中强度较差的部分或者有棱角易碎的部分,经撞击后,那些容易碎裂、掉落的部分被去除了。这种情况,与焦炭在运往高炉的过程中,经多次转运,转鼓强度有所提高的作用一样。此外,焦炭经整粒工艺处理后,粒度趋于均匀,进入高炉中可以改善高炉料柱的透气性,有利于高炉增加产量,降低焦比。这在国外钢铁工业生产中均有实践的经验和数据。

例如,英国沃金顿钢铁厂,一度由于焦炉延长结焦时间,大于75mm 的焦炭由45%增到61%,高炉炉况明显变坏,风口鼓风不畅通,焦比增加。当焦炉操作恢复正常后,高炉炉况立即好转。后来,该厂装设了破焦机,进行整粒,焦炭粒度为25～75mm,高炉焦比因而降低了23.5kg。前苏联某钢铁厂,原来高炉使用大于40mm 的焦炭,后来分别使用40～60mm 和30～50mm 的焦炭,生产实践表明,使用后两种粒度范围较窄的焦炭时,高炉产量分别提高3.15%和4.30%,焦比降低3.65%和5.00%。

2. 切焦机的结构特点

切焦机结构如图5-7 所示,该设备有两个平行的辊子,辊子由贯穿在轴上的一定数量的圆盘齿片所组成。焦炭进入辊子时,即被旋转的刀片咬住而切断,然后落入下部贮焦槽。

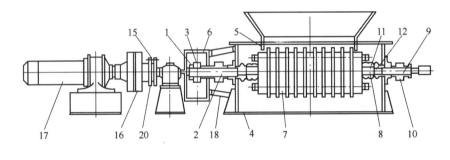

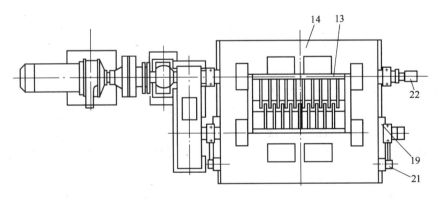

图5-7　切焦机

1—联动齿轮固定环;2—轴;3—联动齿轮;4—机座;5—挡板;6—齿轮箱;7—切削辊;8—辊轴;9—轴;10—主动侧轴承座;11—联轴器;12—粉尘密封环;13—加料斗;14—盖板;15—安全销;16—联轴器和皮革垫;17—摆线齿轮减速电动机;18—托架;19—传动轴联轴器;20—主动轴联轴器;21—调节轴;22—速度开关

摆线齿轮减速电动机17 通过联轴器16 及20 带动主动侧辊轴旋转,再通过装在齿轮箱6中的联动齿轮来带动从动侧滚轴旋转,在两个辊子联合动作情况下完成切焦工作。在切焦过程中如果发生超载时,它能自动地被调节轴21所缓冲。此外,改变调节轴的距离,可改变产品尺寸。

在破碎过程中,当咬入类似铁块等杂物时,用弹簧装置把辊子的间距拉开。当距离拉开仍不能排出时,有安全销15来防止设备破坏。

第四节　焦炉生产过程的烟尘控制

焦炉生产过程中,装煤、出焦、熄焦和筛焦等过程向大气排放大量污染物,包括含有焦油类物质的煤气和大量粉尘。这些污染物污染环境,对人体健康十分有害。据实测1t装炉煤的污染物数量为 $0.95 \sim 1.05kg$,其中粉尘为 $0.7 \sim 0.76kg$,焦油类物质为 $0.12 \sim 0.15kg$;装煤(包括炼焦过程)、推焦和湿法熄焦的排放污染物数量比为60 ∶ 30 ∶ 10。为此,焦炉生产应十分重视装煤、出焦、熄焦和筛焦过程的烟尘控制。

一、装煤过程的烟尘控制

1. 炭化室装煤过程烟尘控制

炭化室装煤产生的烟尘特征如下:

1)装入炭化室的煤料置换出大量空气,开始装煤时空气还和入炉的细煤粒不完全燃烧生成炭黑,而形成黑烟。

2)装炉煤和高温炉墙接触、升温,产生大量水蒸气和粗煤气。

3)随上述水蒸气和粗煤气同时扬起的细煤粉,以及平煤时带出的细煤粉。

4)因炉顶空间瞬时堵塞而喷出的煤气。

这些烟尘通过装煤孔、上升管孔和平煤孔逸散,每炉装煤作业通常为 $3 \sim 4min$,烟尘量(干基)据实测,每 $1m^2$ 炭化室墙面约为 $0.6m^3/min$,该值因炉墙温度、装煤速度和煤的挥发分等因素而变化。

2. 控制装煤烟尘逸散的方法

(1)上升管喷射　装煤时炭化室压力可增至400Pa,使煤气和粉尘从装煤车下煤套筒不严处冒出,并易着火。采用上升管喷射使上升管根部形成一定负压,可以减少烟尘喷出。喷射介质有水蒸气(压力应不低于0.8MPa)和高压氨水(1.8 ~ 2.5MPa)。用水蒸气喷射时蒸汽耗量大,阀门处漏失也多,且因喷射蒸汽冷凝增加了氨水量,也会使集气管温度升高,当蒸汽压力不足时效果不佳,一般用 $0.7 \sim 0.9MPa$ 的蒸汽喷射时,上升管根部的负压仅可达 $100 \sim 200Pa$。由于水蒸气喷射的缺点,导致采用高压氨水喷射代替蒸汽喷射。高压氨水喷射,可使上升管根部产生约400Pa的负压,与蒸汽喷射相比减少了粗煤气中的水蒸气量和冷凝液量,减少了粗煤气带入煤气初冷器的总热量,还可减少喷嘴清扫的工作量,因此得到推广。但要防止负压太大,以免使煤粉进入集气管,引起管道堵塞、焦油氨水分离不好和降低焦油质量。

(2)顺序装煤　在利用上升管喷射造成炉顶空间负压的同时,配合顺序装煤可减轻烟尘的逸散,其方法是当装炉煤放入炭化室2/3左右时,采用1、4、2、3号煤斗顺序装煤(4个装煤孔),或1、3、2号煤斗顺序装煤(3个装煤孔),按此顺序,每投空一个煤斗即盖上炉盖,然后下一个煤斗投煤,这样,可以避免炉顶空间堵塞,缩短平煤时间,因而取得较好效果。但此法操作需增加作业时间,并使焦油中游离碳增多。

(3)连通管　在单集气管焦炉上,为减少装煤时的烟尘逸散,可采用连通管将位于集气管另一端的装炉烟气由该装煤孔或专设的排烟孔导入相邻的、处于结焦后期的炭化室内。有的厂将连通管吊在专用的单轨小车上,有的厂将连通管附设在煤斗的下煤套筒上。此法将部分含尘装炉烟气送入相邻炭化室后,通过炉顶空间再进入集气管,故进入集气管的烟尘得以减少,且设备简单,但仍避免不了抽入空气,增加焦炉气中的 NO 含量。

（4）带强制抽烟和净化设备的装煤车　装煤时产生的烟尘经煤斗烟罩、烟气道用抽烟机全部抽出。为提高集尘效果,避免烟气中的焦油雾对洗涤系统操作的影响,烟罩上设有可调节的孔以抽入空气,并通过点火装置,将抽入的烟气焚烧,然后经洗涤器洗涤除尘、冷却、脱水,最后经抽烟机、排气筒排入大气。排出洗涤器的含尘水放入泥浆槽,当装煤车开至煤塔下的同时,将泥浆水排入熄焦水池,并向洗涤器用水箱中装入净水。洗涤器的形式有:压力降较大的文丘里管式、离心捕尘器式、低压力降的筛板式等。吸气机受装煤车荷载的限制,容量和压头均不能很大,因此烟尘控制的效果受到一定制约。

（5）带抽烟、焚烧和预洗涤的装煤车和地面净化的联合系统　该系统的装煤车上不设吸气机和排气筒,故装煤车负重大为减轻。装煤时,装煤车上的集尘管道与地面净化装置的炉前管道上,对应与装煤炭化室的阀门连通,由地面吸气机抽引烟气。装煤车上的预除尘器的作用在于冷却烟气和防止粉尘堵塞连接管道。我国宝钢采用该系统（图 5-8）,并结合上升管高压氨水喷射,取得良好的效果,其缺点是投资高、耗电量大和操作费用高。

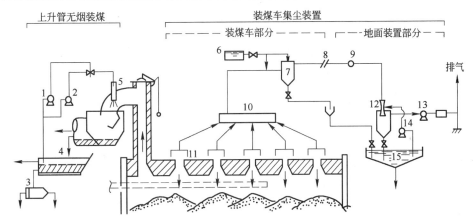

图 5-8　设置地面净化站的装煤烟尘控制系统

1—高压氨水;2—低压氨水;3—离心沉降器;4—焦油分离器;5—喷嘴;6—水槽;7—预除尘器;8—连接阀;
9—固定管道;10—排气燃烧室;11—抽烟罩;12—文丘里洗涤器;13—吸气机;14—水泵;15—浓缩池

3.其他改善炉顶操作环境的措施

提高炉顶操作的机械化、自动化程度,如机械化启闭装煤孔盖,上升管和桥管清扫的机械化,装煤孔盖和座的清扫机械化等,是改善炉顶操作的重要措施;此外采用合理的设备,如水封式上升管盖、水封承插式桥管、装煤孔盖和座的接合面加工成球形密封面等,均可有效地减少炉顶的泄漏。

二、出焦过程的烟尘控制

1.出焦过程的烟尘特征

推焦时产生的烟尘来自下述几个方面:

1)炭化室两侧炉门打开后散发出的炉内残余煤气;

2)推焦时炉门处散发的粉尘;

3)推焦时导焦槽上部散发的粉尘;

4)焦炭从导焦槽落到熄焦车中时散发的粉尘；

5)载有焦炭的熄焦车行至熄焦塔途中散发的烟尘。

上述2)、3)、4)散发的粉尘量约为装炉时散发粉尘量的一倍以上,其中主要是4),由于焦炭落至熄焦车,因撞击产生的粉尘随高温上升气流而飞扬。尤其当推出的焦炭成熟度不足时,焦炭中还残留了大量热解产物,在推焦时和空气接触、燃烧,生成细分散的炭黑,因而形成大量浓黑的烟尘。

焦炭成熟后推焦时,上述1)的数量不大,例如对容积为20m³的炭化室,焦炭约10t,如真密度为1.8,焦炭体积为5.6m³,则残余煤气体积为14.4m³,折算到标准状态仅为3.1m³。这种煤气的组成,80%以上是H_2,其余为CO、CH_4和N_2,以及不到0.3%的$CO_2 + H_2S$,当和空气接触、燃烧时,生成的主要污染散发物是SO_2,仅为0.005kg/t焦,因此并非主要污染源。

红焦在熄焦塔内用水喷洒时产生大量水蒸气,因快速上升,将夹带粉焦散发,据德国一个工厂统计,湿熄焦时散发的粉尘量与装煤时的逸散量相近。如采用含酚废水熄焦,上升蒸汽中还含有酚、HCN和H_2S等有毒气体,造成大气污染。

2.控制出焦烟尘逸散的方法

减少出焦烟尘的关键是保证焦炭充分而均匀地成熟。为收集和净化正常推焦时逸散的烟尘,国内外有多种形式。

(1)固定棚罩-固定式气体净化系统(图5-9)　沿焦炉焦侧全长设置固定棚罩,把拦焦车和熄焦车均置在棚罩内,用以收集焦侧炉门和推焦时排出的烟尘。棚罩顶部设有集尘导管,引至炉一端地面净化系统,烟尘在此经湿式除尘器、吸气机,最后排入大气。新鲜空气可从罩两侧和底部进入。除尘效率可达95%。该系统的优点是:

1)可有效地控制焦侧炉门在推焦时排出的烟尘;

2)原有的拦焦车和熄焦车均能利用;

3)焦炉操作台和焦侧轨道不必改造。

其缺点是:

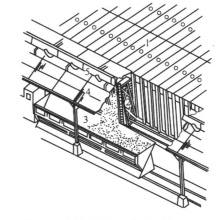

图5-9　固定棚罩-固定式气体净化系统

1—焦炉；2—拦焦车；3—熄焦车；4—棚罩；5—集尘导管

1)抽吸的气体体积很大,故净化系统设备庞大,能耗较高;

2)较粗大的尘粒仍降落并留在棚罩内;

3)棚罩的钢结构易受腐蚀。

(2)移动罩-移动式气体净化系统　用附设在拦焦车或熄焦车上的移动罩罩住拦焦车的导焦槽出口和熄焦车车厢(或焦罐车),罩子与吸气、净化装置连接,净化装置可以安装在拦焦车上或安装在与拦焦车并肩行驶的走行设备上。也有将净化装置安装在焦罐车上,推焦时将移动罩上的连接管与净化装置的连接管对接后再进行抽尘作业。净化装置包括湿式洗涤器,抽烟机、水泵和水箱等。图5-10是美国希米科(Chemico)空气污染控制公司设计的系统,移动罩安装在熄焦车上,它封闭熄焦车的三个侧面,仅向焦炉侧面敞开,在接焦时,该侧被拦焦车上安装的封闭挡板构成第四个侧面。移动罩内的烟尘由罩顶排烟罩管进入与熄焦车挂在一起走行的气体净化车,车上载有全部净化装置。这种系统能耗较低,但除尘效率略低,净化单元的重量也较大。

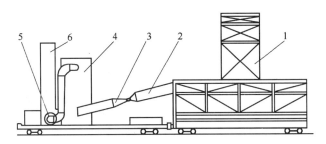

图 5-10　移动罩—移动式气体净化系统

1—移动罩;2—抽尘管;3—文丘里管;4—洗涤器;5—抽烟机;6—排风筒

　　(3)移动罩-固定式气体净化系统　推焦时逸散的烟尘由位于熄焦车上方的移动罩,通过沿炉组长向布置的固定通道进入地面净化系统。该系统现有两种类型,一种由日本设计,国内宝钢采用的方式(图 5-11),移动罩安装在拦焦车上,移动罩顶部的排烟管在接焦前与沿炉组全长设置的固定导管上的支管(每个炉孔一个),由气动闸门连接,逸散的烟尘经固定导管经地面净化系统的预除尘器、袋式除尘器、抽烟机排放至大气。该系统为收集炉门和导焦槽上方逸散的烟尘,在炉门框和导焦槽连接处还设置挠性罩。这种系统除尘效率可达 95%,系统总压降较大,能耗较高,且只在熄焦车接焦时才起抽烟作用,接完焦,熄焦车开往熄焦塔途中则不能继续集尘。另一种由德国明尼斯特—斯太因(Minister Stein)焦化厂采用的系统,可以解决熄焦车走行过程的焦尘。该系统(图 5-12)的移动罩悬挂在转送小车和框架上,转送小车可在熄焦车外侧支撑在钢结构上,并沿炉组长向配置的敞口固定集尘通道上方的专用轨道上走行。集尘烟道敞口面上覆盖了专用的高温橡胶皮带,转送小车作为它的提升器,使移动罩的排烟管经转送小车连接到固定集尘烟道。这种连接方法,允许移动罩在熄焦车上方沿固定集尘通道连续移动,并且省掉了固定通道上的许多支管和连接阀门等机构,也简化了操作。

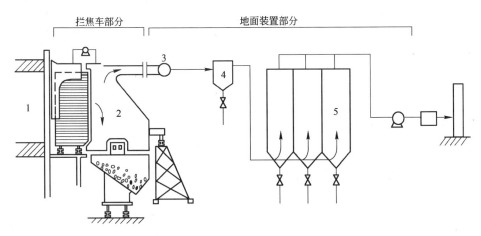

图 5-11　宝钢焦侧烟尘控制系统

1—焦炉;2—移动罩;3—连接阀;4—预除尘器;5—布袋过滤器

　　移动罩—固定式气体净化系统的优点是:1)熄焦车不必改造;2)地面净化系统安装、使用和维护方便;3)除尘效率高;4)操作环境好。其缺点是:1)要配置沿炉组全长的集尘通道,空间拥挤;2)投资高,能耗较大。

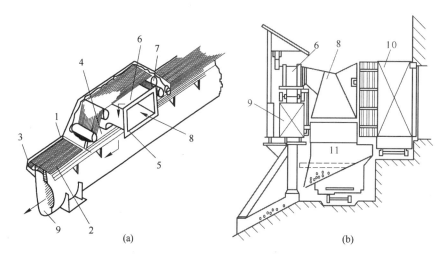

图 5-12 明尼斯特—斯太因控制系统

（a）转送小车；（b）移动罩侧面

1—密封皮带；2—筛网；3—气体转送小车轨道；4—滑动密封板；5—连接法兰；
6—连接管；7—托辊；8—移动罩；9—固定通道；10—拦焦车；11—熄焦车

湿法熄焦的粉尘可在熄焦塔的排气筒内设置挡板和过滤网进行控制。

3. 筛焦系统的粉尘捕集

湿法熄焦的焦炭表面温度 50～75℃，在筛焦、转运过程中，焦炭表面的蒸汽与焦炭粉尘一起大量逸散，空气中含尘量可达 200～2000mg/m³ 空气。干法熄焦的焦炭产生的粉尘量更大。因此筛焦楼应设置抽风除尘设备，常用的有湿法除尘器和布袋除尘器，在筛焦设备上还应装设抽风机，筛焦粉尘经除尘器处理后排入大气。储焦槽上设自然排气管将含尘气体排入大气。为解决通风除尘设备被含酚含 H_2S 水汽的腐蚀，集尘设备、抽风机和管道可采用玻璃钢或不锈钢制作。通风除尘设备还因水汽凝结粘附粉尘而引起堵塞，故需定期清扫，寒冷地区还要采取防冻措施。干法熄焦的筛焦除尘一般多采用布袋除尘器，除尘后的焦粉可收集，加湿后，送回粉焦胶带机。

第三篇　焦炉热工

常规室式焦炉的热工是以煤气燃烧、气体力学和传热三方面的理论为基础,本篇着眼于将这些基本理论用于焦炉生产实践,以求理论与实践的结合。

第六章　焦炉内煤气燃烧

第一节　焦炉加热用煤气

一、煤气的组成、热值和密度

1. 几种加热煤气的组成

焦炉加热用煤气主要是焦炉煤气和高炉煤气,有的厂还采用发生炉煤气。这些煤气的大致组成如表6-1。

表6-1　几种煤气(干基)的组成和低热值

名　称		组成/%(体积)							低发热值 /kJ·m⁻³
		H_2	CH_4	CO	C_mH_n	CO_2	N_2	O_2	其他	
焦炉煤气		$55 \sim 60$	$23 \sim 27$	$5 \sim 8$	$2 \sim 4$	$1.5 \sim 3$	$3 \sim 7$	$0.3 \sim 0.8$	H_2S,HCN	$17000 \sim 19000$
高炉煤气		$1.5 \sim 3.0$	$0.2 \sim 0.5$	$23 \sim 27$	—	$15 \sim 19$	$55 \sim 60$	$0.2 \sim 0.4$	灰	$3200 \sim 3800$
发生炉煤气	空气煤气	$0.5 \sim 0.9$	—	$32 \sim 33$		$0.5 \sim 1.5$	$64 \sim 66$	—	灰	$4200 \sim 4300$
	水煤气	$50 \sim 55$		$36 \sim 38$		$6.0 \sim 7.5$	$1 \sim 5$	$0.2 \sim 0.3$	H_2S	$10300 \sim 10500$
	混合煤气	$14 \sim 18$	$0.6 \sim 2.0$	$25 \sim 30$		$4.0 \sim 6.5$	$48 \sim 53$	$0.2 \sim 0.3$	H_2S 灰	$5300 \sim 6500$

煤气中的 H_2、CH_4、CO 和 C_mH_n(主要是 C_2H_4)为可燃成分,N_2、CO_2 及饱和水蒸气为惰性成分。由表6-1数据可知,焦炉煤气的可燃成分达90%以上,主要是 H_2 和 CH_4;高炉煤气和煤气发生炉气的可燃成分仅30%左右,主要是 CO,含大量 N_2。煤气组成是决定煤气燃烧特性的基本原因,各种煤气的组成因原料性质、设备和操作条件而异。

通常煤气中总含一定量的饱和水蒸气,干、湿煤气组成间的换算可按式(6-1)和式(6-2)由表6-2所列数据进行。

$$(X)_{湿} = \frac{(X)_干}{1 + M_5}, \% \tag{6-1}$$

或

$$(X)_干 = \frac{(X)_湿}{1 - M_7}, \% \tag{6-2}$$

式中　$(X)_干$、$(X)_湿$——干、湿煤气中某组成的体积,% ;

　　　　M_5、M_7——表6-2中饱和温度下第5、7项数据,m^3/m^3。

表6-2　不同温度下煤气中饱和水蒸气的分压和含量

温度/℃	水汽分压/Pa	饱和煤气中水汽含量 /kg·m⁻³	1m³ 煤气(标态)所含水汽量			
			干煤气		湿煤气	
			kg/m³	m³/m³	kg/m³	m³/m³
1	2	3	4	5	6	7
0	611.04	0.0048	0.0049	0.0061	0.0048	0.0060
1	653.74	0.0052	0.0052	0.0065	0.0052	0.0065
2	707.10	0.0056	0.0056	0.0070	0.0056	0.0070
3	760.47	0.0059	0.0061	0.0076	0.0060	0.0075
4	813.84	0.0063	0.0065	0.0081	0.0064	0.0080
5	867.20	0.0068	0.0069	0.0086	0.0069	0.0086
6	933.91	0.0072	0.0075	0.0093	0.0074	0.0092
7	1000.62	0.0078	0.0080	0.0100	0.0080	0.0099
8	1067.33	0.0082	0.0086	0.0106	0.0084	0.0105
9	1147.38	0.0088	0.0092	0.0115	0.0091	0.0113
10	1227.43	0.0094	0.0099	0.0123	0.0097	0.0121
11	1307.48	0.0100	0.0105	0.0131	0.0104	0.0129
12	1400.87	0.0106	0.0113	0.0140	0.0110	0.0138
13	1494.26	0.0113	0.0120	0.0150	0.0118	0.0147
14	1600.99	0.0121	0.0129	0.0160	0.0127	0.0158
15	1707.72	0.0128	0.0138	0.0171	0.0135	0.0168
16	1814.46	0.0136	0.0146	0.0182	0.0144	0.0179
17	1934.53	0.0145	0.0156	0.0195	0.0154	0.0191
18	2067.95	0.0154	0.0167	0.0208	0.0164	0.0204
19	2201.36	0.0163	0.0178	0.0222	0.0174	0.0217
20	2334.78	0.0172	0.0189	0.0236	0.0185	0.0230
21	2494.88	0.0184	0.0203	0.0252	0.0198	0.0246
22	2641.64	0.0193	0.0215	0.0268	0.0209	0.0260
23	2815.08	0.0206	0.0229	0.0285	0.0223	0.0278
24	2988.52	0.0218	0.0244	0.0304	0.0237	0.0295
25	3175.30	0.0231	0.0260	0.0323	0.0252	0.0313
26	3362.08	0.0243	0.0276	0.0343	0.0266	0.0332
27	3562.21	0.0257	0.0293	0.0364	0.0282	0.0351
28	3775.67	0.0271	0.0311	0.0387	0.0299	0.0372
29	4002.48	0.0287	0.0330	0.0411	0.0317	0.0395
30	4242.63	0.0303	0.0351	0.0437	0.0336	0.0418
31	4496.12	0.0320	0.0373	0.0464	0.0356	0.0443
32	4762.95	0.0337	0.0396	0.0493	0.0377	0.0470
33	5029.78	0.0356	0.0419	0.0522	0.0399	0.0496
34	5323.30	0.0375	0.0445	0.0554	0.0422	0.0525

温度/℃	水气分压/Pa	饱和煤气中水气含量 /kg·m^{-3}	1m^3 煤气(标态)所含水气量			
			干煤气		湿煤气	
			kg/m^3	m^3/m^3	kg/m^3	m^3/m^3
①	②	③	④	⑤	⑥	⑦
35	5630.16	0.0395	0.0472	0.0588	0.0446	0.0555
36	5950.35	0.0417	0.0501	0.0623	0.0472	0.0587
37	6283.89	0.0437	0.0531	0.0661	0.0498	0.0620
38	6630.78	0.0462	0.0562	0.0700	0.0526	0.0654
39	6991.00	0.0485	0.0595	0.0741	0.0554	0.0689
40	7377.91	0.0510	0.0631	0.0785	0.0586	0.0728
41	7759.71	0.0535	0.0664	0.0827	0.0615	0.0765
42	8205.08	0.0564	0.0708	0.0881	0.0650	0.0809
43	8645.36	0.0592	0.0749	0.0932	0.0685	0.0853
44	9105.36	0.0621	0.0793	0.0987	0.0722	0.0898
45	9592.61	0.0653	0.0840	0.1045	0.0760	0.0946

注:1. 标准状态为 0℃,101396Pa;

2. 第 7 项 ⑦ = $\dfrac{第2项②}{101396}$; ⑥ = $\dfrac{②}{101396} \times \dfrac{18}{22.4}$; ③ = ⑥ $\times \dfrac{273}{273+t}$;

3. ⑤ = $\dfrac{②}{101396-②}$; ④ = $\dfrac{②}{101396-②} \times \dfrac{18}{22.4}$。

2. 煤气热值

煤气热值是指单位体积的煤气完全燃烧所放出的热量,燃烧产物中水的状态不同时,热值有高、低之分。燃烧产物中水蒸气冷凝成 0℃ 液态水时的热值称高热值($Q_{高}$),燃烧产物中水呈汽态时的热值称低热值($Q_{低}$)。实际燃烧时,不论何种热工设备,燃烧后废气温度均很高,水汽不可能冷凝,故有实际意义的是低热值。各种燃料的热值可用仪器直接测得,气体燃料的热值也可由组成按加和性计算。煤气(标态)中可燃成分的低热值(kJ/m^3)为:

CO—12730;H$_2$—10840;CH$_4$—35840;C$_m$H$_n$—71170。

则煤气的低热值为:

$$Q_{低} = \frac{12730CO + 10840H_2 + 35840CH_4 + 71170C_mC_n}{100}, kJ/m^3 \qquad (6-3)$$

式中　CO、H$_2$、CH$_4$、C$_m$H$_n$——煤气中相应成分的体积,%。

3. 煤气密度

标准状态(0℃、101396Pa)下煤气密度(ρ_0)可按煤气组成用加和性计算:

$$\rho_0 = \frac{\Sigma(MW)_i \cdot X_i}{22.4 \times 100}, kg/m^3 \qquad (6-4)$$

式中　$(MW)_i$——煤气中某成分的分子量;

$(X)_i$——煤气中某成分的体积,%。

【例 6-1】　若焦炉煤气(干)组成(体积%)为:H$_2$59.5;CH$_4$25.5;CO6.0;C$_m$H$_n$2.2;CO$_2$2.4;N$_2$4.0;O$_2$0.4,计算其热值、密度、饱和温度为 20℃ 的湿煤气热值和密度。

(1)干煤气热值:

$$Q_{低} = \frac{12730 \times 6.0 + 10840 \times 59.5 + 35840 \times 25.5 + 71170 \times 2.2}{100} = 17918.5(kJ/m^3)$$

(2)干煤气密度:若 C_mH_n 按80% C_2H_4,20% C_6H_6 计算:

$$\rho_0 = \frac{59.5 \times 2 + 25.5 \times 16 + 6 \times 28 + 2.2 \times 0.8 \times 28 + 2.2 \times 0.2 \times 78 + 2.4 \times 44 + 4.0 \times 28 + 0.4 \times 32}{100 \times 22.4}$$

$$= 0.451(kg/m^3)$$

(3)湿煤气组成:由式(6-1),以 H_2 为例:

$$(H_2)_{湿} = \frac{(H_2)_{干}}{1 + M_5} = \frac{59.5\%}{1 + 0.0236} = 58.1(\%)$$

同样计算得湿煤气组成为(体积%): $H_2$58.1; $CH_4$24.9; CO5.86; C_mH_n2.15; $CO_2$2.35; $N_2$3.9; $O_2$0.39; H_2O2.30。

(4)湿煤气热值:

$$(Q_{低})_{湿} = 17918.5 \times \frac{1}{1 + 0.0236} = 17505.4(kJ/m^3)$$

(5)湿煤气密度:

$$\rho = 0.451(1 - 0.023) + \frac{18}{22.4} \times 0.023 = 0.459(kg/m^3)$$

式中 0.023——表6-2中饱和温度下第7项数据, m^3/m^3 (标态)。

二、煤气的燃烧

1. 燃烧反应和极限

煤气的燃烧反应是煤气中各可燃成分与空气中的氧进行的化学反应,但上述可燃成分与氧(或空气)组成的混合气体,只是在其中可燃成分达到一定浓度范围和在着火温度下,当燃烧反应产生的热量高于系统的散热,从而可以保证系统温度不断提高的条件下,才能进行稳定的燃烧反应,这种极限浓度称燃烧极限。图6-1可以说明燃烧极限的意义,图中在燃烧极限范围内,可燃气与空气反应产生发热速度高于散热速度(图中水平线),则可实现连续稳定地燃烧;在该极限范围外,发热速度低于散热速度,则系统温度不能提高,即使有外加火源存在,也可能在离开火源稍远处温度较低,燃烧反应不能扩展到整个容积中。当火源离开时,仍会产生熄火现象。

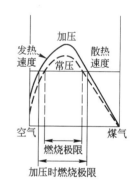

图 6-1 燃烧极限示意图

表6-3列举了某些可燃气和蒸汽在常压下的燃烧极限。

表6-3 某些可燃气和蒸汽与空气的混合物在常压下的燃烧极限 %

名 称	燃烧极限(体积)		范 围	名 称	燃烧极限(体积)		范 围
	下限	上限			下限	上限	
氢	4.15	75.0	70.85	(苯和氧气)	2.6	30.1	27.5
一氧化碳	12.5	75.0	62.5	轻质汽油	1.1	6.4	5.3
甲烷	4.9	15.4	10.5	(轻质汽油和氧)	1.9	28.8	26.9
乙烯	3.2	34.0	30.8	硫化氢	4.3	46.0	41.7
乙炔	1.5	80.5	79.0	二硫化碳	1.0	50.0	49.0
苯	0.8	8.6	7.8	乙醇	3.5	19.0	15.5

可燃气浓度高于上限或低于下限时,就不能着火燃烧。下限愈低,上限愈高,燃烧范围愈宽。当可燃气与纯氧组成可燃混合物时,燃烧范围明显加宽。

两种以上可燃气混合物的燃烧极限,可用测量方法找出。也可按下式估算:

$$L = \frac{100}{\dfrac{x_1}{N_1} + \dfrac{x_2}{N_2} + \cdots} \tag{6-5}$$

式中　L——混合可燃气的燃烧极限浓度(上限或下限),%(体积);

x_1、x_2——混合可燃气中各组成含量,%(体积);

N_1、N_2——各纯组分的相应极限浓度(上限或下限),%(体积)。

对含有 N_2、CO_2 等惰性气体成分的可燃混合气,在式(6-5)计算的基础上,尚应按下式校正:

$$L' = \frac{L\left(1 + \dfrac{\delta}{1-\delta}\right) \times 100}{100 + L\dfrac{\delta}{1-\delta}}, \% \tag{6-6}$$

式中　δ——可燃气中惰性气体含量,%(体积)。

某些工业燃气的燃烧范围如表6-4所示。

表6-4　某些工业燃气的燃烧范围(与空气)

煤气种类	组成/%(体积)							燃烧范围/%
	CO_2	O_2	C_mH_n	CO	H_2	CH_4	N_2	
焦炉煤气	1.9	0.4	3.9	6.3	54.4	31.5	1.6	5.0~28.4
高炉煤气	8.2			25.6	4.4		61.8	35.8~71.9
高炉煤气	2.8			30.9	4.6	1.9	59.8	33.2~71.8
发生炉空气煤气	15.9			23.7	4.3	0.2	55.9	36.0~72.0
发生炉空气煤气	8.3			25.6	4.4		61.8	35.8~71.9
天然气		0.1	9.16			87.4	3.2	4.8~13.4
油煤气								3.4~7.8
油煤气与氧气								3.4~43.2

2.动力燃烧与扩散燃烧

煤气的燃烧过程一般可分为三个阶段:

1)煤气与空气的混合,属纯物理过程;

2)煤气与空气在混合前分别预热到着火温度,或可燃气体混合物加热至着火温度;可燃气体混合物也可以先点火后,靠燃烧产生的热量加热到着火温度;

3)可燃物与氧反应而连续稳定的燃烧,属化学动力学过程。

因上述前两个阶段的次序与混合方式不同,煤气燃烧分动力燃烧和扩散燃烧两种方式。

(1)动力燃烧　煤气与空气混合再着火燃烧的方式为动力燃烧。这时的燃烧速度,即火焰的传播速度取决于空气系数、煤气的预热温度、压力、成分以及煤气的热值和热性质等化学反应的动力学因素,通常反应速度极快,可达到很高的燃烧强度,燃烧完全,燃烧产物中没有烟粒,火焰透彻明亮。由于燃烧前煤气与空气已均匀混合,故动力燃烧可在很小的过剩空气条件下达到完全燃烧,故燃烧温度高。

(2)扩散燃烧　煤气与空气分别进入燃烧室后,靠对流扩散和分子扩散作用,边混合,边燃烧的方式为扩散燃烧。为保证扩散燃烧正常稳定的进行,煤气和空气应预热并进入温度很高的燃烧室,使煤气和空气接触形成的可燃混合物达到着火温度,并再瞬间进行燃烧化学反应,否则扩散燃烧不能发生。扩散燃烧的速度主要取决于可燃物分子和空气分子相互接触的物理扩散过程。扩散燃烧过程,由于局部氧的不足,而发生碳氢化合物热解,产生游离碳,使燃烧带中因固体微粒的存在而产生强烈的光和热辐射,形成光亮的火焰,焦炉立火道中煤气的燃烧属于此种燃烧方式。为拉长火焰,改善高向的加热均匀性,焦炉火道内应使煤气和空气缓慢接触。扩散燃烧速度主要取决于气流沿高向的运动速度、煤气与空气流的夹角、出口轴心间距、扩散系数等因素,为拉长火焰应使煤气和空气流呈平行流动,出口轴心间距加大,气流沿高向运动速度适当提高,煤气中可燃物和空气中氧的浓度适当降低。此外气体燃料的扩散系数 D 根据分子运动学说,与分子均方根速度 $\sqrt{\dfrac{8RT}{\pi M}}$ 成正比,即:

$$D \propto \sqrt{\frac{8RT}{\pi M}} \tag{6-7}$$

式中　M——燃料的平均分子量;

　　　T——气体绝对温度,K。

高炉煤气中可燃成分主要为 CO,其分子量比焦炉煤气中主要可燃成分 H_2、CH_4 要大,故扩散系数较小。此外高炉煤气中可燃物浓度较低,故火焰比焦炉煤气长。

3. 着火温度、点火与爆炸

(1)着火温度　可燃混合气体在适当的温度、压力下靠本身化学反应自发着火的最低温度叫着火温度,它与可燃混合气体的成分、燃烧系统压力、燃烧室结构等有关,可由实验测定。几种可燃气的着火温度见表 6-5(因实验方法不同,各资料所列数据有差异)。

表 6-5　几种可燃气在标准状况下的着火温度

名　称	H_2	CO	CH_4	C_2H_4	C_6H_6	焦炉煤气	高炉煤气	发生炉空气煤气
着火温度/℃	580~590	644~658	650~670	542~547	740	600~650	>700	640~680

由表可知,气体燃料的着火温度相当高,因此煤气不加热到足够温度,或燃烧室不保持在着火温度以上,燃烧不能正常稳定地进行。

(2)点火　可燃混合气靠火星、灼热物体等火源形成火焰中心,然后经火焰传播使可燃混合气燃烧,叫点火燃烧。点火燃烧前,火焰必须具备一定的能量,使可燃混合气在某一局部首先产生火焰,由燃烧放出的热量使其温度升高,并很快将热能传给邻近的冷可燃混合气,使其升温达到着火温度而着火。如此将热能继续传播给下一层,使下一层再着火,此时移走火源,仍能保持火焰传播,使燃烧连续进行。因此点火燃烧必须具备两个条件,一是要有一定能量的火源,二是要能进行火焰传播。点火能量减少时,为使火焰中心向可燃气传播,使火焰继续扩展的时间就要增加。点火能量达到某个临界值以下时,因点火过程的散热大于点火能量,使火焰传播中断。该临界值叫最小点火能,它与可燃混合气的种类、浓度、压力、温度等因素有关。降低压力、提高着火温度、减小热容和分子量、增大热导率将使最小点火能量提高。

(3)爆炸　密闭容器中的可燃混合气,在一定的浓度极限范围(爆炸极限)内达到着火温度或点火时,由于绝热压缩作用,可燃混合气因急剧反应使压力和温度迅速升高,这时火焰的传播速度(燃烧速度)可达到每秒几公里,整个容器内的可燃混合气将同时急剧反应而产生极大的破坏力并引起爆炸。

爆炸本质与燃烧基本一致,两者均以一定的可燃混合气浓度极限(燃烧极限)为前提,并要有火源或达到着火温度。它们的反应过程均为强烈的连锁反应,包括链的引发——自由基的产生、支链反应、直链反应、气相销毁反应和碰壁销毁反应等反应历程。燃烧是在定压(低压)条件下进行的连锁反应,其支链反应速率不大,自由基增殖较慢,是在支链反应保持有限数量条件下的稳定连锁反应。一般燃烧时,火焰的正常传播速度仅每秒几厘米到 10～15m。而爆炸是在定容条件下由于绝热压缩引起的高温高压所导致的急剧反应,其支链反应速率明显增大,自由基浓度无限增殖,因存在压力波(冲击波)的传递,故火焰传播速度高达每秒几千米。

第二节　煤气的燃烧计算

一、燃烧计算

煤气燃烧时需要的空气量、产生的废气量、废气组成和燃烧温度是燃烧控制、评价煤气加热特性、燃烧设备和工艺计算等的重要数据,可按煤气和空气燃烧反应的化学计量式为基础,通过物料衡算和热量衡算进行计算。

1. 空气系数 α

可燃物与氧充分反应,使燃烧产物中不含可燃成分时的燃烧称完全燃烧。引起不完全燃烧的主要原因有空气供给不足、燃料与空气混合不好或燃烧产物中的 H_2O 和 CO_2 在高温下热解产生 CO 和 H_2。

空气和煤气的混合靠燃烧室的结构来保证,燃烧产物中的过剩氧可以抑制 H_2O 和 CO_2 的热解。为保证燃料完全燃烧,供给的空气量必须多于理论空气量,两者之比叫空气系数。

$$\alpha = \frac{实际空气量(L_{实})}{理论空气量(L_{理})}$$

α 的选择对焦炉加热十分重要。α 太小,煤气燃烧不完全,可燃成分随废气排出。α 过大,废气量大,废气带走热量也增多。故 α 太小和过大均会增加加热煤气耗量,同时 α 值还对焦饼高向加热均匀性有影响,对没有废气循环的焦炉尤为显著。用焦炉煤气加热时,据焦炉结构不同,$\alpha = 1.2$ ～1.25;用高炉煤气加热时,由于惰性成分含量高,α 可低些,$\alpha = 1.10～1.20$。生产中 α 随煤气温度、热值和大气温度等改变而波动,需经常检查并及时调节。α 值通过废气分析,按下式计算:

$$\alpha = 1 + K \frac{(O_2) - 0.5(CO)}{(CO_2) + (CO)} \tag{6-8}$$

式中　(O_2)、(CO)、(CO_2)——由废气分析测得废气中各成分的体积,%;

K——随加热煤气组成而异的系数,$K = \dfrac{V_{CO_2}}{O_{理}}$;

V_{CO_2}、$O_{理}$——燃烧 $1m^3$ 煤气所产生的理论 CO_2 量和所需的理论 O_2 量,m^3。

式(6-8)可据定义推导如下:

$$\alpha = \frac{L_{实}}{L_{理}} = \frac{L_{理} + L_{过}}{L_{理}} = 1 + \frac{L_{过}}{L_{理}} = 1 + \frac{O_{过}}{O_{理}} \tag{1}$$

$$O_{过} = V \times (O_2) = \frac{V_{CO_2}}{(CO_2)} \times (O_2) \tag{2}$$

式中　$L_{过}$、$O_{过}$——$1m^3$ 煤气完全燃烧所需过剩空气、过剩 O_2 量,m^3;

V——$1m^3$ 煤气完全燃烧产生的废气量，m^3。

将式（2）代入式（1），得

$$\alpha = 1 + \frac{V_{CO_2}}{O_{理}} \cdot \frac{(O_2)}{(CO_2)} = 1 + K\frac{(O_2)}{(CO_2)} \qquad (3)$$

如燃烧不完全，废气中还有 CO，而当完全燃烧时，该 CO 还要消耗 O_2，并生成 CO_2，故式（3）中 (O_2) 应改为 $(O_2) - 0.5(CO)$，(CO_2) 应改为 $(CO_2) + (CO)$，由此即得式(6-8)。

2. 燃烧物料衡算

根据煤气中各可燃成分与氧的化学反应式可以计算煤气完全燃烧时需要的理论空气量和燃烧产物量，再按空气过剩系数可得到实际空气量和废气组成。上述燃烧物料衡算可列出相应的燃烧计算表（表6-6）。

表 6-6　燃烧计算表（以 $100m^3$ 干煤气为计算基准）

组成	含量/%（体积）	反 应 式	理论耗氧量		V_{CO_2}	V_{H_2O}	V_{N_2}	V_{O_2}	V
			m^3/m^3 煤气	m^3					
CO_2	2.40				2.40				
O_2	0.40			-0.40					
CO	6.00	$CO + \frac{1}{2}O_2 = CO_2$	0.5	3.0	6.00				
CH_4	25.50	$CH_4 + 2O_2 = CO_2 + 2H_2O$	2	51	25.50	51.0			
C_mH_n 2.20	$\times 0.8$	$C_2H_4 + 3O_2 = 2CO_2 + 2H_2O$	3	5.28	3.52	3.52			
	$\times 0.2$	$C_6H_6 + 7.5O_2 = 6CO_2 + 3H_2O$	7.5	3.30	2.64	1.32			
H_2	59.50	$H_2 + \frac{1}{2}O_2 = H_2O$	0.5	29.75		59.50			
N_2	4.00						4.0		
H_2O						2.35			
煤气燃烧所需理论氧量和燃烧产物量				91.93	40.06	117.69	4.0		
实际空气量（干）和带入的水气、氧、氮		$L_{实(干)} = \alpha L_{理} = \alpha O_{理}\frac{100}{21}$	$1.25 \times 91.93 \times \frac{100}{21} = 547.3$			$547.3 \times 0.0235 \times 0.6 = 7.72$	$547.3 \times 0.79 = 432.37$	$547.3 \times 0.21 - 91.93 = 23.0$	
废气中各成分量，m^3					40.06	125.41	436.37	23.0	624.84
废气组成，%（体积）					6.41	20.06	69.85	3.68	100.0

注：C_mH_n 以 80% C_2H_4 和 20% C_6H_6 计算，煤气饱和温度为 20℃，入炉空气温度为 20℃，相对湿度为 0.6，空气系数 $\alpha = 1.25$。

3. 燃烧热衡算——燃烧温度的计算

燃料燃烧时产生的热量用于加热燃烧产物（废气），使其达到的温度叫燃料的燃烧温度，该温度的高低取决于燃料组成，空气系数，气体燃料和空气的预热程度及热量向周围介质传递的情况等多种因素，可通过燃烧热衡算得到。

（1）实际燃烧温度　煤气燃烧时产生的热量，除掉废气中 CO_2 和 H_2O 部分离解所吸收的热量和传给周围介质的热量后,存余部分使废气温度升高,此时的温度称实际燃烧温度。

以下按 $1m^3$ 煤气燃烧时的热衡算计算实际燃烧温度。

入方

1)煤气的化学热,即热值 $Q_低$,kJ/m^3

2)煤气的物理热

$$Q_g = c_g \cdot t_g, kJ/m^3$$

式中　c_g——t_g℃时煤气的比热容,$kJ/(m^3 \cdot ℃)$;

　　　t_g——进入燃烧室的煤气温度,℃。

3)空气的物理热

$$Q_a = L_实 \cdot c_a \cdot t_a, kJ/m^3$$

式中　c_a——t_a℃时空气的比热容,$kJ/(m^3 \cdot ℃)$;

　　　t_a——进入燃烧室的空气温度,℃。

出方：

1)废气的物理热

$$Q_p = Vc_p \cdot t_p, kJ/m^3$$

式中　c_p——t_p℃时废气的比热容,$kJ/(m^3 \cdot ℃)$;

　　　t_p——离开燃烧室的废气温度,即实际燃烧温度 $t_实$,℃。

以上 c_g、c_a、c_p 可按表6-7查取后用加和法计算。

2)废气传给周围介质的热量。包括通过炉墙传给炭化室煤料的热量 $Q_效$ 和通过炉墙向周围空间的散热 $Q_散$。

3)废气中由于不完全燃烧存在 CO 的热散失

$$Q_{CO} = 12730V \cdot y_{CO}, kJ/m^3$$

式中　y_{CO}——废气中因不完全燃烧而含的 CO 量,m^3/m^3。

4)废气中 CO_2 和 H_2O 部分离解时消耗的热量 $Q_分$。当燃烧温度高于 1300~1400℃时,废气中 CO_2 和 H_2O 将发生以下离解反应:

$$CO_2 \Leftrightarrow CO + 0.5O_2 - 12730$$

$$H_2O \Leftrightarrow H_2 + 0.5O_2 - 10840$$

提高温度,平衡向右吸热方向移动,使离解度增加;提高空气系数,平衡向左移动,使离解度减小。

$$Q_分 = V(y_{CO_2} \cdot \alpha_{CO_2} \cdot 12730 + y_{H_2O} \cdot \alpha_{H_2O} \cdot 10840), kJ/m^3$$

式中　y_{CO_2}、y_{H_2O}——废气中 CO_2、H_2O 含量,m^3/m^3;

　　　α_{CO_2}、α_{H_2O}——CO_2 和 H_2O 的离解度,它和温度的关系可由图6-2查取。

由热衡算得

$$Q_低 + Q_g + Q_a = Vc_p t_p + Q_效 + Q_散 + Q_{CO} + Q_分$$

故实际燃烧温度

$$t_实 = t_p = \frac{Q_低 + Q_g + Q_a - Q_效 - Q_散 - Q_{CO} - Q_分}{Vc_p}, ℃ \qquad (6-9)$$

式(6-9)表明实际燃烧温度不仅与燃料性质有关,还与燃烧条件、炉体结构、材质、装炉煤性质、结焦过程等因素有关,因此很难从理论上精确计算。

(2)理论燃烧温度　为比较燃料在燃烧温度方面的特征,假设:1)煤气完全燃烧,即 Q_{CO}

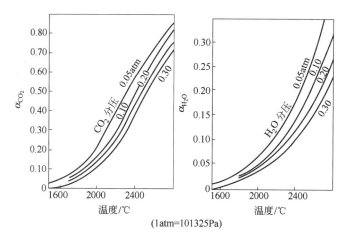

图6-2　CO_2 和 H_2O 的离解度与温度的关系

=0 ;2)废气不向周围介质传热,即 $Q_{效}=0,Q_{散}=0$。这种条件下煤气燃烧使废气达到的温度称理论燃烧温度 $t_{理}$。

$$t_{理} = \frac{Q_{低} + Q_g + Q_a - Q_{分}}{V c_p}, ℃ \qquad (6-10)$$

式(6-10)说明,$t_{理}$ 仅与燃料性质和燃烧条件有关,因此它是燃料燃烧的重要特征指标之一。各种燃料的 $t_{理}$ 不难按式(6-10)计算。

(3)热值燃烧温度　若式(6-10)中 $Q_{分}=0$,此时废气达到的温度称热值燃烧温度 $t_{热}$,它是理论上能达到的最高燃烧温度。一般 $t_{热}$ 比 $t_{理}$ 高200~300℃,$t_{理}$ 比 $t_{实}$ 高250~400℃。

表6-7　不同温度下各种气体与水汽的平均比热

温度 /℃	kJ/(m³·℃)											kJ/(kg·℃)		
	H_2	N_2	O_2	CO	H_2O	H_2S	SO_2	CO_2	CH_4	C_2H_4	空气	NH_3	C_6H_6	H_2O
0	1.292	1.263	1.296	1.267	1.447	1.476	1.836	1.681	1.485	2.049	1.271	2.028	1.025	1.802
100	1.296	1.280	1.317	1.284	1.476	1.522	1.886	1.748	1.627	2.195	1.288	2.103	1.154	1.840
200	1.298	1.292	1.338	1.300	1.505	1.564	1.936	1.811	1.765	2.342	1.305	2.220	1.280	1.873
300	1.300	1.305	1.359	1.317	1.531	1.606	1.982	1.869	1.890	2.492	1.317	2.308	1.409	1.907
400	1.305	1.321	1.376	1.330	1.560	1.648	2.028	1.924	2.024	2.630	1.334	2.392	1.539	1.940
500	1.307	1.334	1.392	1.346	1.585	1.685	2.070	2.149	2.149	2.777	1.346	2.484	1.669	1.974
600	1.309	1.346	1.409	1.359	1.614	1.723	2.108	2.028	2.266	2.923	1.363	2.568	1.794	2.007
700	1.313	1.359	1.426	1.372	1.639	1.761	2.141	2.074	2.375	3.069	1.376	2.650	1.924	2.041
800	1.321	1.372	1.438	1.388	1.664	1.794	2.174	2.120	2.484	3.212	1.388	2.722	2.053	2.074
900	1.326	1.384	1.451	1.397	1.689	1.827	2.208	2.158	2.584	3.358	1.401	2.793	2.179	2.103
1000	1.330	1.392	1.464	1.409	1.715	1.857	2.233	2.195	2.680	3.504	1.409	2.864	2.308	2.137
1100	1.334	1.405	1.476	1.422	1.740	1.890	2.262	2.233	2.772		1.422			

温度 /℃	kJ/(m³·℃)											kJ/(kg·℃)		
	H_2	N_2	O_2	CO	H_2O	H_2S	SO_2	CO_2	CH_4	C_2H_4	空气	NH_3	C_6H_6	H_2O
1200	1.342	1.413	1.489	1.430	1.761	1.919	2.283	2.262	2.856		1.430			
1300	1.346	1.426	1.497	1.443	1.786	1.944	2.304	2.292	2.940		1.443			
1400	1.355	1.434	1.505	1.451	1.811	1.965	2.321	2.317	3.015		1.451			
1500	1.363	1.443	1.514	1.459	1.832	1.995	2.338	2.342	3.082		1.459			
1600	1.367	1.451	1.522	1.468	1.853	2.016	2.350	2.358	3.149		1.468			

由式(6-9)和式(6-10)不难看出,在相同的 Q_g 和 Q_a 下,$Q_低$ 愈大,V 愈小,燃烧温度就愈高。因此,高炉煤气如不预热,由于 $Q_低$ 小,V 大,难以达到焦炉所需的燃烧温度。为提高燃烧温度,还应在煤气完全燃烧的条件下,降低空气系数,以减少废气量;并应降低装炉煤水分,缩短出炉操作时间,加强焦炉表面隔热,以减少 $Q_效$ 和 $Q_散$。

二、煤气的加热特性

焦炉煤气可燃成分浓度大,故热值高,提供一定热量需要的煤气量少,产生废气量也少,理论燃烧温度高。由于 H_2 占 1/2 以上,故燃烧速度快、火焰短,煤气和废气的密度较低。因 CH_4 占 1/4 以上,而且含有 C_mH_n,故火焰亮,辐射能力强;处于高温下的砖煤气道和火嘴等处会沉积热解碳,故焦炉加热系统在换向过程中要进空气除碳。此外,用焦炉煤气加热焦炉时,加热系统阻力小,炼焦耗热量低,增减煤气流量时对焦炉燃烧室温度变化比较灵敏。焦炉煤气净化不好时,煤气中焦油、焦油渣和萘增多,容易堵塞管道和管件,煤气中的 NH_3、HCN、H_2S 等对管道和设备的腐蚀严重。当焦炉压力制度不当、炭化室负压操作时,煤气中 N_2、CO_2 和 O_2 含量增多,使热值降低并波动。因此,炼焦和煤气净化车间的操作,对焦炉煤气质量影响很大。

高炉煤气不可燃成分约占 70%,故热值低,提供一定热量所需煤气量多,产生的废气量也多。煤气中可燃成分主要是 CO,且不到 30%,故燃烧速度慢,火焰长,高向加热均匀性好,可适当降低燃烧室温度。但高炉煤气不预热时理论燃烧温度较低,因此必须经蓄热室预热至 1000℃ 以上,才能满足燃烧室温度的要求。用高炉煤气加热时,由于煤气和废气密度较高,且废气量多,故耗热量高、加热系统阻力大,约为焦炉煤气加热时的二倍以上。高炉煤气是高炉炼铁的副产品,发生量为 2500~3500m³/t 生铁,如不充分利用,既浪费能源又污染环境。故只要高炉煤气量稳定,含尘量小于 15mg/m³,焦炉炉体和设备比较严密,就应尽量用于焦炉加热,以节约焦炉煤气供轧钢、烧结、民用或化肥生产,有利于综合利用和冶金企业内部的热能平衡。

使用高炉煤气加热时,由于需经蓄热室预热,故要求炉体严密,以防煤气在燃烧室以下部位燃烧。否则,严重的会烧坏炉体和废气开闭器。由于高炉煤气含 CO 多、毒性大,故要求管道和设备严密,并使废气开闭器、小烟道和蓄热室等部位在上升气流时也要处于负压状态。为降低加热系统阻力,可往高炉煤气中掺入一定量的焦炉煤气,以提高煤气热值,但为避免焦炉煤气中碳氢化合物在蓄热室热解、堵塞格子砖,焦炉煤气掺入量不应超过 5%~10%(体积)。

以焦炉煤气为主要民用气源的煤气生产厂,为提供更多的城市煤气,常采用发生炉煤气(空气煤气或混合煤气)加热焦炉。发生炉煤气的特征与高炉煤气类同,但因其热值高于高炉煤气,故燃烧计算所得结果与高炉煤气略有差异,焦炉加热参数也有所不同。

几种煤气的加热特性可综合归纳如表 6-8。

表 6-8 焦炉用煤气的加热特性

特 性			煤 气 种 类			
			焦炉煤气	大型高炉煤气	中型高炉煤气	发生炉煤气(空气煤气)
组 成/%		H_2	59.5	1.5	2.7	9.0
		CO	6.0	26.8	28.0	28.0
		CH_4	25.5	0.2	0.2	1.05
		C_mH_n	2.2			
		CO_2	2.4	13.9	11.0	5.1
		N_2	4.0	57.2	57.8	56.45
		O_2	0.4	0.4	0.3	0.4
干煤气密度/kg·m^{-3}			0.454	1.331	1.297	1.177
低热值/kJ·m^{-3}			17900	3640	3920	4910
每燃烧 1m^3 煤气($\alpha=1.25$)需干空气量/m^3			5.473	0.843	0.920	1.202
每燃烧 1m^3 煤气($\alpha=1.25$)生成废气量/m^3			6.248	1.757	1.824	1.972
提供 1000kJ 热量		需煤气量/m^3	0.056	0.275	0.255	0.204
		需空气量/m^3	0.306	0.232	0.235	0.245
		生成废气量/m^3	0.350	0.483	0.465	0.402
湿废气组成/%		CO_2	6.41	23.28	21.49	17.31
		H_2O	20.06	4.24	4.80	3.35
		O_2	3.68	2.02	2.12	2.56
		N_2	69.85	70.46	71.59	76.78
废气密度/kg·m^{-3}			1.213	1.401	1.386	1.363
理论燃烧温度(煤气,空气不预热)/℃			1800~2000	1400~1500		
炼焦耗热量 $q_{相}$/kJ·kg^{-1}			2340~2720	2630~3050		
燃烧极限/%			6.0~30.0	46~68		21~74
加热系统阻力比(由废气密度、废气量、耗热量等估算)			1	2.62	2.47	1.81
火焰特征			短,光亮,辐射强	长,透明,辐射较弱		
对煤气质量要求			含萘,焦油应少	含尘量 <15mg/m^3		
毒 性			有	含大量 CO,吸入人体引起窒息		

第七章　焦炉气体力学原理

为了解决控制加热气体流量,制定正确的加热制度,合理设计炉体尺寸,确定烟囱高度等实际问题,必须掌握焦炉内气体流动的规律。本章根据流体力学基本知识,讨论焦炉内气体流动原理及其应用实例。

第一节　焦炉用气体柏努利方程式及其应用

一、焦炉内气体流动的特点

单位质量流体稳定流动过程的机械能量衡算式(柏努利方程式)的形式如下:

$$gZ_1 + \frac{p_1}{\rho} + \frac{w_1^2}{2} = gZ_2 + \frac{p_2}{\rho} + \frac{w_2^2}{2} + \sum h_f,\text{J/kg} \tag{7-1}$$

式中　gZ——位能;

$\dfrac{p}{\rho}$——压力能;

$\dfrac{w^2}{2}$——动能;

$\sum h_f$——损耗能。

焦炉内煤气、空气和废气的流动规律,基本上符合上述方程式,在应用时要考虑下述特点。

1)焦炉加热系统各区段流过不同的气体,且气体从斜道流入火道后,温度发生剧变,因此要分段运用上述方程式。

2)炉内加热系统的压力变化较小,各区段温度呈均匀变化,故流动过程中气体密度以平均温度下的气体密度 ρ_{1-2} 代替。为便于焦炉上应用,式(7-1)以压力形式表示:

$$p_1 + Z_1\rho_{1-2}g + \frac{w_1^2}{2}\rho_{1-2} = p_2 + Z_2\rho_{1-2}g + \frac{w_2^2}{2}\rho_{1-2} + \sum_{1-2}\Delta p,\text{Pa} \tag{7-2}$$

式中　　$\sum_{1-2}\Delta p = \sum h_f \cdot \rho_{1-2}$——流体通过断面 1—2 间的阻力,Pa;

ρ_{1-2}——调和平均密度,$\rho_{1-2} = \rho_0\dfrac{T_0}{T_{1-2}}$,kg/m³;

ρ_0——气体在 0℃下的密度;

$T_{1-2} = \dfrac{1}{2}(T_1 + T_2)$,$T_1$、$T_2$——断面 1、2 处的绝对温度,K。

由上:　　　$\rho_{1-2} = \rho_0\dfrac{T_0}{\dfrac{1}{2}(T_1 + T_2)} = \dfrac{2\rho_0 T_0 / T_1 \cdot T_2}{(T_1 + T_2)/T_1 \cdot T_2} = \dfrac{2\rho_0\dfrac{T_0}{T_1} \cdot \rho_0\dfrac{T_0}{T_2}}{\rho_0\dfrac{T_0}{T_1} + \rho_0\dfrac{T_0}{T_2}} = \dfrac{2\rho_1 \cdot \rho_2}{\rho_1 + \rho_2} \tag{7-3}$

式中　$\rho_1 = \rho_0\dfrac{T_0}{T_1}$——断面 1 处温度($T_1$,K)下的气体密度;

$\rho_2 = \rho_0\dfrac{T_0}{T_2}$——断面 2 处温度($T_2$,K)下的气体密度;

　　w_1, w_2——气体在 T_1 和 T_2 温度下的流速,m/s。

　　任意温度下的流速 $w = w_0 \dfrac{T}{T_0} = w_0 \dfrac{273 + t}{273}$。

　　3)焦炉加热系统不仅是个通道,而且起气流分配作用。此外,集气管,加热煤气主管和烟道等也均有分配和汇合气体的作用。在这些分配道中动压力和动量的变化影响很大,因此要考虑变量气流时的流动特点。

　　4)方程式中 $Z\rho g$、p、$\dfrac{w^2}{2}\rho$ 分别为位压力、静压力和动压力,三者之和即为总压,因此在稳定流动时,柏努利方程式表现为:

$$总压差 = 阻力$$

　　流体流动时,当其中任何一方发生变化时,平衡就破坏,稳定流动转变为不稳定流动,流量将发生变化,并在流量改变后的条件下,总压差和阻力达到新的平衡。焦炉加热调节时为改变流量,按这一原理,可以采用两种手段:即通过改变煤气、废气的静压力来改变系统的总压差,或通过改变调节装置的开度(局部阻力系数)来改变系统的阻力。

二、焦炉实用气流方程式及其应用

　　为考虑炉外空气对炉内热气的作用,以及不同区段的流动特点,实用上常把式(7-2)转化为下述各种形式。

　　(1)上升气流公式与浮力　如图 7-1,气体在通道内由下往上流动,通道外空气看作静止,则

$$Z_1 \rho_空 g + p'_1 = Z_2 \rho_空 g + p'_2$$

　　由式(7-2)减上式得

$$(p_1 - p'_1) + Z_1(\rho_{1-2} - \rho_空)g + \frac{w_1^2}{2}\rho_{1-2} = (p_2 - p'_2) + Z_2(\rho_{1-2} - \rho_空)g + \frac{w_2^2}{2}\rho_{1-2} + \sum_{1-2}\Delta p$$

　　称 $(p_1 - p'_1)$ 和 $(p_2 - p'_2)$ 分别为始点与终点的相对压力,并以 a_1 和 a_2 表示,且令 $Z_2 - Z_1 = h_{1-2}$,则上式整理后得

$$a_2 = a_1 + h_{1-2}(\rho_空 - \rho_{1-2})g + \frac{w_1^2 - w_2^2}{2}\rho_{1-2} - \sum_{1-2}\Delta p$$

　　焦炉内对于气体流量不变的通道,一般 $\dfrac{w_1^2 - w_2^2}{2}\rho_{1-2}$ 与其他项相比甚小,可忽略不计,则上式简化为

$$a_2 = a_1 + h_{1-2}(\rho_空 - \rho_{1-2})g - \sum_{1-2}\Delta p, \text{Pa} \tag{7-4}$$

式中,$h_{1-2}(\rho_空 - \rho_{1-2})g$ 为气柱的热浮力。如图 7-1 所示,$h_{1-2}\rho_{1-2}g$ 为热气柱作用在 1-1 面上的位压力,$h_{1-2}\rho_空 g$ 为同一高度冷空气柱作用在该底面的位压力。因 $\rho_空 > \rho_{1-2}$,故热浮力即空气柱与热气柱的位压差,其作用是推动热气体向上流动,气柱愈高,空气和热气体的密度差愈大时,热浮力也愈大。

　　式(7-4)中,当热浮力 > 阻力时,$a_2 > a_1$;热浮力 < 阻力时,$a_2 < a_1$。

　　(2)下降气流公式　如图 7-2 所示,热气体在通道内下降流动时,始点在上部,相对压力仍为 a_1,终点在下部,相对压力为 a_2。在忽略动压力项时,同理可导出下降气流公式:

$$a_2 = a_1 - h_{1-2}(\rho_空 - \rho_{1-2})g - \sum_{1-2}\Delta p \tag{7-5}$$

　　由式(7-5)表明,下降流动时,热浮力与阻力一样,均起阻碍气流运动的作用,故 $a_2 < a_1$。

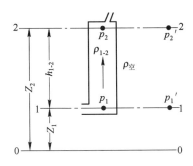

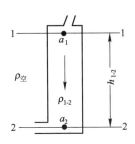

图 7-1　通道内气体由下往上的流动　　　　图 7-2　通道内气体由上往下的流动

（3）循序上升与下降气流公式　如图 7-3 所示,当气体在既有上升气流又有下降气流的通道内流动时,从始点到终点的全部阻力总使终点相对压力减小。气流上升段浮力使终点相对压力增加,下降段浮力则使终点相对压力减小。因此循序上升与下降气流公式为（推导略）:

$$a_{终} = a_{始} + \sum h_{上}(\rho_{空} - \rho_i)g - \sum h_{下}(\rho_{空} - \rho_i)g - \sum \Delta p \qquad (7\text{-}6)$$

式中　　　　$a_{始}$、$a_{终}$——分别为始点和终点相对压力;

$\sum h_{上}(\rho_{空} - \rho_i)g$——气流全过程中上升段浮力的总和（各段 ρ_i 不同）;

$\sum h_{下}(\rho_{空} - \rho_i)g$——气流全过程中下降段浮力的总和;

$\sum \Delta p$——从始点至终点全部阻力之和。

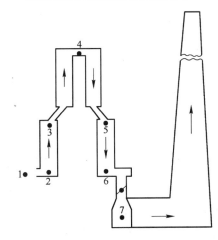

图 7-3　焦炉加热系统示意图

（4）焦炉实用气流方程式的应用　上述各气流公式广泛用于计算或分析焦炉通道内相对压力、阻力和浮力三者的关系。如:

1）按推焦前吸气管下方的炭化室底部相对压力保持 0 ~ 5Pa 的规定,计算集气管压力。

2）按上升气流看火孔保持 -5 ~ +5Pa 相对压力的规定,计算蓄热室顶部吸力（炉外压力 p' 减同一水平处的炉内压力 p 为吸力）。

3）焦炉用贫煤气加热时,分析和计算煤气蓄热室和空气蓄热室顶部吸力的相互关系。

4）根据蓄热室顶部和底部的吸力差,分析格子砖的堵塞情况。

5）空气蓄热室进风门开度,煤气蓄热室孔板大小或废气开闭器的翻板开度对蓄热室顶部吸力的影响。

6）大气温度明显变化时，改变蓄热室进风门开度以稳定蓄热室顶部吸力的必要性。

7）蓄热室换向间隔时间内顶部吸力的变化及原因分析。

8）烟囱吸力和烟囱高度的计算。

对以上计算，现举例加以说明。

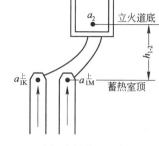

图 7-4　上升气流蓄热室顶部斜道示意图

【例 7-1】　用上升和下降气流公式分析焦炉用贫煤气加热时，煤气和空气蓄热室顶部吸力的关系。

（1）上升气流时　如图 7-4 所示，可按上升气流公式列出煤气蓄热室和空气蓄热室顶至火道底的气流公式：

$$a_2 = a_{1M}^{上} + h_{1-2}(\rho_{空} - \rho_{1-2}^{M})g - \sum_{1-2}\Delta p_M^{上}$$

$$a_2 = a_{1K}^{上} + h_{1-2}(\rho_{空} - \rho_{1-2}^{K})g - \sum_{1-2}\Delta p_K^{上}$$

式中　　　　　　　h_{1-2}——斜道区垂直高度；　　　　7-4

$\rho_{空}$，ρ_{1-2}^{M}，ρ_{1-2}^{K}——分别为大气、斜道内煤气和空气的密度；

$\sum_{1-2}\Delta p_M^{上}$，$\sum_{1-2}\Delta p_K^{上}$——分别为上升气流煤气和空气的斜道阻力；

a_2，$a_{1M}^{上}$，$a_{1K}^{上}$——分别为上升气流火道底、煤气蓄顶和空气蓄顶相对压力。

因为贫煤气密度和湿空气接近，故

$$h_{1-2}(\rho_{空} - \rho_{1-2}^{M})g \approx h_{1-2}(\rho_{空} - \rho_{1-2}^{K})g$$

则　　　　　　　　$$a_{1M}^{上} - a_{1K}^{上} = \sum_{1-2}\Delta p_M^{上} - \sum_{1-2}\Delta p_K^{上}$$

当用高炉煤气加热时，由燃烧计算可知，燃烧 $1m^3$ 高炉所需空气量一般为 $0.8 \sim 0.9m^3$，且煤气斜道和空气斜道的尺寸基本相同，故

$$\sum_{1-2}\Delta p_M^{上} > \sum_{1-2}\Delta p_K^{上}$$

则　　　　　　　$a_{1M}^{上} > a_{1K}^{上}$　或　$(-a_{1M}^{上}) < (-a_{1K}^{上})$

即上升气流煤气蓄顶相对压力大于空气蓄顶相对压力，或上升气流煤气蓄顶吸力小于空气蓄顶吸力，两者之差即气体通过两个斜道阻力之差。当空气系数 α 提高时，$\sum_{1-2}\Delta p_M^{上}$ 与 $\sum_{1-2}\Delta p_K^{上}$ 之差值减小，即 $a_{1M}^{上}$ 与 $a_{1K}^{上}$ 趋接近。因此烧高炉煤气时，可调节 $a_{1M}^{上}$ 与 $a_{1K}^{上}$ 的差值来控制 α 的大小。当高炉煤气掺加部分焦炉煤气加热，或用热值比高炉煤气大的发生炉煤气加热时，由于煤气流量减少，每燃烧 $1m^3$ 煤气所需的空气量增加，则 $\sum_{1-2}\Delta p_M^{上}$ 与 $\sum_{1-2}\Delta p_K^{上}$ 接近，甚至 $\sum_{1-2}\Delta p_K^{上} > \sum_{1-2}\Delta p_M^{上}$，这时蓄顶吸力值的关系也相应改变。

（2）下降气流时　煤气蓄顶和空气蓄顶之间相对压力的关系，可按下降气流公式用类似的方法导出如下关系式：

$$a_{2K}^{下} - a_{2M}^{下} = \sum_{1-2}\Delta p_M^{下} - \sum_{1-2}\Delta p_K^{下}$$

此式表明下降气流空气蓄顶和煤气蓄顶的相对压力差等于废气通过下降气流煤气斜道与空气斜道的阻力差。为使空气和煤气预热程度相同，在烧高炉煤气时，通过煤气斜道的废气量应大于空气斜道的废气量，因两斜道尺寸基本相同，故应使 $\sum_{1-2}\Delta p_M^{下} > \sum_{1-2}\Delta p_K^{下}$

则　　　　　　　$a_{2K}^{下} > a_{2M}^{下}$或 $(-a_{2K}^{下}) < (-a_{2M}^{下})$

即下降气流煤气蓄顶吸力应大于空气蓄顶吸力，其差值反映废气在该两个蓄热室中分配量

的差异。

【例7-2】　焦炉调火中，用废气开闭器进风口断面开度或废气开闭器翻板调节燃烧系统流量时，系统中各点相对压力的变化。

如图7-3所示，以废气开闭器进风口断面减小为例，分析从进风口外到下降气流废气开闭器翻板后、分烟道翻板前各点相对压力的变化。进风口外即大气的相对压力 a_1 在无风情况下为零，分烟道的相对压力 a_7 在个别系统调节稍有变化时，因有烟道吸力自动调节装置维持定值而不变。从1到7点列出循序上升与下降气流公式如下：

$$a_7 = a_1 + \sum h_{上}(\rho_{空} - \rho_i)g - \sum h_{下}(\rho_{空} - \rho_i)g - \sum_{1-7} \Delta p$$

式中，a_1 和 a_7 保持不变，个别系统少量调节时，燃烧系统内温度变化不大，各段浮力变化很小，故 $\sum_{1-7} \Delta p$ 基本不变。$\sum_{1-7} \Delta p$ 是 $1-2$、$2-3$、$3-4$、$4-5$、$5-6$、$6-7$ 各段阻力之和，进风口断面减小时，$\sum_{1-2} \Delta p$ 加大，但 $\sum_{1-7} \Delta p$ 不变，故 $\sum_{2-7} \Delta p$ 必减小。$2 \sim 7$ 各断面不变，阻力系数基本不变，则 $2 \sim 7$ 的气流量必减小。再看各点相对压力，因进风口断面减小，a_2 突降（或吸力突增），在气体流量减小，a_7 保持一定，$2 \sim 7$ 各处断面不变的条件下，$3-7$、$4-7$、$5-7$、$6-7$ 的阻力均降低，显然愈接近7点，降低值愈少。相应的 a_3、a_4、a_5、a_6 也下降，但愈接近7点，下降值愈小。且 $2 \sim 7$ 之间任意两点间的压力差也减小。

关小废气盘翻板的开度，同样可以减少加热系统的流量，但这时 $2 \sim 6$ 各点的相对压力均增加（吸力降低），愈接近1点相对压力的增加值愈少，但 $1 \sim 6$ 之间任意两点间的压力差仍减小。

三、烟囱原理

1. 烟囱工作原理

烟囱的作用在于使其根部产生足够吸力，克服加热系统阻力（包括分烟道阻力）和下降气流段浮力，使炉内废气排出，空气吸入。炉内上升气段浮力则有助于气体流动和废气排出。烟囱根部吸力靠烟囱内热废气的浮力产生，其值由烟囱高度和热废气与大气的密度差决定。烟囱的工艺设计主要是根据加热系统的阻力和浮力值确定根部需要的吸力值，并据此计算烟囱高度和直径。

（1）烟囱根部所需吸力　按焦炉进风口至烟囱根部列出的循序上升与下降气流公式确定。因进风口处相对压力为零，故可得烟囱根部所需吸力为：

$$(-a_{根}) = \sum_{加} \Delta p + \sum h_{下}(\rho_{空} - \rho_i)g - \sum h_{上}(\rho_{空} - \rho_i)g \tag{7-7}$$

式中　$\sum_{加} \Delta p$——进风口至烟囱根部的总阻力；

$\sum h_{上}(\rho_{空} - \rho_i)g$、$\sum h_{下}(\rho_{空} - \rho_i)g$——进风口至烟囱根部上升气流段浮力和下降气流段浮力之和。

（2）一定高度 H 的烟囱能产生的根部吸力　按根部至烟囱顶口的上升气流公式确定，因烟囱顶口的吸力为零，故可得烟囱根部能产生的吸力为：

$$(-a_{根}) = H(\rho_{空} - \rho_{废})g - \sum_{烟} \Delta p \tag{7-8}$$

式中　$H(\rho_{空} - \rho_{废})g$——烟囱浮力；

$\sum_{烟} \Delta p$——烟囱根部至烟囱顶口外的总阻力。

综合式(7-7)和式(7-8)可以说明，焦炉煤气加热时，系统阻力小，烟囱根部所需吸力也小，而废气密度小，一定高度的烟囱浮力较大，故而能产生较大的吸力。用高炉煤气加热时则相反。故设计烟囱高度时，对复热式焦炉要按高炉煤气加热计算，并考虑必要的贮备吸力，以保证提高生产能力的可能。当焦炉炉龄较长时,由于系统堵、漏,也需要较大的吸力。生产中要避免或尽力减轻加热系统堵塞、漏气,并防止烟道积灰和渗水。当用高炉煤气加热时,若烟囱吸力不足,可掺入少量焦炉煤气加热,以降低加热系数阻力,并增加烟囱浮力。

2. 烟囱计算

(1)烟囱直径　烟囱顶部直径 $d_{顶}$ 按下式计算:

$$d_{顶} = \sqrt{\dfrac{Q_0}{\dfrac{\pi}{4} \times 3600 w_0}}, \quad \text{m} \tag{7-9}$$

式中　Q_0——焦炉排出废气量(标态),m^3/h;

　　　w_0——烟囱出口处废气(标态)的流速,m/s。

w_0 与由此确定的烟囱直径和阻力,应按烟囱投资加以权衡,作出选择。流速大,烟囱直径可减小;但阻力大,烟囱高度将增加。减小流速则相反。一般 w_0 取 $3 \sim 4\text{m/s}$。

烟囱根部直径 $d_{根}$,据 $d_{顶}$ 和烟囱锥度确定。对钢筋混凝土烟囱

$$d_{根} = d_{顶} + 2 \times 0.01 H$$

式中　0.01——烟囱锥度。

(2)烟囱高度　由式(7-8)可得

$$H = \frac{(-a_{根}) + \sum_{烟} \Delta p}{(\rho_{空} - \rho_{废}) g}, \quad \text{m} \tag{7-10}$$

在设计时,除烟囱根部所需吸力($Z_1 = -a_{根}$)和烟囱阻力($Z_2 = \sum_{烟} \Delta p$)外,还应考虑必要的贮备吸力(Z_3),故

$$H = \frac{Z_1 + Z_2 + Z_3}{\left(\dfrac{\rho_{0空} \cdot 273}{T_{空}} - \dfrac{\rho_{0废} \cdot 273}{T_{废}}\right) g} \tag{7-11}$$

式中　$\rho_{0空}$、$\rho_{0废}$——空气和废气在 0℃ 下的密度,kg/m^3;

　　　$T_{空}$、$T_{废}$——沿烟囱高向大气和烟囱内废气的平均温度,K。

　　　Z_3 一般取 Z_1 的 15%。

高原地区大气压较低,设计烟囱高度时,还需考虑大气压的校正,据波义耳定律 $pV = p_0 V_0$ 可得:$\rho = \rho_0 \dfrac{p}{p_0}$,$w = w_0 \dfrac{p_0}{p}$,阻力项 $\Delta p = \Delta p_0 \dfrac{p_0}{p}$,浮力项 $\Delta h = \Delta h_0 \dfrac{p}{p_0}$。则烟囱计算时,$Z_1$、$Z_2$ 和 Z_3 中各阻力项和浮力项分别以上述式子作气压校正为 Z'_1、Z'_2、Z'_3 后,烟囱高度为

$$H' = \frac{Z'_1 + Z'_2 + Z'_3}{\left(\dfrac{\rho_{0空} \cdot 273}{T_{空}} - \dfrac{\rho_{0废} \cdot 273}{T_{废}}\right) g \cdot \dfrac{p}{p_0}} \tag{7-12}$$

式中　p——当地大气压,MPa;

　　　p_0——标准大气压,取 0.1013MPa。

四、阻力、压力差与气体流量的关系

用阻力公式计算焦炉加热系统阻力值,比较繁琐,且因阻力系数取值的误差和其他因素影响,计算结果常与实测有偏差,因此仅在设计焦炉时才进行计算。焦炉加热调节中常用阻力、压力差与流量的对比关系,由原测量值换算为调节后的需要值,并据此进行加热调节。

1. 阻力、气体流量和性质的对比关系式

焦炉在已知生产条件下,加热系统某段的阻力为:

$$\Delta p = K \frac{w_0^2}{2} \rho_0 \cdot \frac{T}{T_0}$$

当生产条件改变后，该段阻力变为

$$\Delta p' = K' \frac{w'_0{}^2}{2} \rho'_0 \cdot \frac{T'}{T_0}$$

两者之比为：

$$\frac{\Delta p'}{\Delta p} = \frac{K' w'_0{}^2 \rho'_0 T'}{K w_0^2 \rho_0 T} = \frac{K' V'_0{}^2 \rho'_0 T'}{K V_0^2 \rho_0 T} \tag{7-13}$$

式中　K、K'——相应条件下的阻力系数；

w_0、w'_0——气体流速，m/s；

V_0、V'_0——气体流量，m³/h；

ρ_0、ρ'_0——气体密度，kg/m³；

T、T'——绝对温度，K。

上式计算时，不必算出通过该段的实际流量，只需按同一基准计算生产条件变化前后的流量即可。为方便，通常以 1 个炭化室所需热量作基础，即

$$V_0 = \frac{q \times B \times 1000}{3600\tau \times 1000} \cdot C = \frac{qBC}{3600\tau}，\text{m}^3/\text{s} \tag{7-14}$$

式中　q——炼焦耗热量，kJ/kg；

B——炭化室装煤量，t；

τ——周转时间，h；

C——每供给焦炉1000kJ 热量所需气体流量，m³/1000kJ。

C 在焦炉不同部位可以是煤气、空气或废气量，分别以 $C_{煤}$、$C_{空}$ 和 $C_{废}$ 表示。

$$C_{煤} = \frac{1000}{Q_{低}}, \quad C_{空} = \frac{1000}{Q_{低}} L_{实} = \frac{1000}{Q_{低}} \alpha L_{理}, \quad C_{废} = \frac{1000}{Q_{低}} \cdot V_{废}$$

式中　$Q_{低}$——加热煤气低发热值，kJ/m³；

$L_{实}$、$L_{理}$——燃烧 1m³ 煤气所需实际和理论空气量，m³/m³；

$V_{废}$——燃烧 1m³ 煤气所生成的废气量，Nm³/Nm³。

由式(7-13)和式(7-14)可得

$$\frac{\Delta p'}{\Delta p} = \frac{K'}{K} \left(\frac{q' \cdot B' \cdot C'}{q \cdot B \cdot C} \right)^2 \left(\frac{\tau}{\tau'} \right)^2 \cdot \frac{\rho'_0 \cdot T'}{\rho_0 \cdot T} \tag{7-15}$$

对于某一区段(如斜道、火道等)，流过的气体量、气体密度相同，温度也可取平均值，因此该区段阻力为若干阻力之和，式(7-13)和(7-15)仍适用，即：

$$\frac{\sum_{区段} \Delta p'}{\sum_{区段} \Delta p} = \frac{K'}{K} \cdot \frac{V'_0{}^2}{V_0^2} \cdot \frac{\rho'_0}{\rho_0} \cdot \frac{T'}{T} = \frac{K'}{K} \left(\frac{q' \cdot B' \cdot C'}{q \cdot B \cdot C} \right)^2 \left(\frac{\tau}{\tau'} \right)^2 \frac{\rho'_0}{\rho_0} \cdot \frac{T'}{T} \tag{7-16}$$

2. 压力差是流量的指标

对整个燃烧系统可由式(7-6)知：

$$\sum \Delta p = a_{始} - a_{终} + \sum h_{上}(\rho_{空} - \rho_i)g - \sum h_{下}(\rho_{空} - \rho_i)g$$

生产上 $a_{始}$、$a_{终}$ 可准确测出，若再测出各区段气体温度，上升和下降段的浮力就不难计算，则利用上式可求出加热系统有关区段的阻力 $\sum \Delta p$。当加热系统中所选定的区段间：

$$\sum h_{上}(\rho_{空} - \rho_i)g - \sum h_{下}(\rho_{空} - \rho_i)g = 0$$

则
$$\sum \Delta p = a_{始} - a_{终} \tag{7-17}$$

式(7-17)说明在符合上升段与下降段的浮力差为零的条件下,两点间的压力差等于气体通过该通道的阻力。此式适用于异向气流蓄顶之间,因上升段立火道与斜道的总浮力一般仅比下降段大1Pa左右,故可视为相等。此式也适用于机、焦侧高炉煤气主管至废气开闭器的通道,因管内高炉煤气与外界空气的密度与温度均很接近,故浮力为零。此式用于进风口至分烟道整个加热系统时,就有偏差,因下降段总浮力大于上升段总浮力,且各蓄热室的堵漏情况和阻力系数等也有差异。

结合式(7-16)和式(7-17),对同一通道,在两种生产条件下,当符合式(7-17)的规定,并设 $K = K', T = T'$,则可得出

$$\frac{\sum \Delta p'}{\sum \Delta p} = \frac{a'_{始} - a'_{终}}{a_{始} - a_{终}} = \left(\frac{V'_0}{V_0}\right)^2 \tag{7-18}$$

该式表明,在一定条件下,阻力或压力差是流量的指标。

【例7-3】　某焦炉用高炉煤气加热时,煤气斜道的阻力为24.6Pa。如改用焦炉煤气加热,计算该斜道的阻力。

解:由于在同一斜道中,几何尺寸完全一样,故 $K = K'$,则:

$$\frac{\sum \Delta p_{煤}}{\sum \Delta p_{空}} = \left(\frac{q' \cdot B' \cdot C'}{q \cdot B \cdot C}\right)^2 \cdot \left(\frac{\tau}{\tau'}\right)^2 \cdot \frac{\rho'_0}{\rho_0} \cdot \frac{T'}{T}$$

式中　　$\sum \Delta p_{煤}$、$\sum \Delta p_{空}$——同一煤气斜道在分别供入高炉煤气或空气时的阻力。

设 $q' = 3044 kJ/kg, q = 2747 kJ/kg$;高炉煤气热值为 $3500\ kJ/m^3$,焦炉煤气热值为 $17900\ kJ/m^3, \tau = \tau', T = T', B = B'$,则

$$C' = \frac{1000}{3500}, C = \frac{1000}{17900} \times \frac{5.55}{2}$$

式中　5.55——燃烧 $1m^3$ 焦炉煤气(标态),在 $\alpha = 1.25$ 时的实际空气量;

　　　　2——由于用焦炉煤气加热时所需空气分别由两个蓄热室供给,故通过一个蓄热室的空气量仅为 $1/2$。

另设高炉煤气密度 $\rho' = 1.275 kg/m^3$,湿空气密度 $\rho_0 = 1.28 kg/m^3$,将上述各值代入得

$$\frac{24.6}{\sum \Delta p_{空}} = \left(\frac{3044}{2747} \times \frac{1000/3500}{\frac{1000}{17900} \times \frac{5.55}{2}}\right)^2 \times \frac{1.275}{1.28} = 4.155$$

则
$$\sum \Delta p_{空} = 5.92(Pa)$$

第二节　动量原理在焦炉上的应用

一、废气循环

1. 废气循环的意义和原理

焦炉立火道采用废气循环可以降低煤气中可燃成分和空气中氧的浓度,并增加气流速度,从而拉长火焰。它有利于焦饼上下加热均匀,改善焦炭质量,缩短结焦时间,增加产量并降低炼焦耗热量。还可以增加炭化室高度和容积,提高焦炉劳动生产率,降低单位产品的基建投资,故为现代焦炉广为采用。

下降气流火道底部的吸力虽然大于上升气流火道底部的吸力,但依靠以下推动力,可以将部分废气由下降气流火道底部经循环孔抽入上升气流火道。

1)火道底部由斜道口及烧嘴喷出气流所具有的喷射力。

2)因上升气流火道温度一般比下降气流火道温度高而产生的热浮力差。

2. 废气循环基本方程式

动量原理指出:"稳定流动时,作用于流体某一区域上的外力在某一坐标轴方向上的总和,等于此区域两端单位时间内流过的流体在该方向上的动量变化。"由此可分析图 7-5 中,虚线区域煤气和空气进入火道时喷射作用所引起的动量变化。

B 面上的动量为　　$G_煤 \cdot w_煤 + G_空 \cdot w_空$

式中　$G_煤$、$G_空$——由斜道口(或烧嘴)喷出的煤气、空气质量流量,kg/s;

$\quad w_煤$、$w_空$——由斜道口(或烧嘴)喷出的煤气、空气实际流速,m/s;

1 面上的动量为　　$(G_废 + G_环)w_{废+环}$

式中　$G_废 + G_环$、$w_{废+环}$——废气及吸入的循环废气质量流量(kg/s)和流速(m/s);

作用于虚线区域的合力为　　$(p_B - p_1)A_火$

式中　p_B、p_1——作用于 B 面和 1 面上的压力,Pa;

$\quad A_火$——立火道断面,m²。

则　　　　$(G_废 + G_环)w_{废+环} - (G_煤 \cdot w_煤 + G_空 w_空) = (p_B - p_1)A_火$

将此式换算为 0℃下的体积流量和密度,可得

$$\frac{V_{0废}^2(1+x)^2}{A_火^2} \rho_{0废} \cdot \frac{T_{上废}}{273} - \frac{V_{0煤}^2}{A_火 A_{煤料(烧嘴)}} \cdot \rho_{0煤} \cdot \frac{T_{煤料}}{273} - \frac{V_{0空}^2}{A_火 A_{空斜}} \cdot \rho_{0空} \cdot \frac{T_{空斜}}{273} = p_B - p_1, \text{Pa} \quad (1)$$

式中　V_0——体积流量,m³/s。符号右下角注字,分别表示废气,煤气和空气;

$\quad \rho_0$——密度,kg/m³。符号意义同上;

$\quad x$——废气循环量占燃烧废气量的百分率;

$\quad A$——截面积,m²。右下角注字"煤斜"指煤气斜道,烧焦炉煤气时用烧嘴,"空斜"指空气斜道;

$\quad T$——绝对温度,K。右下角注字"上废"指上升气流火道中废气平均温度,其他同上。

上式只说明煤气和空气喷射力对废气循环的作用,为进一步分析废气循环量和火道中气体流动时的阻力和浮力的关系,由图 7-5 可列出 $1 - H$ 间的循序上升与下降气流方程式

$$a_H = a_1 + H(\rho_空 - \rho_{上废})g - H(\rho_空 - \rho_{下废})g - \sum\nolimits_{1-H}\Delta p$$

由于 a_H 和 a_1 可视作同一水平,故等式左右均用外界大气压相减,并简化得

$$p_H = p_1 + H(\rho_{下废} - \rho_{上废})g - \sum\nolimits_{1-H}\Delta p, \text{Pa} \quad (2)$$

式中　H——火道高度,m;

$\quad \sum\nolimits_{1-H}\Delta p$——上升气流火道底至下降气流火道底的气流阻力。

将式(1)、式(2)相加,整理后得

$$\frac{V_{0煤}^2}{A_火 A_{煤料(烧嘴)}} \cdot \rho_{0煤} \cdot \frac{T_{煤料}}{273} + \frac{V_{0空}^2}{A_火 A_{空斜}} \cdot \rho_{0空} \cdot \frac{T_{空斜}}{273} - \frac{V_{0废}^2 \cdot (1+x)^2}{A_火^2} \cdot \rho_{0废} \cdot \frac{T_{上废}}{273}$$

$$+ H \cdot \rho_{0废} \cdot \left(\frac{273}{T_{下废}} - \frac{273}{T_{上废}}\right)g = (p_H - p_B) + \sum\nolimits_{1-H}\Delta p \quad (7\text{-}19)$$

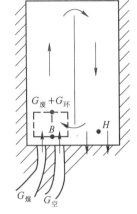

图 7-5　废气循环示意图

式(7-19)左边第一、二、三、四项分别为煤气喷射力、空气喷射力、火道中废气的剩余喷射力、上升火道和下降火道的浮力差,分别以符号 $\Delta h_{煤}$、$\Delta h_{空}$、$\Delta h_{废}$、$\Delta h_{浮}$ 表示。等式右边的 $p_{H} - p_{B}$ 即循环孔阻力与 $\sum_{1-H} \Delta p$ 之和即总阻力 $\sum_{总} \Delta p$,则式(7-19)可写成:

$$\Delta h_{煤} + \Delta h_{空} - \Delta h_{废} + \Delta h_{浮} = \sum_{总} \Delta p \qquad (7\text{-}20)$$

由上式知,废气循环的推动力是煤气和空气的有效喷射力和上升与下降火道的浮力差,废气循环量的多少取决于所能克服的阻力。上式推导中没有考虑循环废气与火道中废气的汇合阻力,也没有考虑喷射力的利用率,故计算的废气循环量大于实际,据前苏联进行的模拟试验表明,如喷射力利用系数按0.75计算时,所得结果与实际比较一致,即式(7-20)宜改成

$$0.75(\Delta h_{煤} + \Delta h_{空} - \Delta h_{废}) + \Delta h_{浮} = \sum_{总} \Delta p \qquad (7\text{-}21)$$

实际上废气循环量还取决于烧嘴、斜道和循环孔的位置,但理论公式中难以计入。

【例7-4】 计算 JN-43 焦炉烧焦炉煤气时的废气循环量。

原始数据:炭化室装煤量为18t干煤,周转时间17h,相当耗热量2340 kJ/kg,$Q_{低} = 17900$ kJ/m^3(标态)。火道内火焰温度1650℃,上升气流火道顶部废气温度1450℃,下降气流废气平均温度1400℃,进入立火道空气温度1200℃,焦炉煤气出烧嘴时温度600℃,$\rho_{0空} = 1.285$kg/m^3,$\rho_{0煤} = 0.45$kg/m^3,$\rho_{0废} = 1.208$kg/m^3,$\alpha = 1.2$。

解:(1)流量计算

1)进入一个燃烧室干煤气流量:

$$\frac{18 \times 1000 \times 2340}{17 \times 17900} = 138.4(m^3/h)$$

2)进入一个火道的干煤气流量:

$$\frac{138.4}{3600(12 + 1.2 + 1.4)} = 0.00263(m^3/s)$$

其中供入端部两个火道的煤气量分别为中部的1.2、1.4倍。

3)按20℃饱和水汽含量为2.35%,进入火道的湿煤气流量:

$$\frac{0.00263}{1 - 0.0235} = 0.00269(m^3/s)$$

4)$\alpha = 1.2$ 时,进入火道的湿空气量:

$$0.00263 \times 5.328 = 0.014(m^3/s)$$

式中　5.328——饱和温度20℃,相对湿度0.6时,1 m^3 干煤气燃烧需湿空气量,m^3/m^3。

5)进入火道的废气量:

$$0.00263 \times 6.026 = 0.0159(m^3/s)$$

式中　6.026——上述条件下1m^3 干煤气燃烧产生的湿废气量,m^3/m^3。

(2)炉体主要尺寸(按平均值)

1)火道断面:　　　$0.493 \times 0.350 = 0.1726(m^2)$;

2)斜道出口断面:　$0.084 \times 0.08 = 0.00672(m^2)$;

3)跨越孔断面:　　$0.321 \times 0.186 = 0.0597(m^2)$;

4)循环孔断面:　　$0.321 \times 0.158 = 0.0507(m^2)$;

5)火道高度:　　　3.6 m;

6)火道当量直径:　0.409 m;

7)烧嘴出口断面:　$\frac{\pi}{4}(0.048)^2 = 0.0018(m^2)$。

（3）总推动力计算

1）煤气出口喷射力：

$$\Delta h_{煤} = \frac{V_{0煤}^2}{A_{火} \, A_{烧嘴}} \cdot \rho_{0煤} \cdot \frac{T_{烧嘴}}{273} = \frac{0.00269^2}{0.1726 \times 0.0018} \times 0.45 \times \frac{273+600}{273} = 0.0335(Pa)$$

2）空气出口喷射力：

$$\Delta h_{空} = \frac{V_{0空}^2}{A_{火} \, A_{空斜}} \cdot \rho_{0空} \cdot \frac{T_{空斜}}{273}$$

$$= \frac{0.014^2}{0.1726 \times 0.00672 \times 2} \times 1.285 \times \frac{273+1200}{273} = 0.586(Pa)$$

3）剩余喷射力：

$$\Delta h_{废} = \frac{V_{0废}^2 \cdot (1+x)^2}{A_{火}^2} \cdot \rho_{0废} \cdot \frac{T_{上废}}{273}$$

$$= \frac{0.0159^2 (1+x)^2}{0.1726^2} \times 1.208 \times \frac{273+1550}{273} = 0.0685(1+x)^2(Pa)$$

4）上升与下降火道浮力差：

$$\Delta h_{浮} = H \cdot \rho_{0废} \left(\frac{273}{T_{下废}} - \frac{273}{T_{上废}} \right) g$$

$$= 3.6 \times 1.208 \times 273 \left(\frac{1}{273+1400} - \frac{1}{273+1550} \right) \times 9.81 = 0.573(Pa)$$

式中，$T_{上废}$采用火焰温度与上升气流顶部温度的平均值。

（4）总阻力计算：

1）上升气流火道阻力：取 $\lambda = 0.05$

$$\Delta p_{上火} = \lambda \frac{H}{d} \cdot \frac{V_{0废}^2 \cdot (1+x)^2}{A_{火}^2} \cdot \frac{\rho_{0废}}{2} \cdot \frac{T_{上废}}{273}$$

$$= 0.05 \times \frac{3.6}{0.409} \times \frac{0.0159^2 (1+x)^2}{0.1726^2} \times \frac{1.208}{2} \times \frac{273+1550}{273} = 0.0151(1+x)^2(Pa)$$

2）下降气流火道阻力：

$$\Delta p_{下火} = 0.05 \times \frac{3.6}{0.409} \times \frac{0.0159^2 (1+x)^2}{0.1726^2} \times \frac{1.208}{2} \times \frac{273+1400}{273} = 0.0138(1+x)^2(Pa)$$

3）跨越孔阻力：包括两个90°转弯和出入跨越孔时的缩小和扩大阻力。

$$\Delta p_{跨} = \frac{V_{0废}^2 \cdot (1+x)^2}{2} \cdot \rho_{0废} \cdot \frac{T_{废}}{273} \left[0.5 \left(\frac{1}{A_{跨}^2} - \frac{1}{A_{火}^2} \right) + \left(\frac{1}{A_{跨}} - \frac{1}{A_{火}} \right)^2 + \frac{2K_{90°}}{A_{火}^2} \right]$$

$$= \frac{0.0159^2 (1+x)^2}{2} \times 1.208 \times \frac{273+1450}{273} \left[0.5 \left(\frac{1}{0.0597^2} - \frac{1}{0.1726^2} \right) \right.$$

$$\left. + \left(\frac{1}{0.0597} - \frac{1}{0.1726} \right)^2 + \frac{2 \times 1.5}{0.1726^2} \right] = 0.332(1+x)^2(Pa)$$

式中由于考虑了扩大和缩小阻力，故按火道断面处的流速计算转弯阻力，$K_{90°} = 1.5$。

4）循环孔阻力：

$$\Delta p_{环} = \frac{V_{0废}^2 x^2}{2} \cdot \rho_{0废} \cdot \frac{T_{下废}}{273} \left[0.5 \left(\frac{1}{A_{环}^2} - \frac{1}{A_{火}^2} \right) + \left(\frac{1}{A_{环}} - \frac{1}{A_{火}} \right)^2 + \frac{2K_{90°}}{A_{火}^2} \right]$$

$$= \frac{0.0159^2 x^2}{2} \times 1.208 \times \frac{273+1400}{273} \left[0.5 \left(\frac{1}{0.0507^2} - \frac{1}{0.1726^2} \right) \right.$$

$$+ \left(\frac{1}{0.0507} - \frac{1}{0.1726} \right)^2 + \frac{2 \times 1.5}{0.1726^2} \right] = 0.442x^2 (\text{Pa})$$

（5）废气循环量:按式（7-21）计算:

$$0.75[0.0335 + 0.586 - 0.0685(1 + x)^2] + 0.573$$

$$= (0.0151 + 0.0138 + 0.332)(1 + x)^2 + 0.442x^2$$

整理后得:　　　　　　　　$$0.854x^2 + 0.825x - 0.625 = 0$$

解上式得:　$x = 49.9\%$

3. 废气循环和防止短路的讨论

（1）废气循环推动力　用焦炉煤气加热时,按上例焦炉煤气和空气的有效喷射力为:

$$0.75[0.0335 + 0.586 - 0.0685(1 + 0.499)^2] = 0.349(\text{Pa})$$

而 $\Delta h_浮 = 0.573\text{Pa}$,说明浮力差大于有效喷射力。但当减小烧嘴直径和斜道口断面时喷射力将增加;当气体预热温度降低或交换时间缩短（使上升与下降火道温度差减小）时,浮力差将减小。用高炉煤气贫化焦炉煤气,不仅降低可燃物浓度,使燃烧速度减慢,还增加煤气喷射力,使废气循环量增加,从而拉长火焰。但焦炉煤气贫化有使焦炉煤气系统阻力增加及易发生堵塞的缺点。

（2）废气循环的阻力　由上例计算说明:

跨越孔阻力为　$0.332(1 + 0.499)^2 = 0.764(\text{Pa})$

循环孔阻力为　$0.442 \times 0.499^2 = 0.11(\text{Pa})$

立火道阻力为　$(0.0151 + 0.0138)(1 + 0.499)^2 = 0.0649(\text{Pa})$

火道摩擦阻力甚微,跨越孔阻力起主要作用。阻力增加时,在一定推动力下,废气循环量将减小。因此设计上可根据要求火焰高度,通过改变跨越孔或循环孔断面大小,改变废气循环量。

（3）废气循环量的自动调节作用　由计算可知,流量变化时,喷射力和阻力均改变,浮力差则可视为不受流量影响。因此,当用高炉煤气加热时,因煤气、废气流量增加,使喷射力和阻力均增加,浮力差作用相对减小,故废气循环量减小。这样,如炉内调节装置不变,用焦炉煤气加热时,废气循环量较大,有利于改善高向加热均匀性;而用高炉煤气加热时,废气循环量自动减小,以适应高炉煤气火焰较长的特点。此外,当流量一定,高向加热均匀性变差时,上升和下降火道的温度差增加,浮力差增大,使废气循环量自动增加,使高向加热均匀性得到改善。

（4）短路产生的条件和防止措施　所谓短路是指上升气流的煤气和空气经循环孔抽入下降气流斜道中燃烧,这将损坏炉体,应予以防止。浮力差和喷射力减少,而阻力增加时,废气循环量就会减少。废气循环计算式最后为一个一元二次方程式,即 $ax^2 + bx + c = 0$,当该方程的解为 $x = \frac{-b \pm \sqrt{b^2 - 4ac}}{2a} < 0$ 时,就意味着产生短路。由上列可见,a、b 均为正值,当 c 值也为正值时,即喷射力和浮力差小于跨越孔阻力项中 $(1 + x)^2$ 前的系数时,将发生短路。生产中可能引起短路的情况如下。

1）刚换向时,下降气流火道温度高于上升气流火道温度,即浮力差为负值。换向间隔时间长,气体流量小,上升与下降火道间的温差大时,换向初期浮力差负值增大,容易短路,但换向后一定时间会自动消失。

2）结焦时间过长或焦炉保温期间,加热气体量减小,使喷射力降低,并因上升和下降火道温度趋于一致,使浮力差也大为减小,故易引起短路。

3）炉头火道由于炉体散热,炉头火道在上升气流时温度仍常低于相邻火道,故浮力差为负值,再加上炉头火道的斜道口断面较大,使气流出口流速减小,从而降低喷射力,此外炉头火道容易因裂缝产生粗煤气窜漏、降低温度,增加阻力,故易产生短路。为防止这种现象,JN 型焦炉的炉头一对火道间已不设废气循环孔。

4）火道内沉积裂解炭或被弄脏时，系统阻力增加，达到一定程度，就可能产生短路。

5）装煤初期，如有大量粗煤气经炉墙裂缝或烘炉孔未堵严处漏入火道时，增加了火道阻力，此时看火孔为正压，火道有可能短路。为消除这种短路，可将装煤炉室两侧短路火道的看火孔打开，使一部分气体逸出，以减少阻力，增加浮力，消除短路。当看火孔为负压时，如看火孔没盖严，也可能因大量空气抽入而引起短路。

二、变量气流方程式及其应用

焦炉加热煤气主管、横管、炉内横砖煤气道、小烟道、烟道，两分式焦炉的水平烟道和出炉煤气的集气管等，气体在整个途径上的流量是变化的，故属变量气流，它和前面以恒量气流为基础导出的柏努利方程式的根本区别在于气流变量所引起的动量变化。

1. 变量气流基本方程式

为简化问题，以下推导在 x 方向上作一维水平流动时的变量气流微分方程。如图7-6所示，在直管通道内取微元面 Δy、Δz，在外力作用下运动了 dx 距离后，流速由 $w \to w+dw$，质量由 $m \to m+dm$，微元体 $dx \cdot \Delta y \cdot \Delta z$ 的动量变化由牛顿第二定律为：

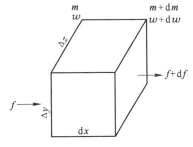

$$f - (f + df) = \frac{d(mw)}{d\tau}$$

或　　　　　$$-df = m\frac{dw}{d\tau} + w\frac{dm}{d\tau} \qquad (1)$$

图7-6　沿 x 方向上流动质点的微分动量衡算

作用在微元体上的外力 f 包括质量力、静压力和阻力。一维水平变量流动时，质量力在 x 方向上的分力为零。静压力产生的外力变化为 $dp(\Delta y \cdot \Delta z)$，阻力引起的外力变化为 $dh(\Delta y \cdot \Delta z)$。$dp$ 为微元体二侧的压力变化，dh 为流体经 dx 距离后的摩擦阻力。

所以　　　　　　　　　　$$-df = -(dp + dh)(\Delta y \cdot \Delta z) \qquad (2)$$

（1）式中 $\dfrac{dw}{d\tau}$ 为质点流速随时间和空间的变化率，对一维流动

$$\frac{dw}{d\tau} = \frac{dw}{dx} \cdot \frac{\partial x}{\partial \tau} + \frac{\partial w}{\partial \tau}$$

通道中各质点的流速均不随时间变化的情况下，$\dfrac{\partial w}{\partial \tau} = 0$，则

$$\frac{dw}{d\tau} = \frac{dw}{dx} \cdot \frac{\partial x}{\partial \tau} = w\frac{dw}{dx}$$

式中　$\dfrac{dw}{dx}$——流体质点的流速经 dx 距离后的变化量。

对不可压缩流体，密度 ρ 为常数，则：

$$m\frac{dw}{d\tau} = m \cdot w\frac{dw}{dx} = \rho(dx \cdot \Delta y \cdot \Delta z)w\frac{dw}{dx} = (\Delta y \cdot \Delta z) \cdot \frac{\rho}{2}dw^2 \qquad (3)$$

$$w\frac{dm}{d\tau} = w\frac{d}{d\tau}\rho(dx \cdot \Delta y \cdot \Delta z) = w \cdot d\left(\rho\frac{dx}{d\tau}\Delta y \cdot \Delta z\right) = w \cdot d(\rho w\Delta y \cdot \Delta z)$$

$$= w \cdot d(\rho \Delta V) = w\rho dV \qquad (4)$$

式中　ΔV——流体微元的体积流率，$\rho\Delta V = \rho w\Delta y\Delta z$。

将式(2)、式(3)、式(4)代入式(1),则微元体的微分动量衡算式为:

$$-(\mathrm{d}p + \mathrm{d}h)(\Delta y \cdot \Delta z) = (\Delta y \cdot \Delta z)\frac{\rho}{2}\mathrm{d}w^2 + w\rho\mathrm{d}V$$

或

$$\mathrm{d}p + \mathrm{d}h + \frac{\rho}{2}\mathrm{d}w^2 + \frac{w}{\Delta y \cdot \Delta z}\rho\mathrm{d}V = 0$$

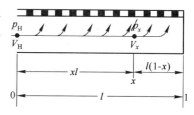

此即水平流动时的变量气流基本方程。将此方程用于通道断面不变,作均匀变量的气流时,如图7-7所示。取距离水平通道开端 x 处的截面列变量气流方程,上式可写成 :

$$\mathrm{d}p_x + \mathrm{d}h_x + \frac{\rho}{2} \cdot \frac{\mathrm{d}V_x^2}{A^2} + \frac{w_x}{A} \cdot \rho\mathrm{d}V_x = 0 \qquad (7\text{-}22)$$

图 7-7　均匀变量气流示意图

式中　$\mathrm{d}p_x$——运动气体的静压力变化;

　　　$\mathrm{d}h_x$——运动气体经 xl 距离的摩擦阻力;

$\dfrac{\rho}{2}\dfrac{\mathrm{d}V_x^2}{A^2}$——运动气体的动压力变化;

$\dfrac{w_x}{A} \cdot \rho\mathrm{d}V_x$——运动气体因变量产生的动量。

距通道开端 xl 处的流量 $V_x = \left(\dfrac{l - xl}{l}\right)V_\mathrm{H} = V_\mathrm{H}(1 - x)$

该处的流速 $w_x = \dfrac{V_x}{A} = \dfrac{V_\mathrm{H}(1 - x)}{A}$

将式(7-22)各项分别积分,并代入上述 V_x 和 w_x 值,则有

$$\int_{p_\mathrm{H}}^{p_x} \mathrm{d}p_x = p_x - p_\mathrm{H};$$

$$\int_0^x \mathrm{d}h_x = \int_0^x \lambda\frac{\mathrm{d}(xl)}{D} \cdot \frac{V_x^2}{A^2} \cdot \frac{\rho}{2} = \int_0^x \lambda\frac{l}{D} \cdot \frac{V_\mathrm{H}^2}{A^2} \cdot \frac{\rho}{2}(1 - x)^2\mathrm{d}x$$

$$= -\frac{\lambda l}{3D} \cdot \frac{V_\mathrm{H}^2}{A^2} \cdot \frac{\rho}{2}[(1 - x)^3 - 1];$$

$$\int_0^x \frac{\rho}{2}\frac{\mathrm{d}V_x^2}{A^2} = \frac{\rho}{2} \cdot \frac{1}{A^2}\int_0^x \mathrm{d}V_x^2 = \frac{V_\mathrm{H}^2}{A^2} \cdot \frac{\rho}{2}[(1 - x)^2 - 1]$$

$$\int_0^x \frac{\rho}{A}w_x\mathrm{d}V_x = \frac{V_\mathrm{H}^2}{A^2} \cdot \frac{\rho}{2}[(1 - x)^2 - 1]$$

上述各积分式代入式(7-22)的积分式,并简化整理得分配通道的变量气流公式:

$$p_x = p_\mathrm{H} + \frac{V_\mathrm{H}^2}{A^2} \cdot \frac{\rho}{2}\left\{2[1 - (1 - x)^2] - \frac{\lambda l}{3D}[1 - (1 - x)^3]\right\} \qquad (7\text{-}23)$$

对于集合通道,可得类似的集合通道变量气流公式:

$$p'_x = p_k + \frac{V_k^2}{A^2} \cdot \frac{\rho}{2}\left\{2[1 - (1 - x)^2] + \frac{\lambda l}{3D}[1 - (1 - x)^3]\right\} \qquad (7\text{-}24)$$

式中　p_x、p'_x——水平通道长向距开端 xl 处的静压力,Pa;

　　　p_H、p_k——分配通道入口、集合通道出口气体的静压力,Pa;

　　　V_H、V_k——分配通道入口、集合通道出口气体的总流量,m^3/s;

　　　A、l、D——水平通道的截面积,m^2,长度,m,当量直径,m;

λ——通道摩擦系数;

x——通道开端至某处的相对距离。

上述公式以单向流动为出发点,并做了下述假设,故与实际会有某些偏差。

1)方程式中未考虑由于流入或流出使气流平行流动有所破坏。

2)公式中仅考虑了摩擦阻力,实际上气体在逐渐分流和汇流时,还存在转弯等复杂的局部阻力。

3)在变量气流通道中,有时气体温度也随 x 变化,故取温度为定值的计算也有一定误差。

2. 小烟道内气体的静压分布

由分配通道的变量气流方程可以分析上升气流小烟道内的静压分布。当 $x=0$ 时, p_x 即小烟道入口端(外端)的静压力,即

$$p_{x=0} = p_{H}$$

$x=1$ 时, p_x 即小烟道内侧中心隔墙处(里端)的静压力,即

$$p_{x=1} = p_{H} + \frac{V_{H}^2}{A^2} \cdot \frac{\rho}{2}\left(2 - \frac{\lambda}{3}\frac{l}{D}\right)$$

故上升气流时小烟道里、外端的静压差为:

$$\Delta p_{max} = p_{x=1} - p_{x=0} = \frac{V_{k}^2}{A^2} \cdot \frac{\rho}{2}\left(2 + \frac{\lambda}{3}\frac{l}{D}\right)$$

同理,可导得下降气流时小烟道里、外端的静压力差为:

$$\Delta p'_{max} = p'_{x=1} - p'_{x=0} = \frac{V_{K}^2}{A^2} \cdot \frac{\rho}{2}\left(2 + \frac{\lambda}{3}\frac{l}{D}\right)$$

小烟道内一般 $\frac{\lambda}{3}\frac{l}{D} < 2$,因此无论上升还是下降气流,即小烟道无论是呈分配通道还是集合通道,都是内侧静压大于外侧。如算子砖上部沿蓄热室全长的静压力内外相同,为保证蓄热室内气流均匀分布,则算子砖上下的静压差沿蓄热室长向的分布如图7-8所示。

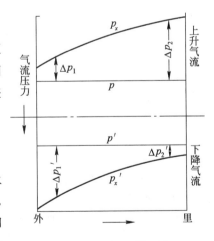

图7-8　算子砖上下静压差沿蓄热室长向分布

上升气流时: $\Delta p_2 > \Delta p_1$　里大外小,使内侧流量大;

下降气流时: $\Delta p'_1 > \Delta p'_2$　外大里小,使外侧流量大。

同时,蓄热室内侧温度高于外侧,浮力较大,更促使上升时内侧流量加大,下降时外侧流量加大。这种压力分布,导致蓄热室内气流在上升与下降流动的同时,还会有横向窜流,其总趋势是上升时从外下向里上,下降时从里上向外下。为改善蓄热室气流分布,在焦炉设计上可采取下述措施。

1)增大小烟道断面,降低小烟道内气流速度,因静压差的最大值(Δp_{max} 或 $\Delta p'_{max}$)正比于流速平方,故可明显减小此静压差,设计上一般将入小烟道的气体流速限制在2.5m/s以下。

2)采用扩散型算子砖孔。即在小烟道的外侧配置下大上小的收缩型算子砖孔,小烟道内侧配置下小上大的扩散型算子砖孔。我国JN-43型焦炉的扩散型算子砖孔尺寸分布见表7-1。

表 7-1　JN-43 型焦炉扩散型算子砖孔尺寸分布

算子砖段(孔数)	1(2×7)		2(2×8)		3(2×8)		4(2×8)		5(2×8)		6(2×7)		7(2×7)	
蓄热室	煤	空	煤	空	煤	空	煤	空	煤	空	煤	空	煤	空
尺寸/mm 上孔	32	32	35	30	35	35	40	40	75	65	65	65	65	65
下孔	68	68	60	65	60	70	60	60	40	40	40	40	35	35

据实验数据,当上下底面积比<0.4时,扩散孔的阻力系数比收缩孔的阻力系数约大30%。当上下底面积比接近0.4时,扩散孔和收缩孔的阻力系数接近一致。表7-1仅第4段的算子砖孔上下底面积比接近0.4,其他均小于0.4。这样在上升气流时,由于小烟道外侧算子砖孔上下的压力差小,设置阻力系数较小的收缩形算子砖孔。向内逐渐增大算子砖孔的上下底面积比,经第4段后转为阻力系数较大的扩散形算子孔,以抵消内侧较大的压力差。从而使算子砖孔上的静压接近一致,使气流分布趋于均匀。转为下降气流,内侧算子砖孔当气流由上往下流动时属阻力系数较小的收缩孔,这与下降气流时内侧算子孔上下压力差较小的情况相适应。小烟道外侧因气流由上而下,则算子孔属阻力系数较大的扩散形,以适应该处下降气流时较大的压力差。因此这样的算子砖孔及其分布,既适应上升气流,也适应下降气流的压力分布。

3)采用单向小烟道。对于中型的双联火道焦炉,蓄热室可不设中心隔墙,小烟道一侧为进气端,另一侧为废气端。这时算子砖上下静压差沿蓄热室长向的分布如图7-9,算子砖上下静压差总是进气端小、出气端大,算子砖不必制成结构复杂的扩散孔型,只要按小烟道长向的压力分布,配置规律变化的算子孔即可。这种焦炉只在一侧设烟道,有利于通风降温,并降低基建投资。

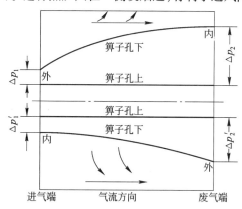

图 7-9　单向小烟道的压力分布

3. 二分式焦炉的气流分布规律

二分式焦炉由于结构简单,国内用于中、小型焦炉,德国卡尔斯蒂尔大容积焦炉将小烟道变径,也属二分式焦炉。二分式焦炉最基本的特点是具有水平集合烟道,上升气流时在集合烟道中汇流,下降时向各火道分流。

(1)气体在水平集合烟道汇流时(图7-10)　水平集合烟道始端和末端的静压力(p_1 和 p_2)关系,可按式(7-24)导出($x=1$ 时 $w_1=0$):

$$p_1 = p_2 + w_2^2\rho + \frac{\lambda}{3} \cdot \frac{l}{D} \cdot \frac{w_2^2}{2}\rho$$

显然 $p_1>p_2$,差值为 $w_2^2\rho + \dfrac{\lambda}{3} \cdot \dfrac{l}{D} \cdot \dfrac{w_2^2}{2}\rho$,故二分式焦炉的水平烟道内,上升气流侧的炉端静

压力大于中部汇流处的静压力。增加水平烟道断面,可降低 w_2,减小两端的静压差。

蓄热室顶部沿长向的静压力 p 分布基本一致,故 $p-p_2>p-p_1$,即蓄热室顶至水平烟道的静压差,中部大于端部,这就造成中部进入的空气量将大于炉端,为使气流沿长向均匀分布,要求斜道口开度的排列为炉头向炉中部逐渐减少。

(2)气体在水平集合烟道分流时　如图 7-11,水平道始、末端的静压力关系,可按式(7-23)导出($x=1$ 时 $w_2=0$):

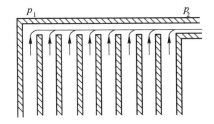

图 7-10　气体在集合烟道中汇流

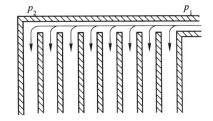

图 7-11　气体在集合烟道中分流

$$p_2 = p_1 - w_1^2\rho - \frac{\lambda}{3}\cdot\frac{l}{D}\cdot\frac{w_1^2}{2}\rho$$

或

$$p_2 - p_1 = \left(2 - \frac{\lambda}{3}\cdot\frac{l}{D}\right)\frac{w_1^2}{2}\rho$$

可有三种情况：$2 - \dfrac{\lambda}{3}\dfrac{l}{D} = 0$ 时,$p_2 = p_1$

$2 - \dfrac{\lambda}{3}\dfrac{l}{D} > 0$ 时,$p_2 > p_1$

$2 - \dfrac{\lambda}{3}\dfrac{l}{D} < 0$ 时,$p_2 < p_1$

我国中小型二分式焦炉的水平烟道,一般 l 较短,而 D 较大,故 $p_2>p_1$,即下降气流侧炉端的静压力略大于炉中部。因下降气流蓄热室顶部的长向压力 p' 基本相同,则 $p_2-p'_1>p_1-p'$,即由水平烟道下降至蓄热室顶部的气流静压差是炉端大于炉中部。这样就会造成炉端的废气量大于炉中部,但因斜道口开度是按上升气流确定的,因此加重了废气量沿燃烧室长向分布的不均匀性,这是二分式焦炉最主要的缺点之一。

当水平集合道变径时,即由二端至中部随气流之增加而逐渐增大,可以使集合道中气流静压力分布趋于均匀,有利于克服上述缺点。

二分式焦炉加热用的焦炉煤气由水平砖煤气道进入火道,燃烧后废气由水平烟道汇合转入下降气流,可看成先通过分配道后又通过集合烟道,其压力分布可按上述两种情况的结合来分析。

4. 焦炉煤气横管内压力分布和喷嘴排列

如图 7-12 所示,下喷式焦炉的焦炉煤气由主管引出经支管进入横管后,向机、焦两侧分流,并由各下喷管进入砖煤气道。下喷管内的流量取决于横管内各下喷管处的压力和进入下喷管前管段中的喷嘴尺寸,横管内各下喷管处的压力则取决于支管和下喷管的位置排列和各下喷管要求的流量。

横管内气体的流动服从变量气流基本公式,若横管内两端点压力为 $p_焦$ 和 $p_机$,支管入口处压力为 $p_始$,由式(7-23)可得：

$$p_\text{焦} = p_\text{始} + \frac{w_\text{焦}^2}{2}\rho_0 \frac{T}{273}\left[2 - \frac{\lambda(l_\text{焦}+l_\text{分})}{3D}\right], \text{Pa} \tag{1}$$

$$p_\text{机} = p_\text{始} + \frac{w_\text{机}^2}{2}\rho_0 \frac{T}{273}\left[2 - \frac{\lambda(l_\text{机}+l_\text{分})}{3D}\right], \text{Pa} \tag{2}$$

式中　$w_\text{焦}$、$w_\text{机}$——由支管进入横管后的煤气流向焦侧和机侧的初始流速,m/s;

　　　$l_\text{焦}$、$l_\text{机}$——由支管入口处至焦、机侧端部的距离,mm;

　　　$l_\text{分}$——煤气由支管进入横管后分为两股气流的阻力的当量长度,可取横管直径 D 的 60 倍,即 $l_\text{分} = 60D$,mm;

　　　ρ_0——横管内焦炉煤气密度($0℃$),kg/m^3;

　　　T——横管内煤气温度,K。

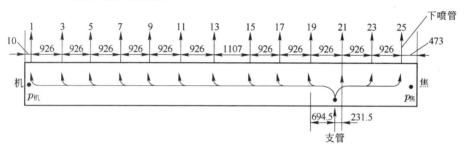

图 7-12　横管长向各下喷管的配置

为确定生产条件下横管的摩擦系数,可以通过测量横管两端的压力差,用式(1)和式(2)联解获得。式(1)和式(2)相减得:

$$\Delta p_\text{横} = p_\text{焦} - p_\text{机} = \frac{\rho_0}{2}\cdot\frac{T}{273}\left\{w_\text{焦}^2\left[2 - \frac{\lambda(l_\text{焦}+l_\text{分})}{3D}\right] - w_\text{机}^2\left[2 - \frac{\lambda(l_\text{机}+l_\text{分})}{3D}\right]\right\} \tag{3}$$

式中,$l_\text{焦}$、$l_\text{机}$、D 对于焦炉为既定值,$w_\text{焦}$、$w_\text{机}$ 可据流向机侧和焦侧的流量确定,即:

$$w_\text{焦} = \frac{\sum V_\text{焦}}{\frac{\pi}{4}D^2}, w_\text{机} = \frac{\sum V_\text{机}}{\frac{\pi}{4}D^2}, \text{m}^3/\text{s} \tag{4}$$

式中　$\sum V_\text{焦}$、$\sum V_\text{机}$——分别为流向焦侧和机侧各下喷管流量的累积值。

各下喷管要求的流量取决于各火道相应炭化室的宽度,按以下步骤确定:

(1)一个燃烧室的煤气流量

$$V_\text{0燃} = \frac{V_0}{(n-1) + 2\times 0.75}\times\frac{1}{3600}, \text{m}^3/\text{s} \tag{5}$$

式中　V_0——一座焦炉的加热煤气流量,m^3/h;

　　　n——炭化室数;

　　0.75——边燃烧室流量按中部的 75% 计。

(2)中部火道平均流量

$$V_{0,\text{均}} = \frac{V_\text{0燃}}{\left(\frac{m}{2}-2\right) + 1.4 + 1.3}, \text{m}^3/\text{s} \tag{6}$$

式中　m——燃烧室火道数,双联火道焦炉的每根横管连接一半火道(单火道或双火道),故横管供应的火道数为 $m/2$;

1.4,1.3——设炉头第一、第二火道流量为中部火道的1.4和1.3倍。

（3）各火道要求流量

$$\frac{V_x}{V_{0,均}} = \left(\frac{S_x}{S_{均}}\right)^{1.8} \tag{7}$$

$$\frac{V_头}{V_{0,均}} = (1.3 \sim 1.4)\left(\frac{S_头}{S_{均}}\right)^{1.8} \tag{8}$$

式中　V_x、$V_头$——某火道或炉头火道流量，m^3/s；

　　　S_x、$S_头$——某火道或炉头火道对应的炭化室宽度，mm；

　　　$S_{均}$——炭化室平均宽度，mm。

当炉头火道的长度与中部火道的长度不同时，式（8）中应考虑火道长度比。

由式（3）确定生产条件下横管的摩擦系数 λ 后，可再以变量气流公式计算横管内各下喷管的压力，即：

$$p_x = p_端 - \frac{w_x^2}{2}\rho_0 \frac{T}{273}\left(\frac{2 - \lambda l_x}{3D}\right) \tag{9}$$

式中　$p_端$——横管端部压力，即 $p_焦$ 或 $p_机$；

　　　p_x、w_x——对应于某下喷管处，横管内的压力和流速。

w_x 可由 $\sum V_焦$ 或 $\sum V_机$ 减去之前下喷管已供应的流量，得到相应某下喷管处横管内剩余的流量算出。

若焦炉煤气由下喷管进入砖煤气道后的相对压力为0，则煤气由横管到砖煤气道的阻力（即下喷管阻力）就是横管内对应点的压力。又设下喷管内喷嘴所占阻力（$\Delta p_喷$）为整个下喷管阻力的 $\eta\%$，则根据流量和阻力的对比公式可得：

$$\frac{\Delta p_{喷(x)}}{\Delta p_{喷(均)}} = \frac{\eta p_x}{\eta p_均} = \frac{p_x}{p_均} = \frac{K_x}{K_均}\left(\frac{V_x}{V_{0,均}}\right)^2\left(\frac{d_均}{d_x}\right)^4 \tag{10}$$

一般各喷嘴直径相差甚微，在初步估算时，可视 $\dfrac{K_x}{K_均} = 1$，则由式（10）可得

$$d_x = d_均 \sqrt[4]{\frac{p_均}{p_x}} \sqrt{\frac{V_x}{V_{0,均}}}, mm \tag{11}$$

式中　d_x——某下喷管内喷嘴直径；

　　　$p_均$、$d_均$——中部下喷管处横管内压力和下喷管直径。

【例7-5】　计算JN38型捣固焦炉的横管内压力分布和喷嘴排列。

原始数据：炭化室平均宽460mm，供应单数火道的横管长向各下喷管和支管的连接位置如图7-12所示，$V_0 = 3000 m^3/h$，火道数26，炭化室数30，横管直径65mm，$T = 323K$，$\rho_0 = 0.539 kg/m^3$，实测 $p_焦 = 88 Pa$，$p_机 = 68 Pa$，煤饼无锥度，设炭化室长向煤饼堆密度相同。

解：（1）横管内煤气流量分布

$$V_{0,燃} = \frac{3000}{29 + 2 \times 0.75} \times \frac{1}{3600} = 0.0274(m^3/s)$$

$$V_{0,均} = \frac{0.0274}{11 + 1.4 + 1.3} = 0.002(m^3/s)$$

$$V_1 = 0.002 \times 1.4 = 0.0028(m^3/s)$$

$$V_{25} = 0.002 \times 1.3 = 0.0026(m^3/s)$$

因支管位于横管内相当于第20与21号火道处，且因煤饼宽度自机侧至焦侧相同，故不需考

虑宽度比,因此:

$$\sum V_{焦} = 2 \times 0.002 + 0.0026 = 0.0066(\text{m}^3/\text{s})$$

$$\sum V_{机} = 9 \times 0.002 + 0.0028 = 0.0208(\text{m}^3/\text{s})$$

(2)计算 $w_{焦}$、$w_{机}$ 和 λ　由此

$$w_{焦} = \frac{0.0066}{\frac{\pi}{4} \times 0.065^2} = 1.99(\text{m}^3/\text{s})$$

$$w_{机} = \frac{0.0208}{\frac{\pi}{4} \times 0.065^2} = 6.27(\text{m}^3/\text{s})$$

由式(3)和图 7-12 的管道配置尺寸可得:

$$p_{焦} - p_{机} = 88 - 68 = 20 = \frac{0.539}{2} \times \frac{323}{273}\left\{1.99^2\left[2 - \frac{\lambda(231.5 + 2 \times 926 + 60 \times 65)}{3 \times 65}\right]\right.$$

$$\left. - 6.27^2\left[2 - \frac{\lambda(694.5 + 8 \times 926 + 1107 + 60 \times 65)}{3 \times 65}\right]\right\}$$

解上式得　$\lambda = 0.054$

(3)计算 $p_{始}$　由式(1)或式(2)得:

$$p_{始} = 88 - \frac{1.99^2}{2} \times 0.539 \times \frac{323}{273}\left[2 - \frac{0.054(231.5 + 2 \times 926 + 60 \times 65)}{3 \times 65}\right]$$

$$= 87.6(\text{Pa})$$

(4)计算横管内压力分布　以 3 号下喷管为例。

$$p_3 = 68 - \left(2 - \frac{0.054 \times 926}{3 \times 65}\right) \times \left(\frac{0.0028}{\frac{\pi}{4} \times 0.065^2}\right)^2 \times \frac{0.539}{2} \times \frac{323}{273} = 67.6(\text{Pa})$$

(5)计算喷嘴排列　设 $p_{均}$ 为 13 号火道的下喷管处的压力,经计算为 65.8Pa,并设该下喷管直径 $d_{13} = 9.8\text{mm}$,以计算 3 号火道的喷嘴为例。

$$d_3 = d_{13}\sqrt[4]{\frac{p_{13}}{p_3}} = 9.8\sqrt[4]{\frac{65.8}{67.6}} = 9.7(\text{mm})$$

第八章　焦炉传热和结焦时间计算

　　焦炉内热量的传递过程是焦炉热工的主要内容之一。煤气在燃烧室内燃烧产生的热量,通过炉墙传给煤料,煤料以不稳定的传热方式升温,最后经成层结焦为焦炭。此外,定期换向的蓄热室内,经历着热废气向格子砖和受热后的格子砖向进入蓄热室的冷空气与贫煤气的传热过程。上述焦炉内的传热存在两大特点,一是各部位的传热均属传导、对流和辐射共存的综合传热过程,但在不同部位、不同时间某种传热方式起着主导作用;二是焦炉内各部位的温度和炉料或热载体的热物理性质均随时间呈周期性的变化,即属不稳定传热。因此研究焦炉内的传热必须在分析各部位具体传热特点的基础上找准可以简化和近似计算的方法。

第一节　燃烧室向炉墙的传热

　　焦炉火道中火焰和热废气的热量通过对流和辐射向炉墙传递,废气温度高达 $1400 \sim 1600 \, \text{℃}$,焦炉煤气燃烧过程中因热解而产生的高温游离碳有强烈的辐射能力,故辐射传热量占 $90\% \sim 95\%$ 。火道中气流速度较慢,故对流传热量仅占 $5\% \sim 10\%$ 。

　　由于炭化室的定期装煤、出焦和加热系统的定期换向,焦炉内废气温度和燃烧室侧炉墙温度均随燃烧室换向时间和炭化室周转时间呈周期性的变化,因此燃烧室向炉墙的传热也属不稳定传热过程,但为简化起见也可取周期变化的平均值按稳态传热方式进行计算。

一、稳态传热计算

　　1. 对流传热

　　可用牛顿冷却定律计算:

$$Q_{对} = \alpha_{对} (t_{气} - t_{墙}) A, \text{kJ/h} \tag{8-1}$$

式中　$Q_{对}$——单位时间内热废气向炉墙的平均对流传热量,kJ / h ;

　　　　$\alpha_{对}$——对流给热系数,kJ / (m² · h · ℃) ;

　　　$t_{气}、t_{墙}$——分别为废气和炉墙表面的平均温度,℃ ;

　　　　A——传热面积,m² 。

　　火道中气体流动包括强制对流和热浮力引起的自然对流,其对流给热系数取决于与废气流动状态、热性质等有关的准数,计算十分繁琐,近似计算时,可按以下气体在粗糙砖通道内流过时的简化式计算:

$$\alpha_{对} = 12.55 \cdot \frac{w_0^{0.8}}{d^{0.333}} \left(\frac{T_{平均}}{273} \right)^{0.25}, \text{kJ / (m² · h · ℃)} \tag{8-2}$$

式中　w_0——通道内气体在标准状态下的流速,m / s ;

　　　　d——通道的水力直径,m ;

　　　$T_{平均}$——通道内气体平均温度,K 。

　　2. 辐射传热

　　(1)气体辐射的一般计算　焦炉火道中热废气向炉墙的传热属于气体向包围住它的固体表面间的辐射热交换过程。由传热学已知,气体被当作灰体时,它的辐射能力 $E_{气}$ 服从斯蒂芬—玻耳兹曼定律。

$$E_{气} = \varepsilon_{气} E_0 = 5.76\varepsilon_{气}\left(\frac{T_{气}}{100}\right)^4, W/m^2$$

$$(8-3)$$

式中　E_0——绝对黑体的辐射能力，W/m^2；

　　　　$\varepsilon_{气}$——气体黑度；

　　　5.76——绝对黑体的辐射常数，$W/(m^2 \cdot K^4)$。

　　$\varepsilon_{气}$ 是辐射气体分压 p、气层厚度 L 和温度 t 的函数，即 $\varepsilon_{气} = f(pL \cdot t)$。焦炉废气中的主要辐射成分为 CO_2 和 H_2O，它们的黑度 ε_{CO_2} 和 ε_{H_2O} 可由图 8-1 和图 8-2 查取。图中表示 0.1MPa 的总压下，CO_2 和 $H_2O_{气}$ 的黑度与 (pL) 及 t 的关系。p 单位为 MPa，L 单位为 m。由于分压 p_{H_2O} 对水气黑度的影响要比 L 的影响大些，所以计算时，由图 8-2 查出的 ε_{H_2O} 还要乘上由图 8-3 查出的与分压 p_{H_2O} 有关的校正系数 β，即为 $\beta\varepsilon_{H_2O}$。

　　当气体中同时含有 CO_2 和 $H_2O_{气}$ 时，混合气体的黑度为：

$$\varepsilon_{气} = \varepsilon_{CO_2} + \beta\varepsilon_{H_2O} - \Delta\varepsilon \qquad (8-4)$$

式中，$\Delta\varepsilon$ 是 CO_2 和 $H_2O_{气}$ 的辐射波长部分重合，辐射能相互吸收而减小的校正值。一般废气中该值不大，仅 $0.02 \sim 0.04$，可忽略不计，只在精确计算或 $(p_{CO_2} + p_{H_2O}) \cdot L$ 值很大时才考虑，可从有关资料查取。

　　气层有效厚度 L 决定于气体的体积和形式，当气体与包围着它的固体表面进行辐射热交换时，L 可按下式计算。

$$L = \eta\frac{4V}{F} \qquad (8-5)$$

式中　V——充满辐射气体的容器体积，m^3；

　　　　F——包围气体的全部器壁面积，m^2；

　　　　η——气体辐射有效系数。

　　η 说明气体辐射能经过气体自身吸收后达到器壁的比值，它与待求的黑度及容器体积、形状有关，一般为 $0.85 \sim 1.0$，对立方体或球体 $\eta = 0.9$。

　　由于气体吸收与辐射的选择性，气体的吸收率不仅决定于气体的 pL 和 t，还决定于落入气体内辐射能的光谱。由于落入气体的

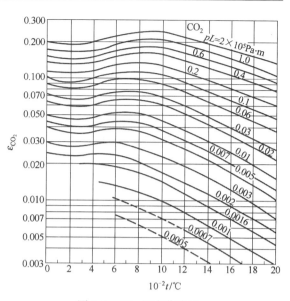

图 8-1　CO_2 黑度曲线图

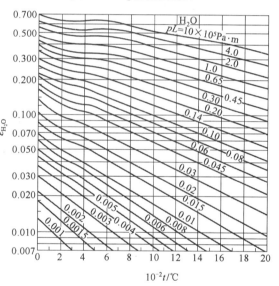

图 8-2　$H_2O_{气}$ 黑度曲线图

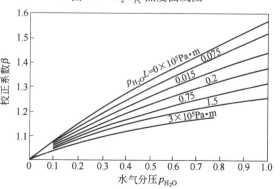

图 8-3　$H_2O_{气}$ 黑度校正系数 β 图

辐射光谱来自包围住气体的固体外壳,因此这些辐射光谱取决于器壁的温度 $t_固$,据实验测定, CO_2 和 H_2O 的吸收率 A_{CO_2} 和 A_{H_2O} 可按下列近似式计算

$$A_{CO_2} = \varepsilon_{CO_2}\left(\frac{T_{CO_2}}{T_固}\right)^{0.65} \tag{8-6}$$

$$A_{H_2O} = \beta\varepsilon_{H_2O}\left(\frac{T_{H_2O}}{T_固}\right)^{0.45} \tag{8-7}$$

式中 ε_{CO_2}——按 $p_{CO_2}L\left(\dfrac{T_固}{T_{CO_2}}\right)$ 和 $t_固$ 由图8-1查取;

ε_{H_2O}——按 $p_{H_2O}L\left(\dfrac{T_固}{T_{H_2O}}\right)$ 和 $t_固$ 由图8-2查取。

混合气体的吸收率 $A_气 = A_{CO_2} + A_{H_2O} - \Delta A$,式中 $\Delta A = \Delta\varepsilon$,一般可忽略不计。简化计算时,可按 $A_气 = \varepsilon_气$,只是此时 $\varepsilon_气$ 值根据 pL 和 $t_固$ 查取。

(2)焦炉火道内的气体辐射——气体与包围住它的固体壁面间的辐射热交换　可运用有效辐射概念,采取辐射热交换的一般方程式导出。

1)炉墙的有效辐射　如图8-4,设炉墙的温度为 $T_固$、黑度为 $\varepsilon_固$、吸收率为 $A_固$,当炉墙与火道内焰气进行辐射热交换时,它的辐射能力为 $E_发$,焰气射到炉墙表面上的辐射能力为 $E_入$,被其吸收了 $A_固 E_入$,余下部分 $E_入(1 - A_固)$ 又反射到焰气中去,因此由炉墙表面射出的总辐射能为 $E_发 + E_入(1 - A_固)$,称为该表面的有效辐射 $E_有$,即

$$E_有 = E_发 + E_入(1 - A_固) \tag{1}$$

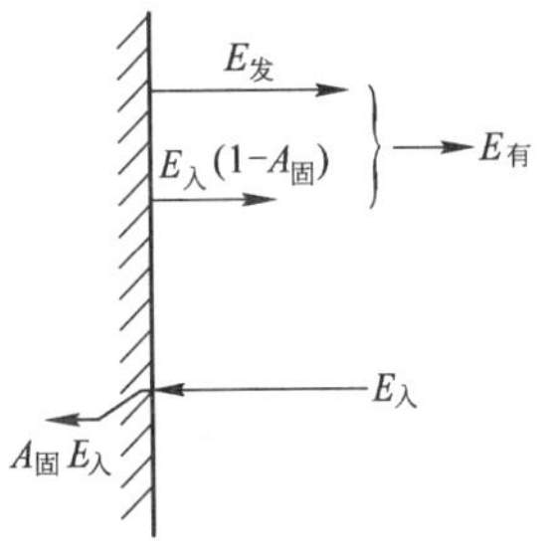

由炉墙表面射出的 $E_有$ 与焰气射入的 $E_入$ 之差称净辐射能 $q_净$,即

$$q_净 = E_有 - E_入$$

或 $$E_入 = E_有 - q_净 \tag{2}$$

图8-4　炉墙的有效辐射

代入式(1)得 $$E_有 = E_发 + (E_有 - q_净)(1 - A_固)$$

整理后得: $$E_有 = \frac{E_发}{A_固} - \left(\frac{1}{A_固} - 1\right)q_净 \tag{3}$$

由斯蒂芬—玻耳兹曼定律知物体的辐射能力为

$$E_发 = 5.76\varepsilon_固\left(\frac{T_固}{100}\right)^4, W/m^2 \tag{4}$$

将式(4)代入式(3),得

$$E_有 = \frac{\varepsilon_固}{A_固} \times 5.76\left(\frac{T_固}{100}\right)^4 - \left(\frac{1}{A_固} - 1\right)q_净, W/m^2 \tag{5}$$

此式为导出各种辐射热交换的基本公式。

2)火道内焰气的有效辐射热　与上述类同,可导出焰气的有效辐射 $E'_有$:

$$E'_有 = \frac{\varepsilon_气}{A_气} \times 5.76\left(\frac{T_气}{100}\right)^4 - \left(\frac{1}{A_气} - 1\right)q'_净, W/m^2 \tag{6}$$

式中 $q'_净$——焰气的净辐射能。

3)火道内焰气对固体壁面的辐射换热　气体与包围住它的墙面辐射换热时,角度系数为1,即认为 $E_有$ 全部落在焰气中,$E'_有$ 全部落在炉墙表面上,故净辐射能为:

$$q_净 = E_有 - E'_有; \quad q'_净 = E'_有 - E_有$$

即
$$q'_{\text{净}} = -q_{\text{净}}$$

则由焰气向炉墙的辐射换热量为：

$$q = q'_{\text{净}} = -q_{\text{净}} = E'_{\text{有}} - E_{\text{有}} \tag{7}$$

将式(5)、(6)代入式(7)得：

$$q = \frac{\varepsilon_{\text{气}}}{A_{\text{气}}} \times 5.76\left(\frac{T_{\text{气}}}{100}\right)^4 - \left(\frac{1}{A_{\text{气}}} - 1\right)q'_{\text{净}} - \frac{\varepsilon_{\text{固}}}{A_{\text{固}}} \times 5.76\left(\frac{T_{\text{固}}}{100}\right)^4 + \left(\frac{1}{A_{\text{固}}} - 1\right)q_{\text{净}}$$

$$= 5.76\left[\frac{\varepsilon_{\text{气}}}{A_{\text{气}}}\left(\frac{T_{\text{气}}}{100}\right)^4 - \frac{\varepsilon_{\text{固}}}{A_{\text{固}}}\left(\frac{T_{\text{固}}}{100}\right)^4\right] - q\left[\frac{1}{A_{\text{气}}} + \frac{1}{A_{\text{固}}} - 2\right]$$

对一般固体，由克希霍夫定律知 $\varepsilon_{\text{固}} = A_{\text{固}}$，因此上式整理得：

$$q = \frac{5.76}{\dfrac{1}{A_{\text{气}}} + \dfrac{1}{\varepsilon_{\text{固}}} - 1}\left[\frac{\varepsilon_{\text{气}}}{A_{\text{气}}}\left(\frac{T_{\text{气}}}{100}\right)^4 - \left(\frac{T_{\text{固}}}{100}\right)^4\right], \text{W/m}^2 \tag{8-8}$$

式(8-8)适用于焦炉火道内废气对炉墙的辐射传热计算。

【例 8-1】 JN43 型焦炉火道的平均断面为 $0.493 \times 0.350\text{m}^2$，火道高 3.7m，废气中 CO_2 为 23.28%，水汽为 4.24%，废气平均温度 1500℃，火道侧墙面平均温度 1300℃，废气量为 0.032 m^3/s，计算废气对炉墙的传热量。

(1)对流传热量 $q_{\text{对}}$：

火道水力直径　　　　　$d = \dfrac{4 \times 0.493 \times 0.350}{2(0.493 + 0.350)} = 0.409(\text{m})$

火道内废气流速　　　　$w_0 = \dfrac{0.32}{0.493 \times 0.350} = 0.186(\text{m/s})$

对流给热系数　　　　　$\alpha_{\text{对}} = 12.55\dfrac{0.186^{0.8}}{0.409^{0.333}}\left(\dfrac{273 + 1500}{273}\right)^{0.25}$

　　　　　　　　　　　$= 7.02\text{kJ}/(\text{m}^2 \cdot \text{h} \cdot ℃) = 1.95(\text{W}/(\text{m}^2 \cdot ℃))$

对流传热量　　　　　　$q_{\text{对}} = 1.95(1500 - 1300) = 390(\text{W/m}^2)$

(2)辐射传热量 $q_{\text{辐}}$：

气层厚度　$L = \eta\dfrac{4V}{A} = 0.9\dfrac{4 \times 0.493 \times 0.350 \times 3.7}{2[(0.493 \times 0.350) + (0.350 \times 3.7) + (0.493 \times 3.7)]} = 0.35(\text{m})$

由于火道内气体吸力很小，气体总压可按 0.1MPa 计，则

　　　$p_{CO_2}L = 0.2328 \times 0.35 \times 0.1 = 0.00815(\text{MPa} \cdot \text{m}) = 0.0815 \times 10^5(\text{Pa} \cdot \text{m})$

　　　$p_{H_2O}L = 0.0424 \times 0.35 \times 0.1 = 0.00148(\text{MPa} \cdot \text{m}) = 0.0148 \times 10^5(\text{Pa} \cdot \text{m})$

由图 8-1 查得：$t_{\text{气}} = 1500℃$ 时，$\varepsilon_{CO_2} = 0.065$

　　　　　　　　$t_{\text{固}} = 1300℃$ 时，$A_{CO_2} = 0.076$

由图 8-2 查得：$t_{\text{气}} = 1500℃$ 时，$\varepsilon_{H_2O} = 0.013$

　　　　　　　　$t_{\text{固}} = 1300℃$ 时，$A_{H_2O} = 0.017$

由图 8-3 查得 $\beta = 1$，故 $\varepsilon_{\text{气}} = 0.065 + 0.013 = 0.078$，$A_{\text{气}} = 0.076 + 0.017 = 0.093$，表面粗糙的硅砖，其黑度自有关资料查得 $\varepsilon_{\text{固}} = 0.8$。由上述数据按式(8-8)可计算得：

$$q_{\text{辐}} = \frac{5.76}{\dfrac{1}{0.093} + \dfrac{1}{0.8} - 1}\left[\frac{0.078}{0.093}\left(\frac{273 + 1500}{100}\right)^4 - \left(\frac{273 + 1300}{100}\right)^4\right] = 11340(\text{W/m}^2)$$

计算表明 $q_{\text{辐}} \gg q_{\text{对}}$。

同时存在对流和辐射的传热时，为计算方便，可以辐射传热系数 $\alpha_{\text{辐}}$ 形式表达辐射热交换，即

$q_{辐} = \alpha_{辐}(t_{气} - t_{固})$ ，W/m^3，但 $\alpha_{辐}$ 只是便于计算及与对流传热比较而引入，并不反映辐射现象本质。CO_2 和 $H_2O_{汽}$ 的 $\alpha_{辐}$ 已制成图 8-5、图 8-6，供查取。

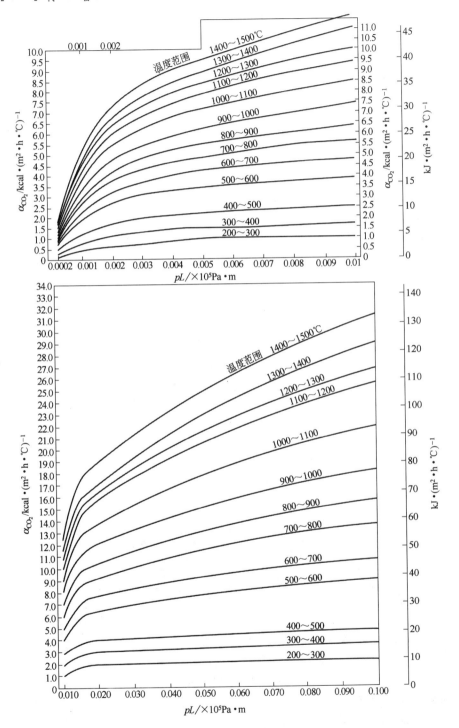

图 8-5　CO_2 辐射传热系数

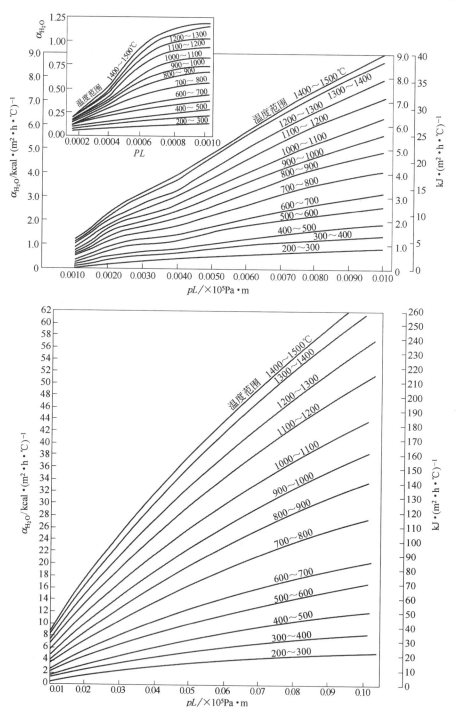

图 8-6 $H_2O_{汽}$ 辐射传热系数

二、非稳态传热计算

1. 区域单元法基本概念

由于焦炉火道内气体和炉墙各部位的温度均随时间呈周期性变化。因此燃烧室向炉墙的传热属非稳态传热。为进行传热计算，可对整体燃烧室(火道)的炉墙和气体细分若干性质均匀的等温区,然后对各个等温区(区域单元)分别按稳态传热公式进行传热计算。

为了确定性质均匀的等温区,必须测定火道各部位的气体的物理状态,包括流速、空燃比、组成、温度等参数,通常要通过冷态的物理模型按每个水平高度的平面取多个测点测取数据,再以无因次的相似准数进行鉴别和确定区域单元的划分,所选用的相似准数为描述废气流动状态的雷诺准数 Re,描述废气浮力效应的弗劳德(Froude)准数,描述煤气和空气比的动量比等。在确定区域单元的基础上,对每一个区域单元按由灰体墙面与其包围的含有发射/吸收能力的气体混合物之间进行的辐射和对流传热,计算该单元的传热量。

辐射传热包括:

1)炉墙表面 A_i 与 A_j 之间的净直接辐射: $Q_{A_i \rightleftharpoons A_j}$;

2)废气与炉墙表面间的净辐射:炉墙表面 A_i 侧的废气 V_i 与炉墙表面 A_j 及炉墙侧表面 A_j 的废气 V_j 与炉墙表面 A_i 间的净辐射, $Q_{V_i \rightleftharpoons A_j}$ 与 $Q_{V_j \rightleftharpoons A_i}$;

3)废气之间的净辐射: $Q_{V_i \rightleftharpoons V_j}$。

对流传热按区域单元内废气对炉墙表面的稳态对流传热用牛顿冷却定律公式(8-1)计算。

2. 燃烧室内废气温度

燃烧室内废气温度自下而上均随换向时间而变,也受炭化室内煤的结焦周期的影响。由此可按燃烧室不同高度的微分热衡算方程计算。

燃烧室下部的点火区:

$$V \cdot C \frac{dt_{g_1}}{d\tau} = G[H(t_{绝}) - H(t_{g_1})] - (Q_{对} + Q_{辐}) \tag{8-9}$$

燃烧室点火区以上的废气区:

$$V \cdot C \frac{dt_{g_2}}{d\tau} = G[H(t_{g_1}) - H(t_{g_2})] - (Q'_{对} + Q'_{辐}) \tag{8-10}$$

式中　　　V——火道容积,m^3;

　　　　　C——废气比热容,$J/(m^3 \cdot ℃)$;

$t_{绝}, t_{g_1}, t_{g_2}$——绝热燃烧、点火区废气和点火区以上废气的温度,℃;

　　　$H(t)$——温度 t 时的废气焓值,J/m^3;

　　　　　G——废气流量,m^3/s;

$Q_{对}, Q_{辐}$——t_{g_1} 和 $t_{墙}$ 温度下的对流、辐射传热量,W;

$Q'_{对}, Q'_{辐}$——t_{g_2} 和 $t_{墙}$ 温度下的对流、辐射传热量,W。

式中废气温度 t_{g_1} 和 t_{g_2} 均随换向周期呈周期变化,即它们均为时间 τ 的函数,即 $t_{g_1} = f_1(\tau)$, $t_{g_2} = f_2(\tau)$,一旦建立了该函数关系,就可以按式(8-9)计算 $\tau = 0$ 时的 t_{g_1},再按式(8-10)计算 $\tau = 0$ 时的 t_{g_2},进而据 $t_{g_1} = f_1(\tau)$ 和 $t_{g_2} = f_2(\tau)$ 获得废气温度随换向和结焦周期的变化。

第二节　炭化室炉墙和煤料的传热

炭化室墙和煤料的温度,由于周期装煤、出焦,故随结焦进行而改变,属不稳定传热过程,若忽略结焦过程煤料热解产生的气、液相的对流传热,炭化室墙和煤料的传热均可近似地看成不稳定导热过程。对于比较简单的一维稳态导热过程可利用傅里叶公式计算,为研究炭化室墙和煤料这样比较复杂的不稳定导热过程,并进而获得温度场、结焦时间和供热量等计算结果,必须建立更加完善的数学模型,并找出适当的方程解。

一、稳定平壁传热计算

通过燃烧室墙传给煤料的热量,可按单层平壁稳定热传导方程(傅里叶定律)近似计算。

$$Q = \frac{\lambda}{\delta} F(t_1 - t_2), \text{W} \tag{8-11}$$

式中　λ——炉墙热导率,W/(m·℃),硅砖和黏土砖的 λ 值见表8-1;

　　　δ——炉墙厚度,m;

　　　F——炉墙面积,m²;

　t_1、t_2——火道侧和炭化室侧炉墙的平均温度。

表 8-1　硅砖和黏土砖的热导率与温度的关系

温度/℃		200	300	400	600	700	800	900	1000	1100	1200	1300	1350
$\lambda/\text{W} \cdot (\text{m} \cdot \text{℃})^{-1}$	硅砖	1.17	1.24	1.33	1.47	1.54	1.60	1.67	1.74	1.81	1.88	1.95	1.99
	黏土砖	0.87	0.93	0.99	1.02	1.07	1.10	1.13	1.16	1.22	1.28	–	–

由式(8-11)不难看出,采用强度高、热导率大的高密度硅砖砌筑的减薄炉墙,可以增大传热速率,缩短结焦时间,提高焦炉生产能力。

二、不稳定导热的一般微分方程及其数值计算

1. 不稳定导热微分方程

根据流体微元的能量守恒定律,可以得出导热微分方程的一般形式。

由敞开体系的热力学第一定律:$dH = dQ - dW_s + dl_w$　可得到

$$\frac{dH}{d\tau} = \frac{dQ}{d\tau} + \frac{Vdp}{d\tau} + \frac{dl_w}{d\tau}, \text{kJ}/(\text{kg} \cdot \text{h}) \tag{8-12}$$

式中　H——单位质量流体的热焓,kJ/kg;

　　　Q——系统从环境传入的热量,kJ/kg;

　Vdp——系统对环境所作的流动功,kJ/kg;

　　　l_w——系统运动过程中的能量损耗,kJ/kg。

式(8-12)可表达为:

$$\begin{bmatrix} 流体微元的 \\ 热焓变化速率 \end{bmatrix} = \begin{bmatrix} 由传热输入微元体 \\ 的热流速率 \end{bmatrix} + \begin{bmatrix} 流体微元输出的 \\ 流动功率 \end{bmatrix} + \begin{bmatrix} 流体微元运动过程 \\ 输出的耗损功率 \end{bmatrix}$$

根据 $dH = c_p dt$ 及 $\rho V = 1$,式(8-12)可写成

$$\rho c_p \frac{dt}{d\tau} - \frac{dp}{d\tau} = \rho \frac{dQ}{d\tau} + \rho \frac{dl_w}{d\tau}, \text{kJ}/(\text{m}^3 \cdot \text{h}) \tag{8-13}$$

式中　ρ——微元体的密度,kg/m³;

　　　c_p——微元体的等压比热容,kJ/(kg·℃)。

对于一个密度为 ρ,体积为 $dx \cdot dy \cdot dz$ 的微元体(图8-7),可从 $x \cdot y \cdot z$ 三维方向求此微元体的输入和输出的热流速度。

x 方向上:输入的热流通量为 $\left(\frac{q}{A}\right)_x$,kJ/(m²·h);

　　　输出的热流通量为 $\left(\frac{q}{A}\right)_x + \frac{\partial \left(\frac{q}{A}\right)_x}{\partial x} dx$;

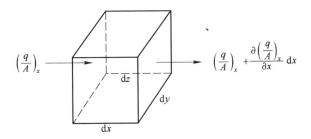

图 8-7　传热微元体

净流入的热流速率为 $\left\{\left(\dfrac{q}{A}\right)_x - \left[\left(\dfrac{q}{A}\right)_x + \dfrac{\partial\left(\dfrac{q}{A}\right)_x}{\partial x}dx\right]\right\}dydz = -\dfrac{\partial\left(\dfrac{q}{A}\right)_x}{\partial x}dxdydz,kJ/h$

同样,y 方向上净流入的热流速率为:$-\dfrac{\partial\left(\dfrac{q}{A}\right)_y}{\partial y}dxdydz$

z 方向上净流入的热流速率为:$-\dfrac{\partial\left(\dfrac{q}{A}\right)_z}{\partial z}dxdydz$

总的净流入的热流速率为:

$$-\left[\frac{\partial\left(\dfrac{q}{A}\right)_x}{\partial x} + \frac{\partial\left(\dfrac{q}{A}\right)_y}{\partial y} + \frac{\partial\left(\dfrac{q}{A}\right)_z}{\partial z}\right]dxdydz = \rho\frac{dQ}{d\tau}dxdydz$$

若微元体与周围流股间无流动功,即 $\rho Vdp = 0$,且耗损功率可忽略,则式(8-13)可写成:

$$\rho c_p\frac{dt}{d\tau} = -\left[\frac{\partial\left(\dfrac{q}{A}\right)_x}{\partial x} + \frac{\partial\left(\dfrac{q}{A}\right)_y}{\partial y} + \frac{\partial\left(\dfrac{q}{A}\right)_z}{\partial z}\right] \qquad (8-14)$$

当流体微元体与周围流股间的传热主要以热传导方式进行时,由傅里叶定律:

$$\left(\frac{q}{A}\right)_x = -\lambda_x\frac{\partial t}{\partial x}, \quad \left(\frac{q}{A}\right)_y = -\lambda_y\frac{\partial t}{\partial y}, \quad \left(\frac{q}{A}\right)_z = -\lambda_z\frac{\partial t}{\partial z},$$

式中　λ——热导率,$kJ/(m\cdot h\cdot℃)$;

　　下标 x、y、z 指方向。

式(8-14)可写成:

$$\rho c_p\frac{dt}{d\tau} = \left[\frac{\partial}{\partial x}\lambda_x\frac{\partial t}{\partial x} + \frac{\partial}{\partial y}\lambda_y\frac{\partial t}{\partial y} + \frac{\partial}{\partial z}\lambda_z\frac{\partial t}{\partial z}\right] \qquad (8-15)$$

若 $t = f(x,y,z,\tau)$,则:

$$\frac{dt}{d\tau} = \frac{\partial t}{\partial\tau} + \frac{\partial t}{\partial x}\cdot\frac{dx}{d\tau} + \frac{\partial t}{\partial y}\cdot\frac{dy}{d\tau} + \frac{\partial t}{\partial z}\cdot\frac{dz}{d\tau} = \frac{\partial t}{\partial\tau} + w_x\frac{\partial t}{\partial x} + w_y\frac{\partial t}{\partial y} + w_z\frac{\partial t}{\partial z}$$

式中　w——流速,对于固体,$w_x = w_y = w_z = 0$。

若系统内有反应热产生,且单位体积微元体的生成热速率为 $\dot{q}(kJ/(m^3\cdot h))$,则式(8-15)对于固体热传导可写成:

$$\rho c_p\frac{\partial t}{\partial\tau} = \left[\frac{\partial}{\partial x}\lambda_x\frac{\partial t}{\partial x} + \frac{\partial}{\partial y}\lambda_y\frac{\partial t}{\partial y} + \frac{\partial}{\partial z}\lambda_z\frac{\partial t}{\partial z}\right] + \dot{q},kJ/(m^3\cdot h) \qquad (8-16)$$

式(8-16)为有热源的固体导热一般微分方程。

如果把炭化室墙和炭化室内煤料当作一维空间的无限平壁,且假设 ρ、c_p、λ 是常数,$\dot{q}=0$,则式(8-16)可简化为如下形式:

$$\frac{\partial t}{\partial \tau} = a \frac{\partial^2 t}{\partial x^2} \tag{8-17}$$

式中 a—— 热扩散率,m^2/h,$a = \dfrac{\lambda}{\rho c_p}$。

热扩散率也是物体的一种热物理参数,它代表物体具有的温度变化(加热或冷却)能力。在相同温度分布下,a 值大,温度变化就快,反之则慢。a 与 λ 成正比,与 ρc_p 成反比,因此 λ 代表物体的散热能力,ρc_p 代表物体的蓄热能力,a 表示物体散热能力与蓄热能力之比,它在温度发生变化时才被反映出来。

2. 不稳定导热的差分方程

对于一个连续变化的微分方程,可以采用多种差分方法来求解,它是基于用阶跃变化过程来代替连续变化过程,在传热学中有限差分法是最常用的一种差分方法,它把微分方程式转变为一定差分量表示的差分方程式,通过数值的积累变化来解微分方程。

(1)有内热源(热效应)、热物理参数为常数的三维导热   如图8-8 所示,若三维导热区的节点0 被三维方向的六个节点1、2、3、4、5、6 所包围,若 t_0 表示节点0 在某时刻 τ 时的温度,$t_0^{\Delta\tau}$ 表示该节点经过一个时间增量 $\Delta\tau$ 时的温度。

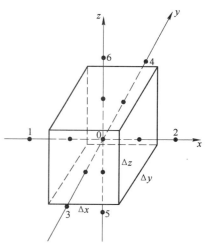

图8-8   三维导热区内节点示意图

如节点0 至1、2、3、4、5、6 的距离分别为 Δx、Δy、Δz。由1、3、5 节点传入和向2、4、6 节点传出的热量分别为 Q_{10}、Q_{30}、Q_{50} 和 Q_{02}、Q_{04}、Q_{06},对节点0 的总传导热量为:

$$\sum Q = Q_{10} + Q_{30} + Q_{50} - Q_{02} - Q_{04} - Q_{06}, kJ/h$$

按傅里叶定律 $Q = \lambda A \dfrac{\Delta t}{\delta}$,对 $Q_{10} = \lambda \cdot \Delta y \cdot \Delta z \cdot \dfrac{t_1 - t_0}{\Delta x}$,其他类同,则

$$\sum Q = \lambda \cdot \Delta y \cdot \Delta z \cdot \frac{t_1 - t_0}{\Delta x} - \lambda \cdot \Delta y \cdot \Delta z \cdot \frac{t_0 - t_2}{\Delta x} + \lambda \cdot \Delta x \cdot \Delta z \cdot \frac{t_3 - t_0}{\Delta y}$$

$$- \lambda \cdot \Delta x \cdot \Delta z \cdot \frac{t_0 - t_4}{\Delta y} + \lambda \cdot \Delta x \cdot \Delta y \cdot \frac{t_5 - t_0}{\Delta z}$$

$$- \lambda \cdot \Delta x \cdot \Delta y \cdot \frac{t_0 - t_6}{\Delta z}, kJ/h \tag{1}$$

控制体内由于反应热产生的热量:

$$Q_g = q \cdot \Delta x \cdot \Delta y \cdot \Delta z, kJ/h \tag{2}$$

经过 $\Delta\tau$ 时间后,控制体的能量改变值:

$$Q_s = \frac{\rho c_p \Delta x \Delta y \Delta z t_0^{\Delta\tau} - \rho c_p \Delta x \Delta y \Delta z t_0}{\Delta\tau} = \rho \cdot c_p \Delta x \Delta y \Delta z \cdot \frac{t_0^{\Delta\tau} - t_0}{\Delta\tau}, kJ/h \tag{3}$$

对于内节点0,若不计热损失,则根据能量守恒定律,应有 $\sum Q + Q_g = Q_s$,由此,将式(1)、式(2)、式(3)代入,各项用 $\lambda \Delta x \cdot \Delta y \cdot \Delta z$ 除,且 $a = \dfrac{\lambda}{\rho c_p}$,可得:

$$\frac{t_1 + t_2 - 2t_0}{(\Delta x)^2} + \frac{t_3 + t_4 - 2t_0}{(\Delta y)^2} + \frac{t_5 + t_6 - 2t_0}{(\Delta z)^2} + \frac{\dot{q}}{\lambda} = \frac{1}{a} \cdot \frac{t_0^{\Delta\tau} - t_0}{\Delta\tau}, ℃/m^2 \qquad (8\text{-}18)$$

式(8-18)即三维不稳定导热微分方程(8-16)的有限差分式,因为当 $\Delta x \cdot \Delta y \cdot \Delta z$ 和 $\Delta\tau$ 无限小时,式(8-18)中的 $\frac{t_0^{\Delta\tau} - t_0}{\Delta\tau} \rightarrow \frac{\partial t}{\partial\tau}$;若式(8-16)中 $\lambda_x = \lambda_y = \lambda_z = \lambda$ 且为常数,则 $\frac{\partial}{\partial x}\lambda_x\frac{\partial t}{\partial x} + \frac{\partial}{\partial y}\lambda_y\frac{\partial t}{\partial y} +$

$\frac{\partial}{\partial z}\lambda_z\frac{\partial t}{\partial z} = \lambda\left(\frac{\partial^2 t}{\partial x^2} + \frac{\partial^2 t}{\partial y^2} + \frac{\partial^2 t}{\partial z^2}\right)$,式(8-18)中 $\frac{t_1 + t_2 - 2t_0}{(\Delta x)^2} = \frac{\frac{t_1 - t_0}{\Delta x} - \frac{t_0 - t_2}{\Delta x}}{\Delta x} = \frac{\Delta}{\Delta x}\left(\frac{\Delta t}{\Delta x}\right)$,无限小量时即 $\frac{\partial^2 t}{\partial x^2}$。

为简化公式,若采用等节距,即 $\Delta x = \Delta y = \Delta z$,且令 $\frac{(\Delta x)^2}{a \cdot \Delta\tau} = M$,则式(8-18)可写成:

$$t_0^{\Delta\tau} = \frac{1}{M}(t_1 + t_2 + t_3 + t_4 + t_5 + t_6) + \frac{\dot{q}(\Delta x)^2}{\lambda M} + \left(1 - \frac{6}{M}\right)t_0 \qquad (8\text{-}19)$$

式(8-19)表明,节点 0 经时间 $\Delta\tau$ 时的温度 $t_0^{\Delta\tau}$,可由三维方向周围节点的温度及节点 0 未经时间 $\Delta\tau$ 时的温度 t_0 计算。

对于二维和一维等节距网格的内节点,式(8-19)写成:

二维内节点: $$t_0^{\Delta\tau} = \frac{1}{M}(t_1 + t_2 + t_3 + t_4) + \frac{\dot{q}(\Delta x)^2}{\lambda M} + \left(1 - \frac{4}{M}\right)t_0 \qquad (8\text{-}20)$$

一维内节点: $$t_0^{\Delta\tau} = \frac{1}{M}(t_1 + t_2) + \frac{\dot{q}(\Delta x)^2}{\lambda M} + \left(1 - \frac{2}{M}\right)t_0 \qquad (8\text{-}21)$$

用上述公式连续计算各个时间的温度时,为保证节点的温度不随时间的增加,出现反常波动现象,M 值不能任意给定,即方程式中 t_0 的系数不允许为负值,这个限制称不稳定导热有限差分方程的稳定性判据,如此:

对三维等节距内节点 $1 - \frac{6}{M} \geq 0$,即 $M \geq 6$,二维时 $M \geq 4$,一维时 $M \geq 2$。在解有限差分方程前,需先确定节距 Δx,它决定所得解的精确度和运算工作量。随 Δx 减小,精确度提高,但计算工作量增大。Δx 选定后,根据稳定性判据确定 $\Delta\tau$,如对于二维等节距内节点 $M \leq 4$,即 $\Delta\tau \leq \frac{(\Delta x)^2}{4a}$,据此确定能够采用的最大时间增量。减小时间增量,也使精确度提高,工作量增大。当 a 随温度、时间变化时,a 应取整个计算温度区间内的最高值来确定 $\Delta\tau$。

【例8-2】　若焦炉燃烧室侧墙面平均温度为1300℃,由于整个结焦时间内温度变化较小,设为恒值,炭化室墙面温度在装煤前为1100℃,若结焦 2h 后该墙面温度降为730℃,墙厚100mm,炉墙热导率 $\lambda = 6.7kJ/(m \cdot h \cdot ℃)$,热扩散率 $a = 20 \times 10^{-4}m^2/h$,计算结焦 2h 内炉墙各层温度变化和传入、传出的热流。

解:1)确定 $\tau = 0$ 时,炉墙各层温度,若炉墙分为 5 层,故 $\Delta x = \frac{0.1}{5} = 0.02m$,各层温度按线性变化,则 $\tau = 0$ 时各层温度为:

层面序号 i	0	1	2	3	4	5
温度 $t_{i,0}/℃$	1100	1140	1180	1220	1260	1300
相应墙厚/mm	100	80	60	40	20	0

2) 按一维稳定性判据确定时间间隔：取 $M = 2$

$$\Delta\tau \leq \frac{(\Delta x)^2}{2a} = \frac{(0.02)^2}{2 \times 20 \times 10^{-4}} = 0.1(h)，取 \Delta\tau = 0.1h；$$

3) 设结焦 2h 内炭化室墙面温度由 $1100℃$ 均匀下降至 $730℃$，计算炭化室墙面（$i = 0$）处，各时间间隔的温度：即每隔 $\Delta\tau = 0.1h$，炭化室墙面温度降为 $(1100 - 730) \times \dfrac{0.1}{2} = 18.5℃$。故 $i = 0$ 处各段时间的温度为：

时间序号 k	0	1	2	3	4	5	...	18	19	20
温度 $t_{i,0}$/℃	1100	1081.5	1063	1044.5	1026	1007.5	...	767	748.5	730

4) 计算各层各时间间隔的温度 由式（8-21），炉墙内 $\dot{q} = 0$，$M = 2$ 时 $t_0^{\Delta\tau} = \dfrac{1}{2}(t_1 + t_2)$，标以层面和时间序号，可写成

$$t_{i,k+1} = \frac{t_{i+1,k} + t_{i-1,k}}{2}$$

按此式，如 $t_{0,0} = 1100℃$，$t_{2,0} = 1180℃$，则 $t_{1,1} = \dfrac{1100 + 1180}{2} = 1140℃$，

而 $t_{3,1} = \dfrac{t_{2,0} + t_{4,0}}{2} = \dfrac{1180 + 1260}{2} = 1220℃$，则 $t_{2,2} = \dfrac{t_{1,1} + t_{3,1}}{2} = \dfrac{1140 + 1220}{2} = 1180℃$，如此，依次计算，可把结焦 2h 内各 $\Delta\tau$ 时间间隔的各层温度算出，如表 8-2 所示。为计算由燃烧室输入炉墙和由炉墙输出给煤料的热量，可按傅里叶定律：

$$q_入 = \lambda \frac{t_{5,k} - t_{4,k}}{\Delta x}；q_出 = \lambda \frac{t_{1,k} - t_{0,k}}{\Delta x}，kJ/(m^2 \cdot h)$$

表 8-2　结焦 2h 内各层各时间的温度（℃）和热流　　　　　　　　　kJ/(m² · h)

装煤后时间/h	k	i 和墙厚/mm						$q_入$	$q_出$
		0	1	2	3	4	5		
		100	80	60	40	20	0		
0.0	0	1100	1140	1180	1220	1260	1300	13400	13400
0.1	1	1081.5	1140	1180	1220	1260	1300	13400	19598
0.2	2	1063.0	1130.8	1180	1220	1260	1300	13400	22713
0.3	3	1044.5	1121.5	1175.4	1220	1260	1300	13400	25795
0.4	4	1026.0	1109.9	1170.8	1217.7	1260	1300	13400	28107
0.5	5	1007.5	1098.4	1163.8	1215.4	1258.8	1300	13802	30452
0.6	6	989.0	1085.7	1156.9	1211.3	1257.7	1300	14171	32395
...	...	...	...	...	...	...	...	...	...
1.6	16	804.0	946.4	1059.7	1151.4	1229.2	1300	23718	47704
1.7	17	785.5	931.9	1048.9	1144.5	1225.8	1300	24857	49044
1.8	18	767.0	917.2	1038.2	1137.4	1222.3	1300	26030	50317
1.9	19	748.5	902.6	1027.3	1130.2	1218.6	1300	27269	51624
2.0	20	730	887.9	1016.4	1122.9	1215.1	1300	28442	52897

表 8-2 数据表明,结焦前 2h 内 $q_入 < q_出$,即炉墙吸热小于放热,故炭化室墙面温度下降。

(2)有内热源,热物理参数随温度变化的一维导热　按上述方法,若 λ 取前后节点温度平均值下的值,由节点 1 向节点 0 导热的热导率记为 λ_{10},由节点 0 向节点 2 导热的热导率记为 λ_{02},则

$$\sum Q = \lambda_{10}\Delta y \cdot \Delta z \cdot \frac{t_1 - t_0}{\Delta x} - \lambda_{02}\Delta y \cdot \Delta z \cdot \frac{t_0 - t_2}{\Delta x}$$

$$Q_g = \dot{q}(t)\Delta x \cdot \Delta y \cdot \Delta z$$

$$Q_s = \frac{\rho_0^{\Delta\tau} \cdot c_{p0}^{\Delta\tau} t_0^{\Delta\tau} - \rho_0 c_{p0} t_0}{\Delta\tau} \cdot \Delta x \cdot \Delta y \cdot \Delta z$$

据能量守恒定律可得

$$\rho_0^{\Delta\tau} \cdot c_{p0}^{\Delta\tau} t_0^{\Delta\tau} - \rho_0 c_{p0} t_0 = \Delta\tau\left[\lambda_{10}\frac{t_1 - t_0}{(\Delta x)^2} - \lambda_{02}\frac{t_0 - t_2}{(\Delta x)^2} + \dot{q}(t)\right]$$

为简化计算,若 ρ_0 和 c_{p0} 随温度变化值所取温度与 λ 取值相同,并用热扩散率表示,则上式可改写为:

$$t_0^{\Delta\tau} = t_0 + \Delta\tau\left[\frac{\lambda_{10}}{\rho_{10}c_{p10}} \cdot \frac{t_1 - t_0}{(\Delta x)^2} + \frac{\lambda_{20}}{\rho_{20}c_{p20}} \cdot \frac{t_2 - t_0}{(\Delta x)^2} + \frac{\dot{q}(t)}{\rho(t)c_p(t)}\right]$$

$$= t_0 + \Delta\tau\left[\frac{a_{10}t_1 + a_{20}t_2 - (a_{10} + a_{20})t_0}{(\Delta x)^2} + \frac{\dot{q}(t)}{\rho(t)c_p(t)}\right] \tag{8-22}$$

运用迭代法,在选定 Δx、$\Delta\tau$ 条件下,按式(8-22)可由前一时间已知的温度出发,计算 $\tau + \Delta\tau$ 时间内温度场中所有各处的温度。式中 a、ρ、c_p、$\dot{q}$ 的取值建立在它们与 t 关系的函数式基础上。

第三节　炭化室温度场和结焦时间计算

结焦时间是设计焦炉和其他炼焦化工设备,规定焦炉工艺操作制度,以及确定焦炉生产能力的基础数据。它受装炉煤的工艺参数,炉墙和炭化室尺寸,炉砖材质,燃烧室和焦饼温度等因素的影响。因此如何根据上述影响因素计算结焦时间是炼焦工艺的重要问题。

一、以分析解为基础的计算

1. 一维导热微分方程的分析解

燃烧室墙和炭化室内煤料的一维导热微分方程式(8-17),可根据相应的单值条件用分离变量法解出。如图 8-9,炭化室内装炉煤的加热,可看成两侧对称的平板加热,热量由燃烧室侧墙面经导热传至炭化室侧墙面,再传至炭化室中的煤料,由图 8-9 可知,炭化室宽度为 2δ,装炉煤初始温度 t_0,炉墙燃烧室侧墙面温度为 t_c,为简化计算,设 t_c 和 t_0 为定值,煤层内温度分布随距离 x 和时间 τ 变化,即 $t = f(x, \tau)$　令

$$\theta = \frac{t_c - t}{t_c - t_0} \tag{1}$$

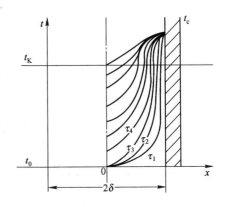

图 8-9　炭化室内煤料加热的 t-τ-x 图

将式(1)代入式(8-17)得:

$$\frac{\partial\theta}{\partial\tau} = a\frac{\partial^2\theta}{\partial x^2} \tag{2}$$

式中,$\theta = f(x, \tau)$,可采用分离变量法解式(2),即

$$\theta(x,\tau) = U(x) \cdot V(\tau) \tag{3}$$

式(3)中,$U(x)$仅为x的函数,$V(\tau)$仅为τ的函数,将式(2)中θ用U,V代替,得:

$$\frac{\partial(U,V)}{\partial\tau} = a\frac{\partial^2(U,V)}{\partial x^2}$$

$$U \cdot \frac{\partial V}{\partial\tau} = aV \cdot \frac{\partial^2 U}{\partial x^2}, 或 \frac{1}{V}\frac{\partial V}{\partial\tau} = \frac{a}{U} \cdot \frac{\partial^2 U}{\partial x^2} \tag{4}$$

由于式(4)左边与U无关,右边与V无关,因此只有当两侧均为同一常数时,等式才能成立。设该常数为$-C^2$,则式(4)可分离为以下两个常微分方程。

$$\frac{1}{V}\frac{dV}{d\tau} + C^2 = 0 \tag{5}$$

$$\frac{d^2 U}{dx^2} + \frac{C^2}{a}U = 0 \tag{6}$$

解常微分方程(5)和(6),并将解得的V和U关系式代入式(3)得:

$$\theta = e^{-C^2\tau}\left[C_1\cos\left(\frac{C}{\sqrt{a}}x\right) + C_2\sin\left(\frac{C}{\sqrt{a}}x\right)\right] \tag{7}$$

式中,C、C_1、C_2均为常数,为得单一解,须由边值条件求出这些常数。根据所研究的炉墙和煤料特征,边值条件由两个边界条件(炭化室中心和炭化室墙面处)和一个时间条件(结焦开始时)组成:

(1)边界条件1:$x = 0$处,导热量为零,即$dQ = -\lambda\frac{\partial t}{\partial x}dAd\tau = 0$,则$\frac{\partial t}{\partial x} = 0$,故式(1)对$x$的偏

微分:$\frac{\partial\theta}{\partial x} = -\frac{1}{t_c - t_0} \cdot \frac{\partial t}{\partial x} = 0$。

(2)边界条件2:$x = \delta$处,由燃烧室墙面传至炭化室墙面的热量dQ_1,等于由炭化室墙面传给煤料的热量dQ_2,据平壁导热方程,该处

$$dQ_1 = -\frac{\lambda_c}{\delta_c}(t_c - t)dAd\tau$$

$$dQ_2 = -\lambda\frac{\partial t}{\partial x}dA \cdot d\tau$$

由$dQ_1 = dQ_2$,得　　　　　$\frac{\partial t}{\partial x} = \frac{\lambda_c}{\lambda\delta_c}(t_c - t)$

或　　　　　$\frac{\partial\theta}{\partial x} = -\frac{1}{t_c - t_0}\frac{\partial t}{\partial x} = -\frac{\lambda_c}{\lambda\delta_c}\theta$

式中　λ_c——炉墙热导率;

　　　δ_c——炉墙厚度。

(3)时间条件:$\tau = 0$时,$t = t_0$,$\theta = 1$

将式(7)对x偏导后,先后用边界条件1,边界条件2,时间条件代入可解得C_2,C和C_1等常数,则得式(7)的解为:

$$\theta = \sum_{k=1}^{\infty}\frac{2\sin\mu_k}{\mu_k + \sin\mu_k\cos\mu_k}e^{-\frac{\mu_k^2}{\delta^2}a\tau}\cos\left(\frac{\mu_k}{\delta}x\right) \tag{8}$$

式中　$\mu_k = \frac{C}{\sqrt{a}}\delta$,$\frac{\lambda_c}{\lambda\delta_c}\delta = Bi$(称 Bio 准数);

令
$$\frac{2\sin\mu_k}{\mu_k + \sin\mu_k\cos\mu_k}\cos\left(\frac{\mu_k}{\delta}x\right) = A_k$$

$$\frac{a\tau}{\delta^2} = Fo(\text{称 } Fo \text{ 准数})$$

则式(8)为：
$$\theta = \sum_{k=1}^{\infty} A_k e^{-\mu_k^2 Fo} \tag{9}$$

上式中可仅取第一项，即 $k=1$，则得

$$\theta = \frac{t_c - t}{t_c - t_0} = A_1 e^{-\mu^2 Fo} \tag{8-23}$$

式中 μ——是取决于 Bio 准数的函数，由煤和炉墙的宽度 δ 和 δ_c 以及热导率 λ 和 λ_c 确定；

A——是取决于 μ 和 x 的函数。

式(8-23)是炭化室煤料一维对称加热的分析解，它表达了 t、x 和 τ 三者的关系，当 $x=0$，$\tau =$ 结焦时间，t 即结焦终了时的焦饼中心温度 t_k，此时 A 仅取决于 μ，即也是 Bio 准数的函数，根据 A 的表达式和 $\cot\mu = \dfrac{\mu_k}{Bi}$，可得 A_1、μ_1 和 Bio 准数的关系，如表8-3所示。利用表8-3的关系，式(8-23)可用来根据炭化室宽度(2δ)、炉墙厚度(δ_c)、煤料和炉墙热导率(λ 和 λ_c)，煤料热扩散率(a)确定燃烧室温度(t_c)、结焦时间(τ)和焦饼中心温度($t = t_k$)三者的关系。

表8-3 A_1，μ_1 与 Bio 准数的关系

Bio	0	1.0	1.5	2.0	3.0	4.0	5.0	6.0	7.0	8.0	9.0	10.0	15.0	∞
μ_1	0.0000	0.8603	0.9882	1.0769	1.1925	1.2646	1.3138	1.3496	1.3766	1.3978	1.4149	1.4289	1.4729	1.5780
A_1	1.0000	1.1192	1.1537	1.1784	1.2102	1.2281	1.2403	1.2478	1.2532	1.2569	1.2598	1.2612	1.2677	1.2732

【例8-3】 炭化室宽度为407mm，周转时间为14.5h，焦饼中心温度1000℃，煤料初始温度30℃，煤料热导率4.19 kJ/(m·h·℃)；煤料热扩散率为 31.5×10^{-4} m²/h，炉墙热导率7.1kJ/(m·h·℃)，炉墙厚100mm，求燃烧室平均温度。

解：(1)求 A_1 与 μ_1：

$$Bio = \frac{\lambda_c \delta}{\lambda \delta_c} = \frac{7.1 \times 0.2035}{4.19 \times 0.1} = 3.46$$

查表8-3用内插法求得：$\mu_1 = 1.2257$，$A_1 = 1.218$

(2)求燃烧室温度 t_c：

$$\frac{t_c - 1000}{t_c - 30} = 1.218 e^{-1.2257^2 \cdot \frac{31.5 \times 10^{-4} \times 14.5}{0.2035^2}}$$

式中，$t_c = 1293$℃。

2. 以分析解为基础的结焦时间计算方法

(1)库拉克夫法 由式(8-23)，当结焦终了时 $t = t_k$，则

$$\frac{t_c - t_k}{t_c - t_0} = A_1 e^{-\mu_1^2 Fo}$$

或
$$\frac{t_k - t_0}{t_c - t_0} = 1 - A_1 e^{-\mu_1^2 Fo} \tag{8-24}$$

库拉克夫通过对不同结构焦炉上测得的炼焦耗热量，焦饼中心温度和火道温度的数据，利用

式(8-24)计算出结焦炉料的 λ 和 a 与焦饼中心温度的关系(图8-10,8-11)。计算中结焦炉料的平均比热容通过炼焦耗热量 $q(kJ/kg)$,按 $C = \dfrac{q \cdot \eta_{热工}}{t_k - t_0}$ 计算,式中 $\eta_{热工}$ 为焦炉热工效率,计算得 $C = 1.65 \sim 1.76 kJ/(kg \cdot ℃)$。

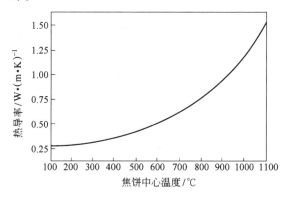

图 8-10 结焦炉料的平均有效热导率与焦饼中心温度的关系

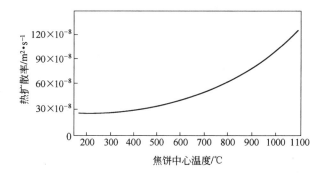

图 8-11 结焦炉料的平均有效热扩散率与焦饼中心温度的关系

利用图 8-10 和图 8-11 可按式(8-29),在规定的炉墙厚度、炭化室宽度、炉砖热导率条件下,由 t_k、t_c 和 τ 三个参数中,知道任意两个参数计算第三个参数。库拉克夫还据此绘制了不同炉墙厚度条件下的 $\dfrac{t_k - t_0}{t_c - t_0}$ 与 $\dfrac{a\tau}{\delta^2}$ 的关系图(图8-12),以利结焦时间或火道温度的计算。

(2)郭树才法 大连理工大学郭树才于 1964 年,也以式(8-24)为基础,通过六种类型 30 个硅砖焦炉的实际生产数据,并用以下公式计算炉墙和煤料的热物理参数。

炉砖热导率 $\qquad \lambda_c = 2.93 + 2.51\dfrac{t_c}{1000},kJ/(m \cdot h \cdot ℃)$

煤料热导率 $\qquad \lambda = 0.81 + 0.75\dfrac{t_k - 800}{1000},kJ/(m \cdot h \cdot ℃)$

煤料热扩散率 $\qquad a = \left(14 + 20.3\dfrac{t_k - 600}{1000}\right) \times 10^{-4},m^2/h$

得到相应的 Bio 准数,并以下述指数式关联 $\dfrac{a\tau}{\delta^2}$、Bi 和 $\dfrac{t_k - t_0}{t_c - t_0}$:

$$\frac{a\tau}{\delta^2} = A(Bi)^B\left(\frac{t_k - t_0}{t_c - t_0}\right)^c$$

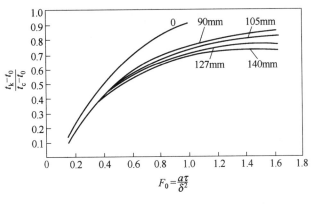

图 8-12 $\dfrac{t_k - t_0}{t_c - t_0}$ 与 $\dfrac{a\tau}{\delta^2}$ 关系图

由 30 个生产数据的数理统计,求出系数 A、B、C,得出以下关联式

$$\tau = 3.84\left(\frac{\delta^2}{a}\right)\left(\frac{\lambda_c \delta}{\lambda \delta_c}\right)^{-0.43}\left(\frac{t_k - t_0}{t_c - t_0}\right)^2 \qquad (8\text{-}25)$$

式(8-25)取对数得:

$$\lg\frac{a\tau}{\delta^2} = \lg 3.84 - 0.43\lg\left(\frac{\lambda_c \delta}{\lambda \delta_c}\right) + 2\lg\left(\frac{t_k - t_0}{t_c - t_0}\right)$$

上式为二元一次线性方程,对于一定的 Bio 数,在对数坐标上,$\dfrac{a\tau}{\delta^2}$ 与 $\dfrac{t_k - t_0}{t_c - t_0}$ 呈线性关系,据此

将式(8-25)制成图 8-13,以利计算。

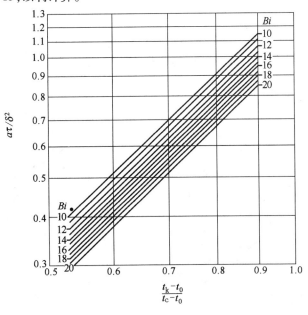

图 8-13 $\dfrac{a\tau}{\delta^2}$,$\dfrac{t_k - t_0}{t_c - t_0}$ 与 Bio 数关系图

(3)费洛兆波法 根据炭化室炉墙和煤料双层平壁不稳定导热的简化方程:

炉墙
$$\frac{\partial t_c}{\partial \tau} = a_c \frac{\partial^2 t_c}{\partial x^2} \tag{1}$$

煤料
$$\frac{\partial t}{\partial \tau} = a \frac{\partial^2 t}{\partial x^2} \tag{2}$$

在以下单值条件下,对上述方程进行分析解

1) 火道侧墙面: $x = \delta + \delta_c$ 处, $t_c = $ 定值 $\tag{3}$

2) 炭化室侧墙面: $x = \delta$ 处, $t_c = t$, $\lambda_c \dfrac{\partial t_c}{\partial x} = \lambda \dfrac{\partial t}{\partial x}$ $\tag{4}$

3) 炭化室中心处: $x = 0$ 处, $\dfrac{\partial t}{\partial x} = 0$ $\tag{5}$

4) $\tau = 0$ 时,在 $\delta \leqslant x \leqslant \delta + \delta_c$ 处, $t_c = t_x$ $\tag{6}$

　　在 $0 \leqslant x \leqslant \delta$ 处, $t = 0$ $\tag{7}$

可得到与式(8-24)相同的公式(式中 $t_0 = 0$)

$$\frac{t_k}{t_c} = 1 - A e^{-\mu^2 \frac{2a\tau}{\delta^2}} \tag{8-26}$$

式中, μ 和 A 由以下方程确定:

$$\tan\mu \cdot \tan \frac{k_a^{1/2}}{k_L}\mu = \frac{1}{k_\varepsilon} \tag{8-27}$$

$$A = \frac{2\left\{1 - \dfrac{t_x}{t_c}\left(1 - \cos\dfrac{k_a^{1/2}}{k_L}\mu\right)\right\}}{\mu\left\{\left(1 + k_\varepsilon\dfrac{k_a^{1/2}}{k_L}\right)\sin\mu\cos\dfrac{k_a^{1/2}}{k_L}\mu + \left(k_\varepsilon + \dfrac{k_a^{1/2}}{k_L}\right)\cos\mu\sin\dfrac{k_a^{1/2}}{k_L}\mu\right\}} \tag{8-28}$$

式中　　　　$k_a^{1/2} = \sqrt{\dfrac{a}{a_c}}$; 　 $k_L = \dfrac{\delta}{\delta_c}$; 　 $k_\varepsilon = \sqrt{\dfrac{\lambda c \rho}{\lambda_c c_c \rho_c}} = \dfrac{c\rho}{c_c \rho_c}\sqrt{\dfrac{a}{a_c}}$

式(8-28)中,对于一般焦炉 $t_x/t_c = 0.92$,则式(8-27)、式(8-28)可绘制成图8-14、图8-15的算图。

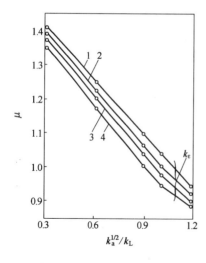

图 8-14　μ 算图

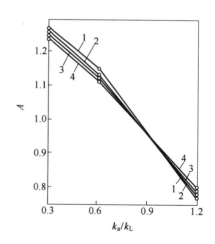

图 8-15　A 算图

近似估算时,考虑炉墙用硅砖的热物理性质基本一致,则

$$k_a^{1/2} = 0.208 \sqrt{a \times 10^4}$$

$$k_c = 9.85 \times 10^{-5} \rho \sqrt{a \times 10^4}$$

$$a \times 10^4 = 33.2 + 9.1\left(\frac{t_k - 1000}{100}\right) + 2.6\left(\frac{t_k - 1000}{100}\right)^2, \text{m}^2/\text{h}$$

【例8-4】　某硅砖焦炉的炭化室宽度 $2\delta = 450\text{mm}$,炉墙厚 $\delta_c = 100\text{mm}$,$t_k = 1050$ ℃,立火道换向后20s温度为1350℃,换向期间火道温度下降60℃,装炉煤堆密度 $\rho = 740\text{kg/m}^3$,装炉煤温度 $t_0 = 20$ ℃,在炉墙温度下硅砖热导率 $\lambda_c = 6.2\text{kJ/(m·h·℃)}$。用不同方法计算结焦时间。

解:(1)库拉克夫法　由图8-11、8-12查得 $t_k = 1050$ ℃下,$\lambda = 4.93\text{kJ/(m·h·℃)}$,$a = 40 \times 10^{-4}\text{m}^2/\text{h}$,故 $Bi = \dfrac{6.2 \times 0.225}{0.1 \times 4.93} = 2.83$

由表8-3可查得　　　　　　$\mu_1 = 1.1729$;　　$A_1 = 1.2048$

$$t_c = 1350 - \frac{60}{2} = 1320\text{℃},\frac{t_c - t_k}{t_c - t_0} = \frac{1320 - 1050}{1320 - 20} = 0.208$$

故　　　　　　　　$0.208 = 1.2048\exp\left[-1.1729^2 \frac{40 \times 10^{-4}\tau}{0.225^2}\right]$

则　　　　　　$\tau = \frac{0.225^2}{40 \times 10^{-4} \times 1.1729^2} \times 2.303\lg\frac{1.2048}{0.208} = 16.2(\text{h})$

(2)郭树才法　$\lambda_c = 2.93 + 2.51\dfrac{1320}{1000} = 6.24(\text{kJ/(m·h·℃)})$

$$\lambda = 0.81 + 0.75\frac{1050 - 800}{1000} = 0.999(\text{kJ/(m·h·℃)})$$

$$a = \left(14 + 20.3\frac{1050 - 600}{1000}\right) \times 10^{-4} = 23.135 \times 10^{-4}\ (\text{m}^2/\text{h})$$

$$\tau = 3.84\left(\frac{0.225^2}{23.135 \times 10^{-4}}\right)\left(\frac{6.24 \times 0.225}{0.1 \times 0.999}\right)^{-0.43}\left(\frac{1050 - 20}{1320 - 20}\right)^2 = 16.9(\text{h})$$

(3)费洛兆波法

$$a \times 10^{-4} = 33.2 + \frac{9.1(1050 - 1000)}{100} + 2.6\left(\frac{1050 - 1000}{100}\right)^2 = 38.4(\text{m}^2/\text{h})$$

$$k_L = \frac{\delta}{\delta_c} = \frac{0.225}{0.1} = 2.25;\quad k_a^{1/2} = 0.208\sqrt{a \times 10^{-4}} = 0.208\sqrt{38.4} = 1.29$$

$$k_a^{1/2}/k_L = \frac{1.29}{2.25} = 0.573;\quad k_g = 9.85 \times 10^{-5}\rho\sqrt{a \times 10^4} = 9.85 \times 10^{-5} \times 740\sqrt{38.4} = 0.45$$

查图8-14、图8-15得 $\mu = 1.21$,$A = 1.14$

则　　　$\dfrac{1050}{1320} = 1 - 1.14\exp\left(-1.21^2 \cdot \dfrac{38.4 \times 10^{-4}\tau}{0.225^2}\right) = 0.795$

得　　　　　　$\tau = \dfrac{2.303 \times 0.225^2}{1.21^2 \times 38.4 \times 10^{-4}}\lg\dfrac{1.14}{1 - 0.795} = 15.5(\text{h})$

二、以数值解为基础的计算

用简化的导热微分方程分析解得到的计算结焦时间公式,虽已得到广泛应用,但偏差较大,且考虑因素较窄,这是由于:

1)实际结焦炉料的热物理参数均随温度呈非线性变化,并非定值;

2)公式推导中没有考虑结焦过程存在的热效应(结焦反应热);

3）没有考虑煤料的水分及其蒸发对结焦过程传热的影响；

4）库拉克夫、郭树才、费洛兆波等计算结焦时间所用热物理参数计算公式，都是在 20 世纪 50 年代及其以前，炭化室宽度为 410～450mm，炉墙厚为 100～115mm 的硅砖焦炉上，在散装煤条件下，根据实测和统计计算得到的。当用于宽炭化室、窄炉墙、新型炉墙砖以及捣固、配型煤，预热煤炼焦时，将产生较大偏差。

计算机的发展有可能通过导热微分方程的数值解，来解决装炉煤工艺参数、焦炉尺寸，材质等有较大变化时的结焦时间、炭化室温度场和供热量计算。

1. 炭化室结焦过程的传热数学模型

已经开发的结焦过程传热数模，均基于炭化室煤料和炉墙的双层平壁传热模型，有仅考虑宽向传热的一维模型，也有同时考虑宽向和高向的二维模型。

（1）双层平壁一维传热模型（图 8-16）　由式（8-21）可知

$$\text{装炉煤料}\quad \rho(t)c(t)\frac{\partial t}{\partial \tau} = \frac{1}{\partial x}\left[\lambda(t)\frac{\partial t}{\partial x}\right] + \dot{q}_1(t) + \dot{q}_2(t) + \dot{q}_3(t) \tag{8-29}$$

$$\text{炉墙}\quad \rho_c(t_c)c_c(t_c)\frac{\partial t_c}{\partial \tau} = \frac{1}{\partial x}\left[\lambda_c(t_c)\frac{\partial t_c}{\partial x}\right] \tag{8-30}$$

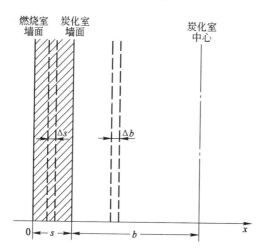

图 8-16　炉墙和煤料双层平壁示意图

式中　　　　　　　　下标 c——炉墙的有关参数；

$\rho(t)$、$c(t)$、$\lambda(t)$、$\dot{q}(t)$——表示各参数均为温度函数；

$\dot{q}_1(t)$——结焦过程热效应，放热为（ + ），吸热为（ - ），$kJ/(m^3 \cdot h)$；

$\dot{q}_2(t)$—— 水分蒸发所需热量，$kJ/(m^3 \cdot h)$；

$\dot{q}_3(t)$—— 结焦炉料中气体析出带出的热量，$kJ/(m^3 \cdot h)$；

$$\dot{q}_3(t) = m_g(t)c_g(t)\frac{\partial t}{\partial x}$$

$m_g(t)$——气体的质量流量，$kg/(m^2 \cdot h)$；

$c_g(t)$——气体比热容，$kJ/(kg \cdot \text{℃})$。

边界条件 1：$x = 0$ 处，$t_c = $ 常数或 $t_c = f(\tau)$；

边界条件 2：$x = s$ 处，$t = t_c$，$\lambda(t)\dfrac{\partial t}{\partial x} = \lambda_c(t_c)\dfrac{\partial t_c}{\partial x}$；

边界条件 $3: x = s + b$ 处, $\dfrac{\partial t}{\partial x} = 0$;

初始条件 $1: 0 < x \leqslant s$ 处, $\tau = 0$, $\dfrac{\partial t_c}{\partial x} = $ 常数;

初始条件 $2: s < x \leqslant s + b$ 处, $\tau = 0$, $t = t_0$。

在具体计算时,还可根据采用的热物理参数,对式(8-29)、(8-30)简化。由于结焦过程中炉墙的温度变化较小,式(8-30)可简化为

$$\frac{\partial t_c}{\partial \tau} = a_c(t_c) \frac{\partial^2 t_c}{\partial x^2}$$

若采用热扩散率数据,式(8-29)可写成

$$\frac{\partial t}{\partial \tau} = \frac{1}{\partial x}\Big[a(t) \frac{\partial t}{\partial x} \Big] + \dot{q}'_1(t) + \dot{q}'_2(t) + \dot{q}'_3(t)$$

式中, $\dot{q}' = \dot{q}/\rho c$。

若反应过程热效应
$$\dot{q}_1(t) = \frac{\Delta H}{t_2 - t_1} \cdot \frac{\partial t}{\partial \tau} \tag{8-31}$$

式中 ΔH——在温度 $t_1 \sim t_2$ 范围内的热效应值,kJ/m^3。

则式(8-29)可写成:

$$\Big[\rho(t)c(t) - \frac{\Delta H}{t_2 - t_1} \Big]\frac{\partial t}{\partial \tau} = \frac{\partial}{\partial x}\Big[\lambda(t) \frac{\partial t}{\partial x} \Big] + \dot{q}_2(t) + \dot{q}_3(t)$$

或
$$(\rho c)^* \frac{\partial t}{\partial \tau} = \frac{\partial}{\partial x}\Big[\lambda(t) \frac{\partial t}{\partial x} \Big] + \dot{q}_2(t) + \dot{q}_3(t) \tag{8-32}$$

式中 $(\rho c)^*$——包括热效应在内的有效体积比热容,$kJ/(m^3 \cdot \text{℃})$,也为温度的函数。

若结焦过程中水分蒸发率是温度的函数 $m(t)$,则 $\dot{q}_2(t)$ 可写成

$$\dot{q}_2(t) = \Big[m(t)L(t) \frac{W_p}{100} \cdot \rho(t) \Big]\frac{\partial t}{\partial \tau}, kJ/(m^3 \cdot h)$$

式中 $m(t)$——水分蒸发率,$\%/\text{℃}$;

$\qquad L(t)$——煤层温度下水的蒸发潜热,kJ/kg;

$\qquad W_p$——装炉煤水分,$\%$。

(2)双层平壁二维传热模型

装炉煤料

$$\rho_{有效}c_{有效}\Big(\frac{\partial t}{\partial \tau} + w_x \frac{\partial t}{\partial x} \Big) = \frac{\partial}{\partial x}\Big(\lambda_{有效} \frac{\partial t}{\partial x} \Big) + \frac{\partial}{\partial y}\Big(\lambda_{有效} \frac{\partial t}{\partial y} \Big) + \dot{q}_2(t) + \dot{q}_3(t) \tag{8-33}$$

炉墙
$$\rho_c c_c \frac{\partial t_c}{\partial \tau} = \frac{\partial}{\partial x}\Big(\lambda_c \frac{\partial t_c}{\partial x} \Big) + \frac{\partial}{\partial y}\Big(\lambda_c \frac{\partial t_c}{\partial y} \Big) \tag{8-34}$$

式(8-33)中反应热已包括在有效热物理参数中,故不存在 $\dot{q}_1(t)$ 项。

式中 w_x——结焦过程中炉料的宽向收缩速率,m/h:

$$w_x = \frac{dx}{d\tau} = \frac{x}{l}\frac{dl}{d\tau}$$

式中 $l = l(\tau)$——装炉煤料的高度,是时间的函数。

单值条件除与双层平壁一维模型相同外,还包括炉高方向的边界条件。

炭化室底,即 $y = 0$ 处,$t = t_c$(炭化室底砖温度);

装炉煤顶,即 $y = l$ 处,$t = c_1 + c_2\tau$(c_1 和 c_2 为系数);

t_c = 常数(燃烧室顶砖温度)。

以上系数和常数可据实际焦炉的测量值确定。

2. 结焦过程传热数学模型的有限差分式

为用数值计算解以上传热模型,应将上述方程和单值条件写成有限差分式,以下仅以一维模型为例加以说明(见图8-16)。

(1)炉墙有限差分式　在 $0 \leqslant x \leqslant s$ 范围内,由式(8-22),$\dot{q}(t) = 0$ 得

$$t_{x,\tau+\Delta\tau} = t_{x,\tau} + \Delta\tau \left[\frac{a^c_{x-\Delta s,\tau} t_{x-\Delta s,\tau} + a^c_{x+\Delta s\tau} t_{x+\Delta s,\tau} - (a^c_{x-\Delta s,\tau} + a^c_{x+\Delta s,\tau}) t_{x\tau}}{(\Delta s)^2} \right] \tag{8-35}$$

式中,下标指某距离处和某结焦时刻;a^c 为炉墙热扩散率。

(2)炭化室墙和煤料界面处的热流有限差分式　在 $x = s$ 处,据 $\lambda(t) \dfrac{\partial t}{\partial x} = \lambda_c(t_c) \dfrac{\partial t_c}{\partial x}$ 可得

$$\left(\frac{\lambda_{s+\Delta b,\tau} + \lambda_{s,\tau}}{2} \right) \frac{t_{s,\tau} - t_{s+\Delta b,\tau}}{\Delta b} = \left(\frac{\lambda^c_{s,\tau} + \lambda^c_{s-\Delta s,\tau}}{2} \right) \frac{t_{s-\Delta s,\tau} - t_{s,\tau}}{\Delta s}$$

为计算方便,简化为

$$\lambda_{s+\Delta b,\tau} \cdot \frac{t_{s,\tau} - t_{s+\Delta b,\tau}}{\Delta b} = \lambda^c_{s,\tau} \cdot \frac{t_{s-\Delta s,\tau} - t_{s,\tau}}{\Delta s}$$

整理后得

$$t_{s,\tau} = \frac{t_{s-\Delta s,\tau} + \dfrac{\lambda_{s+\Delta b,\tau}}{\lambda^c_{s,\tau}} \cdot \dfrac{\Delta s}{\Delta b} \cdot t_{s+\Delta b,\tau}}{1 + \dfrac{\lambda_{s+\Delta b,\tau}}{\lambda^c_{s,\tau}} \cdot \dfrac{\Delta s}{\Delta b}} \tag{8-36}$$

式中　$\lambda^c_{s,\tau}$——墙面 S 处,τ 时刻下,炉墙的热导率。

(3)炉墙初始条件有限差分式　由 $\dfrac{\partial t_c}{\partial x}$ = 常数得

$$\frac{t_{0,0} - t_{s,0}}{s} = \frac{t_{0,0} - t_{s-\Delta s,0}}{(s - \Delta s)}$$

则

$$t_{s-\Delta s,0} = t_{0,0} - \frac{t_{0,0} - t_{s,0}}{s}(s - \Delta s) \tag{8-37}$$

在 $\tau = 0$ 时,式(8-36)中的 $t_{s,\tau}$ 和 $t_{s-\Delta s,\tau}$,即 $t_{s,0}$ 和 $t_{s-\Delta s,0}$,因此这两个温度的关系应同时符合式(8-36)和(8-37)。

(4)煤料的有限差分式　当忽略热解气体带出的热量,且热效应 $q(t)$ 用单位质量炉料表示(kJ/kg·h)时,由式(8-22)可得

$$t_{x,\tau+\Delta\tau} = t_{x,\tau} + \Delta\tau \left[\frac{a_{x-\Delta b,\tau} t_{x-\Delta b,\tau} + a_{x+\Delta b,\tau} t_{x+\Delta b,\tau} - (a_{x-\Delta b,\tau} + a_{x+\Delta b,\tau}) t_{x,\tau}}{(\Delta b)^2} + \frac{q(t)}{c(t)} \right] \tag{8-38}$$

式中　$q(t)$——100℃前表示水分蒸发需热,100℃后表示反应热。

(5)炼焦热有限差分式　可根据炭化室墙面在整个结焦期间内传给煤料热量的累计值 $\sum\limits_0^{\tau+\Delta\tau} Q_s$ 计算

$$\sum_0^{\tau+\Delta\tau} Q_s = \bar{\lambda}^c_{s,\tau} \frac{\Delta\tau}{\Delta s}(t_{s-\Delta s,\tau} - t_{s,\tau}) + \sum_0^{\tau} Q_s, \text{kJ/m}^2 \tag{8-39}$$

炼焦热
$$q_k = \frac{2\sum_0^{\tau+\Delta\tau} Q_s}{\rho b}, kJ/kg \tag{8-40}$$

式中 $\bar{\lambda}_{s,\tau}^c$——在 $t_{s-\Delta s,\tau}$ 和 $t_{s,\tau}$ 平均温度下的炉墙热导率,$kJ/(m \cdot h \cdot ℃)$;

ρ——装炉煤堆密度,kg/m^3。

3. 程序框图和计算结焦时间、炼焦热的公式

双层平壁一维传热模型数值计算的基本程序框图如图 8-17。Δx 和 $\Delta\tau$ 根据有限差分方程稳定性判据确定,即对于一维导热应满足 $\frac{(\Delta x)^2}{a(\Delta\tau)} \geq 2$,为计算方便,炉墙节距 Δs 和煤料节距 Δb 可取相同值,a(或 a_c)取整个结焦过程最大值,低温下 $a_c > a$,高温下 $a > a_c$,a 和 a_c 均随温度升高而增大,为此,以 $1100℃$ 下焦炭的热扩散率作为确定 Δx 和 $\Delta\tau$ 的基础。

初始温度场在设定的燃烧室侧炉墙温度($t_{0,0}$)下由式(8-36)和式(8-37)确定,然

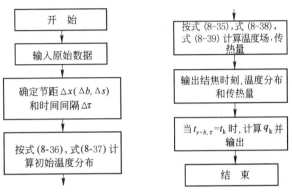

图 8-17 结焦传热数模数值计算基本框图

后按有限差分式(8-35)和(8-38)计算不同 x 处、$\tau+\Delta\tau$ 时的温度,并同时按式(8-39)计算传热量,当 $t_{s+b,\tau}$ 达到规定焦饼中心温度 t_k 时,计算结束。

在不同装炉工艺参数、炭化室宽度、炉墙厚度,炉砖热导率条件下进行上述计算,可得到相应的结焦时间、传热量和炼焦热。德国 J. Kasperezyk 在用计算机解炭化室传热模型基础上,对所得结果进行拟合,得到如下计算结焦时间和炼焦热的回归方程。

$$\tau = 99.5 - 9.28\left(\frac{t_c}{100}\right) + 0.1172\left(\frac{t_c}{100}\right)^2 + 0.00627\left(\frac{t_c}{100}\right)^3 + 0.332\rho W + 0.0451\rho(100-W)$$
$$+ 0.04V_{daf} - 6.288b + 71.57b^2 + 102.9\delta_c - 5.565\lambda_c + 0.288\lambda_c^2, h \tag{8-41}$$

$$q_k = -617.2 + 129.84\left(\frac{t_c}{100}\right) + 20.62\rho W - 5.31\rho(100-W)$$
$$+ 19.71V_{daf} + 557.0b - 3094.38\delta_c + 7.91\lambda_c, J/kg \tag{8-42}$$

编者在用计算机解所开发的炭化室结焦传热数模基础上,则拟合得到如下公式

$$\tau = 339.686 + 9.016\rho + 0.102W + 161.256\delta_c + 44.94b - 0.369t_c$$
$$+ 0.118 \times 10^{-3}t_c^2 - 10.4\lambda_c + 0.679\lambda_c^2 - 3.23V_{daf} + 0.0536V_{daf}^2, h \tag{8-43}$$

$$q_k = 5159.11 - 24.38\rho + 10.18W - 6478.59\delta_c + 1365.75b - 7.38t_c$$
$$+ 0.00343t_c^2 + 178.49\lambda_c - 38.1V_{daf} + 0.639V_{daf}^2, kJ/kg \tag{8-44}$$

式中 t_c——燃烧室侧炉墙温度,$℃$;

ρ——装炉湿煤堆密度,t/m^3;

W——装炉煤水分,$\%$;

V_{daf}——装炉煤可燃基挥发分,$\%$;

b——炭化室平均宽度,m;

δ_c——炉墙厚度,m;

λ_c——$1100℃$ 以下炉墙砖热导率,$kJ/(m \cdot h \cdot ℃)$。

若 $t_c = 1360℃$, $\rho = 0.76t/m^3$, $W = 8\%$, $V_{daf} = 28\%$, $b = 0.41m$, $\delta_c = 0.105m$, $\lambda_c = 5.3kJ/$ $(m \cdot h \cdot ℃)$, 用式(8-41), 式(8-42)算得 $\tau = 15.89h$, $q_k = 1400kJ/kg$;

用式(8-43), 式(8-44)算得 $\tau = 14.66h$, $q_k = 1789.2kJ/kg$。

第四节 煤结焦过程的热物理参数

煤结焦过程的热物理参数,主要是比热容、热导率、热扩散率和堆密度等。这些参数是进行焦炉传热和有关热工计算的重要基础数据,其测量和计算方法不同于一般的固体,以下作概要介绍。

一、煤及其结焦过程的比热容

1. 差热量热器法

煤在结焦过程中由于存在热解反应、状态变化以及热解气体的析出,不宜用通常测定固体比热容的绝热量热器法来测量煤及其结焦过程中随温度升高而变化的比热容值。

前苏联阿格罗斯基(Агроский А. А.)等曾采用差热量热器法测定了不同煤化度煤在结焦过程不同温度下的比热容(表 8-4)。

表 8-4 不同煤化度煤结焦过程的比热容   kJ/(kg · ℃)

温度/℃	20	100	200	300	400	500	600	700	800	900	1000
气 煤	1.13	1.31	1.52	1.75	2.11	2.17	2.52	1.25	0.168	0.385	0.759
	1.13	1.31	1.52	1.62	1.65	1.68	1.72	1.74	1.77	1.78	1.79
肥 煤	1.09	1.26	1.48	1.70	2.14	2.35	2.80	1.59	0.556	0.440	0.780
	1.09	1.26	1.48	1.57	1.64	1.66	1.69	1.71	1.73	1.75	1.76
焦 煤	1.07	1.24	1.45	1.67	1.98	2.37	2.74	1.83	0.681	0.494	0.797
	1.07	1.24	1.45	1.55	1.62	1.64	1.67	1.69	1.71	1.72	1.74
瘦 煤	1.05	1.22	1.42	1.64	1.96	2.49	3.06	2.13	0.860	0.478	0.804
	1.05	1.22	1.42	1.54	1.60	1.63	1.64	1.65	1.67	1.68	1.69
贫 煤	1.00	1.17	1.39	1.61	1.84	2.40	2.97	2.18	0.800	0.452	0.754
	1.00	1.17	1.39	1.51	1.58	1.60	1.62	1.63	1.65	1.67	1.67
无烟煤	0.93	1.06	1.23	1.40	1.57	1.80	2.11	2.24	1.88	0.778	0.720
	0.93	1.06	1.23	1.39	1.48	1.52	1.55	1.58	1.60	1.63	1.64

注:上排数据为包括热效应在内的有效比热容;下排数据为真实比热容。

该测量方法的量热器是由热导率很小的泡沫陶瓷制成,内装有用熔融石英制成的耐高温干馏瓶,瓶内装入一定量的试验煤样,将量热器置于电炉中,按规定升温速度 $b(℃/h)$ 供热,同时测量量热器外套内、外表面的温度差 $\Delta t(℃)$,根据煤热解过程中不同温度下的该温差值和由热重分析得到相应温度下的干馏残留物量 $m(kg)$,按下式计算试样的比热容

$$mc = k \cdot \frac{\Delta t}{b} - A \tag{8-45}$$

式中 m——干馏残留物量,随热解过程中挥发物析出,m 值不断降低;

c——试样比热容,kJ / (kg · ℃);

k——相当于外套热导率的常数,kJ / (h · ℃);

A——量热器热值,kJ /℃ 。

对一定尺寸和材质的量热器,K、A 均取决于温度,可用已知温度和比热容关系的化学纯

Al_2O_3 或 MgO 进行标定。即先用精确称量的标样,按一定升温速度加热,测出不同加热温度下的 Δt ,从而可得 $\dfrac{\Delta t_1}{b_1} = f_1(t)$ 的关系曲线。再同样测量空样时的 $\dfrac{\Delta t_2}{b_2} = f_2(t)$ 关系曲线,则各相应温度下的 A、K 值,可按式(8-45)求得

有标样时
$$mc_a = k\frac{\Delta t_1}{b_1} - A$$

空样时
$$0 = k\frac{\Delta t_2}{b_2} - A$$

联解得
$$k = \frac{mc_a}{\dfrac{\Delta t_1}{b_1} - \dfrac{\Delta t_2}{b_2}}, A = \frac{mc_a}{\dfrac{\Delta t_1}{\Delta t_2} \cdot \dfrac{b_1}{b_2} - 1}$$

式中　c_a——标样在某温度下的比热容。

　　由以上方法测得的比热容包含热解过程的反应热,故称"有效比热容"。为获得真实比热容,需将煤样干馏到某温度时,保温一定时间,待反应完全停止后用氮气冷却至试验开始温度,再按相同升温速度加热至保温时的温度,按此时测得的值确定的比热容,才是相应温度下的真实比热容。

　　以表8-4数据绘成的有效比热容随温度的变化曲线如图8-18所示。

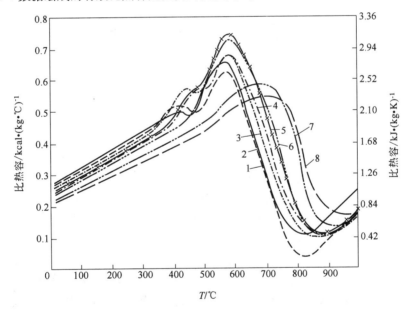

图8-18　各种牌号洗精煤在结焦过程中有效比热容的变化曲线
1—长焰煤;2—气煤;3—肥煤;4—焦煤;5—瘦煤;6—贫煤;7—半无烟煤;8—无烟煤

　　由图可见,在胶质体固化前比热容呈线性增加,线性范围随煤化度提高而增大。热解过程伴随反应热效应的发生,曲线中相当于最大吸热反应和最大热解速度的温度处,比热容表现出最大值;胶质体固化后比热容逐渐降低,在最大放热反应温度处表现出最低值,然后比热容又呈线性增加。排除热效应后的真实比热容,在整个结焦过程中,初期随温度升高而均匀增加,胶质体固化后比热容的变化趋于平稳。将表8-4中各类烟煤在结焦各温度下的真实比热容平均值经拟合,可得到以下烟煤真实比热容随温度变化的关系式:

$$c_{真实} = 1.124 + 1.62 \times 10^{-3}t - 1.048 \times 10^{-6}t^2, kJ/(kg \cdot ℃) \tag{8-46}$$

2. 室式实验焦炉测量法

工业焦炉条件下,由于成层结焦的特点与上述实验室量热器法测得的比热容有一定差异。法国 Kasperczy K. J. 在室式炼焦试验装置中,通过测量整个结焦过程中的温度场,按等距离 Δx 厚的煤层,用傅里叶定律计算上一层传入的热量与该层传出热量之差,得到该层 i 在结焦时刻 k 时吸收的热量 Q_{ik}:

$$Q_{ik} = \rho_{ik} \cdot c_{ik} \cdot \Delta V \cdot \Delta t$$

式中　ρ_{ik}——i 层 k 时刻的煤结焦物料堆密度,kg/m^3;

　　　c_{ik}——相应 i 层 k 时刻的比热容,$kJ/(kg \cdot ℃)$;

　　　ΔV——该层结焦物料的体积($= \Delta F \cdot \Delta x$),$m^3$;

　　　Δt——该层物料在经过 $\Delta \tau$ 时间成焦的平均升温值,℃。

若炭化室高向温度一致,ΔF 可取 $1 m^2$,则上式可写成

$$Q_{ik} = \rho_{ik} \cdot c_{ik} \cdot \Delta x \cdot \Delta t, kJ/m^2$$

则　　　　　　　$c_{ik} = Q_{ik}/(\rho_{ik} \cdot \Delta x \cdot \Delta t)$,$kJ/(kg \cdot ℃)$ 　　　　　　　(8-47)

由以上方法可通过测量温度场经计算传热量,获得吸热量,并进而得到各层炉料在 k 时刻相应温度下的比热容。表 8-5 给出了用该测量法测得的配合煤在室式炼焦条件下的比热容与温度的关系。

表 8-5　室式炼焦条件下配合煤结焦过程的比热容　　　　　　　　　　$kJ/(kg \cdot ℃)$

挥发分 $V_d/\%$	灰分 $A_d/\%$	温 度 /℃									
		100	200	300	400	500	600	700	800	900	1000
22.3	6.9	1.306	1.595	1.859	1.980	2.026	2.039	2.052	2.060	2.064	2.068
25.0	6.5	1.336	1.629	1.884	1.997	2.031	2.047	2.056	2.064	2.064	2.068
27.7	6.3	1.356	1.658	1.913	2.006	2.039	2.052	2.062	2.064	2.064	2.068

表 8-5 数据表明,室式炼焦条件下,整个结焦过程的比热容变化与量热器法测得的真实比热容变化较接近,即胶质体固化前比热随温度增加呈线性增大,胶质体固化后比热容的变化趋平稳,800℃以后不同挥发分煤料形成的焦炭比热容差别不大。

3. 以理论比热容为基础的过程模拟法

编者曾根据晶体的理论比热容公式,参照英国 David Merrick 根据实验数据确定的煤及其热解残留物的振动特征温度形成的比热容公式,用煤及其不同干馏温度下残留物的工业分析和元素分析数据,计算出不同温度下的比热容,并将所得数据拟合得到相应的比热容与温度(c-t)关系式,所得结果与上述室式炼焦条件下获得的结果基本一致。以下说明该方法的要点:

(1)晶体理论比热容　经典振动理论认为固体的能量是绝对温度 T 的函数,晶体中一个原子在每个自由度方向上的振动能量 $\varepsilon = KT$;根据爱因斯坦理论,固体的振动能量:

$$\varepsilon_a = h\nu_a$$

式中　K——玻尔兹曼常数,$1.3805 \times 10^{-23} J/K$;

　　　h——普朗克常数,$6.624 \times 10^{-34} J/s$;

　　　ν_a——固体中原子的振动频率,$10^{13} s^{-1}$。

在室温下原子在一个方向上的振动能量 $KT = h\nu_a$,在高温和低温下 $KT \neq h\nu_a$,爱因斯坦把与原子振动频率 ν_a 对应的温度称为特性温度 θ,即 $\theta = \dfrac{h\nu_a}{K}$,它反应物质的刚度,刚度愈大,即分子间

力愈大时 θ 愈高。

按经典振动理论,对原子在三维方向上均匀分布的晶体,其三维方向每个原子的振动能量则为 $3KT$,每个摩尔原子三维方向的振动能量为:

$$E = 3KN_0T = 3RT, \text{J} / \text{mol};$$

式中　N_0——阿佛伽德罗常数,6.023×10^{23},mol^{-1};

　　　R——气体常数,8.29,$\text{J} / (\text{mol} \cdot \text{K})$。

对于晶体,其定容比热容 c_V 为: $c_p = c_V = \dfrac{\text{d}E}{\text{d}T} = 3R$,$\text{J} / (\text{mol} \cdot \text{K})$。

如果晶体中所有原子都独立地在三维方向上以相当于特性温度 θ 的特性频率振动,可以根据原子振动能级呈量子化分布的原理,按量子力学导出

$$c_V = 3R \left(\frac{\theta}{T}\right)^2 \text{e}^{\theta/T} (\text{e}^{\theta/T} - 1)^{-2}, \text{J} / (\text{mol} \cdot \text{K})$$

令 $\left(\dfrac{\theta}{T}\right)^2 \text{e}^{\theta/T} (\text{e}^{\theta/T} - 1)^{-2} = f\left(\dfrac{\theta}{T}\right)$,并设晶体平均原子量为 a,则

$$c_V = 3\left(\frac{R}{a}\right) f\left(\frac{\theta}{T}\right), \text{J} / (\text{g} \cdot \text{K}) \tag{8-48}$$

式(8-48)为晶体的理论比热容公式,英国 David Merrick 根据比热容的实验数据确定了煤及其热解残留物的振动特征温度为 1800 和 380K,分别描述层面方向和层间原子的振动特性,则煤结焦过程比热容为:

$$c_p \approx c_V = (R/a)[f(380/T) + 2f(1800/T)], \text{J}/(\text{g} \cdot \text{K}) \tag{8-49}$$

式中,平均原子量 a 可通过煤及其在不同结焦温度下热解残留物的工业分析和元素分析,按下式确定:

$$\frac{100}{a} = \sum_{i=1}^{5} \frac{x_{\text{daf},i}}{a_i} \tag{8-50}$$

式中　$x_{\text{daf},i}$——由元素分析和工业分析得到的 C、H、O、N、S 原子的可燃基质量百分数,%;

　　　a_i——C、H、O、N、S 的原子量。

(2)计算实例　编者以马钢煤焦化公司所用的炼焦煤种所组成的配合煤在不同干馏温度下测定其残留物的工业分析与元素分析得到如下数据(表8-6)。

表8-6　配合煤及其不同干馏温度下热解残留物的分析数据

温度/℃	干基测定值/%					干燥无灰基计算值/%					a_i
	A_d	C_d	H_d	N_d	S_d	C_{daf}	H_{daf}	N_{daf}	S_{daf}	O_{daf}	
20	10.14	75.37	4.15	0.88	0.83	85.38	4.70	1.00	0.94	7.98	8.06
200	9.87	77.71	4.51	1.22	0.78	86.22	5.00	1.35	0.87	6.56	7.89
300	9.82	77.77	4.34	1.29	0.92	86.24	4.81	1.43	1.02	6.50	8.01
400	10.49	78.89	3.57	1.30	0.93	88.14	3.99	1.45	1.04	5.38	8.50
500	11.17	79.43	2.98	1.29	0.80	89.42	3.35	1.45	0.90	4.88	8.92
600	11.83	77.42	1.99	1.31	0.83	87.81	2.26	1.49	0.94	7.50	9.85
700	12.20	77.86	1.21	1.20	0.82	88.68	1.38	1.37	0.93	7.64	10.69
800	12.54	80.40	1.12	1.20	0.76	91.93	1.28	1.37	0.87	4.55	10.70
900	12.77	80.98	0.94	1.14	0.78	92.84	0.85	1.31	0.89	4.11	11.15

利用表 8-6 的数据,按式 8-49,可计算出煤及其不同热解温度下干馏残留物的比热容 c_V,以 20℃下的配合煤数据为例:

$$c_{V,\text{daf}} = \frac{R}{a}[f(380/293) + 2f(1800/293)]$$

$$= \frac{8.29}{8.06}\left[\frac{1.297^2 \cdot \text{e}^{1.297}}{(\text{e}^{1.297} - 1)^2} + 2 \times \frac{6.143^2 \cdot \text{e}^{1.643}}{(\text{e}^{1.643} - 1)^2}\right]$$

$$= 1.0628(\text{J}/(\text{g} \cdot \text{K}))\ 或\ (\text{kJ}/(\text{kg} \cdot ℃))$$

由计算得配合煤及热解残留物的比热容如表 8-7 所示。

表 8-7　配合煤及其热解残留物的比热容   J/(g·℃)

温度/℃	20	100	200	300	400	500	600	700	800	900
$c_{V,\text{daf}}$	1.063	1.334	1.710	1.968	2.066	2.123	2.030	1.947	2.005	1.969
$c_{V,\text{ad}}$	1.08	1.279	1.621	1.857	1.940	1.986	1.933	1.856	1.908	1.904

将以上 $c_{V,\text{daf}}$ 的数据拟合得与温度的关系式为:

$$c_{V,\text{daf}} = 0.9047 + 0.5801 \times 10^{-2}t - 0.9145 \times 10^{-5}t^2 - 0.4448 \times 10^{-8}t^3,\text{kJ}/(\text{kg} \cdot ℃) \quad (8\text{-}51)$$

以上得到的含灰干基残留物比热容 $c_{V,\text{ad}}$ 可用可燃物、灰分两部分比热容加和计算,即

$$c_{V,\text{ad}} = (1 - A_\text{d})c_{V,\text{daf}} + A_\text{d} \times c_{V,\text{d}} \quad (8\text{-}52)$$

灰分的比热容 $c_{V,\text{d}}$ 也取决于温度,据文献报道,在 0~500℃ 范围内与温度呈线性关系:

$$c_{V,\text{d}} = 0.75 + 2.93 \times 10^{-4}t,\text{kJ}/(\text{kg} \cdot ℃) \quad (8\text{-}53)$$

在 500℃ 以上可按下式计算:

$$c_{V,\text{d}} = 0.703 + 8.67 \times 10^{-4}t - 3.15 \times 10^{-10}t^3,\text{kJ}/(\text{kg} \cdot ℃) \quad (8\text{-}54)$$

(3)结果分析　表 8-7 所列的配合煤其干基挥发分 $V_\text{ad} = 24.51\%$,所得比热容数据与表 8-5 室式炼焦条件下配合煤结焦过程比热容基本一致。将表 8-7 数据或所拟合的 c - t 关系式绘成 c · t 曲线(图 8-19),为作比较,图中还给出了由 Aгроский. A. A. 所得到的块焦比热容与温度关系的以下拟合关联式所绘制的焦炭比热容与温度关系曲线。

$$c_焦 = 0.873 + 1.536 \times 10^{-3}t - 5.4 \times 10^{-7}t^2,\text{kJ}/(\text{kg} \cdot ℃) \quad (8\text{-}55)$$

由图 8-19 可见 900℃ 后焦炭曲线与含灰干基煤结焦过程的 c - t 曲线基本靠近,并有相同变化趋势。

以上分析说明,以晶体理论比热容公式为基础,并列入以振动特征温度为标准的修正函数 $f\left(\dfrac{\theta}{T}\right)$,获得的煤结焦过程比热容模拟式(8-49),可以用煤不同干馏温度下热解残留物的分析数据,计算得到煤结焦过程的比热容变化。所拟合的煤结焦过程 c - t 方程结合灰分的影响,还可以用作 900℃ 后高温焦炭的比热容计算式。

4. 焦炭比热容

除用上述量热器法获得的焦炭比热容与温度关系式(8-55)计算焦炭在 0~1000℃ 范围内的比热容外,也可把焦炭看成由固定碳、挥发分和灰分三部

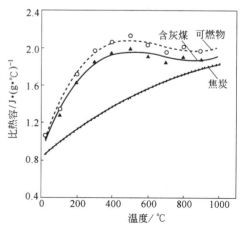

图 8-19　配合煤结焦过程和焦炭比热容与温度的变化曲线

组成,则干焦比热容可用该三部分比热容的加和式进行计算,即

$$c_{焦} = \frac{A}{100} \cdot c_A + \frac{C}{100} \cdot c_C + \frac{V}{100\rho} \cdot c_V, kJ/kg \cdot ℃ \tag{8-56}$$

式中　A、C、V——分别为灰分、固定碳和挥发分占干焦的质量分率,%;

　　　　c_A、c_C、c_V——分别为灰分、固定碳和挥发分的比热容,其中 c_V 为定容比热容,不同温度下的比热容平均值见表8-8;

　　　　ρ——挥发分密度,可取 $0.45 kg/m^3$。

表8-8　灰分、固定碳和挥发分的平均比热容

温度/℃	0	0～100	0～200	0～300	0～400	0～500	0～600	0～700	0～800	0～900	0～1000	0～1100
c_A/kJ·(kg·℃)$^{-1}$	0.737	0.787	0.846	0.900	0.942	0.976	1.005	1.026	1.038	1.051	1.063	1.076
c_C/kJ·(kg·℃)$^{-1}$	0.670	0.783	0.921	1.043	1.147	1.235	1.306	1.361	1.415	1.461	1.499	1.537
c_V/kJ·(m^3·℃)$^{-1}$	1.348	1.373	1.398	1.455	1.532	1.578	1.624	1.671	1.717	1.763	1.809	1.855

二、煤及其结焦过程的热导率与热扩散率

煤及其结焦过程的热导率与热扩散率可在恒定加热速度下的实验室装置中同时测量,也可由室式焦炉测得的结焦过程温度场,通过有限单元热平衡法计算得到。

1. 实验室装置法

测量用的基本装置(图8-20)是一个具有内部中心加热器(电热丝)、外部隔热的不锈钢圆柱形容器,粉煤试样置于容器内,煤料内离容器中心 r_1 和 r_2 处设测温热电偶,由内部加热器提供一定的热功率,使试样从中心至内壁形成一定的温度降。该温度降应在容器外表没有热损失的条件下获得,因此整个容器置于管式电炉内,电炉提供的热量仅用于使容器外表处隔热条件,而不给煤料加热。测得试样中两点的温度差 Δt 和电热功率 q,即可用以下公式计算热导率和热扩散率。

$$\lambda = q\ln\frac{r_2}{r_1}\left[2\pi(\Delta t - \Delta t')\right]^{-1}, kJ/(m \cdot h \cdot ℃) \tag{8-57}$$

$$a = \frac{b}{4 \cdot \Delta t}\left(r_2^2 - r_1^2 - 2R_1^2\ln\frac{r_2}{r_1}\right), m^2/h \tag{8-58}$$

式中　Δt——内部加热器关闭时 r_1 和 r_2 两点间的温度差,℃;

　　　　$\Delta t'$——内部加热器接通时 r_1 和 r_2 两点间的温度差,℃;

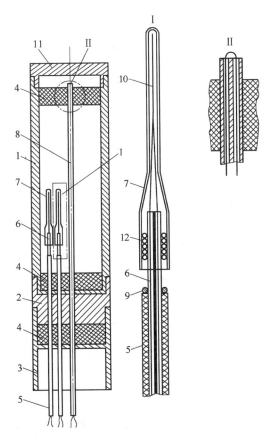

图8-20　同时测量粉煤结焦过程热导率和热扩散率的装置

1—容器;2—模块;3—支承装置;4—绝缘盖;
5—陶瓷管;6—双通道陶瓷管;7—熔融石英管套;
8—内加热器用双通道陶瓷管;9—锁紧圈;
10—热电偶;11—盖;12—石棉绳

b——加热速度,℃/h;

q——内部加热器热功率,kJ/(m·h);

R_1——容器内径,m。

以上公式可按柱坐标的不稳定导热方程推导(略)。

2. 室式焦炉温度场计算法

在焦炉炭化室中沿半宽方向不同距离处插入的热电偶,可以测定煤料在整个结焦过程的温度场(图8-21)。将煤层分为等距离 Δx 厚,表以层号 $i=0,1,\cdots,m$;时间分为 $\Delta\tau$ 间隔,表以 $k=0,1,\cdots,n$。根据傅里叶定律通过每一层厚单元的热流为

$$q = \lambda \cdot \frac{\Delta t}{\Delta x}\Delta F \cdot \Delta\tau \tag{1}$$

式中 ΔF——垂直于热流方向的单位传热面积。

该热流可从上一层传入的热量与该层煤料升温所吸收热量之差求出。若某一时刻 k、经过某一层 i 的热量为 $q_{i,k}$,则

$$q_{i,k} = q_{i-1,k} - Q_{i,k} \tag{2}$$

式中 $Q_{i,k}$——层 i、时刻 k 吸收的热量,$Q_{i,k}=(\rho c)_{i,k}\Delta V \cdot \Delta t$;

$(\rho c)_{i,k}$——煤料在 $t_{i,k}$ 时的体积比热容,kJ/(m³·℃);

$$\Delta V = \Delta x \cdot \Delta F$$

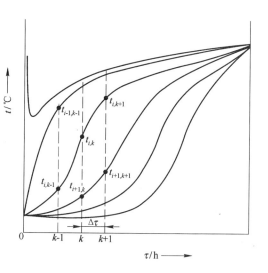

图 8-21 炭化室煤料温度场

层号 $i=0,1,\cdots,m$; 时间号 $k=0,1,\cdots,n$

若炭化室高向温度一致,ΔF 可取 1m²,则

$$Q_{i,k} = (\rho c)_{i,k}\Delta x \cdot \Delta t,\text{kJ/m}^2 \tag{3}$$

式中,Δt 是在 $\Delta\tau$ 时间内该层煤料的平均温度差,按图8-21:

$$\Delta t = \frac{1}{2}\big[(t_{i,k+1} - t_{i,k}) + (t_{i,k} - t_{i,k-1})\big]$$

如已知 ρc 与温度的关系,则可由式(3)求出 $Q_{i,k}$。整个计算从近炉墙的第一层煤料开始,逐层算到炭化室中心,即

$$q_{1,k} = q_{0,k} - Q_{1,k}$$
$$q_{2,k} = q_{1,k} - Q_{2,k}$$
$$\cdots$$
$$q_{i,k} = q_{i-1,k} - Q_{i,k}$$
$$\cdots$$

上式中 $q_{0,k}$ 为炉墙在结焦时刻 k 时传给煤料的热量,可根据炭化室炉墙的有限差分计算(见例8-2中的 $q_{出}$)获得,为此必须同时测得燃烧室侧墙面在整个结焦期间的温度。通过以上有限单元的热平衡计算可获得任意层 i、任意时刻 k 的热流 $q_{i,k}$,再由式(1)计算相应 i,k 的热导率 $\lambda_{i,k}$,并据 $a_{i,k}=\dfrac{\lambda_{i,k}}{(\rho c)_{i,k}}$ 计算 $a_{i,k}$。

3. 结焦过程热导率与热扩散率关联式

以上两种方法通过测量并计算得到的 λ 和 a 均包括热效应在内,故称有效热导率和有效扩

散率。前苏联 В. И. Бугорин 曾测定顿巴茨和卡拉干达不同牌号粉煤(粒度小于 1.5mm)的有效热导率和有效热扩散率得到图 8-22 和图 8-23 所示曲线。

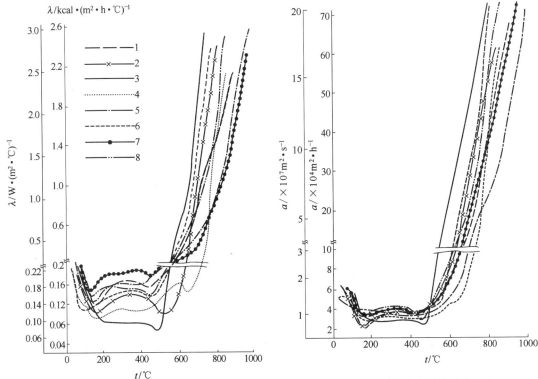

图 8-22　不同煤化度煤的热导率与温度的关系

1—长焰煤;2—气煤;3—肥煤;4—焦煤;
5—瘦煤;6—肥焦煤;7—焦煤;8—配合煤

图 8-23　不同煤化度煤的热扩散率
与温度的关系

由图可见,煤开始强烈热分解前(<400℃),不同煤的 $a_{有效}$ 和 $\lambda_{有效}$ 差异均很小,在 50~500℃ 范围内的 $a_{有效}$ 和 $\lambda_{有效}$ 随温度的变化也不大,但能看出由于吸热反应存在两个最低点,一个在 110 ~150℃ 时,相当于湿煤中水分蒸发吸热;另一个在 430~480℃ ,相当于转为胶质体时的强烈热解和挥发物析出吸热。高于 500℃ 后,煤转为半焦, $a_{有效}$ 和 $\lambda_{有效}$ 均急剧增大。

不同煤化度煤在相同温度下的热扩散率可绘成图 8-24 的曲线,图中 $V_{daf}=30\%$ 相当于肥煤,500℃ 前由于有最大吸热效应,故 $a_{有效}$ 最低,500℃ 后由于肥煤的黏结性好,半焦致密,故 $a_{有效}$ 最大。

图 8-22 和图 8-23 的曲线经拟和得到如下关联式:

$$\lambda_{有效} = 0.376 + (0.891 \times 10^{-2}t - 0.459 \times 10^{-4}t^2 + 0.665 \times 10^{-7}t^3$$
$$- 0.142 \times 10^{-10}t^4)B, \text{kJ/(m·h·℃)} \tag{8-59}$$

$$a_{有效} \times 10^4 = 3.2 + (6.26 \times 10^{-2}t - 3.634 \times 10^{-4}t^2$$
$$+ 5.8 \times 10^{-7}t^3 - 1.8 \times 10^{-10}t^4)B, \text{m}^2/\text{h} \tag{8-60}$$

式中　B——因煤的挥发分不同的修正系数,可用下式计算

$$B = 1.38 - 32 \times 10^{-4}(V_{daf} - 30)^2 \tag{8-61}$$

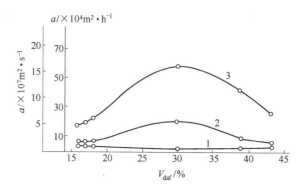

图 8-24　相同温度下煤的 $a_{有效}$ 与挥发分关系
1—300℃；2—600℃；3—700℃

А.Д.MAHPOCOB 利用炭化室温度场，通过有限单元热平衡法得到如下 $a_{有效}$ 和 $\lambda_{有效}$ 关联式：

距炉墙 0mm 处：
$$a_{有效} = 5 \times 10^{-4} + \frac{(t-375)^4}{0.52 \times 10^{12}\sqrt[3]{t}}, \mathrm{m^2/h} \qquad (8\text{-}62)$$

$$\lambda_{有效} = 0.52 + 0.018 \times 10^{-8}(t-350)^4, \mathrm{kJ/(m \cdot h \cdot ℃)} \qquad (8\text{-}63)$$

距炉墙 175mm 处：
$$a_{有效} = 7 \times 10^{-4} + \frac{(t-375)^4}{0.46 \times 10^{12}\sqrt[3]{t}}, \mathrm{m^2/h} \qquad (8\text{-}62')$$

$$\lambda_{有效} = 0.77 + 0.02 \times 10^{-8}(t-350)^4, \mathrm{kJ/(m \cdot h \cdot ℃)} \qquad (8\text{-}63')$$

4. 影响热导率和热扩散率的主要因素

（1）堆密度　粉煤的 λ 和 a 随堆密度提高而增大（表 8-9），但热解过程中，堆密度高的煤，其热扩散率随温度增高而增大的速率较小。曾测量水分为 8% 的装炉煤，当堆密度从 700kg/m³ 提高到 1000kg/m³ 时，整个结焦过程中热扩散率的变化（表 8-10），表中数据说明随结焦进行，a 随堆密度提高，热扩散率随温度提高的增大而减小。

表 8-9　不同堆密度的粉煤热导率和热扩散率

煤　种	堆密度/kg·m⁻³					
	800	900	1000	800	900	1000
	$\lambda/\mathrm{kJ \cdot (m \cdot h \cdot ℃)^{-1}}$			$a,10^{-4}\mathrm{m^2/h}$		
气　煤	0.39	0.44	0.49	3.37	3.41	3.43
焦　煤	0.40	0.45	0.51	3.72	3.82	3.88
瘦　煤	0.35	0.42	0.48	3.78	4.01	4.18
配合煤	0.39	0.45	0.50	3.72	3.79	3.82

（2）预热温度　预热煤炼焦过程的热扩散率高于湿煤炼焦，表 8-11 为堆密度 800kg/m³ 的煤在不同预热温度下，结焦过程的热扩散率。预热煤炼焦时，结焦全过程的平均热扩散率与湿煤炼焦相比，提高的比例如下：

预热温度/℃	125	155	170	230
$\bar{a}$ 提高率/%	8	16	33	36

表 8-10 结焦过程中煤的堆密度对热扩散的影响

堆密度/kg·m⁻³	不同温度(℃)下的 $a/10^{-4}\mathrm{m^2 \cdot h^{-1}}$						
	300	400	500	600	700	800	900
700	5.0	5.8	6.9	8.1	9.8	11.7	13.7
800	4.9	5.6	6.4	7.5	9.0	11.0	12.9
900	4.6	5.5	6.4	7.4	8.7	10.7	12.4
1000	4.6	5.3	6.1	7.0	8.3	10.0	11.6

表 8-11 预热温度对煤结焦过程热扩散率的影响

预热温度/℃	不同温度(℃)下的 $a/10^{-4}\mathrm{m^2 \cdot h^{-1}}$						
	300	400	500	600	700	800	900
125	5.7	6.3	7.5	8.4	10.1	12.7	13.9
155	6.0	6.6	7.7	9.3	11.0	13.5	14.9
170	6.7	7.6	8.6	10.1	11.5	15.6	17.1
230	7.1	8.0	9.0	10.4	11.7	15.8	17.5

(3)水分 增加配煤水分,使 λ 和 a 增加,配煤水分与配煤热导率,热扩散率的关系可用图8-25表示。

三、煤及其结焦过程的堆密度和真密度

煤结焦过程中堆密度因热解失重和体积的膨胀,收缩而变化,它是炭化室传热模型中的重要热物理参数之一,也是在用室式焦炉温度场计算法获得热导率后,进一步计算热扩散率的必备数据,还是预测焦炭气孔率的基础数据。

1. 原理和方法

(1)堆密度 装炉煤的堆密度是炭化室内单位体积煤料的质量,它在结焦过程中因热解失重而逐渐减少。炼焦煤在热解过

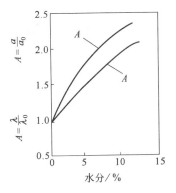

图 8-25 配合煤的 λ 和 a 与配煤水分的关系

程的塑性阶段体积膨胀,半焦形成后存在不均匀收缩,分别在500℃和750℃左右出现两个收缩峰。但在炭化室限定容积内,膨胀受限,因此,体积不因膨胀而增大,而体积收缩因受相邻层制约,也不存在因二次收缩峰而呈现的不均匀收缩。一般炭化室内整个炉料在半焦形成后的体积平均收缩率为 5%～7%。为简化运算,假定装炉煤在 500～1000℃ 的结焦温度范围内呈线性收缩,即收缩率随温度的变化函数 $\mathrm{Con}(t)$ 可写成。

$$\mathrm{Con}(t) = (0.05 \sim 0.07)(t-500)/(1000-500) \tag{8-64}$$

煤结焦过程的失重率可由热重分析获得,将不同温度下的失重拟合成失重率随温度变化的函数式 $Lw(t)$,则堆密度随结焦过程温度的变化函数式 $\rho(t)$,可由装炉煤的原始堆密度 ρ_0、失重率函数式 $Lw(t)$ 和收缩率函数式 $\mathrm{Con}(t)$ 按下式确定

$$\rho(t) = \frac{M(t)}{V(t)} = \frac{M_0[100-Lw(t)]}{V_0[100-\mathrm{Con}(t)]} = \rho_0 \frac{100-Lw(t)}{100-\mathrm{Con}(t)} = \rho_0 \cdot Bc(t) \tag{8-65}$$

式中 $Bc(t)$——堆密度系数函数式。

(2)真密度 煤或焦炭的真密度是指其中固态物质的质量与实体体积(不包括孔隙)之比,

通常用粉状料在相对密度瓶中用水置换法测定。由于水分子直径较大,难以进入细微的毛细孔中,精确测定时用氮气置换法。

为了预测煤及其结焦过程热解残留物的真密度,可以根据煤及其碳化物有机质的工业分析和元素分析所得 C、H、O、N、S 的可燃基质量分率 $x_{daf,i}$ 及各元素相应的比容 v_i 按以下加和原则计算真密度 d_{daf}:

$$\frac{1}{d_{daf}} = \sum_{i=1}^{5} v_i x_{daf,i}, kg/m^3 \tag{8-66}$$

v_i 根据有关文献,可按下列数据取值

$$v_C = 0.0004417 kg/m^3; \quad v_H = 0.00577 kg/m^3;$$
$$v_O = 0.0002163 kg/m^3; \quad v_N = 0.00478 kg/m^3;$$
$$v_S = 0.0012 kg/m^3$$

考虑到灰分和水分对真密度的影响,含水含灰的真密度按下式确定:

$$\frac{1}{D} = \frac{W_{daf}}{d_{daf}} + \frac{W_A}{3000} + \frac{W_{H_2O}}{1000} \tag{8-67}$$

式中　W_{daf}、W_A、W_{H_2O}——分别为含湿含灰基煤及其炭化物中可燃有机质、灰分和水分的质量分率,%;

$\quad\quad d_{daf}$、3000、1000——分别为可燃有机质、灰分和水分的真密度, kg/m^3。

根据堆密度 ρ 和真密度 D 的定义,炭化室内炉料的总气孔率 $e_{总}$ 可按下式确定

$$e_{总} = 1 - \frac{\rho}{D} \tag{8-68}$$

对于煤料,该总气孔率包括煤颗粒间和煤料本身的气孔,对于半焦和焦炭,应包括开气孔、闭气孔和各种裂纹所占孔隙。

若煤结焦过程中再固化半焦的气孔率再转为焦炭时不再变化,而仅裂纹率增加,则焦炭的气孔率 $e_{孔(焦)}$ 和裂纹率 $e_{裂(焦)}$ 可按下列公式预测:

$$e_{孔(焦)} = \frac{e_{总(半焦)}[1 - e_{总(焦)}]}{1 - e_{总(半焦)}} \tag{8-69}$$

$$e_{裂(焦)} = 1 - \frac{1 - e_{总(焦)}}{1 - e_{总(半焦)}} \tag{8-70}$$

2. 实例

笔者曾以朱仙庄(气煤 QM)、枣庄(肥煤 FM)、古交(焦煤 JM)、青龙山(瘦煤 SM)及马钢生产用配合煤(PM)用上述方法预测了堆密度、真密度和气孔率,得到如下结果。

(1)堆密度系数曲线和堆密度方程　五个煤样在通氮气保护下,以5℃/min 加热速度进行热重分析,得到图 8-26 所示煤热解失重曲线。所有煤在 450~500℃处由于大量析出一次热解产物,使失重迅速增大,故失重曲线在该处有一拐点。为根据式(8-65)计算堆密度,需对曲线数据拟合得拟合方程,为提高拟合方程的相关性,选择最适当的拐点温度分两段拟合。以配合煤为例,以 480℃为拐点最佳,得以下拟合方程:

$0 \leqslant t \leqslant 480℃$ 时　　$Lw(t) = 0.8799 + 0.2312 \times 10^{-2} t + 0.2455 \times 10^{-3} t^2$
$$- 0.1183 \times 10^{-5} t^3 + 0.1632 \times 10^{-8} t^4$$

$480 \leqslant t \leqslant 1000℃$ 时　　$Lw(t) = -0.1368 \times 10^{-3} + 0.6582 t - 0.1014 \times 10^{-3} t^2$
$$+ 0.6968 \times 10^{-6} t^3 - 0.1699 \times 10^{-9} t^4$$

将得到的 $Lw(t)$ 代入式(8-65),其中收缩率函数式 $Con(t)$ 以总收缩率5%取值,计算出不同

温度下的堆密度系数,所得结果如图 8-27 所示。

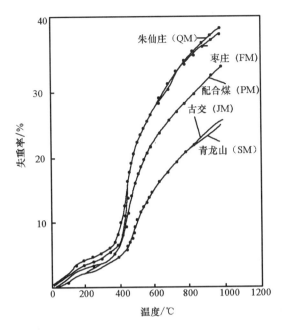

图 8-26　煤热解失重曲线

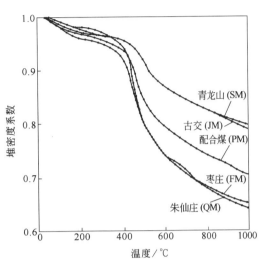

图 8-27　堆密度系数曲线

将图 8-26 数据同样分两段拟合可得到相应的堆密度系数方程。仍以配合煤为例,拟合方程为:

$0 \leqslant t \leqslant 480℃$ 时,　　$Bc(t) = 0.9991 - 0.2338 \times 10^{-4}t - 0.2453 \times 10^{-5}t^2$
$$+ 0.1182 \times 10^{-7}t^3 - 0.1631 \times 10^{-10}t^4$$

$480 \leqslant t \leqslant 1000℃$ 时,　$Bc(t) = 2.529 - 0.758 \times 10^{-2}t + 0.1228 \times 10^{-4}t^2$
$$- 0.8810 \times 10^{-8}t^3 + 0.2280 \times 10^{-11}t^4$$

(2)炭化室内装炉煤、半焦和焦炭的真密度　以煤及其不同终温下热解残留物的分析数据为基础用式(8-66)和式(8-67)可得到煤及其各终温下热解残留物的真密度。

以下列出马钢生产用配合煤的热解试验数据及计算得到配合煤、500℃终温下的半焦和900℃终温下焦炭的真密度数据(表 8-12)。

表 8-12　试验用配合煤、半焦和焦炭的分析数据(%)与真密度　　　　　　　　kg/m³

状　态	M_{ad}	V_{ad}	A_{ad}	C_{daf}	H_{daf}	O_{daf}	N_{daf}	S_{daf}	d_{daf}	D
配合煤	1.59	24.99	10.1	85.4	4.70	8.87	0.10	0.98	1462.8	1530.8
半　焦	—	—	11.17	89.42	3.35	4.88	1.45	0.90	1473.0	1561.8
焦　炭	—	—	12.77	92.17	0.85	4.78	1.31	0.89	1852.6	1947.8

表 8-12 中结果以焦炭为例,计算如下:

$$\frac{1}{d_{daf}} = 0.9217 \times 0.0004417 + 0.0085 \times 0.00577 + 0.0478 \times 0.0002163$$
$$+ 0.0131 \times 0.00478 + 0.0089 \times 0.0012 = 0.00053978$$

所以　　　　　　　　　　　　$d_{daf} = 1852.6 \text{kg/m}^3$

$$\frac{1}{D} = \frac{0.1277}{3000} + \frac{(1 - 0.1277)}{1852.6} = 0.0005134$$

则 $D = 1947.8 \text{kg/m}^3$

（3）焦炭的气孔率和裂纹率　若炭化室配合煤的干基堆密度为 750kg/m^3，由表 8-12 所列配合煤样空气干燥基水分 $M_{ad} = 1.59\%$，得测定热重分析用煤样的原始堆密度 $\rho_{煤} = 762.1 \text{kg/m}^3$，则配合煤得总气孔率为：

$$e_{总(煤)} = 1 - \frac{762.1}{1530.8} = 50.22\%$$

由以上配合煤的堆密度系数方程 $Bc(t)$ 可计算 500℃ 半焦的堆密度：

$$\rho_{半焦} = 762.1(2.529 - 0.00758 \times 500 + 0.1228 \times 10^{-4} \times 500^2$$
$$- 0.881 \times 10^{-8} \times 500^3 + 0.228 \times 10^{-11} \times 500^4)$$
$$= 647.83(\text{kg/m}^3)$$

因为 $D_{半焦} = 1561.8(\text{kg/m}^3)$

所以 $$e_{总半(焦)} = 1 - \frac{647.83}{1561.8} = 58.52\%$$

同样，900℃ 焦炭的堆密度可计算得为 554.1kg/m^3，则

$$e_{总(焦)} = 1 - \frac{554.1}{1947.8} = 71.55\%$$

由式（8-69）和式（8-70）可得

$$e_{孔(焦)} = 0.5852 \times \frac{1 - 0.7155}{1 - 0.5852} = 40.14\%$$

$$e_{裂(焦)} = 1 - \frac{1 - 0.7155}{1 - 0.5852} = 31.41\%$$

第五节　蓄热室传热

一、蓄热室的传热特点

定期换向的蓄热室，其中各部位的温度在上升气流（格子砖冷却期）和下降气流（格子砖加热期）期间，随时间呈周期变化（图 8-28）。加热期间，格子砖表面平均温度逐渐升高，进入蓄热室的废气与格子砖表面间的温度差逐渐降低，传热量减少，使离开蓄热室的废气温度逐渐升高。冷却期间，同样的原因使空气（或贫煤气）的预热温度逐渐降低。因此换向周期过长，传热效率将明显降低。

蓄热室传热虽不同于壁面两侧冷热流体间的换热过程，但如把蓄热室的加热和冷却看成一个周期，在该周期内废气传给格子砖的热量与格子砖传给冷气体的热量相等。故一个周期内的传热过程，可以看成由废气通过格子砖将热量传给冷气体，其传热量可用间壁换热基本方程式类同的公式计算，即

$$Q = KF\Delta t_{平均} \tag{8-71}$$

式中　Q——整个加热与冷却全周期内废气传给冷气体的热量，kJ/周期；

　　　　K——废气至冷气体的总传热系数（蓄热室总传热系数），kJ/（m²·周期·℃）；

　　　　F——格子砖传热面积，m²；

　　$\Delta t_{平均}$——废气和冷气体的对数平均温度差，℃。

$$\Delta t_{平均} = \frac{(t_2 - t'_1) - (t_1 - t'_2)}{\ln \dfrac{t_2 - t'_1}{t_1 - t'_2}} \tag{8-72}$$

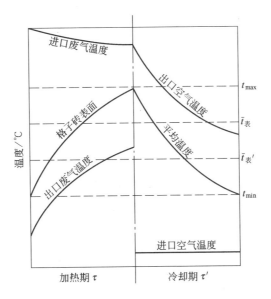

图 8-28　蓄热室温度变化图

式中　t_1、t_2——进入和离开蓄热室的废气温度,℃;

t'_1、t'_2——进入和离开蓄热室的空气或贫煤气温度,℃。

除 t'_1 外,其他温度均采用整个换向周期内的平均值。

计算格子砖传热面积 F 是焦炉设计的重要内容之一,由式(8-71)知,为计算 F 需先算出 Q、$\Delta t_{平均}$ 和 K。其中 Q 很容易根据废气经蓄热室后的温降求出废气放热,或冷气体经蓄热升温求出吸热,$\Delta t_{平均}$ 不难由式(8-72)计算,关键是 K 值的确定。

二、蓄热室总传热系数 K

1. K 计算式

以全周期分析蓄热室传热过程,传热量可写成如下形式

$$Q = KF(\bar{t} - \bar{t}'), \text{kJ/ 周期} \tag{1}$$

式中　$\bar{t}$——废气在加热期(τ)内的平均温度,℃;

$\bar{t}'$——冷气体在冷却期(τ')内的平均温度,℃。

加热期内废气传给蓄热面 F(包括格子砖和与气体接触的墙面)的热量为:

$$Q_1 = \alpha\tau(\bar{t} - \bar{t}_{表})F, \text{kJ/ 周期} \tag{2}$$

式中　α——热废气对蓄热面的给热系数,kJ/($\text{m}^2 \cdot \text{h} \cdot ℃$);

τ——加热期时间,h/周期;

$\bar{t}_{表}$——加热期内蓄热面的平均温度,℃。

冷却期内蓄热面传给冷气体的热量为:

$$Q_2 = \alpha'\tau'(\bar{t}'_{表} - \bar{t}')F, \text{kJ/ 周期} \tag{3}$$

式中　α'——蓄热面对冷气体的给热系数,kJ/($\text{m}^2 \cdot \text{h} \cdot ℃$);

τ'——冷却期时间,h/周期;

$\bar{t}'_{表}$——冷却期内蓄热面的平均温度,℃。

蓄热室忽略热损失时,$Q = Q_1 = Q_2$。

式(2)+(3)整理后得

$$(\bar{t} - \bar{t}') - (\bar{t}_表 - \bar{t}'_表) = \frac{Q}{F}\left(\frac{1}{\alpha\tau} + \frac{1}{\alpha'\tau'}\right) \tag{4}$$

式(1)代入式(4)得

$$\frac{Q}{F} \cdot \frac{1}{K} = \frac{Q}{F}\left(\frac{1}{\alpha\tau} + \frac{1}{\alpha'\tau'}\right) + (\bar{t}_表 - \bar{t}'_表) \tag{5}$$

如图 8-28 所示,若格子砖表面温度在加热期由 t_{min} 升至 t_{max},冷却期由 t_{max} 降至 t_{min},则

$$\bar{t}_表 = t_{min} + k(t_{max} - t_{min}) \tag{6}$$

$$\bar{t}'_表 = t_{max} - k(t_{max} - t_{min}) \tag{7}$$

式中　k——常数,取决于格子砖表面温度的变化,如表面温度与时间呈抛物线关系,则 $k = \frac{2}{3}$。

式(6)-式(7),得　　　$\bar{t}_表 - \bar{t}'_表 = (2k-1)(t_{max} - t_{min})$ 　　　(8)

如格子砖壁内外没有温差,则格子砖的理论蓄热量为

$$Q_理 = F \cdot \delta \cdot \rho \cdot c(t_{max} - t_{min})$$

式中　$\delta、\rho、c$——格子砖的半壁厚(m)、密度(kg/m³)和比热容(kJ/kg·℃)。

由于格子砖壁内外的温差,实际蓄热量为:

$$Q = \eta Q_理 = \eta F \cdot \delta \cdot \rho \cdot c(t_{max} - t_{min})$$

或　　　　　　　　　　$t_{max} - t_{min} = \frac{Q}{F} \cdot \frac{1}{\eta\delta\rho c}$ 　　　(9)

式中　η——格子砖热利用系数,取决于格子砖壁内外的温差分布。

将式(9)代入式(8),并令 $2k - 1 = \frac{1}{g}$(g 称格子砖温度系数)得:

$$\bar{t}_表 - \bar{t}'_表 = \frac{Q}{F} \cdot \frac{1}{\delta\rho c\eta g} \tag{10}$$

将式(10)代入式(5)得

$$\frac{1}{K} = \frac{1}{\alpha\tau} + \frac{1}{\alpha'\tau'} + \frac{1}{\delta\rho c\eta g}$$

当格子砖尺寸、性质一定时,$\delta、\rho、c、\eta、g$ 均为定值,上式可化简为

$$\frac{1}{K} = \frac{1}{\alpha\tau} + \frac{1}{\alpha'\tau'} + \frac{1}{\varphi} \tag{8-73}$$

式中　φ——格子砖内部传热系数,$\varphi = \delta\rho c\eta g$;其中 η 和 g 均与砖的热导率 λ 和热扩散率 a 有关,可分别由图 8-29 图 8-30 查取。图中 $\tau_0 = \tau + \tau'$。

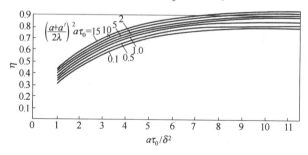

图 8-29　格子砖热利用系数 η 图

2. 给热系数 α 和 α′

两者计算方法相同,以下仅列出 α 计算式,考虑到蓄热室内气流分布的不均匀,实际给热系数

仅为理论值的 0.75 倍。即

$$\alpha = 0.75(\alpha_{对} + \alpha_{辐}) \tag{8-74}$$

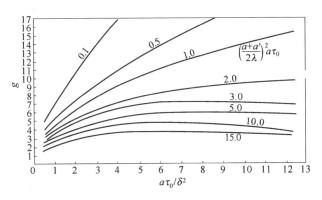

图 8-30 格子砖温度系数 g 图

气流通过蓄热室内异型格子砖时,在层流条件 $\alpha_{对}$ 用下式计算:

$$\alpha_{对} = T_{平均}^{0.25}\left(4.02 + \frac{0.89w_0}{d^{0.6}}\right), kJ/(m^2 \cdot h \cdot ℃) \tag{8-75}$$

湍流时

$$\alpha_{对} = \frac{3.1w_0^{0.8} T_{平均}^{0.25}}{d^{0.36}}, kJ/(m^2 \cdot h \cdot ℃) \tag{8-76}$$

式中　w_0——气流在格子砖通道内的流速(标准状态),m/s;

　　　d——格子砖通道水力直径,m;

　　$T_{平均}$——气流平均温度,K。

$\alpha_{辐}$ 据气流中 CO_2 和 H_2O 的浓度及格子砖通道水力直径,由图 8-5 和图 8-6 查取。实际计算中由于蓄热室高向温度差别较大,故需按蓄热室上、中、下分部计算 α、α' 和 K,再求取平均值。

第九章　焦炉的加热管理与热工评定

焦炉生产过程中的加热管理对于降低炼焦工序能耗,提高炉体寿命,改善环境条件以及稳定焦炭质量都具有重要的意义。尤其是随着计算机应用和先进控制技术的实施,焦炉加热管理又被赋予更新的含义。

第一节　焦炉的加热管理

焦炉加热管理的任务是按规定的结焦时间、装煤量、装煤水分及加热煤气性状等实际条件,及时测量、调整焦炉加热系统的流量及各控制点的温度、压力,实现全炉各炭化室在规定时间内,沿高向、长向均匀成焦,使焦炉均衡生产。

一、焦炉燃烧室的温度变化特征

由于炭化室的定期装煤、出焦和加热系统气流的定期换向,燃烧室的温度在周转时间和换向时间内呈周期性变化。

1. 结焦期间火道温度的变化

炭化室装煤后的整个结焦时间内,由于炉墙与炉料的温差和炉料导热性能的变化,由炉墙传给煤料以及燃烧室传给炉墙的热量发生如图 9-1 的变化。由图可见,结焦的初期,炉墙放热大于吸热,因此炉墙温度下降。在供给燃烧室热量一定的情况下,燃烧室传给炉墙热量的增大,就会导致火道温度下降。结焦 3 ~ 4h 后,随燃烧室传给炉墙热量的相对减小,燃烧室温度又上升。因此火道温度随两侧炭化室的装煤、出焦呈周期性变化;当一侧炭化室处结焦末期,火道温度达最高值,推焦、装煤后火道温度下降,经 3 ~ 5h 后逐渐上升,至另侧炭化室处结焦末期又达最高值,该炭化室推焦、装煤后,火道温度又下降,经 3 ~ 5h 再上升,如此火道温度在一个周期时间内将出现两次降落和升高,故温度呈双抛物线变化,如图 9-2 所示。两个抛物线的间隔时间取决于推焦串序、循环检修计划和周转时间。例如,周转时间为 18h,其中集中一次的检修时间为 2.5h,采用 5-2 串序推焦,则每一笺号的推焦时间如下:

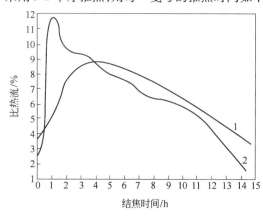

图 9-1　炭化室比热流曲线
1—由燃烧室传向炭化室墙的比热流;2—由炭化室墙传向装炉煤料的比热流

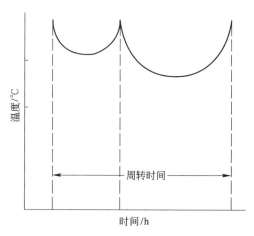

图 9-2　从装煤到出焦期间火道温度的变化特征

时间/h	0～3.1	3.1～6.2	6.2～9.3	9.3～12.4	12.4～15.5	15.5～18
出炉笺号	1	3	5	2	4	检修

据此可以得出全炉燃烧室有两种双抛物线类型,一类燃烧室其两侧炭化室均在检修前推焦,即2号和4号笺的燃烧室,以4号燃烧室为例,其两侧为3号和4号炭化室,推焦的相隔时间为9.3h,故两个抛物线的峰温间距为9.3h和8.7h,称9.3-8.7型曲线。另一类燃烧室其两侧炭化室分别在检修前和检修后推焦,即1号、3号、5号笺燃烧室,以3号燃烧室为例,其两侧为2号和3号炭化室,推焦相隔为(18－9.3)＋3.1＝11.8h,则两个抛物线的峰温间距为11.8h和6.2h,属11.8-6.2曲线。峰温间距较大的抛物线,温度波动量也较大。温度的波动范围则因炉体结构、炉墙厚度、加热煤气种类和火道温度等因素而异,可达25～45℃。

2. 换向期间火道温度的变化

煤气在上升气流火道中燃烧时,放出的热量远高于炉墙传给煤料的热量,故上升气流时,炉砖不断蓄热而火道温度逐渐上升,至换向前达到最高值。换向后转为下降气流,由上升火道过来的废气供热,其对炉墙的传热量小于炉墙传给煤料的热量,故炉墙放热而使火道温度逐渐下降,至换向末期降至最低值(图9-3)。下降气流火道温度在换向期间的下降量因火道温度、换向周期、结焦时间、加热煤气种类和空气系数等一系列因素而异。一般换向周期内温度约下降60～70℃,其中前半周期下降得较快,约占2/3,后半周期则占1/3。

焦炉火道温度的测量和控制,必须考虑燃烧室温度的这种变化特征。

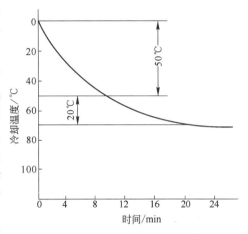

图9-3　下降气流火道温度的下降曲线

3. 推焦串序内火道温度变化

笔者选择不同串序炉号的跨越孔位置,测定了周转时间内火道温度的连续变化,以分析燃烧室的热流与温度的变化规律(图9-4、图9-5)。

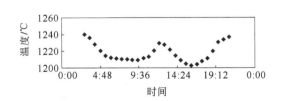

图9-4　跨越孔机侧温度变化规律图

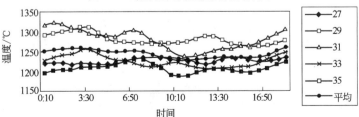

图9-5　焦侧单号跨越孔温度规律

由上图可以直观地看出,在整个结焦周期中,由于在同一时刻,各个燃烧室处于不同的结焦阶段,每个燃烧室的温度以不同的趋势变化。例如,对于5-2串序的焦炉,在2:10,约第三个点左右时,31号、27号燃烧室温度正处于急剧的下降过程中,29、33号则正处于上升过程中,35号也处于缓慢的上升过程中,它们中的任何一个都不能正确地代表全炉平均火道温度。而如果求取它们的平均值,则其不同的趋势正好可以相互抵消,这样就可以避免将由于装煤、检修等原因对每个燃烧室温度的影响带到全炉平均温度,使得这样测得的温度值能较好地反映全炉平均温度的变化。由上图中的平均值的温度变化趋势就可以看出来,上图中的平均值曲线在整个结焦周期中变化是平稳的,其中的一些波动也正好正确地反映了全炉温度的变化。

二、焦炉加热管理的内容和要求

1. 加热制度

每座焦炉应根据规定的装煤量、配煤水分按适当的焦饼中心温度编制不同结焦时间下的加热制度。焦饼中心温度一般规定为1000±50℃,并依焦炭质量的改善来选定。加热制度是加热管理时应认真控制的一些全炉性温度、压力和流量等指标,它包括标准温度、全炉和机焦侧煤气流量、煤气主管压力、烟道吸力、标准蓄热室顶部吸力等,如表9-1～表9-3所示。在此基础上测调全炉的温度和压力。

表9-1　JN-43型焦炉加热制度实例（炭化室宽450mm,结焦时间16.5h）

加热煤气种类	标准温度/℃		煤气流量/m³·h⁻¹			煤气压力/Pa		烟道吸力/Pa		孔板直径/mm	
	机	焦	总	机	焦	机	焦	机	焦	机	焦
焦炉	1300	1350	8980	—	—	1540	—	180	180	42	—
高炉	1290	1340	—	25200	29200	820	800	230	240	100	105

加热煤气种类	风门开度/mm		烟道温度/℃		蓄热室顶部吸力/Pa							
					机　侧				焦　侧			
	机	焦	机	焦	上煤	上空	下煤	下空	上煤	上空	下煤	下空
焦炉	67/70	65/70	237	258	45～50	45～50	65～70	65～70	45～50	45～50	65～70	65～70
高炉	130	150	230	250	30	38	70	68	27	40	80	76

表9-2　JN-55型焦炉加热制度实例（炭化室宽450mm,结焦时间17.5h）

加热煤气种类	标准温度/℃		煤气流量/m³·h⁻¹			煤气压力/Pa		烟道吸力/Pa		孔板直径/mm	
	机	焦	总	机	焦	机	焦	机	焦	机	焦
焦炉	1330	1380	7600	—	—	1717	—	170	220	42	—
高炉	1305	1355	—	22460	27330	1510	1500	240	280	115	125

加热煤气种类	风门开度/mm		烟道温度/℃		蓄热室顶部吸力/Pa							
					机　侧				焦　侧			
	机	焦	机	焦	上煤	上空	下煤	下空	上煤	上空	下煤	下空
焦炉	90×330	100×330	270	290	44	42	72	72	48	46	77	77
高炉	175×330	200×330	270	290	43	48	79	78	33	41	83	85

表 9-3　JN-60 型焦炉加热制度实例（炭化室宽 450mm，结焦时间 19.5h）

加热煤气种类	标准温度/℃		煤气流量/m³·h⁻¹			煤气压力/Pa		烟道吸力/Pa		孔板直径/mm	
	机	焦	总	机	焦	机	焦	机	焦	机	焦
高炉	1250	1305	58000	27000	31000	800	850	205	240	131	136

加热煤气种类	风门开度/mm		烟道温度/℃		蓄热室顶部吸力/Pa							
					机　侧				焦　侧			
	机	焦	机	焦	上煤	上空	下煤	下空	上煤	上空	下煤	下空
高炉	170×260	190×260	270	290	46	47	94	95	51	53	97	99

2. 全炉和机、焦侧煤气流量

新开工的焦炉可用与该焦炉结构和操作条件相似的炼焦耗热量数据按下式计算煤气流量，再按焦饼中心温度和焦炭成熟情况进行调整。

$$V_0(标态) = \frac{N \times B_干 \times 1000 \times q_相}{\tau Q_低}, m^3/h \tag{9-1}$$

式中　N——一座焦炉的炭化室数；

　　　$B_干$——炭化室装干煤量，t；

　　　$q_相$——装炉煤水分条件下的相当炼焦耗热量（见第四节），kJ/kg；

　　　τ——周转时间，h；

　　　$Q_低$——加热煤气（标态）的低发热值，kJ/m³。

冶金生产中加热煤气流量常用差压流量计测定，其读数是按设计孔板时所给定的参数（温度、压力、湿度和密度等）加以校正到标准状态下（0℃，760mmHg）的干煤气流量，因此生产条件下流量孔板前的参数与设计参数相同时，流量表读数应与式（9-1）计算的结果相同，否则应按下式校正流量，即经校正后的流量表指示流量 $V_{0校}$ 应为：

$$V_{0校} = \frac{V_0}{K_\rho \cdot K_P \cdot K_T}, m^3/h \tag{9-2}$$

式中　K_ρ, K_P, K_T——分别为密度（含湿度），压力和温度校正系数（见式 9-13）。

对侧入式焦炉或下喷式焦炉使用高炉煤气时，还应确定机、焦侧的流量比，它是根据两侧热量比决定的，其计算式为：

$$\frac{V_焦}{V_机} = \frac{Q_焦}{Q_机} = \frac{q_焦}{q_机} \times \frac{B_焦}{B_机} \tag{9-3}$$

式中　V、Q、q、B——分别为煤气流量、所需热量、炼焦耗热量和装煤量，下角注"焦"表示焦侧，"机"表示机侧。

由于炭化室存在锥度，焦侧装煤量多于机侧，故焦侧火道温度高于机侧，排出废气带走的热量和散热也高。此外，在焦饼中心温度一致的情况下，焦侧焦饼的平均温度也高于机侧，故随焦饼带走的热量也高。因此，$q_焦 > q_机$。若机、焦侧炭化室内装炉煤高度和堆密度相同，$q_焦/q_机$ 可按 1.05 计，则焦、机侧流量比为：

$$\frac{V_焦}{V_机} = 1.05 \frac{L_焦}{L_机} \times \frac{S_焦}{S_机} \approx \frac{L_焦}{L_机} \left(\frac{S_焦}{S_机}\right)^{1.8} \tag{9-4}$$

式中　L——焦、机侧炭化室的有效长度（取决于该侧煤气所供应的火道数）；

　　　S——焦、机侧炭化室平均宽度。

3. 温度制度

(1) 标准温度　焦炉每个燃烧室的火道数较多,为均匀加热和便于控制、检查,每个燃烧室各选机、焦侧中部各一个火道为测温火道,测温火道的平均温度应控制适当的数值,以保证在规定结焦时间内焦饼中心达到要求的温度,该控制值称标准温度。标准温度还因高向加热均匀性、加热煤气种类、煤料和炉体等因素而不同,各座焦炉应根据实际生产数据确定,并按实测焦饼中心温度和焦饼成熟情况进行调整。一般结焦时间每改变 1h,标准温度变化 25 ~ 30℃,随结焦时间延长,标准温度变化量减少。当结焦时间超过 24h,为确保炉头温度不过低,并由于吨焦的热耗量增多,标准温度不再降低。装炉煤水分每变化 1%,标准温度一般应改变 6 ~ 8℃。

正常生产情况下,不同的焦炉炉型在改变结焦时间时,标准火道温度的调整量亦有所不同,如表 9-4 所示。

表 9-4　焦炉标准火道温度与结焦时间的关系

炭化室宽度 450mm			炭化室宽度 407mm		
结焦时间/h	机侧/℃	焦侧/℃	结焦时间/h	机侧/℃	焦侧/℃
15	1330 ~ 1350	1380 ~ 1400	14	1310 ~ 1330	1360 ~ 1380
16	1300 ~ 1320	1350 ~ 1370	15	1290 ~ 1300	1340 ~ 1360
18	1270 ~ 1290	1290 ~ 1300	16	1260 ~ 1280	1290 ~ 1300

(2) 直行温度　全炉各燃烧室测温火道的温度值称直行温度。一般于换向后 5min (或 10min) 在下降气流时测量,因为这时炉温的下降速度已趋平稳。所测温度据已测定的温度下降曲线 (如图 9-3) 换算成换向后 20s 的温度,以确定该火道测温点的最高温度。为防止焦炉砌砖被烧熔,硅砖焦炉测温火道换向后的最高温度不得超过 1450℃。硅砖荷重软化温度虽可达 1620℃左右,由于火道内测温点与最高温度点 (火焰燃烧点) 间相差 100 ~ 150℃,火道温度在整个结焦期间尚有波动 (波动值 25 ~ 30℃),故火道的极限温度对硅砖焦炉规定应不大于 1450℃。

为保证全炉各燃烧室温度均匀,各测温火道温度与同侧直行温度的平均值相差不应超过 ±20℃,边炉相差不超过 ±30℃,超过此值的测温火道为温度不合格火道,并以均匀系数 $K_{均}$ 做考核。

$$K_{均} = \frac{(M - A_{机}) + (M - A_{焦})}{2M} \tag{9-5}$$

式中　　M——焦炉燃烧室数;

　　$A_{机}$、$A_{焦}$——机、焦侧测温火道温度不合格数。

当焦炉炉孔中有检修时,以上计算应将检修炉和缓冲炉除外。

直行温度不但要求均匀,还要求直行温度的平均值保持稳定,并用安定系数 $K_{安}$ 考核。

$$K_{安} = \frac{2N - (A'_{机} + A'_{焦})}{2N} \tag{9-6}$$

式中　　N——考核期间 (如一昼夜) 直行温度的测量次数;

　　$A'_{机}$, $A'_{焦}$——全炉机、焦侧直行平均温度与加热制度规定的该侧标准温度相差超过 ±7℃ 的测量次数。

(3) 横排温度　燃烧室横向各火道的温度称横排温度,它用以检查燃烧室从机侧到焦侧的温度分布。为保证焦饼沿炭化室长向均匀成熟,除两侧炉头火道外,应从机侧到焦侧火道温度均匀上升。为考核横排温度的均匀性,将每个燃烧室所测得的横排温度绘制成横排曲线,再将两个测温火道间标准温度差为斜率引一直线作为标准线,实测火道温度与该标准线相差超过20℃的火道为不合格,并按下式计算横排温度均匀系数。

$$横排温度均匀系数 = \frac{考核火道数 - 不合格火道数}{考核火道数}$$

(4)炉头火道　燃烧室两端的炉头火道,由于散热量大,温度较低。为防止炉头焦炭不熟,以及装煤后炭化室头部降温过多,引起炉砖开裂变形,炉头温度的平均值与该侧标准温度相比不低于150℃,而且在任何情况下应不低于1100℃。炉头温度也不宜过高,使炉头焦过火,摘取炉门后炉头焦大量塌落,恶化炉台操作条件。炉头温度受大气影响波动较大,为评定炉头温度的好坏,要求每个炉头温度与该侧炉头平均温度(边炉除外)差不大于±50℃。

(5)其他温度　为控制蓄热室高温,防止格子砖、蓄热室墙烧熔或高炉灰熔结,硅砖蓄热室顶部温度不得超过1320℃,黏土砖蓄热室顶部温度不得超过1250℃。为提高蓄热室废气热量的回收程度,并及时发现炉体不严造成的漏气、下火等现象,小烟道温度应不超过450℃。为提高化学产品的产率和质量,减少炉顶沉积碳的生成,炭化室顶部空间在结焦2/3时的温度应不超过850℃。

4. 压力制度

焦炉加热煤气管道的压力、烟道吸力、炉内各部位的压力关系到温度的稳定,流量的大小,炉体寿命和生产安全等,因此应严格控制并及时调节。

(1)煤气主管压力　供给焦炉的加热煤气依靠一定的管道压力来输送;送往各燃烧室的煤气量,由安装在分管上的孔板来控制。在孔板尺寸一定时,主管压力直接决定进入焦炉的煤气流量,用焦炉煤气加热时,主管压力保持700～1500Pa;用高炉煤气加热时,保持500～1000Pa。其目的是:1)保证调节各燃烧室煤气流量的灵敏性和准确性;2)防止煤气因压力偏高而增加漏失量,或因偏低而产生回火爆炸的危险。当结焦时间变动为改变流量使主管压力超过上述范围时,应相应改变孔板尺寸,增大孔板直径可降低主管压力,反之则提高主管压力。

(2)燃烧系统压力　为有利于炉顶调温操作及减少炉顶散热,并保持燃烧系统压力低于任何一点相邻炭化室区域的压力,燃烧系统的压力应按规定的空气系数和看火孔压力保持0～5Pa来确定。为有利于焦炉的高向加热,减少燃烧室落灰,有的焦炉看火孔压力保持在10～20Pa。由此确定的蓄热室顶部吸力作为燃烧系统压力的主要控制值。该吸力还影响燃烧系统的流量,因此全炉各蓄热室顶部的吸力值与选作比较用的标准蓄热室顶部吸力值间,气流上升时相差不应超过±2Pa,气流下降时相差不应超过±3Pa。为了解蓄热室内格子砖因长期操作被堵的程度,以便及时消除堵塞,应定期测定蓄热室顶、底间的压力差,用以标志格子砖的阻力。

焦炉用高炉煤气加热时,上升气流蓄热室底部废气盘处必须保持负压,以防止高炉煤气泄漏造成人身安全事故和污染环境。

(3)烟道吸力　供给焦炉加热用的空气依靠机、焦侧分烟道一定的吸力从废气开闭器的进风口抽入,送往各燃烧系统的空气量,由进风门的开度和废气开闭器上的调节翻板来控制。在进风门开度和调节翻板开度一定时,烟道吸力直接决定进入焦炉的空气量,同时影响燃烧系统的压力分布。当加热煤气流量改变时,为保持要求的空气系数和良好的煤气燃烧状况,必须相应改变烟道吸力;为保持看火孔压力在0～5Pa,当烟道吸力改变值稍大,还必须同时相应变动进风门的开度(详参见第二节)。

(4)集气管压力　为保证炭化室在整个结焦时间内各部位的压力稍大于加热系统的压力,并防止吸入外界的空气,以炭化室底部压力在结焦末期不小于5Pa为原则,确定集气管压力。这样可以保持炭化室产生的粗煤气,不与燃烧系统相互串漏,因为新砌焦炉的炭化室墙砌体不可能非常严密,但规定了上述集气管压力,最初粗煤气会通过砖缝漏入燃烧系统,逐渐由于砖缝被粗煤气热解生成的游离炭填塞而密封。若集气管压力不能保持炭化室底部结焦末期为正压,或压力低于燃烧系统,则炭化室砌体砖缝中的积炭将被烧掉,并引起窜漏,严重时砌体还会出现熔洞和渣蚀等现象。

5. 加热煤气设备的维护

煤气设备的正常运转是加热管理的基础,必须有计划地进行清洗、检查和调整。

交换机是使交换旋塞、废气砣和进风盖板按一定要求完成定期启闭动作的机械,其拉力应足以保证交换系统各设备的拉力和克服运行阻力的需要,为此除设计的交换机有足够的拉力外,在安装和生产中必须注意以下问题。

(1)电动交换机各传动轴应严格保持平行,齿轮啮合严密,各轴运行时间、各传动齿轮运转行程和各轴与轴承间隙符合要求。液压交换机的油路系统应严密无漏油现象,各液压元件的启动和运行平稳,各油压缸必须按规定顺序和行程操作。

(2)传动系统中各轴、轮、旋塞应润滑良好、油沟畅通,并定期擦洗、加油。各砣杆定期砂洗,无卡砣现象。旋塞的压缩弹簧应在保持旋塞严密的前提下不过紧,以免增加旋塞拉力。

(3)拉条的行程应保证旋塞开正、砣杆提起高度合乎要求,并全炉一致,各砣落下时应严密。为此须定期检查交换链条的行程,各进风盖板和废气砣杆的提起高度,各调节旋塞及交换旋塞的刻印是否与旋塞孔中心方向吻合。交换行程与规定值的偏差应不大于±5mm,当气温变化时,必须及时调整。正常的交换行程应是两个交换完全一致,拉侧的紧链与送侧的松链应十分明显。

(4)拉条在运行过程中应平稳、无卡住和跳动等现象,为此,拉条与扳把、拉条与砣杆应在同一垂直平面运动。托轮与导向轮的相对位置应保证拉条呈直线运动,钢绳无扭曲现象,各旋塞和砣杆均应在同一水准线上。传动系统中有缺陷的部件应及时更换。

加热煤气管系应保持严密和畅通,煤气设备和管件(预热器、水封和支管、旋塞等)应定期清除沉积的焦油和萘等脏物,还应定期检查管道的严密性。

6. 焦炉长寿与后期维护管理

生产操作正常和维修及时的情况下,一般焦炉炉龄可达25~30年。现代化管理的条件下,日本和我国的一些焦炉炉龄已经使用35年以上,预计最终能达到40年的长寿纪录。正确的焦炉操作、科学的焦炉管理以及及时维护是延长焦炉寿命的关键。

延长焦炉寿命重要的措施是减缓焦炉的衰老程度,减少炉体伸长量。根据前苏联和我国的操作经验,炭化室高4~4.3m,长13~14m的焦炉,当炉门下横铁处的炉长较原始冷态炉长增加500mm以上时,焦炉就难以维持正常生产。炉长增加的原因是:炉墙砖晶型转变,炉墙砖因温度波动或机械冲击而产生裂缝以及因炉体保护压力不足而引起炉墙砖松动。为减缓炉体伸长速度,首先在砌筑时要选用真密度合格的硅砖;在焦炉操作中,要严格控制开关炉门时间和装煤水分;禁止频繁改变加热煤气种类和大幅度改变结焦时间和严禁强行推焦等违规操作;同时在焦炉后期,适当增加护炉铁件的保护压力,防止护炉铁件损坏所造成的保护压力不足,确保焦炉燃烧室墙沿高向所承受的额定压力和蓄热室墙应得到的保护压力,使炉墙得到良好的保护。

影响焦炉寿命的另一因素是生产操作困难,主要标志是焦饼难推;此外,还出现砌体串漏、通道堵塞、炉墙变形和炭化室变窄,甚至出现死火道等使焦炉操作发生困难的衰老征兆。与此同时,焦炉的各项指标变差,炼焦耗热量增大,产量降低,焦炭质量下降,焦炉砌体修理费用和生产成本增加。针对上述现象,及时维护和加强焦炉后期的生产管理尤为重要。焦炉砌体维护是根据日常的炉体检验和焦炉鉴定结果适时进行,维修的原则是及时,以及尽可能的热态进行。

第二节　焦炉的加热调节

焦炉加热过程中,由于装煤量,装炉煤水分,加热煤气温度和组成,大气温度以及炉体、加热设备等情况的变化,必须及时调节供热,使全炉各炭化室的焦饼在规定的结焦时间内达到均衡和均匀的成熟。焦炉的供热通过煤气的燃烧来实现,因此焦炉加热调节的主要任务是实现全炉、各燃烧室长向煤气和空气的合理分配。

焦炉加热调节的内容包括全炉加热制度的确定和调节,直行温度,横排温度和加热系统压力分布的调节。这些调节,一般应在炉内调节装置合理配置以及炉外煤气设备和管系维护正常的基础上,以炉外调节为主。烧焦炉煤气时,以调节和稳定煤气总管和焦机侧煤气主管压力(下喷式焦炉还有地下室横管压力)为基础,结合烟道吸力和蓄顶吸力的调节以实现煤气和空气的合理配置。烧高炉煤气时,则主要以调节和稳定煤气及空气蓄热室顶部吸力来实现焦炉各燃烧系统煤气和空气供量的调节。

通过加热调节应使全炉直行温度均匀和稳定;横排温度除两侧炉头一对火道以外,使机侧第3火道到焦侧第3火道间按规定温差均匀直线上升,焦饼上下温差小于100℃,小烟道废气温度较低;全炉燃烧系统压力在保持看火孔压力±0～5Pa前提下,均呈负压,并有合理分布;炭化室压力应保证吸气管下方炭化室底部在结焦末期保持大于5Pa的正压,使焦炉操作在任何情况下燃烧系统各处压力小于相邻部位炭化室的压力。

一、加热制度调节

1. 煤气主管压力和孔板直径的调节

(1)煤气主管压力的选择　供焦炉加热的煤气依靠一定的管道压力来输送,送往各燃烧室的煤气量,由安装在分管上的孔板来控制。用焦炉煤气加热时,主管压力(指相对压力,下同)一般应保持700～1500Pa;用高炉煤气加热时,保持500～1000Pa;使用混合煤气时,焦炉煤气压力应比高炉煤气压力大200Pa以上。规定上述要求的目的是:1)保证调节各燃烧室煤气流量的灵敏性和准确性;2)防止煤气既不因压力偏高而增加漏失量,又不因偏低而产生回火爆炸的危险,为此在煤气主管压力低于500Pa时应停止加热。

煤气主管压力、各分管的孔板断面和煤气流量有一定关系,当各分管的孔板直径一定时,煤气主管压力是控制流量的基本手段。根据焦炉气体力学原理,若入炉后煤气相对压力视为0,由主管至炉内的浮力忽略不计时,主管压力和煤气流量的关系是:

$$\frac{a_1}{a_2} = \frac{V_1^2}{V_2^2} \tag{9-7}$$

式中　a_1, a_2——调节前后的煤气主管压力,Pa;

V_1, V_2——调节前后的相应煤气流量,m³/h。

流量调节时,煤气主管压力按上式作相应变化,若压力变化范围超出允许值时,为保证生产安全或避免煤气漏损,则应更换孔板,调整煤气压力。

(2)孔板直径的选择　应考虑到各燃烧系统均可增大或减小孔板断面,以利煤气量调节。焦炉最初安装的孔板断面应不大于分管断面的70%,太大时阻力系数太小,调节灵敏度小;太小时,要求孔板精度高,否则尺寸很小差别也会引起煤气量较多的变化,同时,还需提高煤气主管压力。孔板尺寸的选择还应考虑主管可能提供的压力,以及使主管开闭器或调节翻板具有必要的备用量。

以下举例讨论孔板直径的选择。

【例 9-1】 某 65 孔焦炉周转时间 15h，焦炉煤气用量 10000 m³/h，煤气主管压力 1000Pa，孔板直径 40mm，分管直径 50mm，煤气温度 30℃，煤气密度 0.46kg/m³。当流量不变时，孔板直径换为 35mm 时，煤气主管压力应如何调节？又当延长结焦时间后，煤气量减至 8000m³/h，为保持煤气主管压力不变，孔板直径应如何改变？

解：(1)流量一定，孔板直径和煤气压力的关系　煤气主管压力 $a_主$ 应足以克服煤气流过通道的阻力，其中包括通道断面不变的分管阻力 $\Delta p_分$ 和孔径可变的孔板阻力 $\Delta p_孔$，当煤气入炉后相对压力为零，且忽略分管的浮力时，$a_主 = \Delta p_分 + \Delta p_孔$。流量一定时，$\Delta p_分$ 不变，$\Delta p_孔$ 则因孔板直径而变，因此 $a_主$ 也随之变化。

每个分管中的流量为 $\dfrac{10000}{64 + 2 \times 0.75} = 153(m^3/h)$，其中 0.75 为两个边燃烧室供应的煤气量为中部的 75%。

分管内煤气的流速为　　$w_0 = \dfrac{153}{3600 \times \dfrac{3.14 \times 0.05^2}{4}} = 21.6(m/s)$

孔板与分管断面比为　　$\dfrac{f}{F} = \dfrac{\dfrac{\pi}{4} \times 0.04^2}{\dfrac{\pi}{4} \times 0.05^2} = 0.64$

查局部阻力系数表，得 $K = 1.21$

则　　　　$\Delta p_孔 = K \dfrac{w_0^2}{2} \rho_0 \dfrac{T}{T_0} = 1.21 \times \dfrac{21.6^2}{2} \times 0.46 \times \dfrac{273 + 30}{273} = 118.7(Pa)$

故　　　　　　$\Delta p_分 = a_主 - \Delta p_孔 = 1000 - 118.7 = 881.3(Pa)$

当孔板直径换为 35mm 时，孔板和分管断面比 $\dfrac{f'}{F} = \left(\dfrac{35}{50}\right)^2 = 0.49$

查得 $K' = 7.99$，因此在流量不变情况下，孔板阻力为：

$$\Delta p'_孔 = \Delta p_孔 \cdot \dfrac{K'}{K} = 118.7 \times \dfrac{7.99}{1.21} = 783.8(Pa)$$

因分管阻力不变，主管压力应调整为：

$$a'_主 = 881.3 + 783.8 = 1665.1(Pa)$$

(2)压力一定，孔板直径与流量的关系　煤气流量变化时，为保持原来的煤气主管压力不变，孔板直径应作相应变化。

流量改变后，分管的阻力系数变化不大，故

$$\Delta p'_分 = \Delta p_分 \cdot \left(\dfrac{V'_0}{V_0}\right)^2 = 881.3\left(\dfrac{8000}{10000}\right)^2 = 564(Pa)$$

流量为 8000m³/h 时，分管中煤气流速为：

$$w'_0 = \dfrac{\dfrac{8000}{64 + 2 \times 0.75}}{3600 \times \dfrac{3.14 \times 0.05^2}{4}} = 17.1(m/s)$$

则　　　　$\Delta p'_孔 = K' \cdot \dfrac{17.1^2}{2} \times 0.46 \times \dfrac{303}{273} = 74.1K'(Pa)$

当主管压力不变时，$\Delta p'_孔 = 1000 - 564 = 436(Pa)$

故　　　　　　　　　　　$$K' = \frac{436}{74.1} = 5.88$$

查表得　　　　　　　　　$$K' = 5.88 \text{ 时}, \frac{f'}{F} = 0.462$$

故　　　　　　　　　　　$$d' = 50\sqrt{0.462} = 34(\text{mm})$$

（3）全炉孔板直径的分布　全炉孔板直径的分布应保证除边部燃烧室外,各燃烧系统进入的煤气流量应一致。由于煤气沿主管流动方向,因阻力使静压力降低,又因动压的减少使静压力升高,故阻力和动压的作用相互抵消,沿主管的静压力分布差别不大。当孔板处的局部阻力足够大时,孔板直径改变1mm时,局部阻力的变化量往往大于主管内各处静压力的差值,故全炉孔板直径一般可基本保持一致。当主管较长时,一般采用变径处理,由于变径前后引起的阻力下降较大,则变径前后的孔板直径略有差别。生产一定年限后的焦炉,由于积灰、漏气等原因,各燃烧系统的分管和通道阻力将会不同,则孔板直径的分布已无规律,由炉温而定。

边部燃烧室的煤气用量约为中部的0.75,故相应分管的孔板断面也与此对应进行选定。

2. 烟道吸力和进风门开度的调节

空气过剩系数对焦炉加热十分重要,其选择已在第六章中谈到,可用机、焦侧废气盘进风门的开度和烟道吸力来控制,因煤气流量和大气温度变化而改变。

（1）进风门开度不变时,机、焦侧分烟道吸力的确定　烟道吸力的大小应足以保持看火孔压力$\pm 0 \sim 5\text{Pa}$和要求的空气过剩系数。按顺序上升与下降气流公式。烟道吸力按下式确定：

$$- a_{烟道} = \sum \Delta p + H_下 - H_上 \tag{9-8}$$

式中　　$- a_{烟道}$——分烟道吸力,Pa；

　　　$\sum \Delta p$——进风口至分烟道翻板前阻力；

　　　$H_下$——进风口至分烟道系统中,下降气流段浮力；

　　　$H_上$——进风口至分烟道系统中,上升气流段浮力。

进风门开度不变时, $\sum \Delta \mathrm{p}$ 与通过该系统的流量 V 的平方成正比即

$$\sum \Delta p \propto V^2 \tag{9-9}$$

若煤气流量变化不大,浮力差$(H_下 - H_上)$基本保持一定,利用上述关系可以确定,煤气流量或空气过剩系数改变时,烟道吸力的改变值。

【例9-2】　某焦炉煤气流量为9000m³/h,分烟道吸力为180Pa,若加热系统浮力差为25Pa,分别计算增加200m³/h流量或煤气流量保持不变,空气系数由$a = 1.25$调至1.2时的分烟道吸力。

加热系统阻力　　　　　$$\sum \Delta p = 180 - 25 = 155(\text{Pa})$$

（1）当流量增加为9200m³/h时,该阻力值为：

$$\sum \Delta p' = \sum \Delta p \left(\frac{V'}{V}\right)^2 = 155\left(\frac{9200}{9000}\right)^2 = 161(\text{Pa})$$

此时分烟道吸力　　　　　$$- a'_{烟道} = 161 + 25 = 186(\text{Pa})$$

（2）当$a' = 1.2$时,该阻力值为：

$$\sum \Delta p' = \sum \Delta p \left(\frac{a'}{a}\right)^2 = 155\left(\frac{1.2}{1.25}\right)^2 = 143(\text{Pa})$$

此时分烟道吸力　　　　　$$- a'_{烟道} = 143 + 25 = 168(\text{Pa})$$

　　一般使用焦炉煤气加热时,65 孔的大型焦炉每改变 $200\mathrm{m}^3/\mathrm{h}$,37 ~ 42 孔大型焦炉每改变 $100\mathrm{m}^3/\mathrm{h}$,分烟道吸力约改变 5Pa;使用高炉煤气加热时,65 孔焦炉每改变 $500\mathrm{m}^3/\mathrm{h}$,37 ~ 42 焦炉每改变 $250 \sim 300\mathrm{m}^3/\mathrm{h}$,分烟道吸力也改变约 5Pa。当流量变化大时,仅改变烟道吸力,看火孔压力和空气系数均会改变,故应同时调节风门开度。

　　(3)流量变化时,为保持进风门阻力一定,进风门开度和分烟道吸力的确定　　上述公式中加热系统阻力 $\sum \Delta p$ 应包括进风门阻力 $\Delta p_{进}$、风门内至上升气流段顶的上升段阻力 $\Delta p_{上}$ 和下降气流段顶至分烟道翻板前下降段阻力 $\Delta p_{下}$,即

$$\sum \Delta p = \Delta p_{进} + \Delta p_{上} + \Delta p_{下} \tag{9-10}$$

　　在炉内调节装置和废气盘翻板开度不动的情况下,式中 $\Delta p_{上}$ 与 $\Delta p_{下}$ 均与气体流量的平方成正比,$\Delta p_{风}$ 则因进风门开度和进风量的改变而变化。若流量变化时,为保持进风门阻力一定,则必须改变进风门开度,此时可按进风门开度 l 与进风量 V 成正比的关系,确定改变流量后的风门开度。再按因流量变化引起的 $\Delta p_{上}$ 与 $\Delta p_{下}$ 的变化,计算分烟道吸力的变化值。

　　(4)流量变化时,为保持看火孔压力一定,进风门开度和分烟道吸力的确定　　为保持看火孔压力一定,可按上升气流看火孔压力为零,列出进风门外至上升气流顶看火孔处的上升气流关系式,得到:

$$\Delta p_{进} + \Delta p_{上} = H_{上} \tag{9-11}$$

　　即其间的阻力等于浮力,一般进风门内至看火孔处的浮力可按每米高 9Pa 估算,并据此确定进风门的阻力。若进风门阻力系数与进风温度不变,进风门阻力与流量平方成正比,与风门开度的平方成反比。即

$$\frac{\Delta p_{进}}{\Delta p'_{进}} = \left(\frac{V}{V'}\right)^2 \left(\frac{l'}{l}\right)^2 \tag{9-12}$$

　　由式(9-12)可求得保持看火孔压力一定条件下的进风门开度。再用上述相同的方法计算分烟道吸力。

【例 9-3】　某焦炉煤气流量为 $9000\mathrm{m}^3/\mathrm{h}$,分烟道吸力 180Pa,进风门开度 140mm,进风门阻力 50Pa,从进风门内至炉顶高度为 8.8m,加热系统内上升与下降气段浮力差为 25Pa,当流量改变为 $10000\mathrm{m}^3/\mathrm{h}$,分别计算保持进风门阻力不变或保持看火孔压力不变时进风门的开度和分烟道吸力。

　　(1)保持进风门阻力不变:当流量 $V = 9000\mathrm{m}^3/\mathrm{h}$ 时:

$$\sum \Delta p = 180 - 25 = 155(\mathrm{Pa})$$

$$\Delta p_{上} + \Delta p_{下} = \sum \Delta p - \Delta p_{进} = 155 - 50 = 105(\mathrm{Pa})$$

当流量 $V = 10000\mathrm{m}^3/\mathrm{h}$ 时

$$(\Delta p'_{上} + \Delta p'_{下}) = (\Delta p_{上} + \Delta p_{下})\left(\frac{V'}{V}\right)^2 = 105\left(\frac{10000}{9000}\right)^2 = 129(\mathrm{Pa})$$

则

$$-a'_{烟道} = 129 + 50 + 25 = 204(\mathrm{Pa})$$

风门开度

$$l' = l\frac{V'}{V} = 140 \times \frac{10000}{9000} = 156(\mathrm{Pa})$$

　　(2)保持看火孔压力不变:

　　　按上升段每米高 9Pa 浮力估算,得

$$\Delta p_{进} + \Delta p_{上} = 8.8 \times 9 = 79.1(\mathrm{Pa})$$

$$\Delta p_{上} = 79.1 - 50 = 29.1(\mathrm{Pa})$$

当流量 $V' = 10000\text{m}^3/\text{h}$ 时：

$$\Delta p'_\text{上} = 29.1\left(\frac{10000}{9000}\right)^2 = 35.8(\text{Pa})$$

为保持看火孔压力，此时进风门阻力 $\Delta p'_\text{进}$ 应降至

$$\Delta p'_\text{进} = 79.1 - 35.8 = 43.3(\text{Pa})$$

则进风门开度　　$l' = \sqrt{\dfrac{\Delta p_\text{进}}{\Delta p'_\text{进}}} \cdot \left(\dfrac{V'}{V}\right) \cdot l = \sqrt{\dfrac{50}{43.3}}\left(\dfrac{10000}{9000}\right) \cdot 140 = 168(\text{Pa})$

此时分烟道吸力　　$-a'_\text{烟道} = 129 + 43.3 + 25 = 197(\text{Pa})$

（4）大气温度变化时进风门开度和烟道吸力的确定　大气温度变化较大时，由于大气密度变化使炉内浮力和实际温度下的空气体积改变，则经进风口入炉的空气量和加热系统的压力分布将变化，影响空气过剩系数和炉温的稳定，因此进风门开度和烟道吸力应作相应调整。

【例9-4】　某焦炉夏季大气温度为40℃，分烟道吸力为180Pa，进风门开度为140mm，进风门阻力为50Pa，若冬季焦炉旁大气温度为5℃时，为保持空气过剩系数和看火孔压力不变，进风门开度和烟道吸力作何调整。

大气温度变化时，炉内8.8m高的浮力变化量（炉内温度不变）为：

$$8.8 \times 1.28 \times 273\left(\frac{1}{273+5} - \frac{1}{273+40}\right) = 12.4(\text{Pa})$$

式中，1.28 为湿空气（0℃）下的密度（kg/m^3），即冬季炉内浮力增加12.4Pa。

（1）为保证看火孔压力不变，根据前述 $\Delta p_\text{进} + \Delta p_\text{上} = H_\text{上}$ 的原理，可以用改变进风门阻力来平衡浮力的变化；为使炉内空气过剩系数保持不变，冬季的 $\Delta p'_\text{上}$ 应和夏季的 $\Delta p_\text{上}$ 相同，则

$$\Delta p'_\text{进} = 50 + 12.4 = 62.4\text{Pa}$$

根据阻力公式，在进风量一定和进风口阻力系数看作近似不变条件下

$$\frac{\Delta p_\text{进}}{\Delta p'_\text{进}} = \frac{T}{T'}\left(\frac{l'}{l}\right)^2$$

则冬季进风门开度为：

$$l' = l\sqrt{\frac{\Delta p_\text{进}}{\Delta p'_\text{进}} \cdot \frac{T'}{T}} = 140\sqrt{\frac{50}{62.4} \cdot \frac{278}{313}} = 118(\text{mm})$$

（2）为保持空气过剩系数不变，炉内加热系统阻力 $\Delta p_\text{上} + \Delta p_\text{下}$ 应保持不变，即

$$\Delta p'_\text{上} + \Delta p'_\text{下} = \Delta p_\text{上} + \Delta p_\text{下}$$

原夏季下降和上升段浮力差为25Pa，故

$$\sum \Delta p = 180 - 25 = 155(\text{Pa})$$

$$\Delta p_\text{上} + \Delta p_\text{下} = \sum \Delta p - \Delta p_\text{进} = 155 - 50 = 105(\text{Pa})$$

当冬季时　　　　　　　　　$\Delta p'_\text{上} + \Delta p'_\text{下} = 105(\text{Pa})$

$(H'_\text{下} - H'_\text{上})$ 与 $(H_\text{下} - H_\text{上})$ 的差别可按废气盘至分烟道测压点高度（若为2.8m）的浮力增量计算即

$$(H'_\text{下} - H'_\text{上}) - (H_\text{下} - H_\text{上}) = 2.8 \times 1.28 \times 273\left(\frac{1}{273+5} - \frac{1}{273+40}\right) = 4(\text{Pa})$$

则冬季分烟道吸力为：

$$\begin{aligned}-a'_\text{烟道} &= (\Delta p'_\text{上} + \Delta p'_\text{下}) + \Delta p'_\text{进} + (H'_\text{下} - H'_\text{上}) \\ &= 105 + 62.4 + (25 + 4) = 196(\text{Pa})\end{aligned}$$

二、烧焦炉煤气时的加热调节

1. 直行温度稳定性的调节

日常生产中,全炉温度用机、焦侧直行平均温度来代表,因此直行温度稳定性的调节就是全炉总供热的调节。为使加热满足要求,必须经常测量直行温度,计算全炉直行温度平均值,并及时调节,使该值符合规定的标准温度。

当结焦时间一定时,常因装炉煤和加热煤气的状态因素变化,以及出炉、测温操作或调节不当,直行温度的稳定性变差。因此需要及时根据直行温度平均值与标准温度的偏差来调节全炉煤气流量和总空气量,调节时应找出引起偏差的原因,再针对性地改变调节量。

(1)装炉煤量和装炉煤水分　装炉煤量应力求稳定,每炉波动值不大于150kg。装炉煤水分波动是影响直行温度稳定的重要原因,正常结焦时间下,装炉煤水分每波动1%,炉温约改变5～7℃,故要采取措施稳定装炉煤水分。

(2)加热煤气发热量　加热煤气热值因煤气组成,温度和压力变化而异。焦炉煤气组成主要因配煤组成和焦炉操作而变,当缺乏严格的配煤质量要求,炭化室压力波动,甚至经常在负压下操作时,焦炉煤气组成波动很大,这将使直行温度的稳定性很难维持。一个炭化室的焦炉煤气组成,在不同的结焦期内有很大变化,在正常生产情况下,全炉的焦炉煤气是各炭化室所产煤气的混合气,因此不受各炭化室结焦期的影响。但焦炉周期操作中的检修期后期,全炉煤气热值将降低,检修时间愈长,下降量愈大,一般检修时间为2h,直行温度约要下降5～8℃。为此结焦时间较长时,检修时间也长,使炉温波动大,且出炉操作不均衡,故应把检修时间分段。

焦炉煤气组成稳定时,煤气热值还因温度(湿度也由温度决定)、压力而变,通常煤气流量表上的刻度(标准态0℃,0.1013MPa)是按规定的温度T(K),压力p(Pa)和含湿量f(kg/m³),根据相应流量孔板前后的压力差Δh(Pa)按下式计算得:

$$V_0(标态) = 0.0277K\sqrt{\frac{\Delta h}{(\rho_0 + f)(0.804 + f)}}\sqrt{\frac{p}{T}},\ \text{m}^3/\text{h} \qquad (9\text{-}13)$$

式中　K为流量孔常数,$K = 0.00673ad^2$;a为标准孔板消耗系数,d为孔板流通孔直径,m;
　　　　ρ_0为标态下煤气密度,kg/m³;0.804为标态下水汽密度,kg/m³。

因此当实际加热煤气的p'、T'、f'与流量表刻度时规定的p、T、f不同时,实际的标准态流量V'_0将变化。为此要按煤气的上述参数,根据式(9-13)所列关系,用以下压力校正值K_p,密度校正值K_ρ和温度校正值K_T,将流量表读数V_0校正为V'_0值。

$$V'_0 = V_0 \cdot K_p \cdot K_T \cdot K_\rho$$

式中　$K_p = \sqrt{\dfrac{p'}{p}}$,$K_\rho = \sqrt{\dfrac{(\rho_0 + f)(0.804 + f)}{(\rho'_0 + f')(0.804 + f')}}$,$K_T = \sqrt{\dfrac{T}{T'}}$。

入炉煤气管道很长且暴露于大气中,故煤气入炉时温度随昼夜温度变化或遇到气候温度变化、刮风、下雨等影响均会发生变化,因此要总结经验,掌握大气温度变化对炉温影响的规律,争取调节的主动。一般情况下,昼夜温度的变化有一定规律。从早晨开始气温上升,到中午12点至14点达到最高,然后逐渐下降,到次日清晨4点到6点最低。因此其他因素稳定时,炉温度变化规律与大气温度变化对应,即白班煤气温度高,密度减少,湿度增加,实际温度下的湿煤气热值降低,故炉温趋于下降;中班变化不大,夜班则炉温趋于上升,白班与夜班相比炉温最大波动可达10～15℃,故直行温度安定系数规定为±7℃。

(3)空气过剩系数　煤气燃烧总是在一定空气过剩系数α条件下进行的,故炉温高低和α有关,α较小时,增加煤气量反而会降低炉温,这是由于增加的煤气并未参与燃烧,却增加了废气量,导致废气温度降低;α过高,则因废气量加大,废气温度亦略低。因此应注意燃烧情况检查,及时掌握α,除用仪器定期进行废气分析外,还应通过观察火焰判断燃烧情况。

用焦炉煤气加热时,正常火焰是稻黄色;α大时,火焰发白且短而不稳,α小时火焰发暗且冒烟。为使空气与煤气配合恰当,空气量的调节总是通过烟道吸力的调节与煤气量加减同步进行,据实际生产经验,在正常结焦时间(14～16h)下,有如表9-5所示关系。

表9-5　煤气流量变化与烟道吸力变化的关系

炉型和孔数	煤气流量/m³·h⁻¹	烟道吸力/Pₐ	直行平均温度/℃	
50 孔-JN-60 型	±300～350	±5	±2～3	
65 孔-JN-43 型	±200～300	±5	±2～3	
36～42 孔-JN-43 型	±100	±5	±2～3	
25 孔-JN-66 型	±50	±3～5	本侧　±5～7	对侧　±2～3

综上,为提高直行温度稳定性,应掌握影响炉温各因素的变化规律,安排好循环检修计划,稳定出炉操作制度,保持焦炉加热制度和炭化室正压,了解上班加热调节的效果,注意炉温变化趋势。由于焦炉炉砖蓄热能力不完全相同,流量增减后对炉温调节的效果一般要滞后3～5h才能反映,若炉温正处上升或下降趋势,为作相反方向的调节,调节效果的显示时间将更长些。

2. 直行温度均匀性的调节

直行温度均匀性的调节是在直行温度稳定的前提下进行的,影响直行温度均匀性的因素主要有焦炉推焦操作的不均衡和炉体出现的窜漏、堵塞以及炉外煤气设备存在的不合理配置或堵、漏等原因。为此要实现全炉直行温度较高的均匀系数 $K_{均}$,必须确保整座焦炉均衡和有序的出炉操作;炉内各燃烧室(除边炉)调节砖的配置保持一致(除个别炉孔由于特殊情况以外);努力消除可能存在的诸如蓄热室窜漏、格子砖堵塞、斜道区裂缝或堵塞等炉体缺陷;全炉各燃烧系统的供气和排气设备上诸如进风门开度、废气砣杆高度、交换旋塞开度、废气砣和进风门盖的严密性等均一致。且换向前后的行程也均一致。一般在上述条件下能实现直行温度较高的均匀性。当某燃烧室温度出现异常时,应首先查明原因,作相应处理后,再视客观情况变化通过炉外的调节装置(孔板直径、废气盘翻板、风门开度等)改变相应的煤气量或空气量,以达到调节目的。

(1)煤气量调节　主要通过安装在煤气分管上,交换旋塞前的孔板来控制,由于孔板后的交换旋塞、分管、砖煤气道、喷嘴等处的阻力均直接影响进入各燃烧室的煤气量。如前所述,改变孔板直径作为调节煤气量的前提,必须消除交换旋塞开度不正,以及整个上述可能出现的堵、漏现象。

下喷式焦炉可根据所安装的孔板直径,通过测量横管压力来检查通道中不正常阻力的部位。例如,当燃烧室温度低、煤气量不足时,可有下述几种情况:

横管压力	孔板直径	不正常阻力部位
大	大或正常	横管后
小	大或正常	横管前或横管
正常	大	横管后

根据测量结果,消除堵塞或通道上的缺陷后,一般炉温就能上来,只有这些影响因素短时间内不能消除时,才更换孔板直径解决煤气量的不足。一般大型焦炉孔板直径每改变1mm,直行温

度约变化 15～20℃。分析直行温度时,还应对照横排温度,有时横排曲线上仅测温火 道或包括测温火道在内的前后少数火道温度过高或过低,则不能轻易更换孔板,而应处理横排上这些个别火道温度。

(2)空气量调节　各燃烧系统的空气量取决于废气盘上进风门开度、废气翻板开度、废气砣杆高度和废气砣的严密程度。空气调节前应首先检查废气砣杆高度是否全炉一致,废气砣盖是否严密,进风门开度在炉况正常时全炉也应保持一致;在上述条件下,主要由废气盘翻板的开度通过测量下降气流蓄热室顶部吸力作观察,进行空气量的调节,调节后通过检查燃烧情况或取样测量空气过剩系数,确定调节是否适当。

(3)蓄顶吸力的调节　烧焦炉煤气时,通过调蓄顶吸力实现空气量的调节和废气量在煤气、空气蓄热室中的合理分配。此外蓄顶吸力还关系到横排的分布和看火孔压力的保持。

蓄顶吸力的测调是通过与标准蓄顶吸力的对比来进行的。因此测调前必须先将标准蓄热室的吸力经检查并调节合格。标准蓄热室(一组)的选择应考虑到它对全炉组有充分代表性,其吸力比较稳定,与其相连的燃烧系统炉体状态和炉温良好,煤气设备状态良好,调节装置有足够调节余量,且一组标准蓄热室的同一调节装置开度一致;位于炉组中部,便于测量,但又应适当偏离吸气管下方,以免因该处炭化室压力波动大而可能影响蓄顶吸力的稳定。

标准蓄热室测调时,要检查的内容为:

1)加热制度是否合适;

2)规定蓄顶吸力下与标准蓄热室相连的上升气流火道看火孔压力是否合于要求,火道内空气过剩系数是否合适;

3)吸力是否稳定;

4)两个交换的相应吸力值和上升与下降的吸力差是否一致;

5)进风口开度和砣杆高度是否合适,两个交换是否一致。

当加热制度不正常、刮大风、煤气压力和烟道吸力不稳定以及出炉计划打乱时,吸力不正常,故不得调吸力。此外为防止可能出现的炭化室向燃烧系统漏气的影响,应在标准蓄热室上方炭化室装煤后 2h 才能开始测、调蓄顶吸力。测调前还应检查全炉各蓄热室风门开度、砣杆高度、煤气旋塞开度的一致性。正常情况下,除边蓄热室外,各蓄顶吸力与标准蓄热室相比,上升气流应不超过 ±2Pa,下降气流应不超过 ±3Pa。各蓄热室吸力一般均用废气盘翻板调节,个别特殊燃烧系统,当开大废气翻板造成看火孔过度负压时才适度改变风门开度。

【例 9-5】　对 JN-43 型焦炉测得的蓄顶吸力相对值(如下表所示),试做分析。

蓄热室号码	吸力相对值/Pa		与标准相比的吸力差	直行温度/℃	空气系数 α	调节方法
	上升	下降				
22	3	-1	22 号→23 号　3-8 = -5	-6	小	
23	-1	8	23 号→22 号 -1-(-1)= 0			开翻板
			23 号→24 号:-1-0 = -1			
24	3	0	24 号→23 号:3-8 = -5	-9	正常	
25	2	7	24 号→25 号:3-7 = -4	-15	小	开翻板
			25 号→24 号:2-0 = 2			

由图 9-6 所示的 JN-43 型焦炉气体流动途径示意图可知,当 22 号 蓄热室上升,23 号蓄热室下降时(用 22 号→23 号表示),蓄顶吸力差与标准比少 5Pa,对照 22 号燃烧室温度与 α 均偏小,

说明吸力差太小,空气量较少。与此同时24号→23号也有类似情况,因此可开大23号蓄热室的废气盘翻板,增加该蓄热室下降时的吸力(相对值降低),此时22号与24号蓄热室上升时的吸力也会相对增加些(相对值也降低些),但增加量不如下降,故吸力差会增加(与标准相比的吸力差趋接近)空气量将增加。同理25号蓄热室废气盘翻板也应稍开。

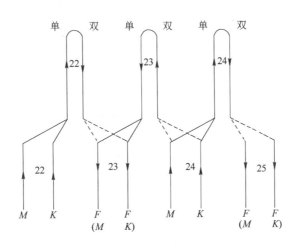

图9-6　JN-43型焦炉气体流动途径示意图
M—煤气蓄热室;K—空气蓄热室;F—废气蓄热室

上例表明,调蓄顶吸力时,应先测出全炉吸力,再对照前后蓄热室的吸力及有关燃烧室的温度和空气系数,经综合分析后再决定调节方案。若所测各蓄热室吸力普遍较标准偏正或偏负,则可先调整标准蓄热室的吸力。若原标准蓄热室吸力是合理的,可在此基础上再用烟道吸力统一调回至原值,这可避免大量变动调节翻板。若有较多翻板调节时,还应注意开翻板的数量是否和关翻板数接近,否则,翻板这一局部阻力系数变动较大时,若仍保持原烟道吸力,空气系数将改变,这时要变动烟道吸力。

当焦炉炉龄较老时,有的燃烧系统窜漏较严重或阻力较大,则应视炉温和空气系数,分别规定特殊的吸力制度。例如个别斜道阻力较大,同样的吸力差,就不能保证必要的空气量,就需调大风门开度,并开大相邻号的废气盘翻板,以增大上升与下降气流间的吸力差。

总之,由于各燃烧系统都互联,蓄顶吸力调节必须考虑相关蓄热室吸力和相关燃烧室温度的变化,对旧焦炉还必须考虑炉体和设备方面的问题,因此只有不断实践,总结经验,勤测、细调、摸透炉况,才能掌握调吸力的基本规律。

3. 横排温度的调节

横排温度的调节是在燃烧室各火道调节砖和焦炉煤气烧嘴以及下喷式焦炉的喷嘴合理配置的前提下。根据横排温度测量结果进行个别火道或部分不合理的分布进行调节

(1)下喷式焦炉的喷嘴排列　下喷式焦炉烧焦炉煤气时,煤气经横管,各下喷管直接进入各立火道。由于横管中气流阻力和动压数值的变化与横管压力相比较小,且阻力和动压对静压的影响基本上相互抵消,故横管各处静压基本相同,因此进入各立火道的煤气量仅取于下喷管中设置的喷嘴(或小孔板)直径。由于燃烧室横向从机侧到焦炉,除炉头各两个火道以外,火道温度随炭化室及耗热量从机侧到焦侧递增,因此煤气需要量和喷嘴直径也均逐渐增加,以JN-43焦炉为例喷嘴排列如表9-6。

据生产实践和计算,当喷嘴平均孔径为 9.5mm 左右时,锥度为 50mm 的焦炉从机侧第 3 火道至焦侧第 3 火道喷嘴直径差为 1.0 ~ 1.2 mm;锥度为 60mm 时,差值为 1.2 ~ 1.4mm;锥度为 70mm 时,差值为 1.5 ~ 1.7mm。机焦侧炉头火道由于散热需增加 20% ~ 40% 煤气量,故炉头喷嘴直径应比相邻火道大 10% ~ 20%。

表 9-6　JN-43 型焦炉喷嘴排列

火道号	1	2	3	4	5	6	7	8	9	10	11	12	13	14
直径/mm	11.8	10.4	9.1	9.2	9.3	9.3	9.4	9.4	9.5	9.5	9.5	9.6	9.6	9.7
火道号	15	16	17	18	19	20	21	22	23	24	25	26	27	28
直径/mm	9.7	9.7	9.8	9.8	9.8	9.9	9.9	10.0	10.0	10.1	10.1	10.2	11.7	12.0

喷嘴直径可通过计算比较准确地确定,以下介绍此计算方法。

下喷式焦炉的焦炉煤气从横管经小支管、喷嘴、立管进入砖煤气道,其间包括两部分阻力,即

$$\sum \Delta p = \Delta p_{喷} + \sum \Delta p_{其他}$$

式中　$\Delta p_{喷}$——喷嘴阻力;

$\sum \Delta p_{其他}$——除喷嘴以外的其他阻力之和。

其中 $\Delta p_{喷}$ 为可调,$\sum \Delta p_{其他}$ 不可调,其断面和阻力系数对各火道基本一致。当 $\Delta p_{喷}$ 为总阻力 $\sum \Delta p$ 的 η(该值 < 1)倍时,上式可写成

$$\sum \Delta p = \eta \Delta p + (1 - \eta) \sum \Delta p$$

以机侧为例,若机侧中部 7 号火道的支管系统阻力为 $\sum \Delta p_7$,机侧某火道的支管系统阻力为 $\sum \Delta p_x$ 则

$$\sum \Delta p_7 = \eta \sum \Delta p_7 + (1 - \eta) \sum \Delta p_7$$

$$\sum \Delta p_x = \eta \sum \Delta p_x + (1 - \eta) \sum \Delta p_x$$

按阻力计算方式

$$\frac{\Delta p_{喷(x)}}{\Delta p_{喷(7)}} = \frac{\eta \sum \Delta p_x}{\eta \sum \Delta p_7} = \frac{K_x}{K_7} \left(\frac{V_x}{V_7} \right)^2 \left(\frac{F_7}{F_x} \right)^2$$

式中　K、V、F——分别为喷嘴阻力系数、流量和喷嘴断面。

对喷嘴以外阻力:

$$\frac{\Delta p_{其他(x)}}{\Delta p_{其他(7)}} = \frac{(1 - \eta) \sum \Delta p_x}{(1 - \eta) \sum \Delta p_7} = \left(\frac{V_x}{V_7} \right)^2$$

则　　　　　　　　　$$\sum \Delta p_x = \eta \sum \Delta p_x + (1 - \eta) \sum \Delta p_x$$

$$= \eta \sum \Delta p_7 \cdot \frac{K_x}{K_7} \left(\frac{V_x}{V_7} \right)^2 \left(\frac{F_7}{F_x} \right)^2 + (1 - \eta) \sum \Delta p_7 \left(\frac{V_x}{V_7} \right)^2$$

$$= \sum \Delta p_7 \left(\frac{V_x}{V_7} \right)^2 \left[(1 - \eta) + \eta \frac{K_x}{K_7} \left(\frac{F_7}{F_x} \right)^2 \right]$$

当横管各点压力一致时,$\sum \Delta p_x = \sum \Delta p_7$　则上式可写成

$$\left[(1 - \eta) + \eta \frac{K_x}{K_7} \left(\frac{F_7}{F_x} \right)^2 \right] \left(\frac{V_x}{V_7} \right)^2 = 1 \tag{9-14}$$

因喷嘴面积比即喷嘴直径平方比，故上式可写成

$$\left[(1-\eta)+\eta\frac{K_x}{K_7}\left(\frac{d_7}{d_x}\right)^4\right]\left(\frac{V_7}{V_x}\right)^2=1$$

由上式可知，当根据支管系统阻力计算 η 值并预定 K_x、K_7 条件下就可按各火道煤气量 V 计算喷嘴直径。

对中间火道：

$$\frac{V_x}{V_7}=\frac{S_x}{S_7}\cdot\frac{q_x}{q_7}=1.05\frac{S_x}{S_7}\approx\left(\frac{S_x}{S_7}\right)^{1.8} \tag{9-15}$$

式中　S、q——对应火道的炭化室平均宽度和炼焦耗热量。

对炉头火道：

$$\frac{V_\text{头}}{V_7}=\left(\frac{S_\text{头}}{S_7}\right)^{1.8}\cdot\frac{L_\text{头}}{L_7}+14\times\frac{4.5}{100} \tag{9-15'}$$

式中　L——火道长度（因一般焦炉炉头火道长度与中部略不同）；

　　　14——指一侧火道个数（因焦炉容积而不同）；

$\dfrac{4.5}{100}$——由实践经验和计算确定的焦炉侧面的散热占该侧全部供热的百分比（焦炉容积越大该值越小，反之则越大）；

$14\times\dfrac{4.5}{100}$——为由于侧面散热要求提供的流量比。

【例 9-6】　计算炭化室宽为 450mm 的 JN-43 焦炉机侧炉头 1、2 号火道的喷嘴直径，机侧中部火道 d_7 取 9.4mm。

解：

$$\frac{V_\text{头}}{V_7}=\left(\frac{425}{437.5}\right)^{1.8}\frac{400}{480}+14\times\frac{4.5}{100}=1.42$$

炉头火道比中部火道多余的流量，若按 2：1 分配到第 1 号、第 2 号火道，则

$$\frac{V_1}{V_7}=1+0.42\times\frac{2}{3}=1.28$$

$$\frac{V_2}{V_7}=1+0.42\times\frac{1}{3}=1.14$$

据实践，采用喷嘴时 $\eta=\dfrac{2}{3}$，$\dfrac{K_\text{头}}{K_7}$ 按试差法可估算得 0.92，则第 1 号火道：

$$\left[\frac{1}{3}+\frac{2}{3}\times0.92\left(\frac{d_7}{d_1}\right)^4\right]\times1.28^2=1$$

$$d_1=\left(\frac{\frac{2}{3}\times0.92}{\frac{1}{1.28^2}-\frac{1}{3}}\right)^{1/4}\times9.4=11.5(\text{mm})$$

同理得　$d_2=10.3$mm。

中间火道不必逐个计算，可按上法计算出焦侧中部第 22 火道喷嘴直径后，以火道号为横坐标，以喷嘴直径为纵坐标，在坐标图上将 7 号～22 号火道喷嘴直径连一直线后，分别查出 3～26 号火道得喷嘴直径。

（2）斜道口开度的排列　进入各立火道的空气量和由火道排出废气量的分布主要取决于斜道口开度的合理排列。斜道口开度的排列应和燃烧室各立火道煤气量供入量的分布对应。

斜道口开度的确定方法与上述喷嘴排列的计算类同，但空气的供入和废气的排出分机、焦侧进行，因此斜道口开度要分别机、焦侧计算。

对双联火道式焦炉，蓄顶以上地区的阻力主要系上升和下降斜道阻力之和，其中斜道口处的

阻力是可调的,靠调节砖厚度来改变。斜道其他部位尺寸一定,故其阻力为不可调。在计算斜道开度时,除按斜道口阻力占斜道总阻力的百分数(JN-43 焦炉为 75% 即 3/4,JN-60 焦炉约为 2/3)计算外,还要考虑炉头处和炉中处蓄顶上升与下降气流间压力差有所不同。在用变量气流方程讨论小烟道内压力分布时,曾得到下降气流时小烟道内外压力差大于上升气流时的内外压力差的结论,故炉头处蓄热室上升与下降气流间的压力差将大于炉中处。据生产实践,JN-43 焦炉,焦侧差 3 ~ 4Pa,机侧差 2 ~ 3Pa。

【例9-7】 平均宽 450mm 的 JN-43 焦炉,若焦侧 15 号火道斜道口开度为 88mm×80mm,计算 26 号火道的斜道口开度。

解:由式(9-14),并 $\eta = \dfrac{3}{4}$, $\sum \Delta p_x \neq \sum \Delta p_7$

可得

$$\left[\frac{1}{4} + \frac{3}{4}\frac{K_{26}}{K_{15}}\left(\frac{F_{15}}{F_{26}}\right)^2\right]\left(\frac{V_{26}}{V_{15}}\right)^2 \frac{\sum \Delta p_{15}}{\sum \Delta p_{26}} = 1$$

式中, $\sum \Delta p$ 为蓄顶以上地区阻力,即蓄顶上升和下降气流间得压力差,若由测量得 $\sum \Delta p_{26} = 55\text{Pa}$,当炉头与炉中处压力差相差 3Pa 时,则 $\sum \Delta p_{15} = 55 - 3 = 52\text{Pa}$, $\dfrac{K_{26}}{K_{15}}$ 按试差法估计约为0.99,

$$\frac{V_{26}}{V_{15}} = \left(\frac{S_{26}}{S_{15}}\right)^{1.8} = \left(\frac{470}{450}\right)^{1.8} = 1.08$$

则

$$\left[\frac{1}{4} + \frac{3}{4} \times 0.99\left(\frac{F_{15}}{F_{26}}\right)^2\right](1.08)^2 \times \frac{52}{55} = 1$$

可得

$$F_{26} = \sqrt{\frac{3 \times 0.99}{4 \times 0.66}} \times F_{15} = 1.061 \times 88 \times 80 = 93.5 \times 80\,(\text{mm}^2)$$

15 ~ 26 号火道间的斜道口开度可按内插法确定。炉头火道的热负荷仍以上式(9-15′)确定后,用同法计算。计算结果见表9-7。

表 9-7　JN-43 型焦炉(450mm 宽)的斜道口实际开度排列

火道号	1	2	3,4	5 ~ 7	8,9	10,11	12,13	14	15 ~ 17	18 ~ 23	24 ~ 26	27	28
调节砖厚 /mm	煤40 空50	85 60	60	57	54	51	48	45	57	54	51	80 55	35 45
斜道口开度 /mm	煤105 空96	60 83	85	88	91	94	97	100	88	91	94	65 90	110 100

注:斜道口宽度机、焦侧 1、2 号火道为120mm,其他火道为80mm。

(3)调节方法　横排温度的调节应在加热制度与直行温度稳定的条件下,并在炉体状况正常,消除可能存在的堵、漏现象前提下,才能有效进行。

横排温度的调节分初调和细调两步进行。初调主要是调加热设备,调匀蓄顶吸力,处理个别高温点和低温点,进一步稳定加热制度。细调目的是使燃烧室在焦饼均匀成熟和合理加热制度条件下,以最少煤气、空气量,达到要求的机、焦侧温差和高的横排温度系数。为此,细调一般先选择相邻 5 ~ 10 个燃烧室进行,以便摸清规律,再推广全炉,主要工作包括核对各调节装置的配置情况,测量横排温度与各立火道及废气盘处的空气系数,检查燃烧情况,调整蓄顶吸力,必要时,还得调整喷嘴和调节砖排列,最后实现燃烧室长向煤气和空气按要求合理分布。

用焦炉煤气加热时,常见的某些横排温度不正常现象、原因及处理方法列于表9-8。

表9-8　燃烧焦炉煤气时横排温度某些不正常原因及处理方法

不正常现象	原　因	处理方法
1. 高温点	下喷焦炉喷嘴不严,掉落或直径偏大,侧入式焦炉烧嘴开裂,底座不严或直径偏大	更换或安装喷嘴、烧嘴
2. 低温点	①喷嘴(或烧嘴)堵塞,直径过小; ②垂直砖煤气道漏气或被石墨堵塞; ③空气量不足	①清透或更换喷嘴或烧嘴; ②砖煤气道灌浆或透掉石墨; ③透斜道
3. 炉头低温	①蓄热室封墙不严或蓄顶吸力过大造成冷空气吸入; ②炭化室炉头开裂使斜道、格子砖堵塞; ③结焦时间过长; ④斜道口开度不够	①严密蓄热室封墙,降低蓄顶吸力; ②修补炉头、清扫斜道和格子砖,必要时更换格子砖; ③控制蓄顶吸力,换大炉头喷嘴,侧入式焦炉必要时在蓄热室侧压孔引入焦炉煤气管给炉头火道供气或水平砖烟道头部当砖圈; ④换薄或拿掉调节砖
4. 双联火道焦炉出现锯齿形横排曲线	①单、双号煤气调节旋塞开度不一致或巴金垫安装不正,可通过测横管压力发现; ②两个交换行程不一致; ③相邻加热系统的吸力和阻力不一致	①调整旋塞开度或摆正巴金垫; ②调节交换拉条行程; ③调节吸力
5. 机、焦侧温差不合要求	①若个别燃烧室,一般系喷嘴或烧嘴堵塞、泄漏或直径不当,也可能机、焦侧吸力不当; ②若全炉性多半系喷嘴或烧嘴排列不当; ③下喷焦炉地下室横管由于气温或风向使终端和末端的煤气温度有差别	①针对情况处理; ②选择几排作试调整后,推广全炉; ③可随季节不同,适当改变喷嘴排列
6. 66型或61型焦炉出现机侧、焦侧倒温差	机侧上升时气体量少于焦侧,产生废气流向焦侧后,使焦侧火道供热不足,为预热焦侧上升的空气所需废热也不够	适当调整焦/机侧煤气流量比和a,一般使焦、机侧流量比略大于计算值,机侧上升时的a又略大于焦侧

表中所介绍的只是某些可能出现的不正常现象,实际生产情况是多变的,应确实掌握横排温度的真实情况,分清是煤气还是空气引起的不正常,找出根本原因进行处理,并检查效果验证所作处理是否正确,从中总结规律,才能调好温度。

3. 蓄热室温度和小烟道温度

(1)蓄热室顶部温度和高温的原因　为了检查蓄热室的蓄热效果,并及时发现蓄热室有无高温、漏火、下火等情况,需在上升气流(烧高炉煤气时,煤气蓄热室测下降气流)测量蓄热室顶部最高温度。

硅砖蓄热室最高温度不应超过1320℃,黏土砖蓄热室最高温度不应超过1260℃,但均不得低于900℃,超过规定时应分析原因,设法处理。

蓄热室温度在正常情况下与炉型、结焦时间和空气过剩系数有关。双联火道焦炉,一般为火道温度的87%~90%,约差150℃。当炭化室和砖煤气道审漏时,煤气漏入蓄热室燃烧,立火道煤气燃烧不完全带到蓄热室与漏入的空气燃烧;烧高炉煤气时,还因蓄热室隔墙不严而漏至空气或下降气流蓄热室而燃烧,或废气循环孔短路使煤气在蓄热室燃烧等,这些都可能出现蓄热室高温事故。尤其当结焦时间过短或过长,炉体衰老时,更容易出现上述情况。蓄热室高温会烧熔格子砖,或将格子砖表面的高炉灰、煤灰等烧结在格子砖上,影响正常加热,使火道低温,焦饼难推。黏土砖蓄热室的焦炉发生高温时,甚至会超过黏土砖的荷重软化点,使格子砖和墙面烧熔,以至炭化室底部下沉,被迫停炉。

因此,发现高温蓄热室号后,应立即开大进风门,使较多冷空气进入,并关小废气盘翻板,减少经过该蓄热室的废气量,使高温蓄热室迅速降温。如炭化室荒煤气漏入立火道燃烧时,应打开相应看火孔盖,使荒煤气部分由火道顶导出炉外,该炭化室装煤初期应打开上升管盖放散,结焦末期应关闭上升管翻板,防止集气管荒煤气倒流至炭化室。在采取上述紧急措施后,应组织力量安排有关部位的检修。

(2)小烟道温度　为了解蓄热室废气热量回收的程度,并及时发现因炉体不严造成的漏气、下火等,需定期测量小烟道温度。小烟道废气温度不应超过 400~450℃,但为保持烟囱应有吸力,该温度也不应低于 200℃。蓄热室格子砖堵塞或下火等均使小烟道温度升高。烧高炉煤气时,煤气和空气蓄热室的小烟道温度应接近,如差别过大一般是废气分配不合适引起,应调节下降气流空气和煤气蓄热室顶部的吸力,以调节废气的分配。

4. 除碳和"爆鸣"

用焦炉煤气加热时,由于焦炉煤气在砖煤气道中部分受热分解,形成的石墨会堵塞砖煤气道及烧嘴,因此,当火道处下降气流,砖煤气道中不通焦炉煤气时,应进入空气烧除石墨——除碳。但进入的空气若与砖煤气道中的残余煤气混合并着火,将发生"爆鸣"。"爆鸣"能使砖煤气道灰浆或烧嘴震漏、脱落,严重影响调温。

ΠBP 型焦炉,有单独的除石墨机控制除碳口盖的开、关时间。由于除碳口盖在换向前 2min 关闭,换向后 2min 打开,除碳口盖严密的情况下,在残余煤气抽尽后再进入除碳空气,避免了残余煤气与空气的接触,故基本没有"爆鸣"现象,但设备复杂。当除碳口盖不严,砖煤气道法兰不严时,仍有"爆鸣"现象。

下喷式焦炉,都采用三通的交换旋塞进行焦炉煤气加热时的除碳,由于在交换机的结构和交换链条的动作顺序上,使三通旋塞旋转 45°(即上升时的煤气通道和下降时的除碳空气通道均处关闭位置)后,先进行废气盘的交换,然后再继续旋转 45°,分别达到除碳及进焦炉煤气的位置,因此同样保证了抽排残余煤气所需的时间,避免了残余煤气与除碳空气的接触,而防止"爆鸣"现象的产生。但有的焦炉仍有"爆鸣"现象,其主要原因有:

1)交换旋塞不严或开关不正,使处于除碳位置时仍漏入煤气而发生"爆鸣"。为此,应将旋塞芯与外壳研磨良好和加强润滑,以加强旋塞严密,并调节交换链条行程、扳杆角度和前后位置,保证旋塞开正关正,还应调整交换旋塞顶丝使弹簧有必要压力(但不能过大使交换拉力超过交换机的负荷)以使旋塞芯和外壳靠紧。

2)下喷式焦炉的地下室小支管、立管的管堵及立管与砖煤气道连接处漏;侧入式焦炉的煤气支管与横砖煤气道连接处漏,使残余煤气尚未抽尽就漏入空气而发生"爆鸣"。

3)下喷砖煤气道窜漏,交换过程中由于吸力较大,把上升侧砖煤气道中的煤气抽入下降侧砖煤气道,与其中除碳空气混合发生"爆鸣"。这种原因所引起的"爆鸣"往往较难消除,因为用灌浆或喷补的办法严密砖煤气道后,只要还有"爆鸣",灰浆就容易掉落,又加重"爆鸣"。故新开工焦炉,在投产或转为正常加热前,应加强砖煤气道的灌浆严密工作。

两分式下喷焦炉由于相邻砖煤气道系同向气流,故"爆鸣"现象较少。66 型焦炉水平砖煤气道和煤气支管较短小,故残余煤气少,且砖煤气道温度较低,因此,也很少产生"爆鸣"。

综上所述,产生"爆鸣"的根本原因是残余煤气和空气的混合,条件是在交换过程中的相互窜漏,防止"爆鸣"的主要措施是严密,以消除残余煤气和空气混合的可能性。

三、烧高炉煤气时的加热调节

以上介绍了烧焦炉煤气时加热调节的基本方法,其中有关影响直行温度和横排温度变化的因素,以及就流体力学而言,通过改变局部阻力系数实现流量调节,做到煤气与空气的合理分配以达到炉温调节的基本原则,同样适用于烧高炉煤气时的加热调节,故不再重述。以下仅就烧高炉煤气时加热调节的特殊性予以讨论。

1. 用高炉煤气加热的特点

用高炉煤气加热焦炉的特点是由高炉煤气的特性所决定的。高炉煤气的性质前已谈到,综合起来有如下特点:

1)含30%左右的CO,毒性大,无臭味,故必须保持煤气管道和设备严密不漏,在进入废气盘后应呈负压。

2)含惰性气体多,发热量低,为达到要求的燃烧温度,高炉煤气要通过蓄热室预热。因煤气和空气均通过各自的蓄热室,且通过加热系统的气体量多,故加热系统的阻力大。

3)由于废气带走的热量多,以及煤气易通过蓄热室主墙及废气砣不严处漏失,故耗热量高。

4)由于含惰性气体多,且可燃物主要为CO,故火焰较长,上下加热均匀性较好,标准温度可比用焦炉煤气加热时稍低。

5)高炉煤气中所含高炉灰,会逐渐在蓄热室格子砖和煤气管道系统中沉积下来,增加这些部位的阻力,严重时将影响正常加热,故要定期进行清扫。

2. 蓄热室顶部吸力的调节

由于煤气和空气均经过蓄热室,而供给各个燃烧室的煤气和空气量由蓄热室顶部的吸力来控制,因此蓄热室顶部吸力的调节是使直行温度均匀的基本手段。此外,蓄顶吸力还影响横排温度的分布。

(1)蓄顶吸力的相互关系和调节手段　用高炉煤气加热时,蓄顶吸力间的相互关系,综合起来有如下几点:

1)下降与上升蓄顶的吸力差,在火道调节砖配置一定的条件下,与通过的气体流量成正比,故应根据该吸力差并对照直行温度调节蓄顶吸力。

2)上升气流煤气蓄热室和空气蓄热室顶部间的吸力差,代表着通过煤气斜道和空气斜道上升的气体量的差别,该吸力差愈小,即通过两斜道的煤气量与空气量愈接近。在$1m^3$高炉煤气燃烧所需空气量小于$1m^3$的情况下,此时的空气过剩系数愈大,应对照直行温度和下降及上升蓄顶吸力差来调节此吸力差。

3)下降气流煤气和空气蓄顶的吸力差,代表着废气在两个蓄热室中的分配量,应对照两个蓄热室的小烟道温度来调节此吸力差。

各燃烧系统的空气量用进风口开度和废气盘翻板调节。增加风口开度,上升与下降气流的蓄顶吸力均减小,但上升蓄顶吸力减小量大于下降蓄顶吸力的减小量,故下降与上升蓄顶间吸力差加大,进风量增加。开大废气盘翻板,使上升与下降气流的蓄顶吸力均加大,但下降蓄顶吸力的增大量大于上升蓄顶吸力的增大量,故下降与上升蓄顶间的吸力差也加大,进风量也增加;反之,则减少。

各燃烧系统的煤气量主要用各煤气分管的孔板(ПВР型焦炉用贫煤气阀开度)调节。增大孔板直径,类似于空气蓄热室增加风口开度,使上升煤气蓄热室吸力降低,但下降与上升蓄顶间吸力差加大,使煤气量增加。开大废气盘翻板时的吸力变化如上述,但对煤气量的影响甚微。可

举下述数值说明，上升气流煤气蓄热室顶部吸力原为40Pa，通过开翻板使其增至42Pa，支管压力

如为600Pa，则煤气量变化大致为 $\sqrt{\dfrac{600+42}{600+40}}=1.002$，即增加0.2%。同样情况，对空气蓄热室而

言，因进风口处相对压力为零，则空气的变化大致为 $\sqrt{\dfrac{42}{40}}=1.024$，即增加了2.4%。两者相比，

空气的影响量约为煤气的12倍，故一般改变废气盘翻板开度对煤气量的影响可忽略不计。

（2）蓄顶吸力均匀性的调节——直行温度均匀性的调节　蓄顶吸力调节的基本要求和烧焦炉煤气时相同，不再重述。现对照JN-43型焦炉气流途径示意图，讨论一些例子。

1）如蓄顶吸力的相对值及有关燃烧室的温度和 a 如下表所列，试做分析。

蓄热室号	上升煤气/Pa	下降煤气/Pa	直行温度/℃	a
4	0	−1	+15	双火道 a 小
5	2	−2	+10	单火道 a 小
6	1	0	−3	

由吸力值可见，5号煤气蓄热室上升气流吸力值偏正（相对压力偏大），而且，5号→4号的压差比标准大 2−（−1）=3，5号→6号的压差比标准大 2−0=2，且4号和5号燃烧室温度偏高，a 偏小，说明5号蓄热室煤气供应量偏大，可换小5号蓄热室的孔板。这样5号煤气和空气蓄热室上升气流的相对压力值将减小（吸力增加），4号和6号蓄热室下降气流的相对压力值也将减小，即表中数值将偏负，因为它们与3号和6号燃烧室相通，故在调节中还要考虑对该两燃烧室温度的影响。

2）如上例中系4号燃烧室单号火道和5号燃烧室双号火道 a 偏大。因为温度的高低不仅由煤气量决定，还受 a 的影响，故 a 偏大，火焰短，也会使火道温度稍高，此时可适当关小5号蓄热室的废气盘翻板。因JN-43型废气盘系双叉部结构，故5号煤气和空气蓄热室的下降吸力均会减小（即表中负值减小），这时由4号→5号的压差也可比 0−（−2）=2 减小，6号→5号的压差也将小于 1−（−2）=3。但这时还应考虑4号和6号蓄热室上升气流对3号和7号蓄热室下降气流的影响，而3号、7号蓄热室又会影响到2号、3号和6号、7号燃烧室的气体量分配，不过影响愈来愈小，一般由于变动量较小，这里的影响可不予考虑。

如蓄顶吸力及相应温度和 a 有如下数值。

蓄热室号	上升蓄顶/Pa		下降蓄顶/Pa	直行温度/℃	a
	煤气	空气			
4	0	−3	−1	−15	双火道 a 小
5	2	0	−2	−10	单火道 a 小
6	1	−3	0	−3	

与前例所表数值基本相同，但温度却相反而偏低，由5号→4号及5号→6号的压差均比标准大。又从燃烧情况看 a 小，说明煤气量不少。但从5号蓄热室上升煤气和上升空气相比，压差仅2（较小），且空气蓄顶值为零（应偏负），说明空气量少。这时可开大4号和6号蓄热室废气盘翻板，增加由5号空气蓄热室上升的空气量，以提高4号和5号燃烧室温度。此时，4号和6号蓄热室下降气流的吸力加大，应考虑对3号和6号燃烧室的影响。

3）若蓄顶吸力、相应温度和 a 如下表所列，试分析。

表中5号→4号蓄热室压差比标准仅大2-1=1,而5号→6号蓄热室的压差却比标准大2-(-3)=5,这时与5号蓄热室连接的4号、5号燃烧室温度一为负一为正,说明气体分配不当,此时可关小6号,开大4号蓄热室废气盘翻板。但这时要照顾对3号和6号燃烧室的影响。

一般炉况较好的焦炉,蓄顶吸力的调节范围应与标准蓄热室相比,上升气流为±2Pa,下降气流为±3Pa。

蓄热室号	上升气流/Pa	下降气流/Pa	直行温度/℃	a
4	0	1	-8	正常
5	2	3	+10	正常
6	1	-3	-3	

以上调节实例是高炉煤气加热时,测调吸力最基本的一些情况,可大致总结如下:

1)当上升煤气蓄顶测得值偏正(即吸力小于标准),与其相连的下降气流蓄顶间压差也偏大,且直行温度偏高,一般系煤气量多(可参照燃烧情况),此时应减煤气量;反之,则加煤气量。

2)当上升煤气蓄顶测得值偏正,上升与下降蓄顶压差也偏大,但温度偏低,a偏小,系空气量不足,应开废气盘翻板;反之,则关小。

3)当相邻燃烧室的直行温度一高一低时,应对照供应该两燃烧室煤气的蓄热室与前后相连接的下降气流蓄热室的压差,如也是一大一小时,则因分配量不均所造成,可调节前后号下降气流蓄热室废气盘翻板。

4)当同一号煤气、空气蓄热室的小烟道温度差别较大时,应对照该两蓄热室的下降吸力与该两蓄热室相连的蓄热室顶压力差,调节废气的分配。

由于各燃烧系统都互相联系,故变动某蓄热室的调节装置必须考虑相关蓄热室吸力变化和相关燃烧室的温度变化。此外,由于各燃烧室的单双号火道和不同的蓄热室相连,因此,调吸力时还要考虑测温火道的单双号,判断燃烧情况,以直行温度均匀为目的,用调节和稳定蓄顶吸力来调节和稳定炉温。

当焦炉炉龄较长,各部位堵、漏情况不一时,各蓄热室顶部的吸力和调节装置很难保证全炉均匀一致,故蓄顶吸力的调节还要考虑炉体和设备各方面存在的缺陷。例如,同号煤气和空气蓄热室窜漏时,与其相连的燃烧室就难以保证正常的燃烧和要求的温度,这时就应减少该两蓄热室顶的吸力差,以减少窜漏。又如,5号蓄热室与5号燃烧室相连的斜道堵塞,当5号→6号蓄顶吸力差与5号→4号蓄顶吸力差相同时,则5号燃烧室的温度必低于4号燃烧室,这时就必须加大5号→6号的蓄顶吸力差。再如,当空气蓄热室堵塞时,若保持与其他蓄热室相同的进风门开度时,该蓄热室上升时的吸力就会增大,进风量不足,因此必须增加其进风口开度。

总之,对老龄焦炉的调节,要求做更细致的工作,切实掌握不正常炉号、设备和调节装置的情况,作详细记录,给这些炉号规定特殊的吸力制度,并加强检查和监督。

大型焦炉烧高炉煤气时,根据生产实测大致有如下经验数据:1)孔板直径±2mm:上升煤气蓄顶吸力±2~3Pa,当a合适情况下,火道温度可±10~20℃。2)上升与下降蓄顶吸力差±1Pa:火道温度可±10℃。3)进风口小铁板±5mm:上升空气蓄顶吸力±3~4Pa,下降蓄顶吸力±1~2Pa。

(3)边蓄热室顶部的吸力　由于边燃烧室所需的煤气量和空气量应为中部燃烧室的70%~75%,如边燃烧室的斜道口开度与中部一样时,则与边燃烧室相连的蓄热室上升与下降间的吸力差应为中部的$0.7^2 \sim 0.75^2 = 0.49 \sim 0.56$。因此,边蓄热室上升时吸力应大于中部,下降时应小于中部,靠近该蓄热室的边内蓄热室尚应有过渡吸力。

为了避免这种复杂的情况,近来设计的焦炉,一般都在边燃烧室的斜道口补加了厚度为 25 ~ 30mm 的调节砖,以减小斜道口开度和增加斜道阻力。这时边蓄热室和边内蓄热室可保持与中部大致相同的蓄顶吸力,通过边燃烧室的煤气量和空气量则仍保持为中部的 70% ~ 75% ,边蓄热室和边内蓄热室的调节装置开度则相应小些。

无论上述斜道口是否加放调节砖,蓄顶吸力的控制应以边燃烧室的温度为准。由于边炭化室炉墙容易变形,燃烧室温度较低时,容易引起生焦而难推,故应保证边燃烧室具有与中部燃烧室相同的温度标准。由于边燃烧室的温度波动性大,因此必须重视边蓄热室吸力的稳定。

3. 横排温度的调节

(1)斜道口的开度　用高炉煤气加热时,煤气和空气均通过斜道进入各火道,因此横排温度的调节首先靠斜道口开度的合理排列。焦炉斜道口开度的排列计算方法如前所述。

设计的斜道出口断面在投产后应按横排温度进行调节,通常应选出 10 个燃烧室进行试验,调节时在 5 ~ 20mm 范围内可拨调节砖。在燃烧完全的情况下,拨煤气斜道口的调节砖对温度的大致影响为:

拨砖距离/mm	温度变化/℃
5	5 ~ 10
10	10 ~ 15
15 ~ 20	15 ~ 20

拨砖无效时,需更换不同厚度的调节砖。在调节过程中,一定要使各燃烧系统阻力一致,否则会造成蓄顶吸力紊乱,影响调吸力。因此,如焦中温度高,焦头温度低时,可加厚焦中调节砖或减薄焦头调节砖,但必须 10 个燃烧室选用同一办法试调。

根据我国 JN-43 及大容积焦炉烧高炉煤气的实践表明,按计算方法所确定的斜道口开度,基本满足横排温度均匀分布的要求。

(2)蓄顶吸力对横排温度的影响　当调节砖排列固定的情况下,上升气流蓄热室顶部吸力的变化对横排温度有一定的影响。因此,当调节砖排列基本固定后,在结焦时间一定、进入各燃烧系统流量一定,也即下降与上升气流蓄顶吸力差一定的情况下,可以采取不同手段改变上升气流的蓄顶吸力来适当调节横排方向的气流分布,以在一定范围内调节横排温度。有以下两种典型例子:

1)在废气盘翻板开度不变的条件下,为增加上升气流蓄顶吸力,可减小进风口开度,并开大分烟道翻板,使下降与上升气流的蓄顶吸力差保持不变(即流量不变)。此时,由于经过风口的气流速度加大,促使炉头处静压减小,上升空气量减小,而炉中处则静压加大,空气量增加。这就使进入中部火道的空气量增加,头部的空气量减小。若原来火道内燃烧的 a 偏大时,则中部温度可能降低,头部温度可升高些。如原来火道内燃烧的 a 偏小,则中部温度可提高,头部温度将降低。

2)在煤气加减旋塞开度不变的条件下,为增加煤气蓄顶吸力而提高废气砣杆的高度,但为使下降与上升煤气蓄顶吸力差不变,可适当降低主管压力。此时,经过燃烧系统的流量不变,但由于下降气流废气砣杆高度增加,经过此处的气体流速减小,造成炉头处静压增加,炉中处静压降低。由于下降气流时靠火道底的静压与小烟道的静压差流动,对双联火道焦炉各火道底的静压基本一致,则炉头处压差小,下气流量少,炉中处压差大,下气流量就多,亦可适当调节各火道的气体量分布,从而影响横排温度的分布。

因此,当蓄顶吸力制度确定后,为稳定横排温度的分布,必须稳定蓄顶吸力。

（3）焦炉煤气混合比对横排温度的影响　增加高炉煤气中的焦炉煤气混合比,可以提高燃烧室炉头火道的温度,这是因为混合比加大,使进入蓄热室的煤气量减少。在孔板尺寸不变的情况下,降低气流在小烟道的流速,使小烟道头部的煤气静压相对增加,并减小了小烟道两端的静压差,使头部的气流上量相对增加。此外,由于高炉煤气中含有 H_2 量增加,进入蓄热室后,H_2 容易在炉头上升而增加炉头煤气热值。故增加焦炉煤气混合比,有助于头部火道温度提高.

（4）炉体缺陷对横排温度的影响　蓄热室格子砖被高炉灰、随空气抽入的粉尘或窜漏荒煤气带来的游离碳等积存而堵塞,引起横排温度分布变化,这类现象在一些旧焦炉上是常见的。由于这些灰尘在各蓄热室中的分布都是不均的,因此影响了气体的均匀分配。积存在格子砖的浮灰可用吹风的办法消除,以改善蓄热室长向的气流分布。但灰浆、熔渣甚至格子砖局部烧熔等,就难以用吹风消除。根据工厂的生产经验可采取下述办法调节横排。

1）更换适当的孔板,使整个蓄热室多上点煤气,阻力大的部位煤气上量够用,温度能上去,阻力小的部位煤气过量,使相应火道温度反而压下一些,这种处理办法往往受蓄顶吸力的波动影响很大,且孔板尺寸不适当时,横排曲线反而会倒过来,且浪费一定量的煤气。

2）下喷式焦炉,可在低温火道单独供给焦炉煤气。

3）拨调节砖,使与蓄热室阻力大的部位相连的斜道口开大,但这样可能因煤气及空气斜道吸力差太大而相互窜漏。

4）最有效的办法是扒蓄热室,更换格子砖,但工作量大,蓄热室墙因受温度剧变而易损坏。

斜道的堵塞和窜漏也是旧焦炉上常碰到的问题,斜道堵塞使火道得不到燃烧所需的空气和煤气,使相连火道造成低温。斜道窜漏时,由于煤气漏到空气斜道中提前燃烧,使斜道温度提高而火道温度降低,即所谓"白眼"。斜道如系浮灰堵塞,可以用工具捅掉,如系熔渣挂结就难以消除,有的厂曾用氧气烧熔的办法解决。斜道窜漏可以喷补,但灰浆容易堵格子砖。也有用改变斜道口开度或调节蓄顶吸力的办法,使两斜道内的吸力一致,减少窜漏。

总之,旧焦炉上的炉体、设备可能出现各种情况,应采取相应手段调节横排温度。

综上所述,高炉煤气加热时的调温技术比较复杂,出现的问题也可能多一些,为了充分利用钢铁企业中的高炉煤气,省出热值高并能作为化工原料的焦炉煤气供应其他部门,做到综合利用和煤气的综合平衡,一切有条件的焦炉均应创造条件使用高炉煤气。一些长期工作在用高炉煤气加热的焦炉上的调火工人反映,当调节正常后,炉温的稳定和控制远比焦炉煤气加热的焦炉为好,工作量也轻,还有利于实现焦炉加热的自动调节。

第三节　焦炉加热的自动优化控制

焦炉加热应随装煤条件（装煤量、装炉煤水分、堆密度）,操作条件（结焦时间、火道温度、焦饼温度）和加热煤气特性（煤气热值、温度、压力和密度）的变化及时调节,以保证焦饼按时、均匀成熟。为实现焦炉加热的最优化自动控制,应包括以下环节:1）上述各种操作参数的在线测量和数据采集;2）根据所确定的控制目标建立相应的加热控制工艺模型;3）根据控制模型和控制算法,确定供热参数和调节控制参数;4）加热实际结果与控制目标的比较、优化以及模型自学习。实现焦炉加热的最优化控制,不仅可以改善劳动条件、提高劳动生产率、稳定焦炭质量,而且可以使焦炉在接近极限温度下操作,以缩短结焦时间,提高焦炉生产能力,或在规定的结焦时间下,以最佳的焦饼温度（焦炭质量）、最低的炼焦耗热量实施焦炉加热,与此同时对焦炉生产管理模式带来新的变革。

一、控制系统

自 1973 年日本钢管公司在福山厂 5 号焦炉上首次开发用计算机控制焦炉加热以来,世界上许多钢铁公司已经先后开发了十余种焦炉加热的最优化控制系统(见表 9-9),这些控制系统可归纳为炉温反馈调节系统、前馈供热量控制系统和前、反馈结合的供热控制系统等三种基本类型,配合这些系统实施了多种加热过程的监视手段或操作指导,并建立了相应的工艺控制模型。

表 9-9　焦炉加热量优化控制系统概况

类型	系统名称	开发单位	实施时间	控制方式	效　　　果	参考文献
反馈调节	焦炉燃烧控制系统 coke oven combustion control system (CCCS)	日本钢管公司	1973 年福山 5 号炉 1975 年京滨 1 号,2 号炉 1985 年福山 4 号炉 1988 年福山 3 号炉	图 9-7(a) 炉组和每个燃烧室最优化控制	1)炉组平均温度偏差 2℃; 2)燃烧室温度偏差 7℃; 3)结焦时间波动 23min; 4)炼焦耗热量下降 146kJ/kg	Ironmaking Proc. 48th, 1989, 421 ~ 425
	自动炼焦控制系统 automation combustion control system (ACCS) automation coking control (ACC)	新日本钢铁公司	1976 ~ 1978 年开发, 1982 年于八幡厂建成, 1987 年已有 21 座焦炉使用	图 9-7(b) 炉组最优化控制; 各燃烧室操作指导系统	1)炉组火道平均温度偏差 1.9℃; 2)结焦时间偏差 10min; 3)炼焦耗热量下降 117kJ/kg	Ironmaking Proc. 43th, 1984, 181 ~ 187;第一届炼焦国际会议论文集,286 ~ 295
	计算机自动控制系统	中科院新疆物理研究所,上海焦化厂	1983 年上海焦化厂 4 号炉	图 9-7(c) 炉组最优化控制	1)降低加热煤气耗量 1.5%; 2)全炉平均温度昼夜波动 ±5℃; 3)蓄顶温度偏差 15℃	炼焦化学, 1984. No5. 12 ~ 28
	焦炭最终温度控制 coke end temperature control(CETCO)	荷兰霍戈文钢铁公司	1983 年艾莫依登厂	图 9-7(b)、(c) 焦饼最终温度作主回路控制,蓄顶温度作副回炉控制	焦饼终温的标准偏差小于 20℃	Ironmaking Proc. 43th. 1984, 209 ~ 214; The coke oven manager's yearbook. 1987,58 ~ 65
	CCCS	日本钢管公司	美国共和钢铁公司华伦焦化厂 4 号炉	图 9-7(a) 为消化引进按四个不同控制水平,从简单的增减煤气量到对每个炭化室的优化控制进行操作	1)炼焦耗热量降至 2258kJ/kg; 2)焦炭稳定度指标提高 1.0% ~ 1.5%	Ironmaking Proc. 43th, 1984, 197 ~ 204
	下部燃烧自动控制系统(与 CCCS 类同)	住友金属公司	1983 年鹿岛厂引进后作了改进,用传热模型预测火道温度	图 9-8(a) 炉组和每个燃烧室最优化控制	1)炼焦耗热量减少 83 ~ 105kJ/kg; 2)DI_{15}^{30} 标准偏差为 0.05%	第一届炼焦国际会议论文集.271 ~ 280

续表9-9

类型	系统名称	开发单位	实施时间	控制方式	效　　果	参考文献
前馈控制	焦炉组前馈加热控制 Feedforward heating control for coke batter's	美国钢铁公司	克莱尔顿焦化厂 B 号焦炉	图 9-8(a) 炉组最优化控制	1）炼焦耗热量减少 116kJ/kg；2）焦炭水分标准偏差 0.4%	Ironmaking Proc. 43th. 1984，205 ～ 209
	焦炉加热闭路控制	美国伯利恒钢铁公司	1984 年用于雀点厂 A 号焦炉	图 9-8(a) 用目标焦饼温度，结焦时间预测供热量；炉组优化控制	1）炼焦耗热量降低 160kJ/kg；2）减少了因焦炭不熟引起的环境污染	Ironmaking Proc. 45th. 1986，103 ～ 106；48th，1989，427 ～ 434
	焦炉加热控制系统 coke oven heating control system(C. O. H. C.)	美国凯塞公司	宝钢焦炉引进	按人工设定的炼焦耗热量并结合装煤量，装煤水分，煤气热值确定供热量		燃料与化工，1989，No. 5，11 ～ 15
	有规律的自动调节间歇加热系统 chauffage ovec regulation automatigue de Laqause par ordinateur(CRAPO)	法国碳化研究中心（CERCHAR）和标准研究所（IRSID）	1982 年末于法国索尔莫公司福斯焦化厂	图 9-8(b) 炉组最优化控制	1）热耗下降3%；2）过剩空气下降29%；3）每炉加热间歇时间 1 ～ 1. 5min	Ironmaking Proc. 42th. 1983，261 ～ 268
	CODECO 分级供热系统	德国埃森煤炭研究公司,奥托,卡尔-斯蒂尔公司	埃米尔试验厂，普罗斯帕焦化厂（仅用于试验炉）	按程序分段逐级加热	炼焦耗热量降低 195kJ/kg	Ironmaking Proc. 38th. 1979，46 ～51
前馈反馈结合控制	加热自动控制的 ABR 系统	德国卡尔-斯蒂尔公司	普罗斯帕焦化厂，奥斯德菲特焦化厂，韩国波汉钢铁公司	图 9-9 炉组优化控制和各燃烧室操作指导系统	炼焦耗热量降低 200kJ/kg 以上	Ironmaking Proc. 47th. 1988，253 ～ 259；1989，435 ～ 437；第一届炼焦国际会议论文集，265 ～270
	焦炉加热控制的 CRM 系统	比利时冶金研究中心	比利时科凯里尔-萨姆布拉的马尔谢（CSM）焦化厂	与图9-9类同炉组最优化控制和各燃烧室操作指导系统，用粗煤气温度判定结焦终点确定焦炉温度		第一届炼焦国际会议论文集，296 ～303

类型	系统名称	开发单位	实施时间	控制方式	效　果	参考文献
炉温信息开发	计算机扩大焦炉炉温信息	加拿大	多法斯科焦化厂	校正焦炉实测火道温度,消除结焦时刻影响,提供各燃烧室操作指导系统	标准温度降低15℃,供热量减少2%	Ironmaking Proc. 44th. 1985, 103～108
		中国华东冶金学院	1987年始于南京钢铁厂焦化分厂,1991年于苏州钢铁厂通过江苏省鉴定		供热量减少3%	燃料与化工,1989,No.6,18～23
前馈、反馈结合控制	焦炉加热优化串级控制系统(CCS)	安徽工业大学	1997始于马钢焦化厂,目前已经在国内30余座焦炉上推广使用	炉组最优化控制	1)炉组平均温度偏差2℃; 2)燃烧室温度偏差5℃; 3)炼焦耗热量下降3.4kJ/kg; 4)焦炭质量提高	燃料与化工2003 No.4,18～2

（1）炉温反馈调节系统　这种系统的特点是根据实测火道温度、结焦终了时间或焦炭温度与目标火道温度（或标准温度）、目标结焦终了时间或目标焦炭温度的偏差,并考虑炉温的滞后因素来调整炉组加热煤气供热量的设定值,以实现焦炉加热的最佳控制。与此同时一些控制系统还根据炭化室成焦终了的判断,炭化室墙面温度的测量或焦饼（或红焦）温度及其分布的测量提供各燃烧室调节的操作指导。这类系统的基本控制方式如图9-7所示。

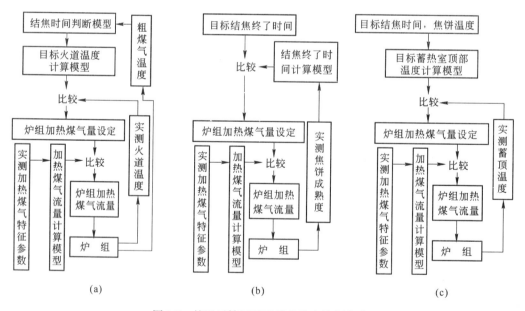

图9-7　炉温反馈调节系统的基本控制方式

（2）前馈计算供热量控制系统　这种系统的特点是根据煤料的性状和焦炭的平均温度计算炼焦热,再根据装煤量、生产任务、废气热损失和散热等通过热平衡计算炼焦耗热量,最后根据煤气热值、空气过剩系数等算出焦炉供热量,并用实测焦饼温度校正炼焦耗热量。这类系统的基本控制方式如图9-8所示。

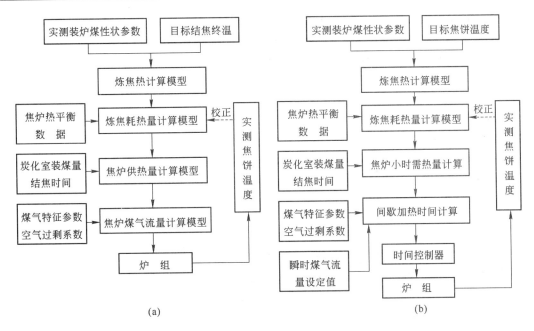

(a)　　　　　　　　　　　　(b)

图 9-8　前馈控制系统的基本控制形式

（3）前馈、反馈结合的供热控制系统　这种系统是以装煤量、装炉煤性状、焦炉生产任务等为输入函数，由供热模型计算目标炼焦需热量，然后用实测的炭化室炉墙温度并由此计算的全炉平均温度校正供热量，再根据煤气特征参数确定焦炉加热用煤气量。这类系统的基本控制方式如图 9-9 所示。

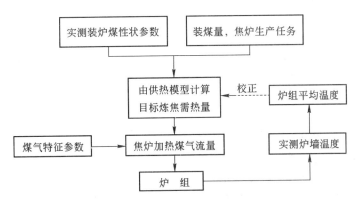

图 9-9　前馈、反馈结合的控制系统

在上述各种控制系统中均设有烟道吸力的控制环节，用废气的含氧量自动检测单元与设定空气过剩系数比较，指导烟道翻板的开度实现烟道吸力控制。除上述控制系统以外，还有按需供热的 CODECO 程序加热前馈控制系统和用计算机开发炉组加热信息的操作指导系统。

二、控制系统配置与参数检测

实现焦炉加热的最优化控制，首先要解决炉温与成焦的及时监测，各类系统采用的方法大致有如下几种。

（1）火道温度　日本钢管公司开发了在炉顶钻孔安装热电偶的技术，实现对火道温度的连续测定。美国共和钢铁公司华伦厂采用相同方式测量火道温度,但为保证热电偶寿命,用 N_2 对热电偶进行氮封并与报警系统连接,以保证热电偶不受污染。新日铁与比利时 CSM 焦化厂的控制系统中均用带刚玉炉套的热电偶插入立火道顶部测量废气温度,实现对立火道温度的连续监视。

（2）蓄热室顶部温度　由于炉顶条件恶化,荷兰霍戈文钢铁公司和我国上海焦化厂、鞍钢化工总厂等均在蓄热室顶部安装热电偶实行对燃烧废气温度的连续测定,并找出和火道温度的对应关系,用以代表火道温度。

（3）红焦温度　日本钢管、美国伯利恒钢铁公司雀点厂、法国索尔莫-福斯厂和美钢联克莱尔顿焦化厂均用导焦栅上安装的遥感高温计,在推焦过程中连续测定红焦温度以掌握焦炭成熟度和燃烧室高向、长向温度的均匀性。荷兰霍戈文钢铁公司利用安装在熄焦塔前面的高温计测定熄焦车内的红焦温度以判定结焦终温。

（4）炭化室墙面温度　日本、德国、比利时的一些焦化厂均用安装在推焦杆头不同高度的红外线探头在推焦时,连续测定炭化室墙面温度,以监视燃烧室高向和长向的温度分布。

（5）成焦的判断　除了用直接测定红焦温度判断焦炭成熟度外,还常用粗煤气温度判断成焦终点。日本、比利时的一些焦化厂均采用测量上升管桥管处粗煤气温度的变化判断成焦终点。

以上各种连续监视措施可以及时分析焦炉加热和成焦情况,作为加热控制的反馈信号或计算工艺模型的参数。

三、工艺模型及应用

各种控制系统均需要建立相应的工艺模型,如 CCCS 系统的目标火道温度计算模型、德国 ABR 系统的供热输入模型,ACC 系统的成焦时间计算模型等。

（1）CCCS 系统的目标火道温度计算模型

$$\theta_{c(j)} = K_1 \times H(j)/NCT(j) \tag{9-16}$$
$$\theta fo(j) = K_2/(NCT+ST)(j) + K_3 \times C(j) \times TM(j) + KF(j) + f[\theta_{c(j)}] \tag{9-17}$$

式中　θ_c——炭化室焦饼温度预测值;

H——装煤后经过的时间;

NCT——目标成焦时间(火落时间);

θfo——目标火道温度;

ST——目标焖炉时间;

C——炭化室装煤量;

TM——装炉煤水分;

K_1、K_2、K_3——由焦炉实际生产数据得出的系数;

KF——用前一结焦周期的信息解出的目标火道温度;

j——炭化室号;

$f[\theta_c]$——炭化室焦饼预测温度的函数值。

（2）ACCS 系统的预设火道温度计算模型

$$T_{SP} = T_B + a(WR-110) + b(TW-8.5) + c(Q) \tag{9-18}$$

式中　T_B——标准操作条件(焦炉作业率 $WR=110\%$,装炉煤水分 $TW=8.5\%$)下的火道温度,

作业率 $= \dfrac{每日推焦炉孔数}{焦炉总炉孔数} \times 100\%$;

Q——根据炼焦条件调整后的焦炉输入热,kJ/kg;

a——作业率与温度的转换系数,℃/%;

　　　　b——装炉煤水分与温度的转换系数，℃/%；

　　　　c——输入热与温度的转换系数，℃/kJ/kg。

　　（3）ACC 系统的成焦时间计算模型

$$成焦时间 = A \times T_{max} + C \tag{9-19}$$

式中　T_{max}——上升管桥管处粗煤气温度变化曲线中达到的最大峰值；

　　　　A、C——与炉组特征有关的常数值。

　　据此式预测的结焦终了时间与目标成焦时间的偏差计算焦炉加热的供热量，并据式（9-18）计算预设火道温度。

　　（4）住友金属的控制系统中焦炉总供热计算模型　利用炭化室煤料的传热模型根据预定的输入热量和给定结焦时刻计算火道温度，得到火道温度随结焦时间变化的预测双抛物线温度曲线，取其平均值作为预测的火道温度。再利用结焦时间与火道温度的回归方程，可以从给定的目标结焦时间计算目标火道温度 TF：

$$1/TF = a_0 + a_1\tau_c + a_2D + a_3M \tag{9-20}$$

式中　　　τ_c——目标结焦时间，h；

　　　　　D——装炉煤堆密度，kg（干煤）/m³；

　　　　　M——配煤水分，%；

　　　　　a_0、a_1、a_2、a_3——回归系数。

通过预测火道温度与目标火道温度的比较计算出输入热量的调节量，从而确定焦炉的总供热。

　　（5）德国 ABR 控制系统中确定前馈供热量的经验工艺模型

$$Q_m = f(\tau、m、w、VM、\rho、n) \tag{9-21}$$

式中　τ——结焦时间；

　　m——装煤量；

　　w——装炉煤水分；

　VM——装炉煤挥发分；

　　ρ——装炉煤粒度与堆密度；

　　n——修理与维护的炉孔数。

　　并根据设定的火道温度与实测炉墙温度得出的火道温度间的偏差作供热量的反馈调节。

　　（6）美国 COHC 控制系统的煤气流量控制模型

$$煤气流量 = （装煤量 \times 煤质因子 \times 平均炼焦耗热量 \times 煤气校正因子 \times$$
$$炉墙条件因子）/ 煤气的 Wobbe 指数 \tag{9-22}$$

　　煤气校正因子包括煤气水分、温度、压力的校正；煤质因子主要考虑装炉煤水分的影响；炉墙条件因子是用于考虑个别炉孔因特殊情况关闭煤气时使炉组总供煤气量的调整；平均炼焦耗热量由生产稳定期得到的焦炉平均耗热量；

$$Wobbe 指数 = 煤气热值/ \sqrt{煤气相对密度（空气 = 1）}$$
$$装煤量 = 每天装煤炉数 \times 每炉装煤量$$

　　（7）计算机扩大炉温信息系统中校正温度计算模型　结焦周期中火道的双抛物线可分段对每一抛物线拟合成一元二次方程式。

$$t = a_0 + a_1\tau + a_2\tau^2 \tag{9-23}$$

式中　t——火道的瞬时温度，℃；

　　　τ——与燃烧室同号的炭化室所处结焦时刻，h；

a_0、a_1、a_2——回归系数。

该抛物线的均值 $\bar{t}$ 为

$$\bar{t} = \frac{1}{n}\int_0^n (a_0 + a_1\tau + a_2\tau^2)\,d\tau \tag{9-24}$$

式中　n——抛物线的结焦时刻区间。

为消除结焦时刻对火道温度的影响,将任一时刻测得的温度 t_a 校正到上述均值水平温度 t_c (校正火道温度),其校正量 Δt_i 随结焦时刻而变。

$$\Delta t_i = (a_0 + a_1\tau_i + a_2\tau_i^2) - \bar{t}$$
$$t_c = t_a \pm \Delta t_i$$

式中,t_a 处于均值线下面时,Δt_i 取正,反之则取负值。

上述工艺模型均结合焦炉特征,通过试验、调整,对采集的大量数据处理后建立。

四、智能控制与控制算法

焦炉的加热系统一般由相互关联的两个子系统即立火道温度系统和吸力系统(即燃烧室和烟道的负压控制系统)构成,它是一个双输入双输出的系统,但由于吸力系统的工作频率远高于温度系统,因此可将它分成两个独立的子系统。焦炉立火道温度控制系统是典型的大惯性、非线性、特性参数时变的系统,并且在生产过程中,还经常受到诸如延时推焦、变更结焦时间、装炉煤水分波动等因素的干扰,故采用常规的 PID 控制难以保证炉温的稳定。根据生产要求,炉温的波动应在标准温度 ±6℃ 范围内,但实际生产中,在受到较大干扰下,炉温的波动往往超出 ±6℃ 的范围。为此,常用模糊控制算法或多模式模糊控制,以解决焦炉参数多和不稳定性等问题。图 9-10 为多模式模糊控制图。

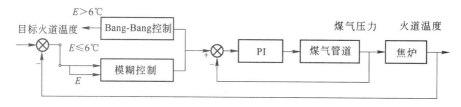

图 9-10　多模式模糊控制图

当生产工况有变动时,温度的变化往往会超过 $(-6, +6)$℃ 范围,若仍采用上述方法,由于焦炉的大惯性,必然会导致超调量大,调节时间过长。针对上述情况,在控制过程中增加了一个预测部分。即首先对温度的偏差进行判断,当 $e(k)$ 的范围不超过 $(-6, +6)$℃ 时,采用模糊控制;若温度超过上述范围,则控制输出调到上限值或下限值即 Bang—Bang 控制。这样既保证了控制的精度,又保证了被控对象的快速性。

1. 模糊控制器的设计

模糊控制系统,其核心部分是模糊控制器。也就是说,模糊控制器的性能将决定该系统的控制性能的好坏;而模糊控制器自身性能又决定于模糊语言规则和合成推理。在通常情况下,模糊控制器一旦设计完成,其语言规则和合成推理往往是确定的,也就是不可调整的。但是,对于某些场合,为了使一类模糊控制系统具有更强的通融性,使它能适用于不同的被控对象,而同时能获得满意的控制特性,这就要求模糊控制器具有自调整性能。这样提出了一类控制规则可调整的模糊控制器的设计问题。

在简单模糊控制器的设计中,如果将误差 E、误差变化 EC 及控制量 u 的论域均取得相同,则

简单模糊控制器的控制规则可以用一个解析表达式来概括为

$$u = -\langle (E + EC)/2 \rangle \tag{9-25}$$

式中，E、EC 及 u 都是经过量化的模糊变量。

从(9-25)式描述的控制规则可以看出，控制作用取决于误差及误差变化，且二者处于同等加权程度。为了适应不同被控对象的要求，在(9-25)式的基础上引进一个调整因子 α，则可得到一种带有调整因子的控制规则

$$u = -\langle \alpha E + (1 - \alpha)EC \rangle \quad \alpha \in (0,1) \tag{9-26}$$

式中，α 为调整因子，又称加权因子。通过调整 α 的值的大小，可以改变对误差和误差变化的不同加权程度。下面结合焦炉火道温度的控制对模糊控制器进行设计，并通过仿真说明调整因子 α 对控制性能的影响。

2. 精确量的模糊化

在控制系统中，误差 e 及其变化 ec 的实际变化范围，称为误差及其变化语言变量的基本论域。设误差的基本论域为 $[-e, e]$ 以及误差所取的模糊集合的论域为 $X = \{-n, -n+1, \cdots, 0, \cdots, n-1, n\}$，其中 e 表征误差大小的精确量，n 是在 $0 \sim e$ 范围内连续变化的误差量化后分成的挡数，它构成论域 X 的元素。在实际的控制系统中，误差的变化一般不是论域 X 中的元素。在这种情况下，需要通过所谓量化因子进行论域变换，其中量化因子 k 的定义是 $k = n/e$。

设焦炉的火道温度的目标值为 T_f，实测值为 T_c，则：

火道温度偏差　　　　　$e(k) = T_f - T_c$, 　　　　　　　$e(k)$ 为当前时刻偏差

火道温度的变化趋势　　$\Delta e(k) = e(k) - e(k-1)$, $e(k-1)$ 为前一采样时刻偏差

取偏差 $e(k)$、变化趋势 $\Delta e(k)$ 以及控制输出 $U(k)$ 的语言变量分别为 E、EC 和 U, 它们的论域为：

$$E = \{-6、-5、-4、-3、-2、-1.0、+1、+2、+3、+4、+5、+6\}$$
$$EC = \{-6、-5、-4、-3、-2、-1.0、+1、+2、+3、+4、+5、+6\}$$
$$U = \{-6、-5、-4、-3、-2、-1.0、+1、+2、+3、+4、+5、+6\}$$

生产过程中实际的温度波动在 $(-10, +10)℃$ 内，为了改善控制系统的静态指标，故将温度的基本论域 E 压缩为：$(-6, +6)℃$。温度变化趋势 EC 的基本论域为 $(-4, +4)℃/20min$，控制输出 U 的基本论域为 $(-500, +500)m^3/h$。所以，量化因子 $k_e = 6/6 = 1$。同理，误差变化的基本论域与模糊集合的论域选取同误差变化，得到量化因子 $k_{ec} = 3/2$。对于系统控制量的变化 u，基于量化因子的概念，定义 $k_u = u/n$ 为其比例因子。比例因子为 $k_u = 500/6$。

一旦量化因子 k 选定，系统的任何误差 e_i 及误差变化 ec_i 总可以量化为论域 X 上的某一个元素。同样，比例因子选定后，由模糊控制算法得出的模糊化的控制量，也总是能转化为精确量对系统实施控制。

3. 专家系统——模型自学习

专家系统是焦炉立火道温度控制中一个非常重要的环节，它使模型能在各种工况下，多能较好地反映焦炉参数间的关系。在影响立火道温度的众多因素中，蓄顶温度无疑是一个主要因素，但除此以外，它还受到配煤水分、煤气成分(煤气热值)、煤气温度、空气湿度等众多因素的影响，特别是在工况不稳定时，这些因素的影响往往不可忽略。为了保证模型的准确性和系统控制精度，必须根据生产工况的变化，不断地修正模型。图9-11为模型自学习系统框图。

设焦炉立火道模型为：

$$T_c = b + a * t + \beta\Delta(e_1, e_2, e_3)$$

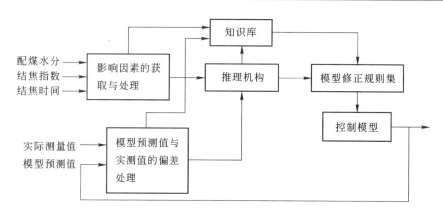

图 9-11　模型自学习系统框图

式中　T_c——火道温度；

　　　　t——蓄顶温度；

　　a、b——模型参数；

　　　　Δ——模型修正量；

　　　　β——修正因子；

　　　e_1——配煤水分的变化；

　　　e_2——结焦指数；

　　　e_3——结焦时间的变化。

可以对配煤水分、结焦指数、结焦时间等参数的变化对火道温度模型的影响分别制定各自的模型修正规则,然后对其进行线性累加,即可得出这些因素对焦炉目标火道温度(或目标供热量)的影响及修正规则。

设影响因素的模糊集为 E 和修正量的模糊集为 Δ,模型修正规则集由以下语句组成：

IF　$E = PB$,THEN　$\Delta = NB$

$\vdots$

IF　$E = NB$,THEN　$\Delta = PB$

上述模型修正量可能过强或过弱,再由实际测量值与模型预测值之间的偏差进一步调整模型修正因子。

第四节　焦炉热工评定

一、炼焦热与炼焦耗热量

炼焦热是 1kg 煤从室温转化为焦炉推出温度下的焦炭、煤气和化学产品所需的理论热,它是煤的一种重要热性质,不仅受炼焦终温的影响,还取决于煤种、煤的水分、细度、堆密度等一系列装炉煤工艺因素。炼焦耗热量则是 1kg 煤在工业焦炉中炼成焦炭时,需要提供给焦炉的热量,它是评定焦炉热工的重要指标,它不仅取决于炼焦热的大小,还和焦炉结构、材质及操作等因素有关。二者的关系如下：

$$炼焦耗热量 = 炼焦热 + 焦炉散热 + 废气热焓$$

在焦炉热工评定中炼焦热即有效热。

1. 结焦过程的炼焦热和反应热

炼焦热可以用带有回收装置的电热试验焦炉测定,并用下式计算：

$$q = \left[Q_1 - (\tau Q_{损} + Q_2)\right]/M, \text{kJ/kg} \tag{9-27}$$

式中　Q_1——由试验过程所耗总电功率(kW·h)换算得到的热量,kJ;

　　　$Q_{损}$——试验焦炉表面热损失,kJ/h;

　　　τ——试验时间,h;

　　　Q_2——干馏瓶和炉盖的热容量,kJ;

　　　M——试验用煤量,kg。

　　试验终了时,测定并计算焦炭的热焓 H_k(kJ)和所排出煤气、化学产品所带热焓 H_c(kJ),并按下式计算结焦过程反应热。

$$Q_r = \frac{(H_k + H_c)}{M} - q, \text{kJ/kg} \tag{9-28}$$

式中,Q_r 为负值表示总热效应为吸热反应,正值为放热反应。

　　炼焦热也可通过理论计算估定。日本基于平板导热模式,提出了如下计算式:

$$q = \frac{2c}{\sqrt{\pi}}\sqrt{\frac{4a\tau}{S^2}}(t_c - t_0), \text{kJ/kg} \tag{9-29}$$

式中　c——煤的有效比热容,kJ/(kg·℃);

　　　a——煤的热扩散率,m^2/h;

　　　τ——结焦时间,h;

　　　S——炭化室宽度,m;

　$t_c、t_0$——火道和装炉煤温度,℃。

　　郭树才以式(8-25)为基础,并设定炼焦热可以利用煤料的有效比热容计算,即 $q = c(t_k - t_0)$。

式中　t_k——焦饼中心温度,℃

　　将式(8-25)代入得到

$$q = 0.51c\sqrt{\frac{a\tau}{\delta^2}}\left(\frac{\lambda_c\delta}{\lambda\delta_c}\right)^{0.215}(t_c - t_0), \text{kJ/kg} \tag{9-30}$$

　　德国学者曾用炭化室结焦过程传热模型的数值解得到计算炼焦热的关联式见式(8-42),笔者也用同样方法得到关联式(8-44)。

　　2. 影响炼焦热的因素

　　(1)煤种对炼焦热的影响　前苏联乌克兰煤化所曾在圆形试验炉中测得各煤化度煤的炼焦热(图9-12)。由图可知,中等煤化度煤的炼焦热较低,长焰煤和无烟煤的炼焦热较高。对气煤、焦煤和瘦煤在试验炉中炼焦测得的热平衡数据如表9-10所示。

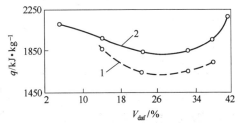

图9-12　炼焦热和装炉煤挥发分的关系
1—870℃；2—970℃

表9-10　试验炉热平衡数据

煤种	炼焦热 /kJ·kg^{-1}	物料带出热/kJ·kg^{-1}							反应热/kJ·kg^{-1} (带出热-炼焦热)
		焦炭	水气	煤气	焦油	粗苯	H$_2$S,CO$_2$,NH$_3$	总计	
气煤	1922.2	987.2	504.1	274.7	114.7	20.1	4.6	1905.4	-16.8
焦煤	1791.2	1122.5	379.3	193.0	53.6	14.2	2.9	1765.6	-25.5
瘦煤	1970.2	1315.5	328.7	162.9	16.7	8.4	2.5	1834.7	-136.0

表中数据表明,气煤炼焦时,煤气和化学产品的热焓为 1905.4 − 987.2 = 918.2(kJ/kg 煤),

该气煤的焦炭产率为 69.2%,挥发物产率为 30.8%,则每 kg 焦炭携带热为 $987.2 \times \dfrac{100}{69.2} = 1428$

(kJ/kg),而每 kg 挥发物携带热为 $918.2 \times \dfrac{100}{30.8} = 2981$(kJ/kg),即挥发物的热焓远大于焦炭。这是高挥发煤的炼焦热较高的基本原因。煤化度较高的煤,炼焦热也较高的原因,可解释为有较大的吸热反应,并提高了半焦至焦炭的平均比热容。

(2)装炉煤工艺因素对炼焦热的影响

1)水分。由试验得到的配合煤水分对炼焦热的影响见图9-13。由图表明,配煤水分低于8%时,水分对炼焦热影响不大,也即水分低于8%时,增加水分不要求附加炼焦热。其原因可解释为:炼焦过程中,从胶质层产生的热解气体分别从冷侧和热侧析出。低于胶质层温度时,由煤中热解析出的气体基本上均由冷侧析出,这种温度约280~350℃,但热解气体和水分通过冷侧装炉煤层时将被冷却到约100℃,然后再经煤层顶部空间逸出,这时气体中所含水气将被重新冷凝而留在煤中。由胶质层产生的温度较高的热解煤气,则可保证水分蒸发而不需附加供热,但以这种方式仅能使低于8%的配煤水分蒸发。故一般配煤水分低于8%时,水分对炼焦热影响很小。高于8%时每改变1%的水分对炼焦热的影响如下表所示:

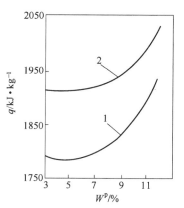

图 9-13　炼焦终温970℃时
炼焦热与配煤水分的关系
1—配合煤1;2—配合煤2

水分范围/%	8~10	10~12
每变化1%的炼焦热变化值	33.5kJ/kg 湿煤	38~53kJ/kg 湿煤
	50~59kJ/kg 干煤	59~71kJ/kg 干煤

2)细度。曾测得如下结果(堆密度800kg/m³)

细度(<3mm粒级)/%	70	80	90
炼焦热/kJ·kg⁻¹	1892.0	1876.5	1892.0

数据表明当堆密度一定时,细度在70%~90%范围内对炼焦热没有影响,因为此时,煤料的热物理参数与热传导没有变化。

3)堆密度。曾在配煤水分一定(7%)条件下,测得如下结果(表9-11)。

表 9 − 11　装炉煤堆密度对炼焦热的影响

配合煤	细度/%	不同堆密度(kg/m³)下的炼焦热/kJ·kg⁻¹			
		700	800	900	1000
No.1	80	1886.5	1893.3	1898.3	1836.7
No.2	80	1866.5	1876.5	1866.9	1833.4
No.2	70	1892.5	1892.0	1890.5	1833.8

数据表明,堆密度在700~900kg/m³范围内,炼焦热基本保持一定,即单位体积的炭化室内

煤炼焦需热与单位体积炭化室内的煤量(即堆密度)成正比。堆密度由 900 增至 1000kg/m³ 时,炼焦热将减少 2% ~3%,这是由于增加堆密度使煤的热扩散率 a 降低,虽此时热导率 λ 增加,但堆密度 ρ 和比热容 c 的增加量更大,故 $a = \dfrac{\lambda}{\rho c}$ 减小。

4)预热温度。以堆密度 780kg/m³、细度 90%、水分 7% 的配合煤测得不同预热温度的炼焦热如下:

预热温度/℃	水分7%湿煤	125	155	170	230
炼焦热/kJ·kg⁻¹	1892.0	1478.8	1376.2	1335.6	1245.6
变化率/%	100	78.2	72.8	70.6	65.8

数据说明,炼焦热随预热温度提高而降低。

3. 炼焦耗热量

焦炉炼焦耗热量是标志焦炉结构完善程度、调温技术水平、焦炉管理水平的综合评价指标,是炼焦过程的重要消耗定额,也是确定焦炉加热用煤气量的依据,按计算基准不同有多种表示方式。

(1)表示方式

1)湿煤耗热量。它也称实际耗热量。

$$q_{湿} = \frac{V_0 Q_{低}}{G_{湿}}, \text{kJ/kg} \tag{9-31}$$

式中　V_0——考核期间加热煤气的平均流量,m³/h;

$\quad\quad Q_{低}$——同一时期加热煤气的平均低热值,kJ/m³;

$\quad\quad G_{湿}$——考核期间炼焦用湿煤的平均量,kg/h。

2)相当耗热量。它是以湿煤中 1kg 干煤为基准计算的实际炼焦耗热量。

$$q_{相} = \frac{V_0 Q_{低}}{G_{干}} = \frac{V_0 Q_{低}}{G_{湿}\dfrac{100 W_p}{100}} = q_{湿}\frac{100}{100 - W_p}, \text{kJ/kg} \tag{9-32}$$

式中　W_p——考核期间装炉煤的平均操作水分,%;

$\quad\quad G_{干}$——考核期间装炉湿煤中的干煤量,kg/h。

3)干煤耗热量($q_{干}$)。它是指 1kg 干煤炼焦所耗热量,它不包括湿煤中水分加热和蒸发所需热量。

设每 1kg 水分从炭化室带走的热量为 $\dfrac{2500 + 2.01 \times 600}{0.725} = 5100\text{kJ}$,其中 2500 为 1kg 0℃水的蒸发潜热(kJ/kg),2.01 为水气在 0 ~600℃ 范围内的平均比热容(kJ/(kg·℃)),600 为粗煤气在整个结焦期间离开炭化室的平均温度(℃),0.725 为焦炉热工效率,则 $q_{湿}$ 与 $q_{干}$ 的关系如下:

$$q_{湿} = q_{干}\frac{100 - W_p}{100} + 5100\frac{W_p}{100}$$

如

$$q_{干} = \frac{q_{湿} - 51 W_p}{100 - W_p}100, \text{kJ/kg} \tag{9-33}$$

式中,51 为 1% kg 水在焦炉内加热、蒸发需热,因粗煤气温度和焦炉热功效率而异。

4)不同水分基准时耗热量的换算。由于配煤水分常有波动,各厂配煤水分也不同,则耗热量也不同,为作比较,需将炼焦耗热量换算为同一水分基准。水分每变化 1%,相当于湿煤中 1% 的干煤量为 1% 水分所取代,故 $q_湿$ 的变化值为 $\Delta q_湿 = \dfrac{q_水 - q_干}{100}$,一般 $q_干$ 为 2100 ~ 2200kJ/kg,$q_水$ 为 5100 ~ 5400kJ/kg,则 $\Delta q_湿$ 为 29 ~ 33kJ/kg。

在以上炼焦热与配煤水分的关系中已经说明在 8% 以下时,水分变化对炼焦热影响不大,则配煤水分高于 8% 时,每变化 1% 的 $q_相$ 变化值为:

$$\Delta q_相 = \frac{(q_湿 + \Delta q_湿) \times 100}{100 - 9} - \frac{q_湿 \times 100}{100 - 8} = 0.012 q_湿 + \frac{\Delta q_湿 \times 100}{100 - 9}$$

式中,$q_湿$ 为水分 8% 时的湿煤耗热量。若 $q_干 = 2150$kJ/kg,

则

$$q_湿 = 2150 \times \frac{100 - 8}{100} + 5100 \frac{8}{100} = 2386, \text{kJ/kg}$$

$$\Delta q_相 = 0.012 \times 2386 + \frac{(29 ~ 33) \times 100}{100 - 9} \approx 60 ~ 65, \text{kJ/kg}$$

据以上分析,当配煤水分高于 8% 时,可用上述关系换算为 8% 水分的炼焦耗热量,称换算耗热量 $q_换$。目前由中国钢铁协会制定的焦炉热工管理规程,规定以换算为 7% 配煤水分的耗热量作考核标准,即换算耗热量 $q_换$ 为:

$$q_{换,湿} = q_湿 - (29 ~ 33)(W_p - 7), \text{kJ/kg} \tag{9-34}$$

$$q_{换,相} = q_相 - (60 ~ 65)(W_p - 7), \text{kJ/kg} \tag{9-35}$$

式中,$q_湿$、$q_相$ 为配煤水分 W_p% 时的湿煤耗热量与相当耗热量,用焦炉煤气加热时换算值取低值,高炉煤气加热时取高值。

(2)炼焦耗热量的计算　炼焦耗热量可以通过焦炉物料平衡和热平衡计算得到的数据来计算,但这种方法不能经常进行。生产焦炉的炼焦耗热量可按下式确定。

$$q_相 = \frac{\tau V_0 Q_低}{G_干 \cdot n} K_\rho \cdot K_T \cdot K_p \cdot K_换, \text{kJ/kg} \tag{9-36}$$

式中　　　　　τ——炭化室周转时间,h;

n——一座焦炉的炭化室数;

$G_干$——一个炭化室的平均装干煤量,kg;

$K_\rho, K_T, K_p, K_换$——分别为密度、温度、压力和换向的校正系数。

煤气流量表的刻度是按煤气在某一固定参数(温度 T、压力 p、密度 ρ_0 和水汽含量 f)条件下的流量换算成的标准态(0℃,0.1013MPa)流量 V_0。实际操作时,煤气的 T、p、ρ_0、f 不同于流量表刻度时规定的数值,故需进行相应的校正(参见式 9-13)。

如果流量计读数为瞬时流量,需要考虑到换向时有一段时间不向焦炉送煤气,则进入焦炉的实际小时流量将小于刻度表指示读数,因此还应乘以换向校正系数 $K_换$。

$$K_换 = \frac{60 - m\tau}{60} \tag{9-37}$$

式中　m——1h 内焦炉换向次数;

τ——每次换向,焦炉不进煤气的时间,min。

故校正后流量为

$$V'_0 = V_0 \cdot K_\rho \cdot K_T \cdot K_p \cdot K_换 \tag{9-38}$$

目前设计的流量计量装置多数具备累计流量的功能,累计流量计的读数则不需要进行换向校正。

二、焦炉的物料平衡和热平衡

用炼焦耗热量可以评定焦炉热工管理水平,但当炭化室漏粗煤气时,煤气在燃烧室内燃烧,使加热煤气用量减少,计算的耗热量降低,实际耗热量未能真实地反映出来。因此需定期进行焦炉物料平衡和热平衡,焦炉物料平衡是设计焦化厂最基本的数据,也是确定各种设备操作负荷和经济估算的基础。焦炉热平衡在物料平衡和煤气燃烧计算基础上进行,通过热平衡计算可具体地了解焦炉热量的分配情况,从而寻找出降低热量消耗的途径。由热平衡计算还可精确地求出炼焦耗热量,得出焦炉的热效率和热工效率。

1. 焦炉物料平衡

通常是指炭化室的物料平衡,可通过标定获得,表9-12列出了某实例数据。

表9-12　焦炉炭化室物料平衡表(实例)

入　　方				出　　方			
序　号	项　目	kg	%	序　号	项　目	kg	占干煤比/%
1	干　煤	885	88.5	1	焦　炭	696	79.1
2	水　分	115	11.5	2	焦　油	30	3.4
				3	氨	1.7	0.2
				4	粗　苯	9	1.0
				5	煤　气	125.3	14.6
				6	化合水	15	1.7
				7	配煤水	115	—
				8	误　差	10	1.0
总　　计		1000	100	总　　计		1000	100

(1)物料入方　通过精确称量装入每个炭化室的煤量,取3~4昼夜的平均值,并累计相同期间平煤带出的余煤量,还要在煤塔下部取样,测定装炉煤的平均水分以及从平煤煤斗取样测定平出煤的水分。装入每个炭化室的煤量一般由煤塔下的地磅或装煤车上的电子秤称量,取装煤前后煤车的减差作为装入炭化室的煤量,并扣除平煤带出的煤量,才是炭化室物料平衡的入方。对于有余煤回送机构的推焦车,平煤时带出的煤被该机构在平煤同时回送至炭化室,则不必考虑平煤量的测定和统计。

(2)物料出方

1)各级焦炭产量。标定前要放空焦台、所有设备和焦槽中的焦炭,准确计量标定期间的出炉数和各级焦炭产量(包括粉焦沉淀池内的粉焦量),在计量同时,对各级焦炭取平均试样测定焦炭水分,然后计算干焦产量。当大量标定有困难时,也可标定单孔焦炉的成焦率,即将单孔焦放到经过打扫的平整场地上,靠人工或机械筛分、称量,并及时测定各筛级焦炭的水分。焦炭计量时必须计入尾焦、拦焦车和熄焦车上的余焦,以及熄焦过程随熄焦水排出的焦粉。单孔成焦率的标定应选择炉温均匀,焦炭成熟度良好的炭化室进行,为保证标定的准确性,一般应测定3~5孔。

在作生产统计时,全焦率可按以下公式估算

$$K = \frac{100 - V_煤}{100 - V_焦} \times 100 + a,\% \tag{9-39}$$

式中　$V_煤$、$V_焦$——装炉煤和焦炭中的干基挥发分,%;

　　　a——由工厂生产的长期统计值确定,一般为1~2。

前苏联根据生产数据统计得出的全焦率公式常用的有:

$$K = 103.19 - 0.75V_煤 - 0.0067t_焦,\% \tag{9-40}$$

$$K = 94.92 - 0.84V_煤 + 7.7H_{焦,daf},\% \tag{9-41}$$

式中　$t_焦$——焦饼最终温度,℃;

　　　$H_{焦,daf}$——焦炭中可燃基含氢量,%。

　　　$H_{焦,daf}$因焦饼最终温度而异,当$t_焦 = 1050$℃时,$H_{焦,daf} = 0.4\%$,则式(9-41)可写成

$$K = 98 - 0.84V_煤,\% \tag{9-42}$$

式(9-42)在日本也得到应用,并被新日铁推荐用于宝钢。

笔者曾经对国内四十余座焦炉进行过实际标定,根据我国炼焦煤源特征,得到如下成焦率估算公式:

一元式　　　　$K_J^{(1)} = 94.884 - 0.7051V_煤$

二元式　　　　$K_J^{(2)} = 98.497 - 0.7159V_煤 - 0.032t_焦$

三元式　　　　$K_J^{(3)} = 97.116 - 0.7139V_煤 - 0.018t_焦 - 0.13A_煤/A_焦$ $\qquad$ (9-43)

式中　$A_煤,A_焦$——装炉煤和焦炭中的干基灰分,%。

式(9-43)考虑装炉煤的性质和操作条件,以适应不同的场合。

2)化产产量。无水焦油、粗苯、氨等的化产产量,虽可通过产品贮罐标定法,塔前后煤气中粗苯、氨含量标定法等进行标定,但比较烦琐,且难以做准,通常按季度或年平均量确定,一些可供参考的回归估算式如下:

焦油产率:　　　　$K_{c,t} = -18.36 + 1.53V_{daf} - 0.026V_{daf}^2,\%$ $\qquad$ (9-44)

$\qquad\qquad\qquad K_{c,t} = -1.4 + 0.184V_{daf},\%$ $\qquad$ (9-45)

粗苯产率:　　　　$K_b = -1.61 + 0.144V_{daf} - 0.0016V_{daf}^2,\%$ $\qquad$ (9-46)

$\qquad\qquad\qquad K_b = -0.64 + 0.065V_{daf},\%$ $\qquad$ (9-47)

氨产率:　　　　$K_{NH_3} = b \cdot N_d \cdot \dfrac{17}{14},\%$ $\qquad$ (9-48)

式中　V_{daf}——装炉煤可燃基挥发分,%;

　　　N_d——装炉煤干基含氮量,%;

　　　b——煤中氮转化为氨的系数,可取$0.12 \sim 0.16$。

式(9-44)和式(9-46)为前苏联根据生产统计得到的公式,V_{daf}适用范围18% ~ 30%。式(9-45)和式(9-47)为对鞍钢四炼焦1953 ~ 1974年生产数据数理统计基础上得到的回归式,V_{daf}适用范围28% ~ 30.5%。这类回归式受原料煤、炼焦和回收操作条件的影响很大,故各厂应按本实际生产的长期统计值建立各自的计算公式。

3)水汽量。由炭化室带出的水汽包括配煤水分和化合水,其总量可按多余氨水量和初冷器后煤气带走的水汽量确定,多余氨水量由季或年的平均氨水处理量确定,初冷器后煤气带走水汽量可按煤气温度由饱和水汽值及净煤气流量确定。水汽量也可按公式估算,配煤水分即物料平衡入方中的配合煤料水分,化合水是干馏过程中由煤中氧和氢化合而成,其产率可按下式估算:

$$K_{H_2O} = c \cdot O_{ad} \cdot \dfrac{18}{16},\% \tag{9-49}$$

式中　O_{ad}——装炉煤中干基含氧量,%;

　　　c——煤中氧转化为化合水的转化系数,因煤种而异,可取以下数值:

煤种	长焰煤	气煤	肥煤	焦煤	瘦煤	贫煤	无烟煤
c	0.75	0.65	0.50	0.40	0.30	0.20	0.10

配合煤化合水的转化系数可用加权计算确定。

4)净煤气量。可用吸苯塔后流量表读数,经温度、压力校正后获得,也可按各用户的煤气流量统计。当缺少流量表时,可采用在煤气管上钻孔后用毕托管测量。

焦炉炭化室物料平衡一般取 1000kg 湿煤(或干煤)作基准。

2. 焦炉热量平衡

进行完整的热平衡工作量很大,因为不仅要作炭化室的物料平衡,还要进行煤气平衡,为此要测量炭化室漏入燃烧室的粗煤气,若为气封煤炉门,还要测量气封煤气量。在上述物料平衡基础上,根据各处的温度、物料的比热容和潜热等数据,计算各物料带入和带出焦炉的热量,还要测量和计算焦炉各部位表面的散热(参见有关专著)。焦炉表面的散热主要取决于炉型结构,国内炭化室高 4.3m 以上的焦炉,其炉体散热约占供热量的 10%,66 型焦炉的炉体散热占总供热的 14%~16%,随炭化室容积减小,炉体散热占总供热的比率增大。正常结焦时间下,加热制度的改变对炉体表面散热影响不大,故在近似作焦炉热平衡时,可采用相同结构焦炉的已知散热量,不必再进行测量和计算。

为近似估算焦炉热平衡,一般需要的数据有:1)加热煤气的种类(焦炉、高炉、混合);2)加热煤气组成和煤气热值;3)每孔实际装煤量;4)配煤组成及其工业分析;5)焦炉周转时间;6)炭化室物料平衡;7)加热煤气流量;8)必要时考虑换向不进入焦炉的煤气量;9)废气平均温度与废气组成;10)空气过剩系数;11)燃烧计算值;12)推出焦饼温度;13)焦炉排出的煤气和化学产品温度;14)粗煤气组成等,各项计算方法如下。

(1)热量入方

1)加热煤气物理热:$Q_1 = V_0 c_g t_g$, kJ/h

式中　V_0——用于焦炉加热的煤气流量, m³/h;

C_g, t_g——加热煤气比热容(kJ/m³·℃)和温度(℃)。

加热煤气流量是经过实际校正(密度、温度、压力校正)后的流量,有关校正方法参见式(9-38),当然必要时考虑换向期间不进入焦炉的煤气量。

2)燃烧用空气物理热

$$Q_2 = V_0 \alpha L_{理} c_a t_a, \text{kJ/h}$$

式中　c_a、t_a——空气比热容(kJ/m³·℃)和温度(℃)。

3)装炉煤物理热

$$Q_3 = G_{湿} \cdot c_{煤} \cdot t_{煤}, \text{kJ/h}$$

式中　$G_{湿}$——炼焦用湿煤量, kg/h;

$c_{煤}, t_{煤}$——湿煤比热容(kJ/(kg·℃))和温度(℃)。

4)加热煤气燃烧热

$$Q_1 = V_0 Q_{低}, \text{kJ/h}$$

5)漏入燃烧系统粗煤气的燃烧热

$$Q_5 = V_L Q_{低}, \text{kJ/h}$$

式中　V_L——漏入燃烧系统的粗煤气量, m³/h。

用焦炉煤气加热时,V_L 可用下式计算:

$$V_L = \frac{\alpha L_{理} V_0 [(CO_2)_1 - (CO_2)_2]}{(CO_2)_3 - \alpha L_{理}[(CO_2)_1 - (CO_2)_2]}, \text{m}^3/\text{h} \tag{9-50}$$

式中　$(CO_2)_1$——停止加热时分烟道废气中的 CO_2 含量, %;

$(CO_2)_2$——蓄热室走廊空气中的 CO_2 含量, %;

$(CO_2)_3$——燃烧 1m³ 粗煤气(可按净煤气组成计算)生成的 CO_2 量, m³/m³。

该式可根据 CO_2 平衡导出,即当停止加热时,漏入燃烧系统的粗煤气燃烧产生的 CO_2 量等于停止加热时废气中的 CO_2 含量,这是因为停止加热时的废气量也即进入燃烧系统空气量,且考虑焦炉煤气加热时所产生的废气量与所需空气量相近,故停止加热时进入燃烧系统的空气量与正常加热时基本相同,由此可得:

$$V_L(CO_2)_3 = \alpha L_{理}[V_0 + V_L][(CO_2)_1 - (CO_2)_2]$$

上式移项整理即得式(9-50)。

当用贫煤气加热时,在停止加热且分烟道吸力不变时,进入燃烧系统的空气量将有很大变化,因此不能用式(9-50)计算漏粗煤气量。由于贫煤气和焦炉煤气的废气中 CO_2 含量差别较大,前者约26%,后者仅10%左右,因此粗煤气漏入燃烧系统后,将使废气中 CO_2 含量降低,漏气量愈大,该 CO_2 含量的降低值愈多。故可根据烟道废气中 CO_2 含量变化计算粗煤气漏入量。

若忽略蓄热室走廊空气中所含 CO_2,则由废气中的 CO_2 平衡可列出以下等式:

$$(CO_2)(V_g^F + V_L^F) = V_g^F(CO_2)_g + V_L^F(CO_2)_L$$

式中　　　V_g^F、V_L^F——加热煤气(扣除换向不进入量)和漏粗煤气(均为标态)燃烧产生的废气量,m^3/h;

　　　　　　　CO_2——烟道废气中的 CO_2 含量,%;

　$(CO_2)_g$、$(CO_2)_L$——加热煤气和粗煤气各自燃烧产生的理论 CO_2 量,m^3/m^3。

上式移项整理得:

$$V_L^F = \frac{V_g^F[(CO_2)_g - (CO_2)]}{(CO_2) - (CO_2)_L}, m^3/h \tag{9-51}$$

则漏粗煤气量　　　　　　　　　$V_L = \frac{V_L^F}{V_f}, m^3/h \tag{9-52}$

式中　V_f——燃烧 $1m^3$ 粗煤气产生的理论废气量,m^3/m^3。

式(9-51)、式(9-52)表明,用贫煤气加热时,只要根据贫煤气组成及粗焦炉煤气组成,分别计算它们燃烧产生的理论废气量和 CO_2 量,并测定烟道废气组成,就可以计算粗煤气泄漏量,不必停止加热。

(2)热量出方

1)焦炭热量　　　　　　　　　$Q'_1 = G_k c_k t_k, kJ/g$

式中　G_k——焦炭量,kg/h;

　　　c_k——焦炭比热容,$kJ/(kg·℃)$;

　　　t_k——推焦前焦饼平均温度,℃,可根据炭化室高向不同高度测得的温度计算:

$$t_k = \sum \Delta h_i \cdot t_i / \sum \Delta h_i \tag{9-53}$$

式中　Δh_i——焦饼中心各测温点间的高度,m;

　　　t_i——相应点间的平均温度,℃。

2)出炉煤气热量　　　　　　　$Q'_2 = V'_g c'_g t'_g, kJ/h$

式中　V'_g——出炉煤气量,m^3/h;

　　　c'_g、t'_g——出炉煤气比热容($kJ/m^3 · ℃$)和温度(℃)。

出炉煤气温度一般可在上升管根部测得整个结焦期间的温度变化,并按相应时间内出炉煤气流率用加权法计算,即

$$t'_g = \sum x_i t_i \tag{9-54}$$

式中　x_i——将整个结焦时间分成若干时间段,在某时间段内煤气发生量占总发生量的百分率;

　　　t_i——某时间段内出炉煤气的平均温度,℃。

美国伯利恒钢铁公司曾在带活动墙的试验焦炉上测得高、低挥发分两种煤在炼焦过程中的煤气发生速度（m^3/min）的变化曲线（图9-14）。

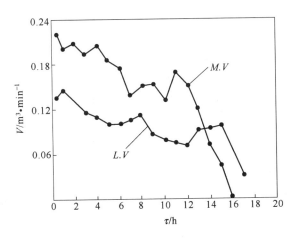

图9-14　两种不同类型的煤结焦过程中煤气析出速率变化曲线

根据这两条曲线的平均值确定的煤气析出速率折算为每小时的煤气析出量占总发生量的百分率如下表所示：

时间/h	0~1	1~2	2~3	3~4	4~5	5~6	6~7	7~8	8~9
煤气发生量/%	8.67	8.45	8.02	7.71	7.39	6.90	6.29	6.15	6.17
时间/h	9~10	10~11	11~12	12~13	13~14	14~15	15~16	16~17	
煤气发生量/%	5.56	5.61	5.73	5.3	4.57	3.78	2.56	1.41	

以上数据表明结焦前半周期煤气析出量约占总量60%。

前苏联资料上曾提供结焦过程不同阶段的煤气组成和发生量（表9-13）。数据表明，第一和第二两个6h的煤气发生量与煤气组成差别不大，最后2h则急剧变化，据此计算结焦前半周期的煤气析出量也约60%。

表9-13　结焦过程的煤气组成和发生率变化

结焦时间/h	煤气组成/%							密度/kg·m^{-3}	发生率/%
	CO_2	C_mH_n	O_2	CO	H_2	CH_4	N_2		
0~6	3.5	4.0	0.9	5.0	55.4	27.3	3.9	0.495	42.8
6~12	2.1	2.3	0.7	6.3	54.5	24.1	3.0	0.425	46.7
12~14	0.6	0.6	0.4	5.2	75.8	14.0	3.4	0.375	10.5

3）水汽热量

$$Q'_3 = G_v(2491 + c_v t_v), kJ/h$$

式中　G_v——随粗煤气排出焦炉的水汽量，kg/h；

c_v、t_v——水汽比热容（$kJ/(kg \cdot ℃)$）和温度（℃）。

配煤水分在结焦前半周期全部析出，化合水则和焦油、粗苯同时析出，故配煤水分的析出温度应相当于结焦前半周期的粗煤气温度,化合水和焦油、粗苯的析出温度则相当于结焦前2/3周期的粗煤气平均温度。

4)焦油蒸气热量

$$Q'_4 = G_{ct}(L_{ct} + c_{ct}t_{ct}), kJ/h$$

式中　　G_{ct}——焦油量,kg/h;

　　　　L_{ct}——焦油蒸发潜热,可取419kJ/kg;

　　　　c_{ct}——焦油气比热容,$c_{ct} = 1.277 + 1.641 \times 10^{-3}t_{ct}$,kJ/(kg·℃);

　　　　t_{ct}——焦油气温度,取结焦前2/3周期粗煤气平均温度,℃。

5)粗苯蒸气热量

$$Q'_5 = G_b(L_b + c_b t_b), kJ/h$$

式中　　G_b——粗苯量,kg/h;

　　　　L_b——粗苯蒸发潜热,若按苯75%、甲苯15%、二甲苯和溶剂油10%计其组成,$L_b = 385$kJ/kg;

　　　　c_b——粗苯气比热容,$c_b = (86.7 + 0.109t_b)/MW$,kJ/(kg·℃),其中MW为粗苯平均分子量;

　　　　t_b——粗苯气温度,取结焦前2/3周期粗煤气平均温度,℃。

6)氨气热量

$$Q'_6 = G_{NH_3} \cdot c_{NH_3} \cdot t_{NH_3}, kJ/h$$

式中　　G_{NH_3}、c_{NH_3}——氨气量(kg/h)和氨气比热容 kJ/(kg·℃);

　　　　t_{NH_3}——氨气温度,取粗煤气平均温度,℃。

7)废气热量

$$Q'_7 = V_F(c_F t_F + V_{CO}Q_{CO}), kJ/h$$

式中　　V_F、c_F、t_F——废气量,(m³/h),废气比热容(kJ/m³·℃)和温度(℃);

　　　　V_{CO}——废气中CO含量,m³/m³(废气);

　　　　Q_{CO}——CO的燃烧热,kJ/m³。

废气温度是指小烟道出口处的废气温度,由于沿小烟道高向废气温度有差异,且随换向周期的时刻变化。因此废气温度应选择全炉4~6个有代表性的蓄热室,在废气盘不同高度处通过钻孔插入温度计(水银或电阻温度计)至小烟道出口的相应高度上,在整个换向期间每隔一定时间测量废气温度,然后计算平均值。这种测量方法比较繁琐,国内外大量测试表明,用离小烟道底1/3高度处、开始换向后15min测得的废气温度,与上述测量值的平均值基本一致,故一般均可用此法测定废气温度。

8)气封煤气循环引起的热损失(当采用煤气气封炉门时需考虑)。

$$Q'_8 = V_{封}(c'_g t'_g + c_g t_g), kJ/h$$

式中　　$V_{封}$——气封煤气量,m³/h,其他符号同前。

国内某JN-43-58型(炭化室宽450mm)焦炉的热平衡如表9-14所示。

表9-14　焦炉热平衡实例(焦炉煤气加热)

	入　方				出　方		
序号	项　目	kJ/t	%	序号	项　目	kJ/t	%
Q_1	加热煤气物理热	9700	0.30	Q'_1	焦炭显热	1192754	37.15
Q_2	燃烧用空气物理热	55212	1.72	Q'_2	出炉煤气显热	435104	13.55

入 方				出 方			
序号	项 目	kJ/t	%	序号	项 目	kJ/t	%
Q_3	装炉煤物理热	39072	1.22	Q_3'	水汽潜、显热	549530	17.12
Q_4	加热煤气燃烧热	2848112	88.72	Q_4'	焦油气潜、显热	90201	2.81
Q_5	漏入粗煤气燃烧热	258163	8.04	Q_5'	粗苯气潜、显热	21719	0.68
				Q_6'	氨显热	5149	0.16
				Q_7'	废气热量(包括CO的燃烧)	555608	17.31
				Q_8'	气封炉门煤气热	53426	1.66
				Q_9'	表面散热	273136	8.51
				Q_{10}'	误差	33632	1.05
	合 计	3210259	100		合 计	3210259	100

注:以吨干煤计。

数据表明,焦炭显热占37.15%,出炉煤气和化学产品带出热($Q_2' \sim Q_6'$)占34.32%,各种热损失为28.53%,表中Q_4项即相当耗热量$q_{相} = 2848.112 \text{kJ/kg}$。

三、焦炉热效率和热工效率

热平衡表中$Q_1' \sim Q_6'$项的总和即炼焦热,也称有效热,它占总供热量的百分率称焦炉热工效率$\eta_{热工}$。

$$\eta_{热工} = \frac{Q_效}{Q_总} \times 100\% \qquad (9-55)$$

为衡量热量的可利用率,可用焦炉热效率$\eta_热$表示

$$\eta_热 = \frac{Q_总 - Q_废}{Q_总} \times 100\% \qquad (9-56)$$

式中 $Q_废$——随废气带走的显热和不完全燃烧热,即热平衡表中Q_7'项。

由表9-14数据可得

$$\eta_{热工} = \frac{37.15 + 13.55 + 17.12 + 2.81 + 0.68 + 0.16}{100} = 71.47\%$$

$$\eta_热 = \frac{100 - 17.31}{100} = 82.69\%$$

一般大型焦炉的$\eta_{热工} = 70\% \sim 75\%$,$\eta_热 = 79\% \sim 85\%$。

为比较各种热工炉窑的热利用效率,还采用炉窑统一热效率$\eta_{炉热}$:

$$\eta_{炉热} = \frac{Q_效 - 物料带入热}{Q_总 - 物料带入热} \times 100\%$$

由表9-14数据可得

$$\eta_{炉热} = \frac{71.47 - (0.30 + 1.72 + 1.22)}{100 - (0.30 + 1.72 + 1.22)} \times 100\% = 70.52\%$$

三、降低炼焦耗热量、提高热工效率的途径

焦炉热耗不仅取决于装炉煤的热性质、水分和焦饼最终温度,还与结焦时间、加热煤气性质、废气温度、加热煤气的燃烧制度等有关。焦炉的热损失包括炉体表面散热,换向过程泄漏煤气的燃烧热等。

1. 装炉煤性质

如前所述焦煤和肥煤的炼焦热较低,气煤和瘦煤的炼焦热较高,因此不同配比的装炉煤所需炼焦热有所差异。在相同结焦时间和加热制度下,焦炉热耗随配煤挥发分提高而增大,尤其当气煤含量超过30%时更为明显。对于水分相同的配合煤,当气煤从10%增至30%时,炼焦热约提高40kJ/kg,炼焦耗热量约增加54kJ/kg。

2. 配煤水分

降低炼焦耗热量的重要措施是稳定和降低装炉煤水分,水分波动使热耗量和火道温度提高,以防水分增加时焦炭成熟度不足。这时不仅提高耗热量还降低焦炭质量,尤其使焦炭块度减小,同时降低化学产品的产率和质量。如前所述,装炉煤水分超过8%时,在炭化室装湿煤量不变的条件下,水分每增加1%,湿煤耗热量将增加29~33kJ/kg,提高1.2%~1.4%,如装干煤量不变,则水分每增加1%,需增加耗热量51~54kJ/kg。

3. 焦饼最终温度

红焦带出热量在炼焦耗热中占很大比例,因此选择适当的焦饼最终温度对耗热量影响很大。降低炼焦最终温度还可以降低火道温度和废气温度,提高焦炉热效率。有人认为提高焦饼温度至1000~1100℃可以保证焦炭质量,国内外研究表明,焦饼最终温度降至1000℃不会使焦炭质量变坏。由计算得知,焦饼最终温度降低50℃,焦炭的热焓约降低50kJ/kg(煤),考虑到焦炉热功效率,炼焦耗热量约降低63kJ/kg,若计及火道温度和废气温度的降低,实际上炼焦耗热量约降低75~84kJ/kg。

4. 结焦时间

国内外生产实践表明,大型焦炉结焦时间在22~24h时炼焦耗热量最低。以此为基准,缩短和延长结焦时间均使炼焦耗热量增高。结焦时间从22~24h缩短至14~15h,每缩短1h,耗热量约增加40~55kJ/kg。这是因为:1)提高了火道温度,增加蓄热室负荷,使废气温度提高,焦炉热功效率降低;2)炭化室顶部空间温度增加,使出炉煤气和化学产品带出热提高。

结焦时间从22~24h进一步延长,每延长1h,耗热量增加35~53kJ/kg,这是因为:1)为保持炉头火道温度不低于950℃,在大幅度延长结焦时间时,火道温度的降低有一定限度,因此废气温度不可能过多降低,而焦饼将提前成熟,使焦饼最终温度提高;2)由于焦炭产量减少,每生产单位质量焦炭的散热量因焦炉散热时间增长而提高。

5. 加热煤气种类

炭化室高4.3m,炭化室容积21.6~23.9m³的JN43焦炉,经测定,用高炉煤气时的炼焦耗热量比焦炉煤气加热时大210~340kJ/kg。这是因为:1)高炉煤气加热时,虽高向加热均匀性优于焦炉煤气加热,火道温度可以略低,但因高炉煤气热值低,耗用煤气量大,产生废气量多,废气带出的热量大。2)高炉煤气加热时,容易通过废气盘泄漏,且高炉煤气燃烧速度较慢,容易产生不完全燃烧,使热量损失。3)为防止不完全燃烧,要求较高的空气系数,导致废气量进一步增大。

6. 废气温度

废气温度每降低25℃,焦炉热工效率约提高1%,炼焦耗热量约降低25kJ/kg。废气温度的降低,主要依靠改善蓄热室传热过程来实现,为此可采取以下措施:

1)选择结构和尺寸合理的格子砖,提高单位体积格子砖的传热面积,即采用薄壁、高周边长度的格子砖。

2)提高格子砖材质的密度、比热容和热扩散率,使格子砖内部传热系数 φ 增高,从而提高格子砖与气流的总传热系数。

3）提高蓄热室内气流分布的均匀程度,定期吹扫格子砖积灰,充分发挥蓄热表面的作用。

4）严密封墙,改善隔热,避免冷空气抽入,并减少散热。

5）选择适当的换向周期,换向末期由于格子砖温度显著升高或降低,减小了传热温差,使传热效率降低,故换向周期不能过长。但换向周期短时,频繁换向使煤气损失量增加,也会增加热耗。故应根据蓄热室气流的温度变化情况合理选定换向周期。一般用高炉煤气加热时换向周期为 20min,用焦炉煤气加热时,由于废气量少,蓄热室蓄热容量相对增大,故可延长至 30min。

7. 加热煤气的燃烧制度

降低炼焦耗热量的重要方法之一,是保持所有火道中煤气与空气的合理配比,即选择合理的空气过剩系数 α,应使煤气完全燃烧,而又不因 α 过高而产生过多废气量。在煤气完全燃烧前提下降低 α 还有利于火道高向加热的均匀性。α 每提高 0.1,焦炉煤气加热时耗热量约增高 1.5% 或 33～38kJ/kg;高炉煤气加热时,耗热量约增高 0.7% 或 21kJ/kg。但要防止 α 降低使煤气燃烧不完全,废气中每含 0.5% CO 即相当于有 2% 的焦炉煤气或 3%～3.5% 的高炉煤气损失掉,使炼焦耗热量增加 60～65kJ/kg。保证煤气完全燃烧并降低 α 的关键是改善沿炉组长向各燃烧系统和燃烧室长向各火道的煤气和空气分布。

8. 热损失

由热平衡知,焦炉的主要热损失是换向过程中通过换向阀门或换向砣不严密处煤气的泄漏和焦炉向周围环境的散热。因此选择合理的煤气设备,防止和消除煤气泄漏,对加热设备定期清扫和调整,使各阀门、砣盘严密。此外,炉体表面部位采用适当的隔热材料,对异向气流的砌体定期检查和维护等,均可降低热损失。

第四篇　非炼焦煤的干馏工艺

非炼焦煤的干馏是合理利用煤源、扩大炼焦煤源的重要手段,各种炼焦新工艺和新技术,不少均建立在煤的低温干馏基础上,本篇结合非炼焦煤的成型炼焦技术,有针对性地介绍一些煤的低温干馏工艺和原理,以便对成型炼焦技术的由来和发展有较深入的了解。

第十章　煤的低温干馏

第一节　概　述

一、低温干馏的原料和产品

前九章讨论的高温干馏(炼焦)是以生产高温焦炭为主要目的,同时得到煤气和焦油、苯类和氨等化学产品,要求原料煤有良好的黏结性和结焦性。对于褐煤和高挥发分烟煤,由于无黏结性,不能用室式焦炉生产块状焦炭,但可以通过低、中温(500~750℃)干馏(统称低温干馏)生产低温焦油和高热值无烟燃料(半焦),同时得到煤气和其他化学产品。烟煤高温干馏和低温干馏的产品产率、组成和性质有很大差别,表10-1列出两种干馏生成物的性质比较。

表 10-1　高温干馏和低温干馏产物性质

(1)煤气组成

组成/%	CH_4	H_2	C_mH_n	CO_2	CO	N_2	O_2	低热值 /$kJ \cdot m^{-3}$
高温干馏(950~1000℃)	23~27	55~60	2~4	1.5~3	5~8	3~7	0.3~0.8	17200~18800
低温干馏(600℃)	50~65	10~30	5~15	3~15	4~7	2~7	少量	25300~32100

(2)干馏产率

产率/%	焦炭	焦油	氨	苯类或汽油	煤气	化合水
高温干馏	75~78	2.5~4.5	0.25~0.35	0.8~1.3	15~18	2~4
低温干馏	80~82	6~7.5	0.1~0.15	1.2~1.5	6~8	2~3.5

(3)焦油性质

成分/%	烷烃	烯烃	苯类	萘类	蒽类	酚类	吡啶喹啉类	沥青	苯不溶物
高温干馏	微少	微少	1.5~2.5	20~25	10~20	1.5~2.5	0.3~2.3	45~65	4~10
低温干馏	5~15	5~15	15~25			15~20	1~2	35~45	1~3

（4）煤气冷凝液组成

成分/%	全 NH$_3$	全 S	酚 类
高温干馏	0.7 ~ 1.7	0.2 ~ 0.5	0.2 ~ 0.3
低温干馏	0.3 ~ 0.7	0.2 ~ 0.5	0.8 ~ 1.4

低温焦炭（或干馏碳）具有多孔、质脆、含挥发分高（≥20%）、着火点低、反应活性较强等特点，可用作民用或工业用无烟燃料，还可作瘦化剂加到配合煤料中用于生产高温焦炭或型煤、型焦，低温焦炭还广泛用于气化、生产活性炭以及用作生产乙烯或芳烃系有机化工产品的原料。

褐煤被广泛用于低温干馏，它的煤化度低，其物理化学性质与烟煤有差别，一般褐煤硬度低，含水分可达 15% ~65%，挥发分含量高，其 V_{daf} = 40% ~50%，碳含量低，C_{daf} = 65% ~75%，因此干馏时的产焦率低。国内一些地区的褐煤性质如表 10-2，黄桌褐煤在 600℃下快速低温干馏得到的干馏产物产率（可燃基%）为，低温焦炭 60.94，焦油 8.20，粗苯 0.7，化合水 12.2，煤气 16.8，与表 10-1 中烟煤低温干馏产率相比，产焦率低，化合水量高。其煤气组成（%）为：CH$_4$20.28，H$_2$ 8.32，C$_m$H$_n$ 21.86，CO$_2$ 14.76，CO 23.4，N$_2$ 6.74，O$_2$ 0.72；与表 10-1 烟煤低温干馏煤气组成相比，CH$_4$ 和 H$_2$ 含量低，C$_m$H$_n$ 含量高，CO、N$_2$ 含量也高。

表 10-2　中国一些褐煤的基本性质

煤　种	水分/%	灰分 A$_{ad}$/%	挥发分 V$_{ad}$/%	固定碳/%	C$_{ad}$/%	H$_{ad}$/%	S$_{ad}$/%	N$_{ad}$/%	O$_{ad}$/%	低热值/kJ·kg^{-1}
沈　北	M$_{ad}$11.8	16.8	33.7	37.7	52.76	3.71	0.36		14.57	22163
札来诺尔	M$_{ad}$8.8	6.1	36.6	49.5	62.99	4.03	0.21		17.81	24385
云　南	M$_{ad}$12.5	11.2	44.4	31.9	50.98	4.33	—	—	—	20672
大　雁	M$_t$32.34	4.3	45.0	—	61.10	4.40	—	1.18	—	—
满州里	M$_t$40.31	7.16	45.2	—	64.20	5.03	—	1.44	—	—
黄　桌	M$_t$20.78	7.38	42.12	—	69.04	5.42	—	1.76	—	—

褐煤低温焦炭的挥发分高、密度低、反应性高、燃点低（250℃左右），适用于制造活性炭、碳分子筛和还原剂，也可作气化原料、配合煤的瘦化剂，添加黏结剂后可制取褐煤型焦。褐煤低温干馏得到的低温焦油主要是脂肪烃化合物，并含有较高的含氧化合物，如羧酸、酚、酮等。褐煤低温干馏水中含有低浓度的脂肪烃、醇、酮、羧酸、酚和含 S、N 化合物，组成比较复杂。褐煤低温干馏的煤气，其组成和数量与煤种、干馏工艺有关，差异很大，快速干馏时气体产率低而焦油产率高，慢速干馏时，由于焦油二次裂解形成气体，故气体产率提高而焦油产率降低。

二、加氢热解

氢气和煤的热解产物（挥发物和干馏碳）能快速反应，在约 800℃时，仅几秒钟就能强烈反应生成更多的挥发产物，和一般干馏相比，产物的组成有明显差异（表 10-3）。加氢热解的 CH$_4$ 产率明显提高，轻质油的产率提高约 1 倍，干馏碳产率则明显降低；此外，由于水煤气反应，CO 和 CO$_2$ 产率降低，由于氢对焦油的生成反应起抑制作用，而高压惰性气氛则有助于焦油裂解并导致干馏碳形成,故加氢和高压下焦油产率较低。总而言之,加氢热解所得挥发物产率远高于工业分析挥发分,在 6.9MPa 的氢压下,将煤快速热解到 1000℃,其挥发物产率约为工业分析挥发分的 150%,因此煤加氢干馏的主要目的是获得更多的碳氢化合物气体和轻质油类。

表 10-3　某烟煤一般热解与加氢热解产率比较

产率/%		CO	CO$_2$	H$_2$O	CH$_4$	C$_2$H$_4$	C$_2$H$_6$	C$_3$H$_6$+C$_3$H$_8$	其他CH气体	轻质油	焦油	干馏碳
气氛	0.1MPa He	2.4	1.2	6.8	2.5	0.8	0.5	1.3	1.3	2.4	23	53.0
	6.9MPa He	2.5	1.7	9.5	3.2	0.5	0.9	0.7	1.6	2.0	12	62.4
	6.9MPa H$_2$	—	1.3	—	23.2	0.4	2.3	0.7	2.0	5.3	12	40.2

第二节　煤低温干馏方法与工艺

由于原料煤性质、状态和目的产品的不同,低温干馏的方法类型繁多,按被处理物料的状态有块煤、型煤和粉煤干馏;按加热方式有外热式、内热式和内外热结合式;按加热速度不同有慢速干馏和快速干馏;按供热介质不同有气体热载体和固体热载体;按干馏过程中原料的运动状态有固定床、移动床、流化床和载流床之分;按干馏物料出入方式有间歇式和连续式。与干馏方法对应有各种不同工艺。以下按干馏炉型介绍低温干馏方法,并介绍几种与型煤工艺有关的低温干馏工艺。

一、低温干馏炉型

1. 立式炉

由顶部装料,底部排料的立式炉有固定床和连续床两大类,基本类型及特征如表 10-4 所示。

表 10-4　立式炉的基本类型及特征

序号	类型	典型炉型	特征	国内开发或使用炉型
1	固定床外热式	德国克鲁伯-鲁奇(Krupp-Lurgi)低温干馏炉	室式钢壁炭化室和加热室,由煤气在外部燃烧室中燃烧后的废气用循环风机送入加热室底部,并从顶部引出供炭化室煤料干馏	(1)底开门立式炭化炉:锦州煤气公司曾用于生产城市煤气和焦炭;(2)底开门斜底立式炭化炉:日本住友用于型煤炭化
2	固定床内热式	英国 Rexco 低温干馏炉	高 7m 的立式圆窑,由一侧燃烧室提供的热废气,由窑顶进入往下流动,干馏窑内装入的块煤,干馏结束后用冷煤气冷却	曾被国内有的土焦厂用于成堆煤的干馏
3	连续外热式	美国科罗拉多(Colorado)钢铁公司的 Petit 低温干馏炉	煤料置于耐火砖砌立式圆窑内的金属、带锯齿形干馏通道,由上至下连续通过,用外侧燃烧的循环热废气自下而上逆向通过干馏通道对煤干馏	伍德炉用于城市煤气的制气厂,于馏后的半焦或焦炭在下部排料箱中用水蒸气和水熄焦后排出;产生水煤气自炉顶排出
4	连续内热式	德国鲁奇(Lurgi)低温干馏炉	炉体分上(干燥段)下(干馏段)两室,其间由若干直立管连通,上、下两室分别用独立的燃烧室靠燃烧煤气供热,用于块煤或型煤炭化	蕲钢立式内热干馏炉用于热压型煤的炭化(图 10-1)

序 号	类 型	典型炉型	特 征	国内开发或使用炉型
5	连续内外热式	德国考伯公司的 Koppers 立式炉用于褐煤型块炭化	炭化室内煤料由相邻燃烧室内立火道由引入的煤气燃烧加热、干馏，燃烧废气交替由下而上或由上而下经火道进入一侧的上、下两个蓄热室，用于蓄热和预热空气	鞍山焦耐院开发的 H-75 型干馏炉用于瘦煤冷压型块炭化(图 10-2)

（1）蕲钢立式内热干馏炉（图 10-1）　1974 年建于湖北蕲州钢铁厂用于热压型煤炭化的N-74 型干馏炉，它是一个上窄（440mm）下宽（540mm）长方断面（长 2900mm）的立式炉，有效高度 5600mm，沿高向分为炉顶空间、预热段、干馏段和冷却熄焦段，炭化室中部（干馏段）两侧各有两个水平燃烧室，回炉煤气与空气经烧嘴燃烧后，由隔墙上的几个长方形火道进入炭化室进行型煤干馏。型煤由炉顶经辅助煤箱、阀门进入炭化室，以 2m/s 的速度缓慢下行，靠燃烧室来的高温废气逆向接触而干馏。热型焦在炭化室底部的冷却段，被引入的冷煤气冷却至 200℃，再经排焦机构、排料箱、水封放焦阀定期排出炉外，干馏过程产生的粗煤气与废气一起在炉子上部的预热段对型煤预热后，由炉顶空间引至净化系统。

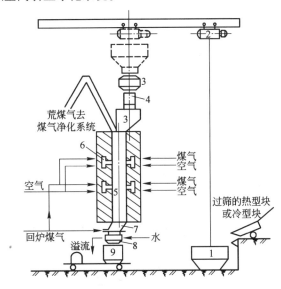

图 10-1　蕲钢立式内热干馏炉

1—煤斗；2—电葫芦；3—上、下辅助煤箱；4—阀门；5—炭化室；
6—燃烧室；7—排焦机构；8—放焦阀；9—焦车

（2）H-75 型干馏炉（图 10-2）　1975 年由鞍山焦耐院设计，1977 年建于河南鹤壁钢铁厂用于瘦煤冷压型块的干馏炉，它是一个炭化室上宽 300mm，下宽 450mm，全高 7853mm，全长 2000mm 的内外热式竖立干馏炉。炭化室自上而下分预热、干馏和冷却三段。炭化室两侧为燃烧室，每个燃烧室有四个立火道，对应每个燃烧室为上、下一对蓄热室。炭化室顶部炉墙两侧各有一个供炉内直接加热的水平火道，使用低压涡流式煤气烧嘴从两端送进燃烧的热废气，并经五个直接废气口通入炭化室，将刚入炉的型煤快速加热结成硬壳。从炉顶料面至直接废气入口为预热段，型煤向下运动时，由两侧燃烧室供热，进行外热干馏，燃烧室立火道底部或顶部交替供入净煤气和经蓄热室预热的空气混合燃烧,使上、下均匀加热。经干馏段的型焦,在下部冷却段用排焦箱处送进的冷煤气冷却、干熄后,从炉底排焦箱排出。

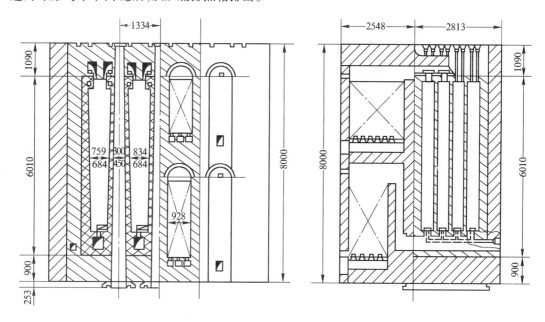

图 10-2　H-75 型干馏炉

2. 水平炉

用于煤低温干馏的水平炉均为连续式,通常为圆筒形,有回转式和固定式两大类,用于型煤干馏的水平炉还有履带式。所用加热介质为热废气,也有的采用热干馏碳或砂、铁矿粉等固体热载体作加热介质,基本类型及特征如表 10-5 所示。

表 10-5　水平炉的基本类型及特征

序号	类　型	典型炉型	特　征	使用情况
1	连续外热式	美国 Allis-chalmers 公司开发的 Hayes 炉	直径约 0.5m,长约 7.6m 的钢制转筒,置于耐火砖砌窑炉内,煤料在转筒内靠窑内煤气燃烧间接供热	美国科罗拉多钢铁公司曾用于生产半焦
2	连续内热式		与水泥回转窑,延迟焦煅烧回转窑基本相同,窑内煤料与热废气对流直接供热	
3	连续砂浴式	比利时煤炭研究所开发的水平砂浴炉	型煤和热砂从砂浴炉一端送入落在炉算上,由算下送入的热废气使砂粒和型煤呈浮动状加热,出口处设堰板和筛网,筛出砂粒经加热后返回入口段作热源	德国也曾开发用于型煤炭化的水平转窑式 Humboldt 砂浴炉用于型煤炭化
4	履带式	加拿大沙文宁根化学公司开发	钢制炉算呈履带状移动,煤料从一端加入靠煤的挥发分和部分煤料燃烧供热,使煤炭化	德国、日本曾用于炭化型煤或弱黏块煤

3. 盘式炉

利用水平旋转的圆盘,连续供料和干馏的炉型。由德国开发用于弱黏煤或油母页岩低温干馏的多层盘式炉,由圆柱体外壳及固定在中心轴上的若干风扇和绕轴回转的转盘组成,煤料自上而下随转盘回转逐层下降,燃烧炉来的热废气靠风扇抽送,沿各层转盘间通过时对煤供热干馏。另由莫斯科门捷列夫化工学院(MXTИ)开发的单层转盘炉,由下部可转动的底盘和顶部固定环形火道组成,煤料自盘顶一端加入,随转盘回转受顶部分区控制的环形火道内煤气燃烧供热、干馏,适用各类煤种或型煤的干馏、炭化。

4. 流化和载流干馏炉

随着固体流态化技术的发展,粉煤的干馏已广泛采用流化技术,这种技术适用煤种广,包括泥煤、褐煤和烟煤,当干馏黏结性烟煤时,为防止受热后煤粒黏连,破坏正常流化操作,需进行预氧化破粘处理,也有的先把黏结煤掺加大量惰性介质,如焦粉后再干馏。供热方式有内热和外热之分,但以内热为主。内热介质一般为预先加热的气体,在流化床中也有的通入少量空气将煤部分燃烧获得干馏需热,有的用灼热半焦作载热体提供干馏蓄热。

(1)流化床(沸腾床)低温干馏炉(图10-3a)　分浓相段(下部)和稀相段(上部)两部分,煤通过给料设备进入浓相段,热废气或空气从底部进入,经分布板使气流沿床层均匀分布,依靠气流的速度和压力,使进入浓相段的煤粒呈沸腾状态,同时与热气流强烈换热,使煤粒很快变成干馏碳或半焦,并从浓相段表面溢流口排出。带有细煤粒的气体进入上部稀相段,由于截面增大,气流速度骤减,部分微粒沉降回至浓相段,更细的粉粒则随气流离开流化床,经除尘系统回收。

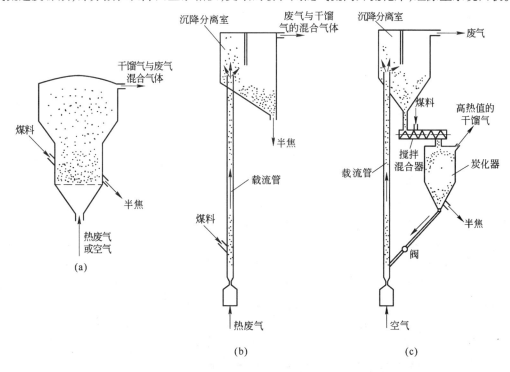

图10-3　流态化低温干馏炉
(a)沸腾床干馏炉;(b)气体载热体载流干馏炉;(c)固体载热体载流干馏炉

(2)载流床低温干馏炉(图10-3b、c)　是以热废气作载热体,煤粒在载流管中被载气携带、载流,同时强烈受热而干馏,形成半焦(或干馏碳)和热废气一起离开载流管,经分离设备分离。有两种类型,图10-3b是气体载热体载流干馏炉,在载流管上部设有沉降分离室,在此大部分半焦因气流速度降低而从气流中沉降分离出来,余下的再经管外的旋风分离器分离;也有的不设沉降分离室,半焦全部由管外旋风分离器分离。分离后的混合气是由干馏气和热废气组成的低热值煤气。图 10-3c 是固体载热体载流干馏炉,它由载流管和炭化器两部分组成。煤粒先在载流管中被加热成 800~900℃ 的焦粒,在沉降分离室内分出废气后的热焦粒,作为固体热载体,进入混合搅拌器,与进入的原料煤换热,混合料继而进入炭化器进一步换热,使煤粒干馏成半焦。高热值干馏气从炭化室顶部排出,半焦和作为热载体的焦粒,一部分作为产品,由炭化器下部排出;大部分经阀门返回载流管,用载流管底进入的空气烧掉其中少部分,提供热量使剩余的半焦粒加热到 800~900℃,同时被热废气载流带至上部沉降分离器,分出后循环作固体载热体。这种干馏装置由德国鲁奇-鲁尔公司开发,故也称 L—R 工艺。

二、低温干馏工艺

低温干馏是一种古老的工艺。单一的低温干馏目前已不多见,基于能源、化工的不同目的,低温干馏技术已成为其他工艺的组成部分而得到进一步发展。近期开发的低温干馏工艺有两个主要趋势,一是采用流态化技术实现快速干馏,以简化装置结构,提高生产能力和焦油产率;二是加氢干馏,以增加液体和气体产品产率,并净化脱硫,提高产品纯洁度。以下简介几个有代表性的工艺。

1.快速干馏工艺

(1) COED 工艺 (The Char Oil Energy Development Process)　其含意为碳、油、能联合开发工艺,由美国煤炭研究局(现能源部)与食品机械公司(FMC)联合开发,把煤转化为合成原油、中热值煤气和干馏碳,作为化工原料、能源和燃料。该工艺(图 10-4)采用低压、多级流化床进行煤的碳化,气体热载体与被加热固体(煤和干馏碳)呈反向流动,因而可以有效地将固体加热到较高的温度。工艺过程中用于加热和流化的气体,是在最后一级流化床中用氧气燃烧部分多余的干馏碳产生的。

经干燥和粉碎至 2mm 以下的原料煤,在第一级流化床(煤干燥器)中用温度约 480℃、不含氧的废气加热到 320℃,以脱除煤中大部分内在水分,并析出部分煤气和约 10% 的焦油。焦油经冷凝回收,未冷凝气体经再热后返回煤干燥器。初步热解的煤粒由煤干燥器送入二级流化床,在此靠三级流化床来的热煤气和部分循环碳加热到约 450℃,煤进一步热解析出大部分焦油和部分煤气,热解产物经冷却、洗净、过滤后得到油和煤气,油经加氢处理去除杂原子后制得合成原油,煤气经净化、水蒸气处理得到气体产物和 H_2。由二级流化床得到的干馏碳进入三级流化床,用四级流化床(气化反应器)来的热煤气和部分循环碳加热到约 540℃,析出大部分煤气和存余的焦油汽,作为二级流化床的热载气,形成的干馏碳除部分返回二级流化床外,大部分进入最后的四级流化床,在此供入空气或水蒸气-氧混合物,使干馏碳部分燃烧并流化,同时产生整个工艺所需热量和流化气。在四级流化床中,低于煤灰熔点条件下,应尽可能保持较高的温度,一般为 870℃ 左右。干馏碳在四级流化床中约烧掉 5%,其余约占煤产率 60% 的干馏碳从四级流化床排出,经冷却或加氢脱硫后得到各种规格要求的干馏碳产品。

(2) 洁净焦 (Clean coke) 工艺　由美国钢铁公司开发的洁净焦工艺(图 10-5)是由平行操作的干馏和加氢工序组成,用以生产冶金用焦、焦油、油、有机化工液体产品和煤气。原料煤(伊利诺斯高硫煤)经预氧化后,一部分在两级流化床中用富氢循环气碳化并脱除煤中大部分硫。一级流化床在 430℃、0.55~1.1MPa 下操作,得到含硫 1.8%、挥发分为 20% 的半焦;二级流化床在 760℃ 和 1.0MPa 下操作,得到含硫 0.6%~0.7%、挥发分为 2%~3% 的焦粒。焦粒用工艺过程中获得的焦油团球,然后氧化、煅烧,得到坚硬、低硫的冶金用焦和富氢煤气。另一部分煤用工艺

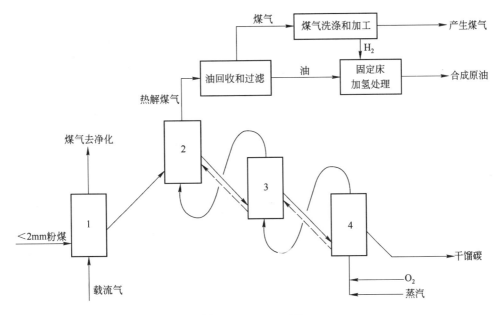

图 10-4 COED 工艺
1—煤干燥器;2、3—流化床热解器;4—气化反应器

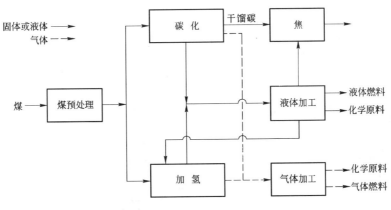

图 10-5 洁净焦工艺

过程获得的溶剂油制成煤浆,然后在 20～28MPa 及 480℃下加氢处理,经液相、气相和残留固体分离后,分别进一步处理得到气体、液体的化工原料和燃料,得到的溶剂油返回工艺制取煤浆。

（3）鲁奇-鲁尔（Lurgi-Ruhr）工艺 1960 年前在西德曾建立煤处理量为 10t/h 的示范厂,1960年后该工艺发展为以生产液体产品为主,副产品为干馏碳和燃气。L-R 工艺的流程如图 10-6 所示,其基本过程已在图 10-3c 中阐述。

2. 加氢干馏工艺

（1）Coalcon 加氢干馏工艺 由美国联合碳化公司（Union carbide Co. ）于 1960 年开始开发的该工艺（图 10-7）,其目的是将煤转化为化工原料,该工艺的基本流程是将粉煤用锅炉烟道热废气干燥并预热到 330℃后,经料仓加到加氢碳化器中,进入碳化器前预热粉煤先被循环 H_2 转化为稀相,在碳化反应器中煤被约 540℃的氢气进一步流化,并发生加氢热解,由于煤和氢的反应为放热反应,释放出的热量用于加热进入反应器的煤和氢气。干馏气通过碳化反应器内、外旋风

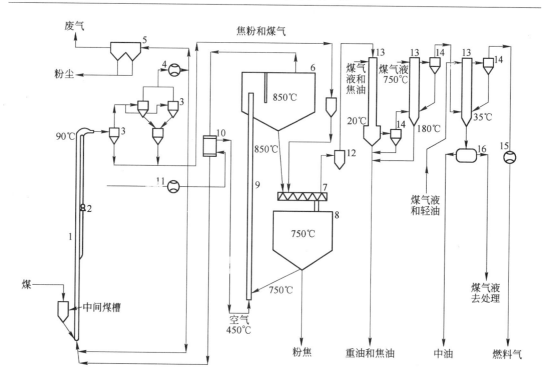

图 10-6　鲁奇-鲁尔工艺

1—干燥管;2—锤式粉碎机;3—旋风分离器;4—干燥管风机;5—电除尘器;6—沉降分离室;7—混合器;
8—炭化室;9—载流加热管;10—空气预热器;11—鼓风机;12—炭化室旋风分离器;
13—三级气体净化冷却器;14—旋风分离器;15—煤气风机;16—分离器

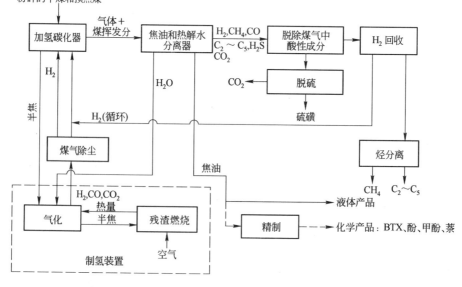

图 10-7　Coalcon 加氢干馏工艺

分离器分离半焦后,经冷却、吸氨、脱硫、轻油回收等工序得到各种气、液化工产品,分离出的 H_2 循环返回加氢碳化反应器。半焦可以用于气化、制氢,补充煤加氢碳化所需 H_2。

（2）CS-SRT 加氢干馏工艺　CS-SRT 是城市服务—短停留时间（Cities Service Residence Time）的缩写，该工艺（图 10-8）以生产高热值煤气为主要目的，同时得到轻质芳香烃（BTX）液体燃料，煤中杂原子以 H_2S、S、NH_3、H_2O 和 CO_x 等形式回收，干馏碳用于制氢。该工艺的主要特征是：煤在 CS-SRT 反应器中停留时间短（0.02~2s）、升温快（通过煤与预热氢混合）、煤气部分甲烷化，通过热干馏碳快速干熄回收高温热能，干馏碳用水蒸气和氧气化获得过程所需的 H_2。该工艺煤的转化率可达 60%~65%，其中 $CH_4 + C_2H_6$ 约 30%，BTX 8%~10%，轻油 1%~3%，$NH_3 + C_2S +$ 水 15%~20%。

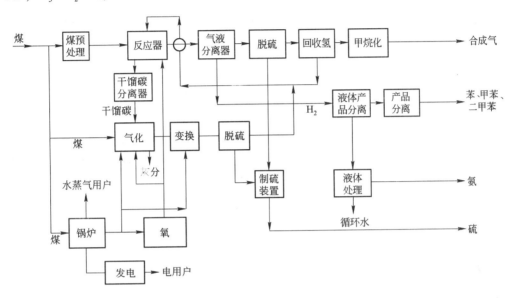

图 10-8　CS-SRT 加氢干馏工艺

第三节　填充床原理

连续立式炉中料块充填整个炉身，并在下降过程中与上升气流接触发生传热过程。研究填充床原理主要在于弄清气体通过散料层时的流体动力学和传热过程。

一、散料层的总体性状

散料层本身的结构比较复杂，气体通过散料层时的流动规律因料块形状、大小和堆积情况等所限，总是曲折而复杂的，因此很难进行微观分析，意义也不大，故一般均用总体来分析、研究有关问题。

1. 散料层的粒度分布和平均粒度

当散料层为均一球形颗粒时，颗粒的平均粒度即球的直径 d_0，对于均一的非圆球形颗粒，其当量直径 d_p 是以该颗粒作为圆球体时的同等体积的直径，即

$$d_p = \sqrt[3]{\frac{6V}{\pi}}$$　　　　　　　（10-1）

式中　V——非圆球形颗粒的体积。

还可以用比表面积 a 表示颗粒的特征：

$$a = \frac{颗粒表面积 S}{颗粒体积 V}$$

对于均一的球形颗粒：$S = S_p = \pi d^2$，$V = \dfrac{\pi}{6} d^3$，则

$$a = \frac{\pi d^2}{\frac{\pi}{6} d^3} = \frac{6}{d} \quad 或 \quad d = \frac{6}{a} = \frac{6V}{S} \tag{10-2}$$

为表征球形颗粒与非球形颗粒的差异，采用球形度 φ 表示

$$\varphi = \left(\frac{球形表面积\ S_p}{非球形颗粒表面积\ S} \right)_{二者体积相同} \tag{10-3}$$

对于球形颗粒 $\varphi = 1$，非球形颗粒 $\varphi < 1$，形状愈不规则，φ 愈小。某些文献提供的 φ 数据为：砂粒 $0.534 \sim 0.628$；煤粒 $0.63 \sim 0.70$；焦块 $0.2 \sim 0.4$。

因此均一的非球形颗粒的比表面积和当量直径有如下关系：

$$a = \frac{S_p / \varphi}{V} = \frac{\pi d_p^2 / \varphi}{\frac{\pi d_p^3}{6}} = \frac{6}{\varphi d_p} \quad 或 \quad d_p = \frac{6}{\varphi a} \tag{10-4}$$

比较式（10-2）与式（10-4）得 $d_p = d / \varphi$ 或 $d = d_p \varphi$ (10-5)

一般散料层是由大小不同的颗粒组成，对于有粒度分布的非球形颗粒群，可按下式计算平均当量直径 $\overline{d}_p$：

$$\overline{d}_p = \frac{1}{\Sigma \left(\dfrac{x}{d_p} \right)_i} \tag{10-6}$$

式中　　x_i、$(d_p)_i$——各颗粒间隔的质量分率和当量直径。

2. 散料层的孔隙率与孔隙当量直径

孔隙率 ε 表示填充床总体积中全部孔隙体积所占比率，即

$$\varepsilon = \frac{V_v}{V_p} = \frac{V_p - V_s}{V_p} = 1 - \frac{V_s}{V_p} = 1 - \frac{\rho_p}{\rho_s} \tag{10-7}$$

式中　　V_v、V_p、V_s——分别为散料层的孔隙、料堆和颗粒的体积，m^3；

　　　　ρ_p、ρ_s——分别为料堆和颗粒的密度，kg/m^3。

散料层的孔隙率取决于料粒的均一性与颗粒的球形度，在直径较小的容器中，还受壁效应影响。因此形状不规则的散料层，其孔隙率无法用计算求出，只能由实验确定。均一粒度的球形颗粒以正方排列时，其孔隙率由几何方法计算为 0.476，粉状物料的孔隙率一般为 $0.35 \sim 0.40$。

球形颗粒群的孔隙当量直径定义为：

$$d_v = \frac{4V_v}{S_v} = \frac{4V_v / V_p}{S_{sp} / V_p} = \frac{4\varepsilon}{S_p'} \tag{10-8}$$

式中　　$S_p' = S_{sp} / V_p$——单位堆积体的球体表面积，m^2/m^3；

　　　　S_{sp}——球形颗粒群的表面积，m^2。

由式（10-2）　　$d_{sp} = \dfrac{6V_{sp}}{S_{sp}} = \dfrac{6V_{sp} / V_p}{S_{sp} / V_p} = \dfrac{6(V_p - V_v) / V_p}{S_p'} = \dfrac{6(1 - \varepsilon)}{S_p'}$ (10-9)

式中　　d_{sp}——球形颗粒群的当量直径，m；

　　　　V_{sp}——球形颗粒群的颗粒体积（即 V_s），m^3。

将式（10-9）代入式（10-8）得

$$d_v = \frac{2}{3} \cdot \frac{\varepsilon}{1 - \varepsilon} d_{sp} \tag{10-10}$$

对于非均一的非球形颗粒,上式中 d_{sp} 以 $\varphi \bar{d}_p$ 取代,则:

$$d_v = \varphi \cdot \frac{2}{3} \cdot \frac{\varepsilon}{1-\varepsilon} \bar{d}_p \qquad (10\text{-}11)$$

式(10-11)可由颗粒的平均当量直径 $\bar{d}_p$ 计算孔隙当量直径 d_v。

3. 气体通过散料层的流速

散料层中气体的实际流速 w_a 是指气体通过料粒间孔隙时的流速,由于非均一的非球体散料层中,各处孔隙的大小相差很大,各点的 w_a 也不相同,故一般用平均实际流速 $\bar{w}_a$ 表示。

$$\bar{w}_a = \frac{V}{A \cdot \varepsilon}, \text{m/s} \qquad (10\text{-}12)$$

式中　V——气体流量,m^3/s;

　　　A——散料层截面积,m^2;

　$A \cdot \varepsilon$——床层截面上孔隙的面积,m^2。

为计算方便,也可用假定流速(空床流速)w 表示。

$$w = \frac{V}{A}, \text{m/s} \qquad (10\text{-}13)$$

由式(10-12)和式(10-13)得:

$$w = \bar{w}_a \cdot \varepsilon \qquad (10\text{-}14)$$

4. 气体通过散料层的阻力损失

气体通过散料层时,散料层中的孔隙可视为形状不规则的通道,可把计算直管阻力的公式加以修正后,得到如下计算散料层阻力的公式:

$$\Delta p_f = f \frac{H}{\bar{d}_p} \cdot \frac{w^2}{2} \cdot \rho, \text{Pa} \qquad (10\text{-}15)$$

式中　ρ——气固混合物平均密度,kg/m^3;

　　　H——填充床层高度,m;

　　　f——摩擦系数。

考虑球形度和孔隙率对散料层阻力的影响,引入摩擦因子 F_f,它是球形度 φ 和孔隙率 ε 的函数,可由图10-9查取。

f/F_f 取决于修正雷诺准数 Re':

$$Re' = \frac{\bar{d}_p \cdot F_{Re} \cdot w \cdot \rho}{\mu_g} \qquad (10\text{-}16)$$

式中　μ_g——气体绝对黏度,$\text{N} \cdot \text{s/m}^2$;

　　　F_{Re}——填充床雷诺数修正因子,也取决于球形度和空隙率,可由图10-10查取。

f/F_f 与 Re' 的关系见图10-11。由图10-9、图10-10和图10-11可求得 f,再由式(10-15)计算气体通过填充床的阻力。

二、气体通过填充床层时的传热

研究填充床内气体和散料层传热的目的,在于根据传热量的需要确定固体料在填充床内的停留时间,从而确定内热立式炉的有效高度。填充床内气体和固体料间的传热属综合传热,包括气体对固体料的对流、辐射传热和固体料内部的导热,可用一般综合传热方程描述,当以 1m^3 散料层作基准时,可写成

$$q = \frac{Q}{\tau_0} = kS\Delta t_{cp}, kJ/(m^3 \cdot h) \qquad (10-17)$$

式中　Q——总传热量，kJ/m^3；

　　　τ_0——固体料在填充床内停留时间，h；

　　　k——总传热系数，$kJ/(m^2 \cdot h \cdot ℃)$；

　　　S——散料层比表面积，m^2/m^3；

　　　Δt_{cp}——固体料与气体间沿料层高度的对数平均温度差，℃。

$$\frac{1}{k} = \frac{1}{\alpha} + \frac{\overline{d}_p}{2\lambda} \qquad (10-18)$$

式中　$\alpha = \alpha_{对} + \alpha_{辐}$，$kJ/(m^2 \cdot h \cdot ℃)$；

　　　λ——固体料的热导率，$kJ/(m \cdot h \cdot ℃)$。

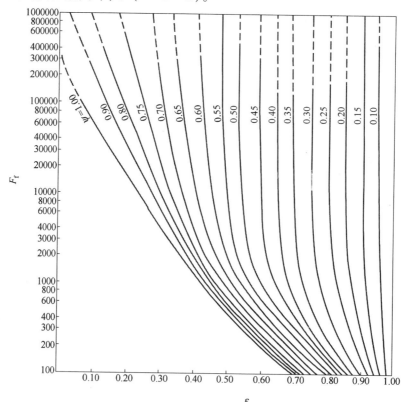

图 10-9　孔隙率、球形度和摩擦因子 F_f 关系图

对流给热系数 $\alpha_{对}$ 可按气体通过粗糙通道的给热系数计算式计算：

$$\alpha_{对} = 12.55 \frac{\overline{w}_{a(0)}}{d_v^{0.333}} \left(\frac{T_m}{273}\right)^{0.25} \qquad (10-19)$$

式中　$\overline{w}_{a(0)}$——0℃下气体通过散料层的平均实际流速，m/s；

　　　d_v——散料层内孔隙当量直径，m，可由式（10-11）计算；

　　　T_m——气体沿填充床高向的平均温度，K。

辐射给热系数 $\alpha_{辐}$ 取决于气体中 CO_2 和 $H_2O_{汽}$ 的分压、孔隙当量直径和固体、气体的温度，可按图 8-5 和图 8-6 查取。煤和焦炭的热导率见第八章的第四节。

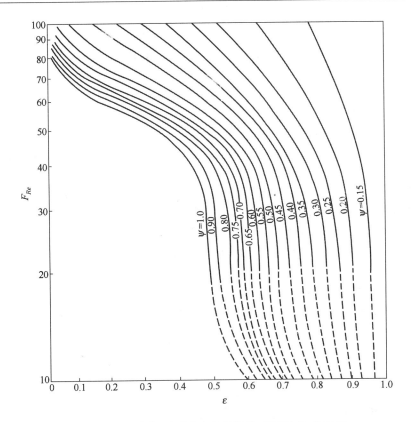

图 10-10　孔隙率、球形度和雷诺数修正因子 F_{Re} 关系图

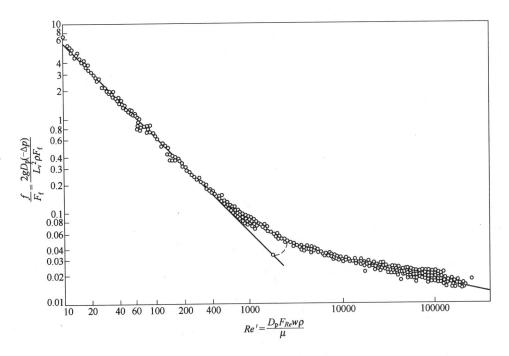

图 10-11　f/F_f 与 Re' 关系图

第四节　流化床原理

一、流化过程的动力学参数

流体通过固本料层时,流体的空床速度与通过床层的阻力关系如图10-12所示。AB 段随流速增加,阻力呈线性增加;此时固体颗粒间不作相对运动,为填充床,阻力与流速间的定量关系按式(10-15)计算。到达 B 点,固体开始松动形成不稳定固定床。达到 C 点,相互接触的颗粒被分散,即开始流化,这时的流速称最小或临界流化速度;由于孔隙率增大,气固混合物密度降低,故阻力有所下降。达到 D 点,形成稳定的流化床,此时流体速度的增加与气固混合相密度的降低达到平衡,故阻力保持不变。达到 E 点,孔隙率已接近于1,颗粒将随流体离开床层,达到气流输送阶段,即转为载流床,此时的流速称极限流化速度。因此要保持流化床,流体的速度必须大于临界流速而小于极限流速。

1.临界流化速度和临界压力降

固定床开始流化的条件是床层的重力 = 流体对颗粒的泄力 + 浮力

或　流体对颗粒的泄力 = 床层重力 – 浮力

故　　$\Delta p_f \cdot A = AH(1 - \varepsilon)(\rho_s - \rho_f)g$

式中　ρ_s、ρ_f——固体颗粒和流体的密度,kg/m³;

这时的压力降称临界压力降 Δp_{mf},则

$$\Delta p_{mf} = H(1 - \varepsilon)(\rho_s - \rho_f)g \qquad (10\text{-}20)$$

Δp_{mf}仍可由式(10-15)计算,因此由式(10-20)确定的 Δp_{mf}代入式(10-15)求出的流速,即临界流化速度 w_{mf}。

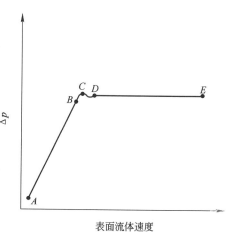

图 10-12　固体的流态化过程

2.极限流化速度

达到极限流速时,流体对颗粒的摩擦力等于颗粒在流体中的重力,该速度相当于颗粒在静止流体中的等速沉降速度。

颗粒在流体中的重力为　　　　$\dfrac{\pi}{6}\bar{d}_p(\rho_s - \rho_f)g$

流体对颗粒的摩擦力为　　　　$C_D \cdot \dfrac{\pi}{4}\bar{d}_p^2 \dfrac{w_t^2}{2}\rho_f$

式中　w_t——极限流化速度,m/s;

C_D——阻力系数,$C_D = f(Re' \cdot \varphi)$ 可由图10-13 查取。

由　　　　　　　$\dfrac{\pi}{6}\bar{d}_p(\rho_s - \rho_f)g = C_D \cdot \dfrac{\pi}{4}\bar{d}_p^2 \dfrac{w_t^2}{2}\rho_f$

可得　　　　　　$w_t = \left[\dfrac{4(\rho_s - \rho_f)g\bar{d}_p}{3\rho_f C_D}\right]^{1/2}$,m/s　　　　　　　(10-21)

3.流化速度的选择

流化床的孔隙率随流速增加而加大,根据两者的正比关系得:

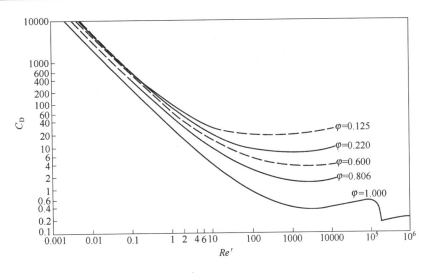

图 10-13 阻力系数 C_D 与 Re'、φ 的关系图

$$\frac{w_{mf}}{\varepsilon_{mf}} = \frac{w}{\varepsilon} = \frac{w_t}{1} \qquad (10\text{-}22)$$

由此可根据要求的孔隙率 ε 确定流化床的操作速度 w

$$w = w_{mf} + \frac{\varepsilon - \varepsilon_{mf}}{1 - \varepsilon_{mf}}(w_t - w_{mf}) \qquad (10\text{-}23)$$

一般流化床的操作速度为极限流速的 $0.25 \sim 0.6$，即 $w = (0.25 \sim 0.6)w_t$。当流体速度 $w > w_t$ 时，流化床转为载流床，此时固体颗粒的输送速度 $w_s = w - w_t$。为保证不同粒径的固体颗粒全部被载流，应按最大颗粒直径确定极限流速。此外，由于颗粒在载流管截面的分布不均匀，将导致颗粒聚集，使实际的颗粒直径增大，粉状颗粒的聚集可能性更大，因此一般载流床的操作流速为极限流速的几倍。

二、流化过程的传热

1. 概述

以气体热载体快速加热固体颗粒的流化床的主要特征之一是温度分布均匀，据实验数据表明，除在接近于热气体入口 $10 \sim 20mm$ 范围外，床层的温度是均一的，这是因为：1）流体的湍流运动与固体颗粒的剧烈搅动，使传热面不断更新，提高了气固相间的给热系数；2）固体粒子较小，使流体与固体颗粒间的接触面积大，因而大大提高了传热速率；3）固体颗粒的热容量较大。

流化床内的传热有三个方面：

1）颗粒间的传热。由于颗粒的高速循环，这种传热是在高速率下进行的，当颗粒处于湍流时，其热导率比银还高 100 倍，故设计流化床时一般可忽略。

2）固体颗粒与气体间的传热。流化床中主要因流体与颗粒间具有较大接触面，而非由于高的气固相传热系数而使气固相间具有很高的传热速率。传热过程的主要热阻是气膜，通过适当的关联式可以求出其给热系数，并按要求传热量计算流体和颗粒间的接触面，从而决定床层高度。

3）沸腾料层与壁面的传热。由于沸腾层内颗粒的剧烈湍动与环流，且热容量又远大于气体，与器壁接触时有很大的传热能力。沸腾料层对壁面的传热阻力主要集中在床层与壁面的浸润表面上,提高床层气流速度时,最初由于颗粒加速循环,缩短颗粒在壁面上的更新时间,故浸润面上的给热系数迅速提高,并达到某一极大值;进一步提高气流速度,由于降低了床层内的颗粒密度,给热系数又下降。有些流化床,如沸腾锅炉、催化反应器等,需要从流化床中通过壁面回收、去除或加进热量,故设计中要作这方面的传热计算,有关文献已提供了各种计算式。

2. 流体和颗粒间的传热

假设流体温度 t_f 大于颗粒温度 t,达到稳定传热且不计散热损失时,流体对颗粒的传热量将等于颗粒升温获得的热量。流体对单个颗粒的传热速率为:

$$\frac{dQ}{d\tau} = \alpha(t_f - t)S, kJ/h$$

式中　α——流体对颗粒的对流给热系数,$kJ/(m^2 \cdot h \cdot ℃)$;

　　　S——颗粒表面,m^2。

颗粒升温获得的热量为:　$dQ = \frac{\pi}{6}\overline{d}_p^3 \rho_s \cdot c_s dt, kJ$

式中　c_s——固体颗粒的比热容,$kJ/(kg \cdot ℃)$。

因 $S = \pi\overline{d}_p^2, \alpha(t_f - t)S = \alpha(t_f - t)\pi\overline{d}_p^2$,则由热平衡得

$$\alpha(t_f - t)\pi\overline{d}_p^2 d\tau = \frac{\pi}{6}\overline{d}_p^3 \rho_s c_s dt$$

整理后可得　　　　　　　$d\tau = \frac{1}{6}\frac{c_s\rho_s\overline{d}_p}{\alpha}\frac{dt}{t_f - t}$

若进入流化床的颗粒温度为 t_{s0},经时间 τ 后颗粒温度升至 t_s,则上式可积分得

$$\tau = \int_0^\tau d\tau = \frac{1}{6}\int_{t_{s0}}^{t_s}\frac{c_s\rho_s\overline{d}_p}{\alpha}\frac{dt}{t_f - t}$$

设 c_s、ρ_s、$\overline{d}_p$、α 不随温度变化,则颗粒在流化床中升温至 t_s 需停留的时间为

$$\tau = \frac{1}{6}\frac{c_s\rho_s\overline{d}_p}{\alpha}\ln\frac{t_f - t_{s0}}{t_f - t_s}, h \tag{10-24}$$

式(10-24)中的 α 很多研究工作者研究得出了一些关联式,如

$$Nu = \frac{\alpha\overline{d}_p}{\lambda_f} = 0.017\left(\frac{\overline{d}_p w\rho_f}{\mu_f}\right)^{1.21} \tag{10-25}$$

$$Nu = \frac{\alpha\overline{d}_p}{\lambda_f} = 0.01\left(\frac{\overline{d}_p w\rho_f}{\mu_f}\right)\left(\frac{g\overline{d}_p^3\rho_s \cdot \rho_f}{\mu_f^2}\right)^{0.175}\left(\frac{\overline{d}_p}{H_p}\right) \tag{10-26}$$

式中　Nu——努塞特准数;

　　　H_p——流化床中固体颗粒料层高度,可按下式确定:

$$H_p = \frac{G \cdot \tau}{\rho_p\frac{\pi}{4}D^2} \tag{10-27}$$

　　　G——流化床处理煤量,kg/h;

　　　D——流化床直径,m;

　　　其他符号同前。

式(10-26)中,$\frac{g\overline{d}_p^3\rho_s \cdot \rho_f}{\mu_f^2}$ 称阿基米德(Ar)数,是描述颗粒在流体中的浮力、重力和流体惯性力、黏性力之比的数群。

三、固体热载体加热颗粒的传热

用固体热载体对煤快速干馏是在混合器中进行,传热速率取决于热载体与被加热颗粒的比热 c、密度 ρ、占有体积率 η、颗粒表面 S 和给热系数 α 等,可由热载体的冷却和被加热颗粒的加热两方面分析。

对单位体积的粒状热载体的冷却:

$$\text{粒状热载体向被加热颗粒的传热量} = \text{粒状热载体的降温放热量}$$

即

$$\alpha_1 S_1 (t_1 - t_2) = - c_1 \rho_1 \eta_1 \frac{dt_1}{d\tau}, kJ/(m^3 \cdot h) \tag{1}$$

对被加热颗粒的加热,可得

$$\alpha_2 S_2 (t_1 - t_2) = c_2 \rho_2 \eta_2 \frac{dt_2}{d\tau}, kJ/(m^3 \cdot h) \tag{2}$$

式中 下标 1 表示热载体,下标 2 表示被加热颗粒,如 $\alpha_1 S_1 = \alpha_2 S_2 = \alpha S$,式(1)和式(2)可写成

$$- \frac{dt_1}{d\tau} = \frac{\alpha S}{c_1 \rho_1 \eta_1} (t_1 - t_2) \tag{3}$$

$$\frac{dt_2}{d\tau} = \frac{\alpha S}{c_2 \rho_2 \eta_2} (t_1 - t_2) \tag{4}$$

令 $\dfrac{\alpha S}{c_1 \rho_1 \eta_1} = n_1$; $\dfrac{\alpha S}{c_2 \rho_2 \eta_2} = n_2$,则式(3)、式(4)可写成

$$- \frac{dt_1}{t_1 - t_2} = n_1 d\tau \tag{5}$$

$$\frac{dt_2}{t_1 - t_2} = n_2 d\tau \tag{6}$$

式(5)+式(6)得

$$\frac{d(t_1 - t_2)}{t_1 - t_2} = - (n_1 + n_2) d\tau \tag{7}$$

如 $\tau = 0$ 时,$t_1 = t_0, t_2 = 0$;$\tau = \infty$ 时,$t_1 = t_2 = t_k$

则在不计散热损失条件下,可得

$$c_1 \rho_1 \eta_1 (t_0 - t_k) = c_2 \rho_2 \eta_2 t_k$$

令

$$c_1 \rho_1 \eta_1 / c_2 \rho_2 \eta_2 = m$$

可得

$$\frac{t_k}{t_0 - t_k} = m \quad \text{或} \quad t_k = \frac{m}{1 + m} t_0 \tag{8}$$

若 n_1 和 n_2 为常数,式(7)积分

$$\int_{t_0 - 0}^{t_1 - t_2} \frac{d(t_1 - t_2)}{t_1 - t_2} = - \int_0^\tau (n_1 + n_2) d\tau$$

得

$$t_1 = t_2 + t_0 e^{-(n_1 + n_2)\tau} \tag{9}$$

将式(9)代入式(7),消去 t_1 并积分得

$$t_2 = \frac{t_0 n_2}{n_1 + n_2} \{ 1 - \exp[- (n_1 + n_2)\tau] \} \tag{10}$$

按以上设定可导得

$$\frac{n_2}{n_1 + n_2} = \frac{m}{1 + m} \tag{11}$$

另据式(10-2)($a = \dfrac{6}{d}$),因 S/η_1,相当于热载体的比表面 a_1,则 $\dfrac{S}{\eta_1} = \dfrac{6}{d_1}$,由以上设定还可导得

$$n_1 + n_2 = \frac{6\alpha_1}{c_1 \rho_1 d_1}(1 + m) \tag{12}$$

将式(8)、式(11)、式(12)代入式(10)可得

$$\tau = -\frac{c_1 \rho_1 d_1}{6\alpha_1(1 + m)} \ln\left(1 - \frac{t_2}{t_k}\right) \tag{10-28}$$

或

$$\frac{t_2}{t_k} = 1 - \exp\left[-\frac{6\alpha_1(1 + m)}{c_1 \rho_1 d_1}\tau\right] \tag{10-28'}$$

为比较气体热载体与固体热载体对颗粒的加热速率,若式(10-24)中 $t_{s0} = 0$, $t_s = t_k$, $t_f = t_2$,可得

$$\frac{t_2}{t_k} = 1 - \exp\left[-\frac{6\alpha}{c_s \rho_s \bar{d}_p}\tau\right] \tag{10-24'}$$

比较式(10-28′)与式(10-24′)可见,两式的形式基本一致,如 $\dfrac{\alpha_1}{c_1 \rho_1 d_1} = \dfrac{\alpha}{c_s \rho_s \bar{d}_p}$,则固体热载体对颗粒的加热速度约为气体热载体的 $(1 + m)$ 倍。

第十一章　成型燃料技术

常规焦炉由于单向传热、成层结焦,煤在黏结阶段加热缓慢,限制了黏结性的发挥。而半焦收缩阶段又因加热速度较快,使焦炭收缩过剧而增加裂纹网。虽然通过各种预处理技术,在室式焦炉内可适当增加弱黏煤或不黏煤的配量,但主体煤仍为以肥、焦煤为基础的炼焦煤,非黏煤或弱黏煤只能作为辅助煤。为了大幅度地扩大弱黏煤用量以及充分利用非炼焦煤用于炼焦或用于气化、锅炉燃料、民用块状燃料等,国内外均在开发以非炼焦煤为主体,通过不同工艺,压、挤成型,制成具有一定形状、大小和强度的成型燃料,或进一步炭化制成型焦,用以代替焦炭。

第一节　成型燃料的类型与工艺

一、类型

粉煤成型分冷压和热压两大类,各种工艺均由粉煤成型和型煤后处理两部分构成。冷压成型是煤料在低于塑性状态温度下加压成型,又分无黏结剂冷压和有黏结剂冷压两类,前者适用于泥煤和软质褐煤,成型压力要求 100 ~ 200MPa,后者用于无烟煤、贫煤、褐煤干馏炭、瘦煤及焦粉等,成型压力一般为 15 ~ 50MPa。热压成型是将黏结性煤料快速加热到塑性状态下再加压成型,按快速加热用热载体不同,分为:以热废气作加热介质的气体热载体热压工艺和以高温固体(半焦、无烟煤、矿粉等)作加热介质的固体热载体热压工艺。

成型燃料除可制成高炉用型焦外,还可作为常压固定床煤气发生炉、两段气化炉和固定床链式工业锅炉的块状燃料,基于一些弱黏煤和非黏煤具有低灰低硫的特点,还可用成型技术生产大块铸造型焦,国外还广泛用成型技术生产无烟型煤,以改善环境。

成型燃料由于工艺连续和密闭,能有效地控制环境污染,且不必采用室式焦炉所需的笨重机械,有利于实现生产过程的自动控制。

二、冷压成型

1. 无黏结剂冷压型焦工艺

无黏结剂冷压型焦工艺是一种单靠外力将粉煤成型并炭化的工艺,在德国得到广泛采用,例如德国芬赫曼褐煤炼焦厂利用含水 40% ~ 60%,分析基低热值仅 7100 ~ 10500kJ/kg 的软质褐煤,经粉碎至小于 1mm 后,干燥至水分约 10%,再成型、炭化制得抗碎强度为 18 ~ 24MPa 的褐煤型焦。其强度低于烟煤高温焦炭,与高炉焦配用供矮高炉炼铁,也可单独用于有色冶金、化工和气化等工业部门。

褐煤无黏结剂成型的机理,其说不一。有的认为褐煤中的沥青质是褐煤颗粒发生黏结的主要物质;有的认为褐煤中存在的大量毛细管水,在颗粒受压被挤出覆盖于煤粒表面,形成薄膜水,靠这些薄膜水的亲和力使颗粒黏结;还有的认为年轻褐煤中的腐殖酸为黏结的主要物质。总之,年轻褐煤中有大量其说不一的"自身黏结剂"的存在,是促使褐煤无黏结剂成型的重要原因。同时,高压下煤粒表面紧密接触,分子间的引力、粒子受热和摩擦造成的局部熔接等,也均为褐煤无黏结剂成型的原因。

无黏结剂成型,由于不需添加任何黏结剂,不但节约原材料,简化工艺,还可提高型焦的含碳量。但是要求成型机提供 100 ~ 200MPa 的成型压力,因而成型机构造复杂、动力消耗大、材质要求高,成型部件磨损快。

2.加黏结剂冷压型焦工艺

加黏结剂冷压型焦工艺有两种基本流程,其框图如下:

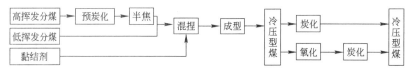

一种以低挥发分煤为主要原料,配黏结剂混匀后成型;另一种以高挥发分煤为主要原料,将其全部或部分预炭化成干馏碳或半焦后,配适量黏结煤,并配黏结剂混匀后成型。型煤中煤粒表面间靠黏结剂作桥梁进行物理结合,型煤再经炭化或先氧化后炭化,使黏结剂和煤粒间进一步热解叠合,由物理结合逐步过渡为化学结合,得到强度高于型煤的型焦。有的型煤只经氧化处理,使沥青类黏结剂中的胶质体和沥青烯热解、叠合,形成固态的硬化膜,煤粒和该硬化膜在热解过程中缩聚成焦炭类物质,称氧化型煤。

黏结剂冷压成型可降低成型压力,工业上容易实现,选择适当的黏结剂或再配以适量黏结煤,可制得强度较高的冷压型焦。但工艺较无黏结剂冷压成型复杂,且黏结剂用量较多。

国内外有代表性的冷压型焦工艺如下。

(1)无烟煤或瘦煤冷压型焦　国内广东、广西曾广泛采用沥青作黏结剂,与无烟煤按约15:85的比例配合后,经笼形粉碎机粉碎至小于3mm达95%以上,再经蒸汽加热混捏、对辊成型、炭化制得无烟煤冷压型焦。沥青多数采用中温焦油沥青,也有采用石油沥青,但所得型焦质量不如前者。河南曾采用沥青或焦油作黏结剂,与瘦煤按(6~8):(92~94)的比例配合后,经干燥、粉碎、混捏、对辊成型、炭化制得瘦煤冷压型焦,由于瘦煤尚有一定黏结性,故黏结剂用量较少,型焦强度优于无烟煤冷压型焦。黏结剂的配入量以保证型煤和型焦强度为前提,尽量减少。为使黏结剂能以液膜状均匀地包裹在煤粒表面,黏结剂和煤粒必须混合均匀和充分混捏。当黏结剂以固态方式配加时,通过共同粉碎可以达到混合均匀的目的,当以液态黏结剂配加时,可通过喷嘴把黏结剂喷洒到处于单轴或双轴混料机中的煤粒上,经混料机混合。混合料的进一步混捏通常在用过热蒸汽加热的卧式或立式混捏机中进行,加热温度应高于沥青软化点20~25℃,混捏时间不宜过长,以免使混合料塑性变差,不利于成型,一般6~8min。采用中空轴叶片喷蒸汽方式的立式混捏机,可以获得较好的混捏效果。混捏料在进行成型前应有降温调和过程,使混捏料的水分蒸发,并降温至略低于黏结剂软化点,以使混捏料有最佳密度并提高成型率。冷压成型一般均采用卧式对辊成型机,影响成型效果的主要因素有混捏料的塑性、成型压力、成型水分和成型温度等。成型后的型煤尚有余温,故需降温,使黏结剂硬化,提高型煤强度。

型煤的后处理有三种方式:先轻度氧化后炭化,深度氧化和一次炭化。型煤氧化是在立式炉、隧道窑或算条炉中用含氧热气流进行的,氧化时型煤中的沥青分解、缩合转化成似焦物质,成为型煤骨架。氧化是放热过程,为防止着火,氧化温度一般控制在200~400℃。轻度氧化在较低温度下进行,氧化在表层进行,使型煤表面结成一层薄壳,可防止型煤进一步炭化时软化变形和粘连。深度氧化在较高温度下进行,氧化处理时间也较长,可直接得到最终产品——氧化型煤。型煤炭化一般在内热式或外热式的立式炉中进行,用沥青作黏结剂的无烟煤或瘦煤冷压型焦,炭化时常由于黏结剂软化变形,使型煤粘连,除采用上述先氧化后炭化的处理方式外,可采用先快速加热使型煤形成硬质外壳,再进一步慢速炭化,使炭化过程从型煤表面逐步向内层进行,最终形成冷压型焦。在河南所建的H-75型炭化炉(见第十章)就具有先快速内热、后慢速外热的特点。

（2）褐煤冷压型焦　我国吉林、内蒙古等地区曾建成褐煤冷压型焦装置，由于褐煤的水分、挥发分高，直接加黏结剂制成的型煤，在炭化过程中会因挥发分的大量析出使型煤开裂，因而须将褐煤预炭化成干馏碳后再添加黏结剂冷压成型，其工艺特征和无烟煤冷压型焦工艺基本相同。

（3）DKS 工艺（图 11-1）　该工艺系 1969 年由联邦德国迪第尔公司（Didier-kellogg）、京阪炼焦公司（Keihan Rentan）和住友金属公司（Sumitomo）联合创建发展起来的。先建成一套中间试验装置，1971 年在大阪建成一座底开门式型煤炭化炉，形成生产能力为 4.8 万 t/a 的半工业装置；1975 年为扩大试验在和歌山又建成三孔大型斜底炭化炉，经操作证明可用作型焦炭化炉，并进行了生产高炉用型焦的试验。用 DKS 型焦进行的六次高炉试验表明，该型焦可在大型高炉（1300～2800m³）内代替 50% 的高炉焦，取得全燃料比约 500kg/t，焦比小于 450kg/t，高炉利用系数大于 2t/（m³·d）的良好效果。

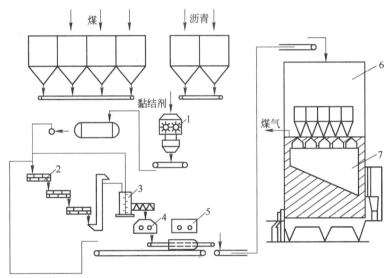

图 11-1　DKS 型焦工艺流程

1—粉碎机；2—螺旋混合器；3—立式混捏机；4—对辊成型机；
5—金属网运输冷却器；6—贮槽；7—斜底炉

该工艺由 80% 非黏煤、10% 炭素物料（焦粉、石油焦）和 10% 黏结煤组成的配合煤，粉碎至 <3mm 后，加入约 10% 的黏结剂（煤焦油或沥青），经混料、混捏后成型。型煤冷却后于斜底炉（或底开门炉）内，在 1300℃ 的火道温度下炭化 10h，所得型焦靠重力排出、熄焦。

（4）FMC 工艺（图 11-2）　该工艺由美国食品机械和化学公司（Food Machinery and Chemical Corporation）于 1956 年开始发展起来，1960 年开始在怀俄明州（Wyoming）的凯莫尔（Kemmerer）与美国钢铁公司合资逐步建成一座 8.5 万 t/a 以高挥发煤生产型焦的工业性试验厂。1962～1973 年生产的 FMC 型焦曾先后进行多次高炉试验。1972 年在英国钢铁公司伊斯莫（East Moors）钢铁厂 567m³ 高炉上，以 100% 型焦代替高炉焦进行了五天试验，高炉操作接近最佳状态。1973 年在美国内陆钢铁公司 1312m³ 高炉上，连续五天用 40% 的型焦代用量进行试验，取得了高炉利用系数 2t/（m³·d），燃料比 524kg/t，吹损接近于用纯高炉焦的效果。

该工艺由 8 个工序组成：1）粉碎至小于 2.38mm 的粉煤在流化干燥、氧化器内用含氧蒸汽或烟道气，将煤的水分降至 2% 以下，对于黏结性煤尚可氧化破黏，以防在预炭化时黏聚。2）从流化干燥、氧化器出来的粉煤进入流化炭化器，以空气作介质，通过部分粉煤或挥发分燃烧提供热

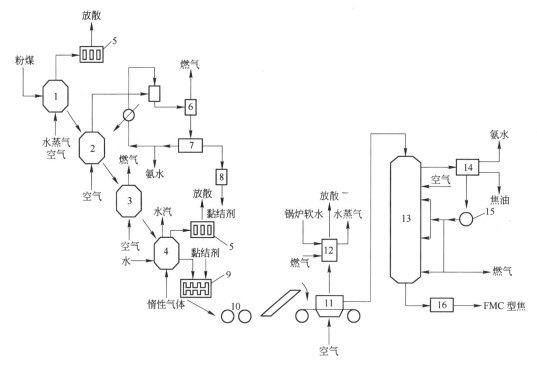

图 11-2　FMC 型焦工艺流程

1—干燥、氧化器;2—炭化器;3—干馏碳焙烧器;4—干馏碳冷却器;5—袋式过滤器;
6—焦油冷凝器;7—焦油澄清槽;8—焦油氧化槽;9—混合器;10—对辊成型机;
11—熟化炉;12—锅炉;13—炭化炉;14—煤气净化器;15—风机;16—型焦冷却器

量,使粉煤在约 500℃下预炭化,以脱除挥发分生成干馏碳。3)预炭化得到的干馏碳进入流化焙烧器,用空气作流化介质,使干馏碳加热焙烧到 750~810℃,制得挥发分小于 3% 的多孔活性干馏碳。4)热干馏碳进入流化冷却器,用惰性气体快速冷却,以保持干馏碳活性并防止自燃。5)预炭化得到的干馏气,经冷却冷凝回收焦油,进一步经吹风氧化处理制得软化点 55~65℃的型煤用黏结剂。6)冷却后的干馏碳与 8%~15% 的黏结剂,经混合、成型制得块度 25~50mm 的冷压型煤。7)冷压型煤在以烟道废气为介质的熟化炉内,氧化处理约 2h,得到强度较高的氧化型煤。8)氧化型煤在立式内热炉内用干馏气燃烧成的热载气,在 810~920℃下炭化,制得挥发分小于 2%,强度高、反应性适中的型焦。FMC 工艺不要求煤有任何黏结性,但需自身提供成型用黏结剂,故煤的挥发分应高于 35%。该工艺的最主要特点是利用单种高挥发分煤,不需外加黏结剂,制成单球抗碎强度 630~650kg(型焦块度 50mm),ASTM 转鼓(700 转)耐磨指标 26%,M_{10}5%~7% 的高炉用型焦。

(5)HBNPC 工艺(图 11-3)　该工艺于 1966 年开始由法国北方巴森煤矿和加来巴斯煤矿(Houilleres du Bassin du Nord et due Pas de Calais)联合开发的,先后建成 10t/d 的半工业试验装置和 150~170t/d 型焦的试验厂,1973~1976 年曾先后在 800m³、850m³ 和 1650m³ 的高炉中进行四次高炉试验。结果表明采用比较小(30mm)的型焦可以取代 25% 的高炉焦,以保持较长的操作周期而不降低高炉利用系数、燃料比和鼓风温度。如使用较大(45mm)的型焦,则可能增加高炉焦的替代率。

该工艺由 85%~90% 的低煤挥发分非黏结煤,10%~15% 黏结煤配合,经干燥、粉碎后,加入

10%沥青黏结剂,加热混合后冷压成型,型煤在内热式立式炭化炉内,经预热、焙烧和冷却三个区段,型焦由炉底放出。加热气体和由炉子下部吹入的冷空气一起在炉内燃烧,作为预热、焙烧型煤的热源。

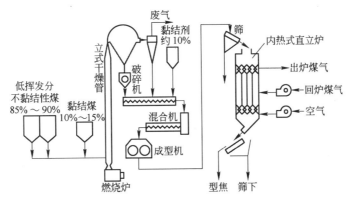

图 11-3 HBNPC 型焦工艺流程

三、热压成型

将具有一定黏结性的单种煤或配合煤,快速加热到塑性温度后趁热压制成型,所得热压型煤进一步炭化得热压型焦。煤料在快速加热下所形成的胶质体来不及分解就再次结合,因此增加胶质体数量,加宽塑性温度区间,改善变形粒子接触,增大可塑性,改善流动性,从而提高煤的黏结性。再施以外压,进一步提高煤粒间的黏结。因此可采用弱黏结煤或用少量黏结煤与大量非黏结煤配合制得高炉及其他工业用型焦。

1. 类型

按原料煤、快速加热方式,后处理工艺等的不同,热压成型有多种流程。一种是将单种弱黏结煤或弱黏配合煤,经干燥、预热后,用气体热载体快速加热到塑性状态后压型,称气体热载体热压工艺。另一种是把高挥发煤预炭化得到的高温干馏炭或把无烟煤加热到高温后作固体热载体,和经过干燥、预热的黏结煤按一定比例混合,使混合料快速加热到塑性状态再压型,称固体热载体热压工艺。后处理有热焖和炭化两种方式,分别得到似焦型煤和热压型焦。其基本流程框图如下:

2. 热压机理

最根本的是按结焦过程分段控制,以充分发挥煤的黏结性能。

(1)快速加热 加热速度对煤塑性性质的影响可用基氏流动度特性曲线的变化说明,黏结性煤随加热速度提高,最大流动度温度 t_{max} 和固化温度 t_r 提高,并向高温侧移动,软、固化温度间隔加宽。将煤快速加热到塑性温度区间的某一温度时,煤的流动度则随恒温下停留的时间而变化,恒温温度愈低时,其软化、固化的时间间隔愈长,最大流动度愈小,煤的黏结性愈低;反之,软、固化时间间隔缩短,最大流动度提高,黏结性增大(图 11-4)。不同煤化度的煤,在相同恒温下,肥煤的软、固化时间间隔较长,气煤和瘦煤则较短。

基于上述特性,黏结性较弱的烟煤通过快速加热可以改善黏结性,且对高挥发分弱黏结性煤,这种影响尤为显著。煤快速加热的终温因煤种和工艺而异,在热压成型工艺中,单种烟煤或配合煤在几秒钟内快速加热至塑性温度(430～500℃)时,煤粒尚未充分分解和"软化",因此仍呈散粒状,塑性温度的选择因煤的煤化度而异,一般随煤化度加深而提高。快速加热时还应使煤粒加热均匀和防止细煤粒过热。

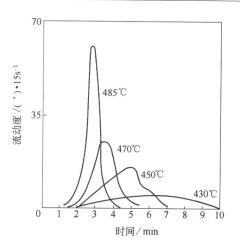

图 11-4　快速加热至不同温度时
对煤流动度的影响

(2)维温分解　煤料快速加热到塑性温度区间的某段温度后,通过维温一定时间,使加热到塑性温度的煤粒,进一步热解和缩聚,使煤粒"软化",并因气体产物生成,使煤粒膨胀。塑性煤的最佳成型条件应选择在塑性体大量热分解之后和固化前的一段时间内,以减少或防止成型后的型煤发生膨胀或开裂。维温时间取决于所用煤种和快速加热终温,对于胶质体多、热稳定性和不透气性高的煤,加热终温应高些、维温时间应长些,而黏结性较差的煤,为避免过渡热解使胶质体中液态产物过于分解而降低黏结性,加热终温应低些,维温时间应短些。对于同一煤种,当加热终温提高时,维温时间可适当缩短。

(3)挤压、成型　经过维温分解处于塑性状态下的煤粒中,除了可熔物质外,还存在不熔物质或惰性粒子,为使其均匀分布在熔融物质中,煤料可在螺旋挤压机中进一步受到粉碎、挤压和搅拌,以利型煤的结构均一和强度提高。挤压成的煤带再进一步压制成型煤,使煤粒间空隙减小,增加胶质体不透气性,以利活性化学键的化学作用和改善黏结,使成型煤的密度进一步提高。煤料的最佳成型温度应选择在最佳塑性状态即最大流动度附近,最佳成型温度因煤种而异,低煤化度煤的塑性温度区间较小,成型温度也较低。煤料的成型压力也应选择恰当,压力增加可提高型煤密度,但增至某一值后,压力对型煤密度影响不大。这时,由于煤粒极度靠近,气体不易析出,反会引起型煤变形,且当成型压力解除后,由于型煤透气性较差,分解气体不能迅速析出而使型煤膨胀,破坏其致密性。黏结性较好、胶质体透气性较差的煤料成型时,所采用的成型压力可相对小些。

(4)型煤后处理　热压所得型煤,最好在热压温度下,隔热和隔绝空间热焖一定时间,其目的是:

1)由于成型时间较短,活性化学键的反应不够充分,焦油等挥发物也未能完全分解。通过热焖可以充分发挥活性化学键之间的作用。

2)热压型煤中,由于热解和缩聚时间不足,还存在相当数量胶质体,热焖可给胶质体固化提供时间。完全处于固态并具有相当大热导率的型煤,在进一步炭化时,可避免产生过大的收缩应力。

3)热压型煤中,由于不同组分的热膨胀性不同,若急剧冷却,型煤内部由于温度差和热膨胀性的不同,导致不同收缩而产生收缩应力,容易降低型煤强度。

为提高强度,经热焖形成半焦结构的似焦型煤,或热压型煤趁热进一步炭化制成型焦。型煤炭化是半焦机构进一步分解、缩聚,焦质进一步收缩、紧密,并有可能产生裂纹的过程。决定型焦产生裂纹的主要因素是炭化速度和型煤尺寸。炭化时,型煤表面首先生成焦皮状物质而收缩,型煤内部的胶质体或半焦则分解析出气体,而产生内应力,当它超过焦壳强度时,使焦壳生成裂纹。

炭化速度愈大,型煤尺寸愈大(内外温度愈大),所产生的内应力愈大,收缩量和收缩速度也增大,故容易增加型焦裂纹。挥发分较低的型煤,或热压型煤经过热焖已成为半焦状的似焦型煤,相对较少的气体易于从透气性较好的半焦中析出,则可采用相对较高的炭化速度。一般挥发分小于15%的热压型煤可采用内热式直立炉炭化。

　　3.典型工艺

　　(1)气体热载体热压工艺　　以热废气作为快速加热的载体,其基本工艺流程如图11-5。

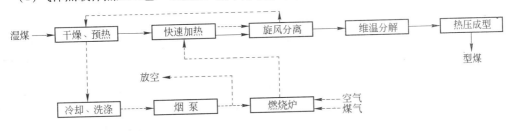

图 11-5　气体热载体热压工艺流程

　　以单种弱黏性煤或无烟煤、贫煤、不黏煤为主体配有黏结性煤的配合煤,经干燥、预热,用燃烧炉内煤气燃烧生成的热废气,快速加热至塑性温度(420～460℃)区间。为控制塑性温度,热废气用约150℃的循环废气调节至550～600℃。经快速加热的煤料用旋风分离器分出,通过维温分解使其充分软化熔融,最后挤压、热态成型得热压型煤。型煤可冷却后作产品直接使用,为提高强度可在立式炉内进一步炭化到850～950℃,制成热压型焦。由旋风分离器分出的废气,作为煤料干燥、预热的热载体。干燥、预热和快速加热均在流化状态下进行,早期采用旋风加热筒,后多数采用直立载流管。

　　该工艺最初于1951年起由苏联萨保什尼可夫研究开发,目前已达到200万 t/a 的工业性生产规模。快速加热采用旋风加热筒,他们认为利用旋风加热筒气体热载体的流动速度大,在该设备中气体的曲线运动和气体-煤粒流的离心分离可结合在一起,设备简单没有运转部件,且可保证气体热载体呈分散和切线状进入物料。最初的流程用一个旋风筒将煤料快速加热至400～450℃,以后为降低风料比,提高煤料加热的均匀程度,防止部分细煤粒局部过热形成半焦并堵塞设备,并提高热效率,改用两个旋风加热筒分两段快速加热,第一段加热至200℃左右,第二段再加热至塑性温度。热压型煤用立式炉炭化或立式炉氧化热解法制成型焦。使用胶质层厚度 $y = 5$ ～9mm 或罗加指数 $RI = 16 ～ 37$ 的配合煤可制得 $M_{25} = 88\%$ ～92%, $M_{10} = 7\%$ ～9%,气孔率为35%～50%的热压型焦,在 700m³ 高炉上曾进行多次试验,取得焦炭耗量减少2.5%～5.1%,高炉生产能力提高1.7%～5.0%的效果。

　　我国从1958年开始研究开发,曾先后在福建的厦门、漳州、龙岩等地建成工业性试验装置,目前已达到75kg/h规模的装置能力。初期用直立载流管进行煤的干燥预热,用旋风筒快速加热。因风料比(即加热1kg煤所需废气量)大,细煤粒容易过早软化分解,粘于加热系统设备的壁上以及热解产物混入废气系统,导致系统堵塞。后改为三根直立式载流管分别进行煤的干燥、预热和快速加热,预热管和加热管分别用独立的燃烧炉燃烧产生的废气作热载体,预热管和加热管出来的废气用于干燥管作热载体。从而有利于控制煤料温度,降低最后废气排放温度,降低风料比。热压型煤用外热式直立炉炭化后制得的型焦,曾全部用于小高炉炼铁或5t/h以下的冲天炉化铁。

　　(2)蕲州固体热载体热压工艺(图11-6)　　用65%～75%的无烟煤或贫煤和35%～30%, $y >$ 10mm 的黏结煤,分别粉碎后,前者在沸腾炉内靠部分(约入料的5%～6%)燃烧提供热量,加热至650～700℃,后者经直立载流管干燥、预热至约200℃。然后两者混合,靠高温无烟煤粉快速加热黏结煤,使混合料达到440～470℃,再热压成型、焙烧制成热压型焦。

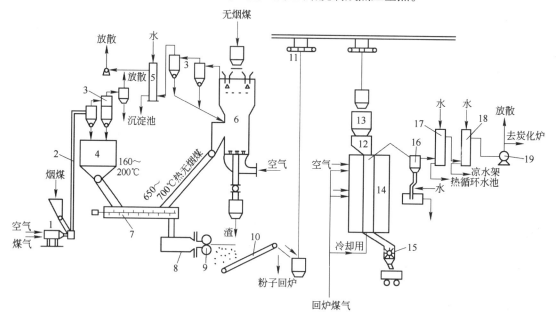

图11-6 蕲州固体热载体热压工艺流程

1—燃烧炉;2—直立管;3—旋风分离器;4—热烟煤仓;5—洗涤塔;6—沸腾炉;7—混料机;
8—挤压机;9—对辊成型机;10—链条机;11—电葫芦;12—辅助煤箱;13—型煤箱;
14—炭化炉;15—排焦机构;16—重力除尘器;17—空喷塔;18—填料塔;19—煤气风机

该工艺是于20世纪60年代初运行的以铁矿粉为固体热载体快速加热气煤的热压料球工艺基础上发展起来。1972年建成3.6万t/a的试验装置,以后又配以内热式直立炭化炉。整个工艺由四个相对独立的部分组成,即固体热载体加热(沸腾炉部分);黏结煤预热(直立管部分);混合、维温和热压成型部分;型煤炭化炉部分。与气体热载体热压工艺相比:风料比较低、动力消耗少;黏结煤快速加热过程中产生的煤气不与废气混合,故煤气热值高,还可回收焦油;直立管预热黏结煤的热源由炭化煤气提供,也可由快速加热回收的煤气提供;炭化炉是内热连续生产,故能力大,型焦在炭化炉底部由冷煤气干熄焦,故热耗量低。所产热压型焦可用作非炼铁块状燃料,曾在小高炉上用于炼铁,但风压升高,挂料次数增加。

(3)BFL工艺(图11-7) 由煤的干燥、粉碎,高挥发非黏结煤的预炭化(LR炭化),混合成型和型煤后处理四个工序组成。以1/3的黏结煤和2/3的高挥发非黏结煤分别经直立载流管干燥、再粉碎后,非黏结煤送入LR炭化器,以750℃的干馏碳作载热体进行快速脱挥发分。脱挥发分后的干馏碳大部分经LR直立管加热后循环用于高挥发分非黏结煤脱挥发分,其余和经干燥、粉碎的黏结煤在双轴混料机内混合使黏结煤快速加热至450～500℃。然后混合料经立式搅拌机维温分解、成型机成型。型煤过筛后在高于850℃下焙烧,最后冷却得BFL型焦。脱挥发分和焙烧过程所得煤气,经处理得到的重质焦油,作为黏结剂回配至LR混合器,从而提高煤料的黏结性。

由上述可知,BFL用于黏结煤快速加热的固体热载体为热干馏碳粉,并与黏结煤一起生产型焦。制取热干馏碳的LR炭化器是依靠循环热干馏碳将干燥、粉碎后的高挥发分非黏结煤进行快

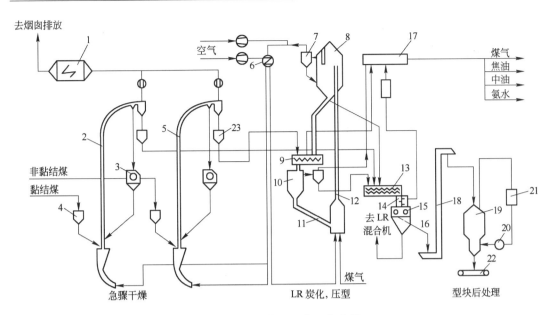

图 11-7　BFL 热压型焦工艺流程

1—电除尘器;2、5—直立管;3—粉碎机;4—贮料仓;6—换热器;7—旋风分离器;8—分离仓;9—LR 混合器;
10—LR 炭化器;11—下降管;12—LR 直立管;13—热压料双轴混合器;14—立式搅拌器;
15—对辊成型机;16—条筛;17—煤气冷却器;18—斗式提升机;19—后处理炉;
20—循环风机;21—冷却器;22—带运机;23—中间仓

速脱挥发分,产生的干馏煤气不和热废气接触,故热值高,供加热循环干馏碳的 LR 直立管作热源。LR 直立管后的热废气中还含有可燃成分,经二次燃烧提高温度后,通过换热器预热供 LR 直立管燃烧的空气,热废气温度降到 500 ~ 700℃作为干燥煤料的热载体。LR 干馏装置虽较复杂,但适用煤种广泛,对有、无黏结性的高挥发分或低挥发分煤均可适用。

该工艺由联邦德国采矿研究所(Bergbau-Forschung)和鲁奇(Lurgi)公司于 20 世纪 60 年代初共同开发。用无烟煤和低挥发分非黏结煤的干馏碳作为固体热载体时,曾采用沸腾炉代替 LR 干馏装置以简化系统。目前已达到 650t/d 的规模,所产 BFL 型焦曾在 568m³ 和 764m³ 高炉上用 100% 替代高炉焦进行试验,高炉运行没有出现困难,高炉利用系数与用高炉焦时相近,但风压和吹损略有提高。也已成功地用作无烟燃料和铸造用焦。

(4)Ancit 工艺(图11-8)　用75% 的低挥发分非黏结煤(挥发分9% ~ 15%)和25% 的中、高挥发分黏结煤作原料。非黏结煤在一段水平气流输送反应器中用煤气和空气燃烧的热废气快速加热至600℃,由此出来的废气,把进入二段水平气流输送反应器的黏结煤加热至330℃。由一段和二段出来的废气分别先经旋风分离器分离出脱挥发的非黏结煤(热惰性干馏碳)和黏结煤,分别用螺旋给料器按一定比例送入带搅拌浆的立式混合机内混合,黏结煤被快速加热至460 ~ 520℃,与惰性干馏碳一起热压成型,型煤最后在约450℃下热焖3 ~ 4h,使其硬化生成似焦型煤。

当用高挥发煤或低挥发分弱黏煤作为混合料的惰性组分和固体热载体时,需先在一个水平气流输送反应器内用热废气快速加热到软化点以下,使其颗粒结构发生变化,防止下一步快速加热到600℃时,由于挥发分大量析出而膨胀。

Ancit 工艺比较简单,投资与操作费用较低,成型温度较其他热压工艺高 20 ~ 50℃,维温时间较长,采用热焖处理,这些均属可取之处,但热利用效率不高,获得的煤气热值低。Ancit 工艺于 20 世纪 50 年代开始由荷兰国家煤矿和德国埃施韦勒煤矿公司合作开发,以产品商标"Ancit"作

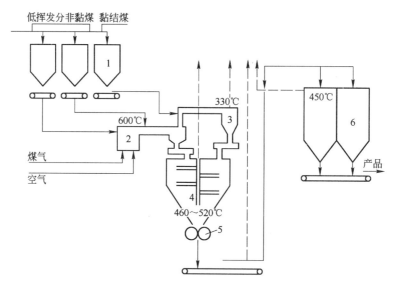

图 11-8　Ancit 热压型焦工艺流程

1—煤仓;2——段反应器;3—二段反应器;4—立式混合机;5—成型机;6—硬化器

为该工艺名称,已建生产能力为 30t/h 的型焦厂,Ancit 型焦曾在 330 ~ 1376m³ 的高炉多次进行试验,型焦配用量为 33% ~ 100%,在 544m³ 高炉中用 100% 型焦操作时,炉况顺行,燃料耗量与用高炉焦时相同,高炉产量略有降低。

第二节　成型用煤料与型焦质量

一、成型用煤

原则上可选用任何煤种,但因工艺不同各有一定适用范围,按黏结性差别可分为三类:

(1)不黏结煤　如褐煤、长焰煤、贫煤、无烟煤等。高挥发的不黏结煤应制成干馏炭,必须配黏结剂或(和)黏结煤才能成型,用其作主体原料时,配量可达 65% ~ 80%。

(2)弱黏结煤　为最佳成型用煤,其中高挥发弱黏结煤是气体热载体热压工艺的最佳用煤,可单独使用。低挥发弱黏结煤是冷压工艺最佳用煤。弱黏结煤还可作为成型用配合煤的黏结组分,用量为 30% ~ 100%。

(3)强黏结煤　作为配合煤料的黏结组分,用量为 10% ~ 20%。

热压工艺的煤料要求黏结性和挥发分适当,黏结性不足时,不能保证必要的塑性变形和黏结力。黏结性过强和挥发分过高时,煤料在塑性阶段膨胀过大不利成型,并易使型煤膨胀张"嘴",降低强度。

冷压工艺的煤料也应有适当的黏结性和挥发分,挥发分过高,型煤炭化时大量煤气析出,破坏型煤内部结构,且收缩过剧,造成内应力加大,易使型焦开裂。据国内外冷压型焦生产经验,单种无烟煤仅配一定量黏结剂得不到强度好的型焦,必须配加一定量的黏结煤,以保证型煤炭化过程的黏结性。日本 DKS 型焦所用配合料的奥亚膨胀度不超过 28%。弱黏结煤制冷压型焦时,以半无烟煤(国际分类 311 号)或瘦煤($V_{daf} = 15\% ~ 18\%$)为最好,因为这种煤在加热过程中表面软化,可与黏结剂互熔,获得强度和热态性质均优于纯无烟煤的冷压型焦。

煤的灰分在成型、炭化过程中均属惰性组分,会增加黏结剂或黏结煤配量,炭化过程中还因收缩差异而增加型焦裂纹,高灰分型焦的高温性能也会降低,因此应尽可能降低原料灰分。

二、成型用黏结剂

1. 质量要求

1)应有一定黏度,能呈薄膜状、均匀覆盖在煤粒表面,以保证在稍高于黏结剂软化温度下,能把分散的煤颗粒结合成整体;在稍低于黏结剂软化温度下,使结合成整体的型煤有足够的冷强度。

2)受热时能裂解、软化产生黏稠液相,保证炭化过程中煤粒互黏、互溶,最后缩合、固化形成坚固的炭质骨架,使型焦具有较高的强度。

3)价廉、有稳定的来源。

4)使用过程中不产生有害物质,不污染环境。

2. 类型

(1)兼有冷、热黏结性的黏结剂,主要是疏水性的沥青类有机黏结剂,常用的有煤焦油沥青和石油沥青。煤焦油沥青主要为沸点高于400℃的缩合芳烃和杂环化合物,故具有煤近似的化学结构单元,对煤有很好的浸润性和溶解性,型煤热解缩聚时能形成牢固的骨架。好的煤焦油沥青应含有较多的甲苯不溶物,挥发分低,软化点较高。一般采用中温沥青,软化点过高不利于与煤粒表面粘连。配用适量煤焦油可改善黏结剂的浸润性,有利于搅拌和均匀覆盖在煤粒表面,但配量过多会降低型煤的冷强度。煤焦油沥青的主要缺点是在使用和炭化过程中有致癌物质散发,此外配量过多,型煤受热或炭化时会软化变形,使型煤强度下降,严重时还会结团,影响生产正常化,一般配用量为7%~10%。

石油沥青是由石油渣油经聚合处理后得到的产品,一般 C/H 原子比低,芳香稠环少,烷烃和未聚合环烷多,其基本性质为非芳香性,故受热裂解、缩聚成牢固骨架的能力也较差。因此用一般的石油沥青作黏结剂制取冷压型焦时,型焦强度较用煤焦油沥青时低。将石油渣油进行热裂化得到的热裂化渣油,或前面所述经蒸汽减压裂解处理得到的尤里卡沥青,因具有一定的芳构化度,当配以适量煤焦油作冷压型煤黏结剂时,可获得较好的型焦强度。

用作冷压型煤的这类黏结剂还有发生炉焦油,焦油类废渣等。

(2)具有冷黏性而没有热黏性的黏结剂　主要是亲水性的纸浆废液、腐殖酸钠溶液、膨润土等有机黏结剂和不溶性的水泥、石灰等无机黏结剂。纸浆废液和腐殖酸钠溶液等使用前必须蒸浓,具有吸水性强,使型煤强度迅速降低的缺点。用水泥、水玻璃作黏结剂成本高,用石灰作黏结剂必须先消化成石灰乳,成型后再碳酸化以提高冷强度,它们的共同缺点是使型煤灰分增加。

(3)具有热黏性而没有冷黏性的黏结剂　主要是黏结煤或黏土,黏土具有来源丰富,成本低的优点,但冷强度低、不抗潮,且使型煤和型焦灰分增加。因此冷压工艺较好的这类黏结剂是黏结煤。

除沥青类黏结剂外,在无烟成型燃料和气化、锅炉用成型燃料生产中,可采用以上(2)、(3)两类黏结剂适当配合型黏结剂,如纸浆废液和黏土复合黏结剂等,以互补优点。

三、型焦质量

型焦质量取决于煤料和黏结剂性质、配比,工艺类型,操作条件等一系列因素。迄今为止,国内外对型焦质量的评定仍沿用常规焦炭的评定方法,并最后依赖于冶炼试验确定。表11-1列出了某些型煤和型焦与普通高炉焦性能的比较。由表可见,型焦的冷强度一般均可达到和超过普通高炉焦,但型焦的反应性和反应后强度均明显较差。

此外法国在高炉试验中发现,焦炭从高炉炉顶装入到风口取样,普通高炉焦平均尺寸减少约

50%,而型焦则减小至12%~20%。英国炭化研究协会的工作也得到类似结论,使用普通高炉焦时,风口焦的M_{40}指标是入炉焦的60%,M_{10}则加倍,风口焦的反应性为入炉焦的9倍。用型焦时,风口焦的M_{40}和M_{10}比同级高炉焦的结果更差。

表 11-1 一些型煤(HB)和型焦(FC)的性能

性能指标	BFL (HB)	Ancit (HB)	HBNPC (FC)	FMC (FC)	DKS(FC)		普通高炉焦
					1	2	
质量/g	104	48	40	20	49	93	—
真密度/kg·m^{-3}	1650	1530	1880	1790	1860	1820	1500~1900
视密度/kg·m^{-3}	1020	1100	1290	1000	1360	1350	800~1000
气孔率/%	38	28	31	44	27	26	50~60
挥发分/%	10.86	10.50	2.95	3.90	1.3	1.4	0.8~1.2
灰分/%	6.53	6.67	10.86	5.33	9.7	8.8	10~12
硫分/%	0.82	0.91	0.73	0.57	0.5	0.5	0.6~1.0
DI_{15}^{30}/%	96.9	91.1	94.4	97.1	96.3	95.4	90~93
DI_{15}^{150}/%	56.6	56.7	79.1	86.9	85.6	83.5	77~85
显微强度/%	68.4	64.3	82.1	86.7	85.2	87.4	82~88
反应性/%	61	54	58	86	56	51	25~40
反应后强度/%	12	35.8	39.0	8.1	32.4	44.4	50~70

普通高炉焦与型焦质量如此差异的原因,主要是型焦原料中存在大量非熔融组分,使型焦光学组织中存在大量反应性差的各向同性组分和惰性组分,且它们与黏结组分间具有不同的收缩性质,从而增加了焦炭显微结构中的微裂纹。这种微裂纹是由于成型时煤粒受高压而发生破坏所形成。微裂纹和大量各向同性组织的存在,是使型焦反应后强度明显下降的原因。

因此要提高型焦质量,必须从研究型焦的高温反应性能和显微结构出发,寻找改善型焦结构的途径。

参 考 文 献

1　炼焦工艺学.《炼焦工艺学》编写组. 北京:冶金工业出版社,1978

2　高炉炼铁. 东北工学院. 北京:冶金工业出版社,1977,1979

3　冶金过程原理. 北京钢铁学院译. 北京:冶金工业出版社,1959

4　冶金炉理论基础. 东北工学院. 北京:中国工业出版社,1961

5　炼焦配煤手册. 鞍山焦耐设计研究院. 北京:冶金工业出版社,1973

6　炼焦化学基础. 鞍山钢铁大学.《炼焦化学》编辑部,1976

7　焦化设计参考资料. 鞍山焦耐院等. 北京:冶金工业出版社,1979

8　焦炉调火.《焦炉调火》编写组. 北京:冶金工业出版社,1978

9　炼焦炉基础设计参考资料. 编写组. 北京:冶金工业出版社,1978

10　质量管理的统计方法. 标准化译丛编辑部. 北京:科学文献出版社,1978

11　城市煤气制造. 日本煤气协会编,天津市建筑设计院译. 北京:中国建筑工业出版社,1977

12　炼焦工艺学. 大连工学院. 北京:冶金工业出版社,1961

13　焦炉物料平衡与热平衡. 张孔祥译. 沈阳:东北工业出版社,1952

14　化工传递过程. 天津大学等. 北京:化学工业出版社,1980

15　化工数学. 河村祐治等编,张克等译. 北京:化学工业出版社,1980

16　流态化工程. 国井大藏等编,华东石油学院等译. 北京:石油化学工业出版社,1977

17　流态化. M. 李伐. 北京:科学出版社,1963

18　沸腾焙烧. 南京化学工业公司氮肥厂编. 北京:石油化学工业出版社,1978

19　粉煤成型及其应用基本知识. 煤科院北京煤化所等. 北京:石油化学工业出版社,1976

20　焦炉基建与开工. 鞍山焦耐院. 北京:冶金工业出版社,1972

21　Combustion. Irvin Glassman, Academic Press,1977

22　Transport Processes and Unit Operation. Christie J. Geankoplis, Allyn and Bacon Inc. 1978

23　FMC Coke Process. Davy Mckee Engineers and Construction,1981

24　The Flow of Complex mixture in Pipes. G. W. Govier, VAN Nostrand Reinhold Company,1972

25　Пути Расщирения Угольной Базы Коксования. А. А. Агроскин, Металлургиздат,1959

26　Тепловой Режим Коксовых Печей. Н. В. Вирозуб, Металлургиздат,1960

27　Изучение Движения Газов В Коксовых Печах Методом Подобия. N. М. Ханин, Металлургиздат, 1957

28　Непрерывный Продесс Коксования. Л. З. Щубеко, Металлургиздат,1974

29　石炭化学と工业. 木村英雄,Sankyo,1977

30　燃料便览. 燃料协会,コロナ社,1973

31　燃烧工学. 水谷幸夫,森北出版株式会社,1977

32　Тепловые Прочессы Коксования. В. В. Казмина, Металлургия,1987

33　第一届国际焦化会议论文集. 陶著等译. 北京:冶金工业出版社,1990

34　中国冶金百科全书. 炼焦化工卷. 北京:冶金工业出版社,1992

35　炼焦化工. Henryk Zielinski(波)主编,赵树昌等译. 中国金属学会焦化学会,1993

36　实用煤岩学. 周师庸编著. 北京:冶金工业出版社,1985

37　Chemistry of Coal Utilization. suppl. vol. , H. H. Lowry,John Wiley and Sons,1963

38　Chemistry of Coal Utilization. 2nd suppl. vol. , M. A. Elliott,John Wiley and Sons,1981

39　炼焦新技术. 李哲浩编. 北京:冶金工业出版社,1988

40　焦炭. 洛杰·路瓦松等著(法),王福成等译. 北京:冶金工业出版社,1983

冶金工业出版社部分图书推荐

书　名	作　者	定价(元)
现代焦化生产技术手册	于振东　主编	258.00
工程流体力学（第4版）（国规教材）	谢振华　等编	36.00
物理化学（第4版）（国规教材）	王淑兰　主编	45.00
热工测量仪表（第2版）（国规教材）	张　华　等编	46.00
能源与环境（国规教材）	冯俊小　主编	35.00
煤化学产品工艺学（第2版）（国规教材）	肖瑞华　等编	46.00
炭素工艺学（第2版）（本科教材）	何选明　主编	45.00
煤化工安全与环保（本科教材）	谢全安　主编	21.00
热能转换与利用（第2版）（本科教材）	汤学忠　主编	32.00
燃料及燃烧（第2版）（本科教材）	韩昭沧　主编	29.50
热工实验原理和技术（本科教材）	邢桂菊　等编	25.00
物理化学（第2版）（高职高专教材）	邓基芹　主编	36.00
物理化学实验（高职高专教材）	邓基芹　主编	19.00
无机化学（高职高专教材）	邓基芹　主编	36.00
无机化学实验（高职高专教材）	邓基芹　主编	18.00
煤化学（高职高专教材）	邓基芹　主编	25.00
干熄焦生产操作与设备维护（技能培训教材）	罗时政　主编	70.00
干熄焦技术问答（技能培训教材）	罗时政　主编	42.00
炼焦设备检修与维护（技能培训教材）	魏松波　主编	32.00
炼焦化产回收技术（技能培训教材）	何建平　主编	56.00
焦炉煤气净化操作技术	高建业　编	30.00
炼焦煤性质与高炉焦炭质量	周师庸　著	29.00
煤焦油化工学（第2版）	肖瑞华　编著	38.00
热回收焦炉生产技术问答		35.00